实用工程圆极化天线

俱新德　陈志兴　赵玉军　刘军州　编

西安电子科技大学出版社

内 容 简 介

本书共 17 章,既包含用贴片、正交偶极子、单线、双线、4 线螺旋、环天线和缝隙天线构成的圆极化天线,还包含近十多年出现的许多新技术,如 GNSS 天线、顺序旋转馈电圆极化贴片天线、波导圆极化器、圆锥波束和全向圆极化天线、波束切换和极化重构圆极化天线。本书所列天线种类颇多,内容极为丰富,且独特新颖。本书不是手册,胜似手册,工程性、实用性极强。

本书特别适合从事卫星通信圆极化天线设计、生产和应用的广大工程技术人员参考,也适合移动通信相关人员阅读,还可以作为天线电磁场专业和卫星通信、无线通信专业大专院校师生的参考书。

图书在版编目(CIP)数据

实用工程圆极化天线/俱新德等编. —西安:西安电子科技大学出版社,
2019.12(2020.12 重印)
ISBN 978 - 7 - 5606 - 5183 - 5

Ⅰ. ①实…　Ⅱ. ①俱…　Ⅲ. ①圆极化天线—研究　Ⅳ. ①TN821

中国版本图书馆 CIP 数据核字(2019)第 107444 号

策划编辑　毛红兵
责任编辑　刘玉芳　毛红兵
出版发行　西安电子科技大学出版社(西安市太白南路 2 号)
电　　话　(029)88242885　88201467　　　邮　　编　710071
网　　址　www.xduph.com　　　　　　　电子邮箱　xdupfxb001@163.com
经　　销　新华书店
印刷单位　陕西天意印务有限责任公司
版　　次　2019 年 12 月第 1 版　2020 年 12 月第 2 次印刷
开　　本　787 毫米×1092 毫米　1/16　印张　31
字　　数　726 千字
印　　数　1001～2000 册
定　　价　118.00 元
ISBN 978 - 7 - 5606 - 5183 - 5/TN
XDUP 5485001 - 2

＊＊＊如有印装问题可调换＊＊＊

序　言

　　实践出真知，这是在天线行业的从业者中流传最广的至理名言，大家对它的理解甚至比麦克斯韦方程来的还要彻底！纸上得来终觉浅，绝知此事要躬行，这是天线行业的从业标准，因为任何方案，都只有通过实际的试验、近场或远场的测量才能确认是否正确。《实用工程圆极化天线》的每一章、每一节都源自俱新德教授50多年来的教学或实践经验的总结和汇合，这必将成为我国天线设计史上的重要成果。

　　与俱新德教授的相识，源于我的母校——西安电子科技大学。1989年，我毕业于西安电子科技大学，此时的俱教授风华正茂，是我们最喜爱的专业课老师，也是我们崇拜的对象。俱教授本人毕业于西安电子科技大学（原西北电讯工程学院）的天线和电波专业，从1965年开始就一直在该校电磁场工程系执教，2000年7月开始担任陕西海通天线公司技术总监一职。50多年的教研生涯，俱教授孜孜不倦，一直从事天线专业的教学与天线实用化、产品化研究，具有丰富的理论和实践经验。而作为国内天线产业的佼佼者，我们广东盛路通信科技股份有限公司也有责任和义务将成熟的天线技术向广大科研人员进行推广和普及，因此我们积极参与了本书的编写工作。本书编者陈志兴同志是我司一名非常优秀的员工，先后在华南理工大学和查尔姆斯大学（瑞典）攻读硕士和博士学位，已成为天线行业的高端专业人才，获得全国五一劳动奖章、省五一劳动奖章、佛山大城工匠、森城英才等荣誉和称号，是我们青年一代学习的榜样和楷模。

　　《实用工程圆极化天线》一书的编写，耗费了俱教授大量的心血，是其从教和从业几十年经验的心血结晶，高达数十厘米厚的手写稿是俱教授一笔一画认真书写而成的。本书是产学研结合的成功典范，该书的编写，旨在把国内外最新的天线技术介绍给广大的无线工程技术人员，促进我国天线技术的普及和发展，也弥补了我国在圆极化天线设计方面的资料空缺，是一件极有意义的工作。

　　本书重点突出了工程性和实用性，主要介绍各种类型的圆极化天线的基本概念、设计方法，并一一用实例进行了验证。本书所列举的圆极化天线种类非常多，内容丰富。鉴于本书主要面向广大天线设计者，重点偏重于天线的设计过程，俱教授在整个编写过程中，将不同类型的圆极化天线单独成章，采用图文并茂的形式，列出大量的设计实例，使得各种设计图标、分析曲线与文字内容相得益彰，通过对设计过程的描述，非常巧妙地将天线行业枯燥无味的理论变得通俗易懂、妙趣横生，便于读者掌握和理解。

俗话说：没有实际的理论是空虚的，同时没有理论的实际是盲目的。本书的出版给我们的实践提供了非常好的理论基础，免去了广大天线从业者们盲目地进行无用的实验。相信本书对于天线从业者们来说无论从理论设计还是工程实现上都能有所收获和借鉴。

知识，需要传承！俱教授把他毕生的经验，用这本著作传递给我们后来的通信人。他这种无私奉献的精神，必将鼓舞我们努力前行！

本书是难能可贵的学习资料，必将为学习通信天线的读者提供有益支撑。

盛路通信集团　董事长

杨华

2018 年 8 月

前　言

本书是全面、系统、专门介绍圆极化天线的实用工程参考书，全书共 17 章，虽然用贴片天线、正交偶极子、环天线、缝隙天线、4 线螺旋等天线都能够构成圆极化天线，但由于内容丰富，所以把它们均单独作为一章给出。另外，本书对国内外近十年出现的许多新技术，如高精度 GNSS 天线、顺序旋转馈电圆极化天线阵、波导圆极化器、圆锥波束天线、全向圆极化天线、波束切换、极化重构圆极化天线等内容都作了较详细的论述，这些内容首次与读者见面。

本书不用繁杂的数学公式，主要介绍了各种圆极化天线的物理概念、结构尺寸、图表曲线及主要电性能。本书天线的种类多、实例多，工程性、实用性强，图文并茂，不是手册，胜似手册。为了便于读者进一步研究，作者尽可能在每一章的后面列出大量参考文献。

本书由俱新德、陈志兴、赵玉军、刘军州编写，张培团、王小龙、邱林、朱亮参与了部分章节的编写。

本书在编写过程中得到了三水市盛路天线有限公司董事长杨华和中山市广东通宇通讯设备有限公司董事长吴中林的大力支持，还得到了专门从事集成天线研制生产的陕西特思电子科技有限责任公司总经理马玉新的鼓励和大力支持。本书在出版过程中得到了西安电子科技大学出版社社长胡方明、总编辑阔永红、副总编辑毛红兵和编辑刘玉芳的关照和大力支持。在此，作者对以上同志表示衷心感谢。

由于作者水平有限，书中难免有不妥之处，恳请读者批评指正。

编　者
2018 年 8 月

目 录

第 1 章　圆极化贴片天线和宽波束及小尺寸圆极化天线

1.1　圆极化贴片天线

本节主要介绍单馈窄带圆极化贴片天线，双馈和多馈宽带圆极化天线参看第 2 章。

1.1.1　探针馈电圆极化方环贴片天线

1. 探针直接馈电圆极化方环贴片天线

图 1.1 是用厚 $h=1.6$ mm，$\varepsilon_r=4.4$ FR4 基板制造的一种圆极化方环贴片天线，与图 1.2 所示的切角方环贴片天线不同，该天线用所带支节产生的兼并模实现圆极化，贴片中心不是

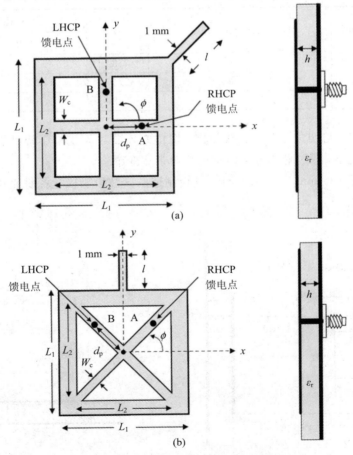

图 1.1　探针直接馈电圆极化带支节方环贴片天线

(a) 4 个方缝隙；(b) 4 个三角缝隙

切割 1 个缝隙，而是 4 个缝隙。其中，图 1.1(a)是在边长为 L_1 的方贴片中间切割 4 个方形缝隙，调谐支节位于方环贴片的角上，馈电点沿方贴片边的中心线，图 1.1(b)是在方贴片的中间切割 4 个三角缝隙，调谐支节位于方贴片边的中间位置，馈电点沿对角线。表 1.1 给出了两种天线的尺寸和实测轴比的相对带宽。

表 1.1　圆极化带支节方环贴片天线的尺寸及实测轴比(AR)的相对带宽

天线		L_1/mm	L_2/mm	W_c/mm	l/mm	d_p/mm	f_0/MHz	AR≤3 dB 的相对带宽
方形缝隙	1	34	29	2	5.5	8	1725	0.9%
	2	34	31.5	2	4	7	1695	0.9%
三角缝隙	1	34	29	2	8.3	7.5	1692	1.8%
	2	34	31.5	2	6.7	7	1614	1.4%

2. 探针直接馈电圆极化切角方环贴片天线[1]

图 1.2 是用厚 1.6 mm，$\varepsilon_r = 4.4$ FR4 基板制造的圆极化探针直接馈电切角方环贴片天线。与切角方贴片天线相比，切角方环贴片天线由于中间切割了边长为 L_2 的方形缝隙，所以降低了谐振频率，故相对尺寸要小一些。表 1.2 列出了这种天线的几何尺寸和主要电性能。

表 1.2　探针直接馈电切角方环贴片和切角方贴片的几何尺寸及主要电性能

天线	L_1/mm	L_2/mm	ΔL/mm	d_p/mm	f_0/MHz	相对带宽	
						AR≤3 dB	VSWR≤2
1	48	8	4.2	5.3	2330	1.4%	4.5%
2	48	10	4.8	5.0	2247	1.3%	4.6%
3	48	0	3.2	3.2	2480	1.5%	

由表 1.2 看出，与切角方贴片天线相比，切角方环贴片天线由于降低了谐振频率，所以在给定频率的情况下，尺寸相对小，但轴比相对带宽变窄。

图 1.3 是用厚 1.6 mm，$\varepsilon_r = 4.4$ FR4 基板制造的 S 波段圆极化探针直接馈电外边长 $A=$

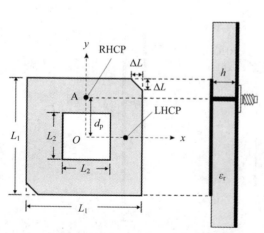

图 1.2　探针直接馈电中间带方缝的圆极化
切角方环贴片天线[1]

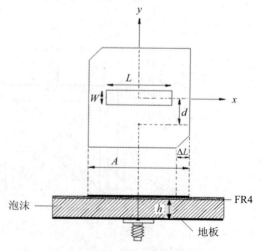

图 1.3　探针直接馈电中间带矩形缝隙的
圆极化切角方环贴片天线

36 mm 的方环贴片天线，为了展宽带宽，方环贴片天线和地板之间填充高度为 h 的泡沫，调整切角方环里边矩形缝隙的尺寸 $L \times W$ 和到馈电探针的距离 d，可以实现好的阻抗匹配。经过优化设计和实测，不同天线尺寸及实测的主要电参数列于表 1.3 中。

表 1.3　$A = 36$ mm 不同尺寸圆极化切角方环贴片天线的主要电参数

天线	h /mm	ΔL /mm	L /mm	W /mm	d /mm	f_0 /MHz	VSWR≤2 的相对带宽	AR≤3 dB 的相对带宽	G /dBic
1	6	8.5	23	6	15	2730	12.8%	4.21%	9.6
2	6	8	23	10	13	2660	11.8%	3.76%	8.7
3	6	7.5	23	14	9	2580	10.8%	3.49%	8.6
4	3	7	16	10	6	2740	8.2%	2.37%	8.6
5	8	9.5	25	10	17	2660	12.5%	5.26%	8.6

3. 探针从切角方环贴片中心通过微带线直接馈电构成的圆极化天线[2]

用同轴线馈电的贴片天线具有效率高、辐射单元与射频分布网络之间隔离度高的优点，但存在几个固有的缺点，如中等带宽，由于探针偏离贴片中心馈电而导致高交叉极化电平，很难构成极化纯度很高的圆极化天线，但采用如图 1.4 所示的用探针从切角方环贴片中心通过微带线直接馈电构成的圆极化天线则具有低交叉极化电平。由图看出，探针位于贴片中心，通过位于贴片中心长 × 宽分别为 $L_f \times W_f$ 的开路微带线使天线与 50 Ω 匹配。为了实现 50 Ω 传输线，在贴片中心切割出长 × 宽分别为 $L_g \times W_g$ 的矩形缝隙，为了实现圆极化，采用切角产生的兼并模。

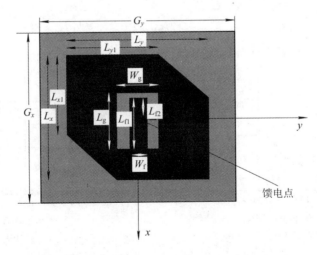

图 1.4　探针从切角方环贴片中心直接馈电构成的圆极化天线[2]

用厚 $t = 1.6$ mm，$\varepsilon_r = 4.4$ 的 FR4 基板制作了 $f_0 = 1.6$ GHz 的圆极化天线，接地板的尺寸为 $G_x = G_y = 50$ mm，贴片的尺寸为 $L_x = L_y = 39$ mm，$L_{x1} = L_{y1} = 26.3$ mm，$L_g = 16$ mm，$W_g = 10$ mm，$L_{f1} = 15$ mm，$L_{f2} = 6$ mm，$W_f = 4$ mm。

该天线实测 $S_{11} < -10$ dB 的相对带宽为 0.25%，3.5 dB 波束宽度为 195°，轴线 AR = 0.5 dB，实测增益为 2 dBic。交叉极化电平大于 −20 dB。

1.1.2　用单馈几乎方贴片构成的圆极化天线[3]

单馈几乎方贴片为窄带圆极化天线，为展宽其带宽，除采用空气基板外，还可采用层叠寄生贴片。图 1.5(a)是用空气介质基板制造的 L 波段且用层叠几乎方贴片构成的宽带圆极化天线，馈电贴片的边长为 78.10 mm×64.80 mm，寄生贴片的尺寸为 64.60 mm×60.80 mm，它们的相互位置及馈电探针的位置如图所示。图 1.5(b)、(c)是该天线实测 S_{11} 和 AR 的频率特性曲线，由图可看出，AR<2.5 dB 的相对带宽为 13.5%，VSWR<2 的相对带宽为 20%。虽然 AR 和 VSWR 的带宽不重叠，但 AR 和 VSWR 重叠的相对带宽仍然达到 13.3%。

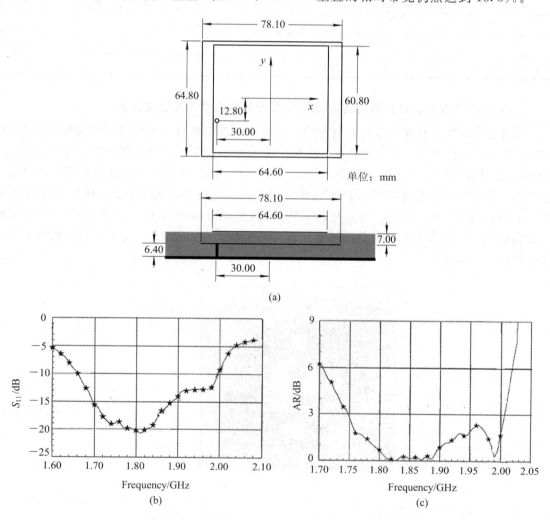

图 1.5　单馈层叠几乎方贴片圆极化天线和实测 S_{11}、AR 的频率特性曲线[3]
（a）天馈结构；（b）S_{11} - f 特性曲线；（c）AR - f 特性曲线

图 1.6 是由单馈层叠几乎方贴片构成的 f_0=1.95 GHz 圆极化天线，由图可看出，寄生几乎方贴片是用厚 0.81 mm，ε_r=2.2 的基板制造的，馈电几乎方贴片是用厚 1.50 mm，ε_r=2.2 的基板制造的，上下几乎方贴片之间填充 ε_r=1.2、高 11.20 mm 的介质，下几乎方贴片用靠近贴片边缘（5.35 mm 和 7.55 mm）的探针馈电。该天线在 1.85～2 GHz 频段内，

AR≤3 dB的相对带宽为 7.8%。上下几乎方贴片之间以空气为介质，VSWR≤2 的频段为 1.76～1.95 GHz，AR<2.5 dB 的相对带宽为 14%。

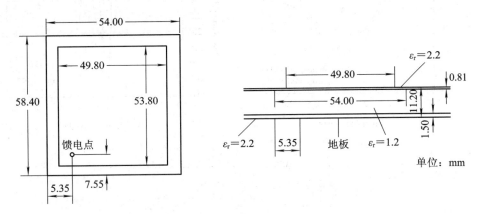

图 1.6　探针单馈圆极化层叠几乎方贴片天线

1.1.3　由带不对称 U 形缝隙方贴片构成的圆极化天线[4]

单馈单层带 U 形缝隙贴片天线 VSWR≤2 的带宽为 30%，但为线极化，把 U 形缝隙变成不对称 U 形缝隙，利用不对称 U 形缝隙产生的正交兼并模就能实现圆极化。

图 1.7 是由带不对称 U 形缝隙方贴片构成的圆极化天线。调整 U 形缝隙的臂长，可以使圆极化天线的轴比最佳。中心设计频率 $f_0 = 2.3$ GHz($\lambda_0 = 130.4$ mm)，天线的具体尺寸如下：$L_p = 44.7$，$W_p = 44.7$，$h = 11$，$L_{ul} = 27.8$，$L_{ur} = 21.8$，$L_{ub} = 8.3$，$W_u = 16.9$，$W_s = 2.3$，$L_f = 13.9$，$L_{gd} = 102 = W_{gd}$，$h_{gd} = 3$（以上参数单位为 mm）。天线的外形尺寸和电尺寸为 102 mm×102 mm×14 mm($0.782\lambda_0 \times 0.782\lambda_0 \times 0.107\lambda_0$)。图 1.8(a)、(b)、(c)分别是该天线仿真实测 S_{11}、AR 和 G 的频率特性曲线，由图看出，在 2.27～2.48 GHz 频段内，$S_{11} < -10$ dB 的相对带宽为 9%，在 2.27～2.36 GHz 频段内，AR≤3 dB 的相对带宽为 4%，在 f_0 实测 $G = 8$ dBic，HPBW=58°，交叉极化电平低于 −15 dB。

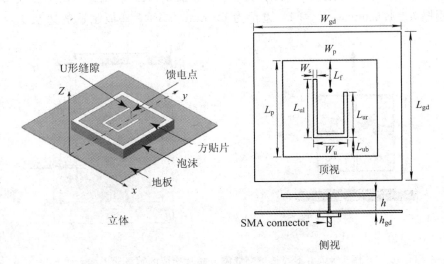

图 1.7　圆极化带不等长 U 形缝隙的方贴片天线[4]

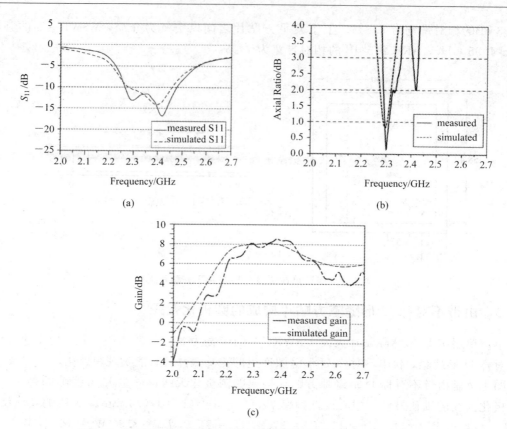

图 1.8 圆极化带不等长 U 形缝隙方贴片天线仿真和实测电性能[4]

(a)S_{11}-f 特性曲线；(b)AR-f 特性曲线；(c)G-f 特性曲线

1.1.4 由不等长正交缝隙方贴片构成的圆极化天线

单馈圆极化贴片不仅结构简单，而且不需要外部馈电网络。为了用单馈方贴片实现圆极化，可利用在方贴片上或方地板上切割的两对不等长矩形缝隙产生的两个正交兼并模。图 1.9(a)是用厚 h＝1.6 mm，ε_r＝4.4，边长为 60 mm 方 FR4 基板制造的边长 L＝43 mm 的

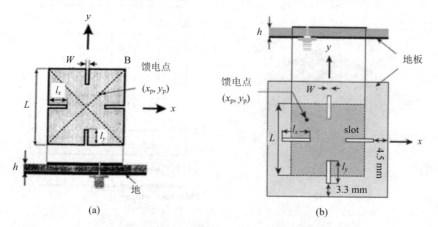

图 1.9 由不等长正交缝隙方贴片构成的圆极化天线

(a)缝隙位于贴片上；(b)缝隙位于地板上

FR4 方贴片，为了用同轴线单馈实现 1575 MHz RHCP（馈电点的位置为 $x_p = -9$ mm，$y_p = 9$ mm），在方贴片 4 个边的中间位置切割了两对宽 $W = 1$ mm，$l_x = 6.5$ mm，$l_y = 5.5$ mm 的不等长缝隙。该天线实侧 $S_{11} < -10$ dB 的相对带宽为 3.5%，AR≤3 dB 的相对带宽为 1.1%，图 1.9(b)所示的天线与图 1.9(a)所示的天线相似，但 $l_x = 13.5$ mm，$l_y = 11.5$ mm 两对不等长缝隙位于地板上。该天线实测 $S_{11} < -10$ dB 的相对带宽为 4.4%，AR≤3 dB 的相对带宽为 1.4%。

1.1.5　微带线串联缝隙耦合单馈圆极化贴片天线[5]

　　图 1.10(a)是用串联微带线通过正交缝隙耦合给贴片天线馈电构成的圆极化天线。用串馈展宽了圆极化贴片天线的轴比带宽和平的增益带宽，用短的正交缝隙有利于提高增益。由图看出，该天线由两层基板组成，上层是用厚 $d_1 = 1.575$ mm，$\varepsilon_{r1} = 2.2$ 的基板制造的边长为 L_1 的方贴片，下层是用厚 $d_3 = 0.8$ mm，$\varepsilon_{r2} = 4.6$ 的基板制造的馈电网络，基板的背面为串联微带线，正面为微带线的地，同时兼作贴片天线的反射板，在地板上切割长×宽$=L_2 \times W_2$ 的正交缝隙。让相邻正交缝隙之间串馈微带线的长度为 $\lambda_g/4$，以便构成圆极化所需要的 90° 相差。

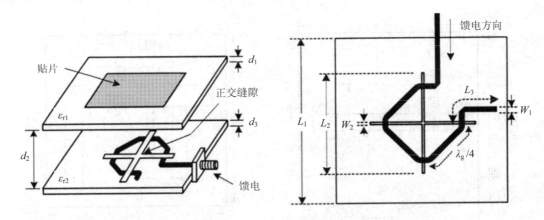

图 1.10　串联微带线缝隙耦合单馈圆极化方贴片天线[5]

　　中心设计频率 $f_0 = 2.4$ GHz，天馈的具体尺寸如下：$L_1 = 45$，$L_2 = 28.55$，$L_3 = 13.65$，$W_1 = 1.479$，$W_2 = 0.7$，$d_2 = 4.5$（空气介质）（以上参数单位为 mm）。该天线有以下实测电性能：

　　VSWR<1.5 的相对带宽为 10%，AR≤3 dB 的相对带宽为 4.6%，$G_{max} = 8$ dBic，3 dB 增益带宽为 16.7%，$F/B = 20$ dB，HPBW=60°。

1.1.6　由单馈缝隙耦合带 F 形缝隙方贴片构成的圆极化天线[6]

　　图 1.11 是用微带通过地板上的矩形缝隙给带 F 形缝隙方贴片耦合馈电构成的圆极化天线。由图看出，整个天线由位于地板之上厚度为 h_2 的泡沫层上面有 F 形缝隙边长为 L_p 的方贴片，有长×宽$=L_a \times W_a = \lambda_g/2 \times \lambda_g/20$ 矩形缝隙边长为 G 的方地板及宽度为 W_r、长度为 S_r 的带线组成。F 形缝隙的长度 L_{s3} 对天线的性能影响极大，可以通过实验调整。微带馈线是用厚 $h_1 = 1.524$ mm，$\varepsilon_r = 3.38$ 的基板制造的，之所以用单馈能实现圆极化，是因为利用了在方贴片中切割的 F 形缝隙产生的兼并模。中心设计频率 $f_0 = 2.4$ GHz，天馈的最佳尺寸如

下：$L_p = 44.7$，$G = 65$，$h_1 = 1.524$，$h_2 = 8.5$，$W_s = 2$，$L_{s1} = 23.5$，$L_{s2} = 12$，$L_{s3} = 14.35$，$W_f = 3.6$，$L_a = 34$，$W_a = 3$，$S_f = 38.6$（以上参数单位为 mm）。该天线实测电性能如下：

(1) 在 2.2～2.54 GHz 频段内，VSWR≤2 的相对带宽为 14.4%；

(2) 在 2.4～2.52 GHz 频段内，AR≤3 dB 的相对带宽为 4.9%；

(3) $G = (6 \pm 0.5)$ dBic。

由于在方贴片中切割了 F 形缝隙，使天线尺寸减小了 40%；但由于在地板上开缝，所以天线的后瓣较大。

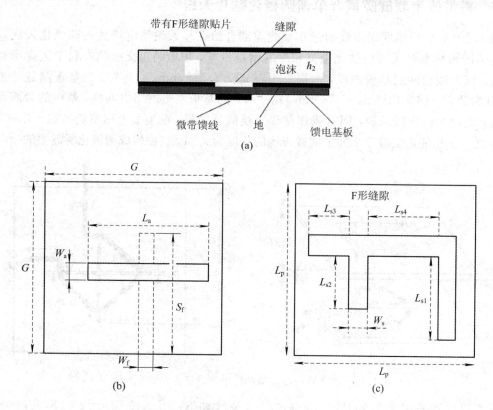

图 1.11　缝隙耦合有 F 形缝隙的方贴片天线[6]

(a) 天馈结构（截面）；(b) 缝隙耦合带线；(c) 切割 F 形缝隙的方贴片

1.1.7　圆极化单馈 H 形贴片天线

图 1.12 是用厚 $h = 1.6$ mm，$\varepsilon_r = 4.4$ FR4 的基板制造的 $f_0 = 2.5$ GHz 圆极化单馈 H 形贴片天线，由于在方贴片的上下边缘切割了长 $L_1 = 9$ mm，宽 $W_1 = 1$ mm 的缝隙，因而沿贴片的对角线距边缘 $d = 6$ mm 的探针单馈，就能激励幅度相等，相位差为 90° 的两个兼并模而产生圆极化。如果探针位于 C 点，由于 Y 向正交分量相位超前 X 向正交分量，所以为 RHCP。该天线实测电性能如下：

(1) $S_{11} < -10$ dB 的频段为 2.0405～2.525 GHz，相对带宽为 4.9%；

(2) AR≤3 dB 的频段为 2.434～2.465 GHz，相对带宽为 1.3%；

(3) 在 AR 带宽内，$G = 1.9～3.5$ dBic。

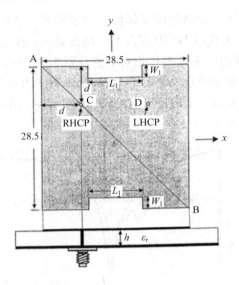

图 1.12　圆极化单馈 H 形贴片天线

1.1.8　缝隙加载圆极化贴片天线[7]

图 1.13 是位于边长为 150 mm 方地板之上的 $h_2=32$ mm，由厚 $h_1=0.4$ mm，$\varepsilon_r=4.4$ 的 FR4 基板制造的尺寸为 130 mm×130 mm 圆贴片。为了作为（902～928 MHz）RFID 读数使用的圆极化天线，在半径 $R=61.5$ mm 圆贴片中引入半径 $S=48$ mm 的半圆缝隙激励圆极化需要的兼并正交模，为了实现宽频带，采用偏离中心 6 mm，水平长 $L=49$ mm、宽 5 mm 的 L 形探针耦合馈电。

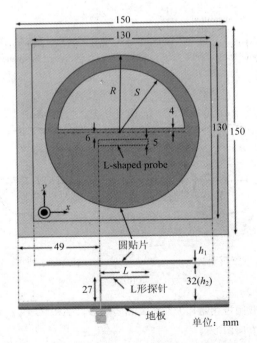

图 1.13　900 MHz 缝隙加载圆极化贴片天线[7]

图 1.14(a)、(b)、(c)、(d)分别是该天线仿真和实测 S_{11}、AR、G 和效率 η 及在 914 MHz 实测主极化(RHCP)和交叉极化(LHCP)方向图。由图看出，该天线主要有以下电参数：

(1) 实测 $S_{11}<-10$ dB 的频率范围和相对带宽分别为 880~1100 MHz 和 22.2%；

(2) 实测 AR≤3 dB 的频率范围和相对带宽分别为 901~930 MHz 和 3.1%；

(3) 在 900~930 MHz 频段，实测 $G=6.8\sim7.3$ dBic，$\eta=87\%\sim94\%$；

(4) 在 914 MHz，HPBW=75°，$F/B=20$ dB。

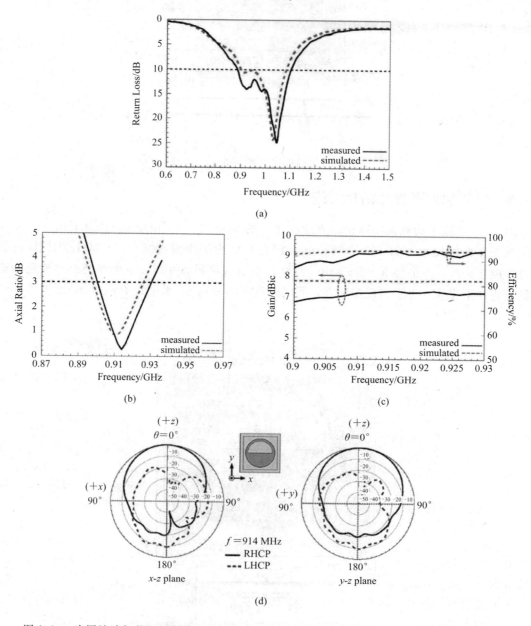

图 1.14　半圆缝隙加载圆极化贴片天线仿真和实测 S_{11}、AR、G、η 及 914 MHz 实测主极化
　　　和交叉极化方向图[7]
　　(a) S_{11}-f 特性曲线；(b) AR-f 特性曲线；(c) G-f 特性曲线；(d) 方向图

1.2　宽波束圆极化天线

编者把 HPBW≥100°和 3 dB AR 波束宽度也大于 100°的部分圆极化贴片天线作为宽波束圆极化天线列在本节，除用贴片天线实现宽波束圆极化天线外，用其他天线也可以实现宽波束圆极化，详细内容参见有关章节。

1.2.1　用正交下倾偶极子构成的宽波束圆极化天线[8]

L 波段国际海事通信卫星的工作频段为：下行（接收）1525～1559 MHz，上行（发射）1626.5～1660.5 MHz，收发频段的相对带宽为 8.5%，对于高纬度地区海事通信卫星使用的天线，垂直面应当有更宽的 HPBW，例如 HPBW≥110°。

用 ε_r＝4.4 FR4 环氧基板印刷制造的（见图 1.15）正交下倾偶极子就具有上述特性，调整偶极子的尺寸及图中所示贴片的位置和尺寸使天线谐振。

天线的具体尺寸如下：

W＝7 mm，h_1＝28 mm，h_2＝52 mm，h_3＝82 mm，h_4＝20 mm，h_5＝16 mm，h_6＝3 mm，h_7＝24 mm，d_1＝2 mm，d_2＝1 mm，接地板直径为 100 mm。

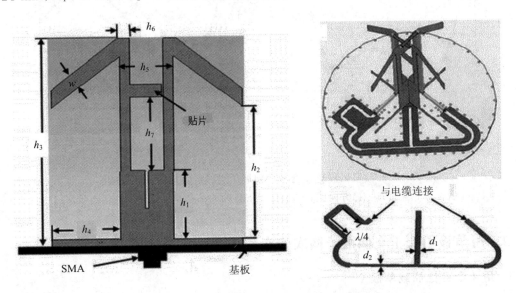

图 1.15　L 波段圆极化正交下倾偶极子天线[8]

为了实现圆极化，让微带馈线的长度差为 $\lambda_g/4$，来实现用正交下倾偶极子构成圆极化必须具备的 90°馈电相位。

该天线在 1.52～1.66 GHz 频段内，G＝5.6～5.2 dBic，VSWR≤2 的相对带宽为 10.7%。图 1.16(a)、(b)分别是该天线在 f＝1525 MHz 和 f＝1660 MHz 仿真和实测垂直面归一化方向图、AR 的频率特性曲线及 AR 随 θ 的变化曲线，由图可知，HPBW＞110°，AR≤3 dB 的相对带宽为 10.6%，3 dB AR 波束宽度为 120°。

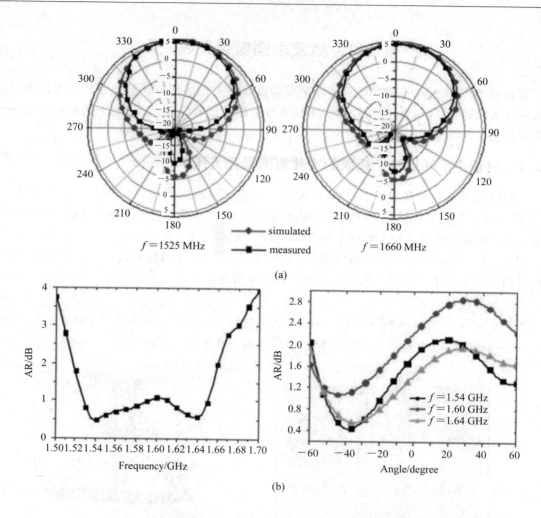

图 1.16　L 波段圆极化正交下倾偶极子天线的方向图及 AR 特性[8]
(a) 垂直面归一化方向图；(b) AR - f 特性曲线和 AR 随 θ 的变化曲线

1.2.2　用单极子和正交偶极子构成的宽波束圆极化天线

1. 用 4 个容性加载单极子

使用 148.0~149.9 MHz 上行频段和 137~138 MHz 下行频段的小卫星，需要安装相对带宽为 9%，AR<2 dB，在垂直面 $\theta=0°\sim60°$ 的角域内，下行最小增益为 0 dBic，上行最小增益为 -5 dBic 的 RHCP 天线。为了实现上述要求，宜采用等幅和 0°、90°、180° 和 270° 相差给 4 个直线或弯曲单极子馈电构成的宽波束圆极化天线。为了只用一个 3 dB 电桥给 4 个单极子馈电，如图 1.17(a) 所示，将馈线的长度依次增加 $\lambda_0/4$，就能实现圆极化。在每个单极子中串联 15 PF 的电容，有助于抵消单极子输入阻抗中的感抗，用这种匹配网络后，在 137.5 MHz 和 149 MHz 实测 VSWR 分别为 1.2 和 1.4。图 1.17(b) 是该天线仿真和实测 AR 随 θ 的变化曲线，由图看出，该天线的宽角 AR 比较好。图 1.17(c) 是该天线在 137.5 MHz 仿真和实测垂直面增益方向图，由图看出，$\theta=0°$，$G=5$ dBic；$\theta=85°$，$G=0$ dBic。

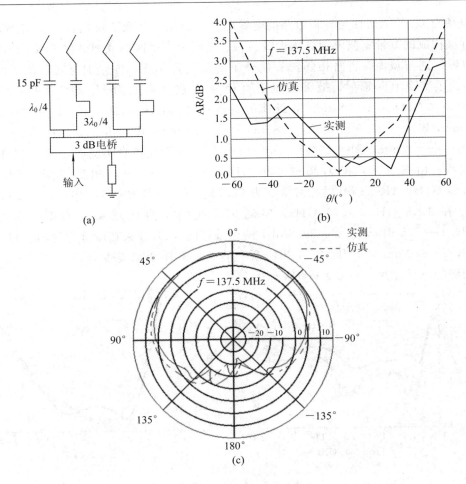

图 1.17　由 4 个单极子构成的圆极化天线及电性能

(a) 天馈结构；(b) AR 与 θ 的关系曲线；(c) 垂直面增益方向图

2. 用背腔电磁偶极子加载正交偶极子天线

图 1.18(a)、(b) 是用厚 0.508 mm，$\varepsilon_r = 3.38$ 基板的顶面，由边长为 W_e 的 4 个金属板通

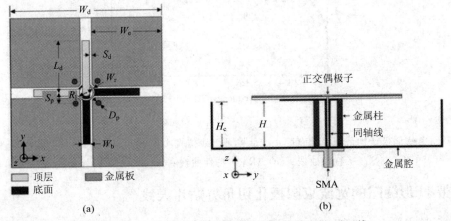

图 1.18　电磁偶极子加载圆极化背腔正交偶极子天线

(a) 顶视；(b) 侧视

过 4 个直径为 D_p 的金属柱与地板短路的电磁偶极子给位于基板正反面长 L_d、宽 W_b 的正交偶极子加载构成的宽带宽波束圆极化天线。为了用同轴线单馈构成圆极化天线，用两个空的 $\lambda/4$ 印刷环分别与顶面、底面相邻正交偶极子的辐射臂相连，再分别与同轴馈线的内外导体相连，为了实现单向辐射，把天线位于直径为 A 边环高度为 H_c 的背腔中。中心设计频率 $f_0 = 1.44$ GHz($\lambda_0 = 208$ mm)，天馈的具体尺寸为：$A = 120$ mm，$H = H_c = 30$ mm，$W_d = 76$ mm，$W_e = -35.5$ mm，$L_d = 28$ mm，$S_d = 0.5$ mm，$W_b = R_1 = 5$ mm，$W_r = 0.5$ mm，$S_p = 8$ mm，$D_p = 3$ mm。图 1.19(a)、(b)、(c)分别是该天线仿真实测 S_{11}、AR、G 和 η 的频率特性曲线，由图看出，在 $1.29 \sim 2.26$ GHz，$S_{11} < -10$ dB，相对带宽为 54.6%，在 $1.37 \sim 1.81$ GHz，AR<3 dB 的相对带宽为 27.7%，在 3 dB AR 带宽内，$G = 8 \pm 0.5$ dBic，$\eta > 94\%$。在 1.45 GHz、1.70 GHz，实测该天线的垂直面增益方向图，结果为：在 1.45 GHz，$G = 7.8$ dBic，$F/B = 26.8$ dB，两个垂直面 3 dB 波束宽度分别为 $169°$ 和 $210°$；在 1.7 GHz，$G = 8.3$ dBic，$F/B = 27.7$ dB，两个垂直面 3 dB 波束宽度分别为 $175°$ 和 $172°$。

该天线的电尺寸为 $0.64\lambda_0 \times 0.64\lambda_0 \times 0.16\lambda_0$。

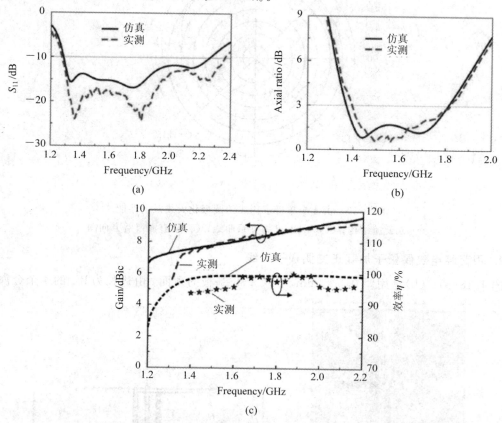

图 1.19　电磁偶极子加载圆极化背腔正交偶极子天线仿真实测 S_{11}、AR、G 及 η 的频率特性曲线
(a) S_{11}-f 特性曲线；(b) AR-f 特性曲线；(c) G、η-f 特性曲线

1.2.3　带 U 形缝隙的宽波束圆极化切角方贴片天线[9]

图 1.20 是用厚 $h = 9.12$ mm，$\varepsilon_r = 10.02$ 基板制造的圆极化带 U 形缝隙的单馈切角方贴片天线。使用高介电常数基板是为了减小天线的尺寸。使用厚基板是为了满足天线的带宽，

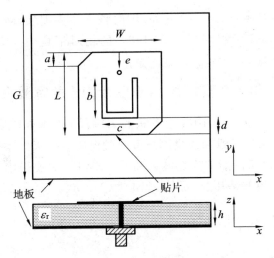

图 1.20　单馈圆极化带 U 形缝隙的切角方贴片天线[9]

但用长探针馈电会引入大的感抗，限制了天线的阻抗带宽，所以在切角贴片上切割了 1 mm 宽的 U 形缝隙，由于 U 形缝隙引入容抗抵消了长探针引入的感抗，因而展宽了圆极化天线的阻抗和轴比带宽。对 L1(1575 MHz)GPS 天线，具体尺寸如下：

$a=6$，$b=10$，$c=11$，$d=7$，$e=6$，$h=9.12$，$G=60$，$L=W=25$(以上参数单位为 mm)，$\varepsilon_r=10.02$。

该天线在 1.545～1.8 GHz 频段内，VSWR≤2，相对带宽由无 U 形缝隙时的 8.3% 展宽到15.2%。在 1.56～1.61 GHz 频段内，AR＜3 dB 的相对带宽为 3.2%。$\phi=0°$和$\phi=90°$垂直面方向图 HPBW 分别为 112°和 110°，交叉极化(LHCP)低于 20 dB，最大增益为 4.5 dBic。

相对中心频率 $f_0=1575$ MHz，天线的电尺寸：长×宽×高 $=0.13\lambda_0×0.13\lambda_0×0.05\lambda_0$，接地板的电尺寸为 $0.315\lambda_0×0.315\lambda_0$。

1.2.4　用微带线耦合馈电切角方贴片构成的宽波束圆极化天线

图 1.21 是用厚 $h_1=3.15$ mm，$\varepsilon_r=6.0$ 基板制造的 $f_0=1230$ MHz($\lambda_0=243.9$ mm)用微带线给切角方贴片天线耦合馈电构成的宽波束圆极化天线，经过优化设计，切角方贴片的边长 $L=63.6$ mm，切角 $\Delta L=4.6$ mm，微带馈线的尺寸为：$L_1=46$ mm，$L_2=17$ mm，$W_1=0.4$ mm，$W=2.4$ mm，为了减小后向辐射，把天馈系统置于边高 $H=20$ mm($0.082\lambda_0$)边长

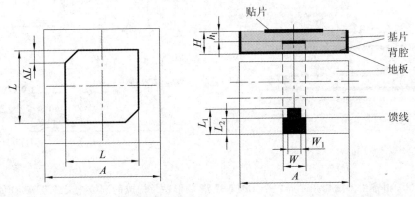

图 1.21　宽波束圆极化微带线耦合馈电切角方贴片天线

$A=100$ mm$(0.4\lambda_0)$的方背腔中。在 1230 MHz 时该天线主要实测电参数：$G_{\max}=4.9$ dBic，10°仰角 $G=-1.9$ dBic，HPBW$=112°$，在 1.3% 的相对带宽内，AR$\leqslant3$ dB 的波束宽度为 170°，可见宽角 AR 相当好。

1.2.5　用寄生方贴片和 4 个双短路 U 形贴片构成的宽波束圆极化天线[10]

图 1.22(a)、(b)是由 $\varepsilon_r=4.3$ FR4 上基板和 $\varepsilon_r=3.5$ 下基板印刷制造的 902～928 MHz 宽波束低 VSWR 圆极化贴片天线和馈电网络及等效电路。该天线不仅 HPBW、3 dB 波束宽度宽，而且 VSWR 低。之所以能实现宽波束和低 VSWR，主要采用了以下技术：

（1）位于上基板中心的方贴片及 4 周 4 个 4 馈（0°、90°、180°、270°）双短路（共 8 个 $\phi5$ 金属柱）U 形金属带。

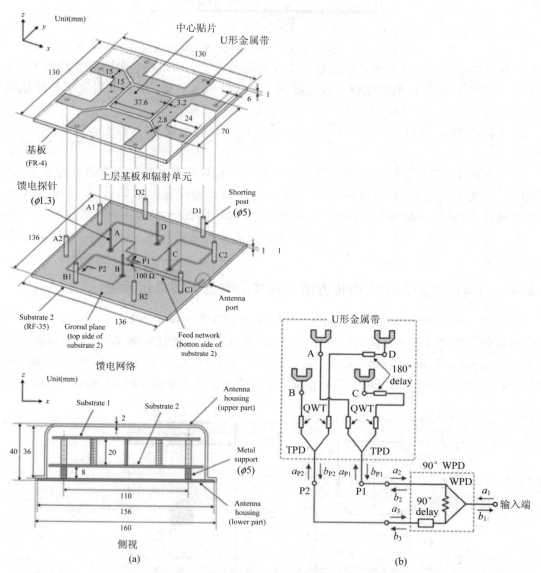

图 1.22　由寄生方贴片和 4 周 4 个 4 馈双短路 U 形贴片构成的圆极化天线及等效电路[10]

(a)天馈结构；(b)等效电路

（2）位于下基板正面由一个臂有 90°延迟线的宽带 WiLKinSon 功分器（WPD）、两个 T 形功分器（TPD）、4 个 $\lambda/4$ 阻抗变换器（QWT）和 180°延迟线构成的馈电网络，保证了探针与 4 个 U 形贴片及与馈电网络 4 个连接点 A、B、C、D 的相位分别为 0°、90°、180°和 270°。该天线在 810～1000 MHz 频段内，$S_{11}<-10$ dB 的相对带宽为 21%，在 902～928 MHz 频段内，$S_{11}<-34$ dB，在 902、915 和 928 MHz 实测主要电参数如表 1.4 所示。

表 1.4　902～928 MHz 圆极化天线实测电参数

f/MHz	G/dBic（轴线）	AR/dB（轴线）	HPBW		3 dB 轴比波束宽度	
			xz 面	yz 面	xz 面	yz 面
902	4.4	0.6	118°	116°	163°	174°
915	4.9	0.6	117°	114°	156°	175°
928	4.7	0.6	119°	115°	161°	177°

相对中心频率 915 MHz（$\lambda_0=328$ mm），该天线的电尺寸为 $0.396\lambda_0 \times 0.396\lambda_0 \times 0.0915\lambda_0$，含天线罩，天线的电尺寸为 $0.49\lambda_0 \times 0.49\lambda_0 \times 0.12\lambda_0$。

1.2.6　带寄生环的宽波束圆极化圆贴片天线[11]

4 线螺旋天线有非常宽的心脏形方向图，低仰角有比较高的增益，但尺寸太高。用高介电常数缩小贴片天线的地板，也可以展宽贴片天线的波束宽度。另外，还可以用图 1.23 所示的寄生环来展宽单馈圆极化贴片天线的垂直面波束宽度。由图看出，该天线由顶层内外半径分别为 R_2 和 R_1 的寄生环和中间为空气间隙底层半径为 R_3 的单馈圆贴片组成，馈电点到中心的距离为 L_2，为了用单馈圆贴片构成圆极化，在与馈电点成 45°圆贴片的直径上，附加宽度为 W 距中心为 L_1 的两个耳朵产生的兼并模。

中心设计频率 $f_0=2492$ MHz，顶层和底层贴片均用厚 $h_1=h_2=1.6$ mm，$\varepsilon_{r1}=\varepsilon_{r2}=4.4$ 的 FR4 基板印刷制造，天线的具体尺寸如下：$R_1=20.5$，$R_2=18.5$，$R_3=16.4$，$L_1=17$，$L_2=3.8$，$h=10$，$W=3$（以上参数的单位均为 mm）。天线的外形尺寸及相对 λ_0 的电尺寸分别为 68 mm × 68 mm × 13.2 mm 和 $0.56\lambda_0 \times 0.56\lambda_0 \times 0.11\lambda_0$。

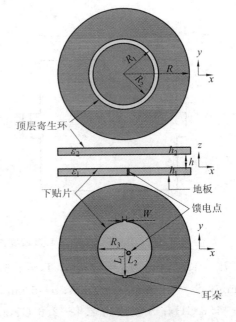

图 1.23　带寄生环的宽波束圆极化圆
贴片天线[11]

该天线主要实测电参数如下：在 2468～2498 MHz 频段内，$S_{11}<-10$ dB 的相对带宽为 1.2%，AR≤3 dB 的相对带宽为 0.3%，水平面方向图呈全向，垂直面方向图为半球形，HPBW=140°，在 f_0 实测最大增益为 3.4 dBic，5°仰角增益为 -1.8 dBic。

1.2.7　双频宽波束圆极化贴片天线

图 1.24(a)是用厚 $h_1 = h_2 = 2.5$ mm，$\varepsilon_r = 9.8$ 基板制造的 S/L 波段双频宽波束圆极化层叠方贴片天线。上贴片为 S 波段，下贴片为 L 波段。为了实现宽频带，S、L 波段贴片天线均用厚 $h_3 = 0.8$ mm，$\varepsilon_r = 4.4$ FR4 基板制造的 3 dB 电桥和同轴探针双馈。双馈点均位于贴片中心的对称轴上，其中 1、2 为 L 波段方贴片天线的馈电点，3、4 为 S 波段方贴片天线的馈电点。为了用同轴探针给 S 波段上贴片天线馈电，通过过孔，把与 3 dB 电桥相连的同轴探针穿过地板，下贴片天线与 S 波段上贴片天线的馈电点$(0,-b)$相连，为了给 L 波段下贴片馈电，通过过孔，把与 3 dB 电桥相连的两根同轴探针穿过地板，与下贴片的馈电点$(0,a)$相连。在贴片天线的中心，用 $D = 1.5$ mm 的金属杆把上下贴片天线相连。为了便于调整 S/L 双频天线的谐振频率，在 S/L 双频贴片天线 4 个边的中间位置均附加了尺寸为 $W \times T$ 的 4 个支节。L(1.6 GHz)和 S(2.5 GHz)波段双频圆极化方贴片天线的尺寸如下：

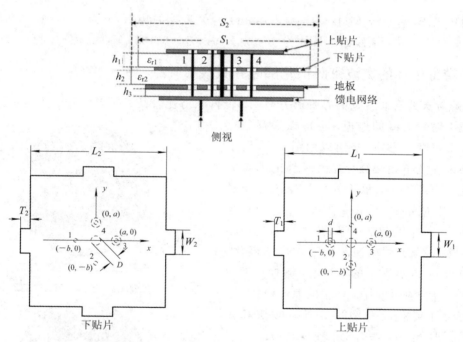

图 1.24　S/L 波段宽波束圆极化层叠双馈贴片天线[12]

$L_1 = 17.5$ mm，$L_2 = 26$ mm，$T_1 = 1.5$ mm，$W_1 = 2.5$ mm，$T_2 = 1$ mm，$W_2 = 5$ mm，$S_1 = 63$ mm，$S_2 = 73$ mm，$a = 3$ mm，$b = 5$ mm。该天线实测 $S_{11} < -10$ dB 的频率范围：L 波段为 1.6~1.8 GHz；S 波段为 2.4~2.6 GHz，L 波段天线在 0~60° 仰角范围内，实测 AR≤3.5 dB，S 波段天线在 0~90° 仰角范围内，实测 AR≤3.5 dB。S/L 波段圆极化方贴片天线实测垂直面 HPBW，L 波段为 140°，S 波段为 160°。

1.2.8　宽波束单馈双频双圆极化圆贴片天线[13]

图 1.25 是宽波束双频双圆极化天线。由图看出，整个天线由上下两层圆贴片组成。上下圆贴片的半径分别为 R_{11}、R_{21}，每个贴片中都切割了偏心$(x_1,y_1)(x_2,y_2)$半径分别为

R_{12}、R_{22} 的圆缝，每个圆缝均与长×宽分别为 $L_{s1} \times W_{s1}$、$L_{s2} \times W_{s2}$ 的矩形缝相连，用同轴探针馈电，馈电点为 x_0、y_0。把两个缝隙组合为产生圆极化提供了所需要的正交兼并模。为了同时实现 RHCP 和 LHCP，可将两个类似的圆贴片层叠放置。为了在两个波段提供更好的阻抗匹配，将上、下贴片中的圆缝隙均偏心设置。

用 $\varepsilon_r = 9.5$，厚 $h = 1.58$ mm 尺寸为 100 mm×100 mm 基板制造的由层叠贴片构成的低频 $f_1 = 1450$ MHz 和 $f_h = 2010$ MHz 双频双圆极化天线的具体尺寸如表 1.5 所示。

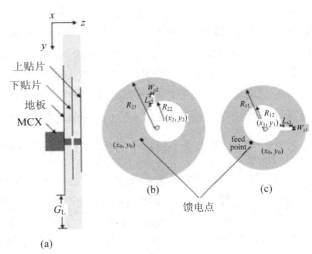

图 1.25　双频双圆极化圆贴片天线[13]

(a) 侧视；(b) 下贴片；(c) 上贴片

表 1.5　双频双圆极化贴片天线的尺寸

参　数	上贴片						下贴片						馈电点	
	R_{11}	R_{12}	L_{s1}	W_{s1}	x_1	y_1	R_{21}	R_{22}	L_{s2}	W_{s2}	x_2	y_2	x_0	y_0
尺寸/mm	13.0	3.2	5.3	0.8	0	−1	18.0	4.1	3.4	0.8	−4	−4	2.9	2.9

天线的 HPBW 在很大程度上取决基板的材料及地板的大小，对同一块贴片天线，减小地板的尺寸就能展宽天线的 HPBW，采用高介电常基板，既能减小贴片的尺寸，也能减小地板的尺寸，还能提供宽的 HPBW，但天线的增益会减小。让基板的尺寸大于地板的尺寸，以便利用高 ε_r 基板的表面波来展宽天线的 HPBW，又能提高天线的增益。表 1.6 比较了不同基板尺寸对高低频天线增益及 HPBW 的影响。

表 1.6　不同基板尺寸对双频圆极化天线增益及 HPBW 的影响

实测参数		基板尺寸/mm				
		40×40	60×60	80×80	100×100	120×120
低频 $f_L = 1450$ MHz xoz 面	HPBW/(°)	116	116	118	124	126
	10°仰角 G/dBic	−4.5	−2.3	−1.2	−1.0	−0.8
	G_{max}/dBic	1.1	2.5	3.1	3.6	4.1
高频 $f_H = 2010$ MHz xoz 面	HPBW/(°)	100	110	140	170	190
	10°仰角 G/dBic	−2.5	−2.0	−0.8	0	0.8
	G_{max}/dBic	4.8	4.6	4.3	3.5	3.2

在地板尺寸为 40 mm×40 mm，基板尺寸为 100 mm×100 mm 的情况下，实测了高、低频天线的 S_{11} 和 AR 的频率特性曲线，低频段 VSWR≤2 的频段为 1431～1464 MHz（33 MHz），高频段为 2001～2063 MHz（62 MHz）。3 dB 轴比带宽，低频段和高频段天线分

别为(1448～1457 MHz(9 MHz)和(2022～2036 MHz)(14 MHz)。在1451 MHz和2029 MHz还实测了垂直面HPBW和3 dB轴比波束宽度,具体为:低频段两个垂直面HPBW分别为130°和100°,3 dB AR波束宽度分别为180°和165°,高频段两个垂直面HPBW分别为180°和114°,3 dB AR波束宽度分别为184°和175°,高低频段实测天线的最大增益均为3.9 dBic。

由上可见,用高介电常数基板制造的层叠贴片天线,实现了频率比为1.4的低频RHCP和高频LHCP宽波束圆极化,特别是该双频双圆极化天线具有宽角轴比方向图。

1.2.9   用周围带金属柱的单馈单臂圆锥螺旋天线构成的宽波束圆极化天线[14]

图1.26是用同轴线给周围带寄生金属柱单臂圆锥螺旋天线馈电构成的宽波束圆极化天线,在中心工作频率 $f_0 = 2.9$ GHz($\lambda_0 = 103.4$ mm)的情况下,单臂圆锥螺旋天线的锥角为150°,顶平面离地板的高度为13 mm($0.126\lambda_0$),距离大金属盘6.5 mm($0.063\lambda_0$),大金属盘距地板6.45 mm,大金属盘的直径为30 mm($0.29\lambda_0$),地板的直径为38 mm($0.369\lambda_0$),为了得到更好的圆极化特性,在地板上间隔38 mm均布了8个高28 mm($0.27\lambda_0$)的金属柱。为了展宽天线的阻抗带宽,在大金属盘下面的探针上附加了直径为6 mm的小金属片。该天线实测,VSWR≤2的相对带宽为36%,在2.3～3.3 GHz频段内,AR≤3 dB的相对带宽为36.3%,在AR带宽内,平均增益为3 dBic,垂直面HPBW=120°。

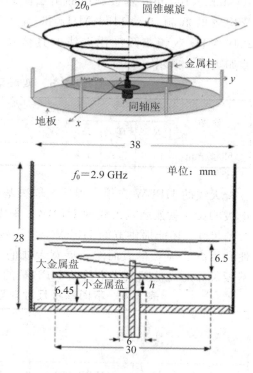

图1.26   周围带8个金属柱的单臂圆锥螺旋天线[14]

1.2.10   由不对称单馈贴片构成的宽角轴比圆极化天线[15]

图1.27是用厚 $H = 3.048$ mm,$\varepsilon_r = 3.4$ 基板印刷制造的由不对称单馈贴片构成的宽角轴比圆极化天线。为了用单馈实现圆极化天线,在方贴片的4个角上附加半径不等分别为 r_1、r_2、r_3 和 r_4 半圆产生的兼并模。为了实现RHCP,除要求 $r_1 > r_2 > r_3 > r_4$ 外,还要求馈电探针位于 x 轴,且到中心的距离为 x。贴片的边长为 L,方地板的边长为 D,天线的有效长度 L_e 为

$$L_e = \frac{\pi}{8} \times (r_1 + r_2 + r_3 + r_4) + L \tag{1.1}$$

中心设计频率 $f_0 = 1578$ MHz($\lambda_0 = 190.1$ mm),天馈的具体尺寸如下:$D = 70$,$L = 43.2$,$r_1 = 5.4$,$r_2 = 5.15$,$r_3 = 4.0$,$r_4 = 3.0$,$x_0 = 10$(以上参数单位为mm),图1.28(a)、(b)分别是该天线仿真实测 S_{11}、AR和 G 的频率特性曲线,由图看出,在1568～1592 MHz频段内,实测AR=3 dB的相对带宽为1.5%;在1556～1612 MHz频段内,实测 $S_{11} < -10$ dB的相对带宽为3.5%,在 $f = 1.62$ GHz,实测 $G = 5.25$ dBic,在阻抗带宽内,$G > 5$ dBic。图

1.28(c)是该天线在 1575 MHz 和 1578 MHz 实测仿真垂直面轴比方向图,由图看出,在两个主平面,3dB AR 波束宽度大于 $180°$。

天线的电尺寸为 $0.373\lambda_0 \times 0.373\lambda_0 \times 0.016\lambda_0$。

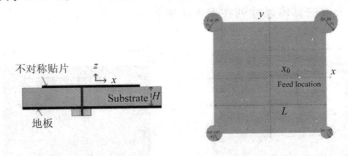

图 1.27　由单馈不对称贴片构成的圆极化天线[15]

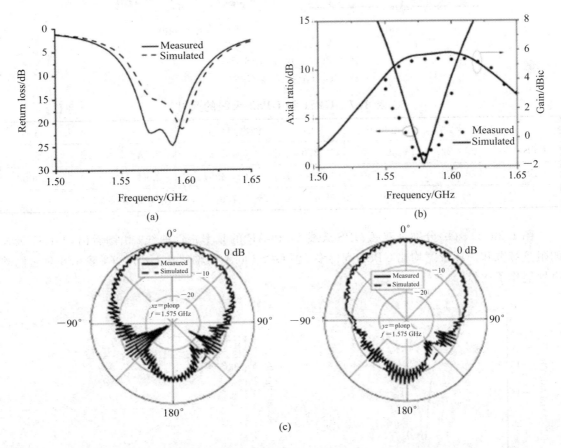

图 1.28　圆极化不对称贴片天线实测电性能[15]

(a) S_{11}-f 特性曲线;(b) AR、G-f 特性曲线;(c) 垂直面轴比方向图

1.2.11　宽角轴比 GPS 天线[17]

移动用户机的小型化迫使天线必须小型化,使天线小型化最有效的方法就是采用高介电常数基板,但它不仅增大了成本,而且使天线性能(如带宽)变差。对于窄带低成本 GPS 天线

来说，可以采用市场上能批量生产的低 ε_r 基板，为保证小尺寸，还可以在贴片上开缝，通过增加电流路径的长度来降低谐振频率。

图 1.29(a)、(b)是采用不同 ε_r 基板制造的 GPS1 切角贴片天线和 GPS2 切割不同长度缝隙的方贴片天线，天线的具体尺寸列在表 1.7 中。

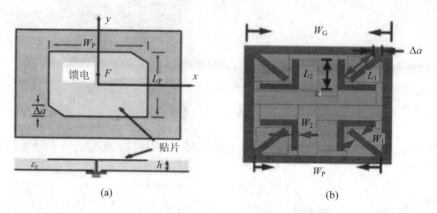

(a)　　　　　　　　　　　　(b)

图 1.29　小尺寸 GPS 天线[17]

(a) GPS1；(b) GPS2

表 1.7　GPS1 和 GPS2 天线的尺寸　　　　　单位：mm

	贴片 $W_p \times L_p$	地板 W_G	Δa	馈电点 (x, y)	h	ε_r	tgδ
GPS1	22×22	30×30	2.3	(0, 4.2)	2.54	17.22	0.0002
GPS2	26×26	30×30	2.3～2.4	(0, 3.5)	2.54	9.8	0.0002
$L_1 \times W_1 = 8.6 \times 1.4$，　　$L_2 \times W_2 = 7.98 \times 1.4$(GPS2 开缝尺寸)							

图 1.30(a)、(b)分别是双频 GPS 天线 S_{11} 和 AR 的频率特性曲线，由图看出，GPS1 天线的阻抗带宽和 AR 带宽均比 GPS2 宽得多，但 GPS2 的宽角轴比比 GPS1 好，表 1.8 对它们的电性能作了比较。

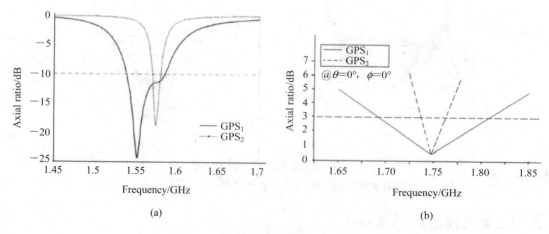

(a)　　　　　　　　　　　　(b)

图 1.30　小尺寸 GPS 天线的 S_{11}、AR 频率特性曲线[17]

(a) S_{11}-f 特性曲线；(b) AR-f 特性曲线

表 1.8　GPS1 和 GPS2 天线的主要电性能

	$S_{11} < -10$ dB 的频率范围	AR≤3 dB 的频率范围	AR≤3 dB 的角度范围	G/dBic
GPS1	1.54~1.586 GHz	1.569~1.581 GHz	70°~ -70°	0.7
GPS2	1.571~1.58 GHz	1.5735~1.5765 GHz	78°~ -78°	1

1.2.12　宽带宽角轴比双圆极化贴片天线[18]

图 1.31 是 $f_0 = 3.7$ GHz($\lambda_0 = 81$ mm)宽带宽角轴比双圆极化贴片天线,该天线的辐射单元是用厚 0.762 mm,$\varepsilon_r = 2.55$,边长 W_g 基板的底面制成边长为 W_p 的方贴片。为了实现圆极化,位于与贴片相同基板背面半径为 R 的环形微带馈线通过位于基板正面地板上等宽 W_s 但长度不等的 4 个缝隙 L_{c1}、L_{c2}、L_{c3} 和 L_{c4} 给贴片耦合馈电。环形微带线的一半包括 4 个相同长度 $\lambda_g/4$,但不同线宽 W_{c1}、W_{c2}、W_{c3} 和 W_{c4} 的阻抗变换段及两个阻抗匹配段与 50 Ω 馈线匹配。使用多阻抗变换段不仅是为了实现宽频带,还展宽了轴比波束宽度,为了遏制后向辐射,提高前向增益,附加了尺寸为 $W_p \times W_p \times h_c$ 的空腔。

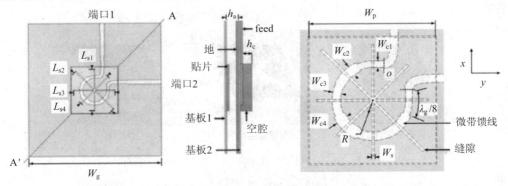

图 1.31　宽带宽角轴比双圆极化贴片天线[18]

天馈的具体尺寸如下:$W_p = 26.7$,$W_s = 0.5$,$h_a = 7$,$R = 7.4$,$L_1 = 23.6$,$L_2 = 30.5$,$L_3 = 23.6$,$L_4 = 21.1$,$W_{c1} = 1.4$,$W_{c2} = 1.8$,$W_{c3} = 1.5$,$W_{c4} = 2$,$h_c = 7.6$,$W_g = 76$(以上参数单位为 mm)。根据相位由超前向滞后旋转来确定圆极化的极化方向,则端口 1 为 RHCP,端口 2 为 LHCP。

经实测,该天线的主要电性能如下:

(1) $S_{11} < -10$ dB 的频率范围为 3.2~4.1 GHz,相对带宽为 24%;

(2) $S_{21} < -10$ dB 的频率范围为 3.4~4.1 GHz,相对带宽为 19%;

(3) 在 3.3~4.1 GHz,$G = 8.7$~9.6 dBic;

(4) HPBW=60°,3 dB AR 波束宽度为 110°,AR<3 dB 的相对带宽为 16%。

1.3　小尺寸圆极化贴片天线

1.3.1　实现小尺寸圆极化贴片天线的方法

(1)用高介电常数基板,面积可缩小 90%,但缺点是轴比带宽仅为 0.6%,不仅阻抗和轴比带宽变窄，而且由于介质损耗，天线增益下降。

（2）采用缝隙加载贴片天线。在贴片上切割缝隙，由于缝隙使贴片上的电流路径加长，因而降低了谐振频率。

（3）在贴片上既开缝又附加尾翼。与 $\lambda/2$ 长普通贴片天线相比，面积可以缩小 $50\% \sim 80\%$，但轴比带宽小于 1%。

（4）短路贴片或把贴片部分短路。部分短路贴片的缺点是方向图不对称，且交叉极化电平高。

（5）折叠贴片。

（6）分形技术。

（7）缺陷地板。

由于在贴片天线的反射板上切割缝隙，使地板上有效电流的路径加长，因而降低了谐振频率，但缺点是天线的后瓣变大。

尽管地板尺寸相同，制造贴片基板材料的 ε_r 相同，但采用不同缩小尺寸的方法，贴片天线的性能及缩小的百分比仍然有一定的差异，表 1.9 比较了图 1.32 所示 3 种圆极化贴片天线的性能。

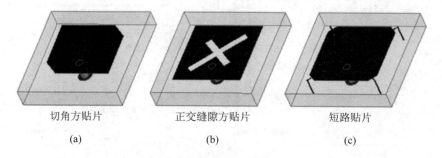

切角方贴片	正交缝隙方贴片	短路贴片
(a)	(b)	(c)

图 1.32　有相同地板尺寸和相同 ε_r 基板的 3 种圆极化贴片天线

表 1.9　相同地板尺寸和相同 ε_r 基板的 3 种圆极化贴片天线的比较

参　数	切角方贴片	正交缝隙方贴片	短路贴片
贴片长度/mm	11.3	11.3	11.3
方地板边长/mm	21	21	21
贴片的厚度/mm	3.18	3.18	3.18
ε_r	4	4	4
f_0/GHz	5.98	5.28	3.67
G/dBic	4.14	4.29	4.05
HPBW/(°)	91.2	94.9	105.9
阻抗带宽	30%	14%	6.2%
3 dB 轴比带宽	4.5%	3.3%	1.5%
相对 $\lambda/2$ 圆极化贴片天线尺寸缩小的百分比	54.9%	60.2%	72.4%

1.3.2 用高介电常数基板

1. 用高介电常数基板和双耦合边馈方贴片

图 1.33 是用 $\varepsilon_r=45$，尺寸为长×宽×厚＝17.5 mm×17.5 mm×4 mm 陶瓷基板制造的边长为 12.6 mm 的 GPS L1(1575 MHz)方贴片天线。为了实现 RHCP，用 0.8 mm 厚、尺寸为 50 mm×50 mm FR4 基板制造的相邻两个侧边中间用 1 mm 宽带线与宽 2.2 mm、长 4 mm 垂直带线相互连接给贴片耦合双边馈。

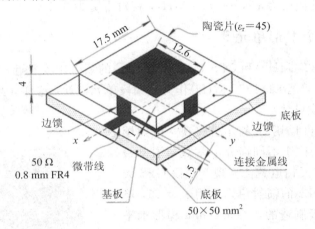

图 1.33 双耦合边馈小尺寸 GPS L1 天线

该天线的主要电性能如下：$S_{11}<-10$ dB 的相对带宽为 0.76%；AR≤3 dB 的相对带宽为 0.22%，在轴比带宽内，实测 $G=3\sim3.4$ dBic。

2. 用高介电常数基板、缝隙加载双馈圆贴片天线[19]

双频 GPS 天线，不仅要求在双频能提供好的电性能，由于是手持，所以特别要求小尺寸。图 1.34 是层叠 L1(1575 MHz)、L2(1227 MHz)小体积双频 GPS 天线，该天线直径为 25.4 mm，高为 11.27 mm，之所以能实现小体积，主要是采用了以下 3 个关键技术：

（1）为了减小贴片的尺寸，层叠 L1 和 L2 天线的辐射体均用缝隙加载贴片。

（2）用比较厚且高介电常数基板印刷制造双频 GPS 天线，既缩小了天线的尺寸，展宽了带宽，又利用表面波改善了天线低仰角辐射性能。

（3）用微型 90°混合电路，从侧面靠耦合给层叠缝隙加载贴片天线双馈，既减小了馈电网络的尺寸，展宽了带宽，又便于加工制造。

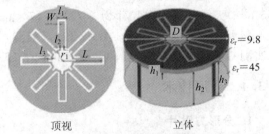

图 1.34 层叠 L1、L2 缝隙加载 GPS 贴片天线[19]

顶层是用厚 $h_1=1.27$ mm，$\varepsilon_r=9.8$ 的基板印刷制造作为 L1 GPS 辐射体使用的曲折缝隙加载贴片，底层是用 $h_2=10$ mm，$\varepsilon_r=45$，$\text{tg}\delta=0.0001$ 的陶瓷基板印刷制造作为 L2 GPS 辐射体使用的曲折缝隙加载贴片，再用 $\varepsilon_r=15$ ECCOSTOCK 的介质膏把顶层和底层基板粘接在一起，避免它们之间存在空气和用普通胶形成的低介质结合层，其好处是不用再调整谐振频率。将微型 90°混合电路的两个输出端与侧面宽 2 mm、高 9.8 mm 的双导线相连耦合馈电，但在方位面相距 90°的两根垂直馈线必须位于长曲折缝隙的中间。用厚 1.27 mm、$\varepsilon_r=4.4$ 的 FR4 基板制造的馈电网络与天线的接地板复用。

经过优化设计，天线的最佳尺寸如下：$L=9.52$，$W=0.58$，$l_1=2.29$，$l_2=0.61$，$l_3=1.02$，$r_1=2.5$，$h_1=1.27$，$h_2=10$，$h_3=9.8$（以上参数单位为 mm）。

该天线实测电参数：L2(1227 MHz)频段，$G=3.2$ dBic，AR=1.3 dB，AR≤3 dB 的频段为 1200～1245 MHz，相对带宽为 3.7%；L1(1575 MHz)频段，$G=3.5$ dBic，AR=1.9 dB，AR≤3 dB 的频段为 1545～1595 MHz，相对带宽为 3.2%。

1.3.3　用 4 馈 4 个 F 形单元[20]

由于 GPS L2(1227 MHz)和 GPS L5(1176 MHz)的频率比较靠近，因而把它们作为一个低频段宽带单元设计，把 L1(1575 MHz)作为高频段单元设计，这样 3 频段 GPS 天线就可以简化为双频 GPS 天线设计。

双频 GPS 天线可以用许多方法实现，例如图 1.35 所示用同轴线给位于不同高介电常数双层基板中的 4 个 F 形辐射单元馈电就能实现 3 频段 GPS 天线，其中 GPS L2 和 L5 的辐射单元是用 $\varepsilon_{r1}=25$，厚 $d_1=12$ mm 的上基板制造的 $l_1=9.6$ mm 梯形水平单元；高频段 GPS L1 的辐射单元是用 $\varepsilon_{r2}=12$，厚 $d_2=8$ mm 的下基板制造的 $l_2=10.5$ mm 的梯形水平单元。

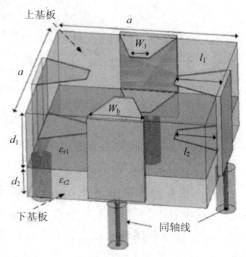

图 1.35　3 频 4F 形 GPS 天线[20]

上下基板中梯形水平辐射单元的宽度相同，均为 $W_a=4$ mm，$W_b=12.5$ mm，之所以用梯形水平辐射单元，是为了改善阻抗匹配，增加谐振时天线的带宽，整个天线的口面尺寸长×宽=$a×a$=38 mm×38 mm。相对最低工作频率 L5(1.76 MHz)($\lambda_L=255$ mm)天线的外形电尺寸为 $\lambda_L/7×\lambda_L/7×\lambda_L/13$。

该天线仿真的 S 参数，在 L2 和 L5 频点，$S_{11}<-7.7$ dB，但在 L1 频点，S_{11} 偏大；该天线实测 G 在 L2 和 L5 频点，$G≥2$ dBic；在 L1 频点，$G≥0$ dBic。

1.3.4　分形技术

1. 分形方贴片

把自然界各种自相似的外形结构称为分形结构，例如树的分叉，在天线设计中，用分形结构来减小天线的尺寸，因为分形结构利用了重复的结构，在有限体积内产生长的电流路径，因而降低了天线的谐振频率。

如果天线的尺寸小于 $\lambda/4$，则不能有效辐射，但采用分形结构则能克服这个缺点。研究表明，把有限数目的分形结构迭代，就能使天线多频段，随着重复分形结构的增加，天线的最低谐振频率会不断降低。分形结构有许多种，图 1.36(a)是谐振频率 $f_0=1.87$ GHz Peano 分形贴片天线，由于馈电探针位于带分形结构方贴片的对角线上而激励起两个正交模，调整

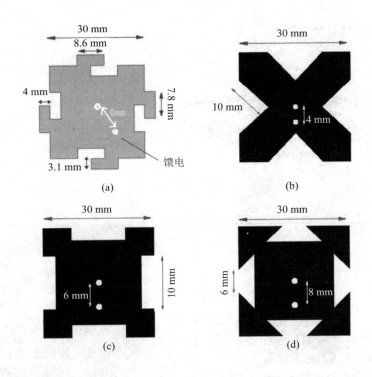

图 1.36　外形尺寸相同的 4 种圆极化分形贴片天线
(a) Peano 分形；(b) 三角分形；(c) 方分形；(d) T 形分形

相邻分形结构的齿为不同长度(分别为 8.6 mm 和 7.8 mm)来获得实现圆极化所需要的 90°相差。经实测，该天线 AR≤3 dB 的带宽为 3%，S_{11}<−10 dB 的相对带宽为 2.5%，效率高达85%，周长为 155.4 mm。图 1.36(b)、(c)、(d)是外形尺寸与图 1.36(a)相同但 4 个角为三角形、方形和 T 形分形贴片天线，它们的谐振频率分别为 1.91 GHz、2.15 GHz 和 2.14 GHz，绝对带宽分别为 36 MHz、82 MHz 和 40 MHz。

2. 在地板上开环形缝隙的分形贴片天线[25]

图 1.37 是用 ε_r＝4.4，厚 1.6 mm 的 FR4 基板制造的 f_0＝6 GHz(λ_0＝50 mm)外形电尺寸只有 $0.4\lambda_0 \times 0.4\lambda_0 \times 0.064\lambda_0$ 的小尺寸圆极化分形贴片天线，之所以能实现小尺寸和较宽的带宽，主要是由于采用了以下技术：

(1) 采用开缝贴片(分形贴片)。

(2) 采用了带短路支节和开路支节的 L 形探针馈电技术。

(3) 在地板上切割了环形缝隙，既减小了贴片的尺寸，又展宽了天线的轴比带宽，还提高了天线的增益，相对于 λ_0，贴片的电尺寸为 $0.148\lambda_0 \times 0.136\lambda_0$，天线的外形电尺寸为 $0.4\lambda_0 \times 0.4\lambda_0 \times 0.064\lambda_0$。

该天线的主要实测电性能如下：

(1) 在 6.025～6.24 GHz 频段，实测 AR≤3 dB，相对带宽为 3.5%。

(2) 实测 VSWR≤2 的相对带宽为 15%。

(3) 尽管用有耗环氧基板制造天线，但轴向增益仍然达到 3 dBic。

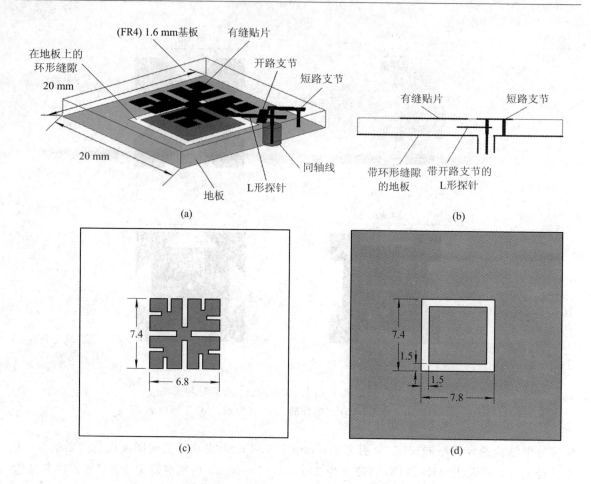

图 1.37　在地板上切割环形缝隙的宽带小尺寸圆极化分形贴片天线[25]

（a）立体；（b）截面；（c）分形贴片；（d）地板

　　图 1.38 是该天线在地板上有/无环形缝隙的情况下，对实测 VSWR、AR 及 G 的频率特性作比较，由图看出，在地板上切割环行缝隙，不仅把谐振频率由 7 GHz 降低到 6 GHz 左右，而且展宽了天线的 VSWR、AR 和增益的带宽，还使增益增大 2 dB 多。

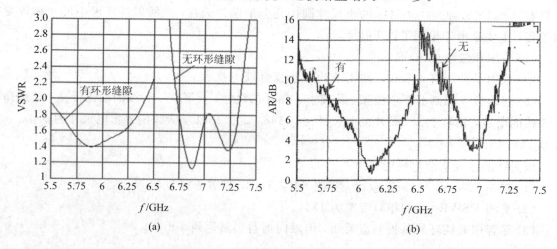

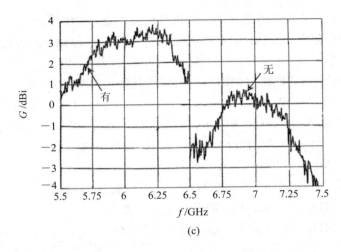

(c)

图 1.38　分形贴片天线在地板上有和无环形缝隙情况下实测主要电参数的频率特性曲线[25]

(a) VSWR-f 特性曲线；(b) AR-f 特性曲线；(c) G-f 特性曲线

1.3.5　环形贴片和环形反射器[22]

作为手持天线，尺寸必须小。实现小尺寸的方法有很多，由于以基模工作的方环形贴片天线的边长为 $\lambda/4$，仅为普通贴片的一半，故可以把它作为小尺寸辐射单元，但如果使用小尺寸地板，必然使背向辐射增大，增益下降。可见在小尺寸情况下，如何实现好的电性能仍然具有挑战性。

利用圆环构成八木天线的概念，用边长大于 $\lambda/2$ 的曲折方环形反射器代替普通贴片使用的反射板，就能构成反射器与辐射单元一样大的小尺寸天线。

图 1.39(a) 是用厚 1.6 mm，$\varepsilon_r = 4.2$ 的 FR4 基板制成的由顶层方环形贴片和底层曲折方环形反射器构成的小尺寸圆极化天线。

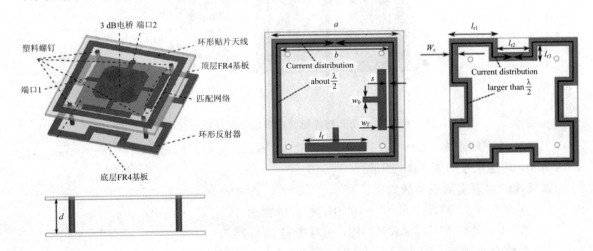

图 1.39　由环形贴片和环形反射器构成的小尺寸圆极化天线[22]

为了用方环贴片构成圆极化，方法一是沿环引入能产生两个正交线极化的微扰单元；方法二是用 3 dB 电桥馈电。由于外加 3 dB 电桥双馈能实现更宽的轴比和阻抗带宽，加上 3 dB

电桥能置于环形贴片之中,故采用此方案。但值得注意的是,图中使用的 3 dB 电桥为带有局部地板的贴片混合耦合器[①],由于沿贴片用正交曲折缝隙感性加载,因而使贴片混合耦合器的尺寸远比方形贴片小。

作为 860~960 MHz RFID 使用的圆极化天线的具体尺寸如下:$a=72$,$b=62$,$S=1.3$,$l_f=35$,$W_f=5$,$W_0=3.12$,$W_r=5$,$l_{r1}=30$,$l_{r2}=20$,$l_{r3}=9$,$d=16.8$(以上参数单位为 mm)。天线的外形尺寸为 80 mm×80 mm×20 mm,相对 AR≤3 dB 的中心频率 $f_0=915$ MHz($\lambda_0=327.87$ mm),天线的电尺寸为 $0.244\lambda_0×0.244\lambda_0×0.061\lambda_0$。

该天线实测 S_{11}、AR 和 G 的频率特性如下:

(1) $S_{11}<-10$ dB 的频段为 860~960 MHz,相对带宽为 10.99%。

(2) 在 902~928 MHz,AR≤3 dB,相对带宽为 2.8%。

(3) 在 891~920 MHz,$G≥4$ dBic,相对带宽为 3.2%。

1.3.6　带 X 形和 T 形缝隙的方贴片天线[23]

图 1.40 是用厚 0.8 mm,$\varepsilon_r=4.4$ 的 FR4 基板制作的 $f_0=923$ MHz($\lambda_0=325$ mm)单馈小尺寸($0.19\lambda_0×0.19\lambda_0×0.046\lambda_0$)LHCP 贴片天线,之所以能实现小尺寸,主要是沿方贴片的对角线切割了长 57.9 mm、宽 7.5 mm 的 X 形缝隙,以及与 X 形缝隙成 45°角的不等长 T 形缝隙,为了用单馈实现圆极化,采用了埋在 X 形缝隙的不等长十字形微带线产生的兼并模。

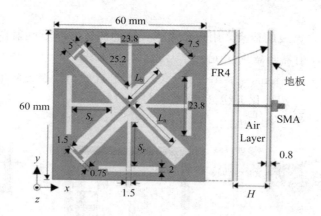

图 1.40　由 X 形和 T 形缝隙贴片构成的小尺寸圆极化天线[23]

天馈的具体尺寸为:$L_b=17.5$ mm,$L_a=22.5$ mm,$S_x=17.$ mm,$S_y=18.9$ mm,$H=13.4$ mm,其他尺寸如图 1.40 所示。

该天线的主要实测电参数如下:

(1) 在 909~937 MHz,$S_{11}<-10$ dB,相对带宽为 3%。

(2) 在 917~929 MHz,AR<3 dB,相对带宽为 1.3%。

(3) 在两个主平面,$F/B=18$ dB。

---

① Microw Antennas Propg. 2010,4(9):1427-1433.

1.3.7　T 形探针耦合馈电切角方环贴片天线

图 1.41(a)是适合 UHF(920～925 MHz)射频识别使用的小尺寸高增益圆极化天线。该天线的尺寸和电尺寸为长×宽×高＝110 mm($0.338\lambda_0$)×110 mm($0.338\lambda_0$)×18 mm($0.055\lambda_0$)，$G=8$ dBic，之所以能实现小尺寸、高增益是由于采用了以下技术：

(1) 用低成本泡沫作为天线的基板。

(2) 用切角方环形贴片，既实现了圆极化，又减小了尺寸。

(3) 容性探针耦合馈电。

(4) 用高度为 h 的背腔地板，既减小了尺寸，又提高了天线增益。

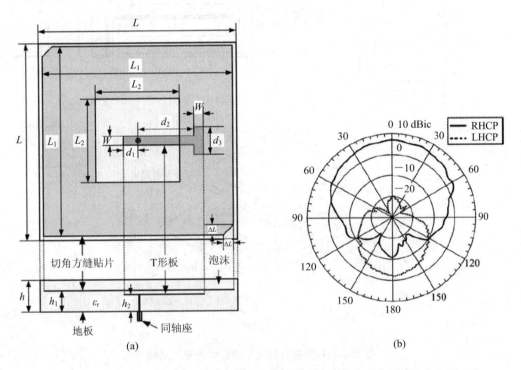

图 1.41　圆极化 T 形探针耦合馈电切角方环贴片天线及垂直面增益方向图
(a) 天馈结构；(b) 垂直面增益方向图

天馈的具体尺寸如下：$L_1=106$ mm，$L_2=47$ mm，$\Delta L=6$ mm，$h_1=12$ mm，$h_2=10$ mm，$W=5$ mm，$d_1=10$ mm，$d_2=30$ mm，$d_3=15$ mm，$L=110$ mm，$h=18$ mm。

图 1.41(b)是该天线在中心频率 $f_0=922.5$ MHz 实测的垂直面增益方向图，由图看出，轴线方向交叉极化比超过 -25 dB。实测 $S_{11}<-10$ dB 的相对带宽为 1.9%，AR≤3 dB 的相对带宽为 0.65%，$G=6.9$ dBic。

1.3.8　折叠法

1. L 形探针馈电层叠折叠方贴片天线

图 1.42 是由层叠折叠方贴片、L 形探针和地板构成的小尺寸圆极化天线，投影尺寸只有 $0.215\lambda_0 \times 0.215\lambda_0$，实测 $S_{11}<-10$ dB 的相对带宽为 17.9%，AR≤3 dB 的相对带宽为 9%，

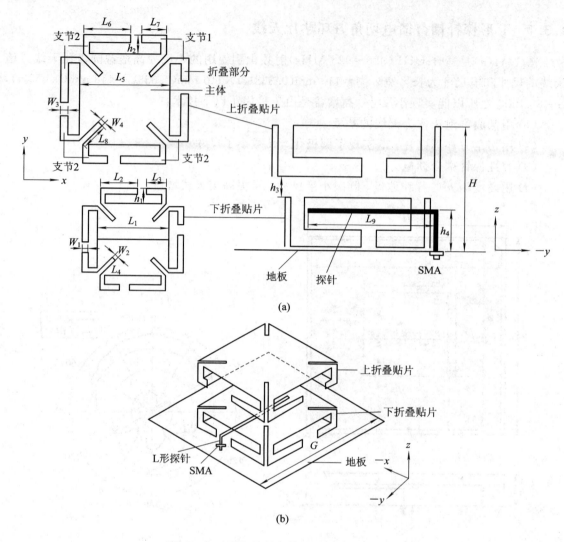

图 1.42　L 形探针馈电层叠折叠方贴片天线

在轴比带宽内 $G=7.3$ dBic。为了实现圆极化，附加了两组尺寸不等的支节，为了实现小尺寸，除了把支节弯折成 $90°$ 外，还在方贴片的 4 个角上切割了缝隙。为了实现宽频带，除采用 L 形探针馈电外，还采用了折叠寄生方贴片。上下折叠方贴片均用厚 0.5 mm，$\varepsilon_r=2.65$ 的基板制造，中心设计频率 $f_0=1.79$ GHz，天馈的具体尺寸和电尺寸如表 1.10 所示。

表 1.10　层叠折叠方贴片的尺寸和电尺寸

参数	H	G	L_1	L_2	L_3	L_4	L_5	L_6	L_7	L_8
尺寸/mm	21	90	30	14	9.5	13	36	16.7	10.6	13
电尺寸(λ_0)	0.125	0.536	0.178	0.083	0.057	0.077	0.215	0.100	0.063	0.077
参数	L_9	h_1	h_2	h_3	h_4	W_1	W_2	W_3	W_4	
尺寸/mm	30.5	9.5	8.5	2	8.19	3	1	3	1	
电尺寸(λ_0)	0.182	0.057	0.051	0.012	0.048	0.018	0.006	0.018	0.006	

该天线在 1.57～1.88 GHz 频段内，实测 $S_{11}<-10$ dB，相对带宽为 18%，在 1.71～1.87 GHz 频段，实测 AR≤3 dB，相对带宽为 8.9%，在 AR 带宽内，实测最大增益为 7.3 dBic。

2. 折叠 L/S 波段双频贴片天线[24]

通常用高介电常数基板来减小手持 BD/GPS 用户机贴片天线的尺寸，但伴随尺寸的减小，不仅使天线的带宽变窄，而且介质损耗也使天线的效率降低。采用折叠的方法可以克服上述缺点，既能减小天线的尺寸，又能展宽天线的波束宽度。

为了实现商用移动卫星通信在 1.610～1.62135 GHz 频段（相对带宽为 0.7%）发射，在 2.4835～2.49485 GHz 频段接收（相对带宽为 0.5%）的双频段使用尺寸为长（46 mm）×宽（24 mm）×高（13 mm）的手持圆极化天线，宜采用如图 1.43 所示的顶层为 S 波段、底层为 L 波段的层叠折叠双频圆极化手持贴片天线。该双频天线把同轴线探针过孔，通过下贴片和基板与上贴片相连给上贴片单馈，同轴线的外异体接地，下贴片通过耦合馈电。

为缩短贴片天线的尺寸，对于图 1.43(a) 所示的线极化天线，先把两个边沿 x 轴向下、向左/右、再向上折叠 3 次，再把另外两边沿 y 轴折叠，把馈电探针位于折叠后矩形贴片的对角线上，利用两个正交兼并模，就能实现 LHCP，如图 1.43(b) 所示。

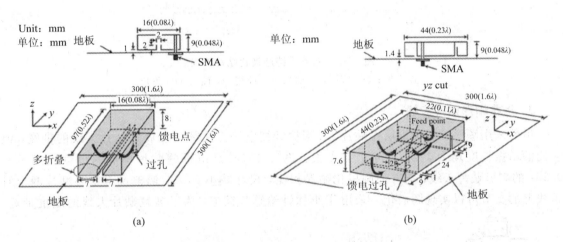

图 1.43　折叠微型贴片天线[24]

(a) 线极化；(b) 圆极化

为实现双频，如图 1.44 所示，把接收频段天线层叠在发射频段天线之上，再把它们安装在长（50 mm）×宽（30 mm）×高（70 mm）类似手机的地上。经过实测，该双频手持天线有如下电参数：

(1) $S_{11}<-10$ dB 的频段和相对带宽 BW，发射频段为 1.59～1.647 GHz 和 BW = 3.5%；接收频段为 2.410～2.510 GHz 和 BW = 4%。

(2) AR≤3 dB 的频段和相对带宽 BW，发射频段为 1.6075～1.622 GHz 和 BW = 0.9%；接收频段为 2.475～2.501 GHz 和 BW = 1%。

(3) 发射频段：3 dB AR 波束宽度，xz 面 126°，yz 面 132°。接收频段：3 dB AR 波束宽度，xz 面 139°，yz 面 113°。

(4) 发射频段：$G=-0.7$ dBic($\theta=0°$)，HPBW = 171°(xz 面)；HPBW = 119°(yz 面)

接收频段：$G=2.2$ dBic($\theta=0°$)，HPBW = 128°(xz 面)；HPBW = 87°(yz 面)

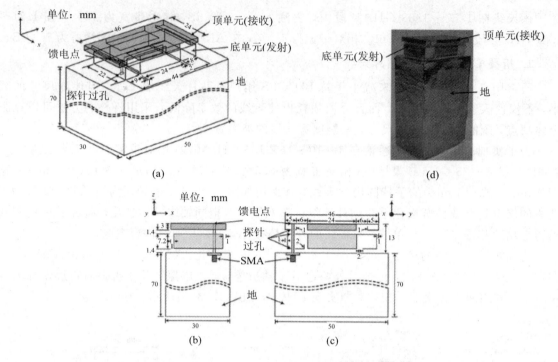

图 1.44　双频手持圆极化贴片天线

（a）立体；（b）侧视（xz 面）；（c）前视（yz 面）；（d）照片

3. 折叠帽形贴片天线

虽然采用顺序旋转馈电层叠贴片、L 形探针馈电等方法都可以展宽贴片天线的带宽，但它们的谐振长度均为 $\lambda/2$，尺寸仍有点大。图 1.45（a）是由折叠贴片构成的谐振长度只有 0.23λ 的帽形贴片天线，与普通圆极化贴片相比，尺寸减小 54％，调整位于中心贴片两个对角线上的支节可以实现圆极化。采用 T 形探针给贴片馈电，为了展宽贴片天线的阻抗带宽，

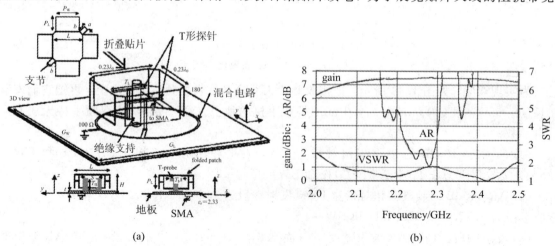

图 1.45　帽形圆极化天线及实测电性能

（a）天馈结构；（b）AR、G 和 VSWR-f 特性曲线

图中采用了间距为 S、高度为 T_H、长×宽为 $T_L \times T_W$ 的两个 T 形探针。由于 T 形探针的垂直部分会产生有害的交叉极化分量，为此采用有 180° 相差的混合电路与两个 T 形探针相连来改善交叉极化分量。

在中心工作频率 $f_0 = 2.28$ GHz($\lambda_0 = 131.58$ mm)，天线的具体尺寸如下：

折叠贴片：$a = 4.43$ mm($0.033\lambda_0$)，$b = 7$ mm($0.053\lambda_0$)，$L = 30$ mm($0.229\lambda_0$)，$P_L = 15$ mm($0.114\lambda_0$)，$P_W = 23.74$($0.181\lambda_0$)，$H = 17$ mm($0.129\lambda_0$)。

T 形探针：$T_L = 20$ mm($0.152\lambda_0$)，$T_W = 2$ mm($0.0152\lambda_0$)，$T_H = 13.5$ mm($0.103\lambda_0$)，$S = 16$ mm($0.122\lambda_0$)。

地板：$G_W = G_L = 90$ mm($0.687\lambda_0$)。

图 1.45(b) 是该天线实测增益、轴比和 VSWR 的频率特性曲线。由图看出，在 2～2.49 GHz 频段内 VSWR≤2，相对带宽为 21.8%，AR＜3 dB 的相对带宽为 3.8%，最大增益 7.4 dBic。

参 考 文 献

[1] DING Kejia，WANG Yazhou，XIONG Xiaojun. A Novel Wide-Beam Circularly Polarized Antenna for SDARS Application. IEEE Aantennas WireLess Propag Lett, 2012, 11: 811 - 815.

[2] KAN H K，WATERHOUSE R B. Low cross-polarised patch antenna with single feed. Electronics Lett, 2007, 43(5): 261 - 262.

[3] HERSCOYICI N, et al. Circularly Polarized Single-Fed Wide-Band Microstrip Patch. IEEE Trans Antennas Propag, 2003, 5(6): 1277 - 1279.

[4] TONG Kinfai，WONG Tingpong. Circularly Polarized U-Slot Antenna. IEEE Trans Antennas Propag, 2007, 55(8): 2382 - 2384.

[5] KIM H，et al. A Single-Feeding Circularly Polarized Microstrip Antenna With the Effect of Hybrid Feeding. IEEE Antennas Wireless Propag Lett, 2003, 2: 74 - 77.

[6] Microwave OPT Technol Lett, 2009, 51(4): 1100 - 1104.

[7] SIM C D，CHI C J. A Slot Loaded Circularly Polarized Patch Antenna for UHF RFID Reader. IEEE Trans Antennas Propag, 2012, 60(10): 4516 - 4521.

[8] WANG Lei，YANG Hongchun，LI Yang. Design of a New Printed Dipole Antenna Using in High Latitudes for Inmarsat. IEEE Antennas Wireless Propag Lett, 2011, 10: 358 - 360.

[9] LAM R Y，et al. Small Circularly Polarized U-Slot Wideband Patch Antenna. IEEE Antennas Wireless Propag, Lett, 2011, 10: 87 - 90.

[10] SON H W，et al. UHF RFID Reader Antenna With a Wide Beamwidth and High Return Loss. IEEE Trans Antennas Propag, 2012, 60(10): 4928 - 4932.

[11] PAN Zekun，LIN Weixin，CHU Qingxin. Compact Wide-Beam Circularly-Polarized Microstrip Antenna With a Parasitic Ring for GNSS Application. IEEE Trans Antennas Propag, 2014, 62(5): 2847 - 2850.

[12] HUANG B，YAO Y，FENG Z. A novel wide beam dual-band dual-polarisation stacked microstrip-dielectric antenna. International Conference on Microwave and Millimeter Wave Technology, 2007: 33 - 36.

[13] BAO X L，AMMANN M J. Dual-frequency dual circularly-polarised patch antenna with wide beamwidth. Electronics Lett, 2008, 44(21): 1233 - 1234.

[14] SUN Houjun，SHI Lei，LI Jingtao. A compact broadband circularly polarized composite antenna with

wide beamwidth. Microwave OPT Technol Lett, 2008, 50(11): 2973 - 2975.

[15] NASIMUDDIN, ANJANI Y S, ALPHONES A. A Wide-Beam Circularly Polarized Asymmetric-Microstrip Antenna. IEEE Trans Antennas Propag, 2015, 63(8): 3764 - 3768.

[16] NASIMUDDIN, QING Xianming, CHEN Zhianing. A Compact Circularly Polarized Slotted Patch Antenna for GNSS Applications. IEEE Trans Antennas Propag, 2014, 62(12): 6506 - 6509.

[17] CHOU Hsitseng, CHIU Yilina. A compact-sized Microstrip antenna for GPS applications. Microwave OPT Technol Lett, 2006, 48(4): 810 - 813.

[18] ZHANG Changhong, et al. A Broadband Dual Circularly Polarized Patch Antenna With Wide Beamwidth. IEEE Antennas Wireles Propag. Lett, 2014, 13: 1457 - 1460.

[19] CHEN Ming, CHEN Chi Chih. A Compact Dual-Band GPS Antenna Design. IEEE Anttennas Wireless Propag. Lett, 2013, 12: 245 - 248.

[20] ZHOU Y, KOULOURIDIS S, KIZILTAS G, et al. A novel 1.5 quadruple antenna for tri-band GPS applications. IEEE Antennas Wireless Propag. Lett, 2006, 5: 224 - 227.

[21] LI Yan, SUN Sheng, YANG Feng. A Miniaturized Yagi-Uda-Oriented Double-Ring Antenna With Circular Polarization and Directional Pattern. IEEE Antennas Wireless Lett, 2013, 12: 945 - 948.

[22] LIN Yifang, et al. Proximity-Fed Circularly Polarized Stotted Patch Antenna for RFID Handheld Reader. IEEE Trans Antennas Propag, 2013, 61(10): 5283 - 5286.

[23] LEE H R, et al. A Miniaturized, Dual-Band, Circularly Polarized Microstrip Antenna for Installation Into Satellite Mobile Phones. IEEE Antennas Wireless Propag Lett, 2009, 8: 823 - 825.

[24] YASUKAWA M. Compact and Broadband Circularly Polarized Microstrip Antenna with Ring-Slot on Ground Plane. IEICE Trans Commun, 2007, 90(8).

[25] SHI Lei, SUN Houjun, LU Xin. A Composite Antenna with Wide Circularly Polarized Beamwidth. Microwave OPT Technol Lett, October, 2009, 51(10): 2461 - 2460.

第 2 章　宽带圆极化贴片天线

2.1　概　　述

用单馈贴片天线可以构成圆极化天线，虽然单馈圆极化贴片天线具有结构简单的优点，但缺点是轴比的带宽较窄，常用以下方法展宽单馈圆极化贴片天线的带宽。

（1）采用共面或层叠寄生贴片。如采用高、低 ε_r 基板层叠贴片天线，把 3 dB AR 带宽可以展宽到 17.3%。

（2）增加基板厚度，如单馈切角圆极化贴片天线在基板厚度为 $0.2\lambda_0$ 时，3 dB AR 带宽可以达到 14%。

（3）用低 ε_r 基板或空气介质贴片天线。

（4）用曲折探针、L 形探针、容性探针耦合馈电贴片或层叠贴片。

如用曲折探针耦合馈电层叠贴片天线，在天线厚度为 $0.11\lambda_0$ 时，AR≤3 dB 的相对带宽达到 13.5%，$S_n < -10$ dB 的相对带宽达到 25.8%。为了克服单馈圆极化贴片天线轴比带宽相对比较窄的缺点，宜采用双馈圆极化方或圆贴片天线，该方法需要给贴片附加等幅、相差 90°的馈电网络，如用 3 dB 电桥：输出路径长度差 $\lambda_g/4$ 的 Wilkinson 功分器，或带宽带 90°移相器的 Wilkinson 功分器。如果需要轴比和阻抗带宽更宽的圆极化贴片天线，除采用层叠贴片、耦合馈电、低 ε_r 基板等技术外，还需要宽带等幅，0°、90°、180°和 270°的馈电网络和 4 容性探针、4L 形探针给方或圆贴片耦合 4 馈，4 馈电技术不仅能展宽圆极化贴片天线的轴比带宽，而且由于其结构对称，4 馈圆极化贴片天线还具有稳定的相位中心。等幅，0°、90°、180°和 270°宽带馈电网络是 4 馈的关键技术，具体实现方法很多，如用一个 T 形功分器和 3 dB 电桥，耦合线移相器、宽带移相功分器、90℃形混合电路等。下面详细介绍如何用单馈、双馈和 4 馈贴片天线实现宽带圆极化天线。

2.2　用单馈贴片天线实现宽带圆极化天线的方法

2.2.1　用单馈倒 L 形空气介质切角贴片天线

图 2.1 是用倒 L 形切角贴片构成的 2.4 GHz 频段宽带圆极化天线。为了实现宽频带，用高度 $h=12$ mm($0.1\lambda_0$)空气介质的倒 L 形贴片；为了实现宽带阻抗匹配，用直径 $d=1$ mm，长度小于 3 mm 的探针过孔通过地板与倒 L 形等腰三角形的顶点相连给贴片馈电；为实现圆极化，用切角产生的兼并模实现 LHCP。该天线在 2272～2747 MHz 频段，实测 VSWR=1.5 的相对带宽为 19.5%，在 2370～2540 MHz 频段，实测 AR≤3 dB 的相对带宽为 7%，在 2.4 GHz，实测 $G=8$ dBic。

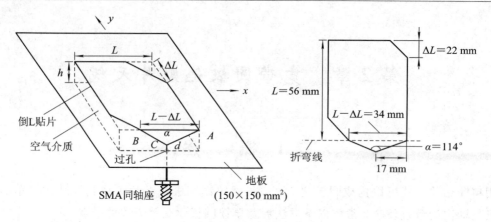

图 2.1　单馈圆极化倒 L 形切角贴片天线

2.2.2　用曲折带线单馈层叠切角方贴片天线[1]

图 2.2(a)、(b)、(c)是由水平曲折带线单馈层叠切角方贴片构成的宽带圆极化天线。用切角方贴片是为了实现圆极化，用水平曲折带线和空气层叠方贴片是为了展宽阻抗和轴比带宽。为了降低成本，水平曲折带线、寄生和馈电切角方贴片均用厚 $h=1$ mm 的 FR4 环氧板印刷制造。

中心设计频率 $f_0=900$ MHz($\lambda_0=333$ mm)，图 2.2(d)是用长 $L_{f_1}=100$ mm、宽 $W_{f1}=60$ mm 的 FR4 基板制造的水平曲折带线及尺寸。水平曲折带线距离边长 $L_g=250$ mm ($0.75\lambda_0$)方地板 $h_1=10$ mm。图 2.2(e)、(f)所示尺寸的寄生和馈电切角方贴片均用边长 $L_{f2}=170$ mm($0.51\lambda_0$)的方基板 FR4 制造，相互间距 $h_2=13.5$ mm，天线总高度为 33.5 mm ($0.1\lambda_0$)。

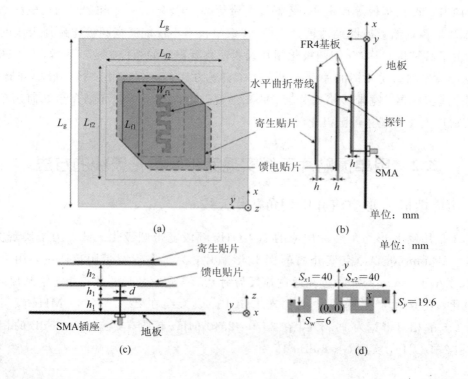

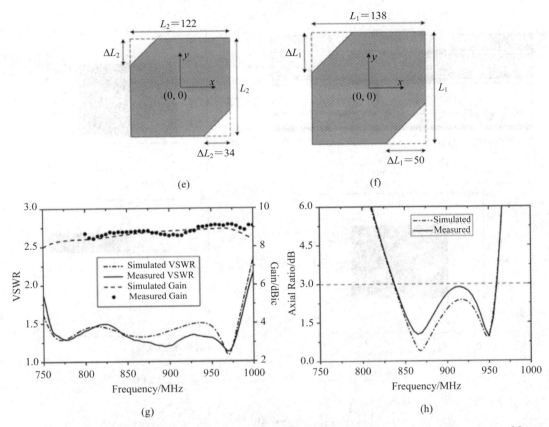

图 2.2　圆极化曲折带线单馈层叠方贴片天线及仿真实测 VSWR、G 和 AR 的频率特性曲线[1]

（a）、（b）、（c）天馈结构；（d）水平曲折带线；（e）寄生贴片及尺寸；（f）馈电贴片及尺寸；

（g）VSWR、G-f 特性曲线；（h）AR-f 特性曲线

图 2.2(g)、(h)是该天线访真和实测 VSWR、G 和 AR 的频率特性曲线，由图看出，实测 VSWR≤1.5 的频段为 758～983 MHz，相对带宽为 25.8%，3 dB AR 的频段为 838～959 MHz，相对带宽为 13.5%，在轴比带宽内，实测增益为 8.6 dBic。在 840、900 和 955 MHz 仿真实测了该天线的垂直面方向图，把不同频率实测的 HPBW、3 dB AR 波束宽度摘录在表 2.1 中。

表 2.1　曲折带线馈电层叠切角方贴片天线在不同频率实测 HPBW 和 3 dB AR 波束宽度

f/MHz	HPBW		3 dB AR 波束宽度	
	xz 面	yz 面	xz 面	yz 面
840	67°	65°	68°	108°
870	66°	64°	80°	133°
900	66°	64°	76°	96°
915	64°	63°	73°	64°
955	63°	63°	80°	130°

2.2.3　用微带线单馈层叠矩形贴片天线[2]

图 2.3(a)是把微带线与探针相连，探针过孔与馈电贴片直接相连馈电。为了用单馈贴片产生圆极化，利用了矩形贴片产生的正交兼并模。为了宽频带，在馈电贴片上边附加了靠耦

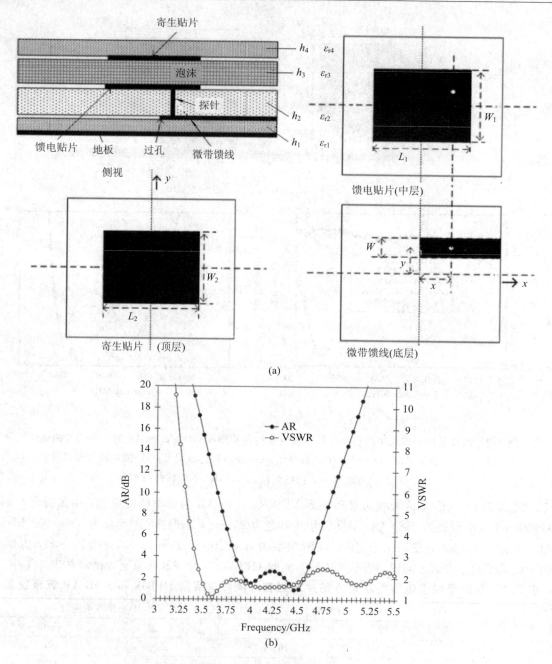

图 2.3　圆极化微带线单馈层叠矩形贴片天线及 AR、VSWR 的频率特性曲线[2]

（a）天馈结构；（b）AR、VSWR-f 特性曲线

合馈电的寄生贴片。中心设计频率 $f_0=4.24$ GHz，制造天馈的 4 层基板的厚度和 ε_r 分别为：$h_1=0.813$ mm，$\varepsilon_{r1}=3.38$，$h_2=1.524$ mm，$\varepsilon_{r2}=3.38$，$h_3=5.0$ mm，$\varepsilon_{r3}=1.07$，$h_4=0.813$ mm，$\varepsilon_{r4}=3.38$。天馈的具体尺寸为：$L_1=21.5$，$W_1=16.5$，$L_2=22$，$W_2=19$，馈电位置 $x=5.76$，$y=3.88$，微带线的宽度 $W=1.6$（以上参数单位为 mm），图 2.3（b）是该天线仿真 AR 和 VSWR 的频率特性曲线，由图看出，在 3.5～4.6 GHz 频段内，VSWR≤2，相对带宽为 36%，在 3.88～4.6 GHz 频段内，AR≤3 dB，相对带宽为 17.8%，在阻抗带宽内，G 大于 7 dBic。

2.2.4　用层叠寄生方贴片和馈电切角方贴片天线[3]

图 2.4(a)为单馈层叠圆极化切角贴片天线，仅用 $0.8\lambda_0 \times 0.8\lambda_0 \times 0.09\lambda_0$ 的小尺寸由于采用了以下技术，却实现了宽频带，使 $S_{11} < -15$ dB 的相对带宽为 30%，3 dB AR 带宽为 20.7%。

(1) 采用带长(L_m)×宽(W_m)微带支节的切角(ΔL)，边长为 W_d 的方贴片为馈电贴片；

(2) 在馈电贴片的旁边附加了共面长(L_p)、宽(W_p)的激励贴片；

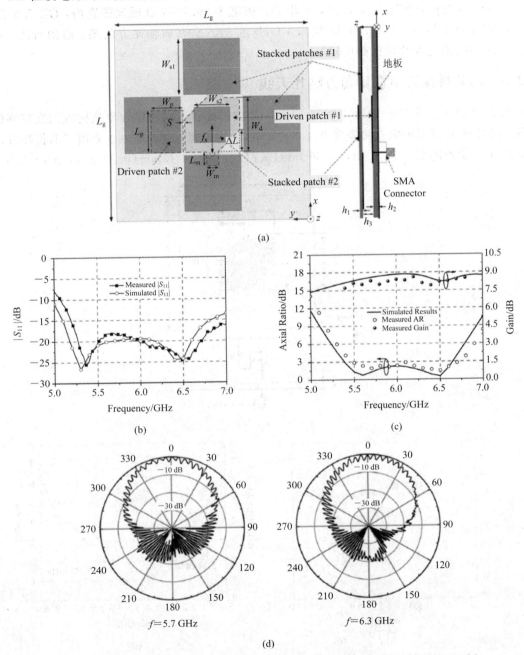

(a)

(b)

(c)

(d)

图 2.4　单馈圆极化层叠寄生方贴片和馈电切角方贴片天线及仿真实测电性能[3]

(a) 天馈结构；(b) S_{11}-f 特性曲线；(c) AR、G-f 特性曲线；(d) 垂直面轴比方向图

（3）在馈电贴片天线的上面附加了一个尺寸为 W_{s2} 的寄生方贴片和 4 个边长为 W_{s1} 的寄生方贴片。

中心设计频率 $f_0 = 6$ GHz（$\lambda_0 = 50$ mm），馈电和寄生贴片均用 FR4 基板制造。最佳尺寸如下：$L_g = 40$，$W_{s1} = 12.1$，$W_{s2} = 7.6$，$W_d = 11.8$，$\Delta L = 4.7$，$f_x = 6.3$，$L_m = 3$，$W_m = 2.5$，$L_p = 9$，$W_p = 6.8$，$h_1 = 0.5$，$h_2 = 1.5$，$h_3 = 2.5$。

图 2.4(b)、(c)是该天线仿真和实测 S_{11}、AR 和 G 的频率特性曲线，由图看出，实测 $S_{11} < -15$ dB 的相对带宽为 31.5%，3 dB AR 带宽为 20.7%，在轴比带宽内，$G \geqslant 7.9$ dBic。图 2.4(d)是该天线在 $f = 5.7$ GHz 和 6.3 GHz 实测的垂直面轴比方向图，由图看出，不仅 $F/B > 29$ dB，而且宽角轴比都比较好。

2.2.5　用曲折探针单馈切角方贴片天线

图 2.5(a)是 $f_0 = 5.5$ GHz（$\lambda_0 = 54.5$ mm）用曲折探针给切角贴片单馈构成的宽带圆极化天线，能实现 45.8% 的阻抗带宽和 9.4% 的 3 dB 轴比带宽，主要是由于采用了曲折探针。天馈的具体尺寸和电尺寸如下：$G_L = 36$ mm（$0.66\lambda_0$），$P_L = 15$ mm（$0.275\lambda_0$），$\Delta S = 6.9$ mm

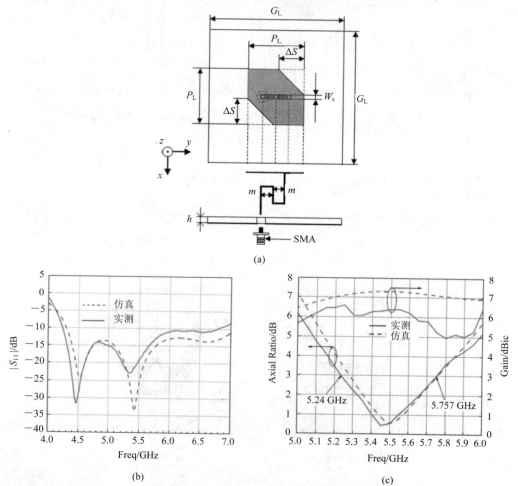

图 2.5　曲折探针单馈宽带圆极化切角方贴片天线及仿真实测 S_{11}、AR 和 G 的频率特性曲线

(a) 天馈结构；(b) S_{11}-f 特性曲线；(c) AR、G-f 特性曲线

$(0.13\lambda_0)$, $m=3.5$ mm$(0.06\lambda_0)$, $h=1.57$ mm$(0.03\lambda_0)$, $W_s=1.2$ mm$(0.02\lambda_0)$, 天线总高 6.28 mm$(0.12\lambda_0)$。为了进一步展宽天线的轴比带宽，采用了尺寸与馈电贴片相同的寄生切角贴片，此时天线的电高度变为 $0.14\lambda_0$，3 dB AR 带宽由 9.4% 扩展到 16.8%。图 2.5(b)、(c)是该天线仿真和实测 S_{11}、AR 和 G 的频率特性曲线，由图看出，在 4.1~6.3 GHz 频段内，实测 $S_{11}<-10$ dB，相对带宽为 42.3%；在 5.05~5.98 GHz 频段内，实测 AR≤3 dB，相对带宽为 16.8%，在 f_0 实测 $G=7.6$ dBic。

2.2.6　用空气介质切角方贴片天线[4]

图 2.6(a)是适合 2.4 GHz WLAN 使用的低成本宽带圆极化贴片天线。为了宽频带，采用电高度 $h_1=0.15\lambda_0$ 的空气介质基板。天馈的具体尺寸为：$L=43$mm$(0.36\lambda_0)$，$\Delta L=3.1$ mm$(0.072L)$，$h_1=18$ mm，$S=23$ mm，$l=3.5$ mm。图 2.6(b)是该天线仿真实测 S_{11} 的频率特性曲线，在 2270~3010 MHz 频段，实测 VSWR≤1.5，相对带宽为 30%，图 2.6(c)、(d)、(e)分别是该天线实测 AR、G 的频率特性曲线和垂直面轴比方向图，由图看出，AR≤3 dB 的相对带宽为 10.4%，在轴比带宽内，$G_{平}=8.5$ dBic，$G_{max}=9.2$ dBic。

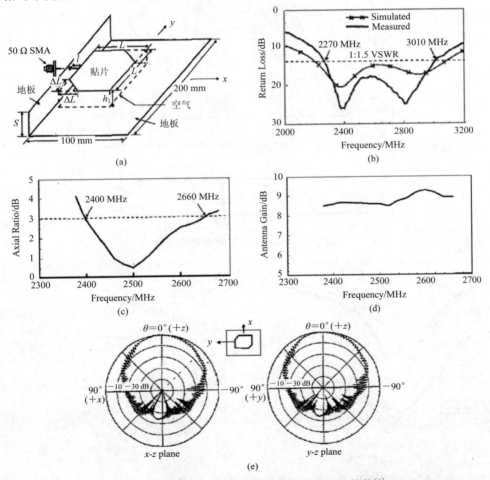

图 2.6　单馈圆极化切角方贴片天线及实测电性能[4]

(a)天馈结构；(b) S_{11}-f 特性曲线；(c) AR-f 特性曲线；(d) G-f 特性曲线；(e)垂直面轴比方向图

2.2.7　用 H 形贴片天线[5]

给定谐振频率，H 形贴片比普通矩形贴片尺寸更小，图 2.7 是用厚 0.2 mm，$\varepsilon_r=3.38$ 基板制造的 $f_0=2.45$ GHz($\lambda_0=122.5$ mm)倒 L 形探针沿 H 形贴片对角线耦合馈电构成的 LHCP 天线。天线的具体尺寸及电尺寸如下：$S=37$ mm($0.3\lambda_0$)，$H=32$ mm($0.26\lambda_0$)，$a=13$ mm($0.106\lambda_0$)，$b=14$ mm($0.114\lambda_0$)，$F_H=5$ mm($0.041\lambda_0$)，$F_W=2$ mm($0.016\lambda_0$)，$H_1=24$ mm($0.196\lambda_0$)，地板 220 mm×220 mm($1.79\lambda_0$)。图 2.8(a)、(b)分别是该天线仿真和实测 S_{11}、AR、G 和效率的频率特性曲线。

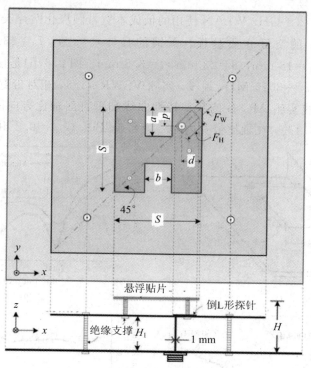

图 2.7　单馈 H 形圆极化贴片天线

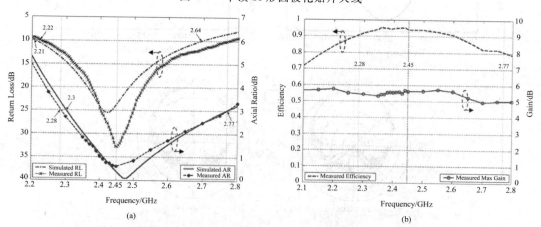

图 2.8　单馈圆极化 H 形贴片天线仿真实测 S_{11}、AR 效率和 G 的频率特性曲线

(a)S_{11}、AR - f 特性曲线；(b)效率、G - f 特性曲线

由图 2.8 看出,该天线主要实测电性能如下:

(1) $S_{11} \leqslant -10$ dB 的频率范围为 2.21~2.77 GHz,相对带宽为 22.5%。

(2) AR≤3 dB 的频率范围为 2.277~2.28 GHz,相对带宽为 19.4%。

(3) 在轴比带宽内,$G > 5$ dBic,效率大于 80%。

(4) 轴向交叉极化鉴别率(XPD)为 30 dB。

2.2.8　用不对称矩形贴片天线[6]

图 2.9(a)是用厚 $H = 1.6$ mm,$\varepsilon_r = 2.2$ 基板的正面印刷制造的相对 50 Ω 微带馈线不对称的上矩形贴片,位于基板背面微带馈线的地也兼作产生圆极化的不对称矩形贴片,调整正反面矩形贴片的长度和宽度,实现宽频带。该天线之所以能产生圆极化,是由于微带馈线在正反面矩形贴片上激励起水平和垂直正交电流。关键设计参数是正反面矩形贴片的宽度 W_1、W_2,微带馈线距正反面矩形贴片边缘的距离 d 及正反面矩形贴片的间隔 g,优化这些参数,就能实现 LHCP。为了进一步增强阻抗带宽,在正反面矩形贴片上附加长 L_s、宽 W_s 的水平支节。

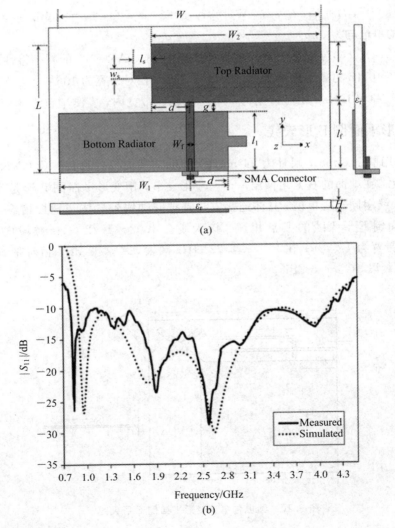

(a)

(b)

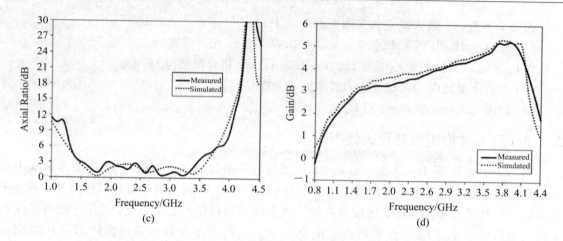

图 2.9　不对称单馈圆极化矩形贴片天线及仿真和实测主要电通用性[6]

(a)天馈结构；(b)S_{11}-f 特性曲线；(c)AR-f 特性曲线；(d)G-f 特性曲线

在 1.5～3.4 GHz 频段内，天线的最佳尺寸如下：

l_1=35，W_1=97，l_2=35，l_f=37，W_2=97，g=2，d=23，L_s=8，W_s=6，L=72，W=148(以上参数的单位均为 mm)。

图 2.9(b)、(c)、(d)分别是该天线仿真和实测的 S_{11}、AR 和 G 的频率特性曲线，由图看出，实测 S_{11}<-10 dB 的频率范围为 0.8～4.15 GHz，相对带宽为 136%；实测 AR≤3 dB 的频率范围为 1.5～3.4 GHz，相对带宽为 77%，在轴比带宽内，实测增益为 3～5 dBic。

2.2.9　用变形平面倒 F 形天线

图 2.10 是用厚 1.6 mm，尺寸为 94 mm 的方 FR4 基板制造的 L 波段 GNSS 天线。为了实现宽带圆极化，在地面的右上角伸出一个十字形支节，用变形平面倒 F 形是为了实现宽带阻抗匹配，该天线用同轴线单馈，具体连接方法是把同轴线外导体与地板相连，同轴线的内导体与变形平面倒 F 形天线的 F 点相连。该天线在 1.02～1.72 GHz 频段内，实测 S_{11}≤-10 dB，相对带宽为 46.7%；在 1.07～1.73 GHz 频段，AR≤3 dB，相对带宽为 47%，在 1.1～1.7 GHz 频段，G≥1.5 dBic。

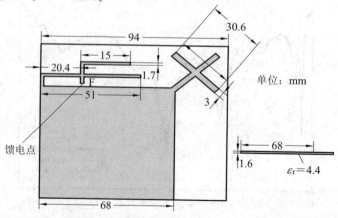

图 2.10　圆极化单馈变形平面倒 F 形天线

2.2.10 用层叠矩形环形贴片天线

为了实现宽带采用厚基板($h_1=0.017\lambda_0$)，$h_2=9.5$ mm 空气介质($\varepsilon_r=1.07$)，层叠矩形环形贴片，沿对角线用同轴探针单馈，图 2.11 是天线的结构，中心设计频率 $f_0=2100$ MHz（$\lambda_0=142.8$ mm），天线的具体尺寸如下：

下贴片：$L_1=19$ mm($0.133\lambda_0$)，$W_1=22$ mm($0.154\lambda_0$)，$\varepsilon_{r1}=9.8$，$L_2=6$ mm($0.042\lambda_0$)，$W_2=7$ mm($0.049\lambda_0$)，$h_1=2.54$ mm，$h_2=9.5$ mm。

上贴片：$L_3=39$ mm($0.273\lambda_0$)，$W_3=45$ mm($0.315\lambda_0$)，$\varepsilon_{r3}=4.8$，$L_4=13$ mm($0.091\lambda_0$)，$W_4=15$ mm($0.105\lambda_0$)，$h_3=0.763$ mm。

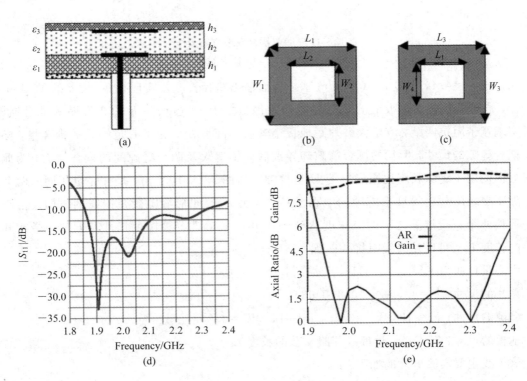

图 2.11 单馈层叠矩形环形贴片天线及主要电性能
（a）侧视；（b）下贴片；（c）上贴片；（d）S_{11}-f 特性曲线；（e）AR、G-f 特性曲线

图 2.11（d）、（e）分别是该天线的 VSWR、G 和 AR 的频率特性曲线，由图看出：VSWR$\leqslant$2 的相对带宽为 24%，AR$\leqslant$3 dB 的相对带宽为 19.6%，$G=9$ dBic。天线的总高度为 12.8 mm($0.0849\lambda_0$)。

2.3 用双馈贴片天线实现宽带圆极化天线的方法

2.3.1 用 H 形缝隙耦合双馈方贴片天线[7]

图 2.12（a）是缝隙耦合宽带圆极化天线。为了实现宽带圆极化，主要采用了双馈和缝隙耦合馈电两大技术。

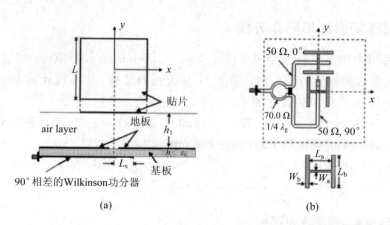

图 2.12　H 形缝隙耦合双馈方贴天线[7]

(a)天线结构；(b)馈电结构

用位于 $\varepsilon_r=4.4$，厚度 $h=0.8$ mm 基板背面输出路径长度差实现有 90°相差的 Wilkinson 功分器，通过基板正面地板上的正交缝隙给距地板之上 h_1 边长为 L 的方形贴片耦合馈电。为了实现宽带阻抗匹配，应增大贴片距地板空气层的高度 h_1，为了有足够大的耦合量，必须加长耦合缝隙的尺寸，但长的耦合缝隙却导致后向辐射大及两个缝隙间的耦合增大，为此在正交方向使用了缝隙长度比矩形短的 H 形缝隙。由图 2.12(b)看出，尺寸完全相同的两个 H 形缝隙正交，其中一个 H 形缝隙的中心正好位于另一个 H 形缝隙微带馈线的方向。由于这种布局使两个正交缝隙之间的隔离度达到 -40 dB，正确选择缝隙的尺寸及调整微带线开路支节的长度 L_s，可以使天线阻抗相匹配。

中心设计频率 $f_0=2.45$ GHz，天馈的具体尺寸如下(单位：mm)：

贴片的尺寸：$L=43$，$h_1=10.4(0.086\lambda_0)$；

缝隙的尺寸：$L_a=13$，$W_a=0.25$，$L_b=14$，$W_b=1$；

地板的尺寸：75×75，微带线开路支节的长度 $L_s=7$。

该天线主要实测电性能如下：

(1) AR≤3 dB 的相对带宽为 20.6%；

(2) VSWR≤2 的相对带宽为 54.7%；

(3) G≥3 dBic 的相对带宽为 20.8%，$G_{max}=5.5$ dBic。

2.3.2　用宽带 90°馈电网络和双 L 形探针馈电环形贴片天线[8]

给定工作频率，由于以 TM_{11} 基模工作的环形贴片比圆形或矩形贴片的尺寸更小，因而选用环形贴片天线。为了实现宽带圆极化，除采用宽带馈电网络外，还采用了双 L 形探针耦合馈电。天馈的具体结构如图 2.13(a)所示，适合在 1.5～2.2 GHz 频段工作，天线和馈电网络的具体尺寸如下：

$G=180$ mm，$L_h=11$ mm，$L_y=30$ mm，$H=20$ mm，$t=0.8$ mm，$\varepsilon_{r1}=3.38$，$2R=2$ mm，$D=70$ mm，$d=20$ mm，$S=19$ mm。

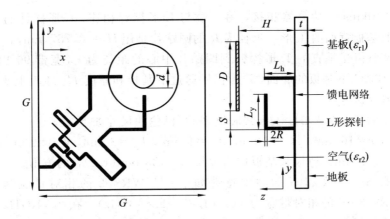

图 2.13　双 L 形探针和宽带 90°馈电网络耦合馈电环形贴片天线[8]

该天线实测 VSWR、AR 及 G 的频率特性如下：在 1.1～2.2 GHz 频段，VSWR≤2，相对带宽为 67%；在 1.23～2.28 GHz 频段，AR≤3 dB，相对带宽为 60%，在 1.5～2.2 GHz 频段，G>3 dBic，相对带宽为 38%；在 1.58～2.1 GHz 频段，G≥5 dBic。

2.3.3　用宽带 90°巴伦和 L 形 T 形探针耦合双馈圆贴片天线

图 2.14 是用宽带 90°巴伦和 L 形探针给圆贴片耦合双馈构成的宽带圆极化贴片天线。宽带 90°巴伦中的宽带 90°移相器是一路由一对 $\lambda_g/8$ 开路支节，另一路由一个 $\lambda_g/8$ 短路支节

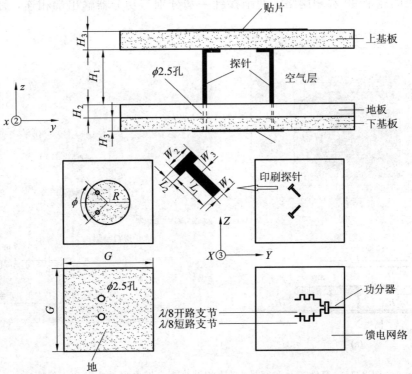

图 2.14　宽带 90°巴伦和 L 形探针耦合双馈圆贴片天线

组成。一端与 Wilkinson 功分器相接，另一端与 L 形探针相连，L 形探针的水平部分如图 2.14 所示位于上基板背面的 T 形。半径为 R 的圆贴片是用 $H_3=0.787$ mm，$\varepsilon_r=2.33$ 基板的正面制成的，两个相互垂直的 L 形探针到圆贴片中心的距离为 r，宽带 90°巴伦位于 $H_3=0.787$ mm，$\varepsilon_r=2.33$ 下基板的底面，L 形探针通过下基板和厚度 H_2 地板上 ϕ 为 2.5 mm 的孔给贴片天线耦合馈电。

中心设计频率 $f_0=2.4$ GHz，天线和宽带 90°巴伦的尺寸如下：

$R=28$ mm，$r=16$ mm，$H_1=6$ mm，$L_1=8$ mm，$L_2=2$ mm，$W_1=2$ mm，$W_2=4$ mm，$W_3=1$ mm，$H_2=2$ mm。地板和基板均为边长 $G=150$ mm（$1.2\lambda_0$）的方形。

该天线实测 S_{11}、AR 和 G 的频率特性如下：VSWR<2 的相对带宽为 45%（1.87～2.95 GHz），AR<3 dB 的相对带宽为 41%（1.87～2.88 GHz）。在 2.44 GHz～2.8 GHz 垂直面方向图均呈单向性，在 41% 的带宽内，交叉极化低于 −15 dB，最大增益为 6 dBic，在 2.15～3.2 GHz 频段内，$G>3$ dBic。

2.3.4　用宽带 90°功分器和容性探针耦合馈电层叠方贴片天线[9]

图 2.15 是用厚 $H=4.8$ mm，$\varepsilon_r=4.4$ 的 FR4 基板制造的 L 波段容性探针双馈层叠贴片，边长为 $L_2=57$ mm 的上方贴片为寄生贴片，边长为 $L_1=48$ mm 的下方贴片为馈电贴片，上、下方贴片相距 $H_2=11.4$ mm，下贴片与地板之间的距离 $H_1=9$ mm，地面的背面是由 Wilkinson 功分器构成的馈电网络。信号由功分器端口 1 输入，等幅经过功分器端口 2、3 输出，为了在宽频带范围内使端口 2 的相位落后端口 3 90°，在端口 2 串联了由片形串联电容、并联电感组成的宽带 90°移相网络。两个探针一端分别与功分器输出端相连，另一端与距离

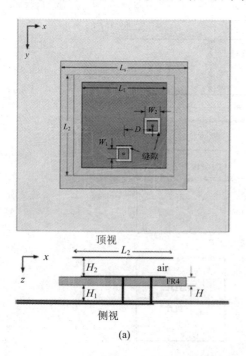
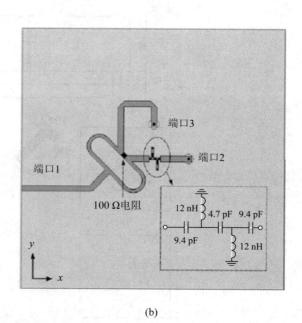

图 2.15　容性探针和宽带 90°移相网络耦合馈电层叠方贴片天线[9]

(a) 天馈结构；(b) 馈电网络

贴片中心 $D=16$ mm 尺寸为 $W_1=6$ mm，$W_2=9$ mm 的电容板相连来给方贴片耦合双馈。

　　该天线实测电性能如下：在 $1.28\sim2.74$ GHz 频段内，VSWR$\leqslant$2，相对带宽为 72.6%；在 $1.4\sim2.26$ GHz 频段内，AR$\leqslant$3 dB，相对带宽为 46.9%；$G_{max}=7$ dBic。

2.4　用 4 馈贴片天线实现宽带圆极化天线的方法

2.4.1　用 4 容性探针馈电层叠方贴片天线[10]

　　用多馈可以展宽圆极化贴片天线的阻抗和轴比带宽，特别是轴比带宽，展宽天线轴比带宽，还必须保证天线结构对称。

　　图 2.16 是用 4 容性探针馈电方贴片和寄生方贴片构成的 L 波段宽带多模 GNSS 天线，馈电和寄生方贴片的边长分别为 L_1 和 L_2，馈电贴片是用厚 $h=3$ mm，边长为 L_3 的基板制造的。4 容性探针相距 d，在馈电贴片上切割内外尺寸为 W_1 和 W_2 的 4 个缝隙使探针变成容性探针来抵消探针引入的感性，地板为边长为 L_4 的方形。

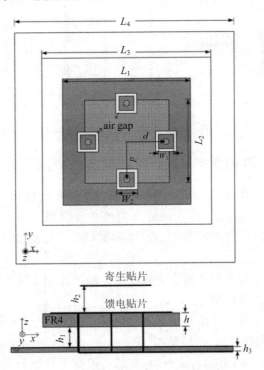

图 2.16　圆极化 4 容性探针耦合馈电层叠方贴片天线[10]

　　在 L 波段，天线的具体尺寸如下：

　　$d=25.6$，$h_1=12$，$h=3$，$L_1=64.8$，$L_2=55$，$L_3=84$，$L_4=100$，$W_1=6$，$W_2=9$（以上参数单位为 mm），图 2.17 是由 Wilkinson 功分器和宽带移相器及集总参数构成的 4 馈宽带馈电网络。该天线仿真 S_{11}、AR 的频率特性如下：在 $1.14\sim1.93$ GHz 频段内，$S_{11}<-10$ dB，相对带宽为 51.6%，在阻抗带宽内，AR<1 dB，$G=6.7\sim8.4$ dBic。

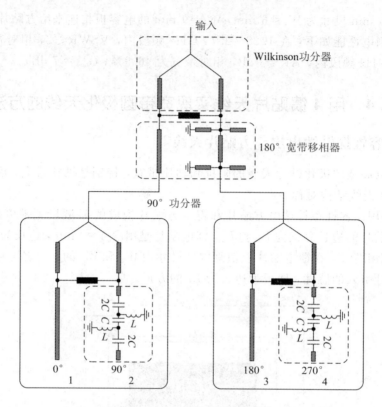

图 2.17　4 馈宽带馈电网络[10]

2.4.2　用耦合线移相器和变形 4L 形探针耦合馈电圆贴片天线[11]

图 2.18 是适合在 1.15～2.45 GHz 频段工作的圆极化贴片天线。相对中心工作频率 $f_0=1.6$ GHz($\lambda_0=187.5$ mm)，天线的尺寸及电尺寸分别为 168.7 mm×168.7 mm×16 mm 和 $0.9\lambda_0×0.9\lambda_0×0.086\lambda_0$。之所以具有小尺寸和宽频带，主要是由于采用了以下技术：

（1）空气介质贴片；

（2）由耦合线双频功分器和用开路支节分段阻抗改进的耦合线移相器构成的宽带 4 馈网络；

（3）用变形 4L 形探针耦合馈电。

由图 2.18 看出，该天线由 3 层基板组成，顶层是用 $H_1=0.8$ mm，$\varepsilon_r=4.4$ 的 FR4 基板印刷制造的半径为 R_0 的圆贴片，中层是用 $H_1=0.8$ mm，$\varepsilon_r=4.4$ 的 FR4 基板制造的 4 个馈电金属带，底层是用 $H_2=0.76$ mm，$\varepsilon_r=3.48$ 的基板的正反面制作的地板及馈电网络，在地板上有直径为 K_2 的 4 个圆孔，在中间基板 4 个馈电金属带上也有直径为 K_1 的 4 个圆孔，与馈电网络输出端 A、B、C、D 相连的 4 个探针过孔通过地板垂直向上穿出中层 4 个馈电金属带，且与金属带相连，构成 4 个变形 L 形探针，通过耦合激励圆贴片天线。

4 馈电网络由 3 个完全相同的双频耦合线功分器和两个相同的改进型耦合线移相器组成。信号由端口 1 输入，经功分器 PD$_1$ 等分成两路，一路经功分器 PD$_2$ 再分成两路，一路经改进型移相器移相 90°由端口 A 输出，另一路通过延迟线移相器 PS$_1$ 移相 180°由端口 B 输出，从功分器 PD$_1$ 等分的另一路信号通过延迟线移相 180°再通过功分器 PD$_3$ 等分成两路，一路经移相器移相 90°由端口 C 输出，另一路经移相器 PS$_2$ 移相 180°由端口 D 输出。

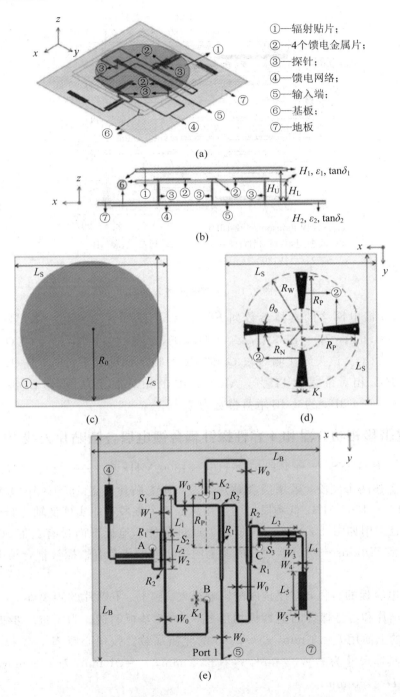

图 2.18　用耦合线移相器和变形 4L 形探针耦合馈电圆贴片构成的宽带圆极化天线[11]

(a) 立体；(b) 侧视；(c) 顶层圆贴片；(d) 中层 4 馈金属带；(e) 底层馈电网络

图 2.19 为 4 馈电网络方框图，图中 Z_0 为输入、输出端口的特性阻抗。Z_{he}、Z_{ho}($h = 1$, 2, 3) 为耦合线的偶模和奇模特性阻抗，$\theta_1 = \theta_2$ 和 θ_3 为耦合线的电长度；Z_4、θ_4 和 Z_5、θ_5 是改进型耦合线移相器的开路支节分段阻抗的特性阻抗及电长度。移相器参考线的特性阻抗为 Z_0，电长度为 $180°$，R_1 和 R_2 为功分器的隔离电阻。

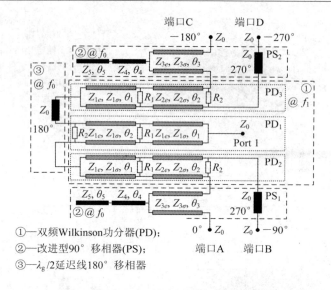

① — 双频Wilkinson功分器(PD);
② — 改进型90°移相器(PS);
③ — $\lambda_g/2$延迟线180°移相器

图 2.19　4馈电网络方框图

通过设计，4馈电网络的具体参数如下：$Z_0=50\ \Omega$，$\theta_1=\theta_2=\theta=67.5°$，$\theta_m=90°$（$m=3,4,5$），$Z_{1e}=81.6\ \Omega$，$Z_{1o}=43.3\ \Omega$，$Z_{2e}=61.3\ \Omega$，$Z_{2o}=40.1\ \Omega$，$R_1=63\ \Omega$，$R_2=565\ \Omega$，$Z_4=54\ \Omega$，$Z_5=22\ \Omega$。该天线实测 S_{11}、G 和 AR 的频率特性如下：$S_{11}<-10$ dB 的频段为 $0.74\sim2.73$ GHz，相对带宽为 115%，AR=3 dB 的相对带宽为 86%（$0.98\sim2.45$ GHz），$G=7.4$ dBic，$G\geqslant4.4$ dBic 的 3 dB 增益带宽为 73%。

2.4.3　用宽带移相功分器和 4 容性探针耦合馈电层叠圆贴片天线[12]

国际上有 4 大 GNSS，工作频段包含 $1164\sim1300$ MHz 和 $1559\sim1610$ MHz 低高两个频段。为了复覆上述两个频段，采用层叠贴片天线，让上贴片复盖 $1559\sim1610$ MHz 高频段，下贴片复盖 $1164\sim1300$ MHz 低频段。为了在高低两个频段都能实现低轴比圆极化和有稳定的相位中心，宜采用如图 2.20(a)、(b)所示。通过与位于地板下面带有宽带 90° 和 180°移相器及由 3 个微带 Wilkinson 功分器构成的馈电网络相连的 4 个容性探针耦合馈电层叠圆贴片天线。

容性探针电容板的直径 r 对阻抗匹配影响很大，到上、下贴片的距离 h_1、h_2 是关键设计参数。上、下贴片和容性探针的电容板均用 $\varepsilon_{r1}=2.65$ 基板制造。为了进一步提高天线的增益，在上贴片的上面用 $h_t=3$ mm，$\varepsilon_{r2}=2.65$ 的介质加载。按中心频率 $f_0=1350$ MHz 优化设计后天线的具体尺寸为 $r_1=35$ mm，$r_2=32.5$ mm，$r_c=21$ mm，$h=11$ mm，$h_1=3$ mm，$h_2=0.8$ mm，$D=160$ mm。

用 $\varepsilon_{r3}=4.5$ 的基板作馈电网络，图 2.20(b)中 90°移相功分器中微带线的特性阻抗分别为：$Z_0=50\ \Omega$，$Z_1=61.9\ \Omega$，$Z_4=125.6\ \Omega$；180°移相功分器中微带线的特性阻抗分别为：$Z_3=80.8\ \Omega$，$Z_2=62.8\ \Omega$。图 2.20(c)、(d)、(e)分别是该天线仿真和实测 S_{11}、G 和 AR 的频率特性曲线，由图看出，在 $1.1\sim1.7$ GHz 频段内，$S_{11}<-14$ dB，在低高频段内实测 RHCP增益大于 3 dBic，AR$\leqslant1.5$ dB。仰角30°，AR<3 dB，$G>-3$ dBic。该天线特别适合宽带 GNSS 应用。

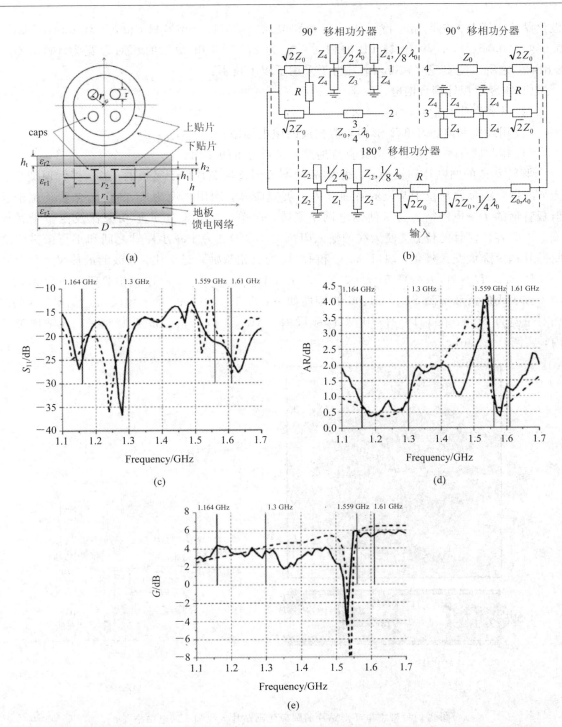

图 2.20　宽带移相功分器和 4 容性探针耦合馈电层叠圆贴片天线及仿真实测电性能[12]

（a）天馈结构；（b）馈电网络原理；（c）S_{11}-f 特性曲线；（d）AR-f 特性曲线；（e）G-f 特性曲线

2.4.4　用 4L 容性探针给周围带寄生环形贴片的圆贴片耦合馈电[14]

图 2.21 是用厚 2 mm，$\varepsilon_r = 2.65$ 的基板印刷制造的 L 波段（1525～1660.5 MHz）宽带圆

极化贴片天线及馈电网络。该天线的尺寸和电尺寸为 110 mm×110 mm×28 mm($0.6\lambda_0 \times$ $0.06\lambda_0 \times 0.15\lambda_0$)，$S_{11} < -14$ dB 的相对带宽为 27%，3 dB AR 的相对带宽为 16%，$G =$ 8 dBic。之所以能实现宽频带，主要由于采用了以下技术：

（1）4 容性探针耦合馈电；

（2）共面寄生环形贴片；

（3）用结构紧凑、简单 T 形功分器构成的馈电网络；

（4）用并联 $\lambda/4$ 短路支节构成直流通路，起到防雷的作用。

半径为 R 的圆贴片和长为 L、宽为 W 的圆弧形寄生贴片位于基板的正面，探针顶端半径为 r 的耦合圆金属片位于基板的背面。为了展宽带宽，利用高度为 H 的空气介质及位于反射板背面的 4 馈电网络。为了使馈电网络紧凑、简单，仅用 3 个 T 形功分器及由微带线构成。调整容性探针的位置，使天线的输入阻抗为 100 Ω。为了减小探针之间和平行微带线之间的互耦及降低交叉极化，端口 A、C 和 B、D 均反相激励。经优化，天线的最佳尺寸如下：

$R = 43$，$H = 24$，$d = 27.5$，$r = 6.5$，$L = 63$，$W = 8.5$，$S = 3.5$（以上参数单位均为 mm）。

该天线仿真和实测 S_{11}、AR、G 的特性如下：在 1.45～1.9 GHz 频段内，$S_{11} < -14$ dB 相对带宽为 27%，在 1510～1770 MHz 频段内，AR < 3 dB，相对带宽为 16%，在轴比带宽内，实测 $G = 8$ dBic。

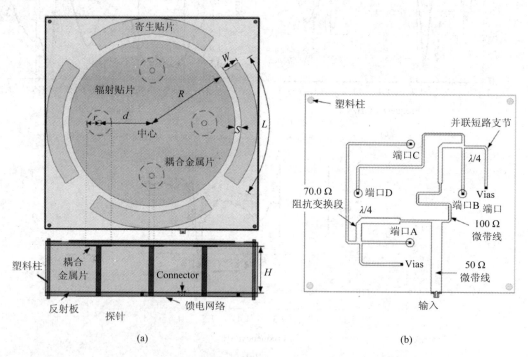

图 2.21　带寄生环形贴片的圆极化圆贴片天线和 4 馈电网络[14]

（a）天馈结构；（b）馈电网络

2.4.5　用宽带 90℃形混合电路和 4L 形探针耦合馈电圆贴片天线[15]

图 2.22(a)是用宽带 90℃形混合电路和 4L 形探针给圆贴片耦合馈电构成的宽带圆极化天线。中心设计频率 $f_0 = 1.8$ GHz，圆贴片的直径 $D = 76.5$ mm，贴片距地板的高度 $H =$

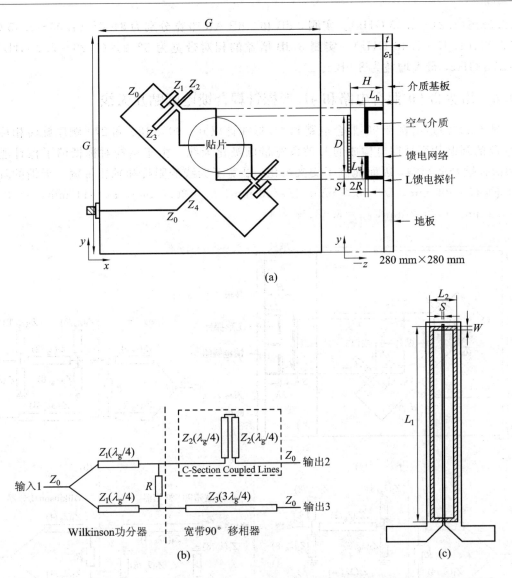

图 2.22　用宽带 90℃ 形混合电路和 4L 形探针耦合给圆贴片馈电构成的宽带圆极化天线[15]

(a) 天馈结构；(b) 宽带 90°混合电路；(c) C 段耦合线

20 mm，图 2.22(b)是用厚 $t=0.8$ mm，$\varepsilon_r=3.38$ 基板制造的馈电网络，由图看出，90°宽带 C 形混合电路由 3 dB Wilkinson 功分器和如图 2.22(c)所示由小间隙 S 分开的 C 段耦合线组成，C 段耦合线的特性阻抗和长度如下：

$Z_0=50$ Ω，$Z_1(\lambda_g/4)=70.71$ Ω，$Z_2(\lambda_g/4)=50$ Ω，$Z_3(3\lambda_g/4)=50$ Ω，在 1～2 GHz 频段，C 段耦合线的尺寸为：$L_1=24.4$ mm，$L_2=4.0$ mm，$S=0.3$ mm，$W=0.5$ mm。

L 形探针的直径 $2R=1$ mm，垂直长度 $L_h=11$ mm，水平长度 $L_v=35$ mm，到贴片边缘的距离 $S=8.5$ mm。把用长度差 $\lambda_g/2$ 有 180°相差的 T 形功分器与一对宽带 90℃ 形混合电路相连。为了阻抗匹配，利用了一段特性阻抗 $Z_4=35.36$ Ω 的 $\lambda/4$ 长阻抗变换段。再把一对宽带 90℃ 形混合电路分别与彼此相互垂直的 L 形探针相连给圆贴片耦合馈电，由于提供了等幅和 0°、90°、180°和 270°相差，因而实现了宽带圆极化。该天线实测 VSWR≤2 的相对带宽为 72.98%（1.21～2.55 GHz）。实测 3 dB 和 2 dB AR 带宽分别为 81.6%（1.03～2.45 GHz）和 77.7%（1.07～2.43 GHz）。实测 3 dB 增益的相对带宽为 52.2%（1.29～2.2 GHz），在 $f_0=1.8$ GHz，最大增益为 8 dBic。

2.4.6　用宽带 90°混合电路和 4L 形探针耦合馈电圆贴片天线

图 2.23(a)是用宽带 90°混合电路和 4L 形探针以 0°、90°、180°和 270°顺序旋转相位给直径为 D 的圆贴片耦合馈电构成的 L 波段宽带圆极化天线。由于结构对称抵消了探针泄漏辐射和探针耦合的影响，因而扼制了交叉极化，展宽了天线的阻抗和轴比带宽。天馈的具体尺寸如下：$G=300$ mm，$D=76.5$ mm，$H=26$ mm，$L_v=30.5$ mm，$L_h=11$ mm，$S=9$ mm，$R=0.5$ mm，$t=0.8$ mm，$\varepsilon_{r1}=3.38$，$\varepsilon_{r2}=1$。

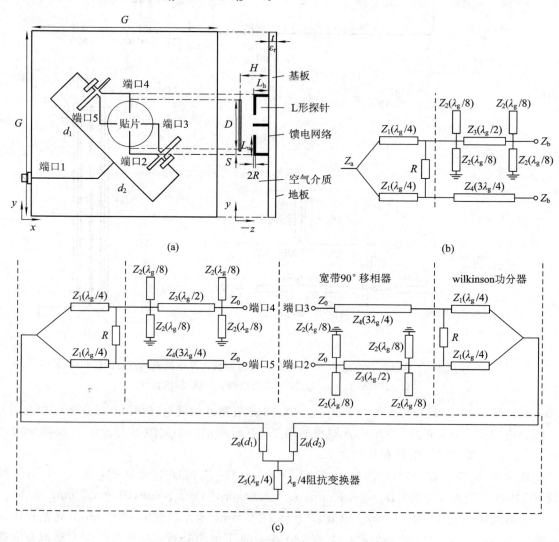

图 2.23　宽带 90°移相器和 4L 形探针耦合馈电圆贴片天线及馈电网络
（a）天馈结构；（b）等效电路；（c）馈电网络

图 2.23(b)是由 Wilkinson 功分器和宽带 90°移相器级联构成的宽带 90°混合电路的等效

电路，Wilkinson 功分器不仅提供了等功分比，而且为输入输出端提供了不同的阻抗变换。功分器把信号分成两路之后，再分别通过宽带移相器获得稳定的 90°相差。图中，Z_a 为输入阻抗，Z_b 为输出阻抗，Z_1 是功分器中长度为 $\lambda_g/4$ 微带线的特性阻抗，Z_2 是移相器中使用长度为 $\lambda_g/8$ 并联开路和短路微带线的特性阻抗，Z_3 是移相器中使用长度为 $\lambda_g/2$ 微带线的特性阻抗，Z_4 是移相器中作为参考线长度为 $3\lambda_g/4$ 微带线的特性阻抗。它们之间有如下关系：

$$R = 2Z_b, \quad Z_1 = \sqrt{2Z_a Z_b}, \quad Z_2 = 2.51Z_b, \quad Z_3 = 1.24Z_b, \quad Z_4 = Z_b$$

图 2.23(c)是用一对宽带 90°移相器构成的宽带馈电网络，用该馈电网络把输入功率先分成有 180°相差的两路，再分别通过功分器和宽带移相器获得等功率和 0°、90°、180°和 270°相差，功分器中，$\lambda_g/4$ 阻抗变换段的特性阻抗为 $Z_5 = Z_0/\sqrt{2}$，让两个分支路径长度差 $(d_1 - d_2) = \lambda_g/2$ 来提供两分支需要的 180°相差。

该天线实测 VSWR、AR 和 G 的频率特性如下：在 1.4～2.41 GHz 频段内，VSWR≤2，相对带宽为 79.4%；在 1.3～3.5 GHz 频段内，AR≤2 dB，相对带宽为 57%；在 1.5～2.13 GHz 频段内，G≥7 dBic。

2.5　宽带低成本电磁耦合圆极化圆贴片天线[16]

缝隙耦合层叠贴片天线与普通用微带线或探针馈电的贴片天线相比，缝隙耦合馈电把辐射单元与馈电网络隔开，以便能独立地分别对辐射单元及馈电网络设计，不仅如此，还极容易与 RF/微波电路集成。为了实现圆极化，广泛采用双馈来激励起两个正交模（TM_{01} 和 TM_{10}）。双馈使天线结构复杂、成本增加，特别是在用层叠贴片实现宽带圆极化的情况下，另外采用双馈还会导致大的馈电结构。

为了用低成本实现宽带圆极化天线，可以采用如图 2.24(a)所示用单 L 形微带线馈电，通过地板上不等长十字形缝隙电磁耦合激励单贴片构成的圆极化天线。圆贴片及馈电网络均用厚 0.8 mm，$\varepsilon_r = 2.2$ 的基板制造。中心设计频率 $f_0 = 2$ GHz，贴片、缝隙的具体尺寸如图 2.24(a)所示。y 向缝隙的电场指向 x 向，x 向缝隙的电场指向 y 向，由图看出，y 向缝隙比

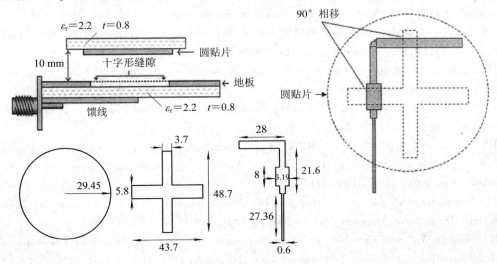

(a)

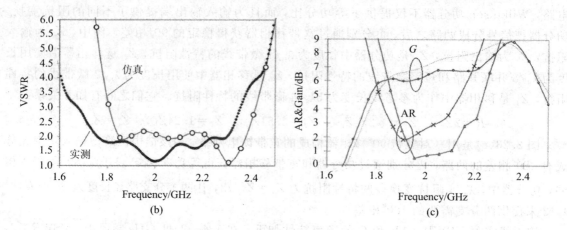

图 2.24　L形微带线耦合馈电圆极化圆贴片天线及仿真实测 S_{11}、AR 和 G 的频率特性曲线[16]
(a)天馈结构及尺寸；(b) VSWR-f 特性曲线；(c) AR、G-f 特性曲线

x 向缝隙长，即 x 向缝隙在 y 向的电场相位超前 y 向缝隙在 x 向电场的相位，由超前向滞后方向旋转，可以断定该天线为 RHCP。

图 2.24(b)、(c)分别是该天线仿真实测 VSWR、AR 和 G 的频率特性曲线，由图看出，VSWR$\leqslant$2 的相对带宽为 26%，3 dB AR 带宽为 9.6%，增益大于 6 dBic 的相对带宽为 30%。

参 考 文 献

[1]　WANG Zhongbao, et al. Single-Fed Broadband Circularly Polarized Stacked Fatch Antenna With Horizontally Meandered Strip for Universal UHF RFID Applications. IEEE Trans Microwave Theory Technol, 2011, 59(4): 1066-1073.

[2]　NASIMUDDIN, CHEN Zhining, ESSELLE K P. Wideband Circularly Polarized Microstrip Antenna Array Using a New Single Feed Network. Microwave Opt Tecnol Lett, 2008, 50(7): 1784-1789.

[3]　YANG Wenwen, ZHOU Jianyi, YU Zhiqiang, et al. Single-Fed Low Profile Broadband Circularly Polarized Stacked Patch Antenna. IEEE Trans Antennas Propag, 2014, 62(10): 5406-5410.

[4]　WONG Kinlu, CHANG Fashian, CHIAY T W. Low-Cost Broadband Circularly Polarizeed Probe-Fed Patch Antenna for WLAN Base Station. IEEE APS, 2002: 526-530.

[5]　CHUNG K L. A Wideband Circularly Polarized H-Shaped Patch Antenna. IEEE Trans Antennas Propag, 2010, 58(10): 3379-3382.

[6]　THOMAS K G, PRAVEEN G. A Novel Wideband Circularly Polarized Printed Antenna. IEEE Trans Antennas Propag, 2012, 60(12): 5564-5570.

[7]　CHEN Huaming, LIN Yifang, CHIOU T W. Broadband Circularly Polarized Aperture-coupled Microstrip Antenna Mounted in A 2. 45 GHz Wireless Communication System. Microwave OPT Technol Lett, 2001, 28(2): 100-101.

[8]　GUO Yongxin, BIAN Lei, SHI Xiangquan. Broadband Circularly Polarized Annular-Ring Microstrip Antenna. IEEE Trans Antennas Propag, 2009, 57(8): 2474-2477.

[9]　ZHAO Gang. Wideband Circularly Polarized Microstrip Antenna Using Broadband Quadrature Power Splitter Based on Metamaterial Transmission Line. Microwave OPT Technol Lett, 2009, 51(7): 1790-1793.

[10]　TAO J, YU J, CHEN X. A design of multi-mode global navigation satellite system antenna. Chinese Scientific Papers Online, 2011(1).

[11]　LIU Qiang, LIU Yuanan, WU Yongle, et al. Compact Wideband Circularly Polarized Patch Antenna for GNSS Applications. IEEE Antennas Wireless Propag Lett, 2013, 12: 1288 – 1283.

[12]　LI Du, GUO Pengfei, DAI Qing, et al. Broadband Capacitively Coupled Stacked Patch Antenna for GNSS Applications. IEEE Antenna Wireless Propag Lett, 2012, 11: 701 – 704.

[13]　FU Shiqiang, et al. Broadband Circularly Polarized Microstrip Antenna with Coplanar Parasitic Ring Slot Patch for L-Band Satellite System Application. IEEE Antenns Wireless Propag Lett, 2014, 13: 943 – 946.

[14]　GUO Y X, KHOO K W, ONG L C. Wideband circularly polarized patch antenna using broadband baluns. IEEE Trans Antennas Propag, 2008, 56(2): 319 – 326.

[15]　GAO S, QIN Y, SAMBEI A. Low-cost broadband circularly polarized printed antennas and array. IEEE Antennas Propag Mag, 2007, 49(4): 57 – 64.

第3章　用正交偶极子构成的圆极化天线

3.1　概　　述

　　把正交偶极子位于反射板上，用90°相差给它馈电，就能在边射方向实现圆极化。正交偶极子可以单馈，也可以双馈或4馈。单馈不需要外加90°或0°、90°、180°和270°馈电电路，靠天线结构就能实现90°相差，把靠天线结构实现90°相差叫自相位。自相位单馈圆极化天线具有结构简单、馈电网络插损相对小的优点，但存在轴比和阻抗带宽相对窄的缺点。实现自相位单馈有以下3种方法：（1）用等长正交感性和容性偶极子；（2）用不等长正交偶极子；（3）用路径长度为 $\lambda_g/4$ 的圆弧延长线连接相邻等长正交偶极子。双馈或多馈圆极化天线相对单馈圆极化天线，不仅轴比、阻抗带宽宽，而且多馈还使圆极化天线结构对称，具有稳定的相位中心，但结构复杂，馈电网络插损相对大。

　　为实现宽波束，只需要把正交偶极子的辐射臂向下弯折，变成倒V形、倒U形或变成圆弧形。为实现宽频带，宜采用矩形、蝶形等宽带正交偶极子天线，或带寄生单元的正交偶极子天线。

　　用正交偶极子构成圆极化天线，具有成本低、重量轻、设计简单等优点。

3.2　用单馈等长容性和感性正交偶极子构成的圆极化天线

　　调整偶极子的长度 l_1 和宽度 W_1，如果 $Z_{in}=50\Omega-j50\Omega$，称此偶极子为容性偶极子，为了用单馈正交偶极子构成圆极化，必须用自相位，在等长等宽正交偶极子的情况下，如图3.1(a)所示，采用长 l_2、宽 W_2 带支节的偶极子，调整支节的长度 S 和宽度 S_2，让 $Z_{in}=50\Omega$

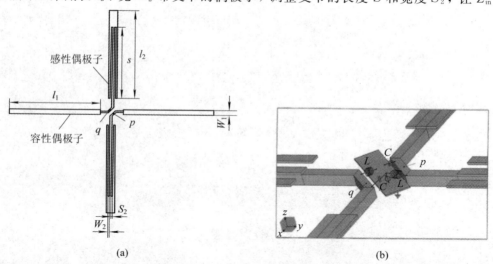

(a)　　　　　　　　　　　(b)

图 3.1　圆极化自相位感性/容性正交偶极子和附加 LC 匹配电路的宽带感性/容性正交偶极子

（a）等长感性/容性正交偶极子；（b）附加 LC 匹配电路的宽带感性/容性正交偶极子

$+$j50 Ω，称此偶极子为感性偶极子，把容性和感性偶极子并联，输入阻抗变为 50 Ω，再把带巴伦的 50 Ω 同轴线的内外导体分别与 p、q 相连给正交偶极子馈电，就构成了圆极化。为了变双向辐射为单向辐射，需要距正交偶极子 λ/4 附加反射板。为了在宽频带，例如在 88～108 MHz 频段实现圆极化，必须在馈电点附加 $L=79.6$ nH、$C=31.8$ pF 集总参数，如图 3.1(b)所示。

　　图 3.2 是用 $\varepsilon_r=2.17$，厚 0.127 mm 的聚四氟乙烯基板印刷制造的 4.5 GHz 单馈圆极化等长容性和感性偶极子的结构尺寸。

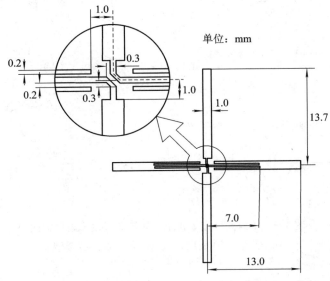

图 3.2　4.5 GHz 圆极化单馈等长正交容性/感性偶极子及尺寸

3.3　单馈圆极化等长正交偶极子天线[1][2]

　　用单馈正交偶极子实现圆极化所需要的自相位 90°相差，也可以用路径长度为 λ/4 的圆环形延迟线连接正交偶极子的相邻两个臂来实现。

　　图 3.3 就是把相邻印刷正交偶极子两个臂用 90°相差圆环形线相连，用同轴线单馈构成的宽带圆极化天线。

　　中心设计频率 $f_0=2.3$ GHz($\lambda_0=130.4$ mm)，图 3.3 中的正交偶极子及圆环形连线用厚 $h_1=1.6$ mm，$\varepsilon_r=2.2$，边长为 120 mm 的基板制造，其中(a)为顶层，(b)为底层，(c)为侧视。正交偶极子距反射板的高度 $H=27$ mm($\lambda_0/4$)，偶极子每个臂的长度 $L_1=27$ mm，宽度 $W_1=3$ mm，圆环形线的宽度 $W_2=2$ mm，内半径 $r=5.5$ mm。把同轴线的外导体与底层偶极子的辐射臂相连，同轴线的内导体通过圆孔与顶层偶极子的辐射臂相连直接馈电。图 3.3 (d)是无反射板情况下单个正交偶极子仿真的输入阻抗圆图，在中心频率 2.3 GHz，$Z_{in}=122+$j122.7 Ω，为了阻抗匹配，用 λ/4 长特性阻抗为 75 Ω 的同轴线作为阻抗变换段。图 3.4 是单元间距为 $0.71\lambda_0$，1×2 元和 2×2 元顺序旋转馈电圆极化正交偶极子天线阵。表 3.1 把单元、1×2 元和 2×2 元天线阵的主要实测电参数作了比较。

　　为了进一步展宽单馈圆极化正交偶极子天线的带宽，在正交偶极子的周围附加顺序旋转

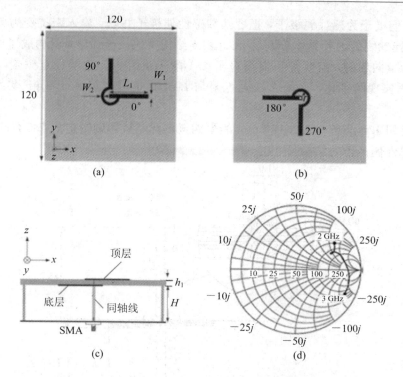

图 3.3　单馈圆极化等长正交偶极子天线及阻抗圆图

(a) 顶层；(b) 底层；(c) 侧视；(d) 阻抗圆图

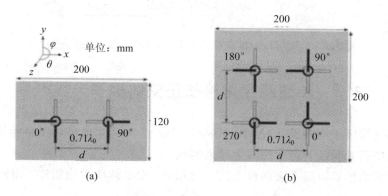

图 3.4　1×2 元和 2×2 元单馈圆极化等长正交偶极子天线阵

的 4 个寄生谐振环，如图 3.5 所示。中心设计频率 $f_0 = 2.4$ GHz($\lambda_0 = 125$ mm)，用 $\varepsilon_r = 2.2$，厚 1.6 mm 基板正反面印刷制造的单馈正交偶极子和寄生谐振环的尺寸如下：$W_1 = 2$，$W_2 = 2.4$，$W_3 = 4$，$l_1 = 20.5$，$l_2 = 27$，$l_3 = 21.7$，$l_t = 14.3$，$r = 5.5$，$S = 3.5$，$g = 0.2$，$h_1 = 27$(以上参数单位为 mm)。把正交偶极子相邻两个臂用 $\lambda_g/4$ 长圆弧线相连来实现 90° 相差。天线的轴比通过调整寄生谐振环的边长 L_t 及间隙宽度 g 来控制。由于带 4 个寄生环谐振器正交偶极子的输入阻抗在 2.1 GHz 时为 $97.8 + j61.8$ Ω，所以用 75 Ω 同轴线连接天线，且兼作 $\lambda/4$ 阻抗变换段。该天线实测 S_{11}、AR 和 G 的频率特性如下：在 1.9～2.9 GHz 频段内，$S_{11} <$ -10 dB，相对带宽为 41.7%，在 2.19～2.98 GHz 频段内，AR<3 dB，相对带宽为 30.6%，在轴比带宽内，$G = 7.9～8.7$ dBic。垂直面 HPBW 分别为 69° 和 65°。

表 3.1　单元 1×2 元和 2×2 元单馈圆极化等长正交偶极子天线实测电参数

天线	VSWR≤2 的带宽/GHz 和相对带宽	3 dB AR 带宽/GHz 和相对带宽	G_m/dBic	HPBW/(°)	f_0/GHz
单元	0.73, 30.7%	0.36, 15.6%	7.5	68°(x-z 面) 66°(y-z 面)	2.31
1×2 元天线阵	1.22, 47.8%	0.57, 24.5%	9.5	34°(x-z 面) 62°(y-z 面)	2.33
2×2 元天线阵	0.92, 38.2%	0.91, 39.2%	13	35°(x-z 面) 33°(y-z 面)	2.32

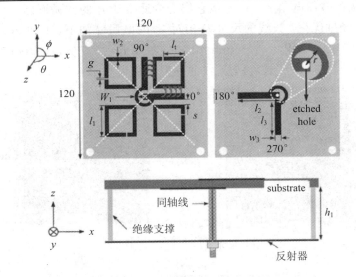

图 3.5　圆极化单馈带 4 个谐振寄生环的正交偶极子天线[2]

图 3.6 是单元间距 $d=88$ mm($0.71\lambda_0$)，1×2 和顺序旋转 90°相差馈电构成的 2×2 元天线阵。1×2 元天线阵，在 1.94～3.25 GHz 频段实测 $S_{11}<-10$ dB 的相对带宽为 50.5%，在 1.94～3.25 GHz 频段内，实测 AR<3 dB 的相对带宽为 50.5%。2×2 元天线阵，实测 $S_{11}<-10$ dB 有两个频段，在 2.43 GHz，相对带宽为 41.2%，在 3.2 GHz 为 5.9%，AR<3 dB 的

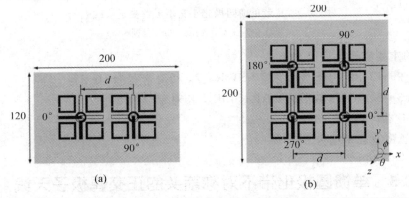

图 3.6　圆极化顺序旋转 1×2 元和 2×2 元带寄生谐振环的正交偶极子天线阵
(a) 1×2 元；(b) 2×2 元

相对带宽为 56.4%。

3.4　单馈圆极化宽带正交矩形偶极子天线[3]

图 3.7 是用厚 $H_1 = 1.6$ mm，$\varepsilon_r = 4.4$，尺寸为 $W = L = 55$ mm 的 FR4 方基板正反面印刷制造，由边长为 L_1、W_4 的矩形正交偶极子构成 $f_0 = 2.45$ GHz（$\lambda_0 = 122$ mm）的宽带圆极化天线。该天线 VSWR≤2 的相对带宽为 50.2%，3 dB AR 带宽为 27%，平均增益为 6.2 dBic。由图看出，该正交矩形正交偶极子辐射臂要比普通正交偶极子宽的多，不仅利于展宽带宽，而且尺寸小，仅为普通正交偶极子的 46%。为了用同轴线实现单馈圆极化，在正反面相邻正偶极子每个矩形辐射臂馈电角上，用连接它们有合适半径 R 的圆弧形延迟线来提供圆极化所需要的 90°相差。经过优化，天线的尺寸及相对 λ_0 的电尺寸如下：$L_1 = 25.5$ mm（$0.208\lambda_0$），$W_4 = 18.3$ mm（$0.149\lambda_0$），$W_3 = 4.5$ mm（$0.0369\lambda_0$），$R = 5.7$ mm（$0.0465\lambda_0$），$H = 28$ mm（$0.228\lambda_0$），$L = W = 55$ mm（$0.45\lambda_0$），天线的外形尺寸为 $0.45\lambda_0 \times 0.45\lambda_0 \times 0.24\lambda_0$。

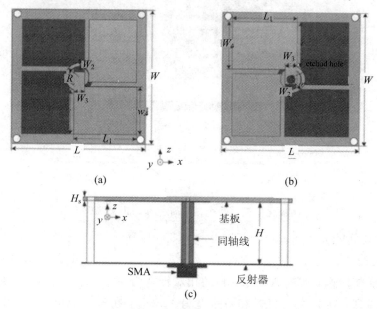

图 3.7　宽带单馈圆极化正交矩形偶极子天线[3]

（a）顶层；（b）底层；（c）侧视

该天线的主要实测电性能如下：

（1）在 1.99～3.22 GHz 频段内，VSWR≤2，相对带宽为 50.2%。

（2）在 2.3～2.9 GHz 频段内，AR≤3 dB，相对带宽为 27%。

（3）在轴比带宽内，$G = 6$ dBic。

（4）3dB AR 波束宽度为 88°。

3.5　单馈圆极化带不对称箭头的正交偶极子天线[4]

图 3.8(a)、(b) 是用 $\varepsilon_r = 3.38$，厚 0.508 mm 的基板印刷制造的，由带条纹箭头不对称偶

极子、同轴馈线和边长为 120 mm×120 mm、高 $H_c=40$ mm 方背腔构成的 L1(1575 MHz)和 L2(1227 MHz)双频 GPS 天线。偶极子的每个臂都由末端形状呈半个箭头及尺寸不同的两个印刷电感组成，不仅是为了实现双频，而且是为了缩小尺寸。正交偶极子相邻两个臂分别位于基板的正面和背面，并用 $\lambda/4$ 长圆弧线相连，以实现 90°相差，同轴馈线的内导体与顶面偶极子相连，同轴馈线的外导体与背面的偶极子相连。天线的最佳尺寸如下：$A=52$，$B=40$，$W_{c1}=26$，$W_{c2}=20$，$R_i=6$，$W_r=1$，$W_b=5.4$，$L_{b1}=16$，$L_{b2}=13$，$L_{i1}=10$，$L_{i2}=7.8$，$g_{i1}=0.6$，$W_{i1}=0.6$，$g_{i2}=0.4$，$W_{i2}=0.6$，$W_{s1}=1.6$，$W_{s2}=2$，$S=0.4$，$H_c=H=40$（以上参数单位均为 mm）。

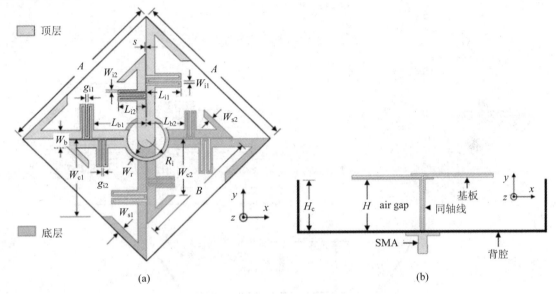

(a)　　　　　　　　　　　　　　(b)

图 3.8　单馈圆极化带不对称箭头的正交偶极子天线[4]
（a）顶视；（b）侧视

　　该天线实测 $S_{11}<-10$ dB 的频率范围为 1188～1265 MHz 和 1453～1800 MHz；实测 AR≤3 dB 的频率范围为 1217～1240 MHz 和 1525～1630 MHz；在 1575 MHz，实测 $G=7.5$ dBic，$F/B=24$ dB；在 xz 和 yz 面，3 dB 波束宽度分别为 143°和 152°；在 1227 MHz，实测 $G=6.3$ dBic，$F/B=19$ dB，3 dB 波束宽度分别为 132°和 140°。

3.6　由带不对称倒刺正交偶极子构成的单馈多频宽波束 GPS 天线[5]

　　GPS 已由 L1（1.57542 GHz）、L2（1.2276 GHz）发展到 L3（1.38105 GHz）、L4（1.379913 GHz）、L5（1.17645 GHz），作为核心爆炸检测、电离层修正和人员生命安全接收等特殊应用。为了实现 L1～L5 宽频带、高 F/B RHCP 天线，采用图 3.9 所示位于倒置角锥形空腔中由正交带倒刺偶极子，同轴线单馈构成的多频 GPS 天线。倒置角锥形矩形空腔底部尺寸为 120 mm×120 mm，顶部的尺寸为 160 mm×160 mm，高 40 mm。用 $\varepsilon_r=3.38$，厚 0.508 mm，尺寸为 62 mm×62 mm 的基板印刷制造带倒刺偶极子。用同轴线给偶极子馈电，同轴线的内导体穿过基板与正面偶极子相连，外导体与基板背面的偶极子相连。偶极子的每个臂都分成 4 个分支，每个分支都按照能在 L5、L2、L3/4 和 L1 频段工作而设计的末端带倒刺的曲折线，偶极子通过 $\lambda_g/4$ 长圆环形延迟线获得自相位单馈圆极化所需要的 90°相差。用倒置角锥形空腔是为了能在 L1～L5 频段实现类似的增益。天线的最佳尺寸如下：

$W_1=62$，$W_2=50$，$W_3=42$，$W_{c1}=38$，$W_{c2}=39$，$W_{c3}=25$，$W_{c4}=22.5$，$R_i=6.2$，$W_r=1.2$，$w_{s1}=w_{s2}=1.2$，$w_{s3}=w_{s4}=1.6$，$L_{b1}=30.4$，$w_{i1}=0.4$，$g_{i1}=0.6$，$L_{i1}=5$，$L_{b2}=34$，$w_{i2}=0.4$，$g_{i2}=0.6$，$L_{i2}=5$，$L_{b3}=16$，$w_{i3}=0.6$，$g_{i3}=0.6$，$L_{i3}=7.8$，$L_{b4}=14$，$w_{i4}=0.4$，$g_{i4}=0.6$，$L_{i4}=7.8$，$W_{b1}=5.6$，$W_{b2}=0.8$，$S_1=S_2=S_3=0.4$，$H_c=40$，$H=40$（以上参数单位为 mm）。

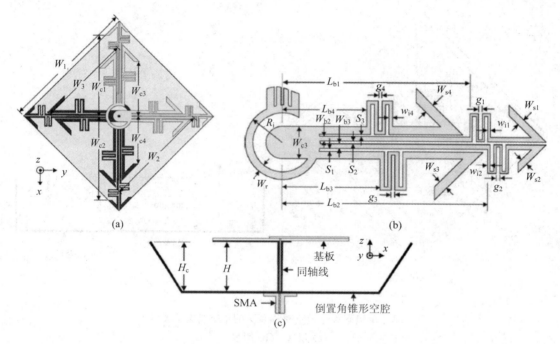

图 3.9　由正交多分支不对称倒刺偶极子构成的宽带 GPS 天线[5]
(a)辐射单元(顶视)；(b)$\lambda/4$ 长印刷环和偶极子臂；(c)侧视天馈结构

为了减小正交偶极子的尺寸，主要采用了两个技术：① 在每个偶极子臂插入印刷电感；② 采用箭头形末端。该天线实测 S_{11} 和 AR 的频率特性如下：$S_{11}<-10$ dB 的频段为 1.131～1.132 GHz(181 MHz)，1.369～1.421 GHz(52 MHz)，1.543～1.610 GHz(67 MHz)；AR$\leqslant$3 dB 的频段为 1.165～1.190 GHz(25 MHz)，1.195～1.24 GHz(45 MHz)，1.37～1.395 GHz(25 MHz)，1.565～1.585 GHz(20 MHz)。在 4 个频段的中心频率 1.175 GHz、1.225 GHz、1.380 GHz 和 1.575 GHz，AR 分别为 0.83 dB、0.96 dB、0.94 dB 和 1.4 dB。

多频 GPS 天线实测增益方向图的特性分别如下。L5：(1.175 GHz)，$G=7.55$ dBic，$F/B=24$ dB，HPBW$=100°$、$102°$，3 dB AR 波束宽度在两个面分别为 $161°$ 和 $120°$；L2：(1.225 GHz)，$G=7.7$ dBic，$F/B=26$ dB，HPBW$=100°$、$102°$，3 dB AR 波束宽度在两个主平面分别为 $112°$ 和 $134°$；L4/L3：(1.380 GHz)，$G=8.1$ dBic，$F/B=25$ dB，HPBW$=105°$、$103°$，3 dB AR 波束宽度在两个主平面分别为 $124°$ 和 $145°$；L1：(1.575 GHz)，$G=7.94$ dBic，$F/B=27$ dB，HPBW$=90°$、$86°$，3 dB AR 波速宽度在两个主平面分别为 $168°$ 和 $135°$。

3.7　自相位单馈圆极化不等长正交偶极子天线

圆极化自相位单馈正交偶极子就是让一对偶极子的长度比谐振长度长呈感性，相位落后 $45°$，让另一对正交偶极子的长度比谐振长度短呈容性，相位超前 $-45°$，把相邻长短偶极子的一个臂相连，再分别与同轴馈线的内外导体相连，由于靠天线的结构实现了圆极化所需要的 $90°$相差，因而叫自相位，如图 3.10 所示。改变相邻长短偶极子一个臂的连接方法，根据相位由超前向滞后方向旋转，就能确定所需要的极化方向。由于同轴线内外导体的相位内导体为 $0°$，外导体为 $180°$，给图 3.10(a)每臂加 $45°$，就变成图 3.10(b)所示相位，可见在垂直离开纸面方向，图 3.10(a)、(b)、(c)均为 RHCP。

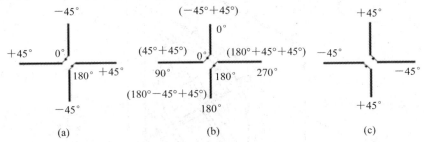

(a)　　　　　　　　　　(b)　　　　　　　　　　(c)

图 3.10　自相位圆极化不等长正交偶极子天线的相位

3.7.1　单馈圆极化背腔不等长正交偶极子天线

图 3.11 是按中心设计频率 $f_0 = 1700$ MHz($\lambda_0 = 176.5$ mm)，采用位于菱形空腔中用带套筒同轴线给用聚四氟乙烯基板印刷制造的不等长正交偶极子馈电构成的宽波束圆极化天线。天线的电尺寸如图所示，由图看出，长短偶极子的电长度分别为 $0.395\lambda_0$ 和 $0.317\lambda_0$，长宽比分别为 3.76 和 7.56。

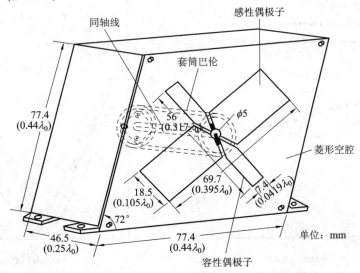

图 3.11　自相位单馈圆极化背腔不等长正交偶极子天线

该天线实测电参数如下：

（1）$S_{11} < -15$ dB 的相对带宽为 10%；

（2）AR≤3 dB 的相对带宽为 8.8%，轴向 AR=0.3 dB；±45°，AR=1 dB，±90°，AR=3 dB，可见该天线的宽角轴比特别好；

（3）G=5.7 dBic，HPBW 近 180°。

3.7.2　单馈圆极化带寄生环和电抗负载的不等长正交偶极子天线[6]

图 3.12(a) 是由单馈印刷正交不等长偶极子构成的高增益圆极化天线，该天线有以下特点：

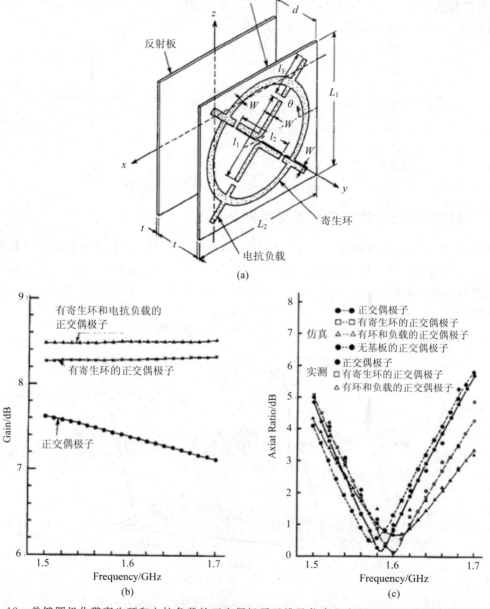

(a)

(b)

(c)

图 3.12　单馈圆极化带寄生环和电抗负载的正交偶极子天线及仿真和实测 G、AR 的频率特性曲线[6]

（a）天馈结构；（b）G-f 特性曲线；（c）AR-f 特性曲线

（1）采用不等长正交偶极子，用自相位单馈实现圆极化；

（2）附加寄生环和电抗负载，不仅改善了轴比，而且进一步提高了天线增益。

中心设计频率 $f_0=1590$ MHz（$\lambda_0=188.7$ mm），用 $\varepsilon_r=2.55$，厚度 $t=1.6$ mm 的基板制作正交印刷偶极子、寄生环和负载。具体尺寸如下：$l_1=95$ mm，$l_2=77$ mm，$l_3=40$ mm，$d=48$ mm，$L_1=L_2=150$ mm，正交偶极子、寄生环及电抗负载的宽度均为 W（$W=2$ mm）。寄生环的半径为 68 mm。寄生环的周长变长，天线增益也增大，但轴比恶化，当寄生环的周长为 $2.5\lambda_0$ 时，圆极化轴比最好。图 3.12(b)、(c) 分别是该天线仿真和实测的增益和轴比的频率特性曲线，由图看出，附加寄生环和负载，确实使天线增益增大。

图 3.13(a) 是用厚 1.6 mm，$\varepsilon_r=2.25$ 基板制成的 4 元天线阵。天线阵的尺寸为长×宽×高＝572 mm×137 mm×43 mm，重 0.7 kg。图 3.13(b) 是该天线阵实测的增益和轴比的频率特性曲线，由图看出，在 1.5～1.68 GHz 相对带宽为 10.1% 的频段内，实测增益为 13.8～14 dBic，AR≤3 dB。

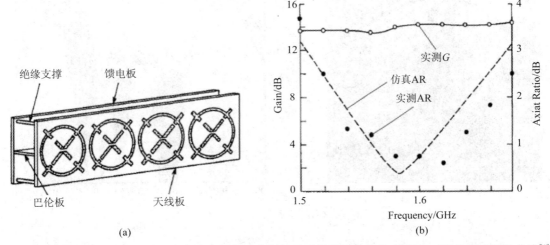

图 3.13　4 元单馈圆极化带寄生环和电抗加载正交偶极子天线阵及仿真和实测 G、AR 的频率特性曲线[6]
(a) 天线阵；(b) G、AR－f 特性曲线

3.8　圆极化正交下倾偶极子天线

用自相位或等幅 90°相差给谐振正交偶极子馈电能构成圆极化，但偏离轴线，由于直偶极子天线的 E 面和 H 面方向图不同，使圆极化天线的轴比变差，逐渐由圆极化变成椭圆极化和线极化，但把直偶极子下倾变成曲线、呈倒 V 形或倒 U 形，不仅能展宽 HPBW，而且能展宽 3 dB 轴比波束宽度。

3.8.1　圆极化倒 V 形正交偶极子天线

图 3.14 是 L 波段（1545～1660.5 MHz）倒 V 形（下倾角 $\alpha=50°$）偶极子及尺寸。如果用下倾角 $\alpha=45°$ 的自相位倒 V 形正交偶极子构成圆极化，长短 V 形偶极子每臂的电长度分别为 $0.243\lambda_0$ 和 $0.149\lambda_0$，离电直径为 $0.66\lambda_0$。地板的高度为 86 mm，电高度为 $0.459\lambda_0$。

图 3.15 是 $f_0=2050$ MHz 自相位倒 V 形圆极化正交偶极子的照片及垂直面轴比方向图。短偶极子每臂长 30.48 mm（$0.208\lambda_0$），长偶极子每臂长 45.7 mm（$0.312\lambda_0$），偶极子距反

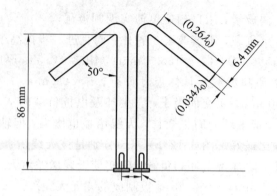

图 3.14　构成圆极化的倒 V 形偶极子

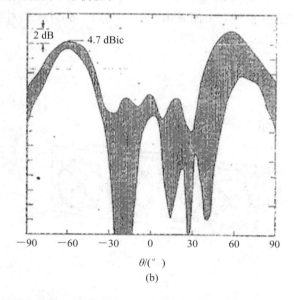

(a)　　　　　　　　　　　　　　　　　(b)

图 3.15　自相位圆极化倒 V 形正交偶极子及垂直面轴比方向图

（a）照片；（b）垂直面轴比方向图

射板的高度为 81.2 mm（$0.555\lambda_0$）。由于天线距反射板太高，所以垂直面方向图裂瓣。

　　为了展宽圆极化倒 V 形正交偶极子的带宽，宜用如图 3.16 所示用比较粗金属管制造的圆极化天线，图中在圆反射板的周围附加几个圆弧形金属带是为了进一步展宽天线的垂直面 HPBW。

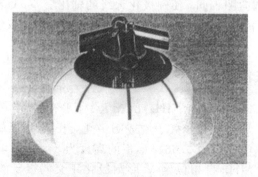

图 3.16　宽带宽波束圆极化倒 V 形正交偶极子的照片

3.8.2　宽带 GNSS 正交下倾偶极子天线[8]

图 3.17 是由正交下倾偶极子构成的适合全球 4 大卫星导航空位系统(GNSS)使用的宽带圆极化天线。该天线在 1.1~1.85 GHz 频段内，VSWR<1.5，相对带宽为 51.4%；在 1.1~1.7 GHz 频段内，AR<3 dB，相对带宽为 42.9%，在轴比宽带内，$G=5.6\pm0.6$ dBic，之所以能在宽频带范围内实现好的圆极化性能，主要是由于采用了以下技术：

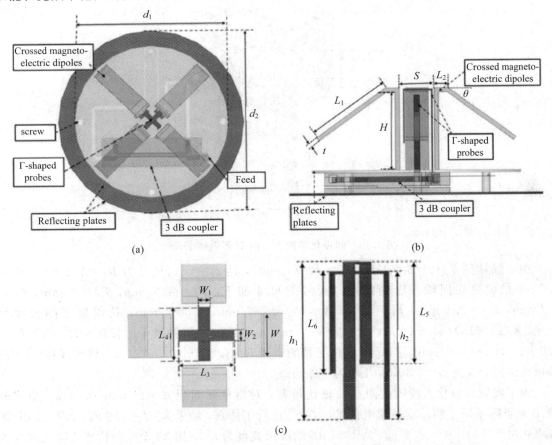

图 3.17　宽带正交下倾倒 V 形偶极子 GNSS 天线[8]

(a) 顶视；(b) 侧视；(c) 顶视和侧视的 Γ 形带线探针

(1) 采用正交下倾偶极子，不仅能展宽波束宽度，而且有利于减小尺寸。

(2) 用宽带 3 dB 电桥和不等长 Γ 形探针给正交下倾偶极子耦合馈电，实现宽带圆极化。

天馈的尺寸和相对 $f_0=1400$ MHz($\lambda_0=214$ mm)的电尺寸如下(以下参数单位为 mm)：

$L_1=42(0.210\lambda_0)$，$L_2=7(0.032\lambda_0)$，$L_4=L_3=15(0.07\lambda_0)$，$L_5=L_6=26.5(0.12\lambda_0)$，$W=12(0.06\lambda_0)$，$W_1=W_2=3(0.014\lambda_0)$，$H=42(0.21\lambda_0)$，$h_1=40.5(0.189\lambda_0)$，$h_2=38(0.177\lambda_0)$，$S=18(0.084\lambda_0)$，$d_1=53(0.25\lambda_0)$，$d_2=64(0.3\lambda_0)$，$\theta=35°$，$t=2(0.0093\lambda_0)$。

该天线在 1.185 GHz、1.227 GHz 和 1.575 GHz 有几乎相等的 E 面和 H 面 HPBW，具体为：

$f=1.185$ GHz，$\text{HPBW}_E=88.5°$，$\text{HPBW}_H=88°$

$f=1.227$ GHz，$\text{HPBW}_E=89°$，$\text{HPBW}_H=91.5°$

$f=1.575$ GHz，$\text{HPBW}_E=98.5°$，$\text{HPBW}_H=98.5°$。

3.8.3　圆极化倒 U 形不等长正交偶极子天线

如果把圆极化倒 U 形正交偶极子作为相控阵的辐射单元，为避免产生栅瓣，单元间距 $d=\lambda/2$，为了防止相邻偶极子的臂重叠，如图 3.18 所示，把自相位单馈长偶极子的辐射臂向下弯折 90°。

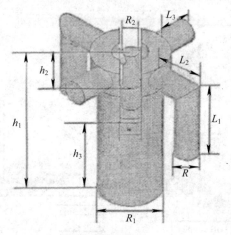

图 3.18　圆极化单馈正交倒 U 形偶极子天线

中心设计频率 $f_0=9.5$ GHz（$\lambda_0=31.58$ mm），用 $\varepsilon_r=2.1$、尺寸为 $R_2=1.2$ mm，$W=1.5$ mm 的裂缝式同轴线巴伦馈电。天线的尺寸如下：$R_1=4.6$ mm，$L_1=5$ mm，$L_2=2.7$ mm，$L_3=2.5$ mm，$h_1=11.5$ mm，$h_2=2.7$ mm，$h_3=7$ mm，长偶极子的长度 $=R_1+2\times(L_1+L_2)=4.6+2\times(5+2.7)=20$ mm（$0.635\lambda_0$），短偶极子的长度 $=R_1+2\times L_3=4.6+2\times2.5=9.6$ mm（$0.31\lambda_0$），偶极子臂的直径 $R=1.8$ mm（$0.0572\lambda_0$）。该天线在 $\pm60°$ 的仰角范围内，实测 $G=5$ dBic，几乎为一条直线。

为了展宽圆极化天线阵的阻抗及轴比带宽，对由单元间距 $d=14$ mm（$0.443\lambda_0$）组成的 2×2 元子阵采用了顺序旋转馈电技术。在 f_0 进行了仿真，结果为：$\phi=0°$ 平面，AR<4 dB 的波束宽度为 160°；$\phi=90°$ 平面，AR<4 dB 的波束宽度为 80°，用 36 个子阵构成 144 元尺寸为 1650 mm×1650 mm 大的天线阵，在 9～10 GHz，$G_{max}=25\sim26$ dBic。

3.8.4　圆极化正交下倾倒 U 形蝶形偶极子天线[9]

在 S 波段（2025～2125 MHz），小型低轨道卫星使用的遥测、跟踪和遥控天线不仅要求天线为圆极极化，而且要求垂直面方向图为宽波束（HPBW=140°），在低仰角（$\theta=90°$）低轴比。

为了实现宽波束，宜把图 3.19(a) 所示的正交蝶形偶极子下倾，变成如图 3.19(b) 所示倒 U 形正交蝶形偶极子，该天线用输出路径长度差 $\lambda_g/4$（90°）的 Wilkinson 功分器和同轴线分支导体巴伦双馈。为了防止天线在航空环境下振动变形，均用螺钉固定天线。

位于地板上的蝶形和倒 U 形蝶形偶极子的垂直面波束宽度主要由天线的架设高度 h 及天线的水平长度 L_1 决定。图 3.20 是 h 为不同高度情况下两种天线的归一化垂直面方向图，由图看出，$h=\lambda/4$，主波束位于 $\theta=0°$ 方向，$h=\lambda/2$，方向图裂瓣，在 $\theta=0°$ 方向出现很深的零，倒 U 形蝶形偶极子的低仰角增益比蝶形偶极子高。

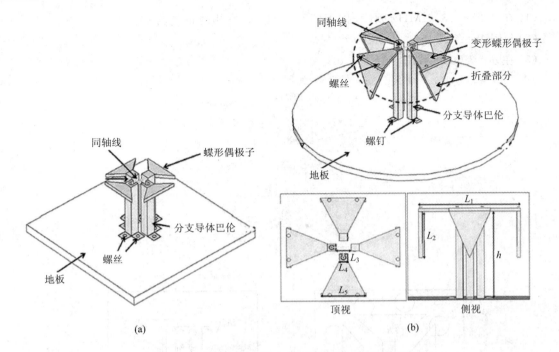

图 3.19　正交蝶形偶极子和倒 U 形正交蝶形偶极子天线
(a) 正交蝶形偶极子；(b) 倒 U 形正交蝶形偶极子

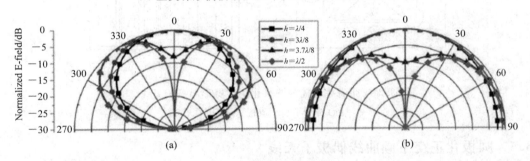

图 3.20　正交蝶形偶极子和倒 U 形蝶形偶极子离地板不同高度的归一化垂直面方向图
(a) 蝶形偶极子；(b) 倒 U 形蝶形偶极子

经过优化，倒 U 形正交蝶形偶极子的最佳尺寸如下：$L_1 = 80$ mm$(0.553\lambda_0)$，$L_2 = 31$ mm $(0.214\lambda_0)$，$L_3 = 11$ mm$(0.076\lambda_0)$，$L_4 = 6$ mm$(0.0415\lambda_0)$，$L_5 = 33$ mm$(0.228\lambda_0)$，$h = 60$ mm $(0.415\lambda_0)$，在 $f_0 = 2075$ MHz，实测了该天线的垂直面方向图和轴比，结果为：HPBW = 150°，$\theta = 90°$，AR < 5 dB。增益方向图呈马鞍形，$\theta = 0°$，$G = 2.5$ dBic，$\theta = \pm60°$，$G = 3.5$ dBic。

为了满足在 2200～2290 MHz 发射，在 2025～2125 MHz 接收 S 波段遥测，跟踪和控制系统使用的宽带宽波束圆极化天线，宜采用如图 3.21 所示具有宽波束、低成本、高强度和结构简单由带寄生套筒正交蝶形偶极子构成的圆极化天线[10]。为了实现宽频带，使用两级功分器和延迟线构成的馈电网络，为了防止天线在航空状态下结构变化，用螺钉将天线与地板相连。经过优化设计，天线的尺寸和相对 $\lambda_0 (f_0 = 2157.6$ MHz，$\lambda_0 = 139$ mm) 的电尺寸如下：$L_1 = 36$ mm$(0.26\lambda_0)$，$L_2 = 31$ mm$(0.22\lambda_0)$，$h_1 = 30$ mm$(0.216\lambda_0)$，$h_2 = 14$ mm$(0.1\lambda_0)$，$R = 25$ mm$(0.18\lambda_0)$，$d = 8$ mm$(0.057\lambda_0)$。该天线主要实测电参数如下：

（1）在 2025～2300 MHz 频段内，S_{11}＝<－17 dB，相对带宽为 12.7%。

（2）HPBW＝85°。

（3）在 θ＝±60°角域内，AR＝5 dB。

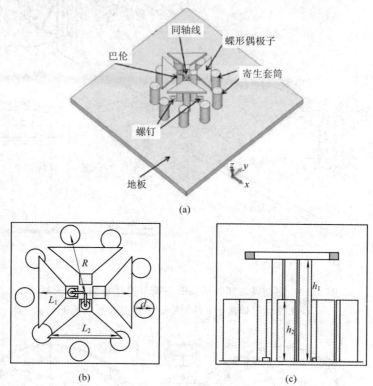

图 3.21　带寄生套筒的圆极化正交蝶形偶极子天线[10]

（a）立体；（b）顶视；（c）侧视

3.8.5　圆极化正交下倾曲线偶极子天线

为了展宽圆极化正交偶极子天线垂直面 HPBW，宜采用正交下倾曲线偶极子，为了实现单馈，采用不等长正交下倾曲线偶极子，图 3.22 就是位于反射板上，用裂缝式巴伦给不等长正交下倾曲线偶极子单馈构成的宽波束圆极化天线。

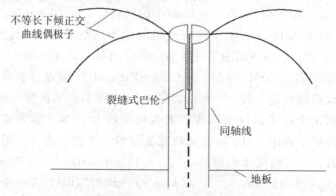

图 3.22　单馈圆极化正交下倾曲线偶极子天线

为了展宽自相位正交下倾圆极化曲线偶极子天线的阻抗和轴比带宽，宜采用如图 3.23 所示通过 3 dB 电桥双馈及附加矩形套筒的等长正交下倾曲线偶极子。天线的接地板直径为一个波长，天线到地板的距离为 $0.38\lambda_0$，振子与套筒的长度比为 2.3∶1。附加矩形套筒明显展宽了天线的阻抗带宽，在 267.3~326.7 MHz 频段内，VSWR≤2.5，相对带宽为 20%，天顶角增益最大为 6 dBic，20°仰角 $G=2$ dBic；10°仰角 $G=-2$ dBic，HPBW=130°。

图 3.23　带矩形开式套筒的正交下倾曲线偶极子天线

3.9　圆极化小尺寸渐变曲折线偶极子天线[11]

在 450 MHz 频段，需使用尺寸小于 64 mm×64 mm 的低成本、低轮廓、重量轻的手持圆极化天线。自相位正交偶极子虽然具有结构简单容易制造的优点，但在 450 MHz 频段，天线的尺寸为 333 mm×333 mm($0.5\lambda_0 \times 0.5\lambda_0$)，由于尺寸太大而无法使用，但把自相位单馈正交偶极子变成如图 3.24(a)所示用 $\varepsilon_r=2.65$、厚 1 mm 的基板及用渐变曲折线制造，就能把天线的尺寸减小到 $L \times W=64$ mm×64 mm($0.096\lambda \times 0.096\lambda$)，与常规正交偶极子相比，尺寸减小 96%。曲折线的宽度 $W_1=0.8$ mm，间隔 $S=1.2$ mm，锥角 $\alpha=80°$。由于在中心谐振频率天线的输入电阻只有 7 Ω，为了实现阻抗匹配，采用如图 3.24(b)、(c)所示的 π 形匹配网

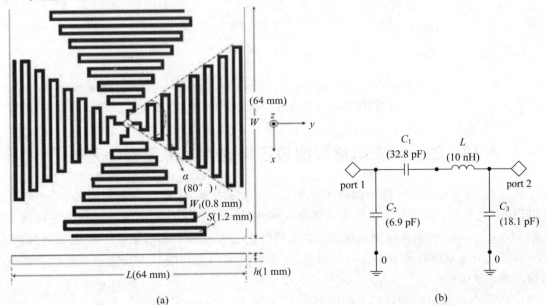

(a)　　　　　　　　　　　　　　　　　　　　(b)

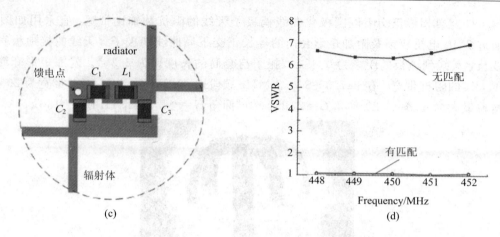

图 3.24　正交渐变曲折线偶极子、匹配网络及 VSWR 的频率特性曲线[11]

（a）天线结构；（b）π 形匹配网络；（c）π 形匹配网络与天线的连接；（d）VSWR − f 特性曲线

络。图 3.24(d)是有无匹配网络天线的 VSWR − f 特性曲线。由图看出，附加 π 形匹配网络后，在 450 ± 2 MHz 频段内，VSWR $\leqslant 1.2$。图 3.25(a)是在 450 MHz 实测的两个垂直面归一化方向图，由图看出，在两个主平面，HPBW $= 130°$，图 3.25(b)是该天线轴比及一个线极化分量增益的频率特性曲线，在 450 ± 2 MHz 的频段内，AR $\leqslant 3.5$ dB。

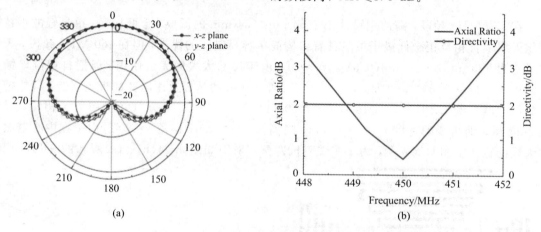

图 3.25　正交渐变曲折线圆极化偶极子的垂直面方向图及 AR 和 D 的频率特性曲线[11]

（a）垂直面归一化方向图；（b）AR、$D − f$ 特性曲线

3.10　由正交变形蝶形偶极子构成的宽带圆极化天线[12]

图 3.26 是由正交变形蝶形偶极子天线，一对 $\lambda/8$ 开路/短路支节构成的具有 90°相差的 Wilkinson 功分器、分支导体巴伦组成的宽带圆极化天线。正交变形蝶形偶极子是用厚 $d =$ 1.2 mm，$\varepsilon_r = 4.65$ 的基板印刷制造的，馈电网络是用厚 $m_1 = 2$ mm，$\varepsilon_r = 2.65$ 的基板制造的，把一对正交分支导体巴伦分别与功分器有 90°相差的端口 2 和端口 3 及正交变形蝶形偶极子的输入端相连馈电。

在 $0.94 \sim 1.7$ GHz 频段，天馈的具体尺寸如下：$W_1 = 3$，$W_2 = 2.5$，$L_1 = 99$，$C_3 = 53$，

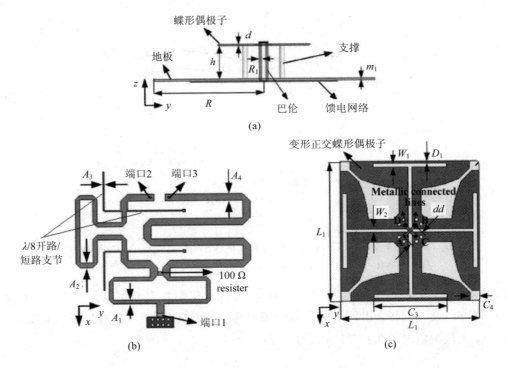

图 3.26　圆极化变形正交蝶形偶极子及馈电网络[12]

（a）侧视；（b）馈电网络；（c）变形正交蝶形偶极子

$C_4=7$，$m_1=2$，$A_1=1.45$，$A_2=1.8$，$A_3=0.4$，$A_4=21.4$，$R=150$，$h=40$，$d=1.2$，$D_1=1.5$，$R_1=1.5$，$dd=10$（以上参数单位为 mm）。

图 3.27(a)、(b)、(c)分别是该天线仿真和实测 VSWR、AR 及 G 的频率特性曲线，图中还给出了长×宽为 $C_3 \times D_1$ 的金属带对 VSWR 及 AR 的影响，由图看出，无此金属带（即 $D_1=0$ mm），VSWR 及 AR 的带宽均变窄，在 $D_1=1.5$ mm 的情况下，该天线主要实测电性能如下：

（1）实测 VSWR≤1.5 的频率范围为 0.94～1.7 GHz，相对带宽为 57%。

（2）在 1.0～1.7 GHz 频段内，实测 AR≤3 dB，相对带宽为 51.8%。

（3）在阻抗带宽内实测 $G=9.2～9.8$ dBic。

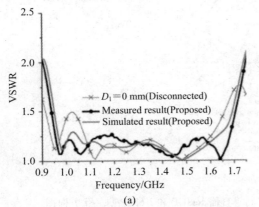

(a)

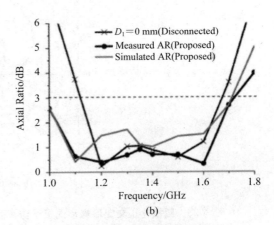

(b)

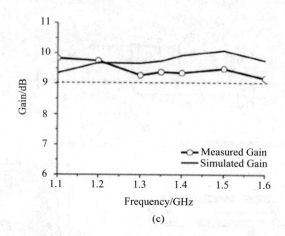

(c)

图 3.27　圆极化正交变形蝶形偶极子仿真和实测 VSWR、AR 及 G 的频率特性曲线[12]
(a) VSWR - f 特性曲线；(b) AR - f 特性曲线；(c) G - f 特性曲线

图 3.28 是该天线在 1.1、1.35 和 1.6 GHz 仿真和实测垂直面主极化（RHCP）和交叉极化（LHCP）归一化方向图，由图看出，方向图对称，$F/B \geqslant 36$ dB。相对最低工作频率（$\lambda_L = 319$ mm），天线的电尺寸为：直径 $0.94\lambda_L$，高 $0.14\lambda_L$。

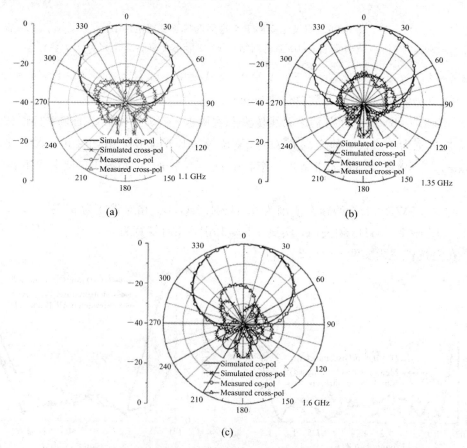

图 3.28　圆极化正交变形蝶形偶极子仿真和实测垂直面 RHCP 和 LHCP 归一化方向图

3.11　宽带圆极化双馈正交三角形偶极子天线

图 3.29(b)是 1.4～2 GHz 频段由一对正交三角形偶极子构成的宽带圆极化天线的照片。每一对偶极子均用如图 3.29(a)所示的带开路支节补偿的分支导体型巴伦馈电。为了防止正交巴伦在馈电区彼此短路，让一个巴伦同轴线的内导体高于另外一个，两个巴伦同轴线内导体的尺寸 L_a 分别为 60.6 mm 和 47.6 mm，其他尺寸完全相同。具体尺寸如下：$D_a =$ 1.95 mm，$D_{a2} = 2.4$ mm，$D_b = 2.56$ mm，$D_x = 1$ mm，$D_y = 4.5$ mm，$L_b = 44.9$ 和 47.9 mm 两种，$H_b = 46.4$ mm，$H_c = 2.0$ mm，$S_1 = 7.0$ mm。三角形板状振子的尺寸如图 3.29(a)所示，为了实现低阻抗，L_b 的长度大于 L_a，为了实现圆极化，需要把 3 dB 电桥与两个巴伦相连。图 3.29(c)是该天线实测轴线方向 AR 的频率特性曲线，由图看出，AR≤2 dB 的相对带宽为 35%，图 3.29(d)是该天线在 3 个频率实测的垂直面增益方向图，由图看出，方向图随频率的变化不大，在 1.57 GHz，$G = 4$ dBic，在 1.8 GHz，$G = 3.6$ dBic。

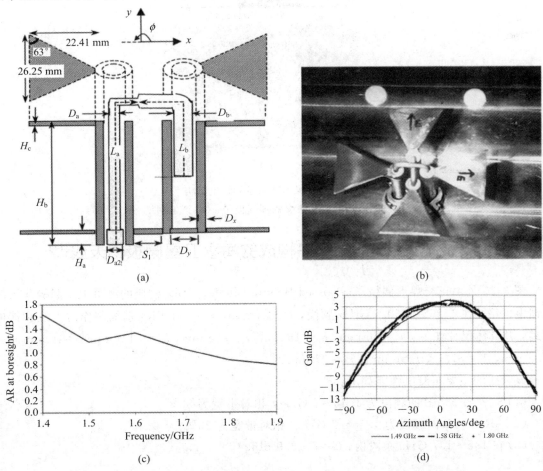

图 3.29　圆极化双馈宽带正交三角形偶极子和实测 AR 及垂直面增益方向图

(a) 天馈结构；(b) 天馈照片；(c) AR-f 特性曲线；(d) 垂直面增益方向图

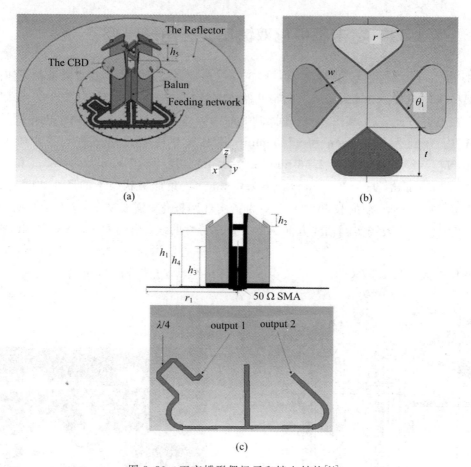

图 3.30　正交蝶形偶极子和馈电结构[14]
（a）立体结构；（b）正交蝶形偶极子；（c）馈电网络

3.12　由正交蝶形偶极子构成的海事卫星圆极化天线[14]

图 3.30 是由正交蝶形偶极子（Crossed Bowtie Dipole，CBD）构成的海事卫星圆极化天线及馈电网络，在 1525～1660.5 MHz 频段，用厚 1 mm，$\varepsilon_r = 4.4$ FR4 基板制作的天线和馈电网络，其具体尺寸如下：$h_1 = 66$ mm，$h_2 = 15$ mm，$h_3 = 36$ mm，$h_4 = 51$ mm，$h_5 = 14$ mm，$t = 16.5$ mm，$\theta_1 = 87.7°$，$r = 6$ mm，$r_1 = 97$ mm。

该天线的主要实测电性能如下：

（1）$S_{11} < -10$ dB 的频段为 1.45～2 GHz，相对带宽为 32%。

（2）AR≤3 dB 的频段为 1.58～2 GHz，相对带宽为 23%。

（3）在 1.5～1.7 GHz 频段内，$G = 6～6.9$ dBic。

3.13　宽角轴比比较好的圆极化正交偶极子天线

通常用正交偶极子天线来构成圆极化天线。众所周知，偶极子的 E 面方向图呈 8 字形，

H 面方向图呈全向。对一个理想的圆极化天线来说，轴线 E 面和 H 面方向图应重合，偏离轴线就会变成椭圆极化波。对半波长正交偶极子天线，偏离轴线 45°，轴比为 3 dB。

　　为了把 H 面波束宽度变窄，并使 E 面和 H 面波束宽度相等，可以距有源正交偶极子 λ/2 处放置 4 个与正交偶极子平行的寄生振子，如图 3.31 所示。对垂直极化，E 面方向图不变，但对 H 面，相当于 3 单元组阵。

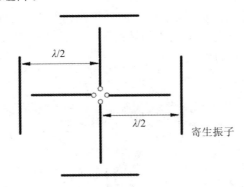

图 3.31　宽角轴比比较好的圆极化正交偶极子

3.14　由正交对数周期偶极子构成的宽带圆极化天线[13]

　　有几个倍频程的宽带天线包括 Vivaldi 喇叭天线、螺旋天线和对数周期天线，Vivaldi 喇叭天线在工作带宽的边频很难保持相同的波束形状，且要严格的制造公差。用螺旋天线很难实现双圆极化，但用图 3.32 所示的用等幅，0°、90°、180°和 270°相差馈电网络馈电的 4 个正

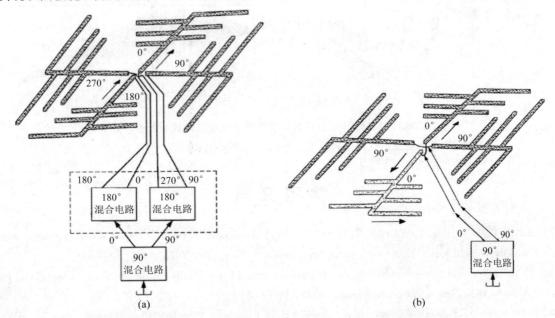

图 3.32　由一对正交对数周期偶极子构成的宽带圆极化天线[13]
（a）用两个 180°和一个 90°混合电路；（b）用一个 90°混合电路

交对数周期偶极子天线，就能实现双圆极化。馈电网络由两个180°混合电路和一个 3 dB 电桥组成。为了简化馈电网络，只需要把图 3.32(a)中直径相反的一个对数周期偶极子反转180°，如图 3.32(b)所示。只用一个3 dB电桥，给一对正交对数周期偶极子用等幅、90°相差馈电，就能实现圆极化。图 3.33(a)、(b)是用一个 3 dB 电桥馈电构成的圆极化微带圆弧形对数周期偶极子天线，为了使 0°相位馈电一对对数周期单元和从 90°混合电路到馈电点等阻抗，把交叉微带线变成半圆形，其宽度从中心向外逐渐由细变宽，通过基板上的小孔，将 90°混合电路的馈线与正交微带对数周期天线的馈线相连，为了提高天线的增益，在天线的下面附加了圆锥形地，如图 3.33(c)所示。

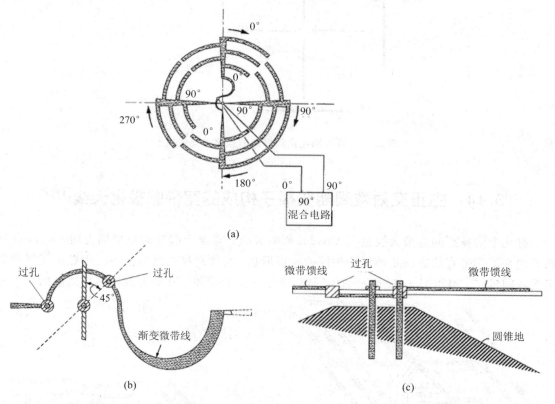

图 3.33　圆极化圆弧形正交对数周期偶极子天线及馈线和圆锥形地[13]

（a）印刷圆弧形正交对数周期偶极子；（b）正交半圆形渐变微带馈线；（c）圆锥形地

参 考 文 献

[1] BAIK J W, LEE K J, YOON W S, et al. Circularly polarized printed crossed dipole antennas with broadband axial ratio. Electronics Lett, June 2008, 44(13): 785 – 787.

[2] BAIK J W, et al. Broadband Circularly Polarized Crossed Dipole With Parasitic Loop Resonators and Its Arrays. IEEE Trans Antennas Propag, 2011, 59(1): 80 – 87.

[3] HE Yejun, HE Wei, WONG Hang. A Wideband Circularly Polarized Cross-Dipole Antenna. IEEE Antennas Wireless Propag, Lett, 2014: 67 – 70.

[4] TA S X, PARK I, ZIOLKOWSKI R W. Dual-band wide-beam crossed asymmetric dipole antenna for

GPS applications. Electronics Lett，2012，48(25)：1580 – 1581.

[5] TA Son Xuat，CHOO Hosung，PARK Ikmo，et al. Multi-Band，Wide-Beam，Circularly Polarized，Crossed，Asymmetrically Barbed Dipole Antennas for GPS Applications. IEEE Trans. Antennas Propag，2013，61(11)：5771 – 5775.

[6] IEE Proceedings-H，1993，140(5).

[7] QU Shiwei，CHAN Chihou，XUE Quan. Wideband and High-Gain Composite Cavity-Backed Crossed Triangular Bowtie Dipoles for Circularly Polarized Radiation. IEEE Trans，Antennas Propag，2010，58 (10)：3157 – 3163.

[8] CHENG Wangen，YAO Shilu. An Improved Wideband Dipole Antenna for Global Navigation Satellite System. IEEE Antennas Wireless Propag，Lett，2014：1305 – 1308.

[9] CHOI E C，LEE J W，LEE T K. Modified S-Band Satellite Antenna With Isoflux Pattern and Circularly Polarized Wide Beamwidth. IEEE Antennas Wireless Propag，Lett，2013，12：1319 – 1322.

[10] CHOI E C，et al. Circularly Polarized S-Band Satellite Antenna With Parasitic Elements and Its Arrays. IEEE Antennas Wireless Propag，Lett，2014，13：1689 – 1692.

[11] LI J F，SUN B H，ZHOU H J，et al. Miniaturized Circularly-Polarized Antenna Using Tapered Meander-Line Structure. Progress In Electromagnetics Research，2008，78：321 – 328.

[12] ZHANG Zhiya，LIU Nengwu，ZHAO Jiayue，et al. Wideband Circularly Polarized Antenna With Gain Improvement. IEEE Antennas Wireless Propag，Lett，2013：456 – 459.

[13] 美国专利 5，952，982.

[14] YANG Dan，YANG Hongchun，ZHANG Jing，et al. A Novel Circularly Polarized Bowtie Antenna for Inmarsat Communications. IEEE Antenna Propag. Magazine，2012，54(4)：317 – 325.

第4章　用环天线构成的圆极化天线

4.1　概　述

环天线通常为线极化，但在环天线上用电抗加载，或在环天线上引入间隙，由于沿环为行波电流分布，因而辐射圆极化波。与普通平面螺旋天线相比，圆极化环天线有以下两个优点：

(1) 圆极化环天线在圆周上馈电，在共面带线电路中，可直接与天线阵集成；

(2) 用PIN等RF开关改变环天线上的间隙位置，就能很容易用环天线改变圆极化天线的旋向。

提高单环圆极化天线的增益，可以用同心间隙圆环、双矩形环、双菱形环、4菱形环天线、背腔双环天线、4方环天线等；为了展宽圆极化环天线的带宽，可以在馈电双环天线里边附加双寄生环。

4.2　由单环构成的圆极化天线

4.2.1　圆极化单馈开路环天线[1]

图4.1(a)是用单馈开路环构成的圆极化天线。中心设计频率 $f_0 = 1.4$ GHz($\lambda_0 = 214$ mm)，开路环位于 $\varepsilon_r = 2.1$，厚 $h = 33$ mm($0.154\lambda_0$)的方基板上，开路环的半径 $R_c = 33.5$ mm($0.156\lambda_0$)，环的线宽 $W = 6.4$ mm，用直径为3.6 mm的探针与开路环的 O' 点相连直接馈电，为了实现RHCP，调整环的周长近似为 $1.08\lambda_0$，开路夹角 $\phi_g = 18°$。由于开路环以

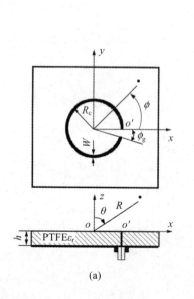

(a)

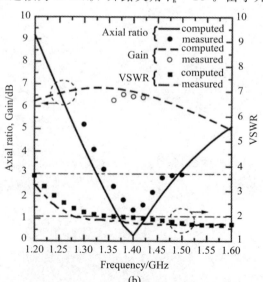

(b)

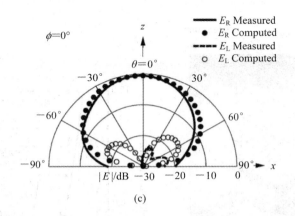

图 4.1   单馈开路环天线和仿真实测 VSWR、AR 和 G 的频率特性曲线和方向图[1]
(a) 天馈结构；(b) VSWR、AR 和 G～f 特性曲线；(c) 垂直面归一化方向图

行波模工作，因而 AR、VSWR 都具有宽频特性。图 4.1(b) 是该天线仿真和实测 G、AR 及 VSWR 的频率特性曲线，由图看出，AR≤3 dB 的相对带宽为 12%，VSWR≤2 的频率范围为 1.25～1.6 GHz，相对带宽为 24.5%，增益为 6 dBic 左右。图 4.1(c) 是该天线仿真和实测主极化 E_R 和交叉极化 E_L 垂直面归一化方向图，由图看出，HPBW＝70，交叉极化低于－20 dB。

由于基板厚 33 mm，最好采用价钱比较低的聚丙烯，另外一种方法就是采用空气介质，因为有效介电常数 ε_e 近似等于 $(\varepsilon_r+1)/2=1.55$，由 $\lambda_g=\dfrac{\lambda_0}{\sqrt{\varepsilon_e}}=214/\sqrt{1.55}=171.89$ mm，得环的电尺寸为 $R_c=0.195\lambda_g$，$h=0.192\lambda_g$，如果以空气为介质，则开路环的半径 $R_c=41.73$ mm，$h=41$ mm。

4.2.2   圆极化电抗加载圆环天线[2]

众所周知，由于单馈周长为一个波长圆环天线上的电流为驻波，因此辐射线极化波。假定周长为一个波长圆环天线上有均匀行波电流分布，在与环面垂直的方向上则辐射圆极化波。

产生均匀电流分布的方法很多，最简单的一种方法是在离开馈电点 45° 的环上用电抗加载，并调整圆环天线使其离地的高度 h 约为 $0.05\lambda_0\sim0.15\lambda_0$。

图 4.2(a) 是用厚 $t=0.254$ mm，$\varepsilon_r=2.2$ 基板制造的 $f_0=1$ GHz 电容加载圆环天线，内外半径分别为 44 mm 和 52 mm 的印刷电抗加载圆环天线距离边长 200 mm 的方地板 24 mm($0.08\lambda_0$)，距馈电点 45° 的电抗加载元件为 2.2 pF 的片状电容，在 1 GHz 时相当于 73 Ω 的容抗。图 4.2(b) 是该天线仿真实测 AR、G 和 VSWR 的频率特性曲线，由图看出，在 996 MHz，AR<1.2 dB，AR≤3 dB 的相对带宽为 2%，VSWR≤2 的相对带宽为 8%，$G=8.8$ dBic。

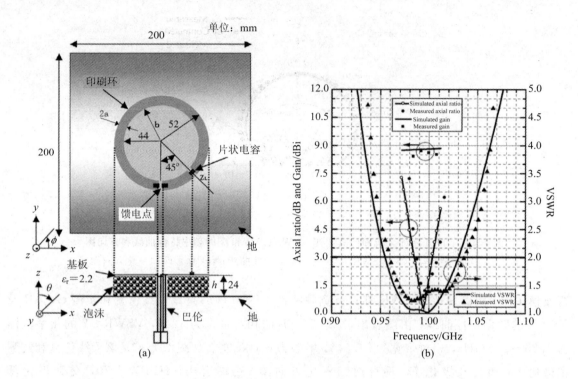

图 4.2　圆极化电容加载圆环天线及仿真实测 VSWR、AR 和 R 的频率特性曲线[2]

(a) 天馈结构；(b) AR、VSWR - f 特性曲线

4.3　圆极化同心间隙单频和双频圆环天线

4.3.1　单频圆极化同心间隙圆环天线[3]

为了展宽圆极化间隙圆环天线的带宽，如图 4.3(a) 所示，在圆极化间隙馈电圆环天线里边附加了寄生间隙圆环。相对中心波长 λ_0，该天线的最佳电尺寸如下：

$R_1 = 0.205\lambda_0$，$R_2 = 0.138\lambda_0$，$h = 0.236\lambda_0$，$r_1 = 0.0118\lambda_0$，$r_2 = 0.0059\lambda_0$，$\phi_1 = 55°$（无寄生环），$\phi_1 = 40°$，$\phi_2 = 65°$，$\Delta\phi_1 = \Delta\phi_2 = 5°$。

图 4.3(b) 是该天线 Z_{in} 和 G 的频率特性曲线，由图看出，$Z_{in} = (125 - j50)\Omega$，$G = 9$ dBic。图 4.3(c) 是有间隙和无间隙寄生圆环天线 AR 的频率特性曲线，由图看出，带间隙寄生圆环大大展宽了圆极化间隙圆环天线的 AR 带宽。

4.3.2　双频同心环圆极化天线[4]

给定频率，虽然以 TM_{11} 基模工作的环形贴片天线的尺寸远比矩形或圆形贴片小，但由于环形贴片天线的输入阻抗取决于环的宽度，环的宽度越窄，输入阻抗就越高，因此很难实现好的阻抗匹配。

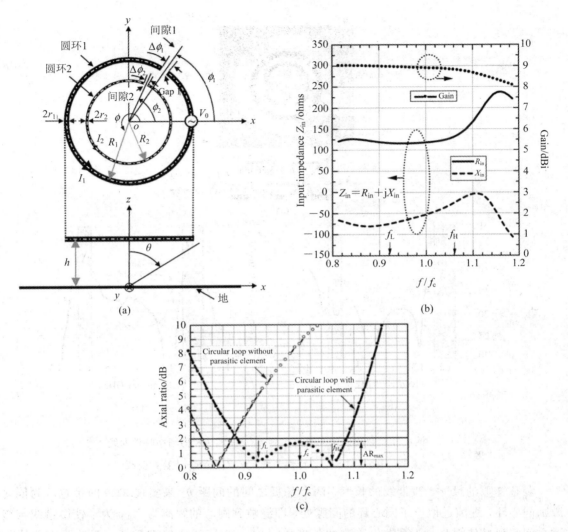

图 4.3　圆极化同心间隙圆环天线及电性能[3]

(a) 天馈结构；(b) Z_{in}、G-f/f_0 特性曲线；(c) AR-f/f_0 特性曲线

用缝隙耦合馈电技术及同心环，可以实现双频或多频工作。例如用同心环中的外环作为 1.164～1.239 GHz 频段的低频天线，用同心环中的内环作为 1.559～1.617 GHz 频段的高频段天线，这些频段完全覆盖了 Galileo($E5_a$、$E5_b$、E1、E2、L1)、GPS(L1，L2，L5)和 GLO-NASS(L1，L3)，其相对带宽达到 32%。

图 4.4(a)是由空气间隙 h_1 分开的两块基板组成的同心环圆极化天线，同心环位于顶层 $\varepsilon_r = 4.5$，厚度 $h_2 = 3.26$ mm 的 Taconic TRF 45 基板上，外环的内外半径分别为 R_3、R_4，内环的内外半径分别为 R_1 和 R_2。4 个缝隙和馈电网络位于底层 $\varepsilon_r = 4.5$，$h_3 = 1.63$ mm 的基板上。

按照高低频段的中心频率 1.4 GHz 设计微带馈电网络。高低频段的谐振频率分别主要由内外环的尺寸决定。

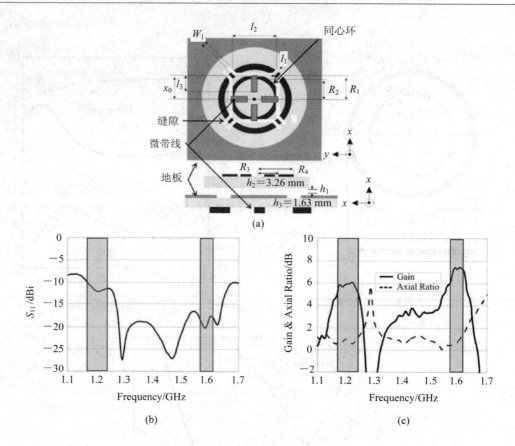

图 4.4　同心环双频圆极化天线及实测 S_{11}、G 和 AR 的频率特性曲线[4]

（a）天馈结构；（b）$S_{11} - f$ 特性曲线；（c）G、AR $- f$ 特性曲线

　　调整缝隙的尺寸、微带线的长度、两个基板之间的间距 h_1 来实现 32% 的带宽。为同时激励同心环，缝隙近似位于同心环的间隙处，即缝隙到圆心的距离为 X_0；为了使微带线与缝隙之间实现最佳耦合，必须优化缝隙的长度 $l_2 + 2l_1$；为了防止缝隙重叠，两端要弯曲 45°。增加微带线的长度 l_3，低频段和高频段的谐振频率会稍微降低，高频段的带宽也会变窄。

　　微带馈电网络由 3 个 Wilkinson 功分器和 4 个并联 $\lambda/4$ 支节的宽带 90°移相器组成。输入信号通过第一个功分器分成两路，其中一路用两个宽带 90°移相器移相 180°，把在 180°宽带移相器输出端的信号再用 2 功分器分成两路，最后在输出端使用 90°宽带移相器。

　　在 1164～1617 MHz 频段内（中心频率 $f_0 = 1390.5$ MHz），天线的尺寸如下：

　　$h_1 = 5$ mm，$l_1 = 9.3$ mm，$l_2 = 34$ mm，$h_3 = 10.9$ mm，$R_1 = 19.6$ mm，$R_2 = 21$ mm，$R_3 = 23.2$ mm，$R_4 = 27$ mm，$W_1 = 3$ mm，$x_0 = 21$ mm。

　　图 4.4（b）是该天馈系统实测 $S_{11} - f$ 特性曲线，由图看出，在 1160～1700 MHz 频段内，VSWR≤2，相对带宽为 37.7%。图 4.4（c）是该天线 G 及 AR 实测频率特性曲线，在高低频段内，AR＜1 dB，G＞5 dBic。图 4.5 是该天线在 1.2 和 1.575 GHz 实测 G 及 AR 随 θ 角的变化曲线，由图看出，宽角轴比比较好，在两个频段，3 dB 轴比波束宽度在双频段均大于 110°。

　　该天线的最大特点是频带宽、宽角轴比好。

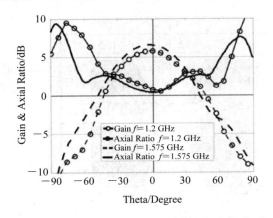

图 4.5　同心环天线在 1.2 和 1.575 GHz 实测 G 及 AR 与 θ 角的关系曲线[4]

4.4　由印刷渐变间隙环构成的宽带圆极化天线[5]

众所周知，周长为一个波长矩形环天线的双向辐射方向图与环面垂直，但在周长为一个波长矩形环天线的两个平行臂上引入间隙，利用间隙提供的电抗加载来控制环上电流的相位，就能使环的辐射由轴线双向变成沿环面的单向背射，图 4.6(a)是 $f_0 = 1.2$ GHz，用直径 3 mm 的金属线构成的背射线极化间隙环天线的结构和尺寸。由于在环天线两个平行臂 AD、EH 上引入 12 mm 宽的间隙之后，就使沿 DE 和 AH 臂上的电流等幅、相位差 90°，由于 AH 与 DE 相距 $\lambda/4$，因而给出了 $F/B = 27.5$ dB 背射心脏形方向图，使交叉极化电平低于 -46 dB。

由于有固定间隙的环天线属窄带天线，为了展宽间隙环天线的带宽，宜采用如图 4.6(b)所示的多间隙环天线，这些环天线的谐振频率为 1.0、1.2、1.4、1.8、2 GHz，$F/B = 20$ dB。图 4.6(c)是用厚 0.25 mm，$\varepsilon_r = 2.2$ 基板制造的印刷渐变间隙背射环天线。渐变间隙背射环天线的外边缘总长为低频段的波长，内边缘总长为高频的波长。F、F' 点为馈电点，距外边缘 10.5 mm，其他尺寸如图 4.6(c)所示。

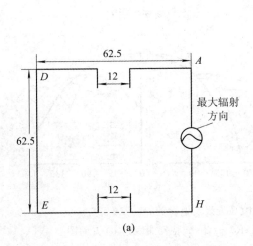

(a)

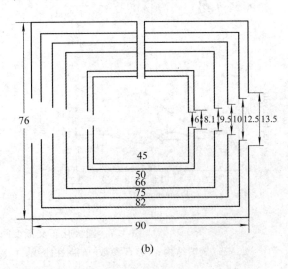

(b)

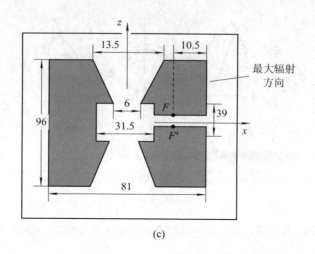

(c)

图 4.6　双间隙、多间隙和渐变间隙环天线[5]
(a) 双间隙环天线；(b) 多间隙环天线；(c) 渐变间隙环天线

　　把两个间隙渐变环天线正交配置，并用等幅 90° 相差馈电如图 4.7(a)所示就能构成宽带圆极化天线。图 4.7(b)是未加 3 dB 电桥前两个正交间隙、渐变环天线端口实测 S_{11} 和 S_{21} 频率特性曲线，在大部分频段上，端口隔离度大于 −20 dB，在 1.0～2.5 GHz 频段内，隔离度大于 −15 dB。图 4.7(c)是该天线实测轴比及 F/B 的频率特性曲线，由图看出，天线有好的

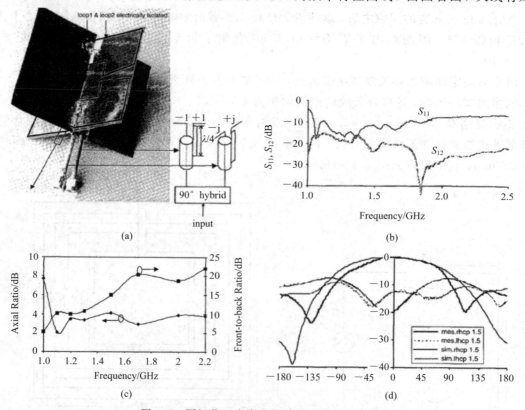

图 4.7　圆极化正交渐变间隙环天线及电参数
(a) 天馈结构；(b) S 参数-f 特性曲线；(c) AR、F/B-f 特性曲线；(d) 方向图

宽带轴比特性，在 1.7～2.2 GHz 频段内，AR≤2 dB，在 1.2～2.2 GHz 频段内，F/B≥10 dB。图 4.7(d)是该天线在 f_0＝1.5 GHz 仿真和实测主极化 RHCP 和交叉极化方向图。

4.5　由双环天线构成的宽带圆极化天线

双环天线可以是双螺旋线、直线双环、矩形双环、菱形双环，为了展宽双环圆极化天线的带宽，在馈电环天线里边设置寄生环。

4.5.1　圆极化双螺旋线环天线[6]

图 4.8 是用厚 0.762 mm，ε_r＝2.94 基板印刷制造的双螺旋线环天线，从馈电点调整不等长两个臂就能实现圆极化，天线距地板的高度 h＝0.255 λ_0，中心设计频率 f_0＝1.5 GHz（λ_0＝200 mm），螺旋两个不等长臂的长度分别为：a＝138 mm（0.69λ_0），b＝115 mm（0.57λ_0），l＝62.5 mm（0.313λ_0），环的周长由常规的 1.45λ_0 减小到 0.96λ_0，减小 33%，两个环的间距 d＝21 mm（0.1λ_0），两环相距 S＝2 mm，不等长环重叠 10 mm（0.05λ_0）。双 L 形带线宽 2 mm，长 D＝16.9 mm，地板的尺寸为 300 mm×300 mm（1.5λ_0×1.5λ_0）。

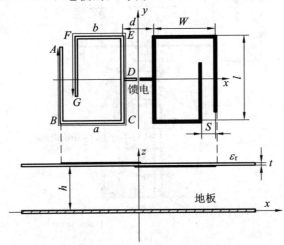

图 4.8　圆极化共面带线馈电双螺旋线环天线

该天线的主要实测电参数如下：

VSWR≤2 的相对带宽为 6.7%，在 1.48 GHz 处，VSWR＝1.2，在 1.52 GHz 处，VSWR＝1.5，AR≤3 dB 的带宽为 15%；HPBW 约为 90°。实测增益为 9 dBic，天线的长度减小 24%。该天线最大的特点是增益高。

4.5.2　带寄生环的宽带圆极化双矩形环天线[8]

图 4.9(a)是用厚 0.254 mm，ε_r＝2.2 基板制造的宽带圆极化双矩形环天线，之所以为宽频带，是因为在馈电矩形环中附加了寄生矩形环和使用了宽带巴伦。在 4～8 GHz 的 C 波段，天线的具体尺寸如下：馈电环和寄生环的间隙宽度分别为 2 mm 和 1 mm，其他尺寸为：L_g＝60，W_g＝30，L_1＝40，W_1＝12，L_2＝14.6，W_2＝5.6，S_1＝5.8，S_2＝2.2，h＝16，W_b＝6，W_f＝0.6，W_s＝0.5，W_m＝0.8，W_p＝3.2，h_f＝1，h_m＝13，L_s＝5，L_m＝3（以上参数单位为 mm）。

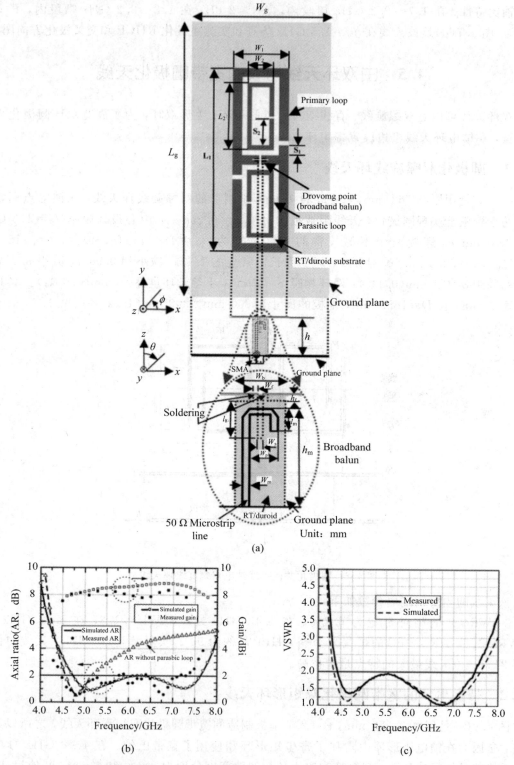

图 4.9 带寄生环的宽带圆极化双矩形环天线及仿真和实测 VSWR、AR 和 G 的频率特性曲线[8]

(a) 天馈结构；(b) AR、$G-f$ 特性曲线；(c) VSWR $-f$ 特性曲线

图 4.9(b)、(c)分别是该天线仿真和实测 VSWR、AR 和 G 的频率特性曲线，由图可以得出以下实测电参数。

(1) AR≤2 dB 的相对带宽为 46%；

(2) VSWR≤2 的相对带宽为 50%；

(3) 在 AR≤2 dB 的相对带宽内，$G=8$ dBic。

4.5.3 带寄生环的宽带圆极化双菱形环天线[9]

为了进一步展圆极化双菱形环天线的轴比带宽，如图 4.10 所示，在馈电双菱形环中附加寄生菱形环。带寄生菱形双环天线可以串联，也可以并联，分别如图 4.10(a)、(b)所示。对电尺寸为 $L_1=0.345\lambda_0$，$l_2=0.216\lambda_0$，$S_1=0$，$S_2=0.158\lambda_0$，$\Delta S_1=0.023\lambda_0$，$\Delta S_2=0.0105\lambda_0$，$r_1=0.0086\lambda_0$，$r_2=0.0043\lambda_0$，$h=0.28\lambda_0$，$\beta=90°$ 的串联双菱形环天线，图 4.11(a)为串联双菱形环天线有寄生环和无寄生环 AR 的频率特性曲线，由图看出，附加寄生环，AR≤2 dB 的相对带宽由无寄生环的 12% 增加到 30%。对电尺寸为 $l_1=0.272\lambda_0$，$l_2=0.17\lambda_0$，$S_1=0.072\lambda_0$（无寄生环 $S_1=0.018\lambda_0$），$S_2=0.125\lambda_0$，$\Delta S_1=0.018\lambda_0$，$\Delta S_2=0.011\lambda_0$，$r_1=0.01\lambda_0$，

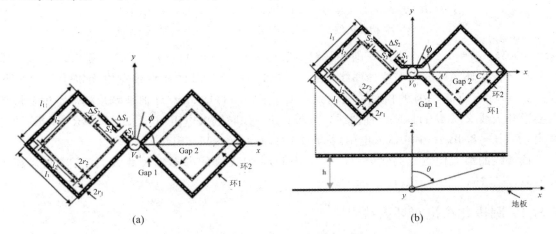

图 4.10 带寄生环的宽带圆极化双菱形环天线[9]

(a) 串联；(b) 并联

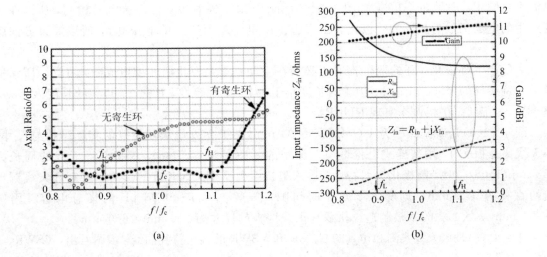

(a)　　　　　　　　　　　　　　(b)

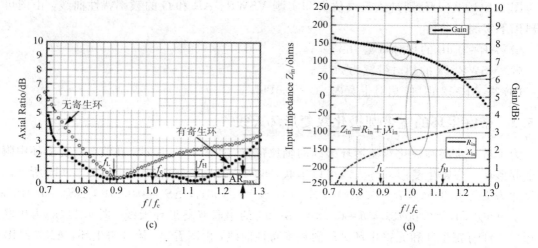

图 4.11　带寄生环的宽带圆极化串并联双菱形环天线及有寄生环和无寄生环 AR 的频率特性
曲线和带寄生环串并联双菱形环天线 Z_{in} 和 G 的频率特性曲线[9]

(a) AR - f/f_0 特性曲线（串联）；(b) Z_{in}、G - f/f_0 特性曲线（串联）；

(c) AR - f/f_0 特性曲线（并联）；(d) Z_{in}、G - f/f_0 特性曲线（并联）

$r_2 = 0.005\lambda_0$，$h = 0.28\lambda_0$，$\beta = 90°$ 的并联双菱形环天线，图 4.11（c）为并联双菱形环天线有寄生环和无寄生环 AR 的频率特性曲线，由图看出，AR≤2 dB 的相对带宽由无寄生环的 25%提高到 50%，AR≤1 dB 的相对带宽达到 40%。图 4.11（b）、（d）分别是串并联带寄生菱形环双菱形环天线 Z_{in}、G 的频率特性曲线，由图看出，并联输入电阻约 50 Ω，在 AR<1 dB 的带宽内，$G = 6 \sim 8$ dBic；串联输入电阻约为 120 Ω，$G = 10 \sim 11$ dBic。

该天线的最大优点是高增益（$G = 9.7$ dBic），但天线的外形电尺寸太大（长×宽×高 = $3.675\lambda_0 \times 1.16\lambda_0 \times 0.416\lambda_0$）。

4.5.4　圆极化绞扭双环天线[11]

众所周知，周长为一个波长的方环天线辐射线极化波，这是因为环的两个辐射边电流同相，如图 4.12（a）所示，但如果在环的两个非辐射边的中心引入一个间隙，则两个辐射边上的电流不再同相，而是相差 90°，如图 4.12（b）所示，由于辐射边上的电流流向相同，所以在远场产生的电场仍然为相同的线极化。由于边 1 的电流超前边 2 的电流 90°，所以波束方向朝向边 1。

为了产生圆极化，环的两个辐射边必须在空间正交，为此把环绞扭成图 4.12（c）所示的样子。调整环的尺寸，让边 1、边 4 的长度小于 $\lambda/2$，呈现容性，让边 2、边 3 的长度大于 $\lambda/2$ 呈感性，以满足 90°相差来实现 RHCP。

图 4.12（d）是谐振频率为 1 GHz（$\lambda_0 = 300$ mm）圆极化绞扭双环天线的实际结构与尺寸。环天线离地板 $\lambda/4$，用裂缝式巴伦馈电。图中的 α 角必须等于 45°，绞扭双环天线的周长为 323 mm（$1.08\lambda_0$）时，圆极化辐射特性、输入阻抗不会受交叉线长度的影响。绕制环天线铜导线的直径为 1.5 mm，宽度为 2 mm 的间隙，等效 0.005 ～ 0.01 pF 的集总电容。用厚 0.254 mm，$\varepsilon_4 = 2.2$ 的基板制造绞扭双环天线地板的尺寸为 600 mm×600 mm。

图 4.12（e）是该天线实测和仿真的 G、AR 和 VSWR 的频率特性曲线，由图看出，VSWR≤2

的带宽为 12.5%，远大于 3 dB AR 带宽，实测增益约 7 dBic。

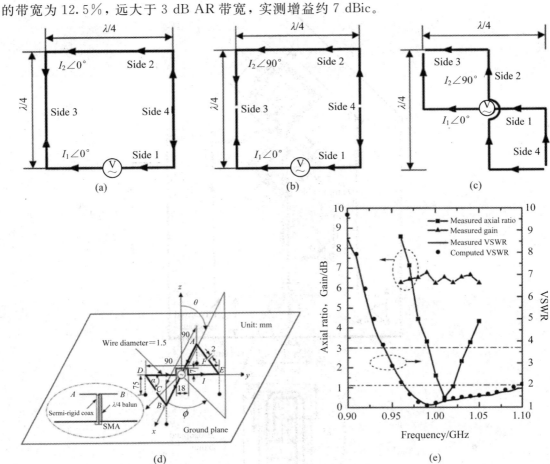

图 4.12   绞扭双环天线的结构、电流分布及 VSWR、AR 和 G 的频率特性曲线[11]

(a) 周长为 λ 环天线上的电流分布；(b) 有间隙周长为 λ 环天线上的电流分布；

(c) 绞扭环天线上的电流分布；(d) 天馈结构；(e) VSWR、AR 和 G 的频率特性曲线

4.6   圆极化背腔环天线

4.6.1   圆极化背腔单馈带寄生环的双菱形环天线[12]

图 4.13(a)是用厚 0.254 mm，$\varepsilon_r = 2.2$，边长 $L_s = 31.2$ mm 方基板制造的双菱形环和由为实现宽频带而附加在双菱形环中的一对寄生菱形环构成的 $f_0 = 6$ GHz($\lambda_0 = 50$ mm) 宽带圆极化天线。为实现圆极化，在寄生和馈电双菱形环上均留有 0.5 mm 和 1 mm 的间隙，为了把双菱形环天线双向辐射变为单向辐射及提高天线增益，在双菱形环天线下方 $h = 16$ mm，附加 $L_g = 50$ mm 的方反射板。该天线用宽带巴伦单馈，天线的具体尺寸如下：$L_s = 31.2$，$W_1 = 16.8$，$W_2 = 8.4$，$S_1 = 9.9$，$S_2 = 2.2$，$W_b = 6$，$W_f = 0.6$，$W_s = 0.5$，$W_m = 0.8$，$W_p = 3.2$，$h_f = 1$，$h_m = 14$，$l_s = 3.5$，$l_m = 4$(以上参数单位为 mm)。

图 4.13(b)、(c)分别是该天线仿真和实测 AR、G 和 VSWR 的频率特性曲线，由图看出，无寄生环 AR = 2 dB 的相对带宽为 15%，但附加寄生环后，AR = 2 dB 的相对带宽达到 46%。在 46% 的带宽内，$G = 8$ dBic 左右；VSWR ≤ 2 的相对带宽为 50%。

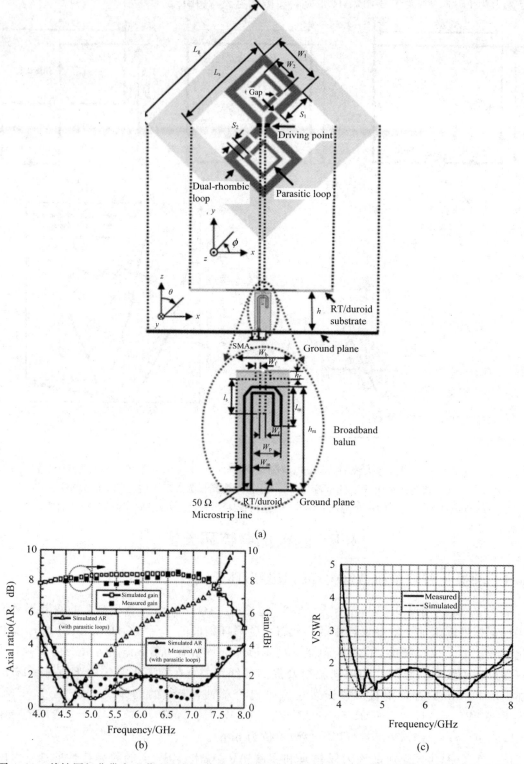

(a)

(b)　　　　　　　　　　　　　　　　　　(c)

图 4.13　单馈圆极化带寄生菱形环的双菱形环天线及仿真实测 AR、G 和 VSWR 的频率特性曲线[12]

（a）天馈结构；（b）AR、G-f 特性曲线；（c）VSWR-f 特性曲线

为提高带寄生环双菱形环天线的增益，把矩形接地板换成如图 4.14(a)所示的圆短背射结构。主反射器的直径 $D_r=80$ mm$(1.6\lambda_0)$，边环的高度 $H_r=20$ mm$(0.4\lambda_0)$，次反射器的直径 $D_s=20$ mm，次反射器到主反射器的间距 $H_s=45$ mm$(0.9\lambda_0)$。图 4.14(b)、(c)分别是该天线仿真实测 VSWR、AR 和 G 的频率特性曲线，由图看出，VSWR$\leqslant 2$ 的相对带宽为 62%，AR$\leqslant 3$ dB 的相对带宽为 45%，在 AR 带宽内，实测 G 约为 11 dBic，由于附加了背腔，所以增益增加了 3 dB。

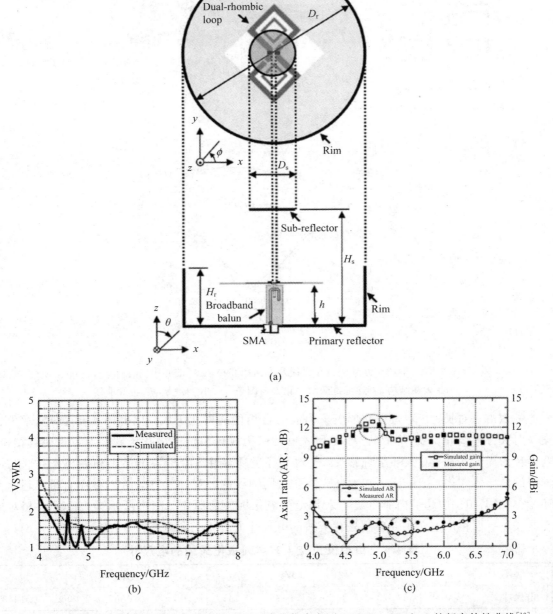

(a)

(b)

(c)

图 4.14 圆极化短背射带寄生环的双菱形环天线及仿真实测 VSWR、AR 和 G 的频率特性曲线[12]

(a) 天馈结构；(b) VSWR - f 特性曲线；(c) AR、G - f 特性曲线

4.6.2　由背腔自相位 4 方环构成的圆极化天线[13]

图 4.15(a)是由两对正交 S 形双环构成的 4 环圆极化天线，所有环都由半径为 R 的金属线构成，大环的周长为 $4 \times a_1$，间隙为 Δ_1，小环的周长为 $4 \times a_2$，间隙为 Δ_2，大小环相距 $W_1(x$ 轴)、$W_2(y$ 轴)，整个环面到边长为 d 的方地板的距离为 h。

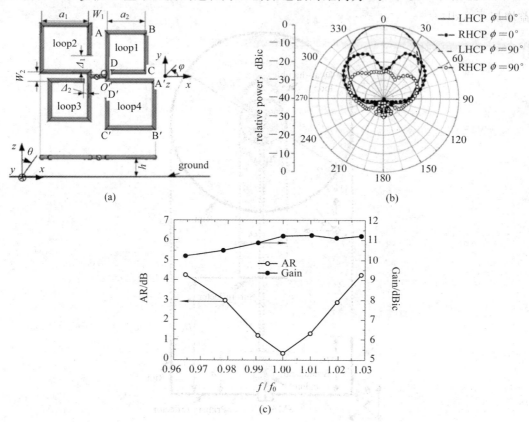

图 4.15　单馈 4 方环圆极化天线及方向图和 AR、G 的频率特性曲线[13]
(a)天馈结构；(b)垂直面归一化方向图；(c)AR、$G - f/f_0$ 特性曲线

　　类似由一对长、一对短正交偶极子构成的自相位圆极化天线，用如图 4.15(a)所示由正交一对大方环 2 和 4 及一对小方环 1 和 3 也可以构成自相位圆极化天线，为了实现自相位，选择环的周长，使一对大环呈现感性，一对小环呈现容性，由于将小环 1 和大环 4 并联与同轴线的内导体相连，把小环 2 和大环 3 并联与同轴线的外导体相连，由于小环的相位超前大环 90°，根据相位由超前向滞后旋转来判定圆极化旋向的原则，图中所示为 LHCP。相对中心波长 λ_0，自相位正交 4 方环圆极化天线的电尺寸如表 4.1 所示。

表 4.1　自相位正交 4 方环圆极化天线的电尺寸

参数	a_1	a_2	W_1	W_2	Δ_1	Δ_2	R	d	h
电尺寸 λ_0	0.4038	0.3373	0.1520	0.0475	0.1473	0.0036	0.0067	2.0000	0.1663

图 4.15(b)是该天线在 f_0 的归一化垂直面方向图，图 4.15(c)是该天线 AR、G 的频率特

性曲线，由图看出，主平面 HPBW＝42°，3 dB 轴比宽带为 4%，$G \geqslant 10.5$ dBic。

为了进一步提高自相位正交 4 方环圆极化天线的增益，把天线安装在边长 $a = 2.137\lambda_0$、高 $h = 0.473\lambda_0$ 的背腔中，如图 4.16 所示，天线的电尺寸如表 4.2 所示。

表 4.2　背腔自相位正交 4 方环圆极化天线的电尺寸

参　数	a_1	a_2	Δ_1	Δ_2	W_1	W_2	d_r
电尺寸 λ_0	0.416	0.317	0.161	0.052	0.151	0.075	0.043
参　数	d_2	h	b_1	b_2	L	a	h_1
电尺寸 λ_0	0.019	0.161	0.473	0.710	0.355	2.137	0.473

图 4.16(b)、(c)分别是背腔自相位正交 4 方环圆极化天线仿真和实测 VSWR、G、AR 和垂直面方向图。由图看出，VSWR$\leqslant 2$ 的相对带宽为 6.7%，3 dB 带宽为 6%，在 f_0 实测增益为 13.5 dBic。

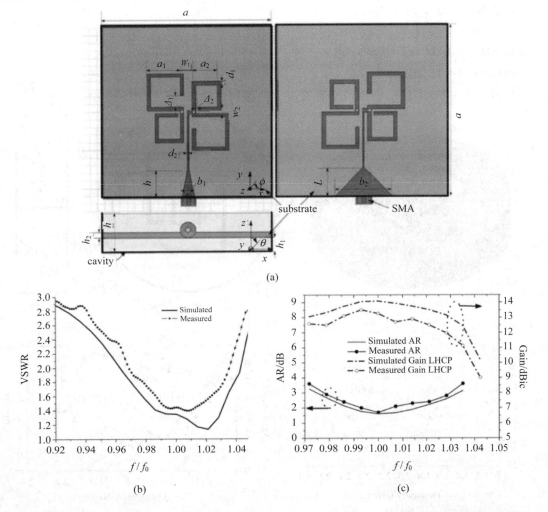

图 4.16　背腔自相位正交 4 方环圆极化天线及仿真实测 VSWR、AR 和 G 的归一频率特性曲线[13]
(a)天馈结构；(b)VSWR-f/f_0 特性曲线；(c)AR、G-f/f_0 特性曲线

4.6.3　宽带圆极化背腔正交环天线[14]

图 4.17(a)是由背腔正交环天线构成的宽带圆极化天线。中心设计频率 $f_0 = 1780$ MHz（$\lambda_0 = 168.5$ mm），天线的具体参数及尺寸如下：$L_1 = 11$，$L_2 = 44$，$L_3 = 62$，$L_4 = 61$，$p = 0.7$，$D_c = 190$，$H_c = 45$，$H_s = 45$，$W = 5$，$S_p = 20$，$d = 10$（以上参数单位为 mm）。由图看出，背腔的直径 $D_c = 190$ mm（$1.13\lambda_0$），边环和正交环离地的高度 $H_c = 45$ mm（$0.267\lambda_0$），正交环一个臂的长度为：$L_1 + L_2 + L_3 + L_4 = 178$ mm（$1.056\lambda_0$），用渐变地构成的微带线过渡到平行带线给天线平衡馈电，该巴伦是用厚 0.787 mm，$\varepsilon_r = 2.33$ 的基板制造的。图 4.17(b)是该天线仿真实测的 $S_{11} \sim f$ 特性曲线，由图看出，实测 VSWR$\leqslant$2 的频段为 1.1～2.6 GHz，相对带宽为 81%。图 4.17(c)是该天线仿真和实测的 AR 和 G 的频率特性曲线，由图看出，实测 AR$\leqslant$3 dB 的频段为 1.42～2.13 GHz，相对带宽为 40%，在 3 dB 轴比的带宽内，实测增益 8.6～11 dBic。该天线的主要特性如下：

(1) 直径 $1.13\lambda_0$，高 $0.267\lambda_0$；

(2) VSWR$\leqslant$2 的相对带宽为 81%；

(3) AR$\leqslant$3 dB 的相对带宽为 40%；

(4) $G = 8.6$～11 dBic；

(5) 在 1.5～2.1 GHz，实测两个垂直面方向图均呈单向性，$F/B > 15$ dB。

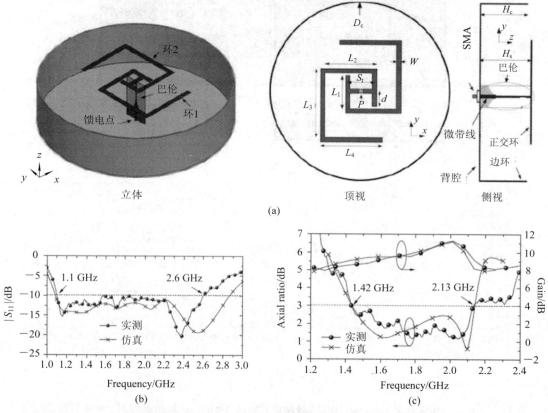

图 4.17　宽带圆极化背腔正交环天线及仿真实测 S_{11}、AR 和 G 的频率特性曲线[14]

(a) 天馈结构；(b) $S_{11} - f$ 特性曲线；(c) AR、$G - f$ 特性曲线

4.7   由方环构成的双向圆极化天线

RFID 阅读天线是 RFID 系统最重要的一个部件，使用圆极化天线能减小阅读和标签天线之间由于多径效应引起的损耗。便携式阅读圆极化天线应具有低轮廓、小尺寸和重量轻等特点。与贴片天线相比，方环形或圆环形天线具有更小的尺寸，因而把它作为基本单元，图 4.18(a)是在方环形天线内部用 Wilkinson 功分器在方环形天线的两个正交边馈电，用功分器的两个输出臂路径差 $\lambda_g/4$ 来实现圆极化。方环形天线及功分器均用 $h=1$ mm，$\varepsilon_r=4.4$ 的

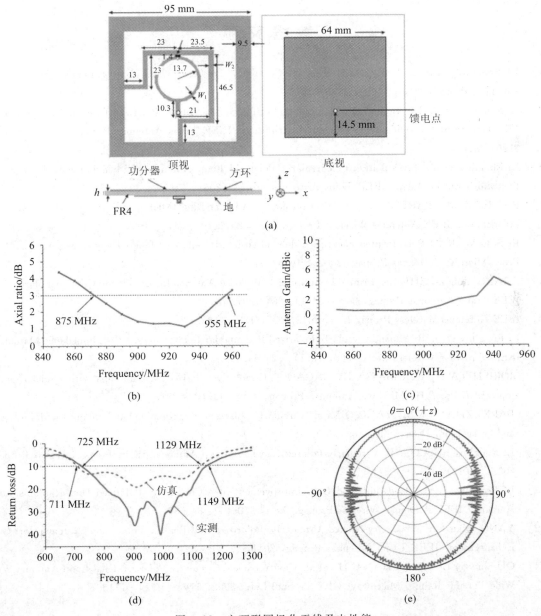

图 4.18   方环形圆极化天线及电性能

(a) 天馈结构；(b) AR-f 特性曲线；(c) G-f 特性曲线；(d) S_{11}-f 特性曲线；(e) 双向方向图

FR4 环氧板制作。图 4.18(a)是 UHF(f=860~960 MHz)中心频率 f_0=915 MHz 的 RHCP RFID 阅读天线和功分器及尺寸。功分器输出臂为线宽 W_2=3 mm 的 50 Ω 微带线，用线宽 W_1=1.6 mm 功分臂来实现功分器 70.71 Ω 的特性阻抗。为了实现好的阻抗匹配，要选择合适的地板尺寸，以便在地板和方环形天线之间提供有效的容性耦合。

　　图 4.18(b)、(c)分别是该天线实测 AR、$G-f$ 特性曲线，由图看出，3 dB AR 带宽为 80 MHz，相对 915 MHz，相对带宽为 8.7%，在 860~960 MHz 带宽内，G=1~4 dBic。图 4.18(d)是该天线仿真和实测的 $S_{11}-f$ 特性曲线，由图看出，VSWR≤2 的相对带宽为 45.2%(f=725~1149 MHz)。图 4.18(e)是该天线在中心频率实测的双向轴比方向图。

参 考 文 献

[1]　LI Ronglin, FUSCO V F, NAKANO H. Circularly Polarized Open-Loop Antenna. IEEE Trans Antennas Propag, 2003, 51(9): 2475 - 2477.

[2]　LI Ronglin, et al. Determination of Reactance Loading for Circularly Polarized Circular Loop Antennas With a Uniform Traveling-Wave Current Distribution. IEEE Trans Antennas Propag, 2005, 53(12): 3920 - 3928.

[3]　LI Ronglin, et al. Investigation of Circularly Polarized Loop Antennas With a Parasitic Element for Bandwidth Enhancement. IEEE Trans Antennas Propag, 2005, 53(12): 3930 - 3938.

[4]　RAMIREZ M, PARRON J, et al. Concentric Annular-Ring Microstrip Antenna With Circular Polarization. IEEE Antennas Wireless Propag. Lett, 2011(10): 517 - 519.

[5]　FUSCO V, RAO P H. Printed backfire wideband circularly polarized tapered gap loop antenna. IEEE Proc. Microw. Antennas Propag, 2002, 149(5/6): 261 - 264.

[6]　ZHANG Yingbo, ZHU Lei. Printed Dual Spiral-Loop Wire Antenna for Broadband Circular Polarization. IEEE Trans Antennas Propag, 2006, 54(1): 284 - 287.

[7]　IEEE Antennas Wireless Propag Lett, 2013(12): 1180 - 1183.

[8]　LI Ronglin, et al. Broadband Circularly Polarized Rectangular Loop Antenna With Impedance Matching. IEEE Mirowave Wireless Lett, 2006, 16(1): 52 - 54.

[9]　MORISHITA H, HIRASAWA K, NAGAO T. Circularly polarized wire antenna with a dual rhombic loop. IEEE Proc. H, Microw. Antennas Propag, 1998, 145(3): 291 - 224.

[10]　BAI X, ZHANG X M, YANG Q, et al. Circularly-polarized four rhombic loop antennas with high gain and broad beam. Electronies Lett, 2009, 45(23): 1148 - 1149.

[11]　LI Ronglin, FUSCO V F. Circularly Polarized Twisted Loop Antenna. IEEE Trans Antennas Propag, 2002, 50(10): 1377 - 1381.

[12]　LI Ronglin, et al. Bandwidth and Gain Improvement of a Circcularly Polarized Dual-Rhombic Loop Antenna. IEEE Antennas Wireless Propag. Lett, 2006(5): 84 - 87.

[13]　YANG Qian, et al. Cavity-Backed Circularly Polarized Self-Phased Four-Loop Antenna for Gain Enhancement. IEEE Trans Antennas Propag, 2011, 59(2).

[14]　QU Shiwei, LI Jialin, CHAN C H, et al. Cavity-Backed Circularly Polarized Dual-Loop Antenna With Wide Tunable Range. Microwave OPT Technol Lett, 2009, 51(7): 1714 - 1718.

第 5 章　由缝隙天线构成的圆极化天线

5.1　概　述

与微带天线相比，印刷缝隙天线不仅轮廓低，而且有更宽的带宽。印刷缝隙天线同微带天线一样，具有重量轻、低成本等优点。圆极化缝隙天线有三大类，第 1 类是宽缝隙天线，其形状有方形、圆形和多边形；第 2 类是环形缝隙天线，其形状有圆形、方形、同心双圆形和同心双方形；第 3 类是正交缝隙天线。圆极化缝隙天线可以用微带线耦合馈电、CPW 馈电、同轴线馈电，可以单馈、双馈或 4 馈。为改善性能，还可以采用背腔缝隙天线。圆极化缝隙天线有单频、双频和 3 频。为了用缝隙实现圆极化，可以在缝隙上设置短路段，用 L 形微带线给缝隙馈电或用不等长正交缝隙产生的兼并模，还可以在缝隙里边用切割的缝隙和伸出支节产生的兼并模。

5.2　用微带线给方或圆缝隙天线馈电构成的圆极化天线

为了实现圆极化，在方或圆缝隙上设置短路段；或在方和圆缝隙内伸出环形缝隙；或用 L 形微带馈线，具体实现方法如下。

5.2.1　在圆或方缝隙上设置合适的短路段[1]

在缝隙环的适当位置设置短路段就可以产生圆极化，要实现宽带性能好的圆极化天线，短路段的长度是非常严格的。

图 5.1(a)、(b)分别是用厚 $h=1.6$ mm，$\varepsilon_r=4.4$ 的基板印刷制造的圆极化有短路段圆缝隙环和方缝隙环天线，中心设计频率 $f_0=1710$ MHz($\lambda_0=175.4$ mm)。有短路段圆缝隙环天线的内半径 $R_z=30$ mm，外半径 $R_1=35$ mm，短路段的张角 $\theta=14°$。用宽度 $W_f=3.1$ mm 的 50 Ω 微带线馈电，为了阻抗匹配，串联了长度 $t=24$ mm，宽度 $W=1.9$ mm 的 $\lambda/4$ 长阻抗变换段，接地板的尺寸为 140 mm×140 mm。图 5.1(c)、(d)、(e)分别是有短路段圆缝隙环圆

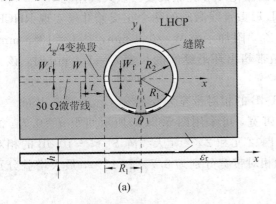

(a)

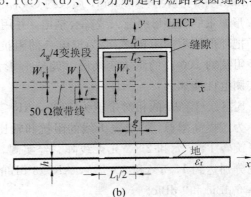

(b)

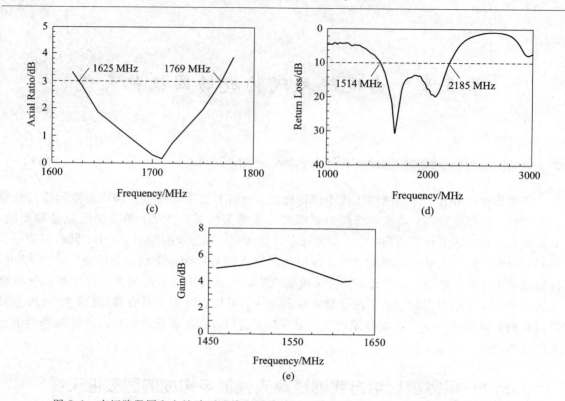

图 5.1　有短路段圆和方缝隙环天线和圆缝隙环天线实测 AR、S_{11} 和 G 的频率特性曲线

(a) 圆缝隙环天线；(b) 方缝隙环天线；(c) AR-f 特性曲线；(d) S_{11}-f 特性曲线；(e) G-f 特性曲线

极化天线实测 AR、S_{11} 和 G 的频率特性曲线，由图看出，3 dB AR 带宽为 8.4％，VSWR≤2 的相对带宽为 36.2％，$G=4\sim5.6$ dBic。

仍然用 $h=1.5$ mm，$\varepsilon_r=4.4$ 基板制造的有短路段方缝隙环圆极化天线的尺寸为 $L_1=64$ mm，$L_2=54$ mm，$g=19$ mm，$t=26.5$ mm，$W=1.1$ mm，$W_f=3.1$ mm，$h=1.6$ mm，$\varepsilon_r=4.4$ 地板尺寸为 140 mm×140 mm。该天线实测 3 dB AR 带宽为 8.1％，$S_{11}<-10$ dB 的频率范围为 1311～1757 MHz，相对带宽 29％，在轴比带宽内，实测 $G=4\sim5.6$ dBic。

5.2.2　用 L 形微带线给环形缝隙耦合馈电[2]

图 5.2(a) 是用厚 1.6 mm，$\varepsilon_r=4.4$ FR4 基板制造的 $f_0=2410$ MHz($\lambda_0=124.5$ mm)，宽度只有 1 mm，平均直径 $r=14$ mm，周长约 $0.7\lambda_0$ 的圆极化环形缝隙天线。该天线用宽 $W=11$ mm 的 L 形微带线给环形缝隙天线耦合馈电，并用 L 形微带线激励的两个正交兼并模实现 RHCP。为了把环形缝隙的阻抗 Z_a 变为馈电点的阻抗 Z_{in}，附加了宽 $W=0.6$ mm，长 $L=18.5$ mm，特性阻抗约 100 Ω 的阻抗变换段。调整 L 形微带超出环形缝隙的长度 $l_s=1.5$ mm时，该天线实测电性能如下：

$S_{11}<-10$ dB 的相对带宽为 11％，AR≤3 dB 的相对带宽为 3.4％，$G_{max}=3.9$ dBic。

为了提高增益，并展宽天线的阻抗和轴比带宽，可采用图 5.2(b) 所示间距 $d=0.7\lambda_0$ 的顺序旋转 1×2 元和 2×2 元天线阵。经实测，1×2 元和 2×2 元天线阵 $S_{11}<-10$ dB 的相对带宽分别达到 17.5％和 50.7％，AR≤3 dB 的相对带宽分别为 8.7％和 15％，最大增益分别为 6.6 dBic 和 9 dBic。

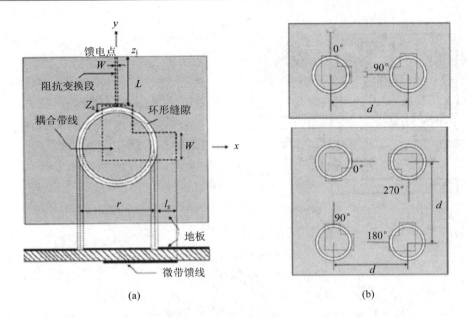

图 5.2　圆极化 L 形微带线耦合馈电环形缝隙天线及顺序旋转天线阵[2]

(a) 天馈结构；(b) 1×2 元、2×2 元天线阵

5.3　弯曲微带线馈电圆极化环形缝隙天线

圆极化宽缝天线 3 dB 轴比带宽一般为 12～30%，圆极化环形缝隙天线 3 dB 轴比带宽一般为 4.4～10%。为了进一步展宽环形缝隙天线的轴比带宽，宜采用如图 5.3(a) 所示的用弯曲微带线馈电的环形缝隙天线。为了实现宽带圆极化，使用了一对接地的帽形贴片作为扰动单元，使用弯曲微带线是为了实现宽带阻抗匹配。天馈系统是用厚 h、相对介电常数为 ε_r 边长为 G 的方基板印刷制造，环形缝隙的内外半径分别为 R_2 和 R_1，平均半径 $R_m = (R_1 + R_2)/2$ 宽度为 W_f 的 50 Ω 曲折微带线位于基板的背面。与地连接的一对帽形贴片由 $W_p \times d$ 的矩形和长短轴分别为 W_p 和 S 的半圆组成，伸出环形缝隙微带馈线的长度 $l_t = l_1 + l_2 + l_3$，环形缝隙的宽度 $W_s = R_1 - R_2$。

通过优化设计，应按照下述原则设计此天线，$2.3 < G/R_1 < 2.9$，$0.286 < W_s/R_m < 0.643$，$2.2 < \varepsilon_r < 4.4$，$0.6 \text{ mm} < h < 1.6 \text{ mm}$，相当于 $0.002\lambda_0 < h < 0.008\lambda_0$。

中心设计频率 $f_0 = 2.4 \text{ GHz}$，按照下式环形贴片谐振频率 f_0 与平均半径 R_m 的关系式，可以求出 $R_m = 14 \text{ mm}$。

$$f_0 \approx \frac{C}{2.2\pi R_m \sqrt{\varepsilon_t}}, \quad \varepsilon_e = \frac{2\varepsilon_r}{1 + \varepsilon_r}$$

环形缝隙的尺寸为：$W_s = 0.5 \text{ mm}$，$R_m = 7 \text{ mm}$，$l_t = 9 \text{ mm} (\sim 0.64 R_m)$。其他尺寸如下：$\varepsilon_r = 4.4$，$h = 0.8 \text{ mm}$，$G = 45 \text{ mm}$，$R_1 = 17.5 \text{ mm}$，$R_2 = 10.5 \text{ mm}$，$W_p = 10 \text{ mm}$，$W_f = 1.5 \text{ mm}$，$l_1 = 1 \text{ mm}$，$l_2 = 6 \text{ mm}$，$l_3 = 2 \text{ mm}$ 两种圆极化环形缝隙天线的尺寸，d、W_t、W_n、S 及天线的阻抗和轴比带宽如表 5.1 所示。

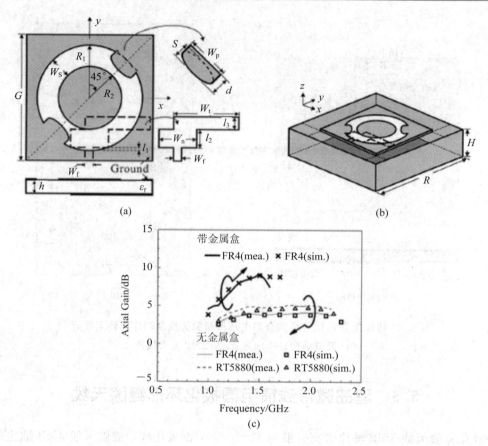

图 5.3　圆极化弯曲微带线馈电环形缝隙天线及有和无金属盒 G 的频率特性曲线

(a)天馈结构；(b)带金属盒天馈结构；(c) G-f 特性曲线

表 5.1　圆极化环形缝隙天线的尺寸及电参数

天线类型	d/mm	W_t/mm	W_n/mm	S/mm	VSWR≤2 的频率范围，相对带宽%	f_0/MHz	3 dB AR 的频率范围和相对带宽%
1#天线	4	23	15		(2140~4740)MHz　76%	3100	(2460~3740)MHz　41.3%
2#天线	4	23	15	4	(2030~4690)MHz　79%	2920	(2100~3740)MHz　56.2%

为了变天线双向辐射为单向辐射，在天线下面附加如图 5.3(b)所示的边长 $R=190$ mm $(0.826\lambda_0)$，高 $H=50$ mm$(0.217\lambda_0)$)的金属盒子和如下尺寸：

$\varepsilon_r=4.4$，$h=0.8$ mm，$G=90$ mm，$R_1=35$ mm，$R_2=21$ mm，$d=13.7$ mm，$S=1.7$ mm，$W_f=W_t=1.5$ mm，$l_3=5$ mm，$H=50$ mm，天线的性能及其他尺寸如表 5.2 所示。

图 5.3(c)是该天线有金属盒和用 FR4 基板制造及无金属盒用 FR4 和 $\varepsilon_r=2.2$ 基板制造仿真和实测增益的频率特性曲线，由图看出，带金属盒且用 FR4 基板，在 1.5 GHz，$G_{max}=9$ dBic；无金属盒在 1~2.2 GHz 频段内，$G=3.3\sim5.1$ dBic，用 FR4 基板制造天线的增益比用 $\varepsilon_r=2.2$，RT5880 基板制造的低 1 dB 左右，主要原因是由于 FR4 基板损耗较大。

表 5.2　圆极化带金属盒环形缝隙天线的尺寸及电参数

R /mm	W_p /mm	l_1 /mm	W_n /mm	l_2 /mm	VSWR≤2 的频率范围 及相对带宽	f_0 /MHz	3 dB AR 的频率范围 及相对带宽
160	19	3	10	4	(955～1475)MHz 42.8%	1260	(1060～1460)MHz 31.7%
190	21	2	10	5	(943～1538)MHz 50%	1303	(1075～1530)MHz 34.9%
210	20	1	14	6	(936～1501)MHz 46.4%	1250	(1025～1475)MHz 36%

5.4　CPW 馈电圆极化缝隙天线

5.4.1　CPW 馈电有开口缝的圆极化缝隙天线[3]

由于用 CPW 馈电缝隙天线具有宽频带、低轮廓、共面结构和容易与微波集成电路集成等优点，因而引起业界的关注。图 5.4(a)是用 $\varepsilon_r = 4.4$，厚 0.8 mm FR4 基板制作的 $f_0 = 3700$ MHz 用 CPW 馈电的圆极化缝隙天线。为了实现 $+z$ 方向 RHCP，将缝隙的左下方开口，引入兼并模。为了展宽轴比和阻抗带宽，采用不对称地，为了进一步展宽阻抗带宽，采

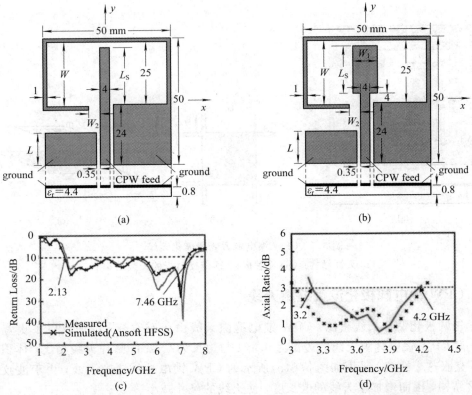

图 5.4　CPW 馈电带开口缝圆极化缝隙天线及仿真实测 S_{11}、AR 的频率特性曲线[3]

(a) 天馈结构；(b) 宽带天馈结构；(c) S_{11}-f 特性曲线；(d) AR-f 特性曲线

用了如图 5.4(b)所示长 $L_1=19$ mm，宽 $W_1=11$ mm 的开路支节。经过优化仿真研究，天线的其他最佳尺寸如下：$W=26$ mm，$L=13$ mm，$W_2=4.5$ mm。图 5.4(c)、(d)分别是该天线实测和仿真 S_{11} 和 AR 的频率特性曲线，由图看出，$S_{11}\leqslant-10$ dB 的频率范围为 2.13～7.46 GHz，相对带宽 111%，AR≤3 dB 的频率范围为 3.2～4.2 GHz，相对带宽为 27%。在轴比带宽内，$G=4$ dBic，$G_{\max}=5$ dBic，效率大于 95%。

5.4.2　CPW 馈电宽方缝宽带圆极化天线[4]

图 5.5(a)是按 $f_0=1400$ MHz($\lambda_0=214.3$ mm)，用厚 $h=1.6$ mm，$\varepsilon_r=4.4$ FR4 基板制造，把宽 $W_f=5$ mm，两个间隙 $g=0.5$ mm 的 50 Ω 共面波导(CPW)伸进宽缝，并用不对称 T 形带线给宽缝馈电构成的宽带圆极化天线。为了使宽缝及地板尺寸更小，除把不对称 T 形带线变成倒 L 形，还增加了长 l_p、宽 W_p 的矩形带线及与地相连的长 l_4、宽 W_f 的水平带线。天线的具体尺寸如下：$D=100$，$L=60$，$h=1.6$，$W_f=5$，$g=0.5$，$l_1=26.5$，$l_2=20$，$l_3=18$，$l_4=22$，$l_p=46$，$W_p=2.3$，$S_1=1$，$S_2=15$(上述尺寸的单位均为 mm)。为了将该天线双向辐射变为单向辐射，附加了如图 5.5(b)所示尺寸为 $H=57$ mm，$G_L=140$ mm，$W_1=15$ mm 的反射板，并把反射板中长 H、宽 W_1 的八个金属带弯折变成向上的四个角铁，如图 5.4(c)所示。带反射板 CPW 馈电宽方缝宽带圆极化天线仿真和实测的电性能如下：在 1.1～1.8 GHz 频段内，VSWR≤2，相对带宽为 50%，在 1145～1620 MHz 频段内，AR≤3 dB，相对带宽 34.4%。附加反射板后，天线的最大增益由 4.2 dBic 增大到 7.6 dBic。

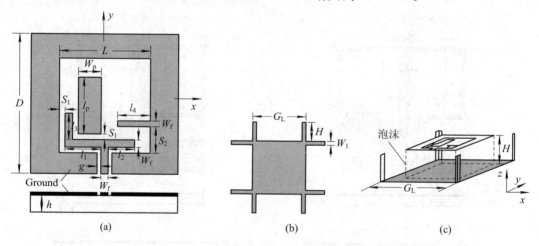

图 5.5　CPW 馈电宽方缝圆极化天线[4]
(a)天馈结构；(b)反射板；(c)带反射板的天线结构

5.4.3　CPW 馈电圆极化波纹缝隙天线[5]

与单馈圆极化贴片天线相比，CPW 馈电缝隙天线由于有宽缝，因而提供了更宽的圆极化带宽，但 CPW 馈电缝隙天线的边长为 0.46λ 与边长为 0.2λ 的贴片天线相比，体积显得庞大，为了克服这个缺点，采用如图 5.6(a)所示的 CPW 馈电波纹缝隙天线，由于波纹缝隙天线是慢波结构，因而增加了天线的电长度，使天线的尺寸减小。

天线和馈电网络是用厚 $H=1.6$ mm，$\varepsilon_r=4.4$ 的 FR4 基板制造，在中心工作频率 $f_0=1.46$ GHz 的情况下，天线的尺寸为 70 mm×70 mm，缝隙是 51.8 mm×43.8 mm 的矩形，为

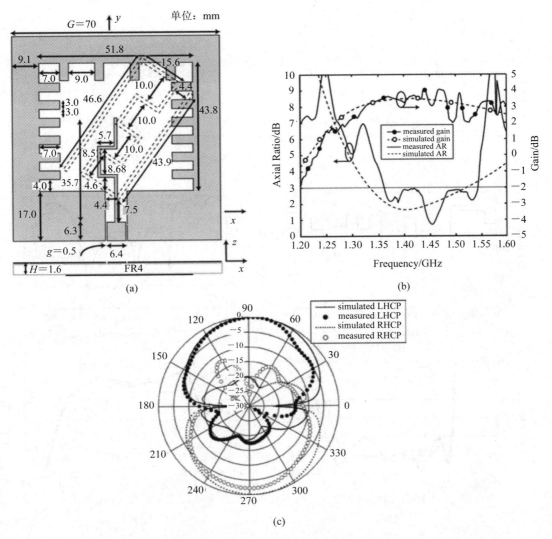

图 5.6　圆极化波纹缝隙天线及仿真实测 AR、G 和方向图[5]

(a) 天馈结构；(b) AR - f 特性曲线；(c) 垂直面归一化方向图

了减小尺寸，采用 7 mm×3 mm 支节构成的波纹。为了产生圆极化，在基板的背面，用相对 X 轴倾斜 55°的曲折线来激励幅度相等、相位差 90°的两个正交兼并模，用伸出弯曲的 CPW 给缝隙馈电，注意到图中所示为 LHCP。曲折线和伸出弯曲的馈线宽度均为 1 mm。

该天线实测 VSWR≤2 的相对带宽为 17.1%(1.33～1.58 GHz)。图 5.6(b)是该天线仿真和实测的轴比、增益频率特性曲线。由图看出，实测 3 dB 轴比带宽为 12.4%(1.36～1.54 GHz)，实测增益在 3 dBic 左右。图 5.6(c)是该天线在 1.46 GHz 实测和仿真 LHCP 和 RHCP 归一化方向图，交叉极化(RHCP)比主极化(LHCP)低 20 dB。注意：印刷缝隙天线为双向辐射。

5.5　由多圆段宽缝构成的宽带圆极化天线[6]

图 5.7 是用厚 1.5 mm，ε_r＝2.65，边长＝10.6 mm 的方基板制造的 f_0＝3 GHz(λ_0＝

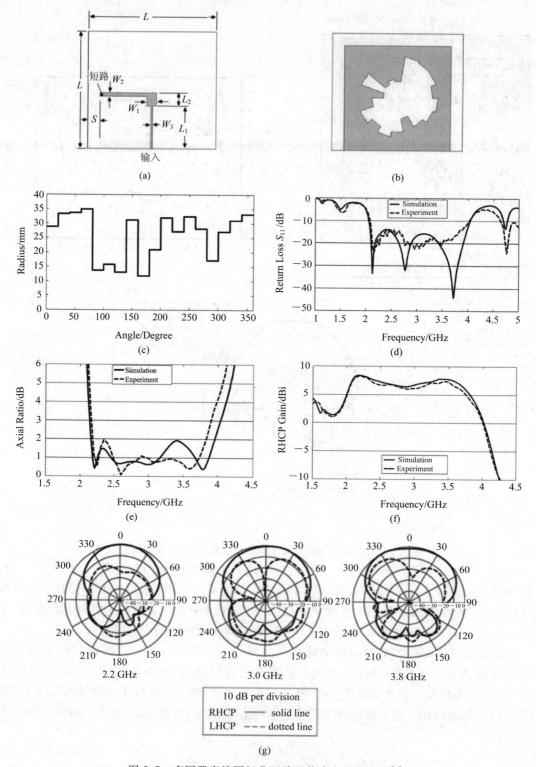

图 5.7　多圆段宽缝圆极化天线及仿真实测电参数[6]

(a) L 形微带馈线；(b) 带宽缝的地板；(c) 宽缝半径 R 与方位的关系曲线；

(d) $S_{11}-f$ 特性曲线；(e) AR$-f$ 特性曲线；(f) $G-f$ 特性曲线；(g) 垂直面归一化方向图

100 mm)宽带圆极化天线，由图看出，顶面为末端短路的 L 形微带馈线如图 5.7(a)所示，底面是由每个占 20°角且有不同半径的 18 个圆段构成宽缝的地，如图 5.7(b)、(c)所示。天线的具体尺寸如下：$L=86.4$ mm$(0.86\lambda_0)$，$W_1=7.9$ mm，$W_2=3$ mm，$W_3=1.5$ mm，$S=0.7$ mm，为了变双向辐射为单向辐射，在距底面下面 $h=34.1$ mm$(0.34\lambda_0)$处附加边长为 106 mm(1.06λ)的方反射板。18 个圆段半径与角度的关系列在表 5.3 中。

表 5.3　18 个圆段的半径及角度的关系

半径 /mm	R_0 28.8	R_1 33.3	R_2 33.7	R_3 34.9	R_4 13.7	R_5 15.8	R_6 13.1	R_7 31.2	R_8 11.8
角度/(°)　起点	0	20	40	60	80	100	120	140	160
终点	20	40	60	80	100	120	140	160	180
半径 /mm	R_9 20.9	R_{10} 32	R_{11} 27.2	R_{12} 32.4	R_{13} 28.1	R_{14} 17.2	R_{15} 27.1	R_{16} 31	R_{17} 33.2
角度/(°)　起点	180	200	220	240	260	280	300	320	340
终点	200	220	240	260	280	300	320	340	360

图 5.7(d)、(e)、(f)、(g)分别该天线仿真和实测主要电参数，由图可以看出，

(1) 实测 $S_{11}<-10$ dB 的频率范围为 2.08～4.01 GHz，相对带宽为 63.4%；

(2) 实测 AR≤3 dB 的频率范围为 2.16～3.9 GHz，相对带宽为 57.4%；

(3) 实测 $G=8.3$ dBic(2.2 GHz)，在 3 GHz 时，$G=6.7$ dBic。

5.6　由正交缝隙构成的圆极化天线[7]

正交缝隙天线，由于是平面结构和具有宽频带特性，因而在要求有大扫描角的相控阵天线中得到应用。浅空腔均匀正交缝隙天线具有几乎半球形圆极化方向图，由于低轮廓，特别适合安装在高速飞机上。不均匀缝隙可以使 VSWR 频率特性曲线平坦。渐变正交缝隙天线的尺寸相对较小，但带宽太窄，需要外加调谐来展宽它的带宽，而且这些天线的背腔是用介质材料填充的空腔，不仅重、成本高，而且效率低。

用正交缝隙构成的圆极化天线，具有宽波束、低耗、重量轻、低轮廓、低成本、结构紧凑等优点，可以用微带线通过耦合给缝隙馈电，也可以用同轴线直接馈电，为了防止在空腔中产生高次模，需要用 4 个对称探针馈电，每一对探针都位于另外一对探针的零辐射场，以便使交叉极化最小。由于空腔的高 Q 特性，导致正交缝隙天线固有的窄频带，但带宽还取决于缝隙的形状及填充的介电常数，如用宽且不均匀的缝隙，带宽就宽；用低介电常数，例如空气，带宽也比较宽。

背腔正交缝隙天线的谐振频率是空腔和缝隙尺寸、介电常数、探针位置的函数。对背腔窄均匀缝隙天线，缝隙的长度约为 $\lambda_0/2$，如果缝隙更长、空腔更深，或缝隙更窄就会降低谐振频率。天线的输入阻抗和空腔的谐振频率也取决于探针的位置，当探针靠近空腔的中心，空腔的谐振频率就增加。影响谐振频率的另外一个因素是缝隙的形状，如果中心的缝隙变宽，则谐振频率向高频位移；如果把缝隙在末端变宽，则谐振频率向低频位移。

图 5.8(a)是 $f_0=1545$ MHz,背腔末端为正方形的加载正交缝隙天线,该天线用靠近背腔中心的 4 探针馈电,用 $\varepsilon_r=1$ 的泡沫填充厚度 $t=0.52$ in(13.2 mm)的背腔。图 5.8(b)是该天线在不同缝隙尺寸和不同馈电间距 l 的情况下 S_{11} 的频率特性曲线和 VSWR≤2 的相对带宽,由图看出,VSWR≤2 的相对带宽达到 13.2%。图 5.8(c)是该天线在边长为 762 mm 的方地板上实测 1545 MHz 垂直面主极化和交叉极化方向图,$G=4$ dBic。

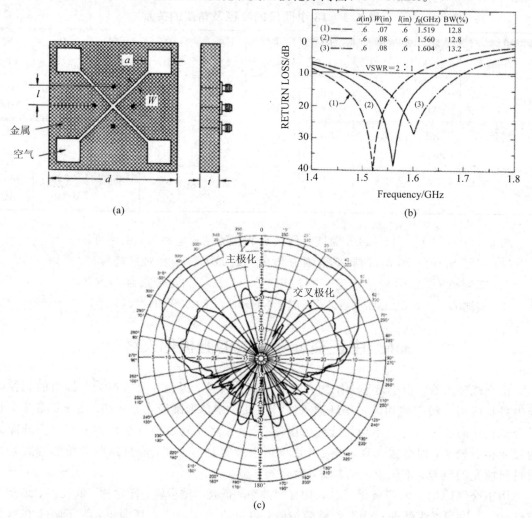

图 5.8　L 波段末端正方形加载正交缝隙天线及 S_{11} 的频率特性曲线和方向图[7]
(a)天馈结构;(b)S_{11}-f 特性曲线;(c)垂直面主极化和交叉极化方向图

图 5.9(a)是 $f_0=1450$ MHz,背腔末端为矩形的缝隙加载正交缝隙天线,背腔厚度 $t=0.52$ 英寸(13.2 mm),中间为空气,仍然用靠近背腔中心的 4 个探针馈电。图 5.9(b)是该天线在不同缝隙尺寸和不同间距 l 的情况下 S_{11} 的频率特性曲线和相对带宽,由图看出,VSWR≤2的相对带宽最大为 12.5%。图 5.9(c)是在边长为 762 mm 的地板上,该天线在 1545 MHz 实测垂直面主极化和交叉极化方向图,$G=3$ dBic。

为了实现圆极化,末端方形和矩形缝隙加载正交缝隙天线,必须把 4 探针与等幅、相差为 0°、90°、180°和 270°的馈电网络相连。

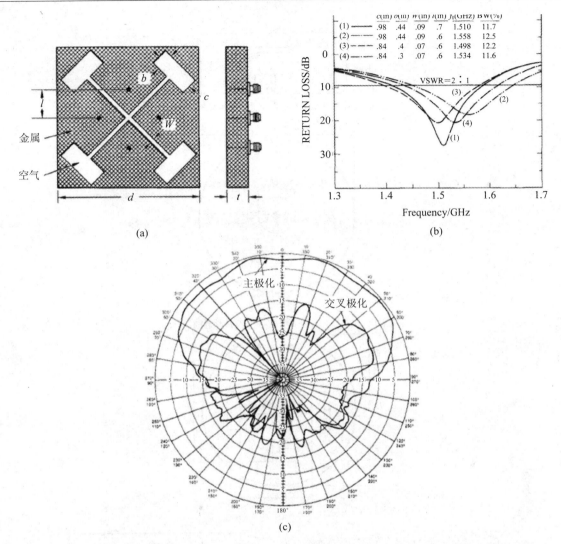

图 5.9　L 波段末端矩形缝隙加载正交缝隙天线及不同尺寸天线的 S_{11}-f 特性曲线和方向图[7]
（a）天馈结构；（b）不同缝隙尺寸天线的 S_{11} 曲线；（c）垂直面主极化和交叉极化方向图（f＝1450 MHz）

5.7　背腔圆极化缝隙天线

5.7.1　圆极化短背射正交缝隙天线[8]

图 5.10(a)、(b)是圆极化短背射天线，短背射由带高度为 H_r 的边环、直径为 D_r 的主反射器和直径为 D_s 的次反射器组成，为实现圆极化，采用不等长正交 H 形缝隙产生的兼并模，并用位于正交 H 形缝隙对角线上由同轴探针和短路柱构成的双线传输线来激励正交 H 形缝隙。由于正交 H 形缝隙的长度差只有 $0.1\lambda_0$，兼并模产生的相差达不到 90°，因此在长 H 形缝隙中引入一对长度为 l_s 的短支节。中心设计频率 f_0＝5.8 GHz（λ_0＝51.7 mm），天馈的具体尺寸和电尺寸如下：D_r＝100（1.93λ_0），H_r＝28（0.54λ_0），D_s＝24（0.46λ_0），H_s＝14（0.27λ_0），L_x＝16（0.31λ_0），L_y＝11（0.21λ_0），W_n＝1，W_w＝6（0.116λ_0），L_w＝2（0.0386λ_0），

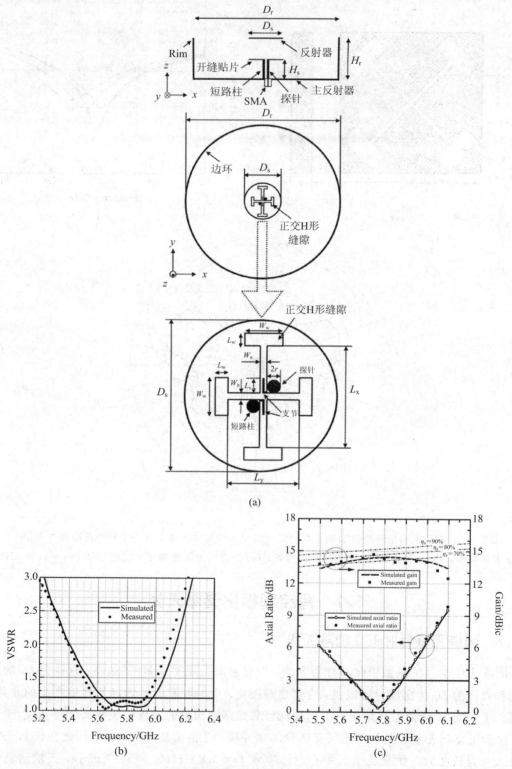

(a)

(b)

(c)

图 5.10　圆极化短背射单馈正交 H 形缝隙天线及仿真实测 VSWR、AR 和 G 的频率特性曲线[8]

（a）天馈结构；（b）VSWR - f 特性曲线；（c）AR、G - f 特性曲线

$l_s = 2.5(0.048\lambda_0)$，$2r = 2(0.0386\lambda_0)$（以上参数单位为 mm）。

图 5.10(b)、(c) 分别是该天线仿真和实测 VSWR、AR 和 G 的频率特性曲线，由图看出，该天线有如下实测电性能。VSWR≤1.2 的相对带宽为 6.5%，AR≤3 dB 的相对带宽为 4.2%，$G = 14$ dBic，HPBW＝35°，SLL＜−20 dB，交叉极化低于−15 dB。

5.7.2　由浅脊形背腔正交缝隙构成的宽带圆极化天线[17]

为了制造适合机载使用的 240～400 MHz（带宽比为 1.67∶1）低轮廓宽带圆极化天线，采用了以下技术：

(1) 浅脊形背腔；

(2) 4 探针耦合馈电，以及由一个 90°混合电路和两个 180°混合电路构成的馈电网络；

(3) 正交缝隙。

图 5.11(a)、(b)、(c) 是脊形背腔圆极化正交缝隙天线，用脊形背腔不仅能展宽带宽，而且能实现低轮廓。图 5.12(a) 是在缝隙的长度 $L = 22.5$ in(571.5 mm) 的情况下，对不同背腔高度 d、不同缝隙形状、有和无脊形、有不均匀和有均匀脊背腔缝隙天线 VSWR 的频率特性曲线作了比较，由图看出，用带脊的背腔缝隙天线，特别是带均匀脊背腔缝隙天线 VSWR≤2 的带宽远远大于无脊背腔缝隙天线。图 5.12(b) 是在 $L = 22.5$ in，$d = 2$ in，$b = 1.25$ in，把不同脊高度 h_1、h_2 和不同缝隙宽度 W_1、W_2 情况下的脊形背腔正交缝隙天线 VSWR 的频率特性曲线作了比较，由图看出，脊形的高度对 VSWR 影响较大。

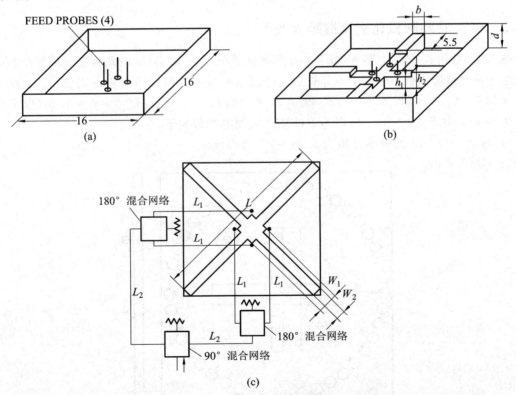

图 5.11　240～400 MHz 脊形背腔圆极化宽带正交缝隙天线[17]

(a)(b) 天馈结构；(c) 正交缝隙及馈电网络

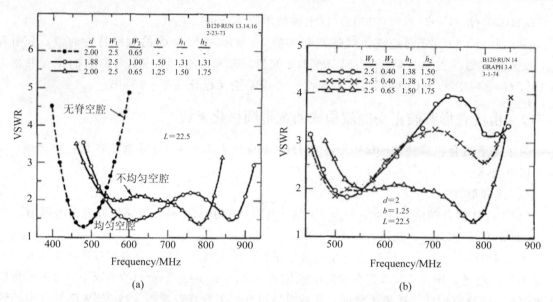

(a)　　　　　　　　　　　　　　　　(b)

图 5.12　(a)无脊和有不均匀及均匀脊背腔正交缝隙天线的 VSWR 特性曲线，
(b)不同脊高度、不同缝隙宽度脊形背腔正交缝隙天线的 VSWR 特性曲线[17]

实测表明，天线的外形尺寸为 838 mm×838 mm×101.6 mm，VSWR≤2.7 的频段为 240～270 MHz，VSWR≤2.1 的频段为 290～400 MHz，在有限大地面上实测方向图也为宽频带。

5.7.3　SIW 背腔圆极化正交缝隙天线[9]

图 5.13 是用 $\varepsilon_r=2.2$，厚 $h=0.5$ mm 基板制造的 $f_0=10$ GHz 的基板集成波导(SIW)背腔圆极化正交缝隙天线，用位于不等长正交缝隙角平分线的探针馈电实现圆极化，天线的具体尺寸如下：$L_{s1}=10.9$，$L_{s2}=11.5$，$W_s=1$，$d_c=6.4$，$r_c=9.4$，$d=1$，$d_p=1.35$（以上参数单位为 mm），由于 $L_{s2}>L_{s1}$，所以为 RHCP。实测电参数如下：

(1) $S_{11}≤-10$ dB 的频率范围为 9.81～10.13 GHz。

(2) $G=5.6$ dBic。

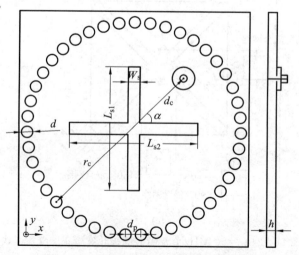

图 5.13　SIW 背腔圆极化正交缝隙天线

（3）在 f_0，AR＜3 dB，HPBW＝110°（xz 面），HPBW＝105°（yz 面），交叉极化电平
－23.5 dB，后瓣－34.4 dB。

5.7.4　带寄生贴片的圆极化背腔缝隙天线[10]

图 5.14 是由寄生方贴片、低轮廓背腔圆缝隙、L 形带线单馈构成的宽带圆极化天线。使
用寄生贴片是为了增强圆极化天线性能，使用背腔是为了变缝隙双向辐射为单向辐射。为了
实现阻抗匹配，使用了宽度为 W_m 的阻抗变换段。中心设计频率 f_0＝6 GHz，经过优化设计，
天馈的具体尺寸如下：

W＝40，W_p＝8.8，W_c＝29，h_c＝9，r_a＝13.1，h_a＝5，l_a＝13.7，l_b＝7，l_c＝6，W_m＝0.25，
W_f＝1.7（以上参数单位为 mm）。相对 λ_0，天线的电尺寸为 $0.8\lambda_0 \times 0.8\lambda_0 \times 0.3\lambda_0$。该天线实
测主要电参数如下：

（1）S_{11}＜－10 dB 的相对带宽为 70%。

（2）AR≤3 dB 的相对带宽为 43.3%。

（3）G＝8 dBic。

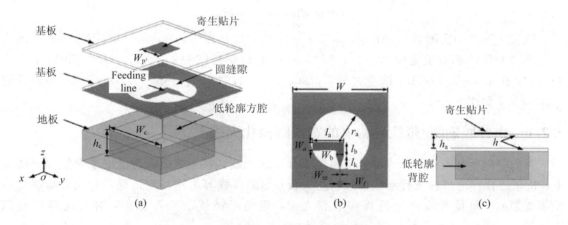

图 5.14　用 L 形带线给带背腔和寄生贴片的圆缝隙馈电构成的圆极化天线[10]

（a）天馈立体结构；（b）圆缝隙和 L 形带线；（c）侧视

5.7.5　用 4 个圆盘加载微带线给背腔圆缝馈电构成的宽带圆极化天线[11]

图 5.15(a)、(b)是用厚 h＝1 mm，ε_r＝2.7 基板制造的用 4 个圆盘加载微带线给背腔圆
缝馈电构成的宽带圆极化天线及馈电网络。中心设计频率 f_0＝6 GHz（λ_0＝49.6 mm），用
W＝70 mm（$1.4\lambda_0$）方基板印刷制造位于地板上半径 r_1＝22 mm 的圆缝，位于基板顶面半径
r_p＝4.5 mm 的 4 个顺序旋转圆盘位于圆缝中，圆盘到缝隙边缘的距离 t＝0.3 mm。用长度
d_t＝6.7 mm 的渐变微带线（宽度由 W_1＝3.15 mm，渐变到 W_i＝2.5 mm）馈电。

半径 r_2＝28 mm，高 H＝15 mm 的背腔位于贴片基板和馈电基板之间，且把两个基板的
地连接在一起。为了实现宽带圆极化，用 3 个 Wilkinson 功分器实现 4 个线极化圆盘产生圆
极化需要的等幅、0°、90°、180°和 270°馈电网络，功分臂微带线的宽度为 W_q＝1.78 mm，长
度为 l_q＝8.62 mm，功分器输出臂微带线的宽度 W_1＝3.15 mm，用同轴线把功分器输出臂与
圆盘加载微带馈线距中心 d＝39 mm 的圆盘加载微带馈线相连。

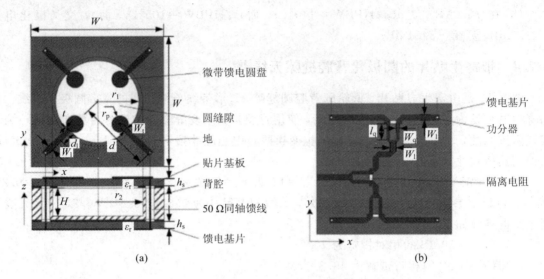

图 5.15　4 个圆盘加载微带线给背腔宽缝馈电构成的圆极化天线[11]

(a) 天馈结构；(b) 馈电网络

该天线仿真和实测 S_{11}、AR、G 和效率 η 的频率特性如下：$S_{11} \leqslant -10$ dB 的频率范围为 3.1~8.4 GHz，相对带宽为 92.1%；AR≤3 dB 的频率范围为 4.4~7.7 GHz，相对带宽为 54.5%；在 4.4~7.4 GHz，增益大于 7 dBic，$G_{\max} = 9.9$ dBic($f = 6.2$ GHz)，3 dB 增益带宽 为 50.8%，效率 $\eta \geqslant 84.2\%$。

5.7.6　由背腔缝隙/带线环构成的宽带圆极化天线[12]

背腔缝隙天线有以下两个优点，超过了背腔线天线，因为缝隙天线能嵌平安装在金属面上，特别适合作为高速飞行器或机载雷达天线；缝隙天线容易用与制造缝隙相同基板制造的微带线馈电，而且馈线位于基板和背腔之间，避免了馈线的杂散辐射，对天线阵是特别重要的。

虽然用缝隙环能构成宽带圆极化天线，为了进一步展开带宽，如图 5.16 所示，把缝隙环和带线环组合，构成缝隙/带线环再把它们置于背腔中，用微带线馈电，就构成了背腔缝隙/带线环宽带圆极化天线。中心设计频率 $f_0 = 6.5$ GHz，用厚 $t = 0.254$ mm，$\varepsilon_r = 2.2$ 基板的正面印刷制造缝隙/带线环，用基板的背面印刷制造由 50 Ω 微带线、耦合支节和开路支节构成的微带馈线，50 Ω 同轴插座与 50 Ω 微带线相连。调整组合环的宽度 W_s、长度 L_s 及背腔的深度 D_c，就能实现宽带圆极化，调整开路支节的长度 L_{op} 和耦合支节的宽度 W_{co} 及长度 W_g 就能实现好的阻抗匹配。通过优化设计，天馈的具体参数及尺寸如下：$W_g = 36$，$L_g = 62$，$W_c = 26$，$L_c = 52$，$D_c = 12$，$W_s = 16$，$L_s = 20$，$W = 2$，$W_g = 1$，$W_m = 0.78$，$W_{co} = 2$，$L_{op} = 6.5$(以上参数单位均为 mm)。

图 5.17 把缝隙环、带线环和缝隙/带线组合环天线的 AR-f 特性作了比较，缝隙环的周长近似为一个波长，但引入一对短路支节才能实现圆极化，缝隙环的绕向决定了圆极化的旋向，图中为 LHCP。由于缝隙环的电长度取决于频率，所以轴比带宽相对比较窄，AR≤3 dB 的相对带宽只有 5%。同样要用带线环产生圆极化，必须在环上留出间隙，由图看出带线环天线的轴比带宽也比较窄，但在带线环中引入小缝隙环，使 AR≤3 dB 的相对带宽变为

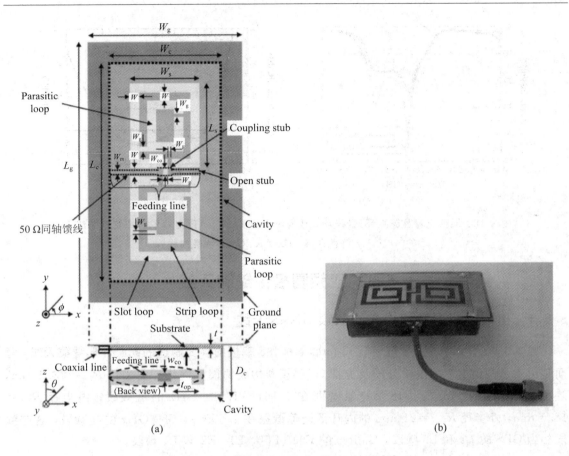

图 5.16　圆极化背腔缝隙/带线环天线[12]

（a）天馈结构；（b）照片

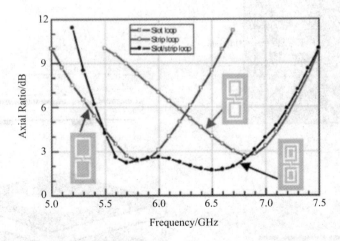

图 5.17　缝隙环、带线环及缝隙/带线组合环天线 AR 的频率特性曲线[12]

20%。图 5.18(a)、(b)分别是圆极化背腔缝隙环/带线环天线仿真和实测 S_{11}、AR 和 G 的频率特性曲线，由图看出，$S_{11} < -10$ dB 和 AR$\leqslant 3$ dB 重叠的相对带宽为 19%，实测增益 9 dBic，交叉极化电平（RHCP）低于 -15 dB。

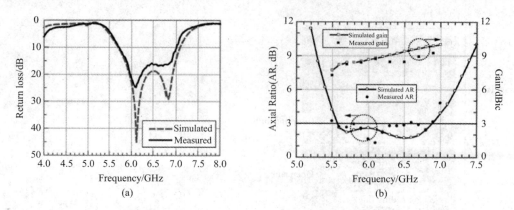

(a)　　　　　　　　　　　　　　　(b)

图 5.18　圆极化背腔缝隙环/带线环天线实测和仿真 S_{11}、AR 和 G 的频率特性曲线[12]

（a）S_{11}-f 特性曲线；（b）AR、G-f 特性曲线

5.8　双频圆极化缝隙天线

5.8.1　由同心环形缝隙构成的双频 GNSS 天线[13]

图 5.19（a）、（b）是用厚 $h_0 = 1.63$ mm，$\varepsilon_r = 4.5$ 基板的顶面制造的同心环形缝隙天线，背面是由 4 个调谐支节和由功分器及宽带 90°移相器构成的馈电网络。内半径 $R_{2in} = 23.2$ mm，外半径 $R_{2out} = 25$ mm 的外环形缝隙谐振在 1.164～1.214 GHz 的低频段；内半径 $R_{1in} = 18.4$ mm，外半径 $R_{1out} = 21$ mm 的内环形缝隙谐振在 1.559～1.589 GHz 的高频段，这些频段相当 GPS 的 L1 和 L5 频段，Galileo 的 E5a、E5b、E1、E2 和 L1 频段。

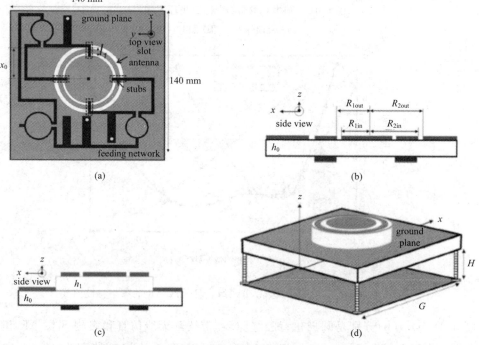

图 5.19　圆极化双频同心环形缝隙天线[13]

（a）顶视；（b）侧视；（c）抬高（侧视）；（d）加反射板

　　调整通过环形缝隙微带支节的长度 l_1，使高、低频段的频率位移，如增加 l_1，则向低频位移，相应带宽也会增加，调整支节的长度也能调整端口的隔离度。为了增强增益，如图 5.19(c) 所示，把环形缝隙抬高到 $h_1 = 1.63$ mm。为了变双向辐射为单向辐射，距天线 $H = 40$ mm，附加边长 $D = 140$ mm 的反射板，如图 5.19(d) 所示，通过优化，$l_1 = 12$ mm，$X_0 = 27$ mm，在整个工作频段，加反射板后使增益增大 2.5 dB。图 5.20 是该天线仿真和实测 S_{11}、G、AR 的频率特性曲线和垂直面归一化方向图。

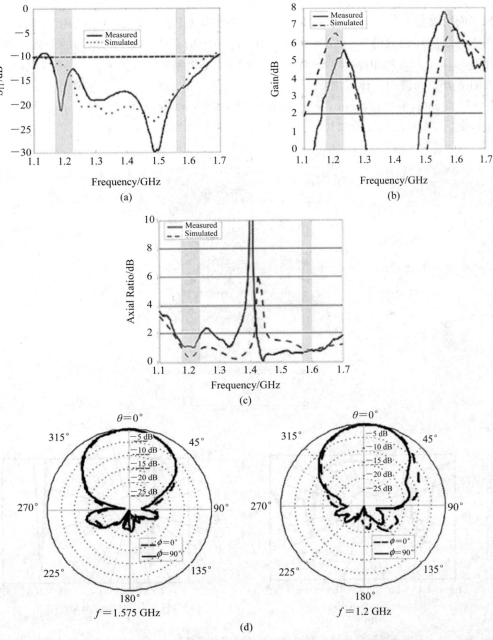

图 5.20　双频同心环形缝隙 GNSS 天线仿真和实测主要电性能[13]

(a) S_{11}-f 特性曲线；(b) G-f 特性曲线；(c) AR-f 特性曲线；(d) 垂直面归一化方向图

由实测结果可以得到如下电性能：

（1）在 1.164~1.69 GHz 频段，$S_{11} \leqslant -10$ dB，相对带宽为 36%；

（2）AR $\leqslant$ 3 dB 的相对带宽，低频段为 19.2%；高频段为 18%；

（3）在两个频段，$G \geqslant 4$ dBic；

（4）天线的尺寸：140 mm×140 mm×3.26 mm。

5.8.2 双频圆极化背腔同心方缝隙环天线[14]

为了同时接收 GPS L1 和 L2 的信号，必须用双频 GPS 天线，如采用如图 5.21(a)所示由背腔同心方缝隙环构成的双频 GPS 天线，用背腔来增加 F/B，减小与地面的干涉。两个方缝隙环和 F 形微带馈线均用厚 1.6 mm，$\varepsilon_r = 4.4$ FR4 基板制造，直径为 D、高度为 H 的方腔位于基板的下方。天馈的具体尺寸如下：

$D = 65.2$ mm，$G = 100$ mm，$H = 20$ mm，$l_0 = 55$ mm，$l_i = 35.5$ mm，$d_i = 4.5$ mm，$g = 8.4$ mm，$l_{s1} = 34.5$ mm，$l_{s2} = 21.2$ mm，$W_{s1} = 8$ mm，$W_{s2} = 3.6$ mm

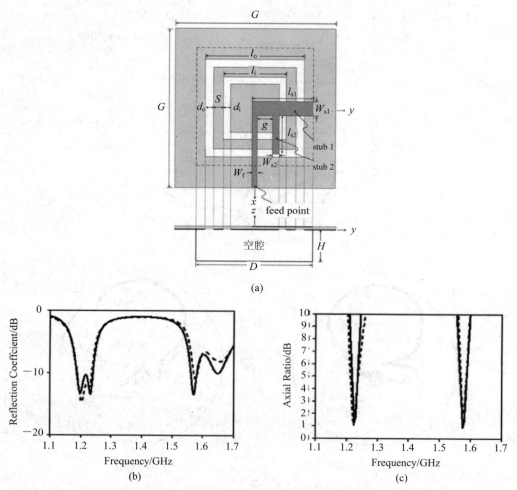

图 5.21　双频圆极化背腔同心方形缝隙环天线及仿真实测 S_{11} 和 AR 的频率特性曲线[14]

（a）天馈结构；（b）$S_{11} - f$ 特性曲线；（c）AR $- f$ 特性曲线

图 5.21(b)、(c)分别是该天线仿真和实测的 S_{11} 和 AR 的频率特性曲线，由图看出，实测 VSWR≤2 的频率范围为 1.19～1.235 GHz，1.565～1.585 GHz 相对带宽分别为 3.7% 和 1.2%，实测 3 dB 轴比带宽分别为 0.9%(1.220～1.231)GHz 和 0.6%(1.572～1.581)GHz。实测 HPBW 约 100°，在 L1 和 L2 频段实测增益分别为 1.45 dBic 和 1.1 dBic。

5.8.3　由不等长 U 形带线给方缝隙馈电构成的双频圆极化天线[15]

图 5.22 是用厚 1 mm，ε_r＝4.4 基板印刷制造的用宽 3.8 mm、间隙 0.3 mm CPW 带不等长 U 形带线给方缝馈电构成的 2.5/3.5 GHz 双频圆极化天线，天线的具体尺寸如图所示。主要仿真和实测电参数如下：

(1) 在 2444～3615 MHz 频段内，VSWR≤2。

(2) 在 2488～2668 MHz，3475～3589 MHz 频段，AR<3 dB。

(3) G＝4～4.5 dBic。

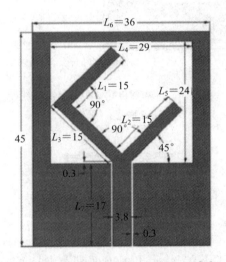

图 5.22　双频圆极化 U 形缝隙天线[15]

5.9　由 6 边形缝隙构成的 3 频圆极化天线[16]

图 5.23 是用 ε_r＝3.5，厚 1.52 mm 的基板印刷制造的由带 3 个 L 形缝隙的 6 边形缝隙构成的 4.8 GHz、4.2 GHz 和 3.5 GHz 三频圆极化天线。其中用 6 边形缝隙实现 4.8 GHz RHCP，用在 6 边形缝隙垂直和水平边上切割的 L 形缝隙 1 和 2 实现 4.2 GHz RHCP；用 L 形缝隙 3 实现 3.5 GHz RHCP。为了实现与宽度为 3.4 mm 50 Ω 的馈线阻抗相匹配，采用了如图 5.23(b)所示的渐变微带线。为了提高增益，距离天线 H 处附加边长为 W 的方反射板，经过优化，天馈的具体尺寸如下：R_w＝27.5，f_w＝14.9，f_{h1}＝26.3，h_1＝2，L_1＝10.25，d_1＝5.7，d_3＝0.63，t_w＝11.5，f_{h2}＝14.55，h_2＝1.95，L_2＝12.65，d_2＝5.75，W＝60(以上参数单位为 mm)。

该天线实测电参数如下：

(1) S_{11}<－10 dB 的频率范围：3.22～4.5 GHz，相对带宽为 33.16%，4.76～5.98 GHz，相对带宽为 22.7%。

（2）AR≤3 dB，3.49～3.55 GHz，相对带宽为 1.7%，4.06～4.22 GHz，相对带宽为 3.86%，5.03～5.3 GHz，相对带宽为 5.2%。

（3）最大增益在 3 个频段的轴比带宽内，分别为 5.5 dBic、4.6 dBic 和 6.7 dBic。

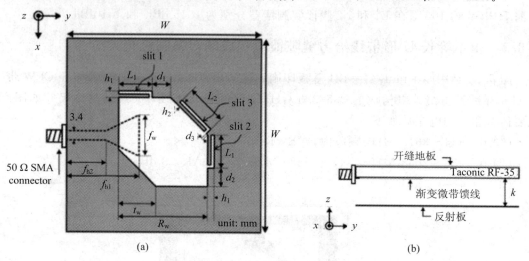

图 5.23　3 频圆极化 6 边形缝隙天线[16]

（a）顶视；（b）侧视

参 考 文 献

[1]　Microwave opt Technol. Lett，2001，31(2)：138−140.

[2]　YISZE J，CHEN Weihung. Axial-Ratio-Bandwidth Enhancement of a Microstrip-Line Fed Circularly Polarized Annular-Ring Slot Antenna. IEEE Trans Antennas Propag，2011，59(7)：2450−2456.

[3]　JAN J Y，PAN C Y，CHIU K Y，et al. Broadband CPW-fed circularly-polarized slot antenna with an open slot. IEEE Trans. Antennas Propag，2013，61(3)：1418−1422.

[4]　PAN S P，SZE J Y，TU P J. Circularly Polarized Square Slot Antenna With a Largely Enhanced Axial-Ratio Bandwidth. IEEE Antennas Wireless Propag Lett. ，2012，11：969−972.

[5]　Electronic Lett，2007，43(25)：1404−1405.

[6]　YEUNG S H，MAN K F，CHAN W S. A Bandwidth Improved Circular Polarized Slot Antenna Using a Slot Composed of Multiple Circular Sectors. IEEE Trans. Anteennas Propag，2011，59(8)：3065−3070.

[7]　MANSHADI F. End-Loaded Crossed-Slot Radiating Elements. IEEE Trans Antennas Propag，1991，39(8)：1237−1240.

[8]　LI Ronglin，et al. A Circularly Polarized Short Backfire Antenna Excited by an Unbalance-Fed Cross Aperture. IEEE Trans Antennas Propag，2006，54(3)：852−858.

[9]　LUO Guoqing，SUN Lingling，DONG Linxi. Single Probe fed Cavity Backed Circularly Polarized Antenna. Microwave OPT Technol. Lett，2008，50(11)：2996−2998.

[10]　YANG Wenwen，ZHOU Jianyi. Wideband Circularly Polarized Cavity-Backed Aperture Antenna With a Parasitic Square Patch. IEEE Antennas Wireless Propag Lett，2014，13：197−200.

[11]　IEEE Antennas Wireles Propag Lett，2013，12：496−499.

[12]　LI Ronglin，et al. Development of a Cavity-Backed Broadband Circularly Polarized Slot/Strip Loop

Antenna With a Simple Feeding Structure. IEEE Trans Antennas Propag, 2008, 56(2): 312 – 317.

[13]　RAMIEZ M, PARRON J. Concentric Annular Ring Slot Antenna for Global Navigation Satellite Systems. IEEE Antennas Wireless Propag. Lett, 2012, 11: 705 – 707.

[14]　HSIEH Wangta, CHANG T H, KIANG J F. Dual-Band Circularly Polarized Cavity-Backed Annular Slot Antenna for GPS Receiver. IEEE Trans Antennas Propag, 2012, 60(4): 2076 – 2080.

[15]　LI Weimei, LIU Bo, ZHAO Hongwei. The U-Shaped Structure in Dual-Band Circularly Polarized Slot Antenna Design. IEEE Antennas Wireless Propag Lett, 2014, 13: 447 – 450.

[16]　BAEK J G, HWANG K C. Triple-Band Unidirectional Circularly Polarized Hexagonal Slot Antenna With Multiple L-Shaped Slits. IEEE Trans Antennas Propag, 2013, 61(9): 4831 – 4835.

[17]　KING H E, WONG J L. A Shallow Ridged-Cavity Crossed-Slot Antenna for the 240 to 400 MHz Frequency Range. IEEE Trans Antennas Propag, 1975, 23(12): 687 – 689.

第6章 螺 旋 天 线

6.1 概　述

圆极化轴模螺旋天线，就上升角而言，有低上升角、高上升角和双上升角，单臂轴模螺旋天线的接地板既有常规直径约为 λ 的大地板，又有小地板和口杯形地板，除单频轴模螺旋天线外，还有同心双频轴模螺旋天线、半球圆锥螺旋天线、双线螺旋天线、双臂圆锥对数螺旋天线、平面印刷双臂等角和阿基米德螺旋天线、4 臂阿基米德缝隙螺旋天线等。就带宽而言，既有窄带，又有宽带。就轮廓而言，既有常规螺旋天线，又有低轮廓高增益螺旋天线。

6.2 带小地板的轴模螺旋天线

6.2.1 用螺旋形微带线馈电带小地板的轴模螺旋天线[1]

接地板为一个波长的单臂轴模螺旋天线是最常用的圆极化天线，由于接地板大，给许多便携式用户带来了不便，在此情况下，宜用如图 6.1(a)、(b)所示的用螺旋形微带线馈电带小地板的轴模螺旋天线。

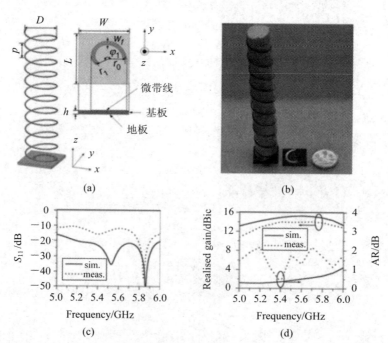

图 6.1　螺旋形微带线馈电带小地板轴模螺旋天线及仿真实测 S_{11}、G 和 AR 的频率特性曲线[1]
(a)天馈结构；(b)照片；(c) S_{11}-f 特性曲线；(d) AR、G-f 特性曲线

工作频段为 5.2～5.8 GHz，用 $\varepsilon_r=2.65$，尺寸为 $L\times W=23$ mm$\times 23$ mm 基板制作的用顺时针螺旋形微带线给左旋 $N=10$ 圈、螺距 $p=17$ mm、直径 $D=20$ mm 的螺旋馈电，螺旋形微带馈线的尺寸为：$r_0=9.5$ mm，$r_1=3.8$ mm，$\phi_1=216°$，线宽 $W_f=1.6$ mm。对于最低工作频率 5.2 GHz($\lambda_L=57.69$ mm)，地板的电尺寸为 $0.4\lambda_L\times 0.4\lambda_L$。

由于用螺旋形微带线馈电，在馈线上呈行波电流分布，使螺旋天线有更均匀的电流分布，在螺旋天线的输入端无指数衰减，因而使用小地板也能获得高增益。图 6.1(c)、(d)分别是该天线仿真和实测 S_{11}、AR 和 G 的频率特性曲线，由图看出，在 5～6 GHz 频段内，实测 $S_{11}<-10$ dB，AR<3 dB，$G=11\sim 14$ dBic，相对带宽为 18.2%，在 5.2 GHz 和 5.8 GHz 实测垂直面方向图呈单向，交叉极化电平低于 -20 dB，$F/B=20$ dB。

6.2.2　用小地板贴片和轴模螺旋构成的高增益圆极化天线[2]

轴模单臂螺旋天线是一种结构简单的圆极化天线，但反射板的直径通常为一个波长，空间受限制的便携用户希望使用小反射板轴模螺旋天线。把轴模螺旋与层叠贴片相组合，就能用小反射板实现高增益。图 6.2(a)是 $f_0=5.8$ GHz($\lambda_0=51.7$ mm)，用环形 3 dB 电桥给贴片双馈和与用寄生贴片相连的 10 圈轴模螺旋就能构成小地板高增益天线。其中馈电网络和馈电贴片分别是用厚 $h_3=0.5$ mm，$h_2=2$ mm，$\varepsilon_r=2.65$，直径 $2r_4=2\times 10.5$ mm$=0.406\lambda_0$ 的基板制造，馈电贴片的直径 $2r_2=17$ mm($0.329\lambda_0$)。把直径 $2r_1=18$ mm($0.348\lambda_0$)的寄生贴片与螺距 $p=13$ mm、10 圈直径 $d_1=19$ mm($0.367\lambda_0$)、轴长 $L_{ax}=9\times p=117$ mm($2.263\lambda_0$)的轴模螺旋相连，天线总高 $H=L_{ax}+h_1+h_2+h_3=117+5+2+0.5=124.5$ mm($2.41\lambda_0$)。其他尺寸为：$l_1=9.9$ mm，$w_1=2$ mm，$d_2=1.6$ mm，$d_3=0.8$ mm，$f_x=f_y=3$ mm。图 6.2(b)、(c)分别是该天线仿真和实测 S_{11}、AR 和 G 的频率特性曲线，由图看出，实测 $S_{11}<-10$ dB 的频率范围为 5.22～6.30 GHz），相对带宽为 19%，在 5～6.4 GHz 频段内，AR<3 dB，相对带宽为 24.5%，在阻抗带宽内，$G=10.9\sim 13.3$ dBic，HPBW$=45°$(5.6～5.8 GHz)，HPBW$=60°$(6 GHz)，$F/B\geqslant 10$ dB。

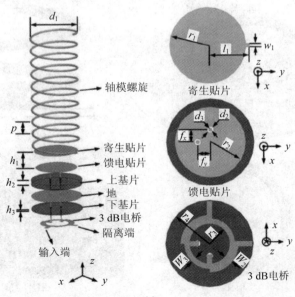

(a)

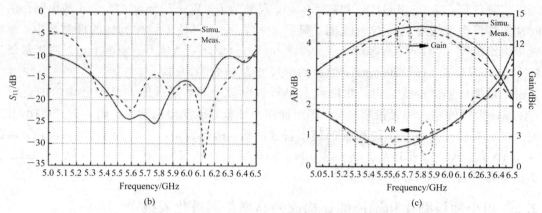

图 6.2　贴片和轴模螺旋组合天线及仿真实测 S_{11}、AR 和 G 的频率特性曲线[2]

（a）天馈结构；（b）$S_{11}\text{-}f$ 特性曲线；（c）AR、$G\text{-}f$ 特性曲线

6.3　低上升角轴模螺旋天线

6.3.1　L 波段 2 圈低上升角轴模螺旋天线[3]

图 6.3（a）是 L 波段（1.47～1.72 GHz）带阻抗匹配段的 2 圈低上升角轴模螺旋天线。调整匹配段到中心探针的间距 S，可以控制输入阻抗的实数部分，阻抗的虚数部分主要调整阻抗匹配段金属带的宽度 W 和长度 l。天线的最佳尺寸及主要电尺寸如下：圈数 $N=2$，周长 $C=2\pi R=\lambda_0$，$\alpha_1=0°$，上升角 $\alpha_2=7°$，螺旋天线的轴长 $H=50$ mm（$0.266\lambda_0$），直径 $2R=60$ mm$=0.319\lambda_0$，接地板的直径 $D=180$ mm（$0.957\lambda_0$），绕制螺旋导线的直径为 2.5 mm（$0.0133\lambda_0$），螺旋距地面的高度 $h=5$ mm（$0.0266\lambda_0$），阻抗匹配段的尺寸为：$S=7$ mm（$0.0372\lambda_0$），$W=10$ mm（$0.053\lambda_0$），$l=25$ mm（$0.133\lambda_0$）。图 6.3（b）、（c）分别是该天线仿真

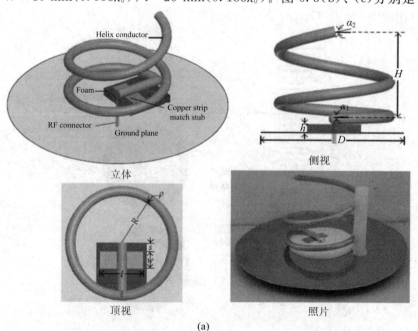

立体　　　　　　　　　　侧视

顶视　　　　　　　　　　照片

（a）

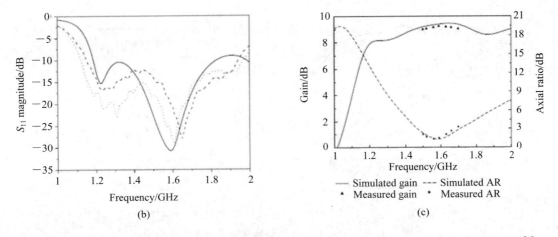

(b)　　　　　　　　　　　　　　　　　　　　(c)

图 6.3　带阻抗匹配段的 2 圈低上升角轴模螺旋天线及仿真实测 S_{11}、G 和 AR 的频率特性曲线[3]

(a) 天馈结构；(b) S_{11}-f 特性曲线；(c) G、AR-f 特性曲线

和实测 S_{11}、G 和 AR 的频率特性曲线，由图看出：

(1) 实测 $S_{11} < -15$ dB 的频率范围为 $1.5 \sim 1.8$ GHz，相对带宽为 18%；

(2) 实测 AR $\leqslant 3$ dB 的频率范围为 $1.47 \sim 1.72$ GHz，相对带宽为 16%；

(3) 在轴比带宽内，实测 $G = 9$ dBic。

6.3.2　12 GHz 低上升角轴模螺旋天线[4]

图 6.4(a) 是上升角 $\alpha = 4° \sim 7°$ 低轮廓单臂轴模螺旋天线，中心设计频率 $f_0 = 12$ GHz

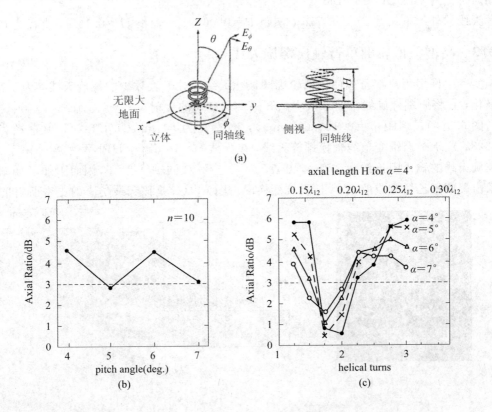

(a)

(b)　　　　　　　　　　　　　　　　　　　　(c)

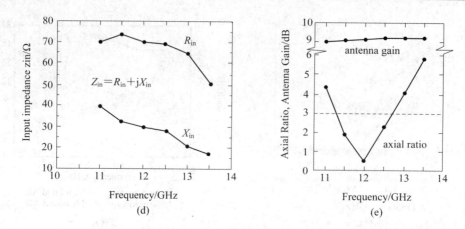

(d)　　　　　　　　　　　　　　　　　(e)

图 6.4　12 GHz 低上升角轴模螺旋天线及电性能[4]

(a) 天馈结构；(b) $h=10$，AR 随 α 的变化曲线；(c) 不同 α、AR 随 n 的变化曲线；

(d) $\alpha=4°$，$n=2$，Z_{in}-f 特性曲线；(e) $\alpha=4°$，$n=2$，AR、G-f 特性曲线

（$\lambda_0=25$ mm）。天线的电尺寸为：周长 $C=\lambda_0$，$h=0.05\lambda_0$，制造螺旋天线导线的直径 $\phi=0.04\lambda_0$，轴长为 H，匝数为 n。图 6.4(b) 为 $\alpha=4\sim7°$、$n=10$ 时螺旋天线轴比随 α 的变化曲线，由图看出，在 $\alpha=4°\sim7°$ 低上升角范围内，$n=10$，AR>3 dB。图 6.4(c) 是 $\alpha=4°\sim7°$、AR 随匝数（$1\sim3$）的变化曲线，由图看出，$n=2$，$\alpha=4°$，AR$=0.5$ dB，轴长 $H=0.19\lambda_0$，两个主平面 HPBW$=70°$。图 6.4(d)、(e) 分别是 $\alpha=4°$，$n=2$ 螺旋天线输入阻抗 Z_{in}、G 和 AR 随频率的变化曲线，由图看出，在 $11.5\sim12.5$ GHz 频段，$R_{in}=70$ Ω，$X_{in}=30$ Ω，AR$\leqslant3$ dB 的相对带宽为 12%，$G=9$ dBic。

天线的外形电尺寸：$h=0.05\lambda_0$，螺距 $P=0.0699\lambda_0$，轴长 $H=0.19\lambda_0$，直径为 0.318λ。

6.3.3　高增益低轮廓单臂轴模螺旋天线

实际中许多用户都希望使用低轮廓圆极化天线，对于匝数少的螺旋天线，为了得到好的圆极化，宜将末端螺旋线锥变来减小从开路端螺旋线的反射。

图 6.5(a) 是螺距 $p=0.16\lambda_0$（20 mm），底直径为 64 mm（$0.496\lambda_0$），顶直径为 41 mm（$0.328\lambda_0$），1.7 圈锥变单线轴模螺旋天线，该天线 $G=10$ dBic，HPBW$=58°$。由于 1.7 圈锥变螺旋天线的输入阻抗约为 $120\sim140$ Ω，为了与 50 Ω 同轴线匹配，因而附加了如图 6.5(b) 所示由聚四氟乙烯制成的 $\lambda_g/4$ 长阻抗变换段。图 6.4(c) 是该天线仿真的史密斯阻抗圆图。

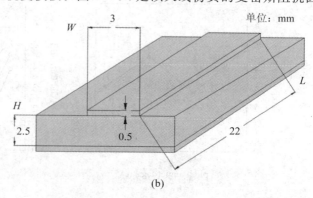

(a)　　　　　　　　　　　　　　　　　(b)

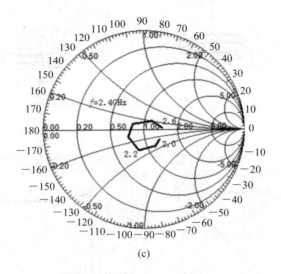

(c)

图 6.5　锥变单线轴模螺旋天线

(a) 照片；(b) 阻抗匹配段；(c) 史密斯阻抗圆图

6.3.4　2.5 GHz 低上升角轴模螺旋天线[5]

图 6.6(a) 是中心设计频率 $f_0 = 2.45$ GHz($\lambda_0 = 122.4$ mm) 的 2 圈低上升角轴模螺旋天线。螺旋的周长 $C = \lambda_0 = 122.5$ mm，绕制螺旋导线的直径 $\phi = 1$ mm $= 0.008\lambda_0$，螺旋线下端距地面的高度 $h = 0.13\lambda_0 = 16$ mm，螺旋线的顶端距接地板的高度 $H = 0.208\lambda_0$。图 6.6(b) 是上升角 $\alpha = 2°$ 时，轴比 (AR) 随直线高度 h 的变化曲线。

在 $h = 16$ mm($0.13\lambda_0$) 时，轴比最小为 0.1 dB。在 $h = 0.13\lambda_0$ 的情况下，上升角 α 从 $0.6°$ 变到 $3°$ 天线的轴比带宽如表 6.1 所示。

表 6.1　不同低上升角轴模螺旋天线 AR 的相对带宽

$\alpha/(°)$	3	2	1	0.6
3 dB AR 的频率范围/GHz	2.38~2.67	2.42~2.67	2.50~2.67	2.54~2.67
h/mm	15	16	16	16
H/λ_0	0.230	0.208	0.175	0.162
相对带宽/%	11.5	9.8	6.5	5.0

由表 6.1 看出，轴比带宽随上升角 α 变大而变宽。

图 6.6(c) 是该天线在 $h = 16$ mm、$\alpha = 2°$ 情况下，天线输入阻抗 Z_{in} 随频率的变化曲线。在 2.42~2.67 GHz 频段 3 dB 轴比带宽内，输入电阻 230~213 Ω，输入电抗 67~21 Ω。图 6.6 (d) 是接地板直径为 300 mm，$h = 16$ mm，$\alpha = 2°$ 2 圈螺旋天线仿真实测 AR 的频率特性曲线，由图看出，AR ≤ 3 dB 的相对带宽为 9.8%。图 6.6(e) 为该天线在 $f_0 = 2.48$ GHz 实测垂直面归一化方向图，由图求得 HPBW $= 80°$。

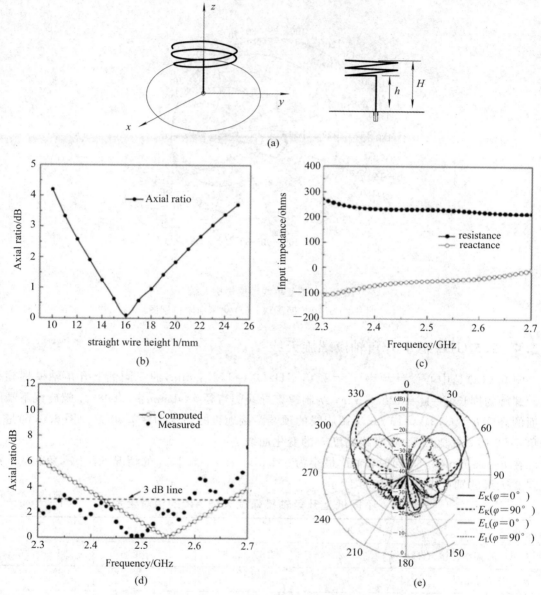

图 6.6　2.4 GHz 2 圈低上升角轴模螺旋天线及电性能[5]
(a) 天馈结构；(b) AR 随 h 的变化曲线；(c) Z_{in}-f 特性曲线；
(d) AR-f 特性曲线；(e) 垂直面归一化方向图

6.3.5　背腔 2 圈低上升角轴模螺旋天线

图 6.7(a) 是把 5.5°低上升角 2 圈单臂轴模螺旋位于背腔中，用长度等于螺旋直径 d 的带线探针沿螺旋线的圆周馈电。中心设计频率 f_0＝1590 MHz(λ_0＝188.7 mm)，背腔的直径 D＝180 mm(0.95λ_0)，边环高 W＝43 mm(0.23λ_0)，绕制螺旋导线的直径为 1.6 mm，螺旋天线的直径 d＝0.318λ_0，该天线实测 VSWR≤1.5 的相对带宽为 25%。图 6.7(b)、(c) 分别为该天线实测 AR-f 特性曲线及在中心频率实测主极化 RHCP(实数)和交叉极化 LHCP(虚线)垂直面归一化方向图。由图看出，AR≤3 dB 的相对带宽为 19.6%，HPBW＝65°。

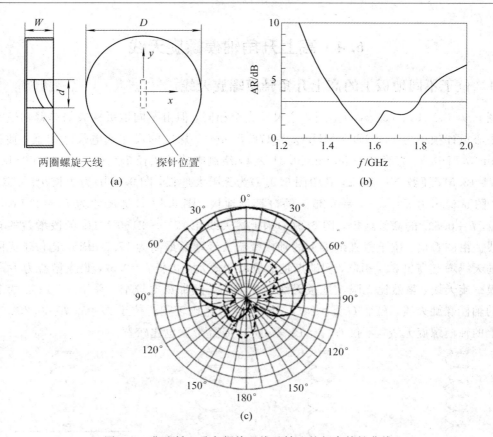

图 6.7　背腔低上升角螺旋天线及轴比的频率特性曲线

（a）天馈结构；（b）AR-f 特性曲线；（c）垂直面归一化方向图

【实例 6.1】 1800 MHz 轴模螺旋天线。

图 6.8 是用宽 6 mm 金属带绕成的 $f_0=1800$ MHz（$\lambda_0=$ 166.7 mm）13 圈轴模螺旋天线，其中，10 圈上升角 $\alpha=5.9°$，螺距 $p=18$ mm，末端 3 圈渐变（$\alpha=3.3°$）以实现低的 AR。经仿真，在 1.4～2 GHz 频段内，VSWR≤2，AR≤3 dB。不同频率仿真的增益如表 6.2 所示。

表 6.2　13 圈轴模螺旋天线仿真的增益/频率特性

f/MHz	G/dBic
1450	10.5
1500	11.0
1600	11.8
1700	12.6
1800	13.0
1900	12.2
1950	12.7

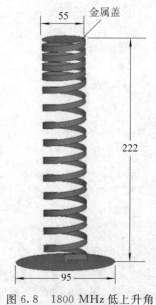

图 6.8　1800 MHz 低上升角
轴模螺旋天线

6.4　高上升角轴模螺旋天线

6.4.1　位于不同地板上的高上升角轴模螺旋天线

图 6.9(a)、(b)、(c)、(d)是用 4 个尺寸完全相同，但由不同地板构成的单臂轴模螺旋天线。中心设计频率为 $f_0 = 1700$ MHz($\lambda_0 = 176.5$ mm)，螺旋的尺寸及电尺寸如下：轴长 $L = 684$ mm($3.876\lambda_0$)，直径 $2a = 56$ mm($0.317\lambda_0$)，绕制螺旋的线径 $2r = 0.6$ mm($0.0034\lambda_0$)，上升角 $\alpha = 13.5°$，匝数 $N = 16.2$，其中图 6.9(a)为无限大地板，图 6.9(b)为边长 $b = 0.5\lambda_0$ 的方地板，图 6.9(c)为 $D = \lambda_0$，$h = 0.25\lambda_0$ 的口杯形地板，图 6.9(d)是尺寸为 $D_2 = 2.5\lambda_0$，$D_1 = 0.75\lambda_0$，$h = 0.5\lambda_0$ 的截锥地板，图 6.9(e)为上述天线在 1250~2150 MHz 频段增益的频率特性曲线。由图看出，位于截锥地板上的轴模螺旋天线增益最高为 17.3 dBic，比位于无限大地板上的天线增益高出 3.4 dBic，但缺点是地板尺寸太大。边长 $b = 0.5\lambda$，最大增益为 14.4 dBic 的轴模螺旋天线，虽然比无限大地板天线的增益高，但带宽比较窄，采用 $b = 1.5\lambda$ 的最佳方地板的轴模螺旋天线，虽然 $G_{max} = 14.3$ dBic，但带宽比较宽。位于 $D = \lambda$，$h = 0.25\lambda$ 口杯形地板上的轴模螺旋天线，不仅 $G_{max} = 15.3$ dBic，而且带宽也比较宽。

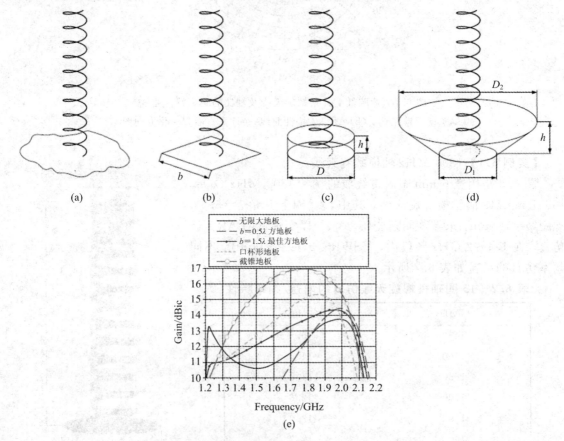

图 6.9　位于不同地板上 4 个尺寸完全相同轴模螺旋天线及增益的频率特性曲线

(a)无限大地板；(b)方地板；(c)口环形地板；(d)截锥形地板；(e)G-f 特性曲线

6.4.2 缩短尺寸的轴模螺旋天线

轴模螺旋天线为高增益圆极化天线，但在 UHF 低频段尺寸太大，可以用如图 6.10 所示的支节加载轴模螺旋天线。支节加载轴模螺旋天线的上升角 $\alpha = 8°$，普通轴模螺旋天线的上升角 $\alpha = 14.5°$，为了说明支节加载轴模螺旋的性能，如图 6.10 所示，每一圈螺旋绕组使用 4 个支节加载，在 $3.3 \sim 4$ GHz 频段内，仿真和实测了 $N = 10$ 支节加载和普通轴模螺旋天线；支节加载轴模螺旋天线的直径 $D = 19$ mm($0.23\lambda_0$)，周长 $C = 0.72\lambda_0$，轴长 $L = 84$ mm($1.02\lambda_0$)，螺距 $S = 0.113\lambda_0$（$S = C \times tg8° = 0.1\lambda_0$），普通轴模螺旋天线直径 $D = 27$ mm($0.329\lambda_0$)，周长 $C = 1.03\lambda_0$，轴长 $L = 198$ mm($2.41\lambda_0$)，螺距 $S = 0.267\lambda_0$，$\alpha = 14.5°$，反射板的尺寸为 100 mm$\times 100$ mm($1.2\lambda_0 \times 1.2\lambda_0$)。

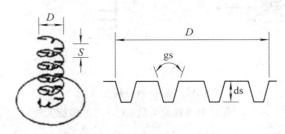

图 6.10 支节加载轴模螺旋天线

图 6.11(a)、(b)分别是两种轴模螺旋天线仿真和实测 G 及 AR 的频率特性曲线，在圈数和工作频段相同的情况下，相对普通轴模螺旋天线，支节加载轴模螺旋天线的轴长缩小一半，体积缩小 4 倍，但支节加载轴模螺旋天线存在以下问题：

（1）虽然输入电阻为恒值，但存在随频率变化的电抗，需要附加阻抗匹配网络；

（2）3 dB AR 带宽虽然变窄，但仍然能达到 20%。

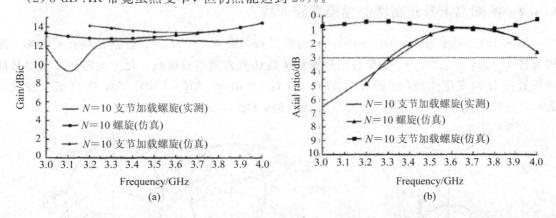

图 6.11 $N = 10$ 有和无支节加载轴模螺旋天线仿真实测 G、AR 的频率特性曲线

(a) $G - f$ 特性曲线；(b) AR $- f$ 特性曲线

6.4.3 背腔轴模螺旋天线[17]

图 6.12(a)是背射单线螺旋天线，之所以最大辐射由轴向变成背射，是因为单线螺旋天线的接地板直径 ϕ_1 小于螺旋天线的直径 ϕ_2。用背射螺旋天线作为反射面天线的馈源可以构

成高增益圆极化天线，也可以构成如图 6.12(b)所示的圆极化中增益背腔螺旋天线。中心设计频率 $f_0 = 2.6$ GHz($\lambda_0 = 115.4$ mm)，按以下电尺寸和具体尺寸设计了圆极化背射螺旋天线。

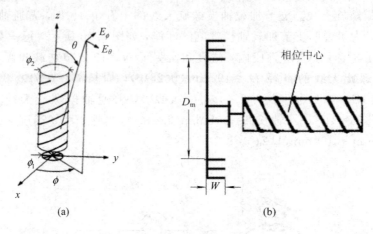

(a)　　　　　　　　　　　(b)

图 6.12　背腔轴模螺旋天线[17]

(a) 背射单线螺旋天线；(b) 背腔螺旋天线

背射螺旋天线的周长 $C = \lambda_0 = 115$ mm，直径 $\phi_2 = 0.318\lambda_0 = 36.6$ mm，螺矩 $S = 0.22\lambda_0 = 25$ mm，上升角 $\alpha = 12.5°$，圈数 $n = 7$，接地板的直径 $\phi_1 = 0.29\lambda_0 = 33.4$ mm，背腔的直径 $D_m = 2.1\lambda_0 = 241.5$ mm，边环的高度 $W = 0.25\lambda_0 = 28.7$ mm。经实测在中心频率 2.6 GHz 时，该天线 HPBW = 31°，$G = 16.3$ dBic，AR = 0.6 dB，$Z_{in} = 47.5 - j5.5\Omega$，在 2~2.8 GHz 频段内，VSWR < 2 的相对带宽为 33%，HPBW = 26°~32°，增益比相同尺寸的单线轴模螺旋天线高出 2.5~3 dBic。

6.4.4　两圈高上升角高增益轴模螺旋天线

图 6.13(a)是上升角 $\alpha = 12°$ 两圈轴模螺旋天线。图 6.13(b)、(c)分别是周长 $C_\lambda = \lambda_0$，地板直径 $D = \lambda_0$，$\alpha = 12°$，$N = 2$ 单线轴模螺旋天线仿真实测垂直面归一化方向图和 G 及 AR 随地板直径 D 的变化曲线，由图看出，$D = \lambda_0$，$G = 9$ dBic，AR = 1 dB。AR 随 D 增大变化不大，但地板直径增大，增益并不增大，反而下降，$D = 2.5\lambda_0$，$G = 7$ dBic。

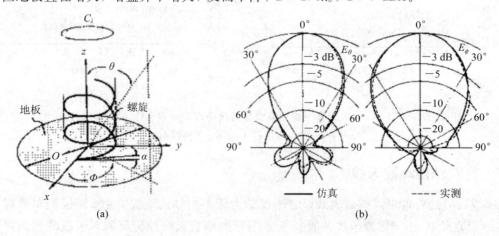

(a)　　　　　　　　　　　(b)

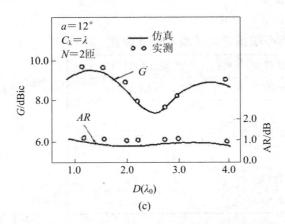

图 6.13 两圈高上升角高增益轴模螺旋天线及电性能
(a)结构;(b)垂直面归一化方向图;(c)G、AR 随 $D(\lambda_0)$ 的变化曲线

6.4.5 2.4 GHz 高上升角轴模螺旋天线

典型的轴模螺旋天线周长 $C = \pi D = \lambda$。上升角 $\alpha = 12° \sim 16°$,若 $\alpha = 13.5°$,则螺距 $S = C \times \mathrm{tg}\alpha = \lambda \times \mathrm{tg}13.5° = 0.24\lambda$。图 6.14 是 2.4 GHz,$S = 0.24\lambda_0$,轴长 L_{ax} 从 $2\lambda \sim 6.5\lambda$,圈数 $N = 8.3 \sim 27$ 轴模螺旋天线仿真的增益与电周长 C/λ、直径的关系曲线,由图看出,周长在 $1.07 \sim 1.17\lambda$,增益最大,周长为一个波长,增益并不是最大。

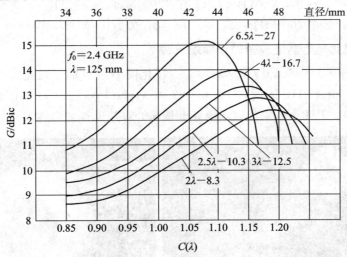

图 6.14 2.4 GHz 轴模螺旋天线的 G 与轴长、电周长 $C(\lambda)$ 的关系曲线

由图可以得出,$\alpha = 13.5°$,$N = 16.7$,$G = 14.5$ dBic,HPBW $= 26°$;$N = 5$,$G = 12$ dBic,HPBW $= 45°$。

6.4.6 双频同心高上升角轴模螺旋天线

1. 850 和 1250 MHz 双频同心轴模螺旋天线

图 6.15 是位于口杯形地面上的 850 和 1250 MHz 双频同心高上升角轴模螺旋天线,其中,内螺旋天线为高频(1250 MHz),外螺旋天线为低频(850 MHz)。双频同心高上升角轴模

螺旋天线的设计参数列在表 6.3 中。

表 6.3　双频同心轴模螺旋天线的设计参数

参　数	低频（外螺旋）天线	高频（内螺旋）天线
极化	RHCP	RHCP
f/MHz	850	1250
直径	$0.35\lambda_0$	$0.317\lambda_0$
上升角	$13°$	$8°$
周长 C	$1.1\lambda_0$	$1.0\lambda_0$
轴长 L_{ax}	$1.8\lambda_0$	$2.65\lambda_0$

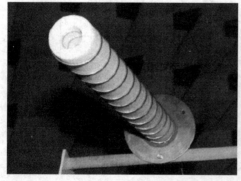

内螺旋

外螺旋

口杯形地面

76
124.5

图 6.15　同心双频轴模螺旋天线

低频天线在 740～980 MHz 频段内，实测 $G=11.5$ dBic，相对带宽为 28%，在 850 MHz，实测 $G=12$ dBic；高频天线在 1180～1310 MHz 频段内，实测 $G=11.5$ dBic，相对带宽为 10%；在 1290 MHz，实测 $G=12$ dBic。

周长 C 在 $1.2\sim1.0\lambda_0$ 的范围内，$R_{in}==170\sim140$ Ω，为了与 50 Ω 馈线匹配，需要附加 1～2 节 $\lambda/4$ 长阻抗变换段，也可以在输入端螺旋线上附加铜片及调整上升角。为了得到低 AR，把最后 2 圈螺旋渐变。在 760 MHz 实测 $AR=0.7$ dB，$VSWR=1.4$；在 1300 MHz 实测 $AR=1.9$ dB，$VSWR=1.8$。虽然为同旋圆极化，但在 760 MHz，$S_{21}=-18$ dB，在 1300 MHz，$S_{21}=-16$ dB。

2. 双频双圆极化同心高上升角轴模螺旋天线[6]

图 6.16 是 2.45 GHz 和 4.9 GHz 双频双圆极化同心单臂轴模螺旋天线的照片，内螺旋为 4.9 GHz（$\lambda=61$ mm）RHC 天线，外螺旋为 2.45 GHz（$\lambda=122.4$ mm）LHCP 天线，内外螺旋天线之间用 $\varepsilon_r=1.07$ 低介电常数泡沫隔开和固定，双频天线的具体尺寸如表 6.4 所示。

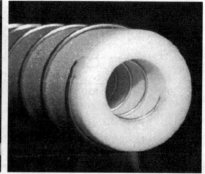

图 6.16　双频双圆极化同心螺旋天线的照片

表 6.4　双频双圆极化同心螺旋天线的几何尺寸

频段	天线直径/mm	绕线直径	螺距/mm	上升角	圈数	长度/mm
2.45 GHz	38	$\phi1.5$ mm	27	$13°$	13	350
4.9 GHz	19	$\phi1$ mm	13.5	$13°$	26	350

双频天线实测电性能如下：

2.45 GHz，$S_{21} = -22$ dB；4.9 GHz，$S_{12} = -28.2$ dB；

2.45 GHz 天线：$S_{11} \leqslant -10$ dB 的频段为 2～3 GHz，相对带宽为 40%，$G = 11.9$ dBic，HPBW $= 30°$；

4.9 GHz 天线：$S_{11} \leqslant -10$ dB 的频段为 4～6 GHz，相对带宽为 40%，$G = 13.8$ dBic，HPBW $= 33°$。

6.4.7 双上升角轴模螺旋天线

1. 双上升角(2°和12.5°)轴模螺旋天线

图 6.17(a)是由双上升角 $\alpha_1 = 2°$，$\alpha_2 = 12.5°$ 构成的单臂轴模螺旋天线。中心设计频率 $f_0 = 3$ GHz（$\lambda_0 = 100$ mm），天线的轴长 $H = 133$ mm（$1.33\lambda_0$），周长 $C = 100$ mm（λ_0），绕制螺旋天线导线的直径 $\phi = 0.01\lambda_0$。图 6.17(b)是该天线增益与 h/H 之间的关系曲线，由图看出，$h/H = 0.263$，即 $h = 0.263$、$H = 0.35\lambda_0$ 时，$G_{\max} = 13.4$ dBic，比单上升角（$\alpha_2 = 12.5°$）轴模螺旋天线提高 2.4 dBic，在 2.5～4 GHz 频段内，$G = 13 \pm 0.6$ dBic，相对带宽为 46%。h/H 从 0 增加到 0.263，SLL 电平从 -10 dB 减小到 -22 dB，HPBW 从 52°变窄到 44°。为了改善 AR，螺旋线末端的直径渐变缩小。

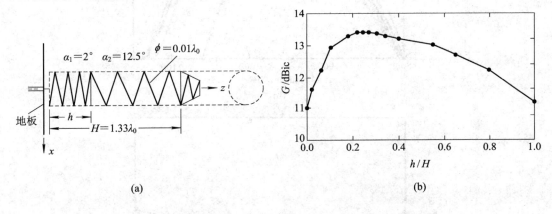

图 6.17　双上升角轴模螺旋天线及增益与 h/H 的关系曲线
(a) 天馈结构；(b) $G - h/H$ 的关系曲线

2. 5 种双上升角轴模螺旋天线

宽带单臂轴模螺旋天线可以用渐变螺旋，也可以用双上升角螺旋来展宽轴模螺旋天线的增益带宽。图 6.18(a)是 5 种等长度、等直径、用 12.7 mm 宽的铜带绕制的单臂轴模螺旋天线。把螺旋天线的末端锥变，能明显地改善轴比。为了说明双上升角轴模螺旋天线具有宽带且平坦的增益频响曲线，图中 A 的上升角 $\alpha = 10°$，E 的上升角 $\alpha = 13°$，B、C、D 则为双上升角，$\alpha = 10°$ 和 13°，但 10° 和 13° 上升角轴模螺旋天线的匝数不同。图 6.18(b)、(c)分别是 5 种等长度、等半径、不同上升角单臂轴模螺旋天线实测增益及轴比的频率特性曲线。由图看出，单一上升角轴模螺旋天线 A 和 E 的增益最大，分别为 13.4 dBic（轴长在 940 MHz 为 1.83λ）和 13.7 dBic（轴长在 1040 MHz 为 2.04λ），但增益的带宽相对较窄。采用双上升角的 B、C、D 天线，虽然最大增益比 A 和 E 天线稍低，但增益的带宽明显展宽，而且通过调整双上升角轴模螺旋天线的匝数，使频段内增益在低频段稍比高频段低或高一些。由于匝数多，且末端锥变，因此 5 种天线的轴比在 35.9%的带宽内均小于 3 dB。

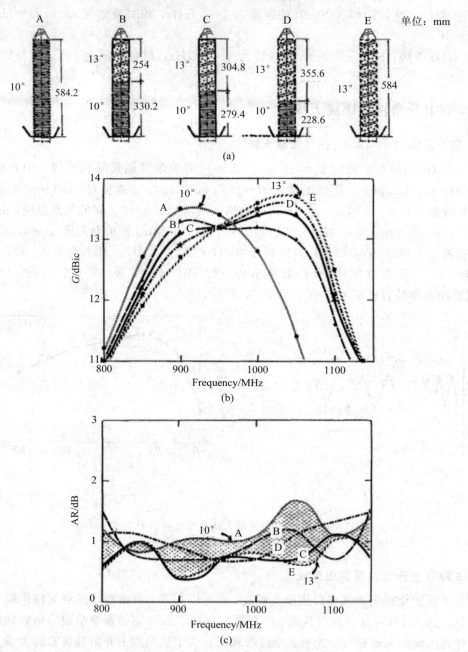

图 6.18　5 种等长度等直径不同上升角单臂轴模螺旋天线及 G 和 AR 的频率特性曲线
(a)结构；(b)G-f 特性曲线；(c)AR-f 特性曲线

3. 低高度高增益双上升角轴模螺旋天线[7]

采用图 6.19(a)所示的单臂不等直径双上升角 α、β 短轴模(轴长 $0.73\lambda_0$)螺旋天线，在 9.5%的相对带宽内，AR<1.5 dB，G=11.5～12 dBic。用该天线组阵则互耦低，图 6.19(b)

是上升角为 12.8° 均匀直径单臂轴模螺旋天线在不同电周长情况下轴向增益与轴长的关系曲线。

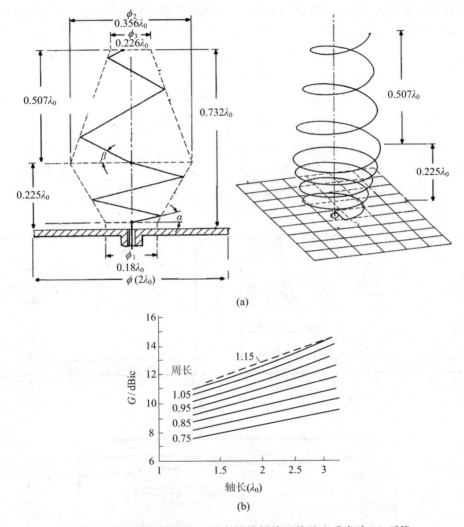

(a)

(b)

图 6.19　低高度高增益双上升角轴模螺旋天线及上升角为 12.8° 等
直径轴模螺旋天线的增益与轴长(λ)的关系曲线[7]
(a) 结构；(b) G 与轴长(λ_0)的关系曲线

6.5　圆锥半球螺旋天线

6.5.1　3 圈圆锥半球螺旋天线[8]

图 6.20(a) 是同轴线直接馈电的 3 圈圆锥半球螺旋天线。在球坐标系中，圆锥半球螺旋天线的轨迹用以下方程表示：

$$\begin{cases} r = a \\ \theta = \cos^{-1}\left[\pm\left(\dfrac{\phi}{2N\pi} - 1\right)\right] & 0 \leqslant \phi \leqslant 2N\pi \end{cases} \tag{6.1}$$

式中：a 是半球的半径；N 为螺旋的圈数（$N=3$）；（$+$）号为 RHCP，（$-$）号为 LHCP。

中心设计频率 $f_0=2.43$ GHz（$\lambda_0=123.4$ mm）。天线的尺寸如下：$a=20.5$ mm，$h=5$ mm，同轴线内导体的半径 $r=0.5$ mm，同轴线外导体的半径 $b=4.5r=2.25$ mm，方地板的边长为 200 mm（$1.62\lambda_0$）。

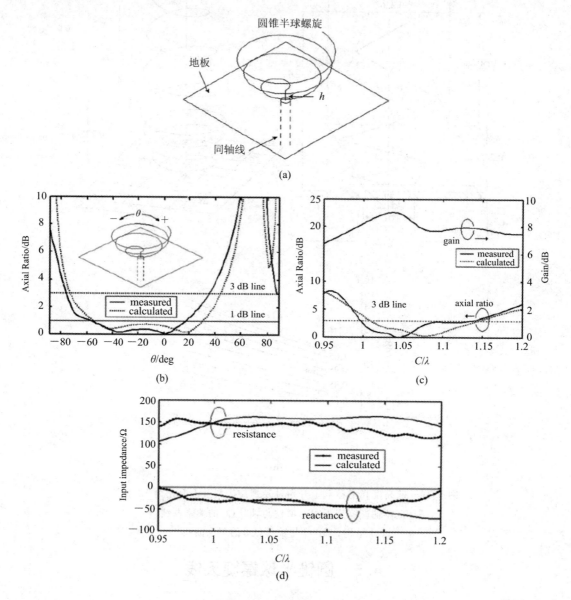

图 6.20　3 圈圆锥半球螺旋天线及电性能
（a）结构；（b）AR-θ 关系曲线；（c）AR、G 随 C/λ 的变化曲线；（d）Z_{in} 随 C/λ 的变化曲线

图 6.20(b)是该天线在 $C/\lambda=1.04$ 时实测和仿真 AR 随 θ 角度的变化曲线（其中 C 是圆锥半球螺旋天线的周长），由图看出，在宽角范围内，轴比很低，AR$\leqslant$3 dB 的波束宽度为 113°。图 6.20(c)、(d)分别是该天线仿真实测 G、AR 和 Z_{in} 随电周长 C/λ 的变化曲线，由图看出，实测 AR$\leqslant$3 dB 的相对带宽为 13.5%，在 $C/\lambda=1.04$ 时，$G_{max}=9$ dBic。在 $1<C/\lambda<$

1.15 的范围内，$Z_{in} = 150 - j30\Omega$，在 $0.95 < C/\lambda < 1.2$ 的范围，方向图的形状不变，HPBW 约为 $73°$。

6.5.2　宽带圆极化半球螺旋天线[9]

半球螺旋天线具有低轮廓、宽带和尺寸紧凑的优点，为了进一步展宽半球螺旋天线的带宽，可以采用如图 6.21 所示的 4.5 圈等间距半球螺旋天线，其与普通半球螺旋天线的不同点在于：

(1) 用渐变金属带（底部 1 mm 宽逐渐变到末端顶部 4 mm 宽）代替等直径（或等宽）螺旋线；

(2) 在同轴线内导体和半球螺旋线起点附加双渐变阻抗变换段，所谓双渐变阻抗变换段是指阻抗变换段离开地板到螺旋天线输入端线的高度（从 1 mm 到 5 mm）和宽度都要渐变，即高度呈指数变化，宽度呈正弦函数变化。

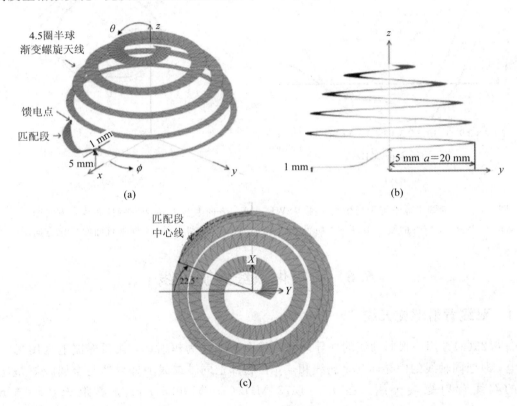

图 6.21　4.5 圈渐变半球螺旋天线[9]
(a) 立体；(b) 侧视；(c) 底视

图 6.22(a) 是球半径 $a = 20$ mm，4.5 圈半球螺旋天线仿真实测 VSWR - f 特性曲线，由图看出，实测 VSWR $\leqslant 2$ 的相对带宽为 50%。图 6.22(b) 是该天线仿真实测方向系数 D 的频率特性曲线，由图看出，在 2.8～3.55 GHz 频段内，实测 $D = 9$ dBic。图 6.22(c) 是该天线仿真 AR 的频率特性曲线，由图看出，相对 3.35 GHz，AR $\leqslant 3$ dB 的相对带宽为 24%。图 6.22(d) 是该天线在 3.4 GHz 仿真实测垂直面归一化方向图。

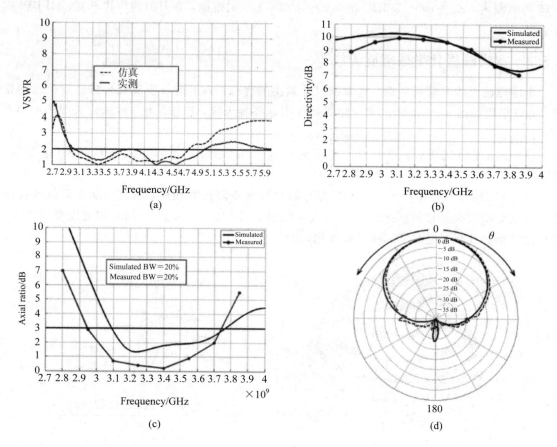

图 6.22　4.5 圈半球螺旋天线仿真实测 VSWR、AR、方向系数 D 的频率特性曲线及方向图[9]

(a) VSWR - f 特性曲线；(b) D - f 特性曲线；(c) AR - f 特性曲线；(d) 垂直面归一化方向图

6.6　圆极化双线螺旋天线

6.6.1　双线背射螺旋天线[10]

图 6.23(a) 是用一根同轴线的外导体和一根金属线作为辐射体，在顶部馈电区用无穷巴伦馈电，即把同轴线的内导体与金属线相连，在底部把同轴馈线的外导体与金属线短路连接构成的双线背射螺旋天线。在 $f_0 = 1575$ MHz($\lambda_0 = 190.5$ mm)，螺距 $P = 68.6$ mm($0.36\lambda_0$)，高 $H = 205.7$ mm($1.08\lambda_0$)，直径 $\phi = 44.4$ mm(0.233λ) 的情况下，实现了如图 6.23(b) 所示宽波束 RHCP 和 LHCP 垂直面增益方向图。为了实现宽带阻抗匹配，在馈电区，如图 6.23(a) 所示，附加两块与辐射臂连接的匹配金属片，使 VSWR≤2 的相对带宽达到 30%。

大直径行波双线螺旋天线虽然波束宽度很宽，但输入阻抗随直径变化很难匹配，除如图 6.23(a) 那样，在天线的馈电区附加两块匹配金属片外，另外一种方法就是采用如图 6.24(a) 所示直径为 D 的自互补双线螺旋天线，由于该天线的输入阻抗为 $60\pi\Omega$ ($188\ \Omega$)，且与直径无关，采用具有 1:4 阻抗变换功能的裂缝式巴伦给对称自互补双线螺旋天线馈电，不仅能完成不平衡—平衡变换，而且能实现阻抗匹配。图 6.24(b)是 $D=0.135\lambda$ 自互补双线螺旋天线的垂直面增益方向图，由图看出，方向图赋形。由于螺旋线绕线为左旋，根据极化方向与绕线方向相反，故图 6.23、图 6.24 的双线螺旋天线均为 RHCP。

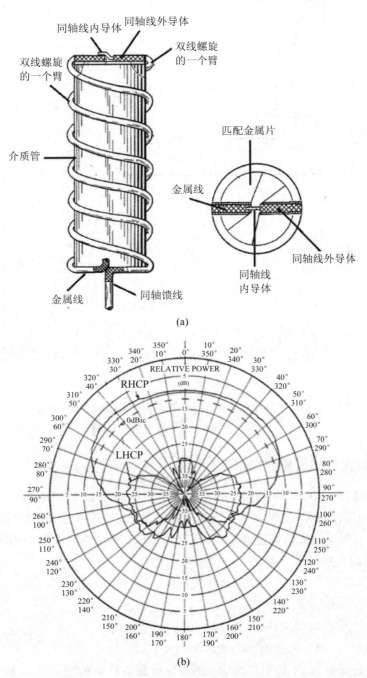

(a)

(b)

图 6.23　双线背射螺旋天线及垂直面方向图[10]

(a)天馈结构；(b)垂直面增益方向图

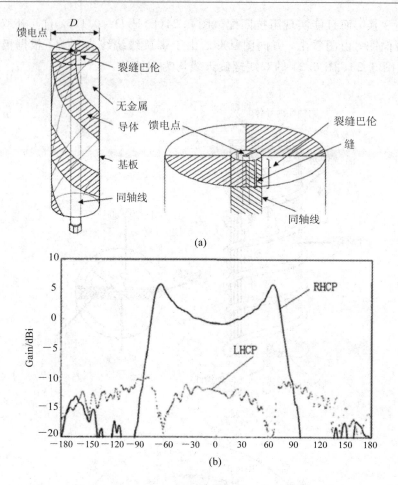

图 6.24　自互补双线背射螺旋天线及垂直面增益方向图

(a)天馈结构；(b)垂直面增益方向图

6.6.2　末端加载双线背射螺旋天线[11]

图 6.25(a)是适合在 2.1～3.5 GHz 频段使用的末端加载馈电端渐变背射双线螺旋(LTBH)天线。末端加载不仅改善了天线的阻抗带宽，而且改善了天线的 F/B 以及在低频段的轴比，但却不会明显地影响渐变背射双线螺旋(TBH)天线的增益及 HPBW。

LTBH 天线的参数及尺寸如下：

$\theta_0 = 12.5°$(渐变锥角)，$\alpha = 12.5°$(上升角)，$a = 0.048$(螺旋常数)，$C = 100$ mm(均匀段螺旋的周长)，$r_0 = 38$ mm。

圈数：渐变段为 2.2，均匀段为 3。

均匀段的螺距 $S = C \times \mathrm{tg}\alpha = 0.8\lambda_0 \mathrm{tg}12.5° = 0.177\lambda_0$。

研究表明，上升角为 12°的双线螺旋天线，在螺旋圆柱体的周长为 0.8λ 时以背射模方式工作，在 2.1～3.5 GHz 频段，相当于周长为 0.7～1.17λ。

图 6.25(b)是末端加载电阻 R_L 与 F/B、AR 的关系曲线，由图看出，150 $\Omega \leqslant R_L \leqslant$ 800 Ω，AR <0.5 dB，$F/B \geqslant 20$ dB。$R_L = 300$ Ω，$F/B = 23$ dB，$R_L = 500$ Ω，AR $= 0.2$ dB。

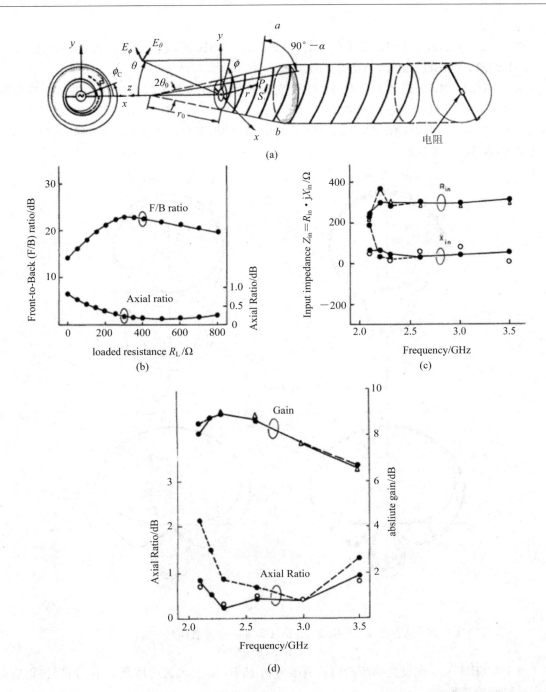

图 6.25　末端加载馈电端渐变背射双线螺旋天线及 F/B、AR 与 R_L 的关系曲线和

Z_{in}、AR、G 的频率特性曲线[11]

（a）天馈结构；（b）F/B、AR 与 R_L 的关系曲线；（c）Z_{in}-f 特性曲线；（d）AR、G-f 特性曲线

图 6.25（c）是该天线 Z_{in} 的频率特性曲线，由图看出，在 2.1～3.5 GHz 频段，R_{in} 约 300 Ω，X_{in} 约 40 Ω。为了阻抗匹配，需采用 1∶4 裂缝式巴伦。图 6.25（d）是末端加载馈电端渐变背射双线螺旋（LTBH）天线仿真和实测增益、轴比的频率特性曲线，由图看出，$f=2.3$ GHz，增益最大为 9 dBic，均匀段的周长为 0.77λ。$f>2.3$ GHz，随 f 增加，增益下降，在 3.5 GHz，

G 约为 6.5 dBic。

在 $f＝2.1$ GHz，LTBH 天线的 AR＝0.8 dB，TBH 天线的 AR＝2.2 dB，在 2.1～3.5 GHz频段，LTBH 天线的 AR＜1 dB。

图 6.26(a)、(b)分别是 LTBH 和 TBH 实测和仿真的垂直面归一化方向图。由图看出，$f＜2.6$ GHz，LTBH 天线的后瓣明显减小，在 $f＝2.1$ GHz，F/B 由 TBH 的 7 dB 改进到 18 dB。从图还可以看出，随着频率增加，天线的 HPBW 变宽，例如 f 由 2.1 变到 3.5 GHz，HPBW 则由 64°变到 109°。

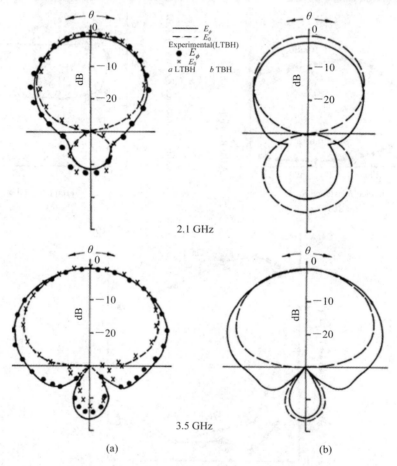

图 6.26　两种双线背射螺旋天线仿真实测 $\phi＝0°$垂直面归一化方向图[11]
(a) LTBH；(b) TBH

由于 LTBH 天线在很宽的频段内具有很好的 F/B，加上天线的体积又小，所以特别适合作为抛物面的馈源。

6.7　平面印刷螺旋天线

6.7.1　概述

平面螺旋天线不仅具有圆极化、宽频带（即它的辐射方向图和输入阻抗等在很宽的频带内几乎保持不变），还具有体积小、重量轻、成本低、便于安装及易与载体共形等特点，从而在大量无线电设备，特别是在航空、航天无线电设备中得到广泛应用。

实现平面螺旋天线的基础是螺旋线，通常用螺旋线的线圈就能表征或确定螺旋天线的一些特征，例如：

(1) 高频段特性由较小半径的螺旋线确定，低频段由最大半径的螺旋线圈确定；

(2) 螺旋线圈的对称性和螺旋线的紧密性影响圆极化特性和轴比，也影响所使用频段内的辐射效率；

(3) 特征参数（如扩展率、螺旋线宽度、线间距）决定螺旋天线的阻抗；

(4) 螺旋线所能承受的功率直接影响天线的功率容量。

平面印刷螺旋天线有等角螺旋和阿基米德螺旋两大类，它们可以是双臂、4 臂或多臂，既可以为线螺旋，也可以为缝隙螺旋，其形状多为圆形，也可以为方形，还有自互补螺旋，图 6.27 为常用的平面印刷螺旋天线的一些例子。

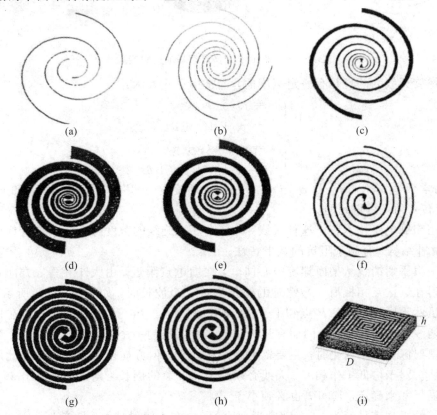

图 6.27 几种平面印刷螺旋天线

(a) 双臂等角线螺旋；(b) 四臂等角线螺旋；(c) 圆等角双臂螺旋；(d) 圆等角缝隙螺旋；
(e) 圆自补等角缝隙螺旋；(f) 圆阿基米德双线螺旋；(g) 圆阿基米德双缝隙螺旋；
(h) 原自补双阿基米德螺旋；(i) 方双臂螺旋

6.7.2 平面双臂阿基米德螺旋天线

1. 基本原理及设计

图 6.28 是平面双臂阿基米德螺旋天线，双臂阿基米德螺旋轨迹的表达式为

$$\begin{cases} r_1 = r_0 + a\phi \\ r_2 = r_0 + a(\phi + \pi) \end{cases} \qquad (6.2)$$

式中，r_1、r_2 为曲线上任意一点到极坐标原点的距离；r_0 为初始半径，即螺旋线起始点到原点的距离；a 为常数，称螺旋线增加率；ϕ 是以弧度表示的幅角。

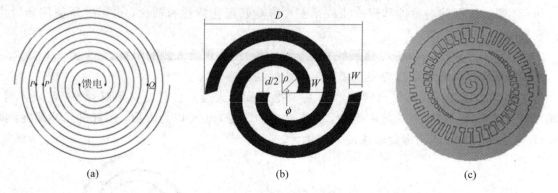

图 6.28　平面印刷双臂阿基米德螺旋天线

实际螺旋天线的两臂是有一定宽度的，通常用下式表示：

$$\begin{cases} r_1 = r_0 + a\phi \\ r'_1 = r_0 + a(\phi + \delta) \\ r_2 = r_0 + a(\phi + \pi) \\ r'_2 = r_0 + a(\phi + \pi + \delta) \end{cases} \qquad (6.3)$$

式中，δ 为常数，由 r_1 与 r'_1 及 r_2 与 r'_2 分别构成螺旋线的两臂，可以看出 r'_1 和 r'_2 分别是由 r_1 和 r_2 旋转 δ 角度后得到的。

　　通常用印刷电路技术制作这种天线，并使金属螺旋线的宽度等于两条螺旋线间的间隔宽度，形成互补结构，有利于阻抗的宽带特性。

　　若用一根平衡馈线从平面螺旋中心馈电，在馈电点附近，由大小相等、方向相反的电流产生的辐射在远区互相抵消。当螺旋的周长接近一个波长时，如图 6.28(a) 所示，P 点和 Q 点的电流虽然不同相，但在 P 点和 P' 点处却有同相的电流，这些电流的辐射在远区不再抵消。由于两线上电流同相位，因而有最大辐射。在周长为一个波长附近的区域，形成平面螺旋的主要辐射区。频率变化时，主要辐射区随之变动，但方向图基本不变，因此螺旋天线具有宽带特性。对于最低工作频率，天线必须要有 1.25λ 的周长。对于最高工作频率，要由馈电点的间隔尺寸来确定，其间隔也必须小于 $\lambda/4$。

　　辐射带的平均直径约为 λ/π，宽度近似为 $\lambda/7$。在主辐射带内，任意两个空间位置是彼此正交的电流元，相距电长度必为 $\lambda/4$，即相位差 $90°$，因此，这些电流元的辐射在轴向叠加，产生一个与螺旋线旋向相同的圆极化场。当周长为 3λ 时，同样能形成辐射带，称为"次辐射带"，其他区域的辐射大部分均相互抵消。主辐射带的辐射场是垂直于螺旋面的双向波束，而次辐射带的辐射场在轴向为零，在某偏轴方向为最大，虽然后者的辐射场弱于前者的辐射场，但它的存在却使总的辐射方向图变差。

　　螺旋线上传输行波电流会产生一个与螺旋线旋向相同的圆极化波。实际上，沿线传输的电流通过有效辐射区时，虽已将大部分能量向空间辐射，但仍有部分电流流到达终端。为了消除电流在终端引起的反射，以改善轴比和阻抗匹配，应在螺旋线的最外层末端端接电阻或吸收材料，或如图 6.28(c)那样，把靠近外圈的一部分螺旋线变成曲折线，既能减小反射，又能降低谐振频率。

2. 设计双臂阿基米德螺旋天线的原则

(1) 螺旋面直径 D。D 的选择主要取决于最低工作波长 λ_{max}，根据辐射带的概念，螺旋外径 D 应大于 $(\lambda_{max}/\pi)+(\lambda_{max}/7)\approx0.46\lambda_{max}$，但行波电流经主辐射带辐射后，剩余能量继续传输到终端，经反射到辐射带，便产生一个旋向相反的圆极化波，从而导致天线轴比与驻波变坏。因此 D 不应太小，但也不宜过大，否则也会出现高次模，一般取 $D_{mzx}\geqslant0.5\lambda_{max}$。

(2) 馈电点距离 d。螺旋线的内径 $(2r_0)$ 即馈电点的距离 d，对天线阻抗匹配和上限工作频率都有较大影响，应结合馈电方式一起考虑，但 d 必须小于 $\lambda_{min}/4$。实践证明，$d=0.03\sim0.04\lambda$ 为宜。

(3) 螺旋臂宽 W。在宽度一定、平均直径为 λ/π 的电流带内，圈数越多（a 越小），则主辐射带辐射的能量就越多，方向图就平滑，终端效应也小；反之，主辐射带效率降低，终端效应变大，使天线性能变劣。螺旋圈数也不能过密，否则将加大传输损耗和杂散损耗，引起增益下降。

习惯上选取天线臂的宽度等于间隙的宽度（$a=2W/\pi$），即天线为自补结构，此时天线的输入阻抗略低于理论值 60π，为 $160\ \Omega$ 左右。实际天线的输入阻抗通常为 $140\ \Omega$，若螺旋线宽度大于间隙宽度，输入阻抗会降低。

天线直径较小时，由于终端效应大，宽臂天线的驻波、轴比均比窄臂天线差；在直径较大时，终端效应减小，宽臂和窄臂天线的性能接近，但由于传输损耗较小，宽臂天线的增益均提高 1 dB 左右。一般按下式选择螺旋的臂宽：

$$W = 0.007\lambda \sim 0.01\lambda$$

当工作频带很宽时，主要以 λ_{min} 来选取臂宽和馈电点的距离，以 λ_{max} 来确定外径。

(4) 反射腔。由于平面螺旋天线的辐射是双向的，因此为得到单向辐射需装反射腔，但由于腔内高次模的传播和腔体的频率响应直接影响天线性能，因此腔体的选择很重要。通常腔体直径与螺旋面直径一致，工作于 2:1 带宽内的天线，一般采用平底腔，其深度为 $\lambda/4$，但工作带宽超过 2:1，不仅会引起天线增益下降，而且方向图会变劣。

采用锥形腔能较好地控制方向图，带宽能扩展到 3:1～5:1，锥形腔有锥腔、倒锥腔和带翼锥腔三种。

双臂螺旋天线的输入阻抗约为 $160\ \Omega$，因此从 $50\ \Omega$ 向 $160\ \Omega$ 转换需要用不平衡-平衡阻抗变换器，除达到阻抗匹配外，还需要由同轴模式转换为双线模式，形成对称平衡馈电。

由于同轴切比雪夫渐变巴伦结构简单、频带宽，因而在平面印刷螺旋天线中得到广泛应用。

【实例 6.2】 不平衡和平衡馈电双臂阿基米德螺旋天线。

图 6.29(a)是不平衡馈电双臂阿基米德螺旋天线，外周长 C 到有限大地板的高度为 h，内螺旋的末端 a 与探针 a' 相连，b 与 b' 相连接地，二者相距 $d=0.015\lambda_0$，构成不平衡馈电。图 6.29(b)分别把周长 $C=1.4\lambda_0$ 平衡馈电和 $C=1.51\lambda_0$ 不平衡馈电双臂阿基米德螺旋天线 AR、G 的频率特性曲线作了比较，由图看出，不平衡馈电（实线），AR$\leqslant3$ dB 的相对带宽为 18%，在轴比带宽内，G 几乎均为 8 dBic；平衡馈电（虚线），AR$\leqslant3$ dB 的相对带宽为 21%，

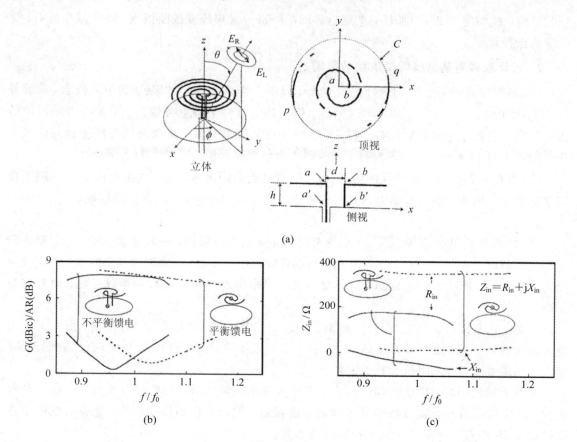

图 6.29　不平衡/平衡馈电双线阿基米德螺旋天线和 G、AR 及 Z_{in} 的频率特性曲线

(a) 天馈结构；(b) AR、G-f/f_0 特性曲线；(c) Z_{in}-f/f_0 特性曲线

增益在高频段稍低。图 6.29(c) 为平衡和不平衡馈电双臂阿基米德螺旋天线输入阻抗的频率特性曲线，由图看出，平衡馈电时，$R_{in} \approx 400\ \Omega$，不平衡馈电时，$R_{in} \approx 200\ \Omega$，用 1:4 阻抗变换器易实现阻抗匹配。

6.7.3　平面双臂等角螺旋天线[12]

图 6.30 是平面等角螺旋天线，天线的外形可以用极坐标表示为 $r = r(\phi)$。如果矢径 r 增大（或减小）了 k 倍，相应的 kr 可以在另一个辐角上满足曲线方程式，只是把表示 $r = r(\phi)$ 的极坐标曲线旋转了一个角度。用数学表示为

$$kr(\varphi) = r(\phi + \beta)$$

此处，β 为相应 r 增大（或减小）k 倍时整个原始曲线旋转的角度。具有这种性质的曲线方程式为

$$r = r_0 e^{a(\phi - \phi_0)} \tag{6.4}$$

式中，ϕ_0 为螺旋的起始角，r_0 为对应 ϕ_0 时的矢径，a 是一个与 ϕ 无关的常数。$1/a = \text{tg}\alpha$ 为螺旋率，α 是螺旋线切线与矢径 r 之间的夹角，又称螺旋角，因而当 ϕ 变化时所描绘出来的平面螺旋线，其螺旋角始终保持不变，所以称式(6.7)表示的曲线为等角螺旋线。如果令 $\phi_0 = 0$、π，即可得出两条对称的等角螺旋线，即

$$r_1 = r_0 \mathrm{e}^{\alpha\phi}, \quad r_2 = r_0 \mathrm{e}^{\alpha(\phi-\pi)} \tag{6.5}$$

显然，若将其中一条螺旋线绕 z 轴旋转 $180°$，即与另一条螺旋线重合。

由于实际的等角螺旋天线的每一臂都是有一定宽度的，所以每一臂都由两条起始角相差为 δ 的等角螺旋线构成。两臂的四条边缘分别是

$$\begin{aligned} r_1 &= r_0 \mathrm{e}^{\alpha\phi} & r_2 &= r_0 \mathrm{e}^{\alpha(\phi-\delta)} \\ r_3 &= r_0 \mathrm{e}^{\alpha(\phi-\pi)} & r_4 &= r_0 \mathrm{e}^{\alpha(\phi-\pi-\delta)} \end{aligned} \tag{6.6}$$

式中，r_1、r_3 分别为两臂的外边缘，r_2、r_4 分别为内边缘。δ 为螺旋天线的角宽度，若取 $\delta = 90°$，则金属等角螺旋天线形状与其空隙部分的形状完全相同，就称这种结构为自补结构，可见天线的形状完全是由角度条件决定的。

在工作频带内，最大辐射方向为天线平面两侧的法线方向上的圆极化波。方向图近似为 $\cos\theta$ 图形，主瓣宽度约为 $90°$。当频率由 f_1 变至 f_2 时，方向图几乎不变，只不过是围绕螺旋平面中心的法线旋转了一个角度 β，即

$$\beta = \frac{1}{a} \ln \frac{f_1}{f_2}$$

其中，参量 a 愈小，螺旋的曲率愈小，电流沿臂衰减愈快，波段特性愈好。此外，天线臂愈宽，波段特性也愈好，带宽可做到 $20:1$。

若螺旋天线为无限长的自补结构（$\delta = 90°$），阻抗的理论值应为 $188.5\ \Omega$。实测值略低，约 $120\ \Omega \sim 140\ \Omega$，其差异主要是由于实际天线为有限臂长、有限厚度及非理想化的馈电条件引起的。天线可以用一对平衡线沿天线平面中心的法线方向接入馈电，也可用同轴线馈电，如用 $100:1$ 带宽的平衡变换器对双臂等角螺旋天线平衡馈电。当用同轴线直接馈电时，通常将同轴线嵌在一螺旋臂上，外导体与该臂焊接至螺旋端点处，同轴线内导体连在另一螺旋臂上。为保持对称，也焊一条"假"同轴线在另一臂上。由于该天线在辐射区以外的结构上不激励起明显电流，因此在伸出螺旋臂外同轴馈线的外导体上基本上没有电流。利用该天线"截断特性"制成的平衡装置称为无穷巴伦，如图 6.30 所示。

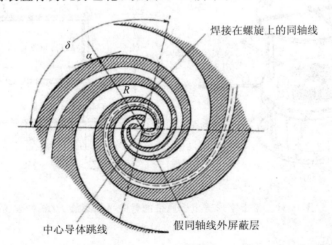

图 6.30　带有无穷巴伦的 RHCP 平面等角螺旋天线

平面等角螺旋天线的结构可以用角宽度 δ、臂长 L_0（$L_0 = (R_t - r_0)\sqrt{1+(1/a)^2}$）、螺旋率

$1/a$ 和径向长度 R_t 来完全确定。实际上常用三个参数 L_0，R_t 及 $K = e^{-a\delta}$ 来表征。一般说来，天线臂长 L_0 愈长，则天线下限工作频率愈低；天线始端半径 r_0 愈小，则上限频率愈高，而且近似有

$$r_0 = \frac{\lambda_{min}}{4} \tag{6.7}$$

式中，λ_{min} 为上限工作频率的波长。由此得

$$\frac{f_u}{f_L} = \frac{\lambda_{max}}{\lambda_{min}} \backsimeq \frac{R_t}{r_0} \tag{6.8}$$

参数 a 愈小，螺旋曲率愈大，电流沿臂衰减愈快，波段特性愈好，通常取 $a \backsimeq 0.221$。天线臂愈宽，波段特性愈好，通常取 $\delta = 90°$。具有良好辐射特性的平面螺旋天线可用 $1/2 \sim 3$ 圈制成，而以 $1.25 \sim 1.5$ 圈、总长等于或大于一个波长为好，例如取 1.5 圈，则其外径 $R_t = r$ $(\phi = 3\pi) = r_0 e^{a \cdot 3\pi}$，若 $a = 0.221$，得 $R_t = 8.03 r_0$。根据式（6.11）估算，工作带宽可达 $8:1$。

6.7.4 由背腔平面螺旋天线构成的宽带赋形波束圆极化天线[13]

作为机载双频 L1(1575 MHz)、L2(1227 MHz)GPS 天线，不仅要宽频带、低轮廓，而且要有半球形赋形方向图，为实现上述要求，可采用如图 6.31 所示带十字形寄生金属带和 8 根水平金属棒的背腔平面螺旋天线，由于把感性十字形寄生金属带、8 根水平金属棒和平面螺旋组合，不仅使天线宽频带，而且使方向图赋形。相对 L2(1227 MHz)的中心波长 λ_2，天线的具体尺寸和电尺寸如下：

空腔的内直径 $\phi_1 = 139.7 \text{ mm}(0.517\lambda_2)$，深度 $H_2 = 53.3 \text{ mm}(0.218\lambda_2)$，17 圈双臂平面螺旋天线的直径 $\phi_2 = 139.7 \text{ mm}(0.623\lambda_2)$，十字形寄生金属带长 152.4 mm$(0.623\lambda_2)$，与平面螺旋天线之间距离 $H_1 = 121.9 \text{ mm}(0.5\lambda_2)$，8 根水平金属棒的长度为 76.2 mm$(0.31\lambda_2)$。可见天线的外形电尺寸高为 $0.716\lambda_2$，最大直径为 $0.88\lambda_2$。

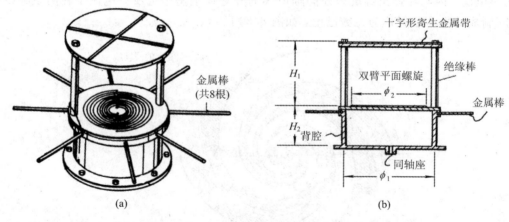

图 6.31 带十字形寄生金属带的背腔平面螺旋天线[13]
(a) 立体；(b) 侧视

该天线主要电性能：

(1) VSWR≤1.5 的相对带宽为 25%；

(2) 在不同仰角 Δ 天线的增益为

GPS L1：$10° < \Delta \leqslant 90°$，$G \geqslant 0$ dBic；$\Delta = 5°$，$G = -1.5$ dBic；$\Delta = 0°$，$G = -4.5$ dBic；

GPS L2：$18° < \Delta \leqslant 90°$，$G \geqslant 0$ dBic；$\Delta = 10°$，$G = -3.5$ dBic；$\Delta = 5°$，$G = -5.5$ dBic；$\Delta = 0°$，$G = -8$ dBic。

6.7.5　平面 4 臂 8 线螺旋天线[14]

　　常用普通双臂阿基米德螺旋天线来接收 L1/L2 双频 GPS 信号，由于有效辐射区在 L1/L2GPS 的带宽内位移，多辐射区超过了主辐射区，结果在半球复盖区内造成差的群延迟（d/dt），恶化系统性能，需要用软件修正来补偿这种变化。在 GPS 勘测应用中，低群延变化对于获得高精度 GPS 位置是很重要的。如果采用图 6.32(a) 所示背腔平面 4 臂 8 线阿基米德螺旋天线作为 L1/L2GPS 天线，由于没有多辐射区所以具有特别低的群延迟性能。背腔边环的高度为 $\lambda_0/4$（λ_0 是 L1/L2 的平均波长）。为了实现 L1/L2 双频工作，如图 6.32 所示 4 臂螺旋天线均由在馈电区并联长度不等的双螺旋线组成。长的工作在低频 GPS L2，弯曲约 230°，短的工作在高频 GPS L1，弯曲约 170°。为了实现 RHCP，必须给 4 臂螺旋天线用等幅、相位为 0°、90°、180° 和 270° 的馈电网络馈电。图 6.32(b) 是由 1 个 180° 相差的定向耦合器和 2 个 3 dB 90° 耦合线混合电路构成的馈电网络。

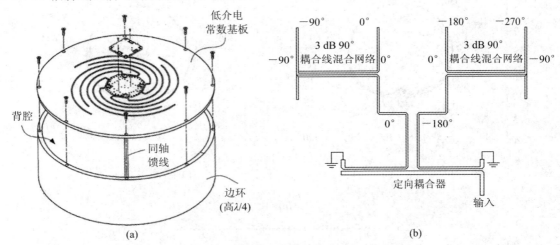

图 6.32　背腔 4 臂 8 线平面螺旋天线和馈电网络[14]

(a) 天馈结构；(b) 馈电网络

6.7.6　空腔背射 4 臂阿基米德缝隙螺旋天线[15]

　　线螺旋或缝隙螺旋天线是宽波束宽频带圆极化天线。由于用同轴线馈电，所以必须有巴伦，为实现单向辐射，还必须附加 $\lambda/4$ 深的空腔，缺点是结构复杂、尺寸较大。图 6.33(a) 是位于厚 2 mm，$\varepsilon_r = 9.3$，尺寸为 100 mm 方陶瓷基板上 $f_0 = 1561$ MHz 平面 4 臂阿基米德缝隙螺旋天线，由于采用缝隙耦合馈电技术，因而不需要附加巴伦。4 臂阿基米德缝隙螺旋天线的方程为

$$r = r_0 + a\phi \tag{6.9}$$

式中，内半径 $r_0 = 18.8$ mm，外半径 $r = 45.8$ mm，$a = 3.45$(mm/弧度)。

　　在缝隙臂的末端，由于反射波变为反旋圆极化波，因而使天线的轴比恶化，一种有效办法是沿缝隙附加加载阻抗来吸收反射功率，但缺点是牺牲增益。另一种改善轴比的方法是在

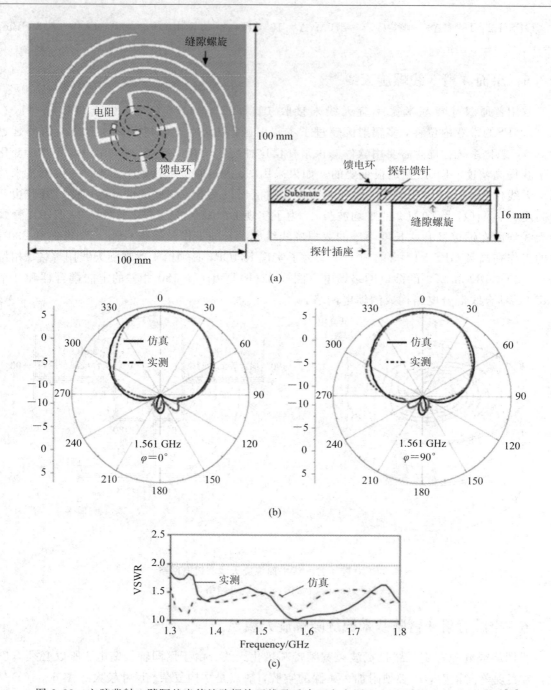

图 6.33　空腔背射 4 臂阿基米德缝隙螺旋天线及垂直面方向图和 VSWR 的频率特性曲线[15]

(a) 天馈结构；(b) 垂直面增益方向图；(c) VSWR – f 特性曲线

缝隙的末端采用渐变缝隙结构。为了单向辐射和提高增益，需要在缝隙螺旋天线的下面附加背腔，但空腔的深度只有 14 mm($\lambda/14$)，之所以可以采用浅空腔，是由于辐射源缝隙为磁流源。为了实现圆极化，4 臂缝隙螺旋天线用周长为 λ_g 的微带环耦合馈电，相邻缝隙之间需要的 90°相差由长度 为 $\lambda_g/4$ 的微带线来实现，馈电环的末端端接电阻是为了吸收末辐射的功率，调整缝隙末端与馈电环的相对位置，以便让每个缝隙耦合的能量一样。在馈电点，通过

$\lambda/4$ 长传输线使馈电环与 50 Ω 同轴线匹配。

图 6.33(b)是该天线在 1.561 GHz 实测和仿真 $\phi=0°$ 和 $\phi=90°$ 垂直面增益方向图。天线的最大增益为 6 dBic，5°仰角增益大于-4 dBic。图 6.33(c)是该天线仿真和实测的 VSWR$\sim f$ 特性曲线，由图看出，在 1.3~1.8 GHz，VSWR$\leqslant$1.7。在 $f=1.561$ GHz，5°~90°仰角，AR$=2\sim4$ dB。

【实例 6.3】 224~500 MHz 参变平面双臂螺旋天线[16]。

在设计 224~500 MHz 平面双臂螺旋天线时会碰到一些特殊问题，如对最高频率 $f_2=500$ MHz 时，螺旋线的最小半径 $r_{min}=1/8\lambda_{min}=10$ cm，那么平面螺旋天线两馈点的间距就达到了 20 cm，对这样的天线实现馈电并保证平面螺旋天线原有的极化特性是很难的。为解决这个问题，需要把工作频段往高端扩展（如扩展至 $r_{min}=1$ cm 对应的频率），但如果保持原螺旋线的设计参数不变，又会出现另外一系列问题：扩展段区域内螺旋线将挤得很紧，从而不但使能量过多耗散在扩展段区域，而且还使天线的功率容量大打折扣；若仅考虑解决在扩展段出现的问题，可改变设计参数以减少扩展段螺旋线的圈数，但这将导致天线在重点工作频段的圈数过少，从而影响天线的极化特性。

为解决上述问题采用改变设计参数使扩展段区域内的螺旋线只有 1~2 圈，重点工作频段内保留 6~8 圈螺旋线，以保证天线的极化特性，即构成工作频段和扩展频段采用不同设计参数的变参螺旋线。图 6.34 为工作在相同工作频段上的两种螺旋线。

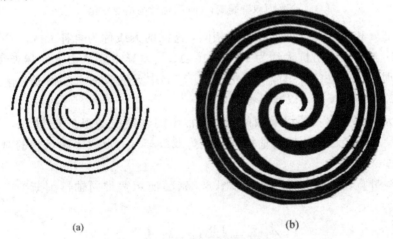

(a)　　　　　　　　　　　　　　　(b)

图 6.34　平面双臂螺旋天线[16]

(a) 传统平面双臂螺旋天线；(b) 参变平面双臂螺旋

天线的工作频带确定以后，就可以确定天线的尺寸。设天线的工作频带范围为 $f_1\sim f_2$（这里为 220~450 MHz），f_1 为最低工作频率，f_2 为最高工作频率，其对应的波长分别为 λ_{max} 和 λ_{min}，为保证高端和低端的特性满足指标要求，则螺旋臂到圆心的最短距离 r_{min} 和最大距离 r_{max} 分别取

$$r_{min}=\frac{1}{8}\lambda_{min}=8.3\ cm, \qquad r_{max}=\frac{1}{5}\lambda_{max}=26.8\ cm$$

为使平面螺旋天线有好的轴比和高辐射效率，在工作频段内就必须有足够数量的螺旋圈数，如果在一定尺寸范围内圈数过多，就会使各圈之间的间距过小，从而导致双臂螺旋线相

邻绕线上的电流相位相消，因此不能形成接近一个波长环的"同相"激励区。为保证 $220\sim$ 450 MHz 频段天线有理想的圆极化特性，螺旋线应有 $6\sim8$ 圈较为适宜，为实现这个目的，选取螺旋常数 a 为 0.225，这样，从 375 MHz 过渡到 450 MHz 仅需 1.5 圈，而一圈半后，螺旋线的径向尺寸变为 8.332 cm，即为 450 MHz 的工作尺寸，也是重点保证频段的初始工作尺寸，以它为 r_0，取 $a=0.0235$，这就是 450 MHz～220 MHz 的设计参数。通过这种设计，使线上有效电流在所需重点频段上谐振，并保证重点频段各项性能指标的目的。

平面螺旋天线可以用金属片制作成如图 6.35 所示的结构，也可以在金属片上镂空而成（要求金属片面积远大于 λ^2）。

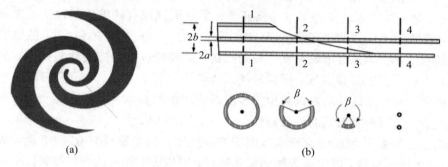

图 6.35　平面双臂螺旋天线和同轴锥削渐变巴伦[16]
（a）平面双臂螺旋；（b）同轴锥削渐变巴伦

如果金属部分和镂空部分的形状完全相同，这样的天线称为自补天线。

自补天线实测的输入阻抗大约为 $100\sim140\ \Omega$，其差异主要是由于实际天线的有限长度、有限厚度及非理想的馈电条件引起的。把图 6.35(a) 中天线臂的末端做成尖削形状是为了减小天线臂上电流的终端反射，以减小截尾效应。

由于螺旋天线需要输入等幅反相的信号，常用同轴馈线的阻抗是 $50\ \Omega$，且为不对称馈线，因此需要设计一个巴伦，将同轴模式转换为双线模式，形成等幅反相的对称馈电，并达到阻抗匹配。

由于该天线带宽比较宽，所以采用如图 6.35(b) 所示宽带同轴锥削渐变巴伦，其特性阻抗 Z_0 为

$$Z_0(z) = \frac{138}{\sqrt{\varepsilon}} \lg \frac{b}{a\cos\left(\dfrac{\beta(z)}{4}\right)} \tag{6.10}$$

式中，a 为内导体外半径，b 为外导体内半径，ε_r 为介质的相对介电常数，β 为切口处切口弧长。

由于这种变换器的特性阻抗是随位置的变化而变的，即该变换器是变特性阻抗的变换器，因此对宽带匹配非常有利。

在 1—1 处，$\beta=0$，有

$$Z(z) = \frac{138}{\sqrt{\varepsilon_r}} \lg \frac{b}{a} \tag{6.11}$$

即为同轴传输线的特性阻抗，只要选择合适的 b/a，就可实现馈电传输线与天线间的良好匹配。

实际制造带直径 540 mm，高 150 mm 背腔的参变平面双线螺旋天线的主要实测电参数如下：

(1) 在 224～500 MHz 频段，VSWR≤2.5；

(2) 平均增益为 5 dBic。

【实例 6.4】 0.8～5 GHz 复合双臂平面螺旋天线。

自互补结构双臂平面等角螺旋天线，螺旋线臂长约等于一个工作波长，天线的最大直径约为最低工作频率所对应波长的 1/2。而自互补结构的双臂阿基米德平面螺旋天线的外径 D 取决于最低工作频率对应的波长 λ_{max}，一般应使周长 $C = \pi D \geqslant 1.25\lambda_{max}$，即 $D \geqslant 2.4\lambda_{max}$。

为了覆盖 0.8～5 GHz 工作频段，平面等角螺旋天线，直径至少需要 $0.5\lambda_{max}$，即 187 mm；对于平面阿基米德螺旋天线，直径至少需要 $0.4\lambda_{max}$，即 149 mm。

在天线尺寸一定的前提下，如果仅采用等角螺旋天线，则低频端的阻抗和辐射特性都不好。虽然阿基米德螺旋天线的低频性能优于等角螺旋天线，但由于其天线臂增长率慢且天线臂较细，环绕长度长。介质基板与天线臂本身都有一定的损耗，因而带来了传输损耗大、效率低的缺点，而且还不具有"截断效应"。

为此采用复合双臂平面螺旋天线，即在天线的外缘部分用延伸的阿基米德螺旋线代替原来的平面等角螺线，由于阿基米德螺旋线的圈数相比等角螺旋天线有所增加，所以增长了天线低频的电长度，使天线的低频辐射效率得到了明显的增强，扩宽了传统等角螺旋天线的低频极限。另外由于改变了传统阿基米德螺旋天线的终端直接截断方式，在其终端采用了渐削式结构，减小了终端反射，提高了辐射效率和增益。图 6.36 为优化设计后的复合式平在螺旋天线的照片。

图 6.36　复合式平面螺旋天线

该天线直径为 140 mm，在 0.8～5 GHz 频段，实测 VSWR≤2，AR≤2 dB，G≥3 dBic，带宽比为 6.25∶1。

6.7.7　4 臂平面等角和阿基米德螺旋天线的模式和旋向

4 臂平面等角和阿基米德螺旋天线的模式由单元之间的相位决定，极化方向由辐射臂的旋向决定。把单元之间的相位差为 90° 称为 1 模，如图 6.37(a)、(b) 所示，由图看出，1～4 臂的相位分别为 (0°，−90°，−180°，−270°) 和 (0°，90°，180°，270°)，由于最大辐射方向沿

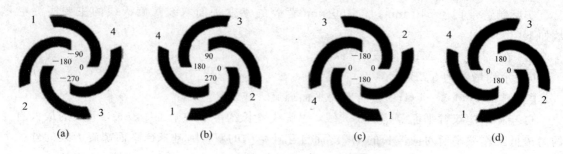

图 6.37　4 臂平面螺旋天线的模式和旋向

(a)1 模(RHCP)；(b)1 模(LHCP)；(c)2 模(RHCP)；(d)2 模(LHCP)

轴向，所以把图 6.38(b)中用实线表示的方向图也叫 Σ 模。虽然图 6.37(a)、(b)均为 Σ 模，但由于辐射臂的旋向不同，所以图 6.37(a)、(b)分别为 RHCP 和 LHCP。把单元之间的相位差为 180°称为 2 模，如图 6.37(c)、(d)所示，由图看出，1～4 臂的相位分别为(0°，−180°，0°，−180°)和(0°，180°，0°，180°)，由于轴向为零辐射方向，所以把图 6.38(b)中用虚线表示的方向图也叫 Δ 模。同理，虽然 2 模单元之间的相位差均为 180°，但由于辐射臂的旋向不同，所以图 6.37(c)、(d)也分为 RHCP 和 LHCP。3 模单元之间的相位差虽然也为 90°，但轴线辐射为零，所以图 6.38(b)用点划线表示的方向图也叫 Δ 模。为了实现 3 种模式，可采用如图 6.38(a)所示由 1 个 90° 3 dB 电桥和 3 个 180°电桥组成的馈电网络。

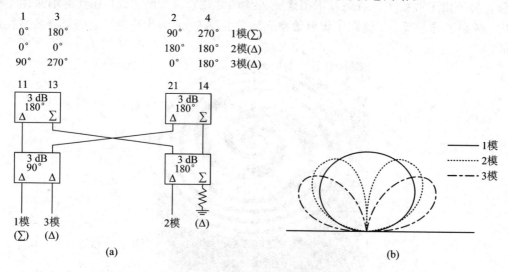

图 6.38　3 种模式 4 臂平面螺旋天线的馈电网络和垂直面方向图

(a)馈电网络；(b)垂直面方向图

参 考 文 献

[1]　LIU Longsheng，LI Yue，ZHANG Zhijun，et al. Compact helical antenna with small ground fed by spiral-shaped microstrip line. Electronics Lett，2014，50(5)：336 - 337.

[2]　LIU Longsheng，et al. Circularly Polarized Patch-Helix Hybrid Antenna With Small Ground. IEEE Antennas Wireless Lett，2014，13：361 - 364.

[3]　FU Shiqiang，CAO Yuan，ZHOU Yue，et al. Improved Low-Profile Helical Antenna Design for INMARSAT Applications. International Journal Antennas Propag，2012.

[4]　HISAMATSU N，et al. Extremely Low-Profile Helix Radiating a Circularly Polarized Wave. IEEE Trans Antennas Propag，1991，39(6)：754 – 756.

[5]　WU Zehai，YUNG E K N. Short Helical Antenna With Extremely Small Pitch Angle. Microwave OPT Technol Lett，2007，49(1)：17 – 19.

[6]　ZÜRCHER J F. A Dual-Port Dual-Frequency Coaxial Dual-Helical Antenna With High Decoupling. Microwave OPT Technol Lett，2006，46(1)：1 – 4.

[7]　美国专利. 6，172，655.

[8]　CHEN Canhui，HU Binjie，Yung E K N. Three-Turn Concave Hemispherical Helical Antenna for Satellite Communication. Microwave OPT Technol Lett，2006，48(2)：361 – 363.

[9]　ALSAWAHA H W，JAZI A S. Ultrawideband Hemispherical Helical Antennas. IEEE Trans Antennas Propag，2010，58(10)：3175 – 3180.

[10]　美国专利. 4，608，574.

[11]　NAKANO H，ENG D，et al. Frequency characteristics of tapered backfire helical Antenna with loaded termination. IEEE Proc，1984，131(3)：147 – 152.

[12]　林昌禄，聂在平. 天线工程手册. 北京：电子工业出版社，2002.

[13]　美国专利. 4，268，833.

[14]　美国专利. 6，765，542.

[15]　CHEN Minhua，et al. Compact cavity-backed four-arm slot spiral antenna. Microwave OPT Technol Lett，2009，51(9)：2141 – 2143.

[16]　唐晓梅，张光生. 一种参变螺旋天线. 通信对抗，1997(4)：32 – 41.

[17]　郝晋，孟宪林，李祥林，等. 单线背射螺旋作馈源的新式背射天线. 电波科学学报，1996，11 (2)：86 – 88.

第7章　4线螺旋天线

7.1　谐振4线螺旋天线[1][2]

4线螺旋天线由绕成圆柱形的4根等间距螺旋线组成，分为谐振和非谐振两大类。谐振型4线螺旋天线由于具有尺寸小、低成本、宽波束、重量轻、不需要接地板、后瓣小，以及对附近金属物体不敏感等特性，因而得到广泛应用。但其阻抗带宽比较窄，VSWR≤2的相对带宽只有3%～5%。

为了使其谐振，4个臂的长度应该等于$m\lambda/4(m=1, 2, 3, \cdots)$，$m=$奇数，螺旋线的末端开路；$m=$偶数，末端则短路。小直径4线螺旋天线的圈数为$n\lambda/4(n=1, 2, 3, \cdots)$。4线螺旋天线的方向图主要由半径$r_0$和螺距$p$决定。设计4线螺旋天线的过程就是选择合适的高度、直径、每臂的长度、圈数，以满足所需要的增益、方向图形状及阻抗。

在所有轴长和直径情况下，1/4圈、1/2圈和1圈4线螺旋天线都有心脏形方向图。4线螺旋天线的低后瓣特性，允许它不用地板就能有效工作。

最常用的谐振4线螺旋天线的长度有$\lambda/4$、$\lambda/2$、$3\lambda/4$和λ，其圈数有1/4、1/2、3/4和1圈，4线螺旋天线的轴长L_{ax}与每臂的长度L_e、半径r_0、圈数N有如下关系：

$$L_{ax} = N\left[\frac{1}{N^2}(L_e - Ar_0)^2 - 4\pi^2 r_0^2\right]^{1/2} \tag{7.1}$$

式中，$A=2(L_e=\lambda/2$和$\lambda)$，$A=1(L_e=\lambda/4$和$3\lambda/4)$。

用矩量法对不同单元长度L_e、不同圈数N的4线螺旋天线仿真研究，$N=1/4$、1/2、3/4和1，单元长L_e为$\lambda/4$、$\lambda/2$、$3\lambda/4$和λ，HPBW随轴长L_{ax}的变化曲线分别如图7.1(a)、(b)、(c)、(d)所示。不同L_e、N天线的G_A、F/B、AR随L_{ax}/λ的变化如表7.1所示。$L_e=\lambda$，$N=1/2$、3/4 4线螺旋天线最大波束角θ_m、峰值G_m和AR_m随L_{ax}/λ的变化如表7.2所示。表7.3是$N=1/2$、$\lambda/2$ 4线螺旋天线不同轴长L_{ax}、直径$2r_0$情况下的主要电参数。

由图看出，对$L_e=\lambda/2$、$3\lambda/4$和λ的4线螺旋天线，HPBW随轴长L_{ax}/λ的变长而变宽。由表7.1看出：

(1) 在轴长$L_{ax}\leqslant 0.22\lambda$的情况下，$L_e=0.25\lambda$，$N=3/4$和1；$L_e=1$，$N=1/2$和3/4的4线螺旋天线的增益为5 dBic左右。

(2) 在$L_{ax}>0.4\lambda$的情况下，轴向增益下降，出现赋形波束，随着L_{ax}/λ的增大，增益下降，轴比恶化。

由表7.3看出，对半圈$\lambda/2$ 4线螺旋天线：

(1) 轴长越长，直径越细，HPBW越宽，F/B越大，增益越低。

(2) 轴长为0.15λ，直径为0.18λ，增益最大为5.5 dBic。

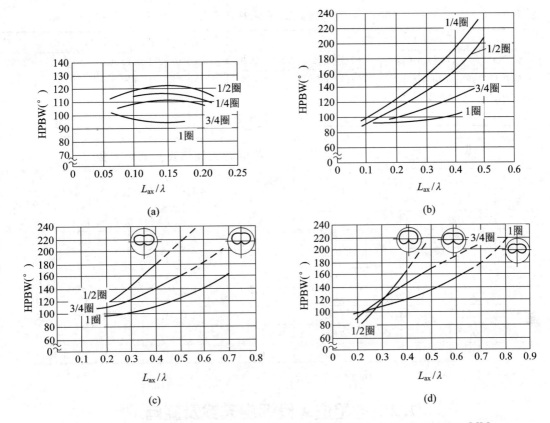

图 7.1　不同单元长度、不同圈数 4 线螺旋天线 HPBW 与 L_{ax}/λ 的关系曲线[1][2]

(a) $L_e = \lambda/4$；(b) $L_e = \lambda/2$；(c) $L_e = 3\lambda/4$；(d) $L_e = \lambda$

表 7.1　不同 L_e、不同圈数 4 线螺旋天线在不同 L_{ax}/λ 情况下的轴向增益 G_A、F/B 比及 AR

	$L_e = 0.25\lambda$，圈数 $= 3/4$						$L_e = 0.25\lambda$，圈数 $= 1$					
$L_{ax}(\lambda)$	0.06	0.10	0.15	0.18	0.20	0.22	0.06	0.10	0.15	0.18	0.20	0.22
G_A (dBic)	5.5	5.6	5.7	5.7	5.7	5.6	5.7	5.0	6.5	6.3	6.8	6.6
F/B (dB)	11.7	14.7	11.7	18.7	17.2	22.3	9.7	13.7	21.0	11.5	20.2	17.1
AR半球 (dB)	6.5	6.6	4.1	4.0	2.9	4.0	11.2	17.9	5.8	7.3	3.8	4.9
	$L_e = 1.00\lambda$，圈数 $= 1/2$											
$L_{ax}(\lambda)$	0.12	0.22	0.32	0.42	0.52	0.62	0.72	0.82	0.92			
G_A (dBic)	5.2	5.3	4.3	2.7	−1.2	−1.2	−9.2	−3.4	−4.0			
F/B (dB)	3.1	6.2	7.7	9.2	6.0	5.9	−2.4	2.4	4.4			
AR半球 (dB)	9.3	4.4	3.4	1.1	1.4	1.4	3.2	4.2	5.2			
	$L_e = 1.00\lambda$，圈数 $= 3/4$											
$L_{ax}(\lambda)$	0.12	0.22	0.32	0.42	0.52	0.62	0.72	0.82	0.92			
G_A (dBic)	5.2	5.3	4.7	3.6	1.8	−0.8	−6.2	−14.2	−17.1			
F/B (dB)	4.0	7.1	9.0	9.7	9.9	7.5	2.7	−5.0	−4.0			
AR半球 (dB)	9.1	5.2	4.3	2.2	1.5	0.6	1.2	1.7	2.2			

表 7.2　$L_e=\lambda$、$N=1/2$ 和 $3/4$ 的 4 线螺旋天线在不同 L_{ax}/λ 情况下的 θ_m、G_m 和 AR_m

	$L_e=1.00\lambda$，圈数$=1/2$							$L_e=1.00\lambda$，圈数$=3/4$				
$L_{ax}(\lambda)$	0.42	0.52	0.62	0.72	0.82	0.92	0.42	0.52	0.62	0.72	0.82	0.92
$\theta_m(°)$	33	65	70	90	95	96		50	65	75	80	90
G_m(dBic)	2.8	2.2	2.2	3.2	3.5	0.6		2.7	2.7	2.8	3.2	0.6
AR_m(dB)	0.5	0.4	0.6	3.2	4.2	5.0		0.4	0.9	1.5	2.1	2.2

表 7.3　不同 L_{ax}、$2r_0$，半圈 $\lambda/2$ 4 线螺旋天线仿真主要电参数[3]

$L_{ax}(\lambda)$ 轴长	$2r_0(\lambda)$ 直径	上升角 $\alpha(°)$	HPBW(°)	轴向 AR (dB)	半球最大 AR	F/B (dB)	G (dBic)
0.15	0.180	28.0	116	2.0	7.7	8.9	5.5
0.20	0.168	37.1	120	1.6	5.5	12.2	5.3
0.25	0.153	46.1	126	1.3	3.9	15.7	5.1
0.30	0.134	55.0	134	1.0	2.7	19.8	4.7
0.328	0.121	59.9	140	1.0	2.1	22.5	4.5
0.35	0.110	63.8	146	1.0	1.8	24.8	4.3
0.40	0.080	72.5	158	1.0	1.0	31.5	3.8
0.45	0.045	81.2	172	1.0	1.0	43.1	3.2

7.2　自相位 4 线螺旋天线及旋向

4 线螺旋天线由两个正交双线螺旋天线组成。所谓自相位就是不用复杂的外加馈电网络，靠调整两个正交双线螺旋天线的长度和直径，让一对双线螺旋大线的尺寸长一些，使谐振频率低于中心谐振频率呈感性，相位迟后 45°，让另一对正交双线螺旋天线的长度短一些，使谐振频率高于中心谐振频率呈容性，相位超前 $-45°$，以获得用单馈给双线正交螺旋天线馈电构成圆极化需要的 90°相差。自相位 4 线螺旋天线可以用串联补偿分支导体巴伦底馈，微带 2 功分器底馈，也可以用裂缝式巴伦和无穷巴伦顶馈。为了说明自相位 4 线螺旋天线的旋向，我们以串联补偿分支导体巴伦底馈自相位 4 线螺旋天线为例。

7.2.1　串联补偿分支导体巴伦底馈自相位 4 线螺旋天线及旋向

图 7.2(a)是用图 7.2(b)所示串联补偿分支导体巴伦给自相位 4 线螺旋天线馈电构成的 RHCP 天线。巴伦的两个输出端反相，一端为 0°，另一端为 180°。为了实现自相位，调整 4 线螺旋天线的长度，让长的一对螺旋线，例如螺旋线①、③的相位落后 45°，让另一对正交短的螺旋线，例如螺旋线②、④的相位超前 $-45°$。把①、④螺旋线与巴伦 0°输出端相连，则①、④螺旋线上的相位分别为 $0°+45°$，$0°-45°$；把②、③螺旋线与巴伦 180°输出端相连，则②、③螺旋线上的相位分别为 $180°-45°$，$180°+45°$。如果给 4 个螺旋线的相位都附加 45°相位，则螺旋线④、①、②、③上的相位就变成我们熟悉的 0°、90°、180°和 270°相位，根据圆极化旋向由相位超前向滞后方向旋转的原则，以及螺旋线的旋向与极化方向正好相反，由图看出，螺旋线的旋向为左旋，不难判断在轴向该天线为 RHCP。

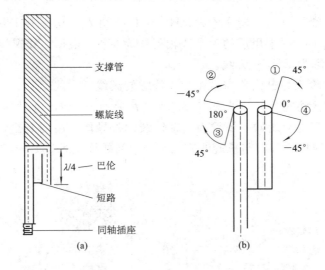

图 7.2 串联补偿分支导体巴伦及底馈自相位 4 线螺旋天线

(a) 串联补偿分支导体巴伦底馈 RHCP4 线螺旋天线；

(b) 串联补偿分支导体巴伦及与一对正交长短双线螺旋线的连接和相位

7.2.2 微带底馈自相位 4 线螺旋天线

图 7.3 是用圆柱形微带 2 功分器给 4 线螺旋天线馈电构成的圆极化天线，为了实现自相位，4 线螺旋由一对长带线辐射线（②、④）和一对短带线辐射线（①、③）组成。让 T 形功分器输出路径长度差 $\lambda_g/2$，以便为自相位 4 线螺旋天线提供 0°和 180°的馈电相位。由图看出，T 形微带功分器为相互连接的①、④带线辐射线提供 0°馈电相位，为相互连接的②、③带线辐射线提供 180°馈电相位。从图 7.2(b)看出，微带辐射线①、③的相位超前④、②，根据圆

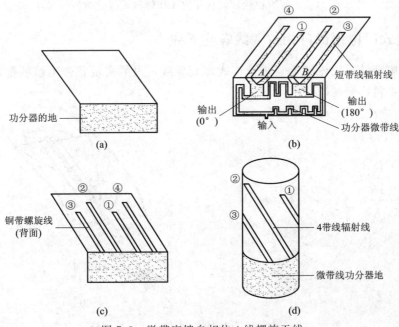

图 7.3 微带底馈自相位 4 线螺旋天线

极化的旋向由超前向滞后方向旋转应该为 RHCP，但把图 7.3(b)反转 180°变成图 7.3(c)，再卷成图 7.3(d)所示那样，由于里层的 4 带线辐射线为左旋，根据 4 线螺旋天线的旋向与 4 线绕向相反，该天线实际为 RHCP 天线。

【实例 7.1】 S 波段无穷巴伦顶馈自相位 4 线螺旋天线。

图 7.4 是用同轴无穷巴伦顶馈自相位 S 波段($f_0 = 2492$ MHz)4 线螺旋天线的结构及尺寸，其中一对长双线螺旋天线的一个臂为同轴馈线的外导体。由图看出，螺旋线的旋向为左旋，根据 4 线螺旋天线极化方向与螺旋线旋向相反，判断该天线为 RHCP。

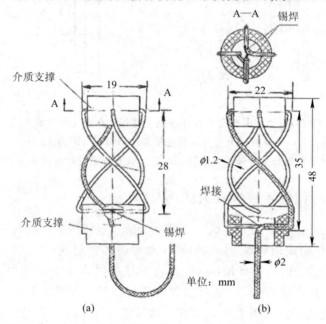

图 7.4　S 波段无穷巴伦顶馈自相位 4 线螺旋天线的结构及尺寸

7.2.3　裂缝式巴伦顶馈自相位 4 线螺旋天线[3]

图 7.5 是用裂缝式巴伦顶馈自相位 4 线螺旋天线，为了实现宽带阻抗匹配，可以在同轴馈线中附加 $\lambda/4$ 阻抗变换段。

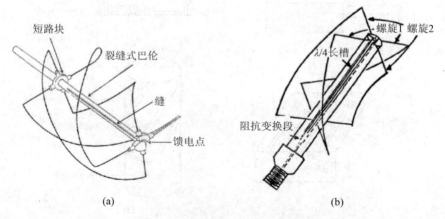

图 7.5　裂缝式巴伦顶馈自相位 4 线螺旋天线[3]

【**实例 7.2**】顶馈自相位 GPS L1(1575 MHz)4 线螺旋天线。

图 7.6 是轴向增益为 4.50 dBic，AR < 3 dB，用裂缝式巴伦顶馈自相位 GPS L1 (1575 MHz)4 线螺旋天线的结构尺寸。该天线也可以用无穷巴伦馈电。

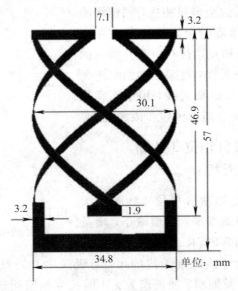

图 7.6   顶馈自相位 GPS L1 4 线螺旋天线

直径为 22 mm，高为 85 mm 的 BDB_3(1268 MHz)自相位 4 线螺旋天线仿真的主要电参数如下：在 1258 MHz、1268 MHz 和 1278 MHz，轴向增益分别为 3.21 dBic、3.57 dBic 和 3.1 dBic，在 10°仰角的增益分别为 −4 dBic、−3.3 dBic 和 −3.7 dBic，HPBW 分别为 114°、127°和 152°，0°以上仰角 AR ≤ 4 dB。

【**实例 7.3**】低成本自制顶馈自相位 4 线螺旋天线[4]。

对于业余无线电，为了低成本，宜采用自制自相位 4 线螺旋天线。即让一对大双线螺旋低干谐振频率呈感性，相位迟后 45°，让一对小双线螺旋高于谐振频率呈容性，相位超前 −45°来实现圆极化需要的 90°相差。用半圈 $\lambda/2$ 长自相位 4 线螺旋天线能实现的电性能为：$G = 5$ dBic，HPBW = 115°，$R_{in} = 40$ Ω。具体电尺寸为：

小双线螺旋天线：$L_e = 0.508\lambda$，$2r_0 = 0.146\lambda$，$L_{ax} = 0.238\lambda$；

大双线螺旋天线：$L_e = 0.56\lambda$，$2r_0 = 0.173\lambda$，$L_{ax} = 0.26\lambda$。

137.5 MHz、146 MHz 和 436 MHz 自相位 4 线螺旋天线的尺寸如表 7.4 所示。

表 7.4   137.5 MHz、146 MHz 和 436 MHz 自相位 4 线螺旋天线的尺寸

f/MHz	λ/mm	小双线螺旋天线			大双线螺旋天线		
		L_e/mm	$2r_0$/mm	L_{ax}/mm	L_e/mm	$2r_0$/mm	L_{ax}/mm
137.5	2181.6	1108.4	340.4	519.3	1221.8	377.5	567.3
146	2054.8	1043.8	320.5	489	1156.7	355.5	534
436	688.1	349.5	107.3	163.8	385.3	119	178.9

图 7.7 是用同轴馈线的外导体作为大双线螺旋天线的一个臂，大长双螺旋天线的另外一

个臂和小双线环的辐射臂均用直径为 $0.0088\lambda_0$ 的金属线制作，用无穷巴伦馈电，即在顶部，把变成水平同轴线的内导体与变成水平大双线螺旋天线和另一根变成水平小双线螺旋天线的金属线相连，同轴线的外导体与另外一根小双线螺旋的金属线相互接在一起，底部把大螺旋和小螺旋相互端接在一起。为了固定尺寸比较大的 4 线螺旋线天线，可采用如图 7.7 所示的 137.5 MHz 自相位 4 线螺旋天线，用中心垂直 PVC 支撑管和 3 层水平正交介质管固定 4 线螺旋。

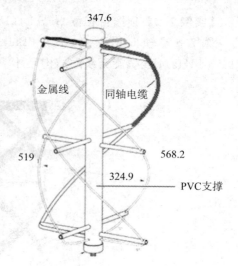

图 7.7　137.5 MHz 自相位 4 线螺旋天线的结构及尺寸（单位：mm）[4]

7.2.4　带反射板的顶馈自相位 3/4 圈 $\lambda/2$ 长 4 线螺旋天线

如果将同轴裂缝式巴伦顶馈自相位 4 线螺旋天线位于反射板上，虽然方向图变窄，后瓣减小，增益变大，但带宽变窄，轴比和 VSWR 均恶化。为克服上述缺点，需要调整自相位 4 线螺旋天线的尺寸、天线中心距反射板的高度，如适当缩短 $\lambda_0/4$ 长裂缝巴伦缝隙的长度及加粗、加长作为 $\lambda/4$ 阻抗变换段同轴线的内导体，可以使天线与 50 Ω 同轴馈线匹配。经过优化设计和实验调整，带反射板的顶馈自相位 3/4 圈 $\lambda_0/2$ 长 4 线螺旋天线的最佳电尺寸如下：

螺旋线导体的直径 $2r_0$：$0.012\lambda_0$；

长双线螺旋的臂长 L_e：$0.5357\lambda_0$；

短双线螺旋的臂长 L_e：$0.462\lambda_0$；

4 线螺旋的轴长 L_{ax}：$0.239\lambda_0$；

反射板直径：$1.05\lambda_0$；

4 线螺旋中心距反射板的距离 H：$0.1838\lambda_0$。

经实测，该天线 AR≤3 dB 的相对带宽为 1.2%，VSWR≤2 的相对带宽为 6.4%，3 dB AR 波束宽度为 90°。

7.2.5　自相位和双馈 4 线螺旋天线的带宽[5]

4 线螺旋天线具有高 F/B、低交叉极化及心脏形方向图、结构紧凑、重量轻、低成本，因而被广泛用于 GPS 天线、移动手机天线。图 7.8(a)、(b) 分别为谐振频率为 $f_0 = 965$ MHz（$\lambda_0 = 310.9$ mm）1/2 圈 $\lambda/2$ 需要附加馈电网络的双馈和自相位单馈 4 线螺旋天线的尺寸（单位：mm）。4 线螺旋天线的最佳性能是在谐振时给两个双线螺旋等幅、90°相差馈电，因为在此时天线上的电流是对称的。在谐振时，$\lambda/2$ 长双线螺旋天线的电流分布是顶点和底部最大，中间最小。由于用 90°混合电路给双馈 4 线螺旋天线馈电，偏离谐振频率，加上电流分布不对称，使性能变坏。图 7.8(c) 是双馈 4 线螺旋天线仿真和实测 F/B、AR 及仿真 G 的频率特性曲线，由图看出，在 21% 的相对带宽内，最大增益在频段内均为 5.5 dBic，$F/B≥10$ dB，在大部分频段，AR≤2.8 dB。

自相位 4 线螺旋天线，就是调整两个双线螺旋天线的尺寸，让一个呈现感性，另外一个

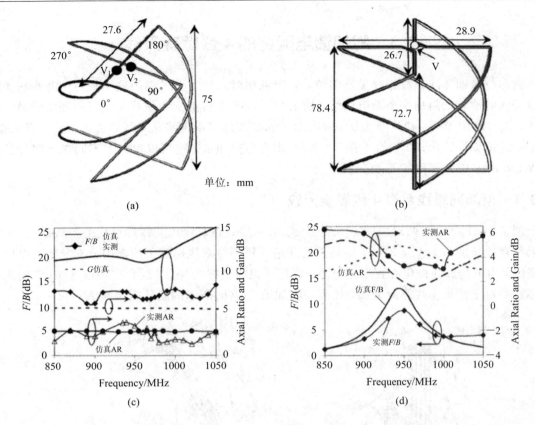

图 7.8　965 MHz 双馈和自相位单馈 4 线螺旋天线及仿真和实测电参数的频率特性曲线[5]
(a) 双馈；(b) 自相位单馈；(c) F/B、AR、G-f 特性曲线（双馈）；
(d) F/B、AR、G-f 特性曲线（自相位单馈）

呈容性，其输入阻抗分别为 $R+jR$ 和 $R-jR$，再把它们并联。虽然满足 90°相差，但两个双线螺旋天线的阻抗却不同。

　　图 7.8(d) 是用无穷巴伦单馈自相位 4 线螺旋天线在 3 dB 波束宽度内仿真和实测的最大 F/B、AR 和 G（图中用短点划线表示）的频率特性曲线。由图看出，在 $f=940$ MHz，$G=4.99$ dBic，在 850～1050 MHz 频段，增益下降 1.9 dB，轴向实测 AR≤3 dB 的带宽为 950～1000 MHz，相对带宽为 5%，但 F/B 的带宽性能变坏，仅在 930～960 MHz，相对带宽为 3% 的带宽内，F/B≥10 dB，在阻抗带宽的边频，F/B 只有 4.5 dB 左右，这是因为只有在谐振时，当两个不等长双线螺旋天线线上电流的相差为 90°，偏离谐振频率，正交不等长双线螺旋天线线上电流的相差变化很大，在(850～1050)MHz 频段，相位差在 10°～100°之间变化，为了使 4 线螺旋天线的圆极化特性最佳，馈电网络不仅要提供 90°相差，而且在两个双线螺旋天线的输入端提供等幅信号，但自相位 4 线螺旋天线，由于两个不等双线螺旋天线辐射功率不相等，因而导致自相位 4 线螺旋天线的 G、AR 的带宽，特别是 F/B 的带宽相对双馈 4 线螺旋天线来说更差。

　　图 7.8(c) 是双馈 4 线螺旋天线仿真和实测的(F/B、AR 和 G-f)特性曲线，由图看出，双馈 4 线、螺旋天线其增益、轴比、特别是 F/B 的带宽均比自相位单馈 4 线螺旋天线的宽。但 VSWR≤2 的相对带宽，自相位 4 线螺旋天线(9.5%)却比双馈 4 线螺旋天线(5.1%)宽。

7.3　附加馈电网络的 4 线螺旋天线

自相位单馈 4 线螺旋天线虽然简单，但带宽相对较窄，为了克服这个缺点，需要在 4 线螺旋天线的输入端附加一个馈电网络，如用 90° 3 dB 电桥给 4 线螺旋天线用同轴线或微带线双馈，也可以用等幅、相位差为 0°、90°、180° 和 270° 的馈电网络从 4 线螺旋天线的底部 4 馈。4 馈网络可以由 1 个 180° 混合电路、2 个 90° 混合电路组成，也可以由 3 个不同输出路径长度的 Wilkinson 功分器和 T 形功分器组成。

7.3.1　顶部同轴线双馈 4 线螺旋天线

图 7.9(a)、(b) 是两对顶馈 λ/2 或 λ 长、另一端短路双线正交螺旋组成的 4 线螺旋天线，如果每臂的长度为 λ/4 或 3λ/4，则另一端开路。每一对双线螺旋天线都用分支导体型巴伦平衡馈电，为了构成圆极化心脏形方向图，再把两根同轴馈线与 90° 混合电路或 3 dB 定向耦合器相连。对于宽带 4 线螺旋天线，还需要附加图 7.9(b) 所示的阻抗匹配网络。

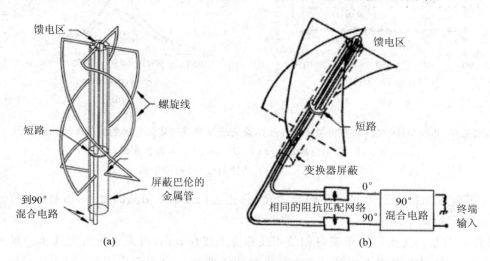

图 7.9　顶部同轴线双馈 4 线螺旋天线
(a) 顶部同轴线双馈 λ/2 4 线螺旋天线；(b) 附加匹配网络的顶部双馈 λ/2 4 线螺旋天线

7.3.2　顶部微带线双馈 4 线螺旋天线[6]

为了为民用提供低成本、重量轻、小尺寸的 GPS 天线，可采用图 7.10(a) 所示用微带线顶馈的 λ/2 长半圈印刷 4 线螺旋天线，由图看出，4 线螺旋的每个臂都由微带线的地和与带线相连的径向金属带组成。用等功率、相位依次为 0°、90°、180° 和 270° 的馈电网络与 4 个微带线相连馈电，4 线螺旋也可以看成两个双线螺旋，每个双线螺旋天线都用无穷巴伦馈电，即在顶部馈电区，将微带线的带线与相对的 1 个带线螺旋线相连，再用 3 dB 电桥把两个双线螺旋天线相连，就能实现如图 7.10(b) 所示的心脏形方向图。

该天线实测 VSWR≤2 的相对带宽为 1.7%，HPBW>145°，F/B>20 dB。

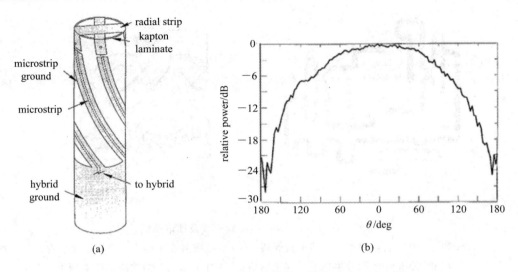

图 7.10　微带线顶部双馈 4 线螺旋天线和垂直面方向图
(a) 天馈结构；(b) 垂直面方向图

7.4　底部 4 馈 4 线螺旋天线

图 7.11(a)是由 1 个 180°混合电路、2 个 90°混合电路构成的馈电网络由底部给 4 线螺旋天线 4 馈构成的宽波束圆极化天线。图 7.11(b)是实际固定 RHCP 4 线螺旋天线的一种方法，为了实现宽频带，在天线的底部用高介电常数基板制造了等幅、相位差为 0°、90°、180°和 270°的馈电网络给 4 线螺旋天线 4 馈。馈电网络可以由不同输出长度的 3 个 Wilkinson 功分器组成，也可以由 3 个有不同输出长度的 T 形功分器组成，分别如图 7.11(c)、(d)所示。

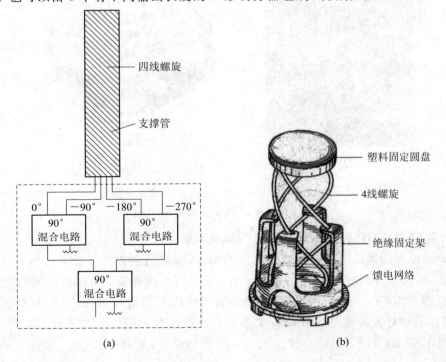

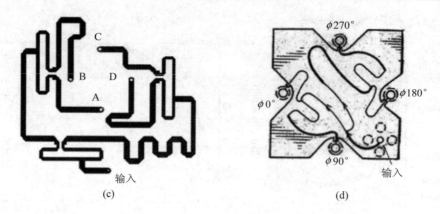

图 7.11　底部 4 馈 4 线螺旋天线及馈电网络

(a) 90°、180°混合电路底馈 4 线螺旋天线；(b) 实际底馈 4 线螺旋天线的立体结构；

(c) 由 Wilkinson 功分器构成的馈电网络；(d) 由 T 形功分器构成的馈电网络

【实例 7.4】 底部 4 馈 L 波段 RHCP 4 线螺旋天线。

为了满足小舰在 L 波段 1530～1545 MHz 接收，在 1631.5～1646.5 MHz 波段发射卫星通信使用的小尺寸 RHCP 天线，考虑到舰船的摇摆，采用了如图 7.12(a) 所示能实现 HPBW＝220°宽波束的 $3\lambda_0/4$ 长 1/2 圈 4 线螺旋天线。为了实现宽频带，在底座上用等幅、相位差依次为 0°、90°、180°和 270°的馈电网络给 4 线螺旋天线 4 馈。由图看出，螺旋线的旋向为左旋，由螺旋线的旋向与极化方向相反判断该天线为 RHCP。图 7.12(b) 为该天线垂直面轴比方向图。

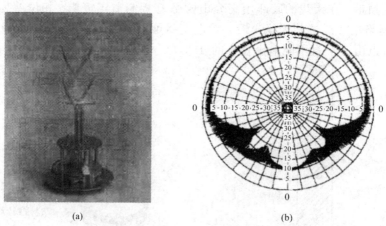

图 7.12　底部 4 馈 RHCP 4 线螺旋天线和垂直面轴比方向图

(a) 天馈照片；(b) 垂直面轴比方向图

【实例 7.5】 2.4 GHz 底馈半圈 $\lambda/4$ 4 线螺旋天线[7]。

用 1 mm 厚聚四氟乙烯基板制造由 3 个 Wilkinson 功分器构成半径 $R＝40$ mm 的馈电网络给半径 $R_0＝14.5$ mm、轴长 $L_{ax}＝43.5$ mm 半圈 $\lambda/4$ 4 线螺旋天线馈电构成的 2.4 GHz 圆极化天线。图 7.13(a)、(b)、(c)、(d) 分别是该天线仿真实测 VSWR、AR 和 G 的频率特性曲线，图 7.13(e) 是该天线在 2.4 GHz 实测垂直面轴比方向图。由图看出，在 2～3 GHz 频段内，实测 VSWR≤1.6，相对带宽为 40%；在 2.15～2.8 GHz 频段内，实测 AR≤3 dB 的相对带宽为 26.3%，在 AR 带宽内，实测 $G=2\sim5$ dBic，在 f_0 有宽角轴比方向图。

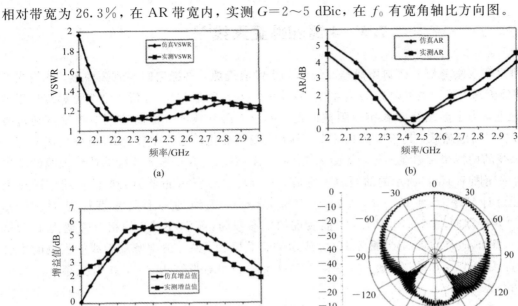

图 7.13　2.4 GHz 底部 4 馈半圈 $\lambda/4$ 4 线螺旋天线的电性能

(a) VSWR-f 特性曲线；(b) AR-f 特性曲线；(c) G-f 特性曲线；(d) 垂直面轴比方向图

【实例 7.6】 S 波段 4 线螺旋天线。

图 7.14 是用 0°、90°、180°和 270°相位给 4 线螺旋天线馈电构成的 S 波段(上行工作频率为 2025～2110 MHz，下行工作频率为 2200～2290 MHz，相对带宽为 12.3%)4 线螺旋天线的照片，天线的外形尺寸为 100 mm×100 mm×500 mm($0.719\lambda_0\times0.719\lambda_0\times3.59\lambda_0$)，重量小于 500 g，特别适合 LEO 小卫星使用。

图 7.14　S 波段 4 线螺旋天线的照片

7.5　4 缝隙螺旋天线[8][9]

在薄聚酰亚胺基板上切割类似螺旋线的 4 个倾斜缝隙，再把它们卷成圆柱形，就构成了 4 缝隙螺旋天线，其长度可以为 $\lambda/4$、$\lambda/2$，圈数可以为 1/2 或 3/4。让每 1 个缝隙螺旋位于微带线的地上，为了激励缝隙和实现阻抗匹配，把位于薄基板另一面的带线馈线垂直通过缝隙，再弯折平行缝隙后，其长度约为 $\lambda/4$。为了实现圆极化，把圆柱形 3 dB 电桥与正交双缝隙螺旋天线的两根微带馈线相连，如图 7.15(a)、(b)所示。为了缩短 4 缝隙螺旋天线的轴向尺寸，可采用图 7.15(c)所示的曲折缝隙螺旋。图 7.15(a)所示的半圈 $\lambda/4$ 长 4 缝隙螺旋天线，中心设计频率 $f_0 = 1575$ MHz（$\lambda_0 = 190.5$ mm），天线的外形尺寸直径为 12.7 mm（$0.067\lambda_0$），高为 31.8 mm（$0.167\lambda_0$），能实现的电参数为：VSWR$\leqslant$2 的相对带宽为 1.7%，HPBW$>$120°，$F/B>$15 dB。图 7.15(b)所示的 $\lambda/2$ 长 3/4 圈 4 缝隙螺旋天线能实现的主要电参数为：HPBW$=$130°，$F/B=$20 dB，VSWR$\leqslant$2 的相对带宽为 4%，在谐振频率，$Z_{in} = 57.4+$j7.2 Ω。

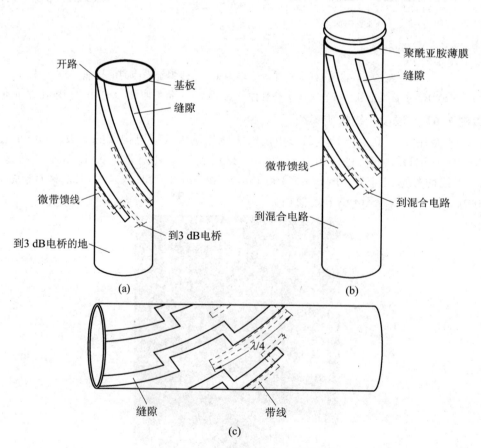

图 7.15　4 缝隙螺旋天线[8][9]

(a)$\lambda/4$，$N=1/2$；(b)$\lambda/2$，$N=3/4$；(c)曲折缝隙

7.6　双馈圆极化 4 线间隙环天线[10]

　　4 线环天线是由中间有间隙的两个正交环构成的、结构更简单、有低交叉极化的背射圆极化天线。正交环天线中间的间隙提供了电容耦合，调整间隙的大小就能控制天线在有效区电流的相位。正确选择正交环的直径、轴长及间隙，就能实现有低交叉极化、大 F/B 比的心脏形背射方向图。为了实现圆极化，可以附加 3 dB 电桥双馈，也可以用自相位单馈。

　　图 7.16(a)是中心设计频率 $f_0 = 1$ GHz，由周长约为 λ 的两个正交矩形环构成的双馈 4 线环天线。为实现圆极化，用外加 3 dB 电桥双馈，电桥两个输出端与同轴线相连，两根同轴线的另一端附加分支导体型巴伦再分别与 4 线环相接。14.5 mm 的间隙把中心环天线分成上、下两层，下层 4 线环端接在一起。图 7.16(b)是该天线 F/B、G 及输入阻抗 Z_{in} 的频率特

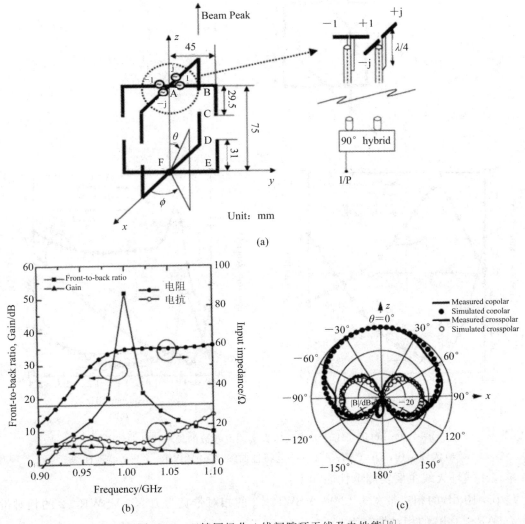

图 7.16　双馈圆极化 4 线间隙环天线及电性能[10]

(a)天馈结构；(b)F/B、G 和 Z_{in}-f 特性曲线；(c)垂直面归一化方向图

性曲线，由图看出，$f=1$ GHz，$F/B=40$ dB，$F/B>10$ dB 的带宽约为 15%。$f=0.9$ GHz，$G=5.6$ dBic、$f=1.1$ GHz，$G=3.4$ dBic。$f_0=1$ GHz，$Z_{in}=60+j10$ Ω。图 7.16(c) 是该天线在 $\phi=45°$ 仿真和实测的垂直面归一化方向图。由图看出，HPBW$=120°$，$F/B=18$ dB。

图 7.17(a) 是 $f_0=1$ GHz 单馈 4 线环天线的结构尺寸；图 7.17(b)、(c) 分别是该天线仿真实测 F/B、G、AR、Z_{in} 和 VSWR 的频率特性曲线。由图看出，相邻环之间的间隙不同，正好利用这种独特的不同间隙，使一对环的长度大于谐振长度，电流相位滞后 45°，另一对环的长度小于谐振长度，电流相位超前 $-45°$，来获得圆极化所需要的 90°相差。显然间隙大，环的长度必然小，间隙小，环的长度必然长。

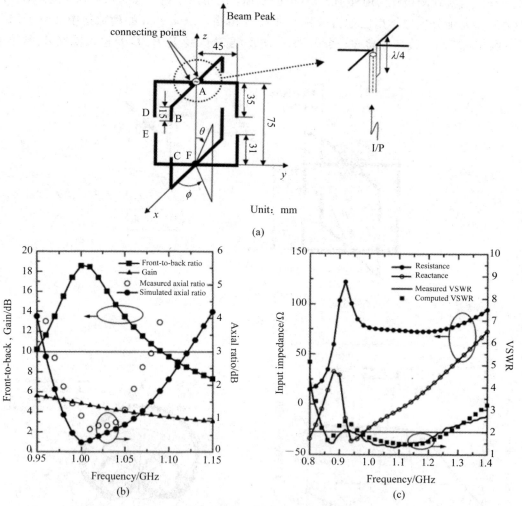

图 7.17　单馈 4 线环天线及仿真实测电参数的频率特性曲线[10]

（a）天馈结构；（b）F/B、AR、G-f 特性曲线；（c）VSWR、Z_{in}-f 特性曲线

单馈 4 线环天线主要实测电性能如下：

$F/B>10$ dB 的相对带宽为 12%；VSWR$\leqslant2$ 的相对带宽为 10%，VSWR$\leqslant2$ 的相对带宽为 5%；AR$\leqslant3$ dB 的相对带宽为 4%。

单馈 4 线环天线外形电尺寸为高 $0.25\lambda_0$，直径 $0.3\lambda_0$。

如果把单馈 4 线环天线安装在直径为 1.7λ 的金属板上，反射板距天线底端的距离对天线方向图的影响很大。图 7.18 是天线底端距反射板为 2.2λ 时的仿真和实测 E 面和 H 面归一化方向图。由图看出，轴线方向增益减小，低仰角增益得到改善。

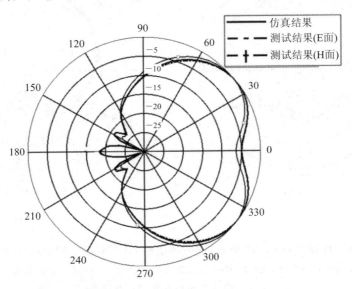

图 7.18　单馈 4 线环天线底端距反射板 2.2λ 仿真实测 E 面和 H 面归一化方向图[10]

7.7　低轮廓圆极化 4 线螺旋天线[24]

图 7.19(a)是由 4 线螺旋、地板和位于地板背面的等幅、相位依次为 $0°$、$90°$、$180°$和 $270°$ 的馈电网络构成的低轮廓宽波束圆极化天线。每根螺旋线都由两个高度分别为 L_1、L_2 的垂直部分和两个呈螺旋形的水平部分组成。其中，第 1 个水平 4 线螺旋线的内直径为 D_{1in}，旋转半圈，末端的外直径为 D_{1out}，再与第 2 个高度为 L_2 的垂直部分相连，垂直部分的另一端与第 2 个水平螺旋线相连，第 2 个 4 根水平螺旋线由外直径 D_{2out} 旋转 1/4 圈，旋转方向与第一个水平螺旋线相同，末端的内直径为 D_{2in}。

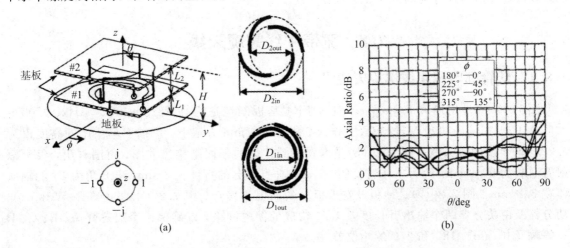

(a)　　　　　　　　　　　　　　　　　　(b)

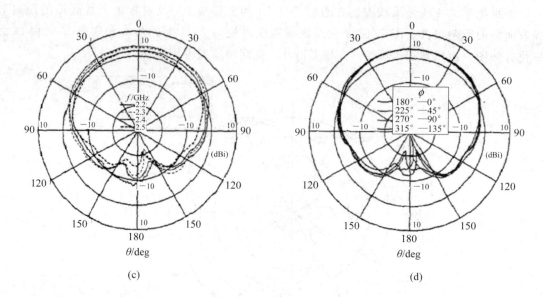

图 7.19　低轮廓 4 线螺旋天线、AR 随 θ(°)变化曲线和在不同频率、不同方位角垂直面方向图[24]

(a)天馈结构；(b)不同 ϕ 角，AR 随 θ 的变化曲线；(c) $\phi=0°$，不同频率的垂直面增益方向图；

(d)不同 ϕ 角的垂直面增益方向图

中心设计频率 $f_0=2.3$ GHz($\lambda_0=130$ mm)，天线的具体尺寸和电尺寸如下：

螺旋线的直径为 1 mm，地板的直径为 60 mm($0.46\lambda_0$)，$D_{1in}=D_{2out}=20$ mm($0.154\lambda_0$)，$D_{1out}=D_{2in}=30$ mm($0.23\lambda_0$)，$L_1=5.8$ mm($0.0446\lambda_0$)，$L_2=10.8$ mm($0.083\lambda_0$)，$H=L_1+L_2=0.13\lambda_0$。

在中心设计频率 f_0，每根螺旋的输入阻抗为 50 Ω，可直接与位于地板下面的等幅，相位差为 0°、90°、180°和 270°的馈电网络相连。

图 7.19(b)是该天线在 f_0 和上半球的 AR，由图看出，该天线宽角 AR 特别好，$\theta=\pm90°$，AR<3 dB。图 7.19(c)是该天线在不同频率的垂直面增益方向图，由图看出，方向图随频率变化很小，HPBW>120°。图 7.19(d)是该天线在 f_0 不同方位角的垂直面增益方向图，该天线外形电尺寸为高 $0.13\lambda_0$，直径 $0.46\lambda_0$。

7.8　宽带 4 线螺旋天线

7.8.1　低轮廓印刷 4 线螺旋天线[11]

图 7.20(a)是用厚 0.8 mm，$\varepsilon_r=4.4$ FR4 基板制造适合在 2310～2360 MHz、2500～2655 MHz、2655～2690 MHz 频段工作，安装在 100 mm 方地上，广播卫星使用的高度仅为 $0.22\lambda_0$ 的 4 线螺旋天线。图 7.20(b)是未卷成圆柱体的平面结构尺寸图，由图看出，每个辐射臂总长为 90.2 mm(约为工作波长的 70%)，垂直部分的宽度为 2 mm，上升角为 16°的辐射体宽 3.8 mm。图 7.20(c)是地板及在地板上的馈电连接点，图 7.20(d)是由 3 个 Wilkinson 功分器及由功分器两个输出臂长度差 $\lambda_g/4$ 构成的馈电网络，以确保 4 个辐射臂 A、B、C、D 有等幅及 0°、90°、180°和 270°的相位差。

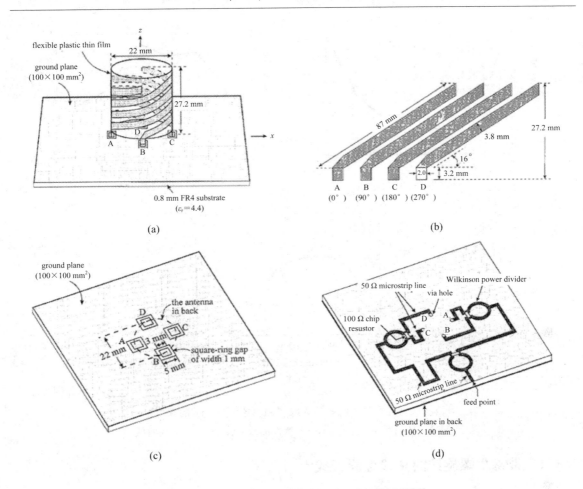

（a）立体结构

（b）

（c）

（d）

图 7.20　S 波段低轮廓宽带印刷 4 线螺旋天线[11]

（a）立体结构；（b）平面结构和尺寸；（c）地板和地板上 4 线螺旋天线的连接点及尺寸；（d）馈电网络

图 7.21(a)、(b)、(c)分别是该天线实测 AR、G 和 S_{11} 的频率特性曲线，由图看出，AR≤3 dB 的相对带宽为 27.9%，VSWR≤1.5 的相对带宽为 33.3%。在 3 个频段实测 S_{11}、AR 和 G 的具体值参看表 7.5。

表 7.5　S 波段低轮廓宽带 4 线螺旋天线的电参数

频　段	S_{11}/dB	AR/dB	G/dBic
频段 I 2310～2360 MHz	−15	<1.2	3.2～4.3
频段 II 2500～2655 MHz	−20	<1.8	4.0～5.5
频段 III 2655～2690 MHz	−20	<2.3	3.3～4.0

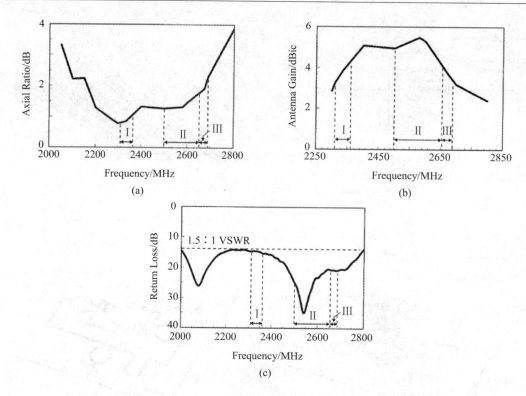

图 7.21　S 波段低轮廓宽带 4 线螺旋天线实测 AR、G 和 S_{11} 的频率特性曲线[11]

（a）AR - f 特性曲线；（b）G - f 特性曲线；（c）S_{11} - f 特性曲线

7.8.2　带寄生螺旋线的 4 线螺旋天线[12]

图 7.22 是 $f_0 = 3655$ GHz（$\lambda_0 = 82$ mm）末端开路，上升角 $\alpha = 45°$，用长度 $L_e = 41$ mm（$0.5\lambda_0$），直径 $\delta = 1$ mm 铜线绕制的直径 $d = 10.5$ mm（$0.128\lambda_0$）的 4 线螺旋天线。用位于直径为 100 mm（$1.218\lambda_0$）地面下面的 T 形功分器以等幅，0°、90°、180° 和 270° 的相差给 4 线螺旋天线馈电。

为了展宽带宽，采用宽度 $W = 4$ mm（$0.048\lambda_0$）的铜带一端与地板短路连接，另一端开路且与馈电螺旋交替配置的 4 个寄生螺旋线。

该天线实测电性能如下：

（1）VSWR≤2 的相对带宽为 39%；

（2）AR≤3 dB 的相对带宽为 4.6%（无寄生螺旋为 1.1%）；

（3）HPBW=68°（无寄生螺旋为 53°）。

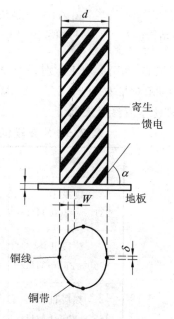

图 7.22　带寄生螺旋线的 4 线螺旋天线[12]

7.8.3　宽带宽波束 8 臂螺旋天线[13]

8 臂螺旋天线是由两副形状相同、不同臂长共轴放置的 4 线螺旋天线组成,其中 1 副为馈电 4 线螺旋天线,另外 1 副为寄生 4 线螺旋天线,调整寄生 4 线螺旋的尺寸及离馈电 4 线螺旋天线的距离,就能使该组合 4 线螺旋天线有两个比较靠近的谐振频率,显然带宽比无寄生螺旋时更宽。由于 4 线螺旋天线是由两对正交双线螺旋组成的,为了简化馈电网络,利用同轴电缆内外导体上电流大小相等、相位反相的特性,两对正交双线螺旋天线均用同轴线的外导体作为双线螺旋天线一个臂,采用无穷巴伦顶馈底端把同轴馈线的外导体与双线螺旋的另一臂相连,再用 3 dB 电桥与两对正交双线螺旋天线的同轴馈线相连,实现对 4 线螺旋天线的馈电。

虽然减小 4 线螺旋天线的直径/高度比能展宽天线的波束宽度,但对 θ 面和 ϕ 面方向图的影响不同,因而 3 dB 波束宽度仍然不宽,甚至出现方向图裂瓣。展宽天线 HPBW 最有效的方法是在天线下方附加一块边长为 $1.25\lambda_0$ 的方金属反射板,使天线的主波束在轴线方向出现小凹坑。经优化设计,采用直径为 $0.006\lambda_0$ 的铜管制作了高 $0.27\lambda_0$、$\lambda_0/2$ 长半圈 4 线螺旋天线,螺旋中心到反射板的距离为 $\lambda_0/4$。

经实测,该天线 VSWR≤2 的相对带宽为 14%,图 7.23(a)、(b)分别是该天线在 $0.93f_0$ 和 $1.07f_0$ 实测垂直面功率方向图,由图看出,HPBW 分别为 140° 和 145°。为了保证电气性能和结构可靠,在天线的顶部用塑料圆盘固定螺旋臂,在天线底部用金属盒把 4 根螺旋线焊接在一起,再用一根高强度不锈钢圆杆把顶部塑料圆盘、底部金属安装盒和反射板固定在一起。

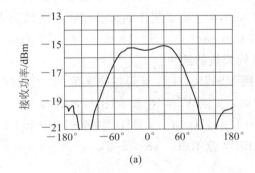
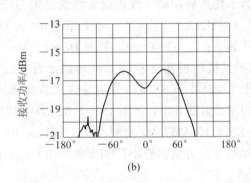

图 7.23　8 臂螺旋天线的实测垂直面功率方向图[13]

(a) $f=0.93f_0$；(b) $f=1.07f_0$

7.8.4　宽带折叠印刷 4 线螺旋天线[14]

把绕制印刷 4 线螺旋天线每个臂的金属带用如图 7.24(a)所示的折叠双线代替,类似折合偶极子,由于折叠,每个臂金属带的宽度变宽,有利于展宽阻抗带宽;由于折叠,还提供了阻抗变换功能,使天线馈电点的电阻增加,更利于天线宽带匹配。由图 7.24(a)折叠印刷 4 线螺旋天线的平面图看出,倾角为 α,长度为 L_e 的折叠臂由间隔 S 宽度为 W_a 和 W_b 在顶端短接的两根平行金属带组成,另一端,宽度 W_a 金属带馈电,宽度 W_b 金属带接地。把宽度为

C用很薄基板印刷制成的平面4线螺旋天线绕成圆柱形，就变成了如图7.24(b)所示的折叠印刷4线螺旋天线。

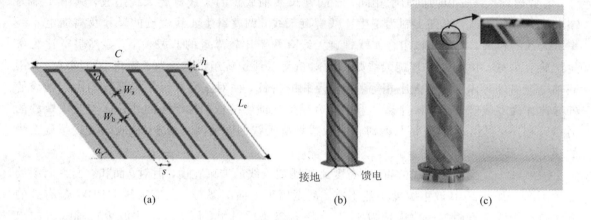

图 7.24　折叠印刷 4 线螺旋天线[14]

(a)平面结构；(b)立体结构；(c)照片

　　通过对折叠印刷 4 线螺旋天线参数的仿真研究，得出最佳参数如下：$L_e=0.75\lambda_0$（λ_0 为中心工作频率所对应的自由空间波长），周长 $C=0.5\lambda_0$，螺旋的上升角 $\alpha=50°$，螺旋的匝数 $N=1$，$W_a/W_b=8$。

　　为了使折叠印刷 4 线螺旋天线能复盖 GPS、GLONASS 和 GALILEO 的工作频段，选取 $f_0=1.4$ GHz（$\lambda_0=214.28$ mm），用厚 $h=0.127$ mm，$\varepsilon_r=2.2$ 制作的折叠印刷 4 线螺旋天线的尺寸如下：$L_e=166$ mm，$W_a=16$ mm，$W_b=2$ mm，$\alpha=50°$，$S=18$ mm，$d=0.5$ mm。图 7.24(c)是接地板直径为 50 mm 印刷折叠 4 线螺旋天线的照片。

　　图 7.25(a)、(b)、(c)分别是该天线仿真实测 VSWR、G 及不同频率实测的垂直面归一化方向图，由图看出，在 $1.19\sim1.62$ GHz 频段内，实测 VSWR≤2 的相对带宽为 30%；在 $1.5\sim1.6$ GHz 频段内，实测 $G>1.5$ dBic；由 $f=1.2$ GHz 和 1.6 GHz 实测 RHCP 和 LHCP 垂直面归一化方向图看出，HPBW>150°，在 HPBW 范围内，AR<2 dB。

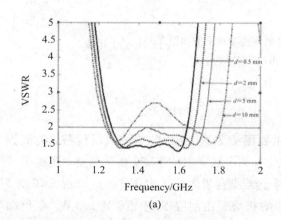

(a)

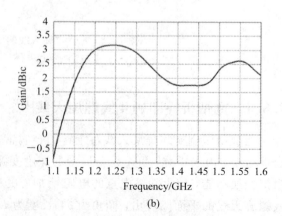

(b)

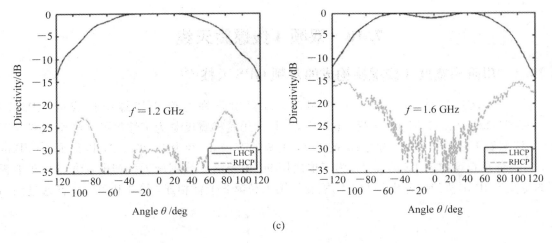

图 7.25　折叠印刷 4 线螺旋天线的电性能

(a) VSWR - f 特性曲线；(b) G - f 特性曲线；(c) 垂直面 RHCP/LHCP 归一化方向图

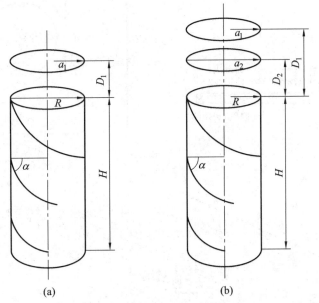

图 7.26　带寄生圆环的宽波束 4 线螺旋天线

(a) 寄生环 1；(b) 寄生环 2

7.9　宽波束 4 线螺旋天线

为了使 4 线螺旋天线的波束更宽，可以在 4 线螺旋天线的顶上附加半径为 a_1 的圆环，圆环到 4 线螺旋天线顶端的距离为 D_1，如图 7.26(a) 所示。在 1500～1540 MHz 频段，$f_0 =$ 1530 mm($\lambda_0 = 196$ mm)，能实现 $G \geqslant 0$ dBic，HPBW = 200° 天线尺寸和电尺寸如下：4 线螺旋的上升角 $\alpha = 54°$，直径 $2R = 32.2$ mm($0.164\lambda_0$)，高 $H = 88.3$ mm($0.45\lambda_0$)，寄生环的半径 $a_1 = 30$ mm($0.153\lambda_0$)，$D_1 = 100$ mm($0.51\lambda_0$)。如果希望 AR $\geqslant 3$ dB 的波束宽度达到 160°，如图 7.26(b) 所示，附加半径分别为 $a_1 = 30$ mm($0.153\lambda_0$)，$a_2 = 35$ mm($0.178\lambda_0$)，到 4 线螺旋天线顶端的距离 $D_1 = 110$ mm($0.56\lambda_0$)，$D_2 = 90$ mm($0.46\lambda_0$) 的两个寄生圆环。

7.10　双频 4 线螺旋天线

7.10.1　用阶梯宽度 4 线螺旋构成的双频 GPS 天线[15]

图 7.27 是用很薄、$\varepsilon_r = 2.3$ 基板制造、每臂用阶梯宽度 4 线螺旋构成的 GPS L1 (1575 MHz)/L2(1227 MHz)双频 GPS 天线，每臂用阶梯宽度是为了缩短尺寸和实现双频工作，4 线螺旋天线的直径 d_1 约为 L1 的 $\lambda/4$，地板的直径 d_2 约为 L2 的 $\lambda/2$，以保证 20 dB 的 F/B。每臂总长度约为 L2 的 $\lambda/2$。为了依次用 90°相差给 4 线螺旋天线馈电，将安装在地板上的微型 3 dB 电桥的两输出端与 4 线螺旋的第 1 和第 2 个臂相连，第 3 和第 4 个臂通过约为

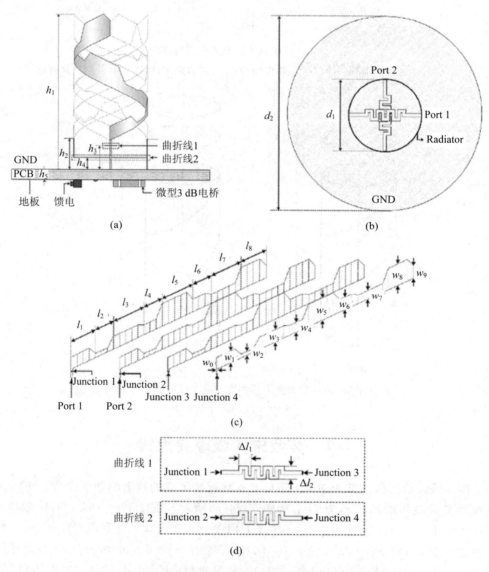

图 7.27　由阶梯宽度 4 线螺旋构成的双频 GPS 天线[15]

(a) 立体(侧视)；(b) 顶视；(c) 4 臂阶梯宽度；(d) 曲折线

1.5 GHz $\lambda/2$ 移相 180°的曲折线 1 和 2 与第 1 和第 2 臂相连，使 1～4 个臂的相位为 0°、90°、180°、270°。

经过优化设计，天馈的尺寸如表 7.6 所示。

表 7.6　双频 GPS 阶梯宽度 4 线螺旋天线的尺寸

	参　数	尺 寸/mm		参　数	尺 寸/mm
阶梯螺旋线的宽度	w_0	1.7	阶梯螺旋线的长度	l_1	19.2
	w_1	8.1		l_2	14.4
	w_2	2.5		l_3	24.0
	w_3	8.4		l_4	14.4
	w_4	6.5		l_5	24.0
	w_5	15.3		l_6	14.4
	w_6	8.6		l_7	24.0
	w_7	5.9		l_8	19.2
	w_8	15.0	螺旋天线的高度	h_1	81.6
	w_9	8.9		h_2	5.8
曲折线长度	Δl_1	6.8		h_3	3.4
	Δl_2	6.7		h_4	2.6
螺旋天线的直径	d_1	44.7		h_5	1.0
	d_2	120.0			

图 7.28(a)、(b)、(c)、(d)分别是该天线仿真实测 S_{11}、G 和 AR 的频率特性曲线及垂直面增益方向图，由图看出，在 L1 和 L2 的频段内，实测 $S_{11}<-20$ dB，AR$\leqslant$3 dB，实测最大增益分别为 6.4 dBic 和 6.3 dBic。

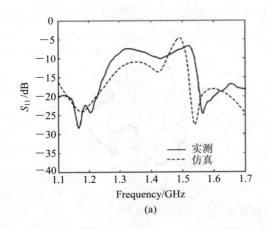

(a)

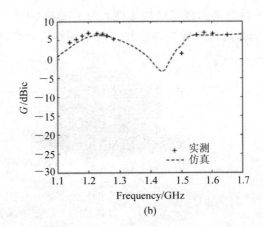

(b)

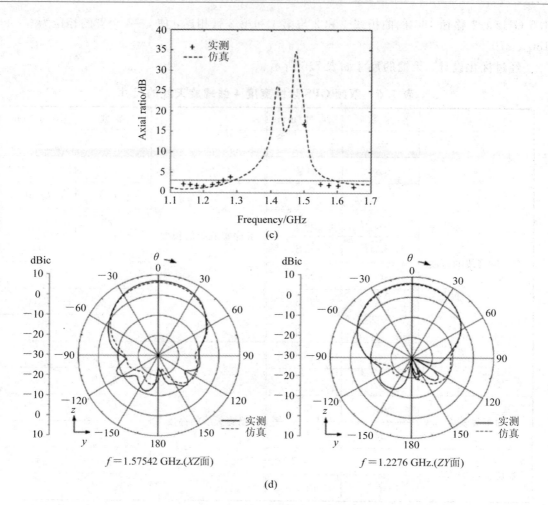

(c)

$f = 1.57542$ GHz.(XZ面) $f = 1.2276$ GHz.(ZY面)

(d)

图 7.28　阶梯宽度双频 4 线螺旋天线实测电性能[15]

（a）$S_{11} - f$ 特性曲线；（b）$G - f$ 特性曲线；（c）AR $- f$ 特性曲线；（d）垂直面增益方向图

7.10.2　双频 GPS L1/L2 4 环天线[27]

4 线螺旋天线是谐振天线，为了能在 GPS L1 和 L2 双频段工作，如图 7.29(a)所示，4 线螺旋天线的每个臂均由长和短两个环组成，长短环的总长度分别为 1227 MHz 和 1575 MHz

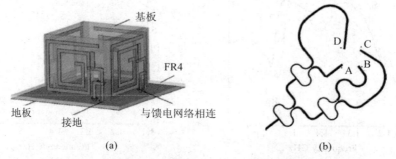

(a)　　　　　　　　(b)

图 7.29　双频 GPS L1/L2 4 环天线及 S_{11} 的频率特性曲线[27]

（a）天馈立体结构；（b）馈电网络

的 $\lambda/4$ 左右，极化方向由印刷螺旋环天线的绕向决定。用厚 1.6 mm，$\varepsilon_r=4.6$ FR4 基板印刷制造的由 3 个 Wilkinson 功分器构成的馈电网络给 4 环天线馈电，如图 7.29(b)所示，馈电网络按 1227 MHz 和 1575 MHz 的中心频率 1400 MHz 设计。该天线实测轴向 AR 在 L1 和 L2 波段分别为 1.6 和 2.8 dB。

7.10.3 带陷波电路的双频 GPS 4 线螺旋天线

在 4 线螺旋天线的馈电端，附加直径小于 $\lambda/3$ 的地板，则波束指向轴向（4 线螺旋的开路端），由于背射是 4 线螺旋天线的固有特性，故无地板则为背射。由于地板反射使螺旋天线的极化反旋，如果需要 RHCP，螺旋线必须按左手绕制。

为了用 4 线螺旋天线实现带宽分别超过 2% 的 GPS L1(1575 MHz)和 L2(1227 MHz)。按 $N=1$，单元长度 L_e 等于 L2 的 $\lambda/2$ 设计 4 线螺旋，为了实现 L1，需要在每臂的合适位置附加如图 7.30 所示由 $L=6.8$ nH，$C=1.5$ pF 并联电路构成的陷波电路，就构成了双频 4 线螺旋天线。

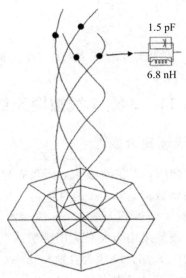

图 7.30 带陷波电路的双频 GPS 4 线螺旋天线

7.10.4 带开关的双频 4 线螺旋天线

为了使 4 线螺旋天线能在低频 260 MHz 和高频 302 MHz 双频工作，先按照 $\lambda/2$ 长半圈 4 线螺旋天线设计 260 MHz 低频 4 线螺旋天线，并用同轴线无穷巴伦分别给 260 MHz 正交双线螺旋天线馈电，为了构成圆极化心脏形方向图，再用 90° 3 dB 电桥把两根同轴线相连。为了使该天线也能在 302 MHz 工作，如图 7.31 所示，在距 4 线螺旋末端螺旋线长度为 302 MHz 的 $\lambda/2$ 处，附加 PIN 二极管，PIN 二极管需要的直流偏压用同轴馈线引入，为了防止二极管的偏流被接地臂螺旋短路，在 4 线螺旋天线的 3 个臂中，把同轴线外导体断开，并联容量为 500 pF 的陶瓷隔直流电容。由于隔直电容对交流射频是通路，如果二极管两端无偏压，则呈现 10 kΩ 高电阻和 1 pF 电容并联，相当于开路，此时低频 260 MHz 4 线螺旋天线工作；如果给二极管加上偏压，二极管处于短路状态，高频 302 MHz 4 线螺旋天线工作。上述带开关双频 4 线螺旋天线的外形尺寸为高 406 mm，直径 114 mm，所能实现的主要电参数为：HPBW＝140°，G＝2～3 dBic，AR＜2 dB。

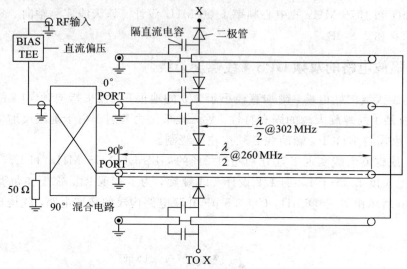

图 7.31　带开关的双频 4 线螺旋天线（平面结构）

7.11　3 频 4 线螺旋天线

7.11.1　S/L/UHF 3 频 4 线螺旋天线[16]

　　4 线螺旋天线具有心脏形方向图，不仅宽波束，而且有稳定的相位中心。由于 4 线螺旋为谐振天线，每臂长度为 λ/4 的整数倍，为 λ/4 的奇数倍，末端开路，为 λ/4 的偶数倍，末端短路。图 7.32 为 S/L/UHF 3 频 4 线螺旋天线，L/S 波段 4 线螺旋天线位于 UHF 4 线螺旋天线之上，L/S 波段 4 线螺旋天线均采用自相位，用裂缝式同轴线巴伦单馈。S 波段天线在内，L 波段天线在外。L 波段为 1/2 圈，尺寸为：轴长 L＝68.8 mm，直径 D_1＝38.6 mm，D_2＝36 mm，S 波段为 3/4 圈，尺寸为：轴长 l_1＝42.8 mm，直径分别为：d_1＝22.9 mm，d_2＝21.7 mm，绕线直径 L 波段为 2.5 mm，S 波段为 1.5 mm。UHF 频段 4 线螺旋天线采用 1/2 圈、λ/2 模式，用直径 4 mm 铜线绕制，尺寸为：轴长 H＝217.7 mm，直径 D_u＝140 mm，地板直径 D_g＝244 mm。天线的 4 个臂按左手绕制，并用具有 0°、90°、180° 和 270° 相差的馈电网络给 UHF 4 线螺旋天线馈电。

　　3 频 4 线螺旋天线实测电参数如下：

　　(1) S_{11}＜－10 dB 的频段为：0.37～0.46 GHz，1.4～1.5 GHz 和 2.04～2.11 GHz；

　　(2) S_{21}＜－35 dB(UHF 与 L/S)；

　　(3) HPBW＞130°，G＝4.5 dBic(3 频段)；

　　(4) 仰角 25°，G＝1 dBic；

　　(5) AR＜3 dB 的角域 －73°～69°(f＝0.4 GHz)；AR＜3 dB 的角域 －67°～70°(f＝1.425 GHz)；AR＜3 dB 的角域 －62°～58°(f＝2.08 GHz)；AR＜3 dB 的频段为 0.37～0.43 GHz；1.405～1.465 GHz 和 2.04～2.11 GHz。

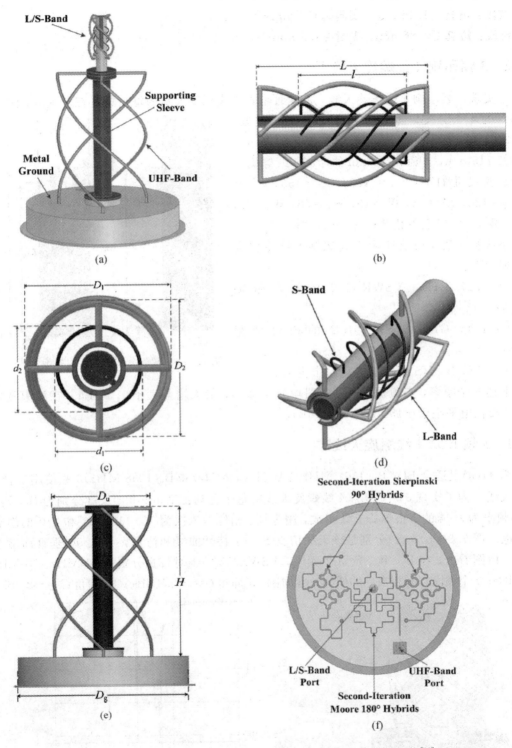

图 7.32　S/L/UHF 3 频 4 线螺旋天线的结构和馈电网络[16]

(a) 立体；(b) L/S；(c) L/S；(d) L/S；(e) UHF；(f) 馈电网络

相位中心：UHF，仿真≤1.58 mm，实测≤2.5 mm。

L 波段：仿真≤1.16 mm，实测≤1.7 mm；

S 波段：仿真≤0.86 mm，实测≤1.8 mm。

7.11.2　3 频印刷 4 线螺旋天线[17]

为了实现 3 频印刷 4 线螺旋天线，将普通印刷 4 线螺旋天线的每个宽臂在末端开缝变成长短不等的 4 个分支，如图 7.33 所示，在 L 波段，用 $\varepsilon_r=2.2$，厚 0.127 mm 的基板制造了上升角 $\alpha=50°$，轴长 115 mm，直径为 36 mm 的印刷 4 线螺旋天线。天线的尺寸如下：$L_{e1}=166$，$L_{e2}=155$，$L_{e3}=144$，$L_{e4}=130$，$L_s=56$，$W=16$，$W_s=56$，$W_{s1}=2$，$W_{s2}=8$，$W_{s3}=2$（以上参数单位为 mm）。

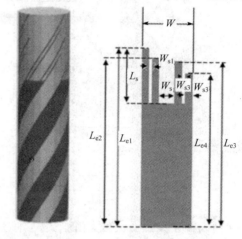

图 7.33　3 频 4 分支印刷 4 线螺旋天线[17]

带小地板 3 频 4 分支印刷 4 线螺旋天线主要实测电性能如下：

$f_1=1.27$ GHz，VSWR≤2 的相对带宽为 4.2%；

$f_2=1.45$ GHz，VSWR≤2 的相对带宽为 3.2%；

$f_3=1.7$ GHz，VSWR≤2 的相对带宽为 2.6%。

在上述 3 个频率，实测垂直面方向图均呈半球形，最大增益大于 1.5 dBic，在波束宽度内，交叉极化电平小于-15 dB(AR≤3 dB)。

7.11.3　3 频 BD2 4 线螺旋天线[28]

图 7.34(a)是适合 BD2 B$_1$(1561 MHz)、B$_2$(1207 MHz)和 B$_3$(1268 MHz)3 频使用复合 4 线螺旋天线。为了实现 3 频，复合 4 线螺旋天线的每个臂均由 2 mm 粗、长度分别为 B$_1$、B$_2$、B$_3$ 中心频率为 $\lambda_0/4$ 的 3 根螺旋天线组成，用等幅、相位差依次为 0°、90°、180°和 270°的馈电网络馈电。图 7.34(b)、(c)分别是该天线仿真 S_{11}-f 特性曲线和仿真 $\phi=0°$、90°垂直面增益方向图。由图看出，在 B$_2$、B$_3$、B$_1$ 3 个频段，VSWR≤2 的绝对带宽分别为 40 MHz、30 MHz 和 31 MHz；3 个频段均有相当好的低仰角方向图，5°仰角 $G=-2.8$ dBic；10°仰角 $G=-2$ dBic。

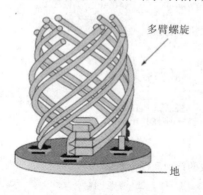

(a)

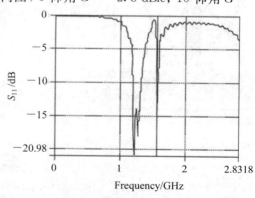

(b)

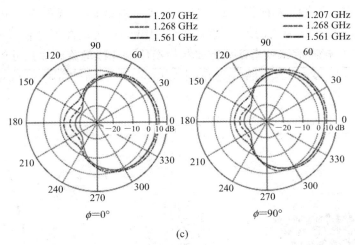

$\phi = 0°$　　　　　　　　　　　　　$\phi = 90°$

(c)

图 7.34　3 频 BD2 4 线螺旋天线及仿真 S_{11}-f 特性曲线和仿真 $\phi = 0°$、$90°$垂直面方向图[28]

(a) 立体结构；(b) S_{11}-f 特性曲线；(c) $\phi = 0°$、$90°$垂直面增益方向图

7.12　缩短尺寸的印刷 4 线螺旋天线

印刷 4 线螺旋天线，由于其具有重量轻、低成本、易制造、宽波束圆极化方向图、垂直面方向图容易赋形、无接地板等特性，因而得到广泛应用，但作为手持机圆极化天线，印刷 4 线螺旋天线的尺寸还显得大，可以用以下方法缩小 4 线螺旋天线的尺寸。

7.12.1　每臂用连续方波

为了缩短 4 线螺旋天线的尺寸，把绕制 4 线螺旋天线的直线变成曲折线，此时天线的谐振波长 λ_0 与曲折线的几何参数有如下关系：

$$\lambda_0 = \frac{Nw\log\dfrac{2L}{Nb} + L\left(\log\dfrac{8L}{b} - 1\right)}{\dfrac{1}{4}\left(\log\dfrac{2\lambda}{b} - 1\right)} \tag{7.2}$$

式中，λ_0 为谐振波长（mm）；$2N$ 为曲折线的匝数；$2L$ 为曲折线的几何长度（mm）；b 为导线的直径（mm）；W 为天线的宽度（mm）。

图 7.35(a) 是用连续方波作为曲折线构成的平面 4 线螺旋天线，由于把直线弯折成曲线，单元长度电感电容增加，使曲折线段波的传播速度变慢，波长缩短，因而缩短了天线的几何长度。

最低工作频率 $f_L = 2.17$ GHz（$\lambda_L = 138.2$ mm），连续方波印刷 4 线螺旋天线的参数为 $\Delta A = 6$ mm（$0.043\lambda_L$），$\Delta L = 8$ mm（$0.058\lambda_L$），轴长 $L_a = 38.9$ mm（$0.28\lambda_L$），谐振频率 $f_0 = 2$ GHz。表 7.7 把具有相同谐振频率连续方波印刷 4 线螺旋天线和标准 4 线螺旋天线的几何尺寸作了比较。

由表看出，谐振频率和天线的直径相同，但每臂为连续方波 4 线螺旋天线相对标准 4 线螺旋天线的高度却降低一半。图 7.35(b) 是连续方波印刷 4 线螺旋天线实测 S_{11} 的频率特性曲线，由图看出，$S_{11} < -10$ dB 的相对带宽为 9.5%（标准为 4.5%），经仿真两种 4 线螺旋

天线具有几乎相同的垂直面方向图，$\theta = 32°$，标准 4 线螺旋天线的最大增益为 0.33 dBic，$\theta = 25°$，连续方波 4 线螺旋天线的最大增益为 -2 dBic，可见缩短尺寸使天线增益下降。

表 7.7　相同谐振频率连续方波和标准印刷 4 线螺旋天线尺寸的比较

参　数	L_a/mm	L_e/mm	直径/mm	圈数 N	绕线宽度/mm	ΔA/mm	ΔL/mm	f_0/GHz
连续方波 4 线螺旋天线	38.9	124	14	0.75	2	6	4	2.02
标准 4 线螺旋天线	83	89.3	14	0.75	2			2.0

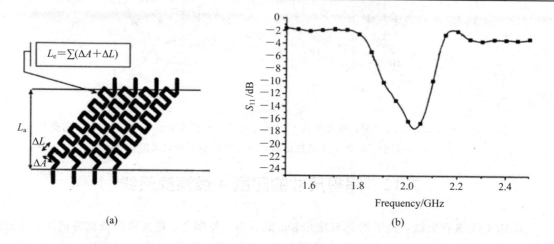

(a)　　　　　　　　　　　　　　　(b)

图 7.35　平面连续方波印刷 4 线螺旋天线及实测 S_{11}-f 特性曲线
(a) 结构；(b) S_{11}-f 特性曲线

如图 7.36(a) 所示，把由一对 $\lambda/4$ 长一端开路另一端与微带线相连构成的带阻滤波器置

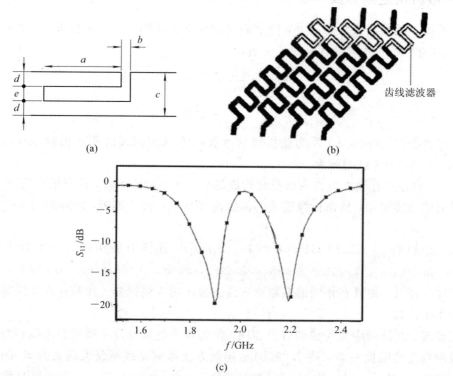

(a)　　　　　　　　　　　　　　　(b)

(c)

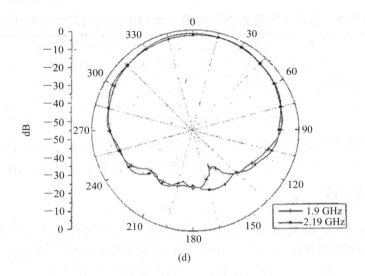

图 7.36　双频连续方波印刷 4 线螺旋天线及电性能

(a) 齿线滤波器；(b) 带齿线滤波器的平面双频连续方波印刷 4 线螺旋天线；

(c) $S_{11}-f$ 特性曲线；(d) 垂直面增益方向图

于如图 7.36(b) 所示的连续方波 4 线螺旋的末端，就构成了双频连续方波印刷 4 线螺旋天线。图 7.36(c)、(d) 分别是该双频天线实测 $S_{11}-f$ 特性曲线和在 1.9 GHz 及 2.19 GHz 实测垂直面增益方向图。由图看出：实测 $S_{11} < -10$ dB 有两个频段，低频段 1.9 GHz，相对带宽 4.8%；高频段 2.19 GHz，相对带宽为 4.5%。

7.12.2　每臂用不对称连续方波[18]

图 7.37(a) 是用 $\varepsilon_r = 2.2$，厚 0.127 mm 基板印刷制造的用连续不对称方波构成的缩短尺寸的 4 线螺旋天线。中心设计频率 $f_0 = 2.38$ GHz，天线的尺寸为：直径 27.4 mm，上升角 $\alpha = 64.3°$，绕线的宽度 2 mm。表 7.8 列出了连续不对称方波的其他尺寸及电性能，为了比较，还列出了标准 4 线螺旋天线的尺寸及电性能。

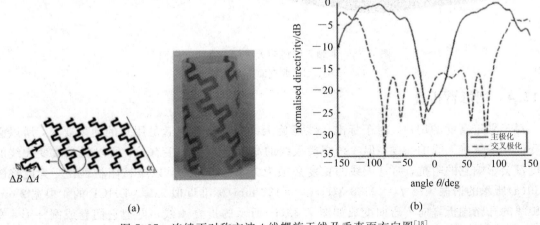

(a)　　　　　　　　　　　　　　　　(b)

图 7.37　连续不对称方波 4 线螺旋天线及垂直面方向图[18]

(a) 结构；(b) 垂直面增益方向图

表 7.8　连续不对称方波和标准 4 线螺旋天线的尺寸和电性能

	轴长 /mm	单元长度 /mm	ΔA /mm	ΔB /mm	f_0 /GHz	VSWR≤2 的相对带宽	R_{in} /Ω	效率	尺寸缩小百分比
连续不对称方波 4 线螺旋	53	142	6	4	2.38	4.6%	25.7	98%	33%
标准 4 线螺旋天线	78	87	—	—	2.4	7.9%	42.3	82%	

图 7.37(b)是连续不对称方波 4 线螺旋天线在 f_0 实测垂直面主极化和交叉极化增益方向图,由图看出,最大波束位于 $\theta=90°$,在 $50°<\theta<100°$ 的角度范围内,AR≤3 dB。

7.12.3　把每臂下倾

为了缩短末端开路 4 线螺旋天线的尺寸,如图 7.38(a)所示,把末端下倾类似倒 U 形正交偶极子,在底部依次用等幅,0°、90°、180° 和 270° 的相位给下倾 4 线螺旋天线馈电。中心设计频率 $f_0=3642$ MHz($\lambda_0=82.4$ mm),4 线螺旋天线的上升角 $\alpha=47.5°$,$h=40$ mm($0.485\lambda_0$),$r=10$ mm($0.12\lambda_0$),$T=23$ mm($0.279\lambda_0$),$g=5$ mm($0.067\lambda_0$)。图 7.38(b)是该天线的垂直面归一化方向图,实测最大增益为 3.5 dBic,30° 以上仰角,AR<2 dB。$S_{11}<-10$ dB 的相对带宽为 3.9%。相对于标准 4 线螺旋天线,高度缩小 43%。

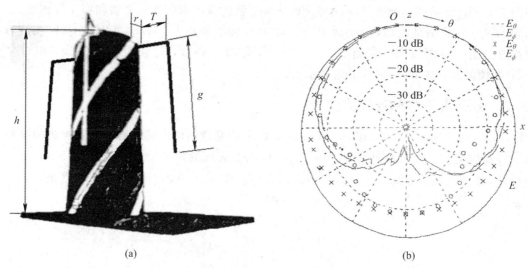

(a)　　　　　　　　　　　　　　　　(b)

图 7.38　下倾 4 线螺旋天线及垂直面方向图
(a)结构;(b)垂直面归一化方向图

7.12.4　把每臂折叠

对于限定高度的用户,由于标准 4 线螺旋天线的高度不能满足用户的使用要求,所以必须降低 4 线螺旋天线的高度,但 4 线螺旋天线的高度与阻抗直接有关,所以任意改变天线的高度都会影响它的阻抗,而且天线的长度必须为 $\lambda/4$ 的奇数倍,以维持阻抗匹配,为此将图 7.39(a)所示的谐振频率 $f_0=2338$ MHz($\lambda_0=128$ mm)标准近似 $3\lambda_0/4$ LHCP 的 4 根宽 2 mm 螺旋线的开路端折叠向下弯曲变成如图 7.39(b)所示的折叠 4 线,再把它们卷成圆柱形,变成图 7.39(c)所示用等幅、相位依次为 0°、90°、180° 和 270° 馈电网络馈电的标准和折叠 4 线螺旋天线。由于折叠,相对于标准 4 线螺旋天线,折叠 4 线螺旋天线高度降低了 20%。图

7.39(d)是在 1 m² 的方地板上实测该天线 $G_{max}=5$ dBic 的垂直面轴比方向图，由图看出，该天线的宽角轴比很好。

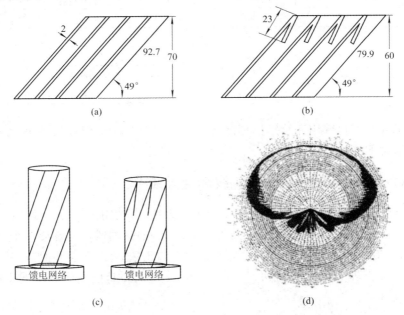

图 7.39　$f_0=2338$ MHz 标准和折叠 $3\lambda_0/4$ 4 线螺旋天线及垂直面轴比方向图

(a)平面标准 4 线螺旋；(b)平面折叠 4 线螺旋；(c)立体结构；(d)垂直面轴比方向图

7.12.5　几种缩短尺寸 4 线螺旋天线缩短百分比的比较

为了缩短印刷 4 线螺旋天线的尺寸，前面介绍了可以用不同上升角制造每臂螺旋线，也可以用连续方波、不对称方波、矩形环制造 4 线螺旋天线的每个臂。如图 7.40(a)所示，为了说明用上述方法相对标准 4 线螺旋天线缩短的百分比，调整它的尺寸，使 5 种 4 线螺旋天线有相同谐振频率、几乎相同的辐射方向图，其结果如表 7.9 所示。

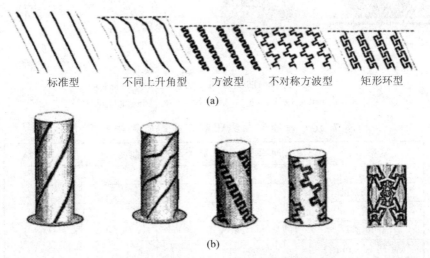

图 7.40　具有不同轴长 5 种印刷 4 线螺旋天线

(a)平面结构；(b)立体结构

表 7.9　相同谐振频率、5 种 4 线螺旋尺寸及带宽的比较

天线类型	天线高度/mm	每臂线长/mm	f_0/GHz	相对带宽	尺寸缩短的百分比
标准型	78	87	2.45	7.5%	0
不同上升角型	70	87	2.45	7.5%	9.8%
连续方波型	58	158	2.45	6%	26%
不对称方波型	53	142	2.45	5.5%	32%
矩形环型	50	145	2.45	4%	35%

由表 7.9 看出，把每臂用连续矩形环制造，尺寸缩短 35%，但在尺寸缩短的同时，天线的带宽变窄，增益下降。

7.12.6　缩短尺寸的双频曲线印刷 4 线螺旋天线[19]

采用图 7.41(a)、(b)所示的曲线印刷 4 线螺旋天线，不仅能缩短普通印刷 4 线螺旋天线的尺寸，而且可以作为 L1/L5 双频 GPS 天线。图 7.41(c)是曲线印刷螺旋一个臂的结构及参数。表 7.10 对具有相同半径 R，臂宽 W_a，上升角 α 和匝数 N 的普通和曲折印刷 4 线螺旋天线的参数作了比较。表 7.11 是用厚 $h=0.127$ mm，$\varepsilon_r=2.2$ 基板制作的曲线 L1/L5 GPS 天线一臂的具体尺寸。

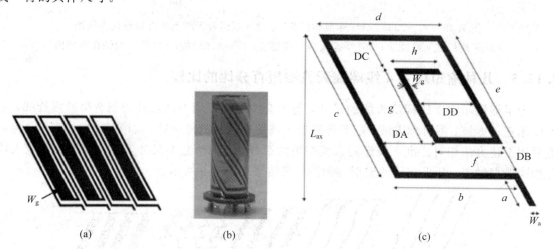

图 7.41　曲线印刷 4 线螺旋天线[19]

(a)平面结构；(b)立体结构；(c)一个臂的结构

表 7.10　普通和曲线印刷 4 线螺旋天线的尺寸

参数/mm	普通印刷 4 线螺旋天线	曲线印刷 4 线螺旋天线
轴长 L_{ax}/mm	127.16	72.48
臂长 L_e/mm	166	278
半径 R/mm	18	18
上升角 α/(°)	50	50
臂宽 W_a/mm	2	2
匝数 N	0.75	0.75

表 7.11 曲线印刷 4 线螺旋一个臂的尺寸

参数	a	b	c	d	e	f	g	h	W_a	DB	DA	DC	DD
尺寸/mm	3.9	13.6	87.8	11	79.8	6	73.2	2.5	2	3	2	3	4.5

臂长 $L_e = a + b + c + d + e + f + g + h$。

$f_0 = 1.26$ GHz 曲线印刷 4 线螺旋的臂长为 $1.25\lambda_0$，普通印刷 4 线螺旋只有 $0.75\lambda_0$，印刷 4 线螺旋天线的谐振频率 f_0 可以用下式计算：

$$f_0 = \frac{C}{\sqrt{\varepsilon_e}} \frac{2N+1}{4L_e} \tag{7.3}$$

式中，C 为光速。

用厚 0.127 mm，$\varepsilon_r = 2.2$ 薄基板制作了 L1/L5 曲线 4 线螺旋天线，天线轴长 $L_{ax} = 77$ mm，臂长 $L_e = 300$ mm，用 3 mm 厚、直径为 50 mm 的金属板作为地。该天线用一个 3 dB 90°定向耦合器和 2 个 3 dB 180°混合电路构成的馈电网络馈电。天馈的具体尺寸如下：

$a = 3.9$，$b = 14.7$，$c = 95.8$，$d = 12$，$e = 87$，$f = 6.6$，$g = 79.8$，$W_g = 12$，$W_a = DA = 2$，DB = 3，DC = 7，DD = 4.5（以上参数单位为 mm）。

该天线实测主要电参数如下：

(1) VSWR≤2 的谐振频率及相对带宽分别为：$f_1 = 1.14$ GHz 和 2.7%；$f_2 = 1.54$ GHz 和 4.7%；$f_3 = 1.84$ GHz 和 3.6%。

(2) AR<2 dB。

(3) 在 3 个谐振频率下，实测 G、相对带宽及 HPBW 如表 7.12 所示。

表 7.12 曲线印刷 4 线螺旋天线实测电性能

f/GHz	1.14	1.54	1.84
G/dBic	4.2	2.1	1.7
相对带宽/%	2.76	4.64	3.56
HPBW/(°)	126	156	172

7.12.7 变上升角和渐变绕制 4 线螺旋线金属带的宽度[20]

图 7.42(a)是 $f_0 = 1.53$ GHz（$\lambda_0 = 196$ mm），用 $\varepsilon_r = 2.2$，厚 0.127 mm 基板制成的宽带 4 线螺旋天线，天线的具体参数为：上升角 31°～69°，绕制 4 线螺旋天线金属带的长度 $L = 0.73\lambda_0$，宽度逐渐由 16 mm 减小到 2 mm，螺旋天线的轴长 $L_{ax} = 0.55\lambda_0$，周长 $C = 0.58\lambda_0$，接地板的直径为 $0.92\lambda_0$。图 7.42(b)为该天线实测 VSWR-f 特性曲线，由图看出，VSWR≤2 的相对带宽为 11%。为了比较，图中还给出了等上升角 $\alpha = 57°$、等宽度(2 mm)金属带、轴长 $L_{ax} = 0.61\lambda_0$ 的 4 线螺旋天线的 VSWR-f 特性曲线，由图看出，VSWR≤2 的相对带宽仅为 6%。图 7.42(c)分别是该天线在 1.43 GHz 和 $f_0 = 1.53$ GHz 实测垂直面赋形轴比方向图，由图看出，HPBW=170°，最大增益位于 $\theta = 60°$，具有好的轴比，但在 f_0，天顶角轴比不好。把接地板变小为 $0.5\lambda_0$ 时，天顶角的轴比小于 1 dB，如图 7.42(c)所示。

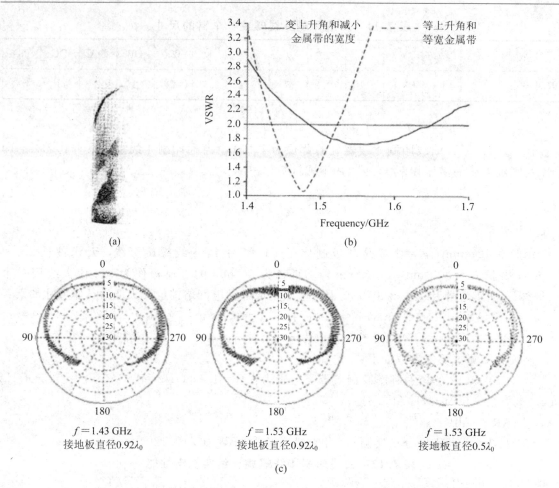

图 7.42　变上升角和渐变每臂金属带宽度 4 线螺旋天线及实测电性能[20]

(a) 立体(照片)；(b) VSWR - f 特性曲线；(c) 垂直面赋形轴比方向图

7.13　赋形波束 4 线螺旋天线

7.13.1　赋形圆锥波束 4 线螺旋天线[21]

谐振 4 线螺旋天线具有心脏形方向图，在宽角范围内具有相当好的圆极化，不仅尺寸小，没有地，而且对附近的金属结构不敏感。

用整数圈 4 线螺旋天线可以构成最大辐射方向朝向馈电点的背射赋形圆锥方向图，所谓赋形圆锥波束是指在全锥角 100°～180°锥角方向图中，最大值位于锥角的边缘，中心电平比边缘电平下降 3～20 dB。

4 线螺旋天线由 4 根螺旋线和与其相连的两部分径向线组成。顶端 4 根径向线与馈电网络相连，底端 4 根径向线端接在一起，如图 7.43(a)所示，在馈电区，分别给相反的一对辐射单元反相馈电，就能构成两个独立的双线螺旋天线，再给双线螺旋天线用 90°相差馈电，就构成了圆极化 4 线螺旋天线。4 线螺旋天线的参数如下：

(1) P 为沿螺旋天线轴线测量的螺距；

（2）N 为圈数；

（3）$K = r_0/p$；

（4）r_0 为 4 线螺旋天线的半径；

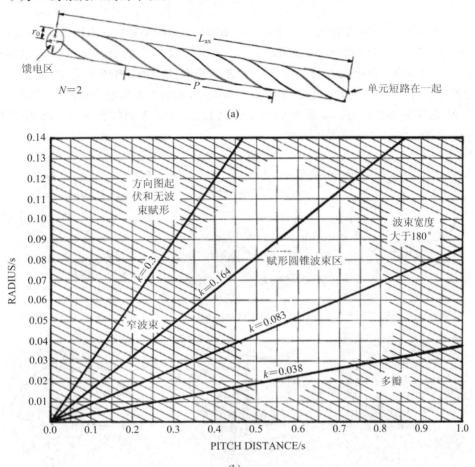

(a)

(b)

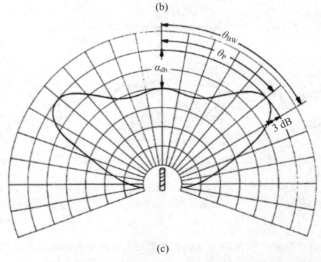

(c)

图 7.43　赋形波束 4 线螺旋天线[21]

(a) 结构；(b) 赋形圆锥波束区与 $r_0(\lambda)$、$P(\lambda)$ 的关系曲线；(c) 圆锥方向图的三大参数

（5）L_{ax} 为螺旋天线的轴长，$L_{ax} = pN$。

一个臂单元长度 L_e 与其他参数有如下关系：

$$p = \left(\frac{L_e - 2r_0{}^2}{N} - 4\pi^2 r_0{}^2 \right)^{0.5} \tag{7.4}$$

图 7.43(b) 是赋形圆锥波束区与半径 $r_0(\lambda)$、螺距 $P(\lambda)$ 的关系图，由图看出，$r_0(\lambda)$ 和 $P(\lambda)$ 太小，就会落入中心无最小的窄波束区；对中等螺距，仅用小的直径就能得赋形圆锥波束，但大螺距会出现多瓣；直径太大会产生中心无最小的圆锥波束，还会有起伏和其他失真，螺距太大会产生大于 $180°$ 的波束宽度。常用图 7.43(c) 所示的三大参数来描绘圆锥波束方向图。

图 7.44 是实测 $N=2、3、5，K=0.038、0.164、0.083$，不同螺距 p 的 4 线螺旋天线的垂直面赋形方向图。

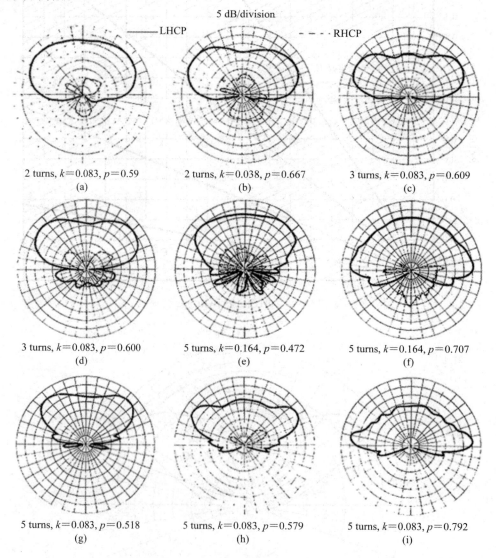

图 7.44　实测不同 N、K、p 的 4 线螺旋天线的垂直面赋形方向图[21]

由图看出，$N=5，K=0.164，p=0.707$ 和 $N=5，K=0.083，p=0.792$ 垂直面方向图最大平均位于 $\theta=90°$ 附近。

图 7.45(a)是 L 波段(1545～1660.5 MHz)相对带宽为 7.2％，5 圈总长度为 500 mm $(2.67\lambda_0)G_{max}=7$ dBic 4 线螺旋天线的照片，图 7.45(b)是该 4 线螺旋天线在不同螺距 p 和每一圈不同长度 L 的垂直面赋形方向图，由图看出，随螺距 p 增大，最大辐射方向移向低仰角。

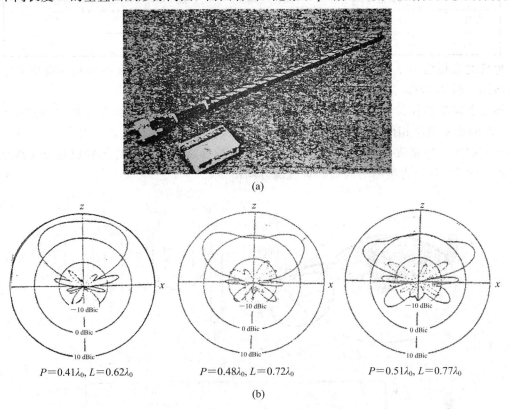

(b)

图 7.45　5 圈 4 线螺旋天线及不同螺距 p、每一圈不同长度 L 的垂直面赋形方向图

(a)照片；(b)垂直面赋形方向图

7.13.2　具有马鞍形方向图的圆极化曲线螺旋天线[25]

4 线螺旋天线具有重量轻、尺寸小、低成本和好的电性能等优点，特别适合作低轨道卫星天线。低轨道(650 km)小型多发射卫星与地面站的三角关系如图 7.46 所示。图中 d 为斜距，h 为卫星轨道的高度，R_E 为地球的半径，θ_s 和 θ_c 分别为卫星和地面站的观察角度，它们之间有如下关系：

$$\frac{\sin\theta_c}{R_E+h}=\frac{\sin\theta_s}{R_E}=\frac{\sin(\theta_c+\theta_s)}{d} \qquad (7.5)$$

$$d=R_E\frac{\sin(\theta_c+\theta_s)}{\sin\theta_s} \qquad (7.6)$$

$$\theta_s\cong\sin^{-1}(1.1\sin\theta_s) \qquad (7.7)$$

地面站要求天线有均匀方向图，在 2.26 GHz $(\lambda_0=132.7$ mm)，设计了如表 7.13 所示的两种尺

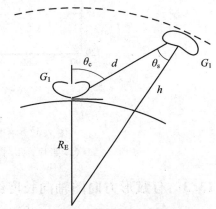

图 7.46　低轨道小型卫星与地面站的三角关系

寸的 4 线螺旋天线。

表 7.13　4 线螺旋天线的尺寸

	长度/mm	直径/mm	上升角 α/(°)	导线的直径/mm
天线 1	76(0.57λ_0)	47(0.354λ_0)	45.8	1
天线 2	76.8(0.578λ_0)	29.6(0.223λ_0)	58.5	1.9

地板的直径为 150 mm(1.13λ_0)和 300 mm(2.26λ_0)，300 mm 大的地板具有更好的马鞍形方向图。图 7.47(a)为天线的照片。

用 2 个输出路径长度差 $\lambda/4$ 的 Wilkinson 功分器在 4 线螺旋天线底部径向线的中心，按图 7.47(b)所示馈电相位，给 4 线螺旋天线馈电，实测 VSWR<1.3 的相对带宽为 2%，为了减小在方向图一边接收信号的变化，用了一对 $\lambda/4$ 长套筒和 $\lambda/2$ 长 U 形管巴伦给 4 线螺旋天线馈电。图 7.47(c)为实测的马鞍形垂直面方向图。

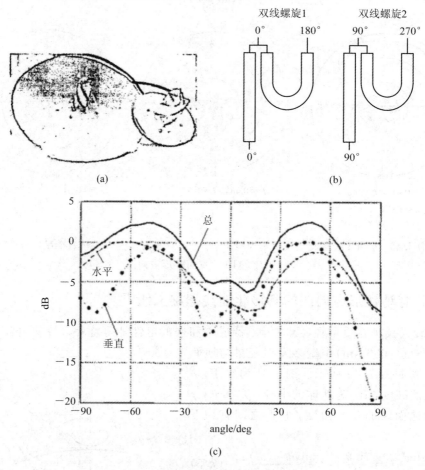

图 7.47　有马鞍形方向图的 4 线螺旋天线[25]
(a)照片；(b)馈电相位；(c)马鞍形垂直面方向图

7.13.3　有赋形方向图轴向长度缩短的 4 线螺旋天线[22]

图 7.48(a)为有赋形方向图的标准印刷 4 线螺旋天线，但轴向长度为 1.5λ～2.5λ，对于

仍然需要赋形方向图又要缩短轴向长度的用户来说，可采用图 7.48(a)右边所示的正弦印刷
4 线螺旋天线。由图看出，正弦印刷 4 线螺旋天线的 4 个辐射臂由连续的正弦曲线构成。为
了构成圆极化，标准和正弦 4 线螺旋天线的谐振长度均采用 $\lambda/2$ 长的整数倍，在顶部短路，
底部用等幅、相位依次为 $0°$、$90°$、$180°$ 和 $270°$ 的馈电网络与 4 线螺旋天线相连馈电，天线位
于直径为 $0.34\lambda_0$ 的小地板上。

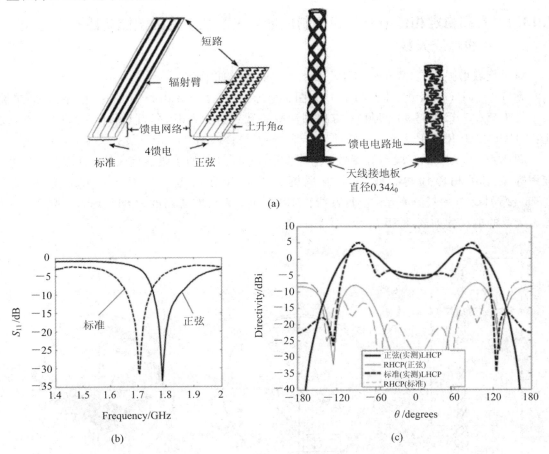

图 7.48　标准和正弦印刷 4 线螺旋天线及实测电性能

(a) 平面和立体结构；(b) S_{11}-f 特性曲线；(c) 垂直面赋形方向图随 θ 的变化

中心设计频率 $f_0 = 1700\ \text{MHz}(\lambda_0 = 176.5\ \text{mm})$，共用 15 个正弦曲线设计制造了表 7.14
所示的尺寸和电尺寸的正弦和标准印刷 4 线螺旋天线。

表 7.14　1700 MHz 标准和正弦 4 线螺旋天线的尺寸和电尺寸

参　数	标准 4 线螺旋天线	正弦 4 线螺旋天线
轴长	297 mm($1.68\lambda_0$)	151 mm($0.855\lambda_0$)(缩短 49%)
螺旋线长度	333 mm($1.887\lambda_0$)	304 mm($1.72\lambda_0$)
上升角 α	$6.3°$	$59°$
匝数	1.9	1.18
螺旋线宽度	6 mm($0.034\lambda_0$)	3.4 mm($0.019\lambda_0$)
地板直径	60 mm($0.34\lambda_0$)	60 mm($0.34\lambda_0$)

图 7.48(b)是两种 4 线螺旋天线实测 S_{11}-f 特性曲线，由图看出，标准 4 线螺旋天线在 1700 MHz 时 S_{11} 最小，但正弦 4 线螺旋天线在 1788 MHz 时 S_{11} 最小，频移 5%。图 7.48(c) 是在 1700 MHz 实测两种 4 线螺旋天线的垂直面赋形方向图，由图看出，在仰角 $\theta = 85°$ 左右，标准和正弦 4 线螺旋天线的增益分别为 5 dBic 和 3 dBic。实测两种 4 线螺旋天线 AR≤3 dB 的波束宽度均超过 140°。该天线还有另外一个优点，即在大部分角域内交叉极化比较低。

7.13.4　有高稳定相位中心和能扼制低仰角多路径干扰的 7 圈 3 段不等直径 4 线螺旋天线[26]

对于宽域增强系统(WAAS)GPS 天线的性能要求如下：

f：1575 MHz；极化：RHCP；方向图：半球形；$G > -2$ dBic($5°\sim90°$ 仰角)；全向性：小于等于 ±2.5 dB($5°\sim90°$ 仰角)；方向图滚降系数：小于 2 dB/每度(低于 5° 仰角)；交叉极化：LHCP 低于 RHCP 大于 10 dB(仰角 $-30°\sim45°$)；VSWR：1.5；最大高度：1 m。

图 7.49(a)为 7 圈 3 段不等圈数、不等直径、不同轴长的 4 线螺旋天线，顶端两个双线螺旋用等幅、90° 相差馈电。底部 4 根螺旋天线短接在一起。相对中心设计频率 $f_0 = 1575.42$ MHz($\lambda_0 = 190.4$ mm)，每臂线长 1.275 m，天线的总高度为 846 mm，7 圈 3 段 4 线螺旋天线的电尺寸如表 7.15 所示。

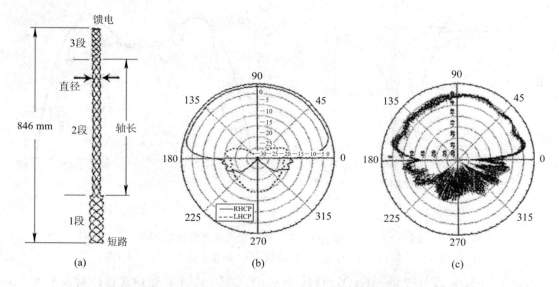

图 7.49　7 圈 3 段不等直径 4 线螺旋天线及仿真实测垂直面增益方向图[26]

(a)结构；(b)仿真垂直面增益方向图；(c)实测垂直面增益方向图

表 7.15　7 圈 3 段 4 线螺旋天线的电尺寸(λ_0)

参　数	第 1 段	第 2 段	第 3 段
匝数	1.5	4	1.5
轴长(λ_0)	0.9773	2.847	0.6227
直径(λ_0)	0.2965	0.1779	0.1927
线径(λ_0)	0.042	0.042	0.042

　　图 7.49(b)、(c)分别是该天线仿真和实测垂直面增益方向图，由图看出，10°～90°仰角，方向图不仅呈半球形，而且均匀复盖，水平电平比最大增益 3.7 dBic 低 15.4 dB。方向图滚降系数近似为 1.6～1.8 dB/每格，在 37°～90°仰角，相位中心近似为 ±10 mm，15°～37°仰角，相位中心近似为 ±20 mm。

7.14　圆锥 4 线螺旋天线

7.14.1　顶馈圆锥 4 线螺旋天线

　　图 7.50(a)是顶馈圆锥 4 线螺旋天线，图中 $2\theta_0$ 为锥角，$2L_f$ 为馈电长度，τ 为上升角，半径为 ρ，天线的臂长 $r=r_0\exp(a\phi_w)$，$r_0=L_f/\sin\theta_0$，缠绕常数 $a=\sin\theta_0\tan\rho$，ϕ_w 为缠绕角，每臂的长度 L_e 为

$$L_e = \frac{r_0}{a}\sqrt{a^2+\sin^2\theta_0\big[\exp(a\phi_w)-1\big]}+L_f \tag{7.8}$$

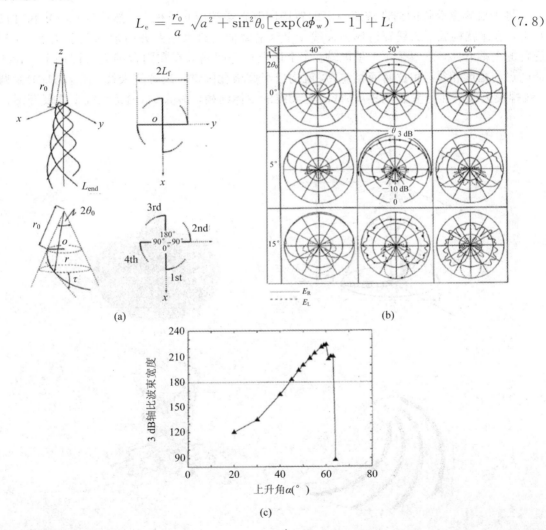

图 7.50　顶馈圆锥 4 线螺旋天线及不同 $2\theta_0$、τ 的垂直面方向图和 3 dB AR 波束宽度与上升角 τ 的关系曲线
(a)天馈结构；(b)垂直面方向图(不同 $2\theta_0$、τ)；(c)3 dB AR 波束宽度与上升角 τ 的关系曲线

　　为了获得轴向波束，4 个臂要用等幅、0°、90°、180°和 270°相位差的馈电网络馈电。图 7.50(b)是 $\rho = 0.004\lambda_0$，$2L_f = 0.1333\lambda_0$，$L_e = 6.667\lambda_0$，$2\theta_0$ 分别为 0°、5°、15°，上升角 $\tau = 40°$、50°、60°的 4 线圆锥螺旋天线 $\phi = 0°$ 的垂直面方向图。由图看出，随锥角 $2\theta_0$ 的增加，方向图的波束越来越宽，反向不需要的辐射也随之变大；随上升角 τ 的增加，最大辐射方向偏离轴向，指向水平面，甚至朝向下半球。图 7.50(c)是 $2\theta_0 = 5°$，上升角 τ 与 3 dB AR 波束宽度的关系曲线，由图看出，$\alpha \leqslant 60°$，3 dB AR 波束宽度随 α 的上升而变宽。在 $0.85f_0 \sim 1.15f_0$ 相对带宽为 30% 的带宽内，$2\theta_0 = 5°$，$\tau = 60°$，3 dB AR 波束宽度为 $218° \pm 6°$，相对 350 Ω，VSWR < 1.6，$G = 4$ dBic。

　　圆锥 4 线螺旋天线的工作带宽主要取决于天线的尺寸，尺寸必须足够大，才能维持宽的有效辐射区。

7.14.2　底馈圆锥印刷 4 线螺旋天线[23]

　　将 4 根等宽等长的铜带按照一定的轨迹印制在柔软薄介质板上，然后绕在一定尺寸的圆台上，这样就构成了天线辐射体。天线 4 个臂的绕向与最大辐射方向形成左手关系。4 根螺旋臂的上端开路，下端是 4 个馈电端。4 个馈电点等间隔分布在圆台的底面圆周上。让 4 个馈电点的幅度相等，相位两两相差 90° 就构成了圆极化圆锥 4 线螺旋天线，图 7.51(a)是圆锥 4 线螺旋天线的几何参数，图 7.51(b)是天线的主体结构，图 7.51(c)是天线平面展开图。

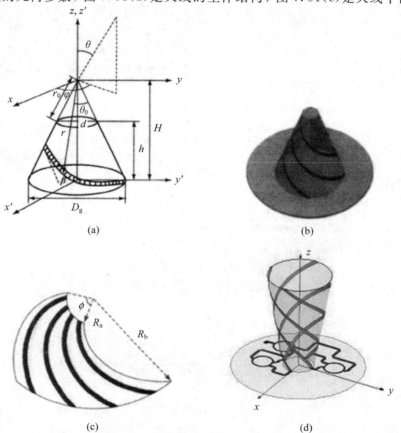

图 7.51　底馈圆锥 4 线螺旋天线[23]

(a)几何参数；(b)立体结构；(c)平面展开图；(d)倒锥

图中：θ_0 为圆台延伸后所形成的圆锥的半锥角；d 为圆台的小直径；D_g 为圆台的大直径；h 为圆台的高度，即天线的高度；H 为圆锥体的高度；β 为螺旋角；P 为螺旋臂的螺距；L_e 为螺旋臂的长度；W 为螺旋臂的宽度；r_0 为螺旋臂的起始点到锥顶的径向距离；r 为螺旋臂上任意一点到锥顶的径向距离；N 为匝数；D 为地板直径；φ 为平面展开图的角度；R_a 为平面展开图的小半径；R_b 为平面展开图的大半径。

圆锥 4 线螺旋天线的曲线方程为

$$\begin{cases} r = r_0 e^{a\varphi} \\ a = \dfrac{\sin\theta_0}{\tan\beta} \end{cases} \tag{7.9}$$

天线的臂长可由下式确定：

$$L_e = \int_0^{2\pi N} \sqrt{\left(\frac{D}{2} + \Delta\frac{\varphi}{2\pi}\right)^2 + \left(\frac{\Delta}{2\pi}\right)^2 + \left(\frac{H}{2\pi}\right)^2}\, d\varphi \tag{7.10}$$

其中，Δ 为螺旋线绕一圈后的半径变化量。

令 $N=0.75$、$P=H$，由几何关系可得：

$$\begin{cases} d = 0.5P\tan\theta_0 \\ D = 2P\tan\theta_0 \\ h = 0.75P \\ \beta = \tan^{-1}\left(\dfrac{1.5\pi \cdot \sin\theta_0}{\ln 4}\right) \\ \Delta = \dfrac{d-D}{2N} \\ L_e = \displaystyle\int_0^{2\pi N} \sqrt{\left(\frac{D}{2} + \Delta\frac{\varphi}{2\pi}\right)^2 + \left(\frac{\Delta}{2\pi}\right)^2 + \left(\frac{H}{2\pi}\right)^2}\, d\varphi \end{cases} \tag{7.11}$$

根据(7.16)式可知，螺距 P 和半锥角 θ_0 是自由变量；圆台的上下直径 d 和 D_g、螺旋角 β 与螺旋臂的长度 L_e 都依赖于螺距和半锥角的变化。

圆锥 4 线螺旋天线的尺寸为：$L_e = 0.75\lambda_0$，$W = 0.021\lambda_0$，$D_g = 0.7\lambda_0$，表 7.16 是不同锥角天线的 HPBW、AR 和 G；圆锥 4 线螺旋天线的尺寸为：$2\theta_0 = 30°$，$W = 0.021\lambda_0$，$D_g = 0.7\lambda_0$，表 7.17 是不同 L_e 天线的 HPBW、AR 和 G。

表 7.16　不同锥角、天线的 HPBW、AR 和 G

$2\theta_0$	HPBW(°)	AR	G
20°	183°	<1.1	≤3.27 dBic
30°	152°	<1.26	≤4.16 dBic
40°	112°	<1.23	≤5.6 dBic

表 7.17　不同 L_e 天线的 HPBW、AR 和 G

L_e	HPBW(°)	AR	G
$\lambda_0/4$	91°	<1.25	≤6.48 dBic
$\lambda_0/2$	102°	<1.1	≤5.54 dBic
$3\lambda_0/4$	152°	<1.26	≤5.16 dBic
λ_0	179°	<1.78	≤4.46 dBic

由表 7.16 和表 7.17 看出，$\lambda_0/2 < D_g < 3\lambda_0/4$，$2\theta_0$ 越小，L_e 越长，天线的性能越好。中心设计频率 $f_0 = 1575$ MHz($\lambda_0 = 190$ mm)，天线的具体尺寸如下：

$N = 0.75$，$2\theta_0 = 24°$，$d = 15.09$ mm，$D_g = 60.37$ mm，$h = 160.5$ mm，$P = 142$ mm，$L = 142.68$ mm，$W = 3$ mm，$D = 180$ mm。平面展开图的几何参数为：$\varphi = 75°$，$R_a = 26.29$ mm，$R_b = 149.08$ mm。

馈电介质板选用 $\varepsilon_r = 2.65$，厚度为 1 mm 的聚四氟乙烯。软材料选用 $\varepsilon_r = 2.65$，厚度为 0.2 mm 的聚四氟乙烯。圆台体选用 $\varepsilon_r = 2.25$ 的聚乙烯。

该天线的馈电网络由 2 个 90°分支线定向耦合器和 1 个 180°环形混合电路组成，主要实测电参数如下：

(1) 在 1.47～1.6 GHz 频段，VSWR≤1.5，相对带宽为 8.5%；

(2) AR≤3 dB 的相对带宽为 22%；

(3) HPBW=200°(f_0)。

倒锥形 4 线螺旋天线的参数定义基本上与圆锥 4 线螺旋天线相同，中心设计频率 $f_0 = 1.6$ GHz($\lambda_0 = 187.5$ mm)。天线的具体尺寸如下：$r_0 = 15.2$，$d = 15.5$，$p = 130$，$N = 0.75$，$R_a = 127.9$，$R_b = 225.4$，$\phi = 42.8°$，$W = 3$，$L_e = 0.746\lambda_0 = 140$(以上参数单位为 mm)。该天线主要实测电参数如下：

(1) VSWR≤1.5 的相对带宽为 48.1%；

(2) AR≤3 dB 的相对带宽为 28.7%；

(3) 在频率 1.35 GHz、1.6 GHz 和 1.85 GHz，实测 HPBW 分别为 158°、164°、170°；实测最大增益分别为 1.5 dBic、2.87 dBic 和 1.39 dBic，在 15°仰角实测增益分别为 −1.96 dBic、−0.6 dBic 和 −1.6 dBic。

参 考 文 献

[1] KILGUS C C. Resonant Quadrifilar Helix Design. Microwave Journal, 1970, 13 - 12: 49 - 54.

[2] 易力. 谐振式四臂螺旋天线的矩量法分析. 电子科学学刊, 1989, 11(3): 250 - 256.

[3] IEEE Trans Antennas Propag, 1991, 39(8): 1229 - 1231.

[4] QST. 1996: 30 - 34.

[5] AMIN M, CAHILL R. Bandwidth Limitation of Two-Port Fed and Self-Phased Quadrifilar Helix Antennas. Microwave OPT Technol Lett, 2005, 46(1): 11 - 14.

[6] SHUMAKER P K, HO C H, SMITH K B. Printed half-wavelength quadrifilar helix antenna for GPS marine applications. Electronics Lett, 1996, 32(3): 153 - 154.

[7] 通信对抗. 2014, 39(2).

[8] HO C H, SHUMAKER P K, FAN L, et al. Printed cylindrical slot antenna for GPS commercial applications. Electronics Lett, 1996, 32(3): 151 - 152.

[9] 美国专利. 6, 160, 523.

[10] FUSCO V F, CAHILL R, et al. Quadrifilar Loop Antenna. IEEE Trans Antennas Propag, 2003, 51(1): 115 - 119.

[11] CHEN Yenyu, WONG Kinlu. Low-Profile Broadband Printed Quadrifilar Helical Antenna for Broadcasting Satellite Application. Microwave OPT Technnol Lett, 2003, 36(2): 134 - 136.

[12] CHOW Y W, YUNG E K N, HUI H T. Quadrifilar Helix Antenna With Parasitic Helical Strips. Microwave OPT Technol Lett, July, 2001, 30(2): 128 – 130.

[13] 林敏, 等. 一种新型螺旋天线的设计. 电子工程师, 2000(3): 16 – 18.

[14] LETESTU Y, SHARAIHA A. Broadband Folded Printed Quadrifilar Helical Antenna. IEEE Trans Antennas Propag, 2006, 54(5): 1600 – 1603.

[15] BYUN G. CHOO H, KIM S. Design of a Dual-Band Quadrifilar Helix Antenna Using Stepped-Width Arms. IEEE Trans Antennas propag, 2015, 63(4): 1858 – 1862.

[16] BAI Xudong, et al. Compact Design of Triple-Band Circularly Polarized Quadrifilar Helix Antennas. IEEE Antennas Wireless Propag Lett, 2014, 13: 380 – 383.

[17] LETESTU Y, SHARAIHA A. Multiband printed quadrifilar helical antenna. Electronics Lett, 2010, 46(13): 885 – 886.

[18] IBAMBE M G, LETESTU Y, SHARAIHA A. Compact printed quadrifilar helical antenna. Electronics lett, June, 2007, 43(13): 697 – 698.

[19] RABEMANANTSOA J. Size Reduced Multi-Band Printed Quadrifilar Helical Antenna. IEEE Trans Antennas Propag, 2011, 59(9): 3138 – 3143.

[20] RABEMANANTSOA J, SHARAIHA A. Broadband compact printed quadrifilar helical antenna for balloon campaign applications. Electronics Lett, 2002, 38(17): 944 – 945.

[21] CHARLES C. KILGUS. Shaped-Conical Radiation Pattern Performance of the Backfire Quadrifilar Helix. IEEE Trans Antennas Propag, 1975: 392 – 397.

[22] HEBIB S, et al. Compact Printed Quadrifilar Helical Antenna With Iso-Flux-Shaped Pattern and High Cross-Polarization Discrimination. IEEE Antennas Wireless Propag Lett, 2011, 10: 635 – 638.

[23] 沈仁强, 尹应增, 马金平, 等. 圆锥印刷四臂螺旋天线的分析与设计. 微波学报, 2007, 23(5).

[24] IITSUKA Y, OKAMOTO Y, HAGE T. A Low Profile Quadrifilar Helix Antenna for Satellite Communication. IEEE APS, 2002: 728 – 730.

[25] REZAEI P. Design of Quadrifilar Helical Antenna for Use on Small Satellites. IEEE APS, 2004: 2895 – 2898.

[26] BEST S R. A 7-Turn Multi-Step Quadrifilar Helix Antenna Providing High Phase Center Stability and Low Angle Multipath Rejection for GPS Applications. IEEE APS, 2004: 2899 – 2902.

[27] ZHENG L, GAO S. Compact dual-band printed square quadrifilar helix antenna tor global navigation satellite system receivers. Mictowave Opt Technol Lett, 2011, 53(5): 993-997.

[28] QIU J, LI W, SUO Y. Simulation and comparison of two classes of circularly polarized triple-frequency antennas. First International Symposium on Systems and Control in Aerospace and Astronautics, 2006: 643 – 646.

第 8 章　高性能 GNSS 天线

8.1　高性能 GNSS 对天线的要求[1]

　　大地观测、飞机着陆控制和姿态测量等都需要高精度 GPS 应用系统，限制这些应用系统精度的主要误差源是多径误差。多径干扰是视线信号折回到天线，从周围环境和位于天线附近不同方位目标反射和绕射的结果，加之经多径到达接收天线上的信号，由于相位不同，结果造成大的幅度和相位失真。GNSS 天线最容易受到低仰角多径信号的干扰，因为这些区域天线的主极化信号通常很弱。

　　在 GPS 系统，天线除接收来自卫星的直射信号外，还会接收经地面和天线周围其他物体的一个或多个反射信号，由于 GPS 接收机是基于接收信号之和来计算位置的，多径干扰信号会造成卫星到用户的距离测量误差。其中位置误差在很大程度上取决于反射信号相对直射信号的强度，及反射信号和直射信号之间的延迟时间。

　　低仰角多径信号分成两类：一类是由于绕射造成的多径干扰信号，另一类是由于反射造成的多径干扰信号。绕射信号经过衰减之后仍然维持 RHCP，这些信号的到达方向接近水平方向。

　　对于高精度应用，发生在天线附近由反射信号造成的多径是最严重的误差源，因为这些反射信号不仅幅度相对强，而且在时间上又不能明显地把它们与直射信号分开，即使用信号处理技术也很难把它们消除。为了扼制这些绕射信号，应采用能减小表面波和横向波的 GPS 天线，要求天线的垂直面方向图在接近水平时迅速收缩，天顶角到水平天线的衰降系数要大于 10 dB。对 RHCP GPS 天线，由于来自水平面以下目标的一次反射信号为 LHCP，因此使用能有效扼制 LHCP 的天线就能消除直接反射造成的多径效应，尽管不能消除二次反射造成的多径效应，但二次反射强度要弱得多。为了扼制多径干扰，应尽量使用窄波束天线，但对差分 GPS 应用，为了在所有时间跟踪两颗 GPS 卫星，要求天线的垂直面方向图要足够宽（HPBW≥120°），高精度 GPS 天线还必须有稳定的相位中心和尽量纯的极化纯度、低轴比、低 VSWR。

　　由于微带天线具有低轮廓、重量轻和易生产制造等优点，因而高精度 GNSS 多采用贴片天线。小尺寸是便携式应用对天线最重要的要求。对以基模谐振频率工作的普通贴片天线，贴片天线的尺寸不可能比矩形贴片的尺寸 $\lambda_g/2$ 小很多，用主模谐振结构加载可以使普通谐振贴片结构紧凑。加载的方法很多，可以用介质、集总或分布元件，或采用微扰技术。

　　减小贴片尺寸最直接、简单的方法就是使用高 ε_r 基板，因为贴片的谐振长度正比于 $1/\sqrt{\varepsilon_r}$，但在用大 ε_r 减小贴片天线尺寸的同时，却会使贴片天线的带宽变窄、辐射效率变差。

　　电小天线的特性必然是低辐射电导，在谐振点附近呈现大的电抗变化，导致高 Q 值，因此呈现窄的带宽。增加辐射电导最常用的方法就是增加基板的厚度，由于降低了 Q 值从而导致更大的辐射电导，使带宽增加，但用高 ε_r 厚基板制作贴片天线会带来差的辐射效率，还会产生表面波。可见，为了提高微带 GNSS 天线的辐射效率，必须扼制表面波。扼制表面波不仅能提高天线的辐射效率，对于高性能 GNSS 天线，扼制表面波还能提高系统性能。

8.2　减小 GNSS 贴片天线表面波和扼制多径干扰的方法

1. 采用背腔贴片天线

为了防止表面波传播，在贴片周围加装电壁，即采用背腔结构。为了说明背腔贴片天线提高辐射效率的效果，用厚 3 mm，$\varepsilon_r = 17.1$ 的陶瓷基板制作了 $f_0 = 1.66$ GHz 且有不同地板尺寸的圆极化贴片天线，天线地板的尺寸、G 及效率如表 8.1 所示。

表 8.1　不同尺寸贴片天线的增益和效率

地板尺寸	f_0/GHz	G/dB	效率/%
薄板（较大）	1.660	3.6	65
40 mm×40 mm	1.670	−1.4	17
28 mm×28 mm	1.640	−2.2	15
28 mm×28 mm（带背腔）	1.655	2.30	42

由表可看出，随着天线地板尺寸的减小，天线的效率也随之减小，但对于采用相同尺寸带有背腔的贴片天线，天线的效率明显提高。

2. 利用微机械技术

微机械技术就是把贴片下面基板中的介质去掉，用低介质常数基板来减小泄漏的功率，减小从天线边缘的再辐射，但该方法的缺点是天线尺寸变大。

利用光电带隙形成的高阻平面，由于在天线周围要附加光电带隙结构，因此天线的尺寸也相应变大。

3. 采用扼流环地面

扼流环地面，也叫波纹金属表面，是最常用的利用赋形方向图扼制多径干扰的一种地面，它属于用来扼制天线结构中表面波传播的一类电磁软平面。扼流环地面是有 $\lambda/4$ 深缝隙的圆形地面，由于 $\lambda/4$ 深的缝隙在底部短路、在顶部开路，因而导致顶平面为高阻地面，高阻地面使天线有低副瓣电平、光滑的幅度和相位方向图。

4. 采用短路环贴片天线

由于环形贴片中间无辐射金属层，加之环形贴片的内边缘与地板短路连接，因而不会激励起表面波，由于减小了表面波，因而扼制了多径干扰。能减小表面波的短路环贴片天线有圆形、椭圆形，有单频、层叠双频，可以用同轴线、微带线单馈，也可以双馈。

8.3　用电磁带隙构成的高阻地面

用电磁带隙（EBG）结构构成的高阻平面也能扼制贴片天线的表面波传播，它是在天线周围用周期加载结构产生的高阻平面来阻止表面波传播和在天线边缘的绕射。该方法虽然具有低轮廓的优点，但需要使用面积较大的电磁带隙结构，因而存在天线尺寸变大的缺点。图 8.1(a)是安装在电磁带隙高阻地面上的 GPS 4 缝隙螺旋天线，为了扼制表面波及天线边缘的绕射和反射，在 4 缝隙螺旋天线的周围产生表面波的区域内，切割了间隔为 0.1λ 的两个同心槽，通过在天线的边缘用周期圆孔构成的电磁带隙结构来扼制多径干扰。图 8.1(b)是位于电磁带隙高阻地面上的低轮廓 GPS 天线。

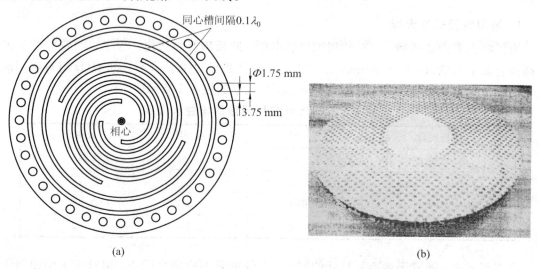

(a)　　　　　　　　　　　　　　(b)

图 8.1　位于电磁带隙高阻地面上的 GPS 4 缝隙螺旋天线和低轮廓 GPS 天线
(a)4 缝隙螺旋天线；(b)低轮廓 GPS 天线

【实例 8.1】位于 EBG 结构上的小尺寸 GPS LI 天线[2]。

为了减小 GPS 天线的尺寸，最有效的办法是采用高介电常数基板，但高介电常数基板不仅会激励起表面波，而且会使天线的带宽特别是轴比带宽变窄，为克服上述缺点，将 GPS 天线置于带有 EBG 结构的平面上。图 8.2(a)是用厚 $t=1.905$ mm，$\varepsilon_r=10$ 的基板制造的位于边长为 80 mm 方地板上、边长 $L=25$ mm 的方贴片天线，为了沿方贴片对角线用同轴线单馈实现圆极化，利用了在方贴片上切割的两对尺寸不同的 T 形缝隙产生的兼并模。经过优化设

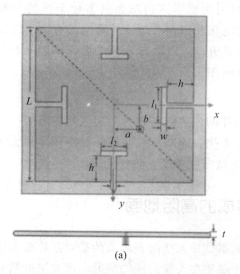

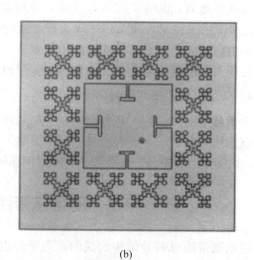

(a)　　　　　　　　　　　　　　(b)

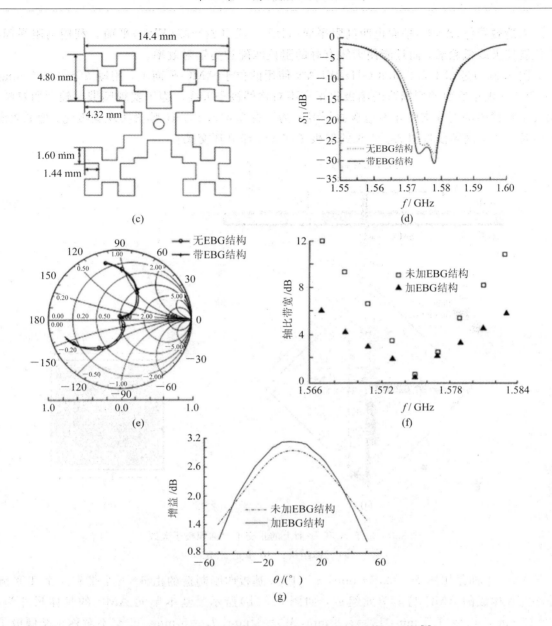

图 8.2　有和无 EBG 结构小尺寸 GPS L1 天线及电性能[2]

(a) 单馈 GPS 天线；(b) 位于 EBG 结构地板上的 GPS 天线；(c) 单元 EBG 结构及尺寸；

(d) S_{11}-f 特性曲线；(e) 阻抗圆图；(f) AR-f 特性曲线；(g) 增益方向图

计，T 形缝隙的尺寸为：$W=0.68$ mm，$l_1=4.86$ mm，$l_2=4.38$ mm，$h=4.34$ mm；馈电点的位置为：$a=2.25$ mm，$b=2.22$ mm。图 8.2(b) 是位于用 Koch 分形结构构成的 EBG 结构地板上的 GPS 天线，单元 EBG 结构的尺寸如图 8.2(c) 所示。图 8.2(d)、(e)、(f)、(g) 分别是该天线有和无 EBG 结构情况下，S_{11}、阻抗圆图、AR 的频率特性曲线和增益方向图，由图看出，加 EBG 结构后，天线的性能比没有 EBG 结构时均有改善，增益增加 0.3 dBic，AR 带宽展宽 30%，天线尺寸减小 27%。

【实例 8.2】位于人造磁导体平面上的圆极化双频低轮廓正交不对称偶极子天线[3]。

人造磁导体（AMC）平面也叫高阻平面（HIS），或电磁带隙（EBG）平面。利用高阻平面，不仅能使天线低轮廓，而且能使天线有好的阻抗匹配和高辐射效率。

图 8.3(a)是 2.4/5.2/5.8 GHz WLAN 使用的位于 AMC 平面上，用厚 $h_s = 0.508$ mm，$\varepsilon_r = 2.2$ 基板正反面印刷制造的圆极化正交不对称偶极子天线。为了实现频带比较大的双频，偶极子每臂中的短分支中并不包含曲折线。为了在 2.4/5.2 GHz 频段实现圆极化，把低频段近似长 $\lambda_g/4$，高频段近似 $3\lambda_g/4$ 长的偶极子与 $\lambda/4$ 印刷环交叉。

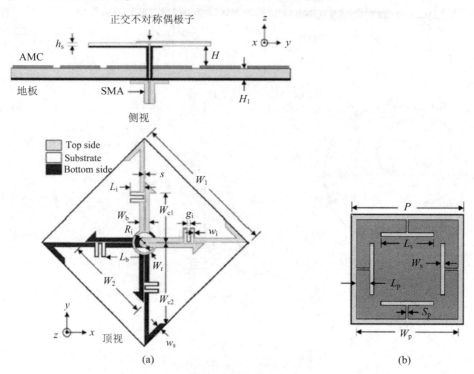

图 8.3　位于 AMC 平面上的正交不对称偶极子天线[3]

(a)天馈结构；(b)单元 AMC

AMC 平面是用厚 $H_1 = 2.54$ mm，$\varepsilon_r = 10.2$ 基板印刷制造的由 6×6 个带有 4 个 T 形缝隙小贴片构成的 AMC 基本单元组成，如图 8.3(b)所示。基本单元 AMC 的具体尺寸为：$P = 12$ mm，$W_p = 11.2$ mm，$L_p = 1.8$ mm，$W_s = 1$ mm，$L_s = 5$ mm。正交不对称正交偶极子的尺寸如下：$W_1 = 30$，$W_2 = 17.4$，$W_{c1} = 16.5$，$W_{c2} = 10$，$R_i = 2.5$，$W_r = 0.4$，$W_b = 2$，$g_i = 0.5$，$W_s = 1$（以上参数单位为 mm）。

该天线的尺寸为 72 mm×72 mm×11 mm，相对低频段 2.4 GHz，天线的电尺寸为 $0.576\lambda_0 \times 0.576\lambda_0 \times 0.088\lambda_0$，该天线主要实测电参数如下：

(1) $S_{11} < -10$ dB，低频段为 2.20～2.48 GHz，相对带宽为 16.7%，高频段为 4.9～5.85 GHz，相对带宽为 11.5%。

(2) AR<3 dB，低频段为 2.28～2.50 GHz，相对带宽为 8.3%，高频段为 5.08～5.36 GHz，相对带宽为 5.77%。

(3) 低频段 2.4 GHz，$G = 5.1$ dBic，$F/B = 27$ dB，HPBW=65°、60°；高频段 5.2 GHz，$G = 6.2$ dBic，$F/B = 24$ dB，HPBW=98°、82°。

8.4　扼流环地面

8.4.1　同心扼流环地面

　　扼流环地面是基于 $\lambda/4$ 谐振器的波纹表面，平面波纹的严格深度 $d=\lambda/4$，将多个 $\lambda/4$ 平板谐振器组合就构成了如图 8.4(a) 所示的波绞金属表面。图中分别标有 Ⅰ 和 Ⅱ 的两类 TEM 波，把平面波 Ⅰ 称为向 Z 方向传播的 TE 波，简称 TE_2 平面波；把平面波 Ⅱ 称为向 Z 方向传播的 TM 波，简称 TM_2 平面波。对金属波绞表面，由于在波齿的顶部 $E_t=0$，所以 TE_2 平面波被短路，按照 $\lambda/4$ 谐振器的理论，在波导的开口处，由于要求 $H_y=0$，所以 TM_2 平面波也被短路。由于扼流环地面阻止了表面波和平面波传播，如图 8.4(b) 所示，所以单极子天线只能在上半球空间传播，因而扼制了低仰角多径干扰。但位于有限大平面金属板上的单极子却不同，由于平面金属地面让 TM_2 平面波沿地面向外传到边缘，再向边缘及向后绕射产生后向辐射，如图 8.4(c) 所示，后瓣必然会接收地面以下的干扰信号。

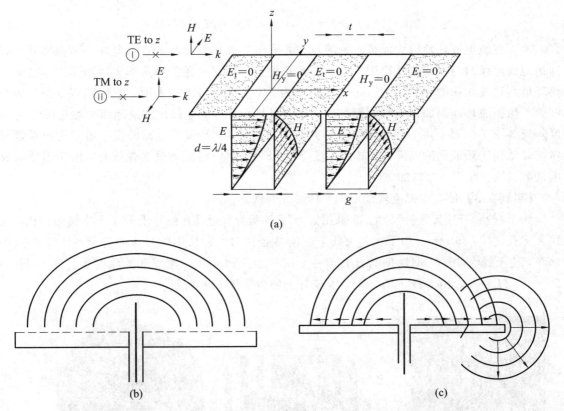

图 8.4　波纹金属地面和位于有限大波纹地面和金属地面上单极子的辐射

（a）波纹金属地面；（b）位于有限大扼流环地面上单极子的辐射；（c）位于有限大金属平面上单极子的辐射

　　尽管扼流环地面能有效扼制表面波传播，但为了实现好的性能，至少需要有 3～4 个 $\lambda/4$ 深的同心波纹环。对于宽带扼流环地面，扼流环的深度在整个频段内应满足不等式：$\lambda/4 < d < \lambda/2$，假定用 λ_L、λ_h 分别表示频段最低工作频率和最高工作频率的波长，为了扼制表面波和横向波的传播，波绞的深度 d 应满足不等式：$\lambda_L/4 \leqslant d \leqslant \lambda_h/2$，扼流环地面的最佳直径为

1.5λ。对于频段为 $1.15\sim1.6$ GHz 的全球 4 大卫星导航定位系统来说，扼流环的直径为 380 mm，扼流环的深度 d 应该为 $d\geqslant\lambda_L/4=65$ mm。为了满足不同用户使用高精度单频、双频或多频卫星导航定位用户机天线的需求，扼流环地面有二维扼流环地面，如图 8.5 中 A、B、C 所示，其中 A、B 适合 GPS L1 和 L2，C 适合 GPS L2，图 8.5 中的 D 是适合 GPS L1 的 2.5 维扼流环地面。宽带 GPS 天线宜用图 8.5 中 E、F 所示的 3 维扼流环地面。图 8.5 中的 G 是带扼流环的高精度 GPS 天线的照片。扼流环地面最大的优点是能很好地扼制多径干扰，但带扼流环地面 GPS 天线的最大直径要 430 mm，可见扼流环地面存在尺寸大、重量笨重、成本高的缺点。

图 8.5　几种带扼流环地面及高精度 GPS 天线的照片

为了克服扼流环地面大而且重的缺点，可采用非截止波纹地面，它允许表面波传播，但到达地面边缘时与视线信号反相抵消。非截止扼流地面是一种频率选择表面地面。非截止扼流环地面是波纹深度 d 约为 25 mm，直径约为 340 mm 的浅波纹表面。它的作用是控制表面波而不像扼流环地面那样扼制表面波。同扼流环地面相比，非截止波纹地面虽然把波纹的高度降低 34%，但要更多的波纹才能有效扼制多径信号，在扼流环地面的腔中填充高介电常材料能降低扼流环地面的高度，虽能使高度降低 68%，但仍然需要很多扼流环，由于需要高介电常数材料，致使成本增加。

【实例 8.3】 带 3 维扼流环地面的 GPS L1 天线。

为了减小 GPS 天线的尺寸，除采用 $\varepsilon_r=10$ 基板外，还要在贴片上开 4 个半圆形凹槽，天线实际长度 $L=36$ mm。为了扼制天线下方的多径信号，宜采用如图 8.6 所示的 3 维扼流圈地面，使天线在 1575 MHz 时轴比在 $\theta=\pm120°$ 处小于 3 dB。扼流环的深度为：$H_1=H_2=50$ mm，$H_3=30$ mm，$H_4=10$ mm，扼流环的间隔如图 8.6 所示。

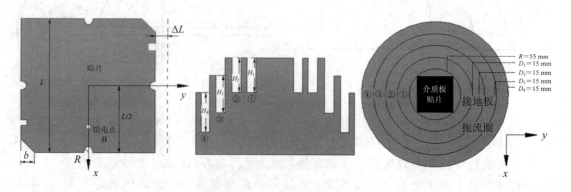

图 8.6　带 3 维同心扼流环地面的 GPS L1 天线

【**实例 8.4**】 安装在同心扼流环地面上的宽带 GNSS 天线[4]。

图 8.7 是适合全球 4 大卫星导航系统用户机使用的 1.1～1.7 GHz 频段的宽带圆极化贴片天线。为了实现宽频带，除采用层叠圆贴片天线外，还采用由 4 个 L 形探针及由等幅、相位差依次为 0°、90°、180°和 270°的 2 级 3 dB Wilkinson 功分器构成的馈电网络，其中第 1 级功分器输出臂有 180°相差和第 2 级功分器输出臂有 90°相差的移相器均用合成左右手传输线组成。

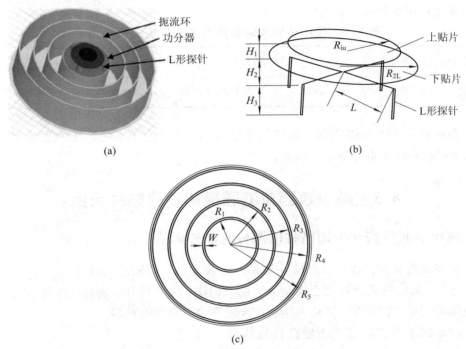

(a)　(b)

(c)

图 8.7　带同心扼流环地面的宽带 GNSS 天线[4]

(a) 立体；(b) 天馈结构；(c) 顶视

相对最低工作频率的波长 λ_L，设计扼流环地面的原则如下：

(1) 扼流环的高度 $H = 0.254\lambda_L \sim 0.274\lambda_L$；

(2) 相邻扼流环半径之差为 $0.09\lambda_L$；

(3) 扼流环的壁厚 $W = 0.01\lambda_L$；

(4) 直径最小扼流环应尽可能小。

值得注意是：扼流环地面不会影响天线相位中心的稳定度；用扼流环地面确实能扼制多径效应，但却使低仰角增益下降。

经过优化，带扼流环地面宽带 GNSS 天线的尺寸如下：

$R_{1u} = 45$，$R_{2L} = 30$，$L = 40$，$H_1 = 16$，$H_2 = 12$，$H_3 = 7$，$W = 3$，$R_1 = 55$，$R_2 = 83$，$R_3 = 111$，$R_4 = 139$，$R_5 = 167$，$H = 69$（以上参数单位为 mm）。

以下是该天线的主要实测电参数：

(1) 在 1.1～1.7 GHz 频段内，$S_{11} < -10$ dB，相对带宽为 42.9%。

(2) 在 1.19～1.61 GHz 频段内，AR ≤ 3 dB，相对带宽为 30%。

(3) 在阻抗带宽内，$G > 5$ dBic。

天线的最大尺寸：直径 334 mm，高 69 mm。

8.4.2　径向扼流环地面

由于同心扼环地面的尺寸比较大，在地面尺寸受限的情况下，可以采用由短路径向传播构成的径向扼流环地面，如图 8.8 所示。在谐振时，径向扼流环地面的外电半径与扼流电深度如表 8.2 所示。

图 8.8　径向扼流环地面

表 8.2　径向传输线地面外电半径与扼流电深度

外半径/λ	0.25	0.30	0.35	0.40	0.50	0.60	0.70	0.80	1.0	2.0	4.0
扼流深度/λ	0.188	0.199	0.208	0.213	0.222	0.227	0.230	0.233	0.236	0.243	0.247

对于多频或宽带 GNSS 天线，在体积受限的情况下，为了不使天线的直径和高度都过大，宜采用同心和径向组合扼流环地面。

8.5　减小表面波的圆极化短路贴片天线

8.5.1　减小表面波带 4 个短路柱的圆极化贴片天线[5]

贴片天线虽然有许多优点，但缺点是易产生表面波，当贴片天线安装在有限大地板上时，由于绕射，激励的表面波就会扰动天线的方向图，除此而外，表面波往往与系统引起低仰角干扰信号的横向波共存，还会引起贴片天线阵中不希望的互耦。

图 8.9 是减小表面波带 4 个短路柱的双馈圆极化贴片天线，以主模 TM$_{11}$ 工作圆贴片天线的半径 a 有如下关系：

$$Ka = X'_{11} = 1.8412 \qquad (8.1)$$

式中，K 为波数。

X'_{11} 为贝塞尔函数导数的第一个根。

零表面波的条件为

$$\beta a \approx K_0 a = 1.8421 \qquad (8.2)$$

式中，β 为 TM$_{11}$ 表面波主模的径向波数，它近似等于自由空间波数 K。

对非空气基板，不可能同时满足式（8.1）和式（8.2），为了既扼制表面波，又要在所希望的频率上谐振，如图 8.9 所示，必须用半径 $b \ll a$，位于 r_0，$\phi = \pm 45°$ 和 $\pm 135°$ 的 4 个短路柱把半径为 a 的圆贴片短路。该贴片严格的归一化谐振频率 Ka 是短路柱位置（r_0/a）和半径（b/a）的函数。图 8.10 是在 $b/a = 0.03$、0.04 和 0.02 情况下，有 4 个短路柱圆贴片天线归一化谐振频率 Ka 与短路柱位置（r_0/a）之间的关系曲线。

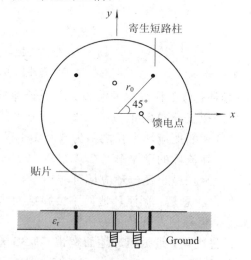

图 8.9　减小表面波带 4 个短路柱的圆极化
双馈圆贴片天线[5]

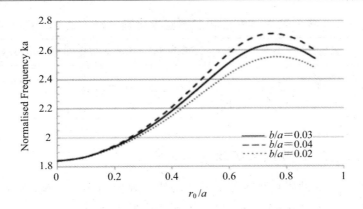

图 8.10　带 4 个短路柱 TM 模圆贴片天线的归一频率与 r_0/a 和 b/a 之间的关系曲线[5]

如果选 $r_0/a＝0.7/a＝0.7$，$b/a＝0.03$，由图 8.10 可以求得：

$$Ka = K_0\sqrt{\varepsilon_{\mathrm{r}}}\,a = 2.62 \tag{8.3}$$

由式(8.2)、式(8.3)求得 $\varepsilon_{\mathrm{r}}＝2.02$。

在 $f_0＝1575$ MHz，用 $h＝1.524$ mm、$\varepsilon_{\mathrm{r}}＝2.02$ 的基板制作的减小表面波圆贴片的半径 $a＝55.8$ mm，在 $\phi＝0°$ 和 $\phi＝90°$ 两个位置，用到贴片中心距离 $r_{\mathrm{f}}＝0.43a$ 的馈电点，用等幅、相位差为 90° 的馈电网络双馈实现圆极化。

由于双馈需要附加复杂的馈电网络，图 8.11(a)为单馈减小表面波带 4 个短路柱的圆贴片天线，为实现圆极化，在圆贴片的中心，相对馈电点 45°，切割长 l、宽 w 的缝隙，调整缝隙的尺寸，以便产生能实现圆极化的兼并模。在 $f_0＝1575$ MHz，天线的尺寸为：馈电点到圆心的间距为 $0.46a$，$l＝12$ mm，$w＝2$ mm，$r_0＝0.7a$，$b＝0.03a$。

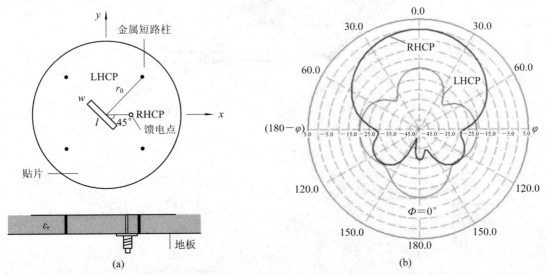

图 8.11　减小表面波有 4 个短路柱和缝隙的单馈圆极化圆贴片天线
及 $\phi＝0°$ 仿真 RHCP 和 LHCP 垂直面增益方向图
(a) 天馈结构；(b) 垂直面方向图

图 8.11(b)是该天线在 f_0 仿真 RHCP 和 LHCP 垂直面增益方向图，由图看出，交叉极化鉴别率高于 -20 dB。表 8.3 对减小表面波单馈和双馈圆极化圆贴片天线的主要参数作了比较。

表 8.3　减小表面波单馈和双馈圆极化圆贴片天线性能的比较

	辐射效率	G/dBic	VSWR≤2 的相对带宽	3 dB AR 带宽
双馈	84.6%	7.66	1.33%	25%
单馈	84.1%	7.54	2.28%	0.65%

8.5.2　减小表面波的圆极化短路环贴片天线

由于用能减小表面波的圆极化短路环贴片天线有效扼制多径干扰，因而在高精度 GNSS 得到广泛采用。最常用的圆极化短路环贴片天线有以下几种。

1. 同轴线单馈短路环圆贴片天线[6]

短路环贴片天线的性能类似于标准的圆贴片天线，但短路环贴片天线具有更宽的带宽，也比贴片天线更容易匹配。通过改变短路环贴片的几何尺寸能很容易控制它的方向图，因而用一个基本单元，就能消除低仰角的多径效应。当它以 TM₁₁ 基模工作时，短路环贴片天线就具有与普通圆贴片一样的磁流分布。短路环贴片天线的另外一个重要特点就是具有减小表面波、后向和横向辐射的功能。

图 8.12(a)是用探针单馈短路环(SAP)圆极化贴片天线，图中 b、a 分别是短路环贴片天线的内外半径，p 是馈电点到贴片中心的距离。

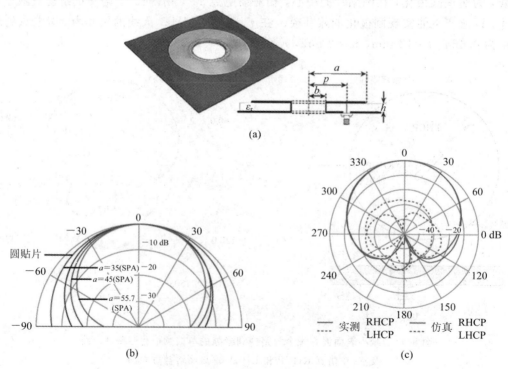

图 8.12　同轴线单馈 GPS L1 短路环贴片天线及垂直面方向图[6]

(a)天馈结构；(b)f_0 相同，圆贴片和 3 个 SAP 天线的垂直面归一化方向图；

(c)$a=35$ mm，$b=6$ mm SAP 天线的垂直面归一化方向图

用 $\varepsilon_r = 2.55$、$h = 3.2$ mm 的基板制作了 3 个短路环 GPS L1 贴片天线，具体尺寸如表 8.4 所示。

表 8.4　3 个短路环 GPS L1 天线的尺寸　单位：mm

a	b	p
35.0	6.0	12.0
45.0	18.8	25.0
55.7	30.1	36.5

图 8.12(b) 把用相同基板谐振在相同频率的普通圆贴片天线和 3 个短路环贴片的垂直面归一化方向图作了比较，由图看出，圆贴片天线的方向图最宽，接近水平面方向图的电平下降最慢；短路环贴片天线的外半径 a 越大，方向图越窄，接近水平面方向图的电平下降越快。

图 8.12(c) 是在 140 mm 大的地板上，内外半径分别为 6 mm 和 35 mm 短路环贴片天线仿真和实测的 RHCP 和 LHCP 归一化方向图。由图看出，相对最大电平，水平面电平为 −15 dB。

2. 同轴线单馈短路环椭圆贴片天线

图 8.13 是用厚 $h = 3.2$ mm、$\varepsilon_r = 2.55$ 基板制造的 $f_0 = 1575$ MHz 圆极化减小表面波的同轴线单馈短路环椭圆贴片天线。

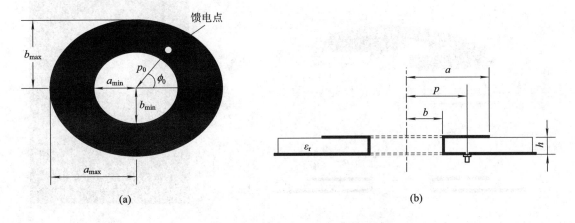

图 8.13　同轴线单馈短路环椭圆贴片天线
(a) 顶视；(b) 侧视

天线的具体尺寸如下：

$a_{min}/a_{max} = b_{min}/b_{max} = 0.976$，$a_{max} = 55.7$ mm，$b_{max} = 22.9$ mm，$p_0 = 28.5$ mm，$\phi_0 = 45°$。

该天线能实现的电指标如下：$G = 8.23$ dBic，方向图从天顶角到水平面下降 20 dB，$S_{11} = -24$ dB，仰角 $\Delta \geqslant 25°$，AR ≤ 3 dB。

3. 微带线耦合馈电单双短路环圆贴片天线

图 8.14(a)、(b) 分别是用厚 $h = 0.673$ mm，$\varepsilon_r = 2.33$ 基板制造用微带线耦合馈电的单和

双短路环圆贴片天线，其工作频率为 $f_0 = 6$ GHz。单短路环圆贴片天馈的尺寸为：$b = 9$ mm，$a = 14$ mm，$\rho_0 = 12$ mm；双短路环圆贴片天馈的尺寸为：$b = 9$ mm，$a = 14$ mm，$c = 17$ mm，$d = 27$ mm，$\rho_0 = 12$ mm。单、双短路环圆贴片天线 VSWR ≤ 2 的相对带宽均为 33.3%。

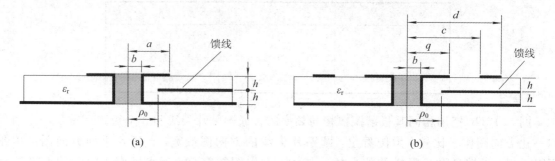

图 8.14　微带线耦合馈电单、双短路环圆贴片天线
(a) 单短路环圆贴片；(b) 双短路环圆贴片

4. 微带线双馈短路环圆贴片天线[7]

图 8.15(a)是能扼制多径效应的微带双馈圆极化短路环圆贴片天线，选择合适的短路环圆贴片天线的内外半径 b 和 a，就能获得窄的垂直面方向图，同时还能扼制表面波发射，因而降低了交叉极化电平和后向辐射。

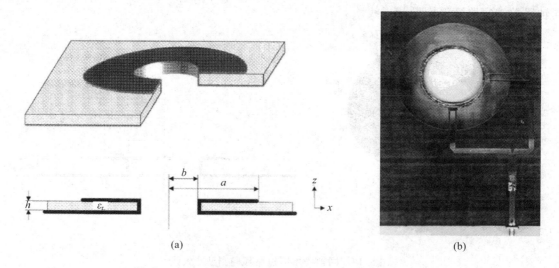

图 8.15　GPS L1 短路环贴片天线及带双馈的天线照片[7]
(a) 天馈结构；(b) 带双馈天线照片

短路环贴片天线是由标准圆贴片天线演变而来的，它们虽具有相同的辐射特性，但前者的带宽更宽，更容易匹配。相对于标准圆贴片天线，短路环贴片天线有以下优点：

(1) 圆贴片天线的输入阻抗中心为 0 Ω，边缘为 200～300 Ω，为了阻抗匹配，馈线应以小的公差靠近中心馈电。短路环贴片天线在边缘输入阻抗约 100 Ω，因此馈电的位置不像标准圆贴片天线那样严格，而且很容易用共面微带线馈电。

(2) 不用天线阵解决方案，而用一个辐射单元就能完成扼制低仰角多路径辐射方向图的要求，因为改变天线的几何尺寸就能很容易地控制短路环贴片天线的方向图，还不会恶化它的辐射特性。

（3）在短路环贴片天线的中心，由于短路圆柱导体的存在，因而减小了存储在贴片中的能量，降低了天线的品质因子，故带宽比标准圆贴片天线宽。

用厚 1.59 mm、$\varepsilon_r = 2.33$ 的基板制造了外半径 $a = 55.7$ mm，内半径 $b = 27.9$ mm 的 GPS L1 短路环贴片天线。为了实现圆极化，采用如图 8.15(b) 所示有 90° 相差、特性阻抗为 50 Ω 两根微带线给短路环贴片天线双馈，调整微带线距短路环内边缘的距离，使其与 50 Ω 微带线匹配，由于两根 50 Ω 线并联变为 25 Ω，为了与 50 Ω 馈线匹配，必须附加 $\lambda/4$ 长阻抗变换段。

5. 单馈双频圆极化层叠短路环椭圆贴片天线[8]

为了在双频(L1/L2)扼制低仰角反射信号，宜采如图 8.16(a) 所示用由两块 $\varepsilon_r = 2.55$，$h = 3.2$ mm 基板制造的单馈圆极化层叠短路环椭圆贴片天线。上、下短路环椭圆贴片天线长、短轴的内外半径分别为 a_1、b_2，a_2 和 b_3。将同轴线的内导体通过下贴片上直径为 4.2 mm 的过孔，通过 $t = 1$ mm 的空气层直接与上贴片位置为 ρ_0、ϕ_0 的馈电点相连，同轴线的外导体接地给短路环椭圆贴片天线馈电。

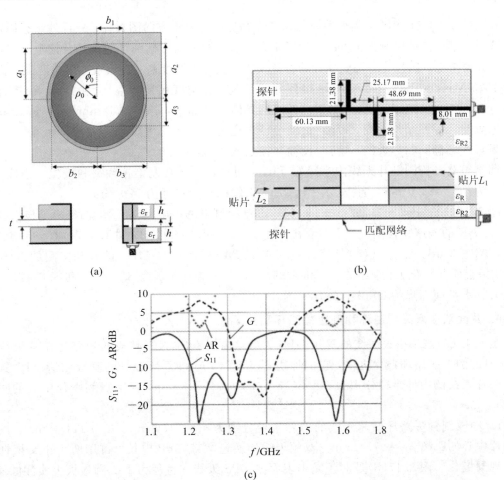

(a)　　　　　　　　　　　　　　(b)

(c)

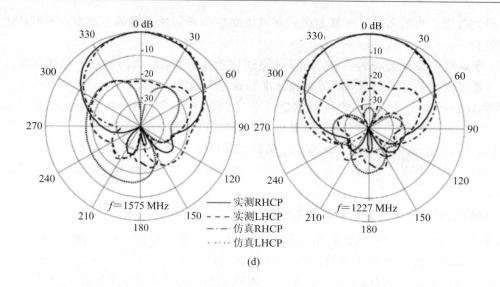

(d)

图 8.16　双频圆极化短路环椭圆贴片天线及仿真实测电性[8]

(a)天馈结构；(b)馈电网络；(c)S_{11}、AR、G-f 特性曲线；(d)垂直面归一化方向图

在高精度 GPS 应用中，需要兼顾低仰角多径扼制和限定方向图覆盖，一旦外半径固定，就必须选择内半径使贴片谐振在所需的频率上。选择两个同心椭圆环的大小及馈电位置，用产生的兼并模来实现圆极化。调整探针的位置及空气间隙的厚度来实现天线的阻抗匹配。为了在 L1＝1575 MHz 和 L2＝1227 MHz 得到好的匹配，让空气层的厚度 t＝1 mm，让探针位于 ρ_0＝35 mm，ϕ_0＝135° 来实现 RHCP。天线的具体尺寸如下：a_1＝52.8 mm，a_2＝57.2 mm。

上短路环椭圆贴片天线，短轴/长轴半径之比为 b_2/a_1＝0.972；

下短路环椭圆贴片天线，短轴/长轴半径之比为 b_3/a_2＝0.97。

调整短路环椭圆贴片天线内半径 b_1 和 a_3，可以进一步控制谐振频率和极化。经优化，最佳尺寸为：a_3＝23.5 mm，且 b_1/a_3＝0.975，天线的地板尺寸为 170 mm^2。

图 8.16(b)是用 h＝0.762 mm、ε_r＝2.33 基板制造的馈电网络；图 8.16(c)是该天线实测 S_{11}、G、AR 的频率特性曲线，由图看出，在 1.212～1.2441 GHz 和 1.557～1.5953 GHz 频段内，AR≤3 dB。图 8.16(d)是该天线在 1575 MHz 和 1227 MHz 仿真和实测的 RHCP 和 LHCP 垂直面归一化方向图，在 L1 和 L2 频段，实测增益分别为 8.9 dBic 和 8.2 dBic，增益从最大到水平面下降约 20 dB，F/B 约为 30 dB。

6. 共面双馈双频短路环和倒置短路环贴片天线[13]

图 8.17(a)是减小表面波的双频 GPS 天线，由图看出，L1 频段的短路环贴片天线位于 L2 频段的倒置短路环贴片之中，它们均用 ε_r＝2.94、h＝1.524 mm 的基板制造。L1 频段短路环贴片天线的内外半径分别为 a_2＝30.3 mm，b_2＝55.8 mm，馈电点到贴片中心的间距为 ρ_{0R}＝37 mm。

L2 频段倒置短路环贴片天线的内外半径分别为 b_1＝71.6 mm，a_1＝111.5 mm，馈电点到贴片中心的距离 ρ_{01}＝97.4 mm。双频天线均通过微带 3 dB 电桥，再用两个正交探针馈电来实现圆极化。图 8.17(b)是双频减小表面波 GPS 天线在直径为 1 m 圆地板上实测的 RHCP 和 LHCP 垂直面归一化方向图。由图看出，在 L1 和 1231 MHz，天线的方向图在低仰角的

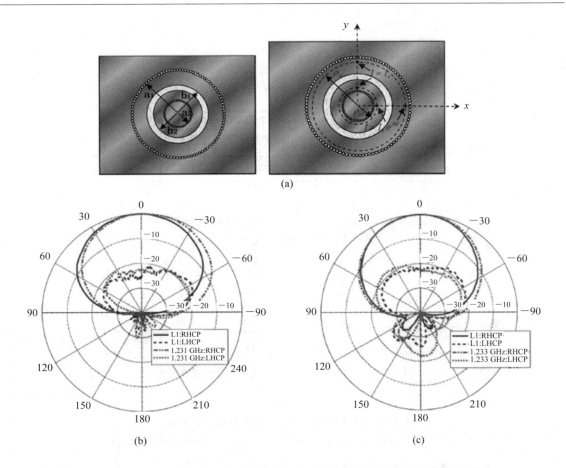

图 8.17　双频共面短路环和倒置短路环圆贴片天线及在 1 m 和
254 mm 地板上实测主极化和交叉极化垂直面方向图[13]

(a) 天馈结构；(b) 垂直面归一化方向图(地板直径 1 m)；

(c) 垂直面归一化方向图(地板直径 254 mm)

电平很快下降，不仅如此，后瓣及交叉极化电平都特别小。图 8.17(c)是该天线在直径254 mm地板上实测的主极化(RHCP)和交叉极化(LHCP)垂直面归一化方向图，由图看出，因为地板尺寸减小，所以后瓣变大。

8.6　有稳定相位中心的 4 馈层叠双频圆极化贴片天线[9]

图 8.18(a)、(b)、(c)、(d)是用两层厚 4 mm，$\varepsilon_r = 2.65$ 的基板制成，用 4 探针等幅，依次为 $0°$、$90°$、$180°$ 和 $270°$ 相位馈电的层叠双频 BD($B_1 = 1561$ MHz，$B_2 = 1207$ MHz)圆极化贴片天线。为了便于调整和缩短尺寸，边长为 56 mm 的上方贴片的 4 个边各有 3 个支节，边长为 78 mm 的下方贴片除有 5 个支节外，还有 2 个切角，用一个穿过上下贴片中心的短路金属柱将上、下贴片层叠在一起，馈电网络位于天线地板的背面，该天线宽角轴比很好。在 B_1 和 B_2 的带宽内，VSWR＜2，由于用 4 馈，该天线有稳定的相位中心，10 mm 的精度为 96％。

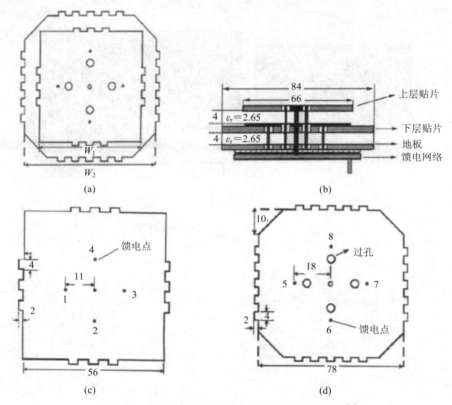

图 8.18　层叠双频(B_1/B_2)4 馈圆极化贴片天线[9]

（a）顶视；（b）横截面及尺寸；（c）上贴片及尺寸；（d）下贴片及尺寸

8.7　位于正交板反射地面上的双频层叠阶梯短路环贴片天线[10]

正交板反射地面是扼制 GNSS 天线多径干扰的另外一种方法，该方法能有效改善水平面和水平面以下天线的主极化和交叉极化性能，还具有结构紧凑、简单、成本低和频带宽等优点。

图 8.19 是适合 GPS L1（1575 MHz）和 GPS L2（1227 MHz），$f_0 = 1401$ MHz（$\lambda_0 =$

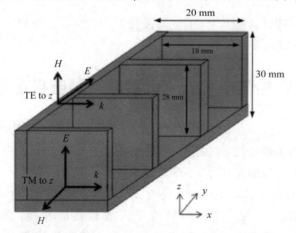

图 8.19　适合 GPS L1/L2 使用的正交板反射地面及尺寸[10]

214 mm），相对带宽为 24.8%使用的正交板反射地面。正交板反射地面之所以能扼制表面波。根据电磁理论，平面 TEM 波有两类：一类是 TE_2 波，另一类是 TM_2 波。假定传播波的电场矢量与理想导电平面平行，则平面理想导电板则抵消在它表面传播的任意平面波，因此位于 xy 面的平金属板将阻止 TE_2 波传播，但不抵消 TM_2 波，因为 TM_2 波的电场矢量垂直于平面金属板。如果把金属板弄成正交板，让 TE_2 和 TM_2 波的电场矢量都平行平面于金属板，就能同时阻止两种波传播。

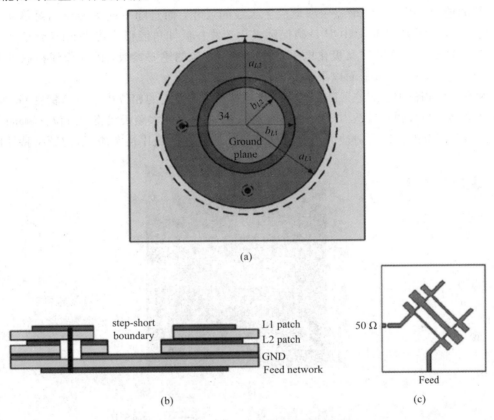

图 8.20　双频层叠阶梯短路环贴片天线[10]
(a) 顶视；(b) 侧视；(c) 馈电网络

　　为了说明带正交板反射地面 GNSS 天线扼制多径干扰信号的能力，用厚 $h=1.575$ mm，$\varepsilon_r=2.2$，边长为 150 mm 方基板制造了如图 8.20 所示的双频层叠阶梯短路环贴片天线。顶层为 L1 贴片天线，具体尺寸为：内半径 $b_{L1}=23.8$ mm，外半径 $a_{L1}=52.8$ mm；底层为 L2 贴片天线，具体尺寸为：内半径 $b_{L2}=15.2$ mm，外半径 $a_{L2}=54$ mm。两个短路环形贴片共用一个地板，用通过地板和底层贴片直接与顶层贴片相连的同轴探针馈电，底层贴片通过电磁耦合馈电，为实现宽频带，采用级联 3 dB 电桥进行双馈。

　　高精度扼制多径干扰 GNSS 天线应有以下电参数：

（1）背向辐射≤−10 dB；

（2）F/B≥25 dB；

（3）在整个上半球空间，极化隔离≥15 dB；

（4）轴向 G≥5 dBic；

（5）AR：仰角 $\Delta < 45°$，AR<3 dB；$\Delta < 15°$，AR<6 dB；$\Delta < 5°$，AR<8 dB；

（6）从天顶角到水平面，方向图滚降系数 $8\sim14$ dB；

（7）相位中心变化$\leqslant2$ mm；

（8）水平面 RHCP/LHCP$\geqslant10$ dB；

（9）最大背向交叉极化水平$\leqslant-10$ dBic。

F/B 是轴向增益与背向辐射之比，F/B 高意味着天线增益高，但并不表示有更好的扼制多径干扰的能力，因为天线增益主要取决于天线的尺寸，而且随不同的天线辐射单元及地面大小而变。水平面 RHCP/LHCP 是确保圆极化天线在低仰角能很好接收 RHCP 信号的一个重要参数。低于水平面的交叉极化电平是扼制多径效应的重要参数，因为天线接收的大多数 LHCP 反射信号都来自水平面以下物体的反射。

GNSS 天线相位中心的位置随仰角和工作频率而变，稳定的相位中心是高精度 GNSS 天线最重要的参数，当载频在带宽内扫频时，相位中心变化较大的多频天线将导致位置测量误差。

图 8.21 是带正交板反射地面层叠阶梯短路环形贴片的照片及实测 S_{11} 的频率特性曲线。

(a)

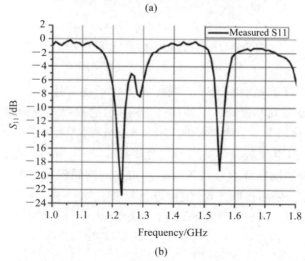

(b)

图 8.21　带正交板反射地面双频层叠阶梯短路环贴片天线的照片及实测 S_{11} 的频率特性曲线[10]

（a）照片；（b）S_{11}-f 特性曲线

8.8　高性能 GPS 天线

高性能 GPS 天线应当具有以下性能：

(1) 在理想状态下，只接收水平面以上半球空间的信号，扼制水平面以下的所有信号；

(2) 应当有与几何中心重合稳定的相位中心；

(3) 具有能最大接收 RHCP 的理想圆极化特性；

(4) 对 L1 和 L2 双频 GPS 天线，在两个频率上有同一个相位中心，在理想状态下，应当有相同的方向图和轴比特性。

图 8.22(a) 是由口面耦合共 12 个缝隙螺旋构成的高性能 GPS L1/L2 天线。由于形状像风火轮，所以也叫风火轮 GPS 天线，之所以用缝隙螺旋作为辐射单元，是因为相对贴片天线，缝隙天线有更宽的带宽。如果只用于 GPS L1，所有缝隙螺旋线的长度相同。为了增强前向增益，减小后向辐射，在缝隙螺旋天线的下方附加反射板。为了扼制天线边缘的绕射和反射，在缝隙螺旋天线外面易产生表面波的区域切割了 11 个同心缝隙环，在外边缘还钻有周期结构圆孔，用构成的电磁带隙结构来进一步扼制边缘绕射，以便在低仰角实现好的 RHCP。

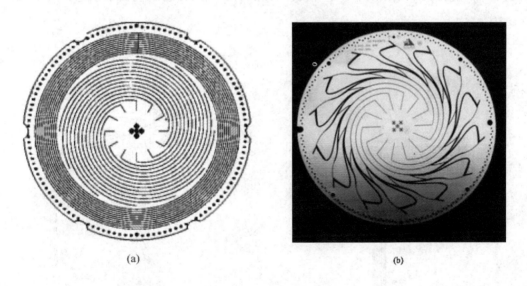

图 8.22　高性能 GPS 天线

(a) 风火轮 GPS 天线；(b) 704X GPS 天线

由于风火轮 GPS 天线主要在 GPS L1/L2 双频段有效工作，为了能在 1164~1609 MHz 的宽频带工作，将风火轮 GPS 天线变形，构成如图 8.22(b) 所示的 704X GPS 天线。该天线通过底面微带螺旋线依次给顶面由 14 个缝隙螺旋构成的辐射单元馈电。为了展宽带宽，这些相互连接的缝隙形状在起始端仍为螺旋缝隙，但在末端向后张开构成与相邻缝隙螺旋连在一起的环形，由于每个螺旋臂末端路径加长，阻抗增加，减小了反射电流，因而展宽了带宽。同风火轮 GPS 天线一样，为了扼制 704X GPS 天线边缘的绕射，同样在天线的圆形边缘采用周期圆孔构成的电磁带隙结构。

图 8.22 所示的高性能 GPS 天线均为对称的低轮廓平面结构，不仅尺寸小、重量轻，不用尺寸大、重量重、成本高的扼流环地面，就具有稳定的相位中心，低轴比、高 F/B，11～13 dB 的方向图滚降系数和扼制多径干扰的能力。

8.9 差分 GPS 地面站天线

8.9.1 VHF 差分 GPS 地面站天线[11]

作为差分 GPS 地面站天线，应具有以下特性：

（1）在上半球应提供增益基本均匀的垂直面方向图，而且接近水平面垂直面方向图要迅速收缩。

（2）有稳定、精确的相位中心。

（3）在 5° 以上仰角，天线正仰角增益与负仰角增益之比应超过 20 dBic。

图 8.23(a) 所示对称振子是 VHF(108～118 MHz)GPS 地面站天线阵使用的基本辐射单元，对称振子的长度 $2L=1362$ mm($0.5\lambda_0$)，宽 51 mm($0.0192\lambda_0$)，将同轴线的内导体与支持管右边的 B 点相连，同轴线的外导体与支撑管左边的 A 点相连给偶极子馈电。为了阻抗匹

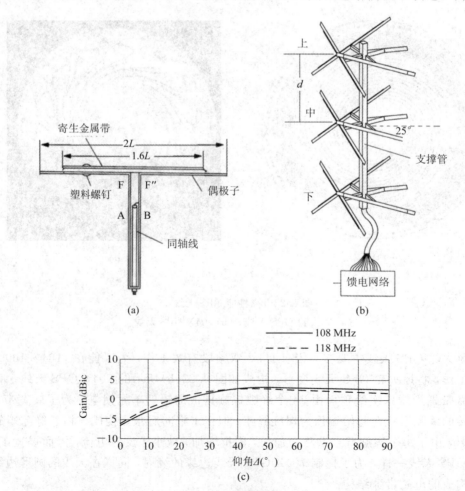

(a)　　　　　(b)

(c)

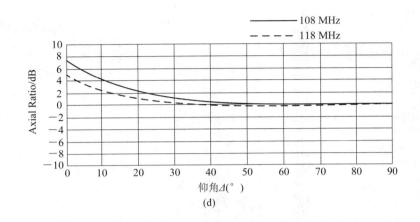

图 8.23　差分 GPS 地面站天线及 G、AR 随仰角的变化曲线[11]
(a) 单元偶极子天线；(b) 共线天线阵；(c) 天线阵增益 G 随仰角 Δ 的变化曲线；
(d) 天线阵轴比 AR 随仰角 Δ 的变化曲线

配及展宽带宽，在距偶极子 12.7 mm 处附加长度为 1117.6 mm($0.42\lambda_0$)、宽 51 mm 的寄生金属带，调整支节 AF、BF″ 的长度，有助于天线与馈线匹配。图 8.23(b) 是用中心边长为 279 mm($0.1\lambda_0$) 的空心方支撑铝管把相对水平倾斜 25° 的 4 个偶极子固定在它的四周构成的共线天线阵。

为了实现预定的圆极化方向图，整个天线阵由间距 $d = 1066.8$ mm($0.42\lambda_0$) 三层组成。中间一层用 0°、90°、180°、270° 的相位和相对 1.0 的电压幅度给 4 个偶极子馈电。上层用 −90°、0°、90°、180° 相位和相对 0.7 的电压幅度给 4 个偶极子馈电；下层用 90°、180°、270°、0° 及相对 0.7 的电压幅度给 4 个偶极子馈电。为了实现所要求的相对幅度和相位，需要精心设计由功分器和移相器组成的馈电网络。图 8.23(c)、(d) 分别是该天线阵的增益和轴比随仰角Δ 的变化曲线，图中实线为 108 MHz，虚线为 118 MHz，由图看出，仰角 $\Delta = 10°$，$G = -3$ dBic，仰角 $\Delta = 20°$，$G = 0$ dBic，仰角 $\Delta = 50°$，$G = 3$ dBic。在 108～118 MHz 频段内，仰角 $\Delta \geqslant 10°$，AR < 5 dB，VSWR ≤ 1.5 的相对带宽为 8.8%。

8.9.2　双频差分 GPS 地面参考天线

差分 GPS 地面参考天线的工作频段包含 GPS L1(1575.42 ± 10 MHz) 和 GPS L2(1227.6 ± 10 MHz)，该天线用等幅、0°、90°、180° 和 270° 相差给 4 个倾斜对称振子馈电。图 8.24(b) 是用图 8.24(a) 所示基本辐射单元构成的 21 元共线天线阵，该天线阵用位于天线根部的 11 路功分器和 11 根等长同轴线馈电。每个倾斜对称振子在馈电点都有并联谐振电路，以便实现 L1/L2 双频段阻抗匹配。基本辐射单元的馈电网络由 2 个 90° 定向耦合器和 1 个 2 功分器组成。天线阵单元的激励幅度和相位如表 8.5 所示。

表 8.5 中幅度为 0 的单元为寄生单元，采用寄生单元的目的是为了让单元方向图的因子与阵方向图因子相乘成立。该天线阵水平面方向图呈全向，不圆度为 ±0.6 dB。图 8.24(c) 为天线阵垂直面增益方向图，由图看出，在上半球具有均匀增益，下半球空间几乎无辐射，大部分角域电平低于 −30 dB。

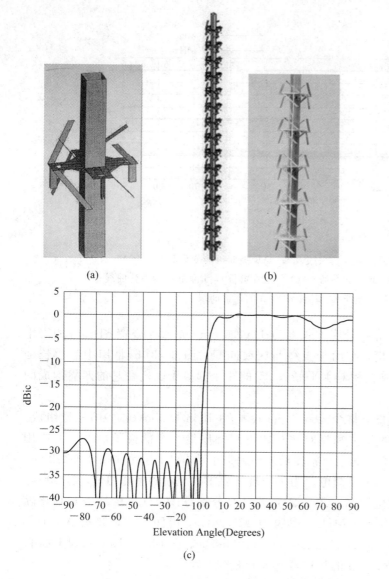

表 8.5　天线阵激励幅度和相位

单元	激 励	
1(底)	幅度(电压比)	相位(°)
2	0	180
3	0.0553	
4	0	180
5	0.0623	
6	0	180
7	0.1055	
8	0	180
9	0.1985	
10	0	180
11	0.6320	90
12	1.0000	0
13	0.6320	
14	0	0
15	0.1985	
16	0	0
17	0.1055	
18	0	0
19	0.0623	
20	0	0
21(顶)	0.0553	

图 8.24　差分 GPS 地面参考天线的单元天线、天线阵及垂直面增益方向图

(a)单元天线；(b)天线阵；(c)天线阵垂直面增益方向图

8.9.3　3 频 GPS 地面站参考天线[12]

对 3 频 GPS 地面站参考天线的要求如下：

（1）GPS 地面参考天线的工作频段为 L1(1575.42 MHz)、L2(1227.6 MHz) 和 L5(1176.45 MHz)。

（2）为了扼制地面多径干扰，需要使用具有以下特性的赋形垂直面方向图。

· 6 dB 波束宽度：174°；

· 仰角＜−5°，下半球副瓣电平≤−30 dB；

· 在水平面增益的斜率≥2.5 dB/(°)。

（3）对局部地面增强系统 GPS 地面参考天线增益的要求如下：

频率/MHz	5°仰角最小 RHCP 增益/dBic	复盖区的典型增益/dBic
L1(1575.42)	−6	−3
L2(1227.6)	−8	−4
L5(1176.45)	−9	−4.5

为了实现水平面全向、垂直面赋形方向图，采用了如图 8.25（a）、（c）所示型号为 ARL-1900 的 19 元共线天线阵。为了实现宽频带，采用类似图 8.23 用中等幅、0°、90°、180° 和 270°相差的 4 功分器给 4 个倾斜对称振子馈电构成的基本辐射单元。在 19 元共线全向天线阵中，为了提供无穷大阵环境，底层单元 1、2 和顶层单元 18、19 为寄生单元，除单元 3、5、7、9、10、11、13、15 和 17 用与 9 路功分器相连的细同轴线馈电外，其余 4、6、8、12、14、16 也为寄生单元，9 路功分器位于底座中，包含用 G-10 玻璃钢制造的天线罩在内，整个天线的外直径为 102 mm，高 2.3 m，重 9.5 kg。图 8.25（b）是该天线实测垂直面赋形方向图，该天线实测 AR 如表 8.6 所示。

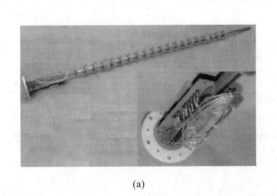
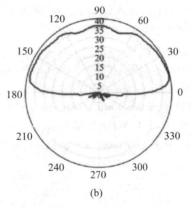

图 8.25　19 元共线阵 APL-1900 天线[12]

（a）APL-1900 天线照片(无天线罩)；（b）垂直面赋形方向图

表 8.6　ARL-1900 天线实测 AR

f/MHz	AR/dB	
	0~10°仰角	10°~90°仰角
L1(1575.42)	<3	<6(典型 4)
L2(1227.6)	<10	<7(典型 4)
L5(1176.45)	<10	<7(典型 4)

参 考 文 献

[1]　BASILIO L I, CHEN R L, WILLIAMS J T, et al. A new planar dual-band GPS antenna designed for reduced susceptibility to low-angle multipath. IEEE Trans. Antennas Propag, 2007, 55(8): 2358 - 2366.

[2]　西安电子科技大学学报(自然科学版), 2009, 36(6): 1108 - 1112.

[3]　SON X T, IKMO P. Dualband Low-profile Crossed Asymmetric Dipole Antenna on Dual Band AMC Surface. IEEE Antenna Wireless Propag Lett, 2014, 13: 585 - 590.

[4]　Wang Encheng, Wang Zhuopeng, Chang Zhang. A Wideband Antenna for Global Navigation Satellite System With Reduced Multipath Effect. IEEE Antennas Wireless Popaga Lett, 2013, 12: 124 - 127.

[5]　AYED R. AL A, SAMIR F M. A Single-feed Circularly-Polarized Patch Antenna for Reduced Surface Wave Applications. Microwave OPT Technol Lett, 2009, 51(11): 2675 - 2679.

[6]　BOCCIA L, AMENDOLA G, DI M G. Design a high-precision antenna for GPS. Microw RF, 2003, 1: 91 - 93.

[7]　BOCCIA L, AMENDOLA G, DI M G, et al. Shorted annular patch antenas for multipath rejection in GPS-based attitude determination systems. Microw Opt Technol Lett, 2001, 28(1): 47 - 51.

[8]　BOCCIA L, AMENDOLA G, DIMASSA G. A Dual Frequency Microstrip Patch Antenna for High-Precision GPS Applications. IEEE Antennas Wireless Propag Lett, 2004, 3: 157 - 160.

[9]　电波科学学报, 2011, 26(15).

[10]　MAQSOOD M, GAO S, et al. A Compact Multipath Mitigating Ground Plane for Multiband GNSS Antennas. IEEE Trans Antennas Propag, 2013: 61(5): 2775 - 2782.

[11]　美国专利. 6, 300, 915.

[12]　IEEE Antennas Propag Magazine, 2010, 52(1): 104 - 113.

[13]　BASILIO L I, WILLIAMS J T, JACKSON D R, et al. Characteristics of an inverted-shorted-annular-ring reduced-surface-wave antenna. IEEE Antennas Wireless Propag Lett, 2008, 7: 123 - 126.

第 9 章　双频和双圆极化天线

9.1　概　　述

双频圆极化天线可以用单馈缝隙加载贴片、单馈变形单极子天线等方法实现，也可以用双馈同心双环贴片天线、层叠环形贴片天线、共面贴片天线等方法实现，不仅可以构成双频，还可以构成 3 频和多频圆极化天线。用具有不等长十字形缝隙的圆形缝隙、单臂螺旋缝隙、层叠单臂螺旋、Γ 形缝隙和螺旋加载的缝隙等方法还能实现双频双圆极化天线。

9.2　双频圆极化天线

9.2.1　单馈双频圆极化天线

1. 由单馈多缝切角方贴片构成的双频圆极化天线[1]

为了同时接收 GPS L1（1575 MHz）和中心谐振频率为 2.6 GHz 的数字多媒体广播（DMB）信号，可以采用由厚 $h_1 = 1.6$ mm，$\varepsilon_r = 4.4$ 基板制造的单馈多缝切角方贴片构成的双频圆极化天线，如图 9.1 所示。用同轴线单馈切角方贴片作为 1.5 GHz 的 GPS 天线，用比 4 个缝隙围在中间的单馈内切角方贴片作为 2.6 GHz DMB 天线。双频圆极化天线的具体尺寸如下：$L_1 = 54.9$，$L_2 = 24.2$，$L_3 = 9$，$L_4 = 7.5$，$L_5 = 6.5$，$W_1 = 2$，$W_2 = 2.4$，$W_3 = 6.5$，$h_1 = 1.6$，$h_2 = 3.5$，$F_1 = 38.85$，$F_2 = 25$（以上参数单位为 mm）。

该双频圆极化天线主要实测电性能如下：

VSWR$\leqslant 2$ 的相对带宽 GPS 和 DMB 天线分别为 3.8% 和 5.1%；AR$\leqslant 3$ dB 的频段，GPS 天线为 1.574～1.587 GHz，DMB 天线为 2.625～2.65 GHz；在 1.5 GHz 和 2.6 GHz 实测最大增益分别为 4 dBic 和 8 dBic。

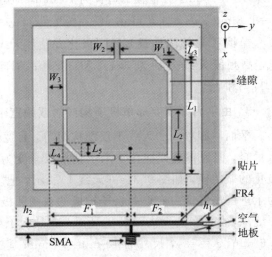

图 9.1　双频圆极化单馈多缝切角方贴片天线[1]

2. 单馈缝隙加载双频圆极化贴片天线

用缝隙加载方贴片，不仅能实现双频工作，与普通层叠贴片相比，还能明显减小尺寸。图 9.2(a)、(b) 分别是在方贴片的边缘用 4 个 T 形缝隙及在方贴片的 4 个角上用 Y 形缝隙加载，在贴片的中心切割矩形窄缝，沿对角线用探针单馈，激励了两个谐振模 TM_{01} 和 TM_{03}，实现了双频圆极化。由于用 T 形和 Y 形缝隙加载，增大了 TM_{01} 模表面电流的路径，有效地降低了 TM$_{01}$ 模和 TM$_{03}$ 模的谐振频率。单馈 T 形缝隙加载双频（1538 MHz 和 3050 MHz）圆极化方贴片天线的具体尺寸如下：

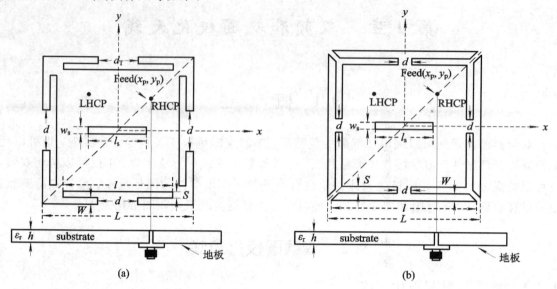

图 9.2　单馈缝隙加载双频圆极化贴片天线
(a) T 形；(b) Y 形

$h=1.6$ mm，方地板的边长为 75 mm，馈电位置 $x_p=y_p=7$ mm，$L=36$ mm，$l=28.8$ mm，$d=1.8$ mm，$d_T=3.5$ mm，$W_s=0.9$ mm，$l_s=13$ mm，$S=0.9$ mm，$W=1.8$ mm。

单馈 T 形缝隙加载双频圆极化方贴片天线实测电性能如下：$S_{11}<-10$ dB 的相对带宽，低、高频段天线分别为 3.4% 和 3.2%；AR≤3 dB 的相对带宽，低、高频段天线分别为 1.17% 和 1%。

3. 由平面印刷变形单极子构成的双频宽带圆极化天线[2]

平面印刷单极子天线不仅结构简单，有宽的阻抗带宽和全向水平方向图，而且低轮廓和重量轻，但为垂直线极化。为了使单极子变为圆极化，必须在单极子和地板中引入能产生圆极化的兼并模，如图 9.3(a)（天线 1）所示，把矩形辐射单元切角，在地板中切割倒 L 形缝隙，为了进一步展宽由变形单极子构成的双频圆极化天线的轴比和阻抗带宽，在单极子上切割 I 形缝隙，如图 9.3(b)（天线 2）所示，在地板上除切割倒 L 形缝隙外，还附加 I 形支节。用厚 1.6 mm，$\varepsilon_r=4.4$，尺寸为 40 mm×39 mm 基板制作由变形单极子构成的双频 $f_{0L}=2.5$ GHz LHCP 和 $f_{0h}=3.4$ GHz RHCP 天线的具体尺寸如表 9.1 所示。

双频圆极化变形单极子天线主要实测电性能：

· 天线 1：

$S_{11}<-10$ dB 的频段为 2.12～6.58 GHz，相对带宽为 102.5%；

AR≤3 dB 的频段和相对带宽：

低频段（2.5 GHz），2.41～2.56 GHz，相对带宽为 6%；

高频段（3.4 GHz），3.31～3.54 GHz，相对带宽为 6.7%。

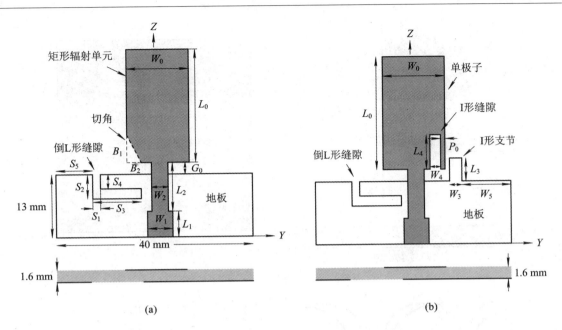

图 9.3　双频圆极化变形单极子天线[2]

(a) 天线 1；(b) 天线 2

表 9.1　双频圆极化变形单极子(天线 1 和天线 2)的尺寸

参　数	天线 1	天线 2	参　数	天线 1	天线 2
L_0	23.5 mm	23.5 mm	W_0	12 mm	12 mm
L_1	6.0 mm	6.0 mm	W_1	3.0 mm	3.0 mm
L_2	9.5 mm	9.1 mm	W_2	2.4 mm	2.4 mm
L_3	—	3.5 mm	W_3	—	0.5 mm
L_4	—	8.2 mm	W_4	0	1.2 mm
S_1	1.0 mm	1.0 mm	W_5	—	13 mm
S_2	6.0 mm	6.0 mm	P_0	—	1.0 mm
S_3	11.0 mm	11.0 mm	B_1	5.0 mm	—
S_4	4.7 mm	4.0 mm	B_2	2.5 mm	—
S_5	7.0 mm	7.0 mm	G_0	2.5 mm	2.1 mm

• 天线 2：

$S_{11} < -10$ dB 的频段为 2.17~8.47 GHz，相对带宽为 118.4%；

AR≤3 dB 的频段和相对带宽：

低频段：(2.41~2.55 GHz)，相对带宽为 5.6%；

高频段：(3.45~4.35 GHz)，相对带宽为 23.1%。

4. 由同心环贴片和圆贴片构成的双频圆极化天线[3]

在频率一定的情况下，与圆贴片相比，环形贴片的尺寸最小。图 9.4(a)是由小圆贴片、两个同心环贴片和有不等长正交缝隙的地板构成的小频率比 L 波段双频圆极化天线。

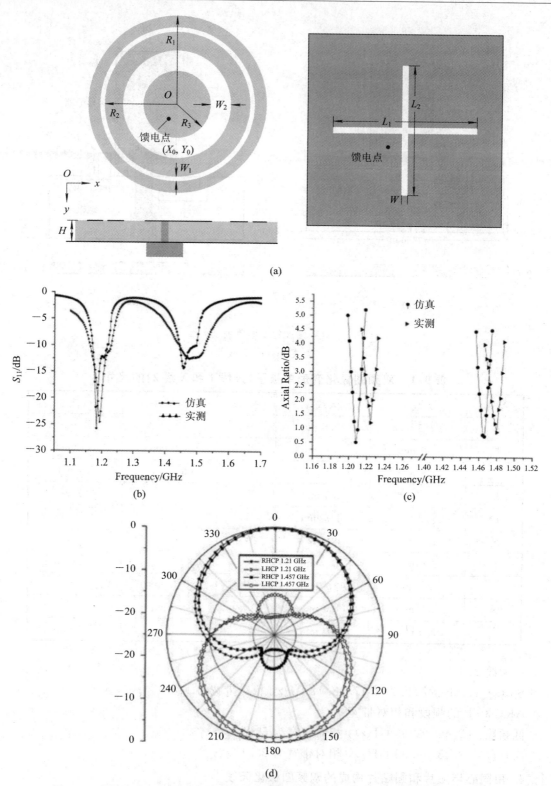

图 9.4　由圆贴片、双同心环、开十字形缝隙地板构成的双频圆极化天线及电性能[3]
（a）天馈结构；（b）S_{11} - f 特性曲线；（c）AR - f 特性曲线；（d）归一化方向图

　　中心设计频率，低频 $f_L=1224$ MHz，高频 $f_H=1480$ MHz，频率比为 1.209。天线所用基板为厚 $H=1.52$ mm，$\varepsilon_r=4.4$，tg$\delta=0.018$，边长为 60 mm 的方形 FR4 环氧板。低频谐振频率主要由大环贴片的外半径 R_1 决定，高频谐振频率则由小环贴片的外半径 R_2 及小环与小圆贴片之间的间隙 W_2 决定。为了用单馈实现圆极化，在地板上切割了宽度为 W、不等长度 L_1 和 L_2 的十字形缝隙，由于同轴探针位于十字形缝隙的对角线上，因而产生了正交兼并模。调整 L_1 和 L_2 的尺寸，就能产生圆极化。如果 $L_1>L_2$，则为 RHCP。

　　经过仿真和实验调整，天馈的具体尺寸如下：

　　$R_1=24$ mm，$R_2=18.1$ mm，$R_3=6.5$ mm，$W_1=0.8$ mm，$W_2=6.3$ mm，$L_1=40.0$ mm，$L_2=42.4$ mm，$W=1$ mm，$X_0=Y_0=-3$ mm。

　　图 9.4(b)、(c)分别是该天线仿真实测 S_{11}、AR 的频率特性曲线，由图看出，$S_{11}<-10$ dB 的相对带宽，低频 1224 MHz 为 5.8%，高频 1480 MHz 为 6.1%；实测 AR$\leqslant$3 dB 的相对带宽，低、高频段分别为 1% 和 1.1%。图 9.4(d)是该天线在 $f=1.21$ GHz 和 1.467 GHz 仿真 RHCP 和 LHCP 的归一化方向图，在轴线，交叉极化电平低、高频段分别为 -22 dB 和 -15 dB。在 1.224 GHz 和 1.48 GHz，该天线实测增益分别为 1.4 dBic 和 3.5 dBic。

5. 由 L 形折叠支节斜方缝隙构成的双频圆极化天线[4]

　　图 9.5 是用厚 1 mm，$\varepsilon_r=4.4$ FR4 基板制成的由带 L 形折叠支节斜方形缝隙构成的 3.5 GHz 和 5 GHz 双频 RHCP 天线。用折叠 L 形支节，不仅展宽了圆极化天线的阻抗带宽，而且能控制天线双频工作，为了实现阻抗匹配，在 50 Ω 微带馈线和 L 形带线的渐变端之间附加了长 $d_m=2.75$ mm，宽 $W_m=0.5$ mm 的阻抗变换段。为了得到更好的阻抗匹配，在 L 形带线的顶端，附加了间隙 0.3 mm，长 $L_A=19.4$ mm，宽 $W_A=1.8$ mm 的带线，使 L 形带线变成折叠 L 形带线。为了实现双频，在 L 形带线上切割了长 $L_C=12.5$ mm，宽 $W_C=1.8$ mm 的 L 形缝隙，天馈的其他尺寸如图 9.5 所示。

　　该双频圆极化天线主要实测电参数如下：

　　· 低频段：3.5 GHz

　　(1) VSWR$\leqslant$2 的频率范围为 3.35～4.25 GHz，相对带宽为 21%；

　　(2) AR$\leqslant$3 dB 的频率范围为 3.35～4.05 GHz，相对带宽为 18.9%；

　　(3) 实测最大增益 4 dBic；

　　(4) 交叉极化 -18 dB。

　　· 高频段：5 GHz

　　(1) VSWR$\leqslant$2 的频率范围为 4.65～6.35 GHz，相对带宽为 33%；

　　(2) AR$\leqslant$3 dB 的频率范围为 4.55～6.32 GHz，相对带宽为 32.5%；

　　(3) 实测最增益 4.5 dBic；

　　(4) 交叉极化 -14.5 dB。

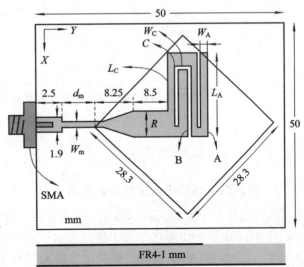

图 9.5　双频圆极化斜方形缝隙天线[4]

6. 单馈双频圆极化层叠椭圆贴片天线[5]

图 9.6(a)是用 $\varepsilon_1=\varepsilon_2=4.4$，$h_2=0.8$ mm，$h_1=1.6$ mm 基板制造的由单馈层叠椭圆贴片构成的双频($f_1=1908$ MHz，$f_2=2660$ MHz)圆极化天线。上下椭圆贴片的长轴均为 a，上、下椭圆贴片的短轴分别为 b_2 和 b_1，上下椭圆贴片相距 l。同轴探过孔穿过下贴片与上贴片相连直接馈电。下椭圆贴片作为寄生单元，馈电探针到椭圆中心的距离为 d，与椭圆贴片长轴成 $45°$夹角，正好利用兼并模实现 LHCP。选择合适的短/长轴比 b_1/a、b_2/a 及间隙 l，就能实现双频圆极化。图 9.6(b)是在地板尺寸为 75 mm×75 mm，$a=21.86$ mm，$b_1/a=0.95$，$b_2/a=0.96$，$d=12$ mm 情况下实现的双频图圆极化天线的史密斯阻抗圆图，由图看出，对 $f_1=1908$ MHz，VSWR$\leqslant$2 的相对带宽为 5.6%，对 $f_2=2660$ MHz，VSWR$\leqslant$2 的相对带宽为 3.8%，AR$\leqslant$3 dB 的相对带宽，低、高频段分别为 2.1% 和 1.1%，在 f_1 和 f_2 实测增益分别为 3.5 dBic 和 1.5 dBic。

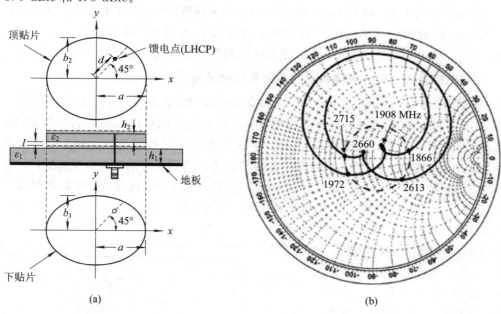

图 9.6　单馈双频圆极化层叠椭圆贴片天线和阻抗圆图[5]

(a)天馈结构；(b)阻抗圆图

9.2.2　双馈双频圆极化天线

1. 宽波束双频圆极化层叠贴片天线

用普通贴片很容易实现圆极化，但单馈圆极化贴片天线的增益从天顶角到低仰角约下降 10~15 dB，而且轴比恶化。为了满足发射(上行频率为 1626~1660 MHz)和接收(下行频率为 1530~1560 MHz)卫星通信使用的宽波束圆极化天线，宜采用由 4 个层叠几乎方贴片构成的双频圆极化贴片天线，如图 9.7(a)所示。顶层两个贴片构成发射频段，底层两个贴片构成接收频段使用的圆极化贴片天线。给上面 3 个贴片馈电的同轴馈线均从贴片的中心穿过，由于贴片中心的电场为零，故不会对 TM_{01} 和 TM_{10} 主模的电场分布产生扰动。用 2 等功分器把能量等分给两个贴片。用 3 个不同 ε_r 的基板制作贴片是为了减小上面贴片对下面贴片的阻

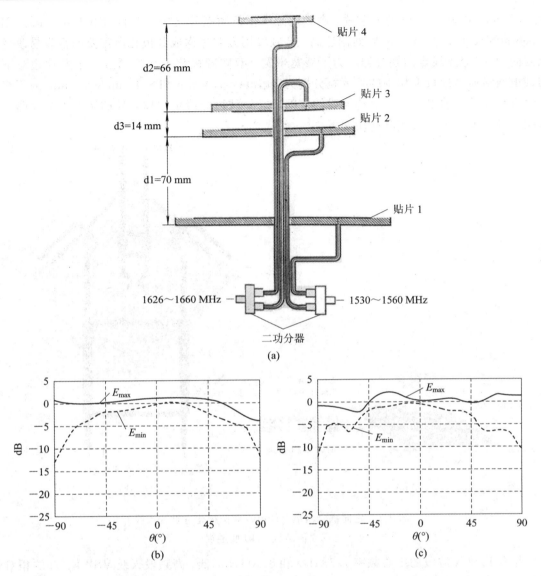

图 9.7　双频圆极化层叠贴片天线及垂直面轴比方向图
(a) 天馈结构；(b) 垂直面轴比方向图（接收）；(c) 垂直面轴比方向图（发射）

挡，所用基板的介电常数从上到下，由高到低。为了在宽角范围内得到好的圆极化特性，上面两个贴片的尺寸要比底层贴片的尺寸小一半，因此顶层贴片基板的 ε_r 远大于底层贴片基板的 ε_r。为了减小互耦，让上、下贴片之间有一定的空气间隙。为了避免在第 2 层偏离中心过孔馈电，采用了同轴探针由上向下的馈电方法。为了得到好的阻抗匹配，应适当调整馈电点的位置。图 9.7(b)、(c) 分别是底层贴片 1、2 和顶层贴片 3、4 的垂直面轴比方向图，由图看出，HPBW＞140°。

2. 用定向耦合器给方贴片耦合馈电构成的 L/X 波段双频圆极化天线[6]

图 9.8 是用定向耦合器给方贴片耦合馈电构成的 L/X 波段双频圆极化天线。双频（$f_L = 1.7\,\text{GHz}$，$f_H = 8.2\,\text{GHz}$）天线的辐射单元是用厚 1.5 mm，$\varepsilon_r = 2.22$ 的基板制造，边长分别

为 53.3 mm 和 10.8 mm 的方贴片，高频贴片位于低频贴片之中，它们相距 1.82 mm。用厚 0.758 mm，$\varepsilon_r = 2.22$ 基板的底面制造高、低频段用方贴片构成圆极化所需要的很容易改变极化方向的 90°分支线定向耦合器。为了展宽带宽，双频圆极化天线均通过位于贴片边缘下方的馈电网络通过地板上切割的长×宽分别为 34 mm×1.1 mm 和 8.4 mm×0.4 mm 的正交缝隙给方贴片耦合馈电。为了节约天线的空间，把 L 波段天线定向耦合器的调谐支节弯曲。该双频圆极化天线主要实测电性能如下：

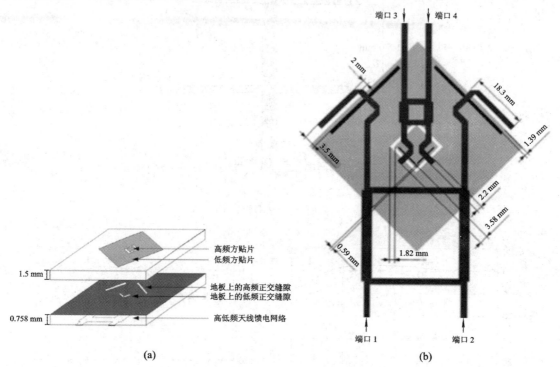

图 9.8 定向耦合器耦合馈电双频圆极化方贴片天线

(a) 立体结构；(b) 底透视

相对 L 和 X 波段的中心频率 1.7 GHz 和 8.1 GHz，低、高频段天线 VSWR≤2 的相对带宽分别为 1.5% 和 8.6%；AR≤3 dB 的相对带宽分别为 3.8% 和 7.4%；在 f_0 处，L 波段和 X 波段天线实测最大增益分别为 3.7 dBic 和 5.7 dBic，实测双频天线端口隔离度高于−30 dB。

3. GPS 和 ETC 双频圆极化天线[7]

车载 GPS(1575 MHz)和电子收费系统(ETC)(5800 MHz)都需要使用 RHCP 天线来完成智能运输系统的业务，用单馈切角方贴片作为 1575 MHz GPS 天线。由于电子收费系统在 5.8 GHz WLAN(5.725～5.875 GHz)频段工作，带宽比较宽，因而采用了单极子馈电具有行波结构的圆极化方环天线。

图 9.9 是 GPS 和电子收费天线的结构，其中 GPS 天线是用厚 1.6 mm，$\varepsilon_r = 4.4$ FR4 基板制造，用同轴线直接给切角为 5.5 mm、边长为 45.5 mm 的方贴片天线馈电。探针位于 x 轴距离贴片中心 14.5 mm 处，在贴片的中心用单极子给边长 $L = 15.5$ mm、周长为 62 mm（在 5.8 GHz 约 $1.2\lambda_0$）的方环馈电。电子收费天线由 3 部分组成，除水平方环外，还有一根垂直短路线和一根垂直开路线，通过调整短路线的高度 h 可以使轴比最小。$h = 15$ mm（在

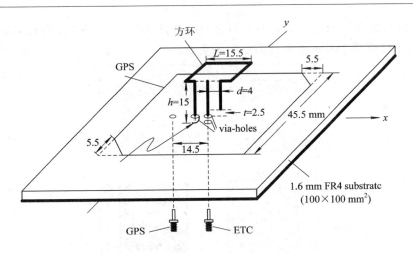

图 9.9 GPS 和 ETC 双频圆极化天线

5.8 GHz 为 $0.29\lambda_0$)时轴比最佳。开路线长 10.9 mm,距离贴片的间隙 $t=2.5$ mm。单极子、短路线、开路线均位于 xz 面,电子收费天线通过间距 $d=4$ mm 的单极子与开路线耦合馈电,调整 t 和 d,可以使 ETC 天线在宽频带匹配,调整长度 L,使 ETC 天线谐振。GPS 和 ETC 双频圆极化天线主要实测电性能如表 9.2 所示。

表 9.2 GPS、ETC 双频圆极化天线主要实测电参数

天线	VSWR≤2 dB 的带宽		AR≤3 dB 的带宽		G/dBic
	绝对带宽	相对带宽	绝对带宽	相对带宽	
GPS	60 MHz	3.8%	14 MHz	0.9%	1.6(1575 MHz)
ETC	792 MHz	13.7%	310 MHz	5.3%	5.7(5800 MHz)

9.2.3 4 馈双频圆极化天线

机载天线必须低轮廓,印刷贴片天线和背腔嵌平天线是优选方案。作为宽波束 GPS 天线,宜用正交缝隙天线而不用贴片天线是因为正交缝隙几乎从它的中心辐射,贴片由边缘缝隙辐射,如图 9.10 所示。由于边缘场使矩形贴片的有效辐射尺寸由 L_1 扩大到 L_2,波束宽度必然变窄,但对几乎是从中心辐射的正交缝隙,由于有效辐射尺寸比矩形贴片小,故垂直面方向图更宽。

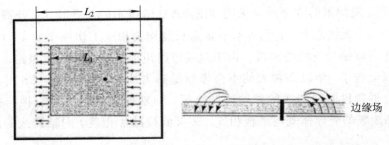

图 9.10 矩形贴片的辐射机理

如图 9.11(a)所示,用等幅,0°、90°、180°和 270°相差给 4 个 $\lambda/4$ 长顺序旋转短路贴片馈

电，不仅能构成低轮廓圆极化天线，由于用它们的开路边缘形成了正交缝隙，把短路矩形贴片的辐射变为正交缝隙，因而使垂直面方向图更宽。

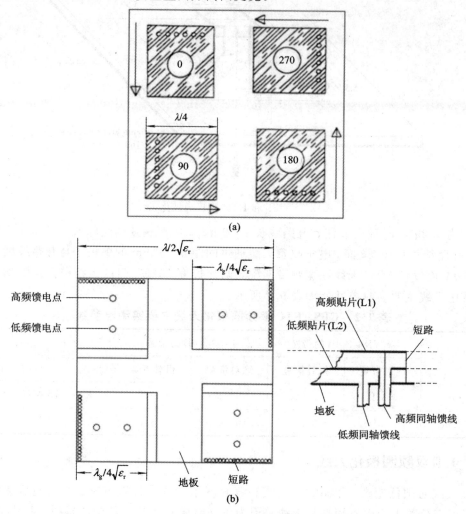

(a)

(b)

图 9.11　由 4 个 $\lambda/4$ 长短路贴片构成的单频、双频圆极化天线

(a) 单频；(b) 双频

为了同时接收 1575 MHz 和 1227 MHz 双频 GPS 信号，应采用双频 GPS 天线。为了构成双频 GPS 天线，最简单的方法就是采用如图 9.11(b) 所示的层叠技术，让高频 GPS L1 天线位于低频 GPS L2 天线之上，它们的有效辐射长度均为相应工作频率的 $\lambda_g/4$。低频贴片天线的辐射体兼作高频贴片天线的地板。由于双频短路矩形贴片在同一边短路，且高频段天线的尺寸比低频段天线小，所以高频天线不会影响低频天线辐射。双频 GPS 短路贴片天线均用同轴线馈电。低频段同轴馈线的外导体接地板，同轴馈线的内导体直接与低频段贴片相连，高频段同轴馈线的外导体既与地板相连，又与低频贴片相连，同轴馈线的内导体与高频贴片相连。

用双频 GPS 天线还可以构成圆阵和 7 单元双频 GPS 自适应天线阵，如图 9.12(a)、(b) 所示。该天线阵只有 8 mm 厚，单元间距在 1227 MHz 为 0.47λ，在 1575 MHz 为 0.6λ，中心单元与边缘单元之间的互耦在 1227 MHz 为 13 dB，在 1575 MHz 为 16 dB。

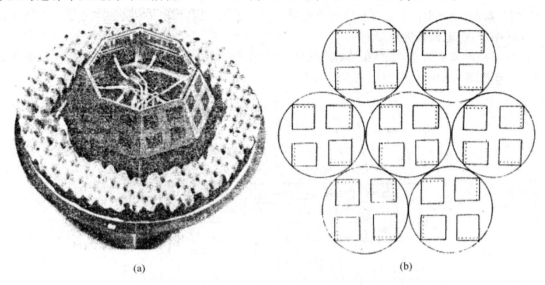

图 9.12　由 4 个 λ/4 长短路贴片构成的天线阵

(a)圆阵；(b)7 元双频天线阵

图 9.13(a)、(b)分别用 4 等功分器，并让输出路径长度依次差 $\lambda_g/4(90°)$ 给双频 GPS 天

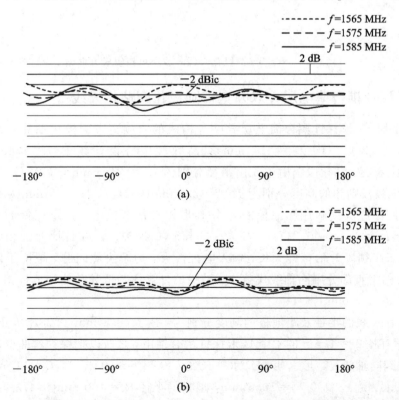

图 9.13　用等幅，相位差为 0°、90°、180°和 270°有和无隔离电阻功分器给双频

GPS 天线馈电，在 10°仰角实测 L1 频段天线的方位面方向图

(a)用 T 形功分器；(b)用 Wilkinson 功分器

线馈电，其中图(a)用 T 形功分器(无隔离电阻)，图(b)是用带隔离电阻的 Wilkinson 功分器，在 10°仰角实测 GPS L1 天线的方位面方向图，由图看出，用带隔离电阻的功分器，方位面方向图起伏明显比用 T 形功分器的小。

如果要控制双频发射(Tx)和接收(Rx)圆极化天线的波束，可采用如图 9.14 所示由功率合成器、移相器和定向耦合器组成的方框图。

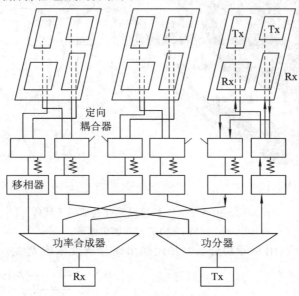

图 9.14　Rx/Tx 圆极化天线阵波束可控组成方框图

9.2.4　L 形探针耦合馈电层叠双频宽带圆极化圆贴片天线[8]

图 9.15 是用 4L 形探针耦合馈电层叠贴片构成的双频宽带圆极化贴片天线。低频段中心设计频率 $f_L = 1.4$ GHz($\lambda_L = 214$ mm)，高频段中心设计频率 $f_u = 2492$ MHz($\lambda_u = 120$ mm)，由图看出，高频段辐射单元由半径分别为 $R_{u1} = 24.5$ mm($0.2\lambda_u$)，$R_{u2} = 26.5$ mm($0.22\lambda_u$)，离低频段贴片的高度分别为 $H_{u1} = 12.5$ mm($0.1\lambda_u$)，$H_{u2} = 9$ mm($0.075\lambda_u$)的层叠圆贴片组成，用穿过低频贴片和地板的 4 个 L 形探针耦合馈电。L 形探针的尺寸为：直径 $2r = 1$ mm，长 $L_u = 25$ mm($0.21\lambda_u$)，高 $h_u = 4$ mm($0.033\lambda_u$)，两 L 形探针相距 $d_u = 65$ mm($0.54\lambda_u$)。由于高频段 L 形探针太长，输入电抗很大，为解决此问题，把位于低频段贴片以下的 L 形探针的垂直部分用同轴线代替，同轴线的外导体与低频贴片和地板相连。同轴线外导体的直径 $2r_p = 3.5$ mm。

低频圆贴片天线的半径及距地板的高度分别为：$R_1 = 60.5$ mm($0.28\lambda_L$)，$H_1 = 16.5$ mm($0.077\lambda_L$)，用直径 $2r = 1$ mm 的 4 个 U 形探针耦合馈电，之所以把探针弯曲变成 U 形，是为了防止探针碰到同轴线，U 形 L 形探针水平长度 $l_1 = 22$ mm($0.1\lambda_L$)，$l_2 = 14$ mm($0.065\lambda_L$)，$l_3 = 9.5$ mm($0.044\lambda_L$)，高度 $h_1 = 10.5$ mm，地板的半径 $R_g = 100$ mm($0.47\lambda_L$)。

该天线的低、高频段馈电网络均由 3 个 Wilkinson 功分器组成，但低频段馈电网络用带线，高频段用微带线。为了扼制高次模，避免对高频段天线性能产生影响，在低频带线的输入端串联了如图 9.16 所示的有带阻功能结构紧凑的微带谐振单元。

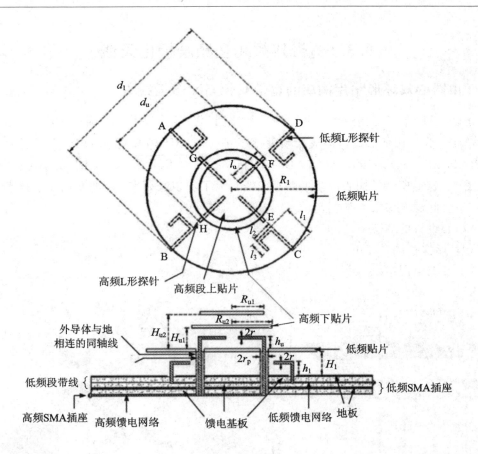

图 9.15　4L 形探针耦合馈电双频层叠圆贴片天线[8]

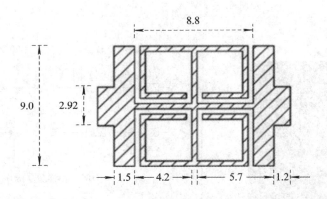

图 9.16　微波谐振单元[8]

该双频圆极化贴片天线主要实测电性能如下：

低频段天线，VSWR≤2 的相对带宽为 43.9%，AR≤3 dB 的相对带宽为 33%，G_{max}=7.8 dBic；

高频段天线，VSWR≤2 的相对带宽为 55.2%，AR≤3 dB 的相对带宽为 44.7%，G_{max}= 8 dBic。

9.3　宽带双频和多频圆极化天线

9.3.1　由同心双环形贴片构成的宽带双频 GNSS 天线[9]

由于以 TM_{11} 基模工作的环形贴片的尺寸比圆形或矩形贴片小，因而广泛用作天线的基本辐射单元。为了用环形贴片构成低频段(1150～1260 MHz)和高频段(1550～1620 MHz)覆盖 GPS(L1，L2，L5)、Glonass(L1，L3)和 Galileo(E_{5a}，E_{5b}，E_1，E_2，L1)的 GNSS 天线，采用了如图 9.17(a)所示的同心双环形贴片天线。为了实现宽频带，主要采用以下技术：

(1) 空气间隙 3 层层叠基板；

(2) 精心设计的缝隙；

(3) 4L 形探针耦合馈电；

(4) 宽带馈电网络。

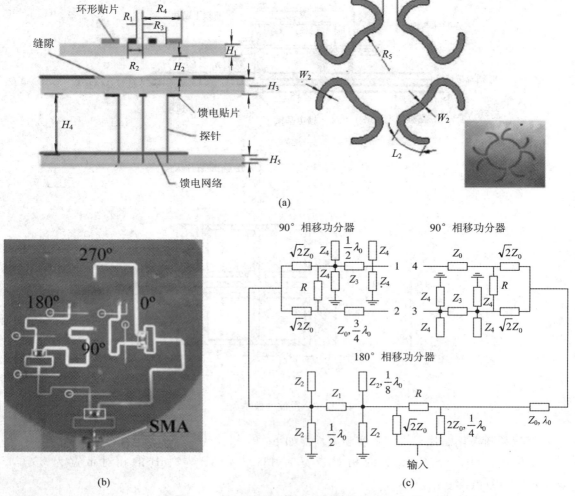

图 9.17　双频圆极化同心双环形贴片天线

(a) 天馈结构；(b) 馈电网络；(c) 馈电网络的组成原理

同心环形贴片天线共面位于顶层，把内外半径分别为 R_1 和 R_2 的内环形贴片作为低频段 GNSS 的辐射单元；把内外半径分别为 R_3 和 R_4 的外环形贴片作为高频段 GNSS 的辐射单元。中层基板的正面有图 9.17(a)所示的缝隙，该缝隙由中间有间隙 Δ、半径为 R_5、宽度为 W_2 的圆形缝隙和宽度为 W_2、长度为 L_2 的 4 个弧线组成。中层基板背面有 4 个长 L_1、宽 W_1 的馈电贴片，该贴片与探针相连构成 4 个 L 形探针。顶层和中层均用 $H_1 = H_3 = 2$ mm，$\varepsilon_r = 4.4$ 的 FR4 基板，底层以 $H_5 = 1$ mm、直径 200 mm 的 FR4 基板为地板。图 9.17(b)所示为馈电网络。图 9.17(c)为馈电网络的组成原理图，由图看出，该馈电网络主要由 3 个 Wilkinson 功分器和 $\lambda_0/8$ 长短路、开路支节及延迟线组成。其中 180°相移功分器的阻抗为：$Z_0 = 50$ Ω，$Z_1 = 81$ Ω，$Z_2 = 63$ Ω；90°相移功分器的阻抗为：$Z_3 = 61.9$ Ω，$Z_4 = 125.6$ Ω。

经过优化，天馈的尺寸如下：$R_1 = 18.2$，$R_2 = 19.6$，$R_3 = 24.1$，$R_4 = 28.1$，$R_5 = 24$，$W_2 = 3$，$L_1 = 11$，$W_1 = 4$，$H_2 = 5$，$H_4 = 11$(以上参数单位均为 mm)。该天线实测 VSWR、G 及 AR 的频率特性如下：

(1) 在 1.1～1.7 GHz 频段内，实测 VSWR≤2 的相对带宽为 42.8%；

(2) 在 1.1～1.7 GHz 频段内，实测 AR≤3 dB 的相对带宽为 42.8%；

(3) 在 1.2 GHz，实测最大增益为 7.1 dBic，在 1.59 GHz，实测最大增益为 8.2 dBic；

(4) 3 dB AR 波束宽度大于 100°。

该天线的最大外形尺寸：直径 200 mm，高 15 mm。

9.3.2　共面宽带双频圆极化 GNSS 天线[10]

图 9.18 是用厚 12 mm 基板制成的共面双频宽带 GNSS 天线，低频段 L2(1160～1300 MHz) 为相对中心对称的内齿轮状圆环贴片天线，共面位于低频段 L2 天线里边的是高频段 L1 (1550～1620 MHz)带锯齿的圆贴片天线。为了实现圆极化及有稳定的相位中心，高、低频段天线分别用等幅，相位依次为 0°、90°、180° 和 270° 的馈电网络 4 馈。圆贴片周围的锯齿增加了电流路径，有利于减小天线的尺寸，在高、低频段天线的外缘和中心均附加了均布的短路销钉，通过调整短路销钉的位置和数量，可以改善天线的 HPBW 和轴比。

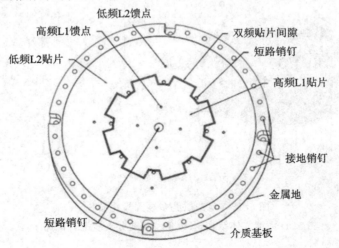

图 9.18　共面宽带双频 GNSS 天线[10]

经优化仿真研究，在高、低频段的中心频率 1580 MHz 和 1230 MHz 处，天线的最大增益为 7 dBic；在 245 MHz 的带宽内，$G \geqslant 5$ dBic；3 dB AR 波束宽度高、低频段天线分别为 152°和 232°。

9.3.3　单馈层叠多频圆极化贴片天线[11]

1. 对圆极化贴片天线的要求

(1) 多频段。新的 GPS 天线，不仅要包含 L1＝1575±12 MHz、L2＝1227±12 MHz，还要包括 L5＝1176±12 MHz 和欧洲 Galileo 卫星导航系统使用的频率，即 $E5_a$(1164～1189 MHz)、$E5_b$(1189～1214 MHz)。

(2) 小尺寸。最大尺寸小于 L5 频段的 $\lambda/8$(f＝1164，λ＝257.73 mm，$\lambda/8$＝32.2 mm)。

(3) RHCP：$G \geqslant 0$ dBic。

(4) 单馈(50 Ω)。

2. 采用的技术

(1) 用层叠实现多频工作。

上贴片：L1(1575)；下贴片：L2、L5/$E5_a$、$E5_b$。

(2) 采用厚高介电常数基板实现宽带和减小天线尺寸。

(3) 采用 0～90°混合电路耦合双馈实现圆极化。

图 9.19(a)是层叠宽带圆极化贴片天线的结构和尺寸。直径 d_1＝26.6 mm 的上贴片由厚 h_1＝6 mm，ε_{r1}＝16，直径 D＝33 mm 的圆基板制成；直径 d_2＝24 mm 的下贴片由厚 h_2＝8 mm，ε_{r2}＝30，直径 D＝33 mm 的圆基板制成。注意，0～90°馈电网络是用厚 h_3＝0.635 mm，ε_{r3}＝10.2 的基板制成，它不是位于地板的背面，而是位于地板的正面。信号由 0～90°环形混合电路(参看图 9.19(b)的端口 1 输入，由端口 2、3 输出，通过与端口 2、3 相连接的探针给上下贴片耦合馈电。

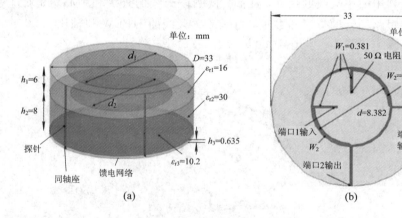

图 9.19　单馈层叠多频圆极化贴片[11]
(a)天馈立体结构；(b)0～90°圆分支线混合电路

为了减小馈电网络与贴片之间的耦合干扰，0～90°圆分支线混合电路，不仅用很薄的基板制造，而且让它位于贴片电场最弱的中心。中心设计频率 f_0＝1.35 GHz(1.2～1.575 GHz

的中心频率），天馈的具体尺寸如图 9.19(a)、(b)所示，调整微带线的宽度，可以获得更好的阻抗匹配。

为了把不同基板和馈电网络粘接在一起，采用了 $\varepsilon_r=15$、型号为 ECCOSTOCK 的介质软膏，对排除空气间隙是非常有效的。该天线实测 S_{11} 和 G 的频率特性如下：在 1.2～1.34 GHz，VSWR<2，低频段，$G=0～4$ dBic，高频段，$G=-3～4$ dBic。

9.3.4　单馈层叠 3 频 GPS 贴片天线

GPS 是全球 GNSS 之一，它利用地球轨道卫星(MEO)发射微波信号，用 GPS 接收机确定用户的位置、速度和时间。采用 3 频 L1、L2 和 L5 GPS 改进和增强高精度定位业务和技术。

图 9.20 是用单馈层叠贴片构成的 L1、L2 和 L5 3 频 GPS 天线，按照频率的高低，自上而下分别用 3 个尺寸均为 80 mm，但不同介电常数的方基板制造的 3 频 GPS 天线。上贴片 p_1 是用厚 $h_1=1.6$ mm，$\varepsilon_r=4.4$ FR4 基板制造的边长 $a=40.5$ mm、谐振在 L1(1575 MHz)的切角方贴片天线。中贴片 p_2 是用与 p_1 贴片相同基板材料制造的边长 $e=53.9$ mm、谐振在 L2(1227 MHz)的切角方贴片天线。为了实现 AR<3 dB，除了切角外，还在贴片上切割了距贴片边缘 $D=18$ mm，尺寸为 $p\times q=10$ mm$\times2$ mm 的 2 个矩形缝隙。下贴片 p_3 是用厚 $h_3=1.5$ mm，$\varepsilon_r=3.38$ 基板制造的边长为 66 mm 谐振在 L5(1176 MHz)的方贴片天线，为了实现圆极化，采用将一个角按 $t\times s=11$ mm$\times2$ mm 矩形面积切掉产生的正交兼并模。图中使用不同 ε_r 的基板是为了改进 GPS L5 天线的轴比。

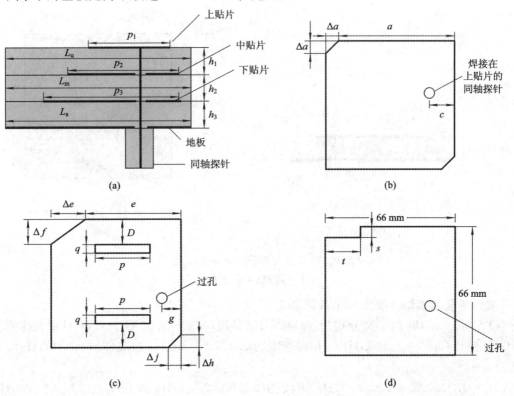

图 9.20　单馈层叠 3 频 GPS 天线

(a) 侧视；(b) 上贴片；(c) 中贴片；(d) 下贴片

通过在下、中贴片天线上的过孔，把 50 Ω 同轴馈线的内导体直接与上贴片相连实现单馈，中、下贴片通过电磁耦合馈电，过孔引入的电容耦合抵消了探针引入的感性。为了使 3 个贴片都能实现好的阻抗匹配，3 个贴片的中心并不重合，这也可以从探针离上、下贴片边缘距离 $c=13.67$ mm 和 $g=16.62$ mm 的不同看出来。

该天线的主要电性能如下：

（1）实测 VSWR≤3 的相对频率范围和带宽，L5、L2 和 L1 频段分别为 1160～1182 MHz（2%）、1214～1232 MHz（1.5%）、1568～1598（2%）。

（2）AR≤3 dB 的带宽和相对带宽：L1 频段，13 MHz（0.83%）；L2 频段，10 MHz（0.81%）；L5 频段，40 MHz（3.4%）。

（3）L1、L2 和 L5 频段的仿真增益分别为 5.6 dBic、5.6 dBic 和 6.3 dBic。

9.3.5　由分形边缘贴片构成的 3 频圆极化天线[12]

图 9.21 是用厚 $h=3.2$ mm，$\varepsilon_r=2.2$ 基板制成的 2.45、3.4 和 5.8 GHz 3 频圆极化分形贴片天线，为了用沿方贴片对角线单馈实现圆极化，除了沿 x 和 y 轴贴片边缘切割 $2\theta_x \neq 2\theta_y$ 夹角的缺口产生的兼并模外，还在贴片的中心切割与对角线成 45°、尺寸为 $L_1 \times W_1$ 的分形缝隙。经过优化，天线的最佳尺寸如下：

$L=36$ mm，$L_1=0.35L=12.6$ mm，$W_1=0.15L=5.4$ mm，$\theta_x=20°$，$\theta_y=45°$，馈电位置（7 mm，7 mm），地板尺寸为 50 mm×50 mm。

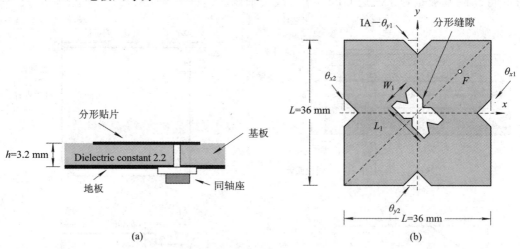

图 9.21　3 频分形圆极化贴片天线[12]

(a) 侧视；(b) 顶视

3 频圆极化天线的主要实测电性能如下：

（1）$S_{11}<-10$ dB 的带宽分别为：2.45 GHz 频段（2.32～2.52 GHz），相对带宽为 8.7%；3.4 GHz 频段（3.37～3.45 GHz），相对带宽为 2.4%；5.8 GHz 频段（5.6～5.9 GHz），相对带宽为 5%。

（2）3 dB AR 带宽：2.45 GHz 频段为 3.2%，3.4 GHz 频段为 1.6%，5.8 GHz 频段为 3%。

（3）3 频段最大增益分别为 6.5 dBic、4.8 dBic 和 3 dBic。

9.3.6　带陷波电路的 3 频倒 L 形 GPS 天线[13]

GPS 利用低轨道卫星发射 L1(1575.42 MHz)、L2(1227.6 MHz)RHCP 信号，民用和军用卫星则通过接收这些信号来精确确定它们的位置，称为生命安全线的 L5(1176.45±10 MHz)为用户提供更精确的导航信号，并减小干扰。由于现代 GPS 要求接收 3 个频段的导航信号，因此要求天线在 3 个频段提供半球形方向图。

用等幅，0°、90°、180°和270°的相差给 4 个倒 L 形单元馈电，就能实现圆极化。倒 L 形由垂直和水平金属带组成，其总长近似为 λ/4。为了实现宽频带，在宽度不相同水平金属带的合适位置附加由 LC 并联电路构成的陷波电路。由于 L2 和 L5 的频率比较靠近，它们又与较高频率 L1 的频率间隔大，因此要用实验的方法，让带陷波电路的倒 L 形单元在 1575 MHz 谐振，说明陷波电路的位置是准确的，并按 LC 并联电路在 1575 MHz 呈现高阻抗来确定陷波电路的元件值 L 和 C。图 9.22(a)中位于高 22 mm，中间填充泡沫的边长为 121 mm 的方形结构中的 4 个倒 L 单元，陷波电路的元件值为：L=2.8 nH，C=2.2 pF。

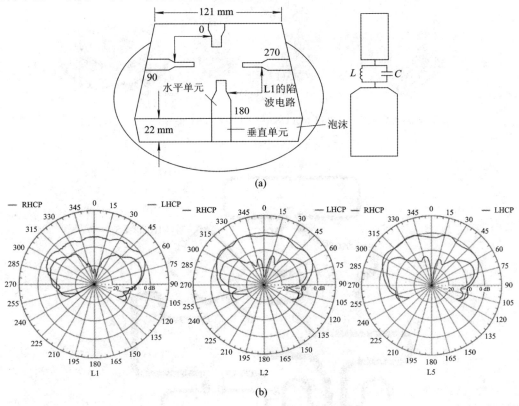

(a)

(b)

图 9.22　3 频倒 L 形 GPS 天线及实测主极化(RHCP)和交叉极化垂直面方向图[13]

(a)结构；(b)垂直面方向图

由于 L1、L2 和 L5 3 频天线输入电阻比较小，约为 20～40 Ω，为了与 50 Ω 馈线匹配，必须附加 38 Ω 左右的 λ/4 长阻抗变换段。图 9.22(b)是把天线位于直径 1.3 m 地板上实测的垂直面方向图。由图看出，仰角 Δ≥10°，G=−3.5 dBic，不仅如此，轴向增益均比较小，特别是 L1 约为 −3.5 dBic。

9.3.7 由层叠环形贴片构成的 4 频 GNSS 天线[14]

图 9.23(a)是由层叠环形贴片构成的 GPS L1(1575±5 MHz)，GLONASS L1(1602±8 MHz)，BDS-1 L(1616±5 MHz)，BDS-1 S(2492±5 MHz)，BDS-2 B3(1561±5 MHz)

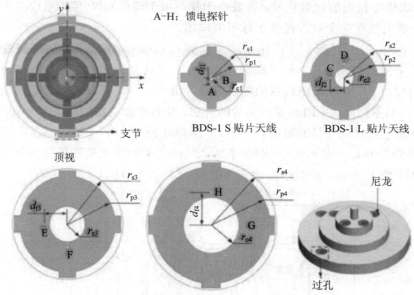

(a)

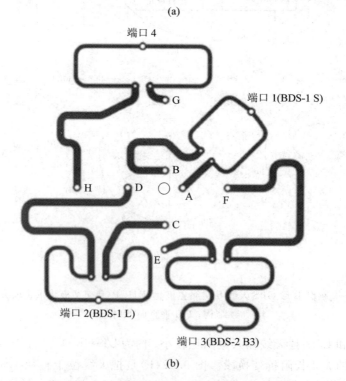

(b)

图 9.23　4 频层叠环形贴片天线和馈电网络[14]
(a)天馈结构；(b)馈电网络

和 BDS - 2 B1(1268±10 MHz)GNSS 天线。由于 GPS L1、GLONASS L1、BDS - 2 B1 的频率比较接近，且均为 RHCP，所以由底层厚 3.2 mm，$\varepsilon_r = 6.15$ 的基板制造。层顶为 BDS - 1 S 波段贴片天线，用与底层相同的基板制造，第 2 层为 BDS - 1 L 波段 LHCP 贴片天线，第 3 层为 BDS - 2 B3 频段贴片天线。它们均用厚 2.5 mm，$\varepsilon_r = 10$ 的基板制造。为了减小尺寸、方便调谐和实现宽频带，4 频层叠贴片天线均采用有 4 个支节的双馈环形贴片。为了减小长探针穿过基板引入的电感，采用半径分别为 r_{c1}、r_{c2}、r_{c3} 和 r_{c4} 的台阶金属短路柱构成短路环形贴片，直径为 3.1 mm 的过孔用 $\varepsilon_r = 2.65$ 的聚四氟乙烯基板材料填充，由于探针穿过短路柱面不是通过多层基板，因而减小了电感。

经过优化，4 层 4 频短路环形贴片天线基板的外半径分别为 $r_{s1} = 17$ mm，$r_{s2} = 23.5$ mm，$r_{s3} = 30$ mm，$r_{s4} = 35$ mm，环形贴片的外半径分别为 $r_{p1} = 12.5$ mm，$r_{p2} = 18$ mm，$r_{p3} = 26$ mm，$r_{p4} = 31.5$ mm，探针距圆心的距离分别为 $d_{f1} = 3.5$ mm，$d_{f2} = 7.5$ mm，$d_{f3} = 12.5$ mm，$d_{f4} = 17.8$ mm，台阶金属短路柱的半径分别为 $r_{c1} = 1$ mm，$r_{c2} = 5$ mm，$r_{c3} = 9.5$ mm，$r_{c4} = 15$ mm。图 9.23(b)所示馈电网络均由 Wilkinson 功分器和有 90° 相移的微带线组成。表 9.3 为 4 频层叠环形贴片天线主要实测电参数。

表 9.3　层叠 4 频短路环形贴片主要实测电参数

频段	$S_{11} < -15$ dB	S_{21}/dB	AR/dB	G/dBic
BDS - 1 S	2.4~2.6 GHz	−10	2.4	4.5
BDS - 1 L	1.55~1.7 GHz	−10	3	4
BDS - 2 B3	1.2~1.4 GHz	−10	2.5	3
GPS L1 BDS - 2 B1	1.5~1.6 GHz	−10	<2.4	2.5

9.4　双频双圆极化天线

9.4.1　用 90° 分支线定向耦合器给圆贴片双馈构成的双频双圆极化天线[15]

图 9.24(a)是由位于背腔地板之上用半径为 r_p 金属板制成的双频收发(Rx，Tx)圆贴片天线，为了实现圆极化，均用位于贴片和地板之间由 $\varepsilon_r = 3.5$ PTFE 基板制成的 90° 分支线定向耦合器通过探针在 a、b 点和 c、d 点分别给 Tx 和 Rx 贴片双馈。为了减小 Tx 和 Rx 天线之间的耦合影响，分别把它们置于背腔中。对 Tx 天线，由端口 T_1 输入实现 LHCP，由端口 T_2 输入实现 RHCP；对 Rx 天线，由端口 R_1 输出实现 LHCP，由端口 R_2 输出实现 RHCP。也可以采用如图 9.24(b)所示对称结构。中心设计频率 $f_0 = 915$ MHz($\lambda_0 = 328$ mm)，天馈的具体尺寸如下：

$L = 450$，$W = 200$，$H = 30$，$r_p = 30$，$r_f = 48$，$h_p = 15$，$d_1 = 250$，$d_2 = 50$，$W_1 = 1.7$，$W_2 = 2.9$，$l_1 = 52.4$，$l_2 = 50$，$s_1 = 90$，$s_2 = 70$，$h_s = 0.76$(以上参数单位为 mm)。Tx 和 Rx 天线的外形尺寸为 $W \times L \times H = 200$ mm × 450 mm × 30 mm，在 860~960 MHz 频段，该天线实测电参数如下：

（1）隔离度 $S_{R_1 T_1} < -36$ dB；$S_{R_2 T_1} < -28$ dB；

（2）$G = 7 \sim 8$ dBic；

（3）AR < 1.8 dB；

（4）在 f_0 实测方向图，不仅后瓣小，而且交叉极化比也小。

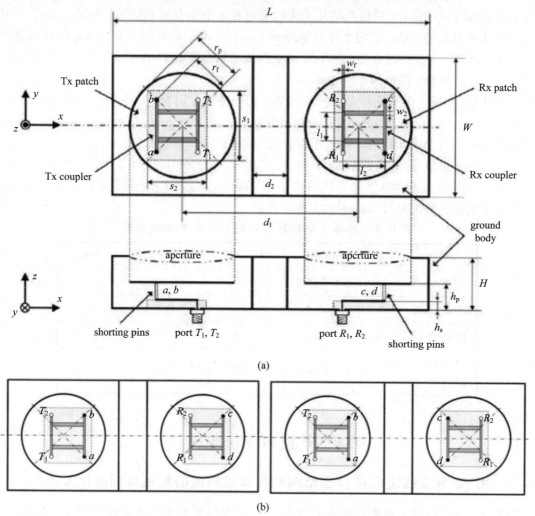

(a)

(b)

图 9.24　用 90°分支线定向耦合器给圆贴片天线双馈构成的双频双圆极化天线[15]

（a）天馈结构；（b）对称 Rx、Tx 馈电

9.4.2　带长度不等十字形缝隙的双频双圆极化缝隙环天线[16]

图 9.25(a)是用 $\varepsilon_r = 4.2$，厚 1.52 mm 的 FR4 基板印刷制造，由带等宽 W_1、长度分别为 L_{s1}、L_{s2}、L_{s3} 和 L_{s4} 十字形缝隙，内外半径分别为 R_1 和 R_2 的环形缝隙构成的双频（1.5 GHz 和 2.6 GHz）双圆极化贴片天线。普通环形缝隙的谐振频率 f 可以用下式确定

$$f = \frac{CK}{2\pi \sqrt{\varepsilon_e}}, \qquad K = \frac{2}{R_1 + R_2}$$

式中，C 为光速；ε_e 为有效介电常数。

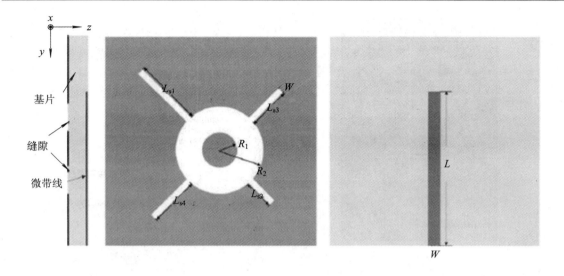

图 9.25 双频双圆极化带不等长度十字形缝隙的缝隙环天线[16]

在环形缝隙中引入长度不等的十字形缝隙,既可以降低环形缝隙的谐振频率,改善阻抗匹配,又能为圆极化提供兼并模,用位于基板背面长 L、宽 W 的 50 Ω 微带线耦合馈电,相对微带线,十字形不等长缝隙位于 45°、135°、225° 和 315° 处。1.5 GHz 低频圆极化天线的谐振频率主要由环形缝隙的尺寸和最长缝隙的长度 L_{1s} 决定,由于 $L_{1s} > L_{s4}$,所以在 $+z$ 方向为 RHCP。2.6 GHz 高频谐振频率主要由环形缝隙的尺寸及最短缝隙的长度 L_{s2} 决定,一个线极化场由环形缝隙和 L_{s2} 激励,正交线极化场用 L_{s3}、L_{s4} 的缝隙实现,调整 L_{s3}、L_{s4} 的长度,就能产生幅度相等、相位差为 90° 的圆极化,由于 $L_{s3} > L_{s2}$,在 $+z$ 方向为 LHCP。

通过优化设计,天馈的尺寸如下:$R_1 = 5$,$R_2 = 11.5$,$L_{s1} = 34.5$,$L_{s2} = 12.5$,$L_{s3} = 18.5$,$L_{s4} = 21.5$,$L = 51.5$,$W = 3$(以上单位为 mm)。该天线实测 S_{11}、AR 的频率特性如下:$S_{11} < -10$ dB 的频率范围和相对带宽,低频段(1.46 GHz)为 1.265~1.654 GHz 和 26.7%,高频段(2.59 GHz)为 2.446~2.738 GHz 和 11.3%;AR < 3 dB 的频率范围和相对带宽,低频段(1.5 GHz)为 1.474~1.566 GHz 和 6.1%,高频段(2.6 GHz)为 2.512~2.677 GHz 和 6%。低频段实测增益为 4.3~5.2 dBic,高频段为 5~6.3 dBic,交叉极化电平在低高频段分别为 -17 dB 和 -12 dB。

9.4.3 单馈双频双圆极化缝隙天线[17]

印刷缝隙天线不仅重量轻、低轮廓,与贴片天线相比,还具有频带宽、导体损耗小,以及对制造公差不苛刻的优点。图 9.26(a)是用厚 $h = 1.45$ mm,$\varepsilon_r = 4.2$ 基板印刷制造的单馈双频双圆极化缝隙天线,该天线主要由工作在低频段的环形缝隙及工作在高频段位于中心的正交缝隙及带阻抗变换段的微带馈线组成。为了实现圆极化,对低频段天线,相对馈线,在周长近似等于波长环形缝隙的 45° 和 225° 位置上,引入宽度为 W_p、深度为 d_p 的两个缺口,利用兼并模产生 RHCP。高频天线则利用中心长度不等的两个正交矩形缝隙产生的兼并模,由于 $L_1 > L_2$,所以产生 LHCP。调整支节的长度 L_s 及利用长×宽分别为 $W_t \times L_t$ 的阻抗变换段,就能使天线在两个频段均与 50 Ω 微带线匹配。

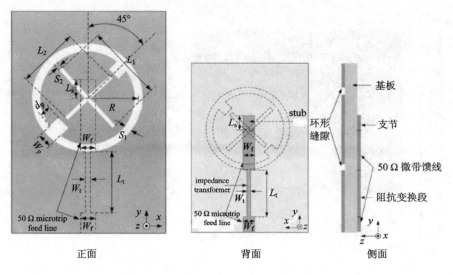

正面　　　　　　　　背面　　　　　　　侧面

图 9.26　单馈双频双圆极化缝隙天线[17]

在 $R=14$，$d_p=W_p=4$，$L_1=8$，$L_2=6$，$S_1=S_2=1$，$W_t=0.96$，$L_t=18$，$L_s=0$（以上参数单位为 mm）的情况下，该天线的双频工作频段为：低频 $f_L=2.4$ GHz，高频 $f_H=6.5$ GHz，频率比为 2.6。该双频天线实测 S_{11} 和 AR 的频率特性如下：

低频段天线 3 dB AR 带宽为 5.9%，最大增益为 4.1 dBic，高频段天线 3 dB AR 带宽为 2.4%，最大增益为 5.8 dBic。为了降低双频天线的频率比，增加正交缝隙的长度，将环形缝隙的半径变短，就能使低频段天线的频率升高，高频段天线的频率降低。

9.4.4　用单臂缝隙螺旋构成的双频双圆极化天线[18]

图 9.27 是用微带线给长度近似 1.25 圈、每 $\lambda/4$ 的半径由圆点顺序增加的缝隙螺旋馈电构成的圆极化天线，缝隙螺旋的宽度为 W_1。图 9.27(b)所示单臂缝隙螺旋天线的谐振频率、方向图和轴比波束宽度取决于缝隙的周长，周长 $C=\lambda_g\sim2\lambda_g$，为轴模。在低频($C=\lambda_g$)，可以实现宽的轴比波束宽度，在高频($C=2\lambda_g$)，轴比波束宽度比较窄。低频为 RHCP，谐振频率主要由缝隙螺旋的外周长 $(R_4+R_5)\pi/2$ 决定，高频 LHCP 谐振频率主要由内周长 $(R_3+R_1+R_2)\pi/2$ 决定。

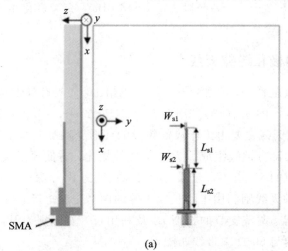

(a)

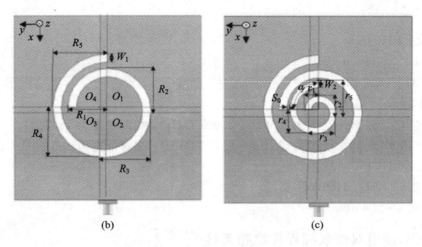

图 9.27　单臂缝隙螺旋天线[18]

（a）侧视及馈线；（b）单螺旋；（c）双螺旋

　　虽然用单臂缝隙螺旋可以实现双频双圆极化，但低频段圆极化天线的轴比带宽太窄，为此需要附加一个同心小缝隙螺旋天线如图 9.27(c) 所示。由于与大缝隙螺旋强耦合，因而改进了周长为 $1.17\lambda_g$ 低频圆极化天线的阻抗及轴比带宽。为了实现双频段宽带匹配，采用了如图 9.27(a) 所示宽度 $W_{s2}=3$ mm 的 50 Ω 微带线与 $W_{s1}=1$ mm 的 95 Ω 高阻抗微带线作为馈线。

　　用厚 1.57 mm，$\varepsilon_r=3.5$，尺寸为 100 mm×100 mm 的基板印刷制作了 1.64 GHz 和 2.68 GHz双频双圆极化天线，天馈的具体尺寸如表 9.4 所示。

表 9.4　单、双缝隙螺旋天线的参数及尺寸

参　数	单螺旋/mm	双螺旋/mm
R_1/r_1	21	21/7
R_2/r_2	23	23/9
R_3/r_3	25	25/11
R_4/r_4	27	27/13
R_5/r_5	29	29/15
L_{S1}	22	22
L_{S2}	22	22
W_{S1}	1	1
W_{S2}	3	3
W_1	4	4
W_2	3	3

该双频双圆极化天线的主要实测电参数如下：

· 低频段：1.6 GHz

（1）VSWR≤2 的频率范围为（1.437～1.724 GHz），相对带宽为 18.2%；

（2）相对中心频率 1.616 GHz，AR≤3 dB 的频率范围为（1.58～1.652 GHz），相对带宽

为 4.45%；

　　(3) 极化：RHCP；

　　(4) $f=1.64$ GHz，HPBW$=89°$；

　　(5) $G=3.9\sim4.4$ dBic。

　　·高频段：2.65 GHz

　　(1) VSWR$\leqslant$2 的频率范围为(2.418～2.907 GHz)，相对带宽为 18.4%；

　　(2) AR$\leqslant$3 dB 的频率范围为(2.609～2.702 GHz)，相对带宽为 3.5%；

　　(3) 极化：LHCP；

　　(4) $f=2.68$ GHz，HPBW$=57°$；

　　(5) $G=2.8\sim3.8$ dBic。

9.4.5　CPW 馈电双频双圆极化缝隙天线[19]

　　缝隙天线具有低轮廓、宽阻抗带宽、结构简单、易于有源器件集成，特别是具有宽带圆极化等特点。图 9.28 是在 $\varepsilon_r=3.2$，边长为 G 方基板中间用边长为 L 的缝隙构成的双频双圆极化天线。为了在低频段实现 LHCP 天线，在方缝隙两个相反的角上切割由 $L_x\times L_y$ 组成的 Γ 形缝隙，调整 L_x、L_y 的尺寸来产生圆极化需要的正交兼并模。采用 CPW 馈电，用伸进缝隙的矩形调谐支节实现宽带阻抗匹配，用位于矩形调谐支节右边与地相连的 C 形金属带，通过调整 C 形金属带的垂直长度 p 和间距 d 来实现高频段 RHCP。调整 C 形金属带的水平长度 q 来获得宽的阻抗带宽。

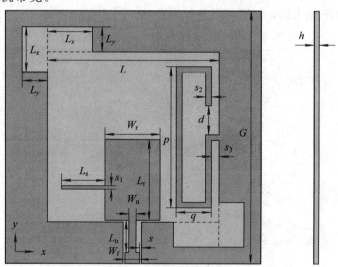

图 9.28　CPW 馈电双频双圆极化缝隙天线[19]

　　低频中心设计频率 $f_{L0}=1.7$ GHz，高频中心设计频率 $f_{h0}=2.55$ GHz，天线的最佳尺寸如表 9.5 所示。

　　该天线实测 S_{11}、AR 和 G 的频率特性如下：有支节在 1.01～3.33 GHz 频段内，实测 VSWR$\leqslant$2 的相对带宽为 106.9%；低频段在 1.41～1.96 GHz 频段内，实测 AR$\leqslant$3 dB 的相对带宽为 32.5%，高频段在 2.45～2.59 GHz 频段内，AR$\leqslant$3 dB 的相对带宽为 5.6%；实测增益为 3～4 dBic。

表 9.5　双频双圆极化缝隙天线的尺寸

参　数	尺寸/mm	参　数	尺寸/mm	参　数	尺寸/mm
G	70	W_r	15	d	8
L	47	L_r	22.5	s	0.5
h	1.6	L_x	12.5	s_1	1
W_f	4	L_y	7	s_2	1.5
W_n	2	p	39	s_3	2
L_n	12	q	9.5	L_s	12

9.4.6　双频双圆极化层叠单线方螺旋天线[20]

图 9.29 是把低频 3 GHz 单线方螺旋层叠在高频 5.4 GHz 单线方螺旋天线之上构成的双频双圆极化天线。周长约一个波长方螺旋相对圆螺旋不仅易制造，而且圆极化特性好。调整螺旋到地板的高度 h_1 和 h_2 约为每个频率的 $\lambda/6$ 时，能实现最大的圆极化带宽。方螺旋重叠长度及间隙很关键，圆极化方螺旋的旋向由螺旋的绕向决定，由图看出，低频 3 GHz 为 RHCP，高频 5.4 GHz 为 LHCP。双频层叠单线方螺旋均用同轴线馈电。为了减小双频天线的相互影响，在实测各自频段的电性能时，不测试天线端口接标准负载，主要测试结果如下：

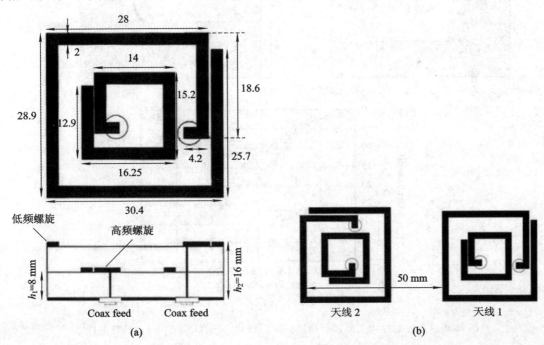

图 9.29　双频双圆极化层叠单线方螺旋天线[20]
（a）单元天馈结构；（b）天线阵

低频 3 GHz RHCP 天线，AR≤3 dB 的相对带宽为 3.3%，$G=8.1$ dBic，AR<3 dB 的波

束宽度为 120°，高频 5.4 GHz LHCP 天线，AR≤3 dB 的相对带宽为 5.5%，$G=7.5$ dBic，但由于顶层低频 3 GHz 单线方螺旋天线的遮蔽，5.4 GHz 高频单线螺旋天线的 3 dB 波束宽宽很窄，只有 20°，但对两元层叠双频圆极化单线方螺旋天线阵，如图 9.29(b) 所示，把天线 2 相对天线 1 旋转 90°，并让间距等于 50 mm（相当于低频 3 GHz 的 $\lambda_0/2$），使相应的耦合系数小于 −20 dB，从而使双频双圆极化层叠单线方螺旋天线 AR≤3 dB 的相对带宽由 3.3% 和 5.5% 展宽到 30%。

9.4.7　GPS 和 DAB 系统使用的双频双圆极化扇区天线[21]

在一个系统，要求既包含在 L1 = 1575 MHz 的 RHCP GPS 天线，又要包含 1452～1492 MHz的数字视频广播（DAB）使用的 LHCP 天线。

图 9.30(a) 是把边长为 70 mm 方贴片位于边长为 100 mm 方地板上，和在方贴片的边缘加装用 $\varepsilon_r=4.7$ 介质材料制成高 10 mm 但不同尺寸（S_1、S_2）介质块构成的圆极化天线，将介质块安装在贴片边缘能大大减小贴片的尺寸，调整 S_2 的尺寸既可以改变频率，又可以调整天线的轴比。

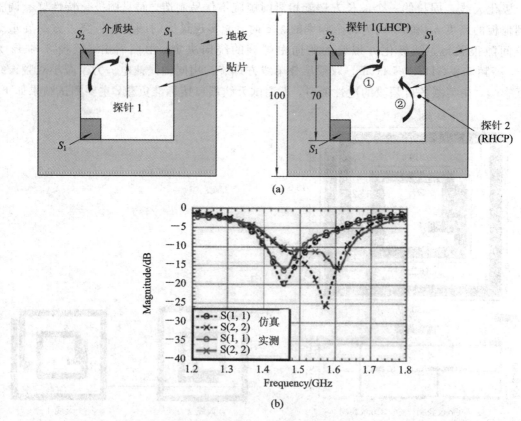

图 9.30　在方贴片角上附加介质块的双圆极化天线及 S_{11}、S_{22}-f 特性曲线[21]

(a) 天馈结构；(b) S_{11}、S_{22}-f 特性曲线

为了在 1575 MHz 产生 GPS 需要的 RHCP，同时在 1452～1492 mm 频段产生 DAB 需要的 LHCP，在贴片和地板尺寸不变的情况下，要选择合适的 S_1 和 S_2，并设置两个馈电位置，即探针 1 和探针 2，经过优化，S_1 的尺寸为 $19\times19\times10$ mm³，S_2 的尺寸为 $13\times13\times10$ mm³。

由于 S_1 的尺寸大于 S_2，所以探针 1 激励的两个对角线正交兼并模的相位不同，由于沿 S_1 对角线，用高 ε_r 且大尺寸介质块加载，所以相位相对 S_2 对角线迟后，故探针 1 产生 DAB 需要的 LHCP。

图 9.30(b) 是该天线仿真实测 S_{11}、S_{22} 的频率特性曲线，由图看出，VSWR≤2 的频段完全复盖 GPS 和 DAB 的工作频段。表 9.6 为该双频双极化天线在不同频率的实测 G 和 AR。

作为单元车载天线，当车在两旁有高大建筑物的窄街道或在陡坡行驰的过程中，极容易丢失从 3 个卫星上接收的 DAB 信号，为了克服这个缺点，可以采用如图 9.31(a)、(b) 所示利用空间分集的扇区天线。把同时接收 GPS 和 DAB 的双频双圆极化天线安装图 9.31(a) 所示锥台的顶部位置 1 上，把 4 个单频天线安装在 45°锥台 4 周 2、3、4、5 的位置上。图 9.31(b) 是带有扇区天线的 GPS/DAB 双接收机系统。图 9.31(c) 是 DAB 天线在 $f=1460$ MHz 在位置 1、2、3 实测的 E 面归一化方向图。

表 9.6　双频圆极化天线在不同频率实测 G 及 AR

天线	f/MHz	G/dBic	AR/dB
DAB	1452	7.12	3.1
	1472	7.19	2.5
	1492	7.22	2.3
GPS	1575	7.59	2.2

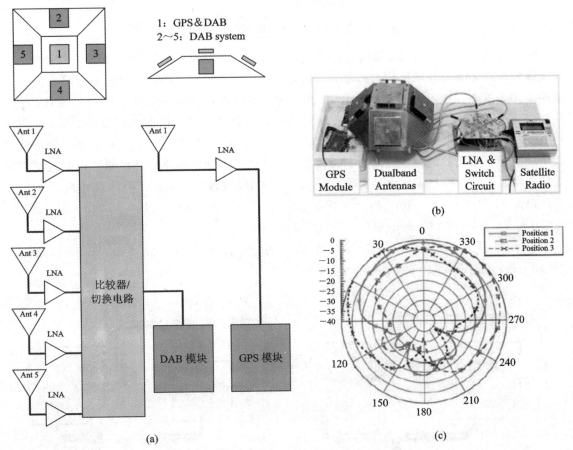

图 9.31　扇区天线及系统组成和切换方向图
(a) 扇区天线；(b) 系统组成；(c) E 面归一化方向图

9.4.8 用不同单元构成的双频双圆极化贴片天线阵[22]

对于 14.5~14.8 GHz 上行，11.7~12.0 GHz 下行收发 RHCP/LHCP 双圆极化卫通天线，为了复用口径和宽频带，采用图 9.32 所示由厚 0.162 mm，$\varepsilon_r = 2.55$ 3 层基板构成的层叠切角双频双圆极化贴片天线，顶层是边长为 P_U、切角为 ΔU_1、ΔU_2 的寄生贴片天线；中层是边长为 P_L、切角为 ΔL_1、ΔL_2 的馈电贴片天线和端口 1 RHCP 的微带馈线，底层的正面为地板，背面为端口 2 LHCP 的馈线。

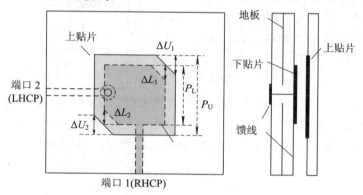

图 9.32　双频双圆极化层叠切角贴片天线[22]

为了提高天线的增益，常用同相组阵，如图 9.33(a)所示，由于双频复用同一口径同相 2 元天线阵端口之间的互耦比较大，为了消除互耦，采用如图 9.33(b)所示由不同尺寸反相合成的 2 元天线阵。单元间距 $d = 18$ mm。为了进一步改善天线的 AR 和 VSWR 的带宽，把图 9.33(c)所示不同尺寸双频双圆极化 2 单元贴片天线作为子阵，按照顺序旋转，用 0°、90°、180° 和 270° 馈电构成 2×2 元天线阵。馈电网络由 T 形功分器、$\lambda/4$ 阻抗变换段和弯曲的微带线组成。每个单元的馈电相位由弯曲馈线的长度来控制，馈电网络的特性阻抗由阻抗变换段线的宽度来控制。经过优化设计，适合在 11~15 GHz 频段工作天线的具体尺寸为：

单元 1：$P_L = 6.985$ mm，$P_U = 6.953$ mm，$\Delta L_1 = 1.341$ mm，$\Delta L_2 = 1.948$ mm，$\Delta U_1 = 1.250$ mm，$\Delta U_2 = 2.097$ mm。

单元 2：$P_L = 6.788$ mm，$P_U = 7.484$ mm，$\Delta L_1 = 1.300$ mm，$\Delta L_2 = 0.759$ mm，$\Delta U_1 = 2.540$ mm，$\Delta U_2 = 1.840$ mm。

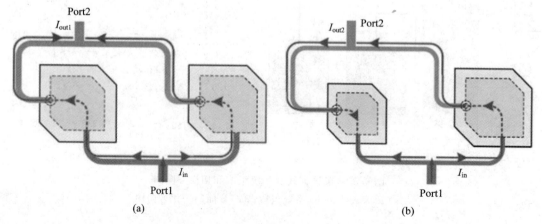

(a)　　　　　　　　　　　　(b)

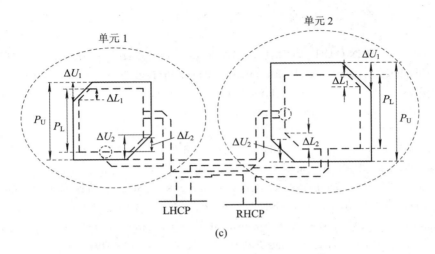

(c)

图 9.33 双频双圆极化子阵及顺序旋转天线阵[22]

(a) 等尺寸 2 元同相合成天线阵；(b) 不等尺寸 2 元反相合成天线阵；(c) 半个顺序旋转 2×2 元子阵

经过实测，顺序旋转 2×2 元子阵主要电参数如下：

12 GHz 频段：在 11.21～13.22 GHz 的频率范围内，$S_{11} < -15$ dB，相对带宽为 16.4%；

在 11.55～13.2 GHz，AR≤3 dB 的频率范围内，相对带宽为 13.3%；

在 12.25～12.75 GHz 的频率范围内，$G = 13～13.2$ dBic。

14 GHz 频段：在 13.1～15.5 GHz 的频率范围内，$S_{11} < -15$ dB，相对带宽为 16.7%；

在 13.65～14.7 GHz，AR≤3 dB 的频率范围内，相对带宽为 7.4%；

在 14～14.5 GHz 的频率范围内，$G = 13.4～13.9$ dBic。

参 考 文 献

[1] KIM S M, YONN K S, YANG W G. Dual-band Circular Polarization Square Patch Antenna for GPS and DMB. Microwave OPT Technol Lett, 2007, 49(12): 2925 - 2926.

[2] CHRISTINA F J, et al. Novel Broadband Monopole Antennas With Dual-Band Circular Polarization. IEEE Trans Antennas Propag, 2009, 57(4): 1027 - 1034.

[3] BAN X L, AMMANN M J. Dual-frequency circularly-polarized patch antenna with compact size and small frequencey ratio. IEEE Trans. Antennas Propag, 2007, 55(7): 2104 - 2107.

[4] Eleclronics Lett, 2001, 37(6): 361 - 363.

[5] JAN J Y, WONG K L. A Dual-Band Circularly Polarized Stacked Elliptic Microstrip Antenna. Microwave OPT Technol Lett, 2000, 24(5): 354 - 357.

[6] FERRERO F, LUXEY C, JACQUEMOD G, et al. Dual-band Circularly Polarized Microstrip Antenna for Satellite Applications. IEEE Antennas Wireless Propag Lett, 2005, 4: 13 - 15.

[7] SU C W, SU C M, WONG K L. Compact dual-band circularly polarized antenna for GPS/ETC operation on vehicles. Microwave Opt Technol Lett, 2004, 40: 509 - 511.

[8] LAU K L, LUK K M. A Wide-Band Circularly Polarized L-Probe Coupled Patch Antenna for Dual-Band Operation. IEEE Trans Antennas Propag, 2005, 53(8): 2636 - 2644.

[9] ZHANG Y Q, LI X, YANG L, et al. Dual-Band Circularly Polarized Annular-Ring Microstrip Antenna for GNSS Applications. IEEE Trans Antennas Wireless Propag Lett, 2013, 2: 615 - 618.

[10] 李晓鹏，李庚禄，张华福. 一种单层双频宽带 GNSS 测量型天线设计. 电讯技术，2015，55(2)：211 -215.

[11] ZHOU YIJUN, CHEN C CH, VOLAKIS J L. Single-fed Circularly Polarized Antenna Element With Reuced Coupling for GPS arrays. IEEE Trans Antennas Propag, 2008, 56(5)：1469 – 1472.

[12] REDDY V V, SARMA N V S N. Triband Circularly Polarized Koch Fractal Boundary Microstrip Antenna. IEEE Antennas Wireless Propag Lett, 2014, 13：1057 – 1060.

[13] 美国专利. 2004/0233106.

[14] LI Jianxing, SHI Hongyu, LI Hang, et al. Quad-Band Probe-Fed Stacked Annular Patch Antenna for GNSS Applications. IEEE Antennas Wireless Propag lett, 2014, 13：372 – 375.

[15] SON H W, LEE J N, CHOI G Y. Design of Compact RFID Reader Antenna with High Transmit/ Receive Isolation. Microwave OPT Technol Lett, 2006, 48(12)：2478 – 2481.

[16] BAO Xiulong, AMMANN M J. Dual-Frequency Dual-Sense Circularly-Polarized Slot Antenna Fed by Microstrip Line. IEEE Trans Antennas Propag, 2008, 56(3)：645 – 649.

[17] SHAO Yu, CHEN Zhangyou. A Design of Dual-Frequency Dual-Sense Circularly-Polarized Slot Antenna. IEEE Trans Antennas Propag, 2012, 60(11)：4992 – 4997.

[18] BAO Xiulong, AMMANN M J. Monofilar Spiral Slot Antenna for Dual-Frequency Dual-Sense Ciorcular Polarization. IEEE Trans Antennas Propag, 2011, 59(8)：3061 – 3065.

[19] CHEN Yueying, et al. Dual-Band Dual-Sense Circularly Polarized Slot Antenna With a C-Shaped Grounded Strip. IEEE Antennas Wireless Propag Lett, 2011, 10：915 – 918.

[20] LAHEURTE J M. Dual-Frequency Circularly PolarizedAntennas Basedon Stacked Monofilar Square Spirals. IEEE Trans Antennas Propag, 2003, 51(3)：488 – 451.

[21] LEE E, et al. Dual-Band Dual-Circularly-Polarized Sector Antenna for GPS and DAB Systems. Microwave OPT Technol Lett, 2005, 46(1).

[22] YC S, et al. A Compact Dual-Band Orthogonal Circularly Polarized Antenna Array With Disparate Elements. IEEE Trans Antennas Propag, 2015, 63(4)：1359 – 1363.

第 10 章　全向圆极化天线

10.1　由 4 个倒 L 形单极子构成的全向圆极化天线[1]

图 10.1 是由 4 个倒 L 形单极子构成的全向圆极化天线。中心设计频率 $f_0 = 2.44$ GHz（$\lambda_0 = 122.95$ mm），用 $\varepsilon_r = 2.2$，厚 0.787 mm 基板印刷制造的馈电网络和构成倒 L 形单极子的印刷带线位于基板的顶面，基板的背面为馈电网络和单极子的地，同轴线的内导体与十字形微带馈线相连，同轴线的外导体与地相连。天线和馈电网络的具体尺寸如下：$H = 8.5$，$L_g = 19$，$W_r = 2$，$W_f = 1.5$，$L_b = 6.5$，$g = 2$，$L_u = 19.5$，$d_p = 1.5$（以上参数单位：mm）。

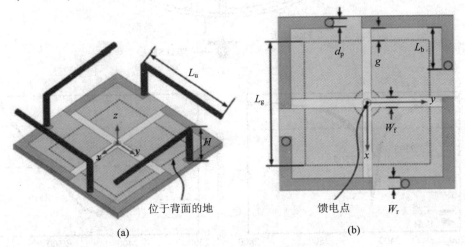

图 10.1　由 4 个倒 L 形单极子构成的全向圆极化天线[1]

(a) 立体结构；(b) 顶视

该天线的主要实测电参数如下：

(1) $S_{11} < -10$ dB 的频率范围为 2.395～2.49 GHz，相对带宽为 3.9%，$\theta = 90°$、95° 和 100°，AR ≤ 3 dB 的频率范围为 2.4～2.487 GHz，相对带宽为 3.6%。

(2) 实测水平面方向图为全向，垂直面为 8 字形。

(3) 实测 $G = 1.39$ dBic。

相对中心波长 λ_0，天线的电尺寸为 $\lambda_0/5 \times \lambda_0/5 \times \lambda_0/13$。

10.2　由顶加载单极子和 4 个圆弧形偶极子构成的全向圆极化天线

图 10.2 是由顶加载单极子和 4 个圆弧形印刷偶极子构成的全向低轮廓圆极化天线。$\lambda/4$ 长垂直极化顶加载单极子天线是由直径 $S = 7$ mm、高 $h = 10$ mm 的金属管及它顶上直径 $T = 36$ mm 的金属板组成。水平极化全向天线用厚 0.8 mm 的 FR4 基板印刷制造，由宽 2 mm

长 $L=44.8$ mm 的四个圆弧形 $\lambda/2$ 长偶极子组成。偶极子离直径为 $D=50$ mm 圆形地板边缘的距离 $t=4$ mm，该圆形地板既是单极子的地，也是 4 个圆弧形偶极子微带馈线的地。用同轴线馈电，同轴线的内导体既连接单极子，又与 4 个交汇在中心的带线相连。同轴线的外导体接地。调整单极子的直径 $S=7$ mm 可以实现好的阻抗匹配。调整圆形地板的直径 D，不仅能达到改变偶极子的幅度，使其与单极子的幅度相等，而且能起到改变馈电相位差的目的，使单极子与偶极子的相差为 $90°$ 而实现圆极化。

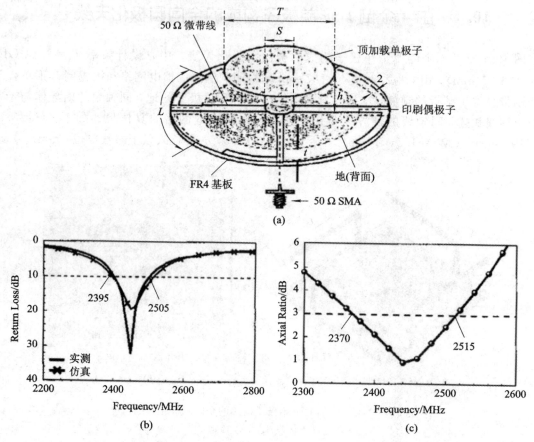

图 10.2　由顶加载单极子和 4 个圆弧形偶极子构成的全向圆极化天线及仿真和实测 S_{11}、AR 的频率特性曲线
(a) 立体结构；(b) $S_{11} \sim f$ 特性曲线；(c) AR $\sim f$ 特性曲线

图 10.2(b)、(c) 分别是该天线实测 S_{11} 和 AR 的频率特性曲线，由图看出，$S_{11}<10$ dB 的绝对带宽为 110 MHz(2395～2505 MHz)，相对带宽为 4.5%，3 dB AR 带宽为 145 MHz (2370～2515 MHz)，相对带宽为 5.9%。

10.3　由顶贴片和变形地构成的宽带低轮廓全向圆极化天线[2]

图 10.3 是用 $\varepsilon_r=2.2$，厚 $h=3$ mm 的基板制成由顶贴片和半径为 R 的变形地构成的 2.4 GHz 低轮廓全向圆极化天线。为了展宽带宽，用 15 根半径为 r 的金属柱把贴片与地短路，由于过孔短路，使基模 TM_{02} 贴片产生了 TM_{01} 模，将两个模相组合便形成了宽带电偶极子辐射。根据在线极化天线中引入兼并模，就能把线极化变为圆极化的原理，为了实现低轮

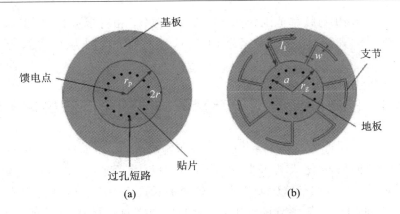

图 10.3　由顶贴片和变形地构成的全向圆极化天线[2]

(a) 贴片；(b) 带圆弧形支节的地板

廓全向圆极化，在半径为 R 圆地板的周围用附加的圆弧形支节构成的兼并模，由于圆弧形支节顺时针旋转，所以为 RHCP。经过优化，天线的尺寸如下：

$h=3$ mm，$R=90$ mm，$r_p=48.3$ mm，$r_g=43.1$ mm，$W=2.8$ mm，$l=33.9$ mm，$l_1=39.6$ mm，$a=30.6$ mm，$r=0.65$ mm。

图 10.4(a)、(b)、(c) 分别是该天线仿真和实测 S_{11}、AR 及水平面和垂直面方向图，由图

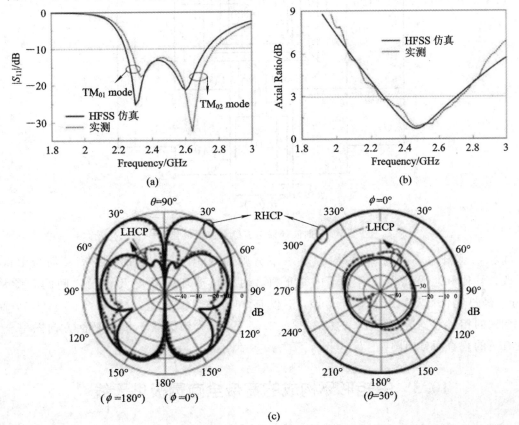

图 10.4　2.4 GHz 全向圆极化天线仿真和实测 S_{11}、AR 的频率特性曲线及水平面和垂直面方向图[2]

(a) $S_{11}-f$ 特性曲线；(b) AR$-f$ 特性曲线；(c) 水平面和垂直面方向图

看出，实测 $S_{11}<-10$ dB 的频率范围为 $2.27\sim2.77$ GHz，相对带宽为 19.8%，AR$\leqslant3$ dB 的频率范围为 $2.25\sim2.73$ GHz，相对带宽为 19.3%，垂直面方向图为 8 字形，水平面方向图为全向。

10.4　由共面波导馈电方缝隙构成的全向圆极化天线

图 10.5 是用 $\varepsilon_r=4.4$，厚 1.6 mm FR4 基板印刷制造的 2.4 GHz，用共面波导（CPW）给方缝馈电构成的全向圆极化天线及尺寸。CPW 的尺寸为长$\times$宽$=L_f\times W_f=11$ mm$\times$6.3 mm，间隙 $g_1=0.5$ mm，调整 CPW 伸出带线的长度 $L_c=7$ mm 就能很容易地控制缝隙的阻抗匹配。外矩形环位于矩形缝隙的中心，调整它们之间的间隙 g_2 就可实现圆极化。

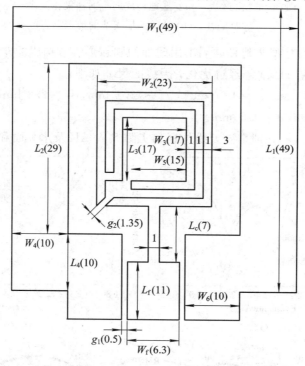

图 10.5　共面波导馈电方缝全向圆极化天线

间隙 g_2 位于左下方为 LHCP，位于右下方则为 RHCP。外矩形环的周长约为 $1.03\lambda_0$，为了改善轴比和阻抗带宽，附加了内矩形环，内外矩形环的宽度及它们之间的间隙均为 1 mm。经过优化设计，$g_2=1.35$ mm，不仅有 36% 的阻抗带宽（$1.39\sim3.07$ GHz），而且 3 dB 轴比的相对带宽达到了 17.2%（$2.23\sim2.65$ GHz）。该天线不仅水平面方向图呈全向，而且有宽的垂直面方向图。

10.5　由矩形环构成的宽带全向圆极化天线[3]

为了在 $1.71\sim2.17$ GHz 频段构成宽带全向圆极化天线，必须按中心频率 $f_0=2$ GHz（$\lambda_0=150$ mm）选用宽带圆极化单元和宽带馈电网络。研究表明，有两个间隙的矩形环为宽带圆极化单元，为进一步展宽带宽，在它的里边附加一对带间隙的寄生环，为了实现全向，需要把由很薄基板印刷制造的 4 个矩形环天线卷成空心圆筒，为了变矩形环双向辐射为单向辐射，在空心圆筒的中心还必须附加金属圆柱体，作为矩形环天线的反射体，如图 10.6(a)所示，由于矩形环天线的长/宽比为 10/3，因而要有小的横截面积。空心圆筒的直径 $\phi_1 = 57.2$ mm($0.38\lambda_0$)，远小于传统的全向圆极化天线。基本辐射单元如图 10.6(b)所示，在环上有两个间隙，用于激励圆极化波需要的行波电流。在金属圆柱体的中间位置有一个间隙，以便给馈电网络留出空间，金属圆柱体的长度 L_c 对圆极化天线的性能影响比较大，经过优化设计，最佳长度 $L_c = 235$ mm($\sim 1.6\lambda_0$)，最佳间隙 $g = 10$ mm($\sim 0.068\lambda_0$)，直径 ϕ_2 对轴比影

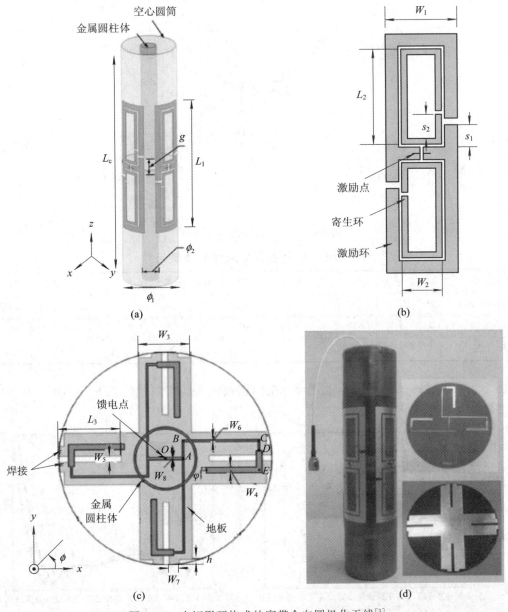

图 10.6 由矩形环构成的宽带全向圆极化天线[3]

(a)立体结构；(b)宽带圆极化单元；(c)馈电网络；(d)天馈照片

响很大，最佳直径 $\phi_2 = 16$ mm（$\sim 0.1\lambda_0$）。图 10.6(c) 是用 $\varepsilon_r = 2.2$，厚 0.8 mm 的基板制造，由 4 个宽带巴伦和阻抗匹配电路构成的馈电网络。

  将两块厚 5 mm 泡沫衬垫插在空心圆筒和金属圆柱体之间，以便把金属圆柱体固定在空心圆筒的中心。把由 4 个宽带巴伦构成的馈电网络和馈电点阻抗为 50 Ω 同轴线相连，图 10.7 为馈电网络等效电路，由于宽带巴伦从不平衡微带线 D 点看入的输入阻抗为 70 Ω，为了把 4 个 70 Ω 阻抗并联后与 50 Ω 阻抗匹配，先用特性阻抗为 120 Ω 的阻抗变换段把 D 点的 70 Ω 变换到 A 点的 200 Ω，由于两个 200 Ω 阻抗并联后为 100 Ω，两个 100 Ω 并联后为 50 Ω，正好与 50 Ω 同轴线匹配。全向圆极化天线的最佳尺寸如表 10.1 所示。

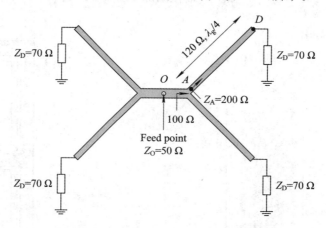

图 10.7 馈电网络的等效电路[3]

表 10.1 全向圆极化天线的最佳尺寸

参 数	L_c	ϕ_1	ϕ_2	L_1	L_2	W_1	W_2	S_1	S_2	OA	AB	BC
尺寸/mm	235	57.2	16	115	45.5	35	20	9.2	10.7	4.75	4.75	20.5

参 数	CD	DE	EF	W_3	W_8	W_6	W_4	W_5	L_3	g	h	W_7
尺寸/mm	2.75	3.75	14.25	14	0.7	0.5	1.5	1.6	16.8	10	1.5	2.7

  图 10.8(a)、(b)、(c) 是具有上述尺寸全向圆极化天线实测和仿真 S_{11}、AR 及 G 的频率特性曲线，由图看出：

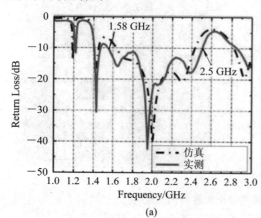

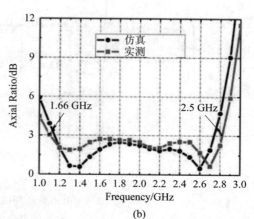

(a)   (b)

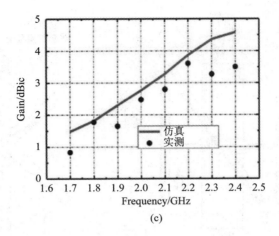

(c)

图 10.8　全向圆极化天线仿真和实测 S_{11}、AR 和 G 的频率特性曲线[3]

(a) S_{11}-f 特性曲线；(b) AR-f 特性曲线；(c) G-f 特性曲线

（1）实测 S_{11}＜－10 dB 的频率范围为 1.58～2.5 GHz，相对带宽为 45%；

（2）实测 AR≤3 dB 的频率范围为 1.65～2.5 GHz，相对带宽为 41%；

（3）在 1.7 GHz，实测 G≈1 dBic，在 2 GHz，G＝2.5 dBic，在 2.4 GHz，G＝3.5 dBic。

图 10.9(a)、(b)是实测全向圆极化天线在不同频率 G 和 AR 在水平面的变化曲线，由图看出，在 1.7～2.4 GHz 频段，在整个水平面内，增益变化小于 1 dB，轴比变化小于 3 dB。

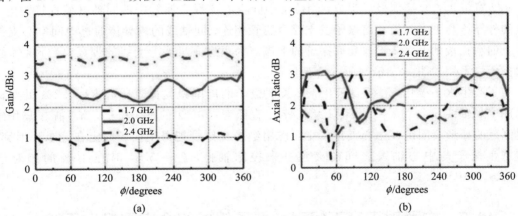

(a)　　　　　　　　　　　　　　　　　　(b)

图 10.9　全向圆极化天线在不同频率实测 G 和 AR 随 ϕ 的变化曲线[3]

（a）不同频率 AR 随 ϕ 的变化曲线；（b）不同频率 G 随 ϕ 的变化曲线

10.6　由垂直套筒偶极子和寄生斜振子构成的全向圆极化天线[4]

在 VHF 的低频段，由于波长较长，必然使天线的水平尺寸变大，这样不仅重量增加，而且风阻也变大，为了减小风阻和减轻天线的重量，必须设法减小天线的水平尺寸。

图 10.10 是适合在 VHF 低频段使用的全向圆极化天线阵及基本辐射单元，图 10.10(a)只绘出了 3 层，每层都用电缆直接相连，这样就可以通过调整基本辐射单元的尺寸，独立的控制辐射信号的幅度及相位。

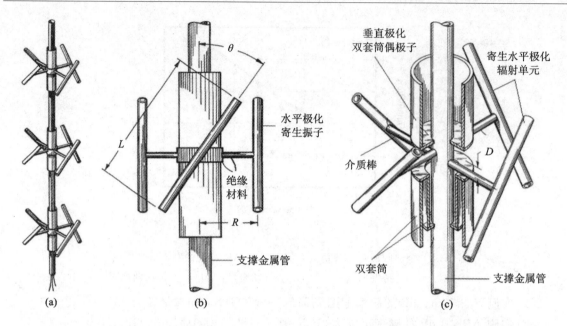

图 10.10　由垂直套筒偶极子和寄生水平振子构成的全向圆极化天线
(a) 天线阵；(b)、(c) 辐射单元[4]

众所周知，圆极化必须由相位差为 90° 的垂直和水平辐射单元组成。垂直极化辐射单元由长 λ/2 宽带垂直套筒偶极子组成，用位于中间空心支撑金属管中的同轴电缆直接馈电，同轴线的外导体与下 λ/4 长套筒振子及支撑金属管相连，同轴线的内导体通过中间空心支撑金属管上的圆孔接到上 λ/2 长双套筒振子的下端。为了进一步展宽天线的带宽，上下 λ/4 长套筒偶极子均采用如图 10.10(c) 所示的双套筒。

为了产生水平极化，在垂直极化 λ/2 长偶极子的周围距支撑管中心 $R = 0.22\lambda$ 处对称放置了四个与轴线成 $\theta = 35.5°$、长度 $L = 0.47\lambda$、直径为 0.002λ 的寄生振子，寄生振子靠用绝缘材料制成的环形套固定在中心支撑管上，再用绝缘支撑管把寄生振子固定在绝缘环形套上。调整寄生振子与中心轴线之间的夹角 θ 来控制轴比，$\theta = 35.5°$ 时在 10% 的相对带宽内，AR≤2 dB。

10.7　由两对正交下倾对称振子组成的全向圆极化天线[5]

把两对正交下倾对称振子背对背垂直安装在金属支撑管上，用等幅、90° 相差分别给两对正交下倾对称振子馈电，就能构成全向圆极化天线。由于正交下倾对称振子在支撑管上感应电流的再辐射，扰动了直接辐射场的垂直极化分量，使圆极化天线的轴比恶化。为了扼制在支撑管上的感应电流，在安装正交下倾对称振子支撑管周围附加了长度为 λ/2 的套筒，作为双 λ/4 长扼流套，但正交下倾对称振子仍然在套筒上感应垂直流动的电流，为了进一步改善套筒再辐射的垂直极化场对圆极化天线轴比的影响，采用位于正交下倾偶极子中间安装在支撑金属管上的水平极化单元，因为正交下倾对称振子在水平极化单元上感应了水平电流，由于水平电流产生的水平极化场正好与套筒产生的垂直极化场正交，因而不会影响天线的轴比，为了提高增益，把图 10.11(b) 所示的辐射单元按间距 λ 层叠组阵，如图 10.11(a) 所示。

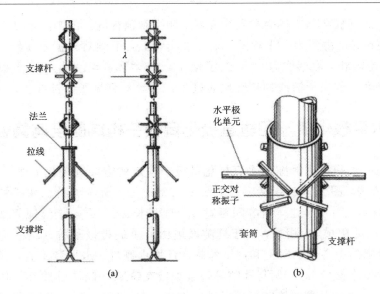

图 10.11 由两对正交下倾对称振子构成的全向圆极化天线阵[5]

(a) 天线阵；(b) 辐射单元

图 10.12(a)、(b)、(c)分别为由两对正交下倾对称振子 1♯、2♯ 和 5♯、6♯、套筒和水

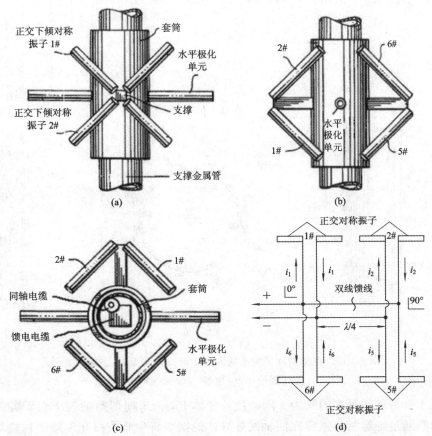

图 10.12 由两对正交下倾对称振子构成的全向圆极化天线及馈电网络[5]

(a) 正视；(b) 侧视；(c) 顶视；(d) 馈电网络

平极化单元组成的圆极化基本辐射单元的正视、侧视和顶视图。图 10.12(d) 是两对正交下倾对称振子的馈电网络，由图 10.11 和图 10.12 看出，正交下倾对称振子 1♯、6♯ 同相，相位为 0°，2♯、5♯ 也同相，但相位为 90°，为了使 1♯、2♯ 和 6♯、5♯ 正交下倾对称振子相差 90°，把给 2♯、5♯ 对称振子馈线的长度比通过 1♯、6♯ 对称振子的馈线长 λ/4 来实现。

10.8　由水平极化缝隙和垂直极化偶极子构成的全向圆极化天线[6]

图 10.13 是由水平极化缝隙和垂直极化偶极子构成的全向圆极化天线，其中，图 10.13 (a) 为侧视单元天线，图 10.13(b) 为顶视，图 10.13(c) 是 4 元天线阵。水平极化缝隙天线是位于周长为 λ_0 同轴线外导体上，由等间距宽 $0.08\lambda_0$，长 $\lambda_0/2$ 的 4 个缝隙组成。为了实现圆极化，还必须有与缝隙成 90° 相差，位于缝隙两侧由 4 个偶极极子构成的垂直极化波。偶极子的两个臂从缝隙的中心分别向上和向下弯折，且均由倾斜、水平和垂直 3 部分组成，总长为 λ_0，其中垂直部分长 $0.4\lambda_0$。用与缝隙等长且焊接在缝隙一侧同轴线外导体内侧的探针给偶极子反相馈电。全向天线阵从底部用同轴线馈电，在天线的顶部，把同轴线的内外导体短路，短路面到缝隙中心的距离为 $3\lambda_0/4$。

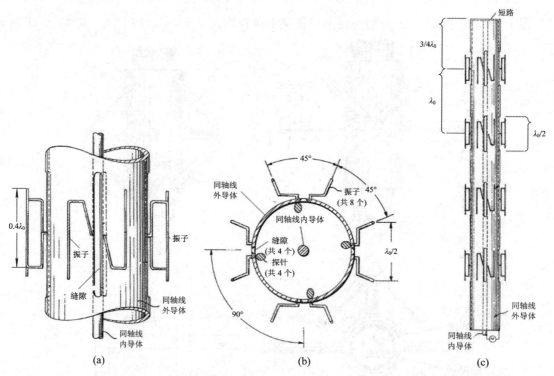

图 10.13　由缝隙和偶极子构成的全向圆极化天线 (方案一)[6]

(a) 侧视；(b) 顶视；(c) 天线阵

图 10.14 是另外一种在周长为 λ 同轴的外导体上，由等间切割的四个水平极化纵向缝隙和沿缝隙两侧通过绝缘材料固定在同轴线外导体的四个寄生垂直极化偶极子构成的全向圆极化天线[7]，通过小型 Z 形耦合探针把能量耦合给每个缝隙。由于通过介质材料把寄生垂直偶极子固定在同轴线的外导体上，所以在固定点形成一个耦合电容，寄生偶极子的阻抗不仅与

它的长度、宽度有关，而且与上下辐射臂的间隔 W 及与同轴线外导体的间距 D 有关。耦合到寄生偶极子上信号的幅度取决于耦合电容和缝隙中心及耦合电容之间的距离 L，正交极化辐射信号的相位取决于耦合电容的容抗和寄生偶极子的阻抗，可见，调整 L、W、D，就能独立控制圆极化的轴比。

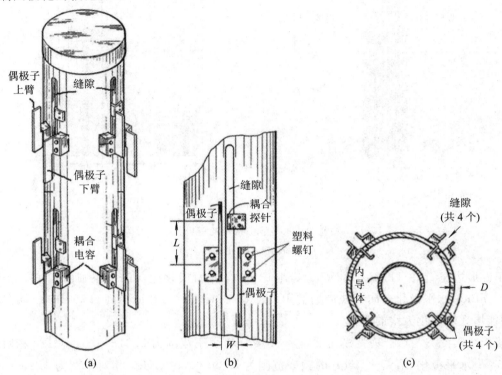

图 10.14　由缝隙和偶极子构成的全向圆极化天线（方案二）[7]
（a）天线阵；（b）侧视；（c）顶视

10.9　由垂直缝隙和水平缝隙构成的小尺寸全向圆极化天线[8]

用双极化天线不仅能增加频谱效率，减小收发天线之间的极化失配，特别是对 M1M0 系统，用双极化代替两个分开的单极化天线，不仅节约了空间，而且增加了通道容量和分集增益。

图 10.15 是用厚 1 mm，$\varepsilon_r = 4.4$ FR4 基板围成的细长立方体，在侧边上切割垂直缝隙，再用弯折水平带线馈电构成水平极化全向天线；沿立方体 4 面切割水平缝隙，用垂直带线馈电就能构成垂直极化全向天线，该天线的电尺寸为 $0.664\lambda_0 \times 0.088\lambda_0 \times 0.088\lambda_0$，$\lambda_0$ 为中心设计频率 2.44 GHz 的波长。

图 10.15(a) 是 3D 立体图，图 10.15(b) 是把 3D 立体展成平面，由图看出，长×宽＝$l_5 \times w_2$＝73 mm×1.1 mm 的垂直缝隙位于侧面 2 的中心，用位于侧面 1 和 2 背面的 50 Ω 末端开路微带线电容耦合给垂直缝隙馈电，微带线的长度为 l_6(16 mm)＋l_7(5.45 mm)＋l_2(9 mm)。水平缝隙位于细长立方体的中心，尺寸为长 l_1(11 mm)×3＋l_4(2.9 mm)×2，宽 w_1＝2 mm，用位于侧面 4 背面末端开路的微带线馈电，微带线的长度为 l_3(83 mm)×0.5＋l_8(3.7 mm)，宽 w_3＝1.9 mm。整个天线的体积为 $l_3 \times l_1$＝83 mm×11 mm×11 mm。

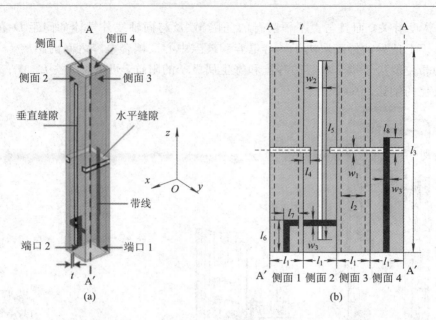

图 10.15　由垂直、水平缝隙构成的双极化全向天线[8]

(a) 立体结构；(b) 平面展开图

正方形边宽 l_1 由 11 mm、12 mm 变到 13 mm，垂直极化全向的增益则由 2.43、2.55 变到 2.78 dBic；水平极化全向天线的增益则由 1.67 dBic、2.07 dBic 变到 4.79 dBic。可见增大 l_1，均能增大双极化天线的增益。

该天线实测 S 参数，垂直极化 $S_{11} \leqslant -10$ dB 的频率范围为 2.31～2.54 GHz，相对带宽为 9.5%；水平极化 $S_{11} \leqslant -10$ dB 的频率范围为 2.39～2.49 GHz，相对带宽为 4.1%；$S_{21} < -33.5$ dB。

在 2.4～2.48 GHz 频段内，实测增益，垂直极化 $G > 3.17$ dBic，水平极化 $G > 1.2$ dBic。

为了把双线极化全向天线变成全向圆极化天线，可以用 3 dB 电桥，也可以采用功分器，让功分器输出端到双线极化全向天线输入端馈线的长度差 $\lambda_0/4$ 来实现。

10.10　由绕杆天线和垂直偶极子组成的宽带全向圆极化天线[9]

FM 广播和电视发射天线一般都使用水平极化全向天线。由于电波传播环境的恶化，在一些大都市及其边缘地区，使用全向圆极化 FM 广播和电视发射天线均能极大地改善接收效果。

由于 FM 广播的工作频段为 88～108 MHz，相对带宽为 20.5%，为了实现能承受大功率、宽带全向圆极化，宜采用如图 10.16 所示的安装在边长为 $0.15\lambda_0$，方形支撑塔四周由 4 个等效三角形水平极化绕杆天线和 4 个垂直极化天线组成的圆极化天线。4 个水平极化绕杆天线以 0°、90°、180° 和 270° 相位等幅馈电来实现圆极化，垂直安装在方形铁塔四周的 4 个垂直极化天线也分别用 0°、90°、180° 和 270° 相位等幅馈电来实现圆极化，但要求南北和东西方向天线的相位差为 90°。为了实现上述馈电相位，应采用如图 10.16 所示的馈电网络和 3 dB 电桥。

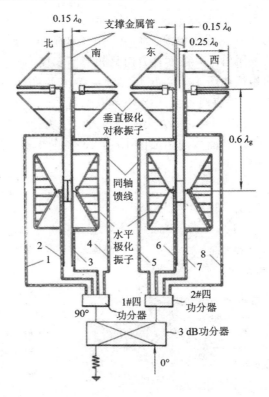

图 10.16　宽带全向圆极化天线及馈电网络[6]

为了实现宽频带，水平极化绕杆天线采用了如图 10.17(a) 所示由金属管组成的等效三角形振子，振子的尺寸如图所示。图中 $W=0.15\lambda_0$，三角形振子的馈电点 F 到支撑金属管的间距为 $0.085\lambda_0$。4 个水平极化绕杆天线的馈电相位如图 10.17(b) 所示，水平面方向图如图 10.17(c) 中的虚线所示。

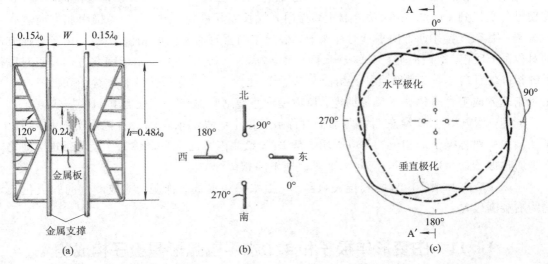

图 10.17　水平极化天线馈电相位及水平面方向图[9]

(a) 天馈结构；(b) 馈电相位；(c) 水平面方向图

垂直安装在支撑塔四周的垂直对称振子如图 10.18(a) 所示，由图看出，用直径 $d=$

0.023λ 金属管制成的两个辐射臂彼此垂直，两臂的电长度为 0.6λ₀，它实际上是一个全波长对称振子。由于每个臂的中间位置为电流波腹点，电压波节点，所以在该点可以用支撑金属管把天线固定在支撑塔的金属管上，在垂直方向只相当于长度为 λ₀/2 的对称振子，在支撑塔四周 4 个垂直对称振子的相位如图 10.18(b) 所示，注意，同一方向垂直极化天线的相位与水平极化天线的相位差为 90°。垂直对称振子用 λ₀/4 长裂缝巴伦平衡馈电，由于这种巴伦还具有 4∶1 的阻抗变换功能，只所以用它，因为天线的输入阻抗为 300 Ω，还要完成天线与馈线的阻抗匹配。垂直极化天线的水平面方向图如图 10.17(c) 中的实线。

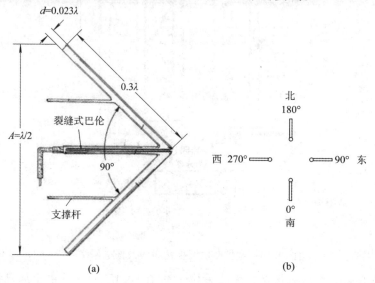

图 10.18　垂直对称振子及 4 个振子的馈电相位[9]

（a）天馈结构；（b）馈电相位

为了同时按上述要求给水平极化和垂直极化天线馈电，把从 3 dB 电桥输出的等幅 90° 相差信号分别接到 1♯ 和 2♯ 四功分器上，再用 8 根长度相同电缆中的 1、4 接南北方向垂直对称振子，用 5、8 接东西方向垂直对称振子。假定东向垂直对称子的相位为 90°，由于东西方向的对称振子反相，故西向垂直对称振子上的相位为 270°（90°＋180°），由于南北方向垂直对称振子的相位落后东向垂直对称振子的相位 90°，所以北向垂直对称振子的相位为 180°（90°＋90°），由于南北方向垂直对称振子反相馈电，所以南向垂直对称振子的相位为 0°（180°＋180°）。

同理，用电缆 6、7 给东西方向水平对称振子馈电，假定东向水平对称振子的相位为 0°，则西向水平对称振子的相位为 180°，用电缆 2、3 给北南方向水平对称振子反相馈电，则北向水平对称振子的相位为 90°，南向水平对称振子的相位为 270°。

由图 10.17 和图 10.18 的相位关系看出，由水平和垂直对称振子构成的全向圆极化天线均为右旋圆极化。

10.11　由变形单极子和 4 个水平圆弧形偶极子构成的宽带全向圆极化天线[10]

为了在 25% 的相对带宽内实现全向圆极化天线，必须用 90° 相差给宽带垂直极化和水平极化辐射单元馈电。

图 10.19 是宽带水平/垂直双极化全向天线,垂直极化全向天线为变形低轮廓单极子,也可以看成是中心馈电用 4 个金属管短路向上折叠的圆贴片。将短路柱用金属管代替,其好处是可以让天线阵的同轴馈线穿过,减小馈线对垂直单元全向性能的影响,把圆贴片向上折叠是为了让垂直辐射单元的直径不要太大。为了实现宽频带,采用圆锥形探针馈电。水平极化全向天线是由用 4 个宽带巴伦和阻抗匹配电路构成的宽带馈电网络馈电(每个约 $\lambda_0/2$ 长)的 4 个圆弧形偶极子组成的。4 个圆弧形偶极子位于基板的背面,馈电网络位于基板的正面。

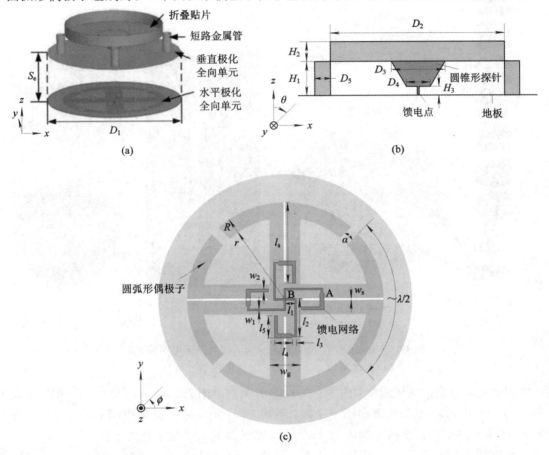

图 10.19　垂直/水平极化全向天线[10]

(a) 立体结构;(b) 垂直极化(侧视);(c) 水平极化(顶视)

在 1.7~2.2 GHz 工作频段内,天馈的尺寸如下:

$R=46$,$r_1=39$,$w_g=15$,$l_s=36$,$w_s=1$,$l_1=5$,$l_2=19.2$,$l_3=2$,$l_4=8$,$l_5=13$,$w_1=0.5$,$w_2=1.8$,$\alpha=6°$,$D_1=120$,$D_2=88$,$D_3=28$,$D_4=12$,$D_5=8$,$H_1=17$,$H_2=10$,$H_3=4$,$S_e=45$(以上参数单位均为 mm)。

上述水平/垂直全向单元,在 1.7~2.2 GHz 频段内,实测 $S_{11}<-10$ dB,相对带宽为 25%,$S_{12}<-40$ dB。之所以能实现高隔离度,主要有两个原因:一是垂直单元的接地板阻挡了垂直/水平单元之间的耦合,二是选择合适的垂直/水平单元之间距($S_e=0.3\lambda_0$)。在 1.7~2.2 GHz 频段内,实测垂直/水平单元的水平面方向图均呈全向,垂直极化单元增益变

化小于 2.5 dB，水平极化单元增益变化小于 1.5 dB。

图 10.20 是单元间距 $S=0.75\lambda_0(f_0=2\text{ GHz})$，8 元垂直/水平极化全向天线阵及 8 功分器馈电网络。双极化全向天线阵均用 1 m 长同轴线把辐射单元和 8 功分器的输出端相连，双极化全向天线阵完全相同的功分馈电网络均用 $\varepsilon_r=2.2$，厚 0.8 mm 的基板印刷制造，位于天线下方 $H_s=120$ mm 处，尺寸完全相同的双极化功分馈电网络间隔 $D_s=20$ mm。图 10.20（b）为 8 元双极化全向天线阵及馈电网络的照片。

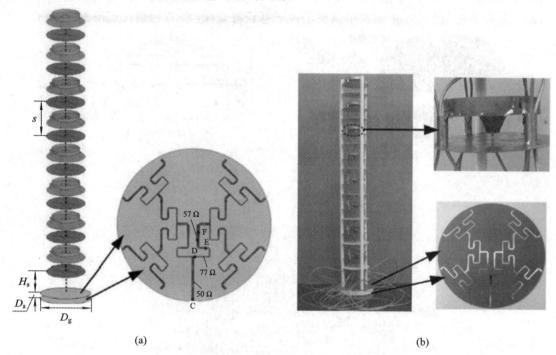

图 10.20　8 元水平/垂直极化全向天线阵及馈电网络[10]

(a) 天馈结构；(b) 天线阵及馈电网络的照片

实测 8 元双极化全向天线阵，$S_{11}<-10$ dB 的频率范围为 $1.65\sim2.35$ GHz，相对带宽为 35%；$S_{12}<-40$ dB。水平面方向图呈全向，不圆度≤2 dB，垂直面 HPBW，垂直极化全向天线阵为 9±1°；水平极化全向天线阵为 9±1.5°，水平面交叉极化电平为 -20 dB。

估计电缆损耗 1.2 dB/m，功分器损耗 1.5 dB，接插件损耗 0.5 dB，在 $1.7\sim2.2$ GHz 频段，双极化全向天线实测 $G=7.5$ dB 左右。

只要用 90°相差给水平和垂直全向天线馈电，就能实现宽带高增益全向圆极化天线。

10.12　由变形不对称双锥对称振子和 6 个圆弧形水平偶极子构成的宽带全向圆极化天线[11]

用 90°相差给垂直极化和水平极化全向天线馈电，就能构成全向圆极化天线，为了在 $1880\sim2700$ MHz 35.8% 的相对带宽内实现全向圆极化，如图 10.21 所示，垂直极化(VP)和水平极化(HP)全向天线必须为宽频带。为此把具有不同直径变形不对称双锥偶极子作为垂直极化全向天线，把用 FR4 基板正反面制造的 6 个宽带水平偶极子作为水平极化全向天线。

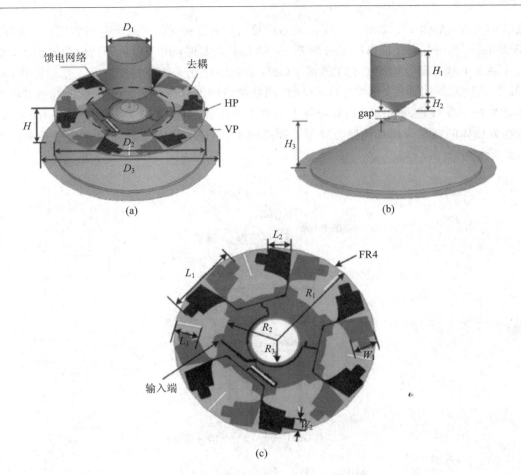

图 10.21　宽带双极化全向天线[11]

(a) 立体结构；(b) 垂直极化(VP)；(c) 水平极化(HP)

6 个水平偶极子用由一个 3 功分器和 3 个有 $\lambda/4$ 阻抗变换器的 T 形功分器构成的 6 功分器馈电。由于中间为垂直极化全向天线，在它的周围为水平极化全向天线，因而结构更紧凑。天馈的具体尺寸如下：$D_1=50$，$D_2=170$，$D_3=200$，$H_1=44$，$H_2=16$，$H_3=50$，$H=45$，gap$=7$，$L_1=62$，$L_2=19.5$，$L_3=22$，$W_1=21$，$W_2=10$，$R_1=85$，$R_2=45$，$R_3=20$(以上参数单位为 mm)。

双极化宽带全向天线主要实测电参数如下：

(1) VP 和 HP 天线，在 1880～2700 MHz 频段(相对带宽 35%)，$S_{11}<-10$ dB，$G\geqslant 3.5$ dB，$S_{21}>-25$ dB；

(2) VP 和 HP 天线，在 1880～2700 MHz 频段，交叉极化电平>-15 dB。

由于上述天线为双线极化全向天线，用等幅 90°相差给它们馈电，就能构成全向圆极化天线。

10.13　4/6 GHz 双频全向圆极化天线[12]

以 0°、90°、180°和 270°相差给 4 个 $\lambda/4$ 长倾斜单极子馈电就能构成 6 GHz 频段宽波束全向圆极化天线，如图 10.22 所示。所需馈电网络可以用 180°和 90°混合电路实现，也可以用 3 个 Wilkinson 功分器，让输出路径长度差 90°和 180°来实现，由于单极子的地为台锥形，因而进一步展宽了垂直面方向图。为了构成 4 GHz 全向圆极化天线及实现双频工作，采用了如图 10.22 所示的双馈同轴线，即把 6 GHz 频段同轴馈线的外导体作为 4 GHz 频段同轴馈线的内导体，在 4 GHz 频段同轴馈线的外导体上切割 4 个倾角为 45°的等间距缝隙，在有倾斜缝隙同轴线外导体的两端附加双锥形金属板，就构成了 4 GHz 最大辐射方向与轴线垂直的全向 LHCP 天线。

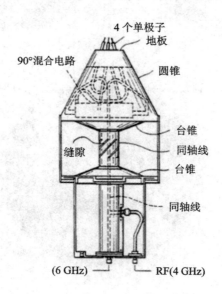

图 10.22　4/6 GHz 全向圆极化天线[12]

10.14　由同轴缝隙对构成的全向圆极化天线[13]

图 10.23(a)是由直径为半波长中间填充 $\varepsilon_r=2.1$ 聚四氟乙烯，同轴线外导体上 4 个倾斜 45°垂直缝隙对构成的全向圆极化天线。沿轴向，每个缝隙长 $\lambda_g/2$，等效磁偶极子，由于缝隙相对轴向倾斜 45°，所以缝隙的长度 $L_s=2\lambda_g/2$。为了构成高增益，以单元间距 $W=\lambda_g$ 组阵。由于末端同轴线短路，所以要采用如图 10.23(b)所示的切角缝隙对，用这种切角缝隙对既作为辐射单元，又作为阻抗匹配单元，以消除末端同轴线短路产生的反射。为了使天线与 50 Ω 同轴匹配，除输入端长度为 L_4，同轴线内外导体的等比值变化，以维持 50 Ω 特性阻抗外，还附加了 3 段长度为 L_1、L_2 和 L_3 的阻抗变换段。中心设计频率 $f_0=5.5$ GHz($\lambda_0=54.5$ mm)，$\lambda_g=\lambda_0/\sqrt{2.1}=37.6$ mm，经过优化设计，4 元全向圆极化天线阵的最佳尺寸如表 10.2 所示。

图 10.23(c)、(d)分别是该天线阵仿真实测 S_{11}、G 和 AR 的频率特性曲线，由图看出，在 5.05～5.95 GHz，实测 $S_{11}<-10$ dB，相对带宽为 16.4%；在 5.1～5.9 GHz，实测 AR<3 dB，相对带宽为 14.5%，在 AR 带宽内，实测 $G=5\sim7$ dBic。图 10.23(e)是该天线在 5.2 和 5.8 GHz 实测仿真垂直面和水平面方向图，由图看出，水平面呈全向，交叉极化电平低于 −16 dB，效率高于 94%。

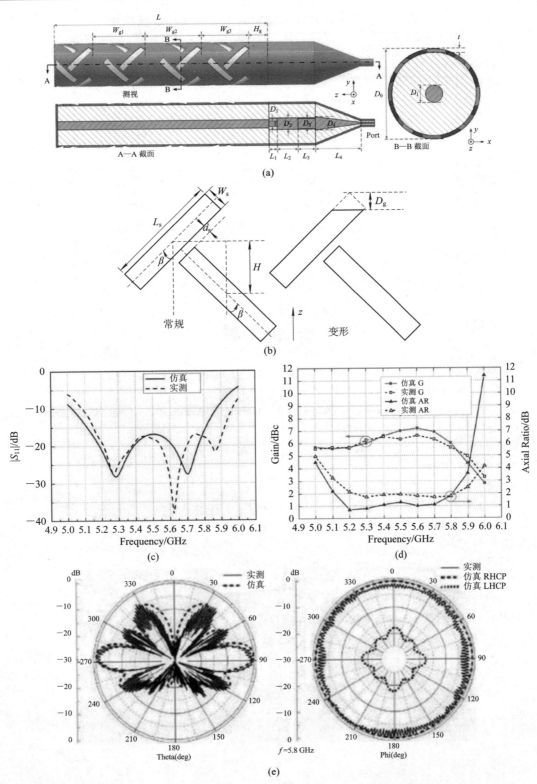

图 10.23　全向圆极化同轴缝隙天线阵和仿真实测电性能[13]

（a）天馈结构；（b）倾斜缝隙对；（c）S_{11}-f 特性曲线；（d）G、AR-f 特性曲线；（e）方向图

表 10.2　5.5 GHz 4 元全向圆极化天线阵最佳尺寸

D_o	32 mm	D_4	10 mm
D_i	6 mm	L_1	6.1 mm
L	161.1 mm	L_2	15.8 mm
W_{g1}	39.59 mm	L_3	13.2 mm
W_{g2}	42.27 mm	L_4	40 mm
W_{g3}	35.77 mm	L_s	23.7 mm
H_g	14 mm	W_s	4.5 mm
D_1	4.2 mm	H	11.8 mm
D_2	8.7 mm	D_g	3.6 mm
D_3	7.6 mm	d_s	1.65 mm
β	45 deg	t	1.5 mm

参 考 文 献

[1]　IEEE Antennas Wireless Propag Lett, 2012, 11: 1466 - 1469.

[2]　IEEE Trans Antennas Propag, 2014, 62(8): 4347 - 4351.

[3]　QUAN Xulin, et al. A Broadband Omnidirection Circularly Polarized Antenna. IEEE Trans Antennas Propag, 2013, 61(5): 2363 - 2369.

[4]　美国专利, 5506591.

[5]　美国专利, 4317122.

[6]　美国专利, 4129871.

[7]　美国专利, 5021797.

[8]　IEEE Trans Antennas Propag, 2012, 60(9): 4035 - 4037.

[9]　美国专利, 3943522.

[10]　IEEE Trans Antennas Propag, 2013, 61(2): 943 - 947.

[11]　IEEE Antennas Wireles Propag Lett, 2013, 12: 1492 - 1495.

[12]　美国专利, 4959657.

[13]　IEEE Antennas Wireless Propag Lett, 2015, 14: 666 - 669.

第 11 章　顺序旋转馈电圆极化贴片天线阵

11.1　引　言

由于贴片天线具有低轮廓、共形、尺寸小、重量轻、成本低等优点，因而在飞机、卫星通信、雷达、遥控遥测、WLAN 和 WiMAX 中得到广泛应用。特别是由于贴片天线具有平面结构，因而在大型天线阵中广泛作为基本辐射单元。贴片天线阵的主要问题是馈电网络的损耗及馈线的辐射，特别是对毫米波天线阵的增益及阻抗带宽有很大影响。常用两种方法来减小这些影响，一种方法是采用更有效的馈电网络，例如采用并联-串联馈电网络，与常规并联馈电网络相比，串并馈电网络使馈电网络的长度减小约 50%，另外一种方法是采用顺序旋转技术来展宽圆极化贴片天线的轴比和阻抗带宽。顺序旋转技术，就是在设计宽带圆极化天线阵中，把相邻辐射单元顺序旋转，并把馈电相位顺序增加 90°。理论分析和实验证明，顺序旋转技术不仅能展宽圆极化天线阵的阻抗和轴比带宽，提高极化纯度，而且在宽频带范围内，使方向图更对称。例如行波圆极化天线，用旋转技术把 3 dB 轴比带宽由原来的 20% 提高到 50%。辐射单元可以是圆极化，也可以是线极化，可以并联、串联，也可以串并联。为了阻抗匹配，顺序馈电通常都采用多节 λ/4 长阻抗变换段。

为了使圆极化贴片天线阵具有更宽的轴比带宽，更高的辐射效率，宜采用以下技术：

（1）用厚且低介电常数基板制造贴片，以实现宽频带；

（2）用薄基板制造非共面馈电网络来减小馈电网络的辐射损耗及插损；

（3）用 Wilkinson 功分器构成并联网络，因为 Wikinson 功分器不仅能在宽频带范围内提供用双馈贴片实现圆极化所需要的等幅和 90°相差，而且使两个输出端具有高隔离度。

在顺序旋转技术中，用功分器的隔离电阻来抵消在馈电网络中由于单元倾斜及失配引起的功率再分配。

顺序旋转贴片天线阵可以是 1×4 元天线阵，也可以是 2×2 元天线阵，由于顺序旋转 2×2 元天线阵性能优于顺序旋转 1×4 元天线阵，因而实用中广泛采用顺序旋转 2×2 元天线阵。

11.2　用顺序旋转 90°相差给线极化贴片馈电构成的 2×2 元圆极化天线阵[1]

圆极化天线阵通常用圆极化单元构成。对具有兼并模的贴片天线可以单馈，对方或圆贴片天线则用双馈。对宽带圆极化贴片天线，往往采用 0°、90°、180°和 270°相差的 4 馈技术。对用厚基板制造的方或圆贴片天线，用 4 馈技术还可以扼制不需要的辐射。在大型贴片天线阵中采用多馈单元的馈电系统由于需要许多馈线（同轴线或微带线）、3 dB 电桥、功分器，因而导致馈电网络成本高、重量重，插损大，如果用微带线作为馈线，大量微带线造成的辐射损耗也很严重。

　　图 11.1(a)、(b)为 2×2 元正交矩形贴片天线，让单元正交是为了产生两个正交极化场，以便实现圆极化。图 11.2(a)用 0°和 90°相差馈电，也可以如图 11.1(b)所示用顺序旋转 90°相差馈电。后者不仅能实现圆极化，而且能实现宽频带，由于每个单元只有一个馈电点，可见该方法不仅简化了馈电网络的设计，而且减小了馈电网络的插损，此外由于相邻单元正交，互耦明显减小，在主平面宽角扫描中也不会严重恶化圆极化性能。

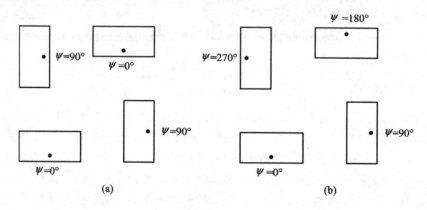

图 11.1　用顺序旋转 2×2 元线极化矩形贴片构成的圆极化天线阵

(a) 0°、90°、0°、90 相位；(b) 0°、90°、180°、270°相位

　　给图 11.2(a)所示间距为 0.87λ 两个正交线极化矩形贴片用 90°相差馈电，虽然能实现圆极化，但偏离轴线，圆极化性能变差，特别是交叉极化电平变大，如图 11.2(b)所示。用图 11.1(b)所示的顺序旋转相差依次差 90°的线极化单元，虽然能构成阻抗和轴比带宽相对较宽的圆极化天线，但相对于圆极化单元，天线增益减小 4 dB。

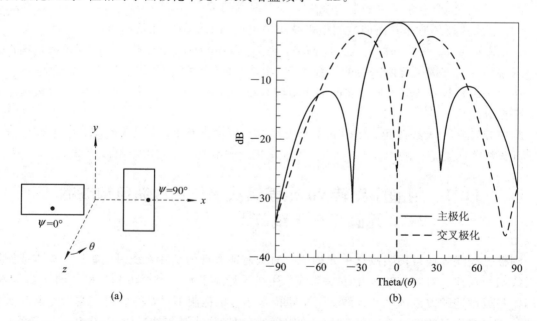

图 11.2　间距为 0.87λ、相差 90°的两单元正交线极化矩形贴片天线及仿真主极化和交叉极化方向图

(a) 结构；(b) 垂直面方向图

11.3　顺序旋转馈电 2×2 元圆极化圆贴片天线阵[2]

11.3.1　辐射单元为 L 形探针耦合馈电带正交缝隙的圆贴片天线

图 11.3(a)、(b)是用厚 1.6 mm，ε_r＝4.8 基板印刷制造的 f_0＝1.91 GHz，用宽 2.86 mm 50 Ω 微带和宽 3.8 mm、水平和垂直长度分别为 15.5 mm 和 23 mm 的 L 形探针给缝隙圆贴片天线耦合馈电构成的圆极化单元天线和顺序旋转馈电构成的 2×2 元天线阵。为实现圆极化，在半径 R＝33 mm 圆贴片中切割尺寸为 52 mm 和 5.5 mm 的长短正交缝隙。圆贴片与地板的距离为 h＝17 mm(～0.1λ_0)，L 形微带线伸进圆贴片的距离 d＝2.5 mm，圆贴片与 L 形微带线的间隙 S＝1.5 mm。图 11.3(c)、(d)分别是单元天线和顺序旋转 2×2 元天线阵实测

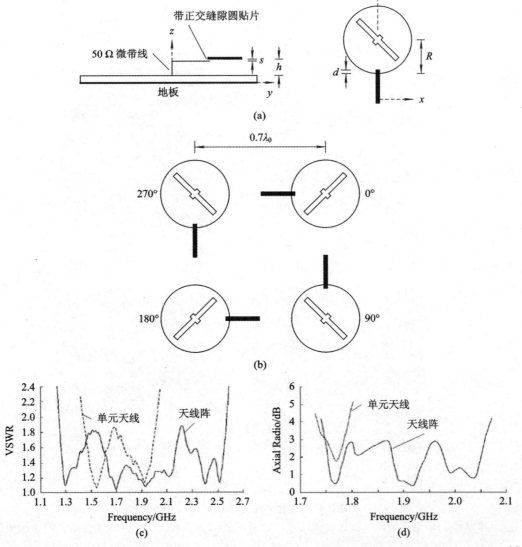

图 11.3　L 形探针耦合馈电圆贴片天线及顺序旋转 2×2 元天线阵和 AR、VSWR 的频率特性曲线[2]

(a)天馈结构；(b)顺序旋转 2×2 元天线阵；(c)VSWR-f 特性曲线；(d)AR-f 特性曲线

VSWR 和 AR 的频率特性曲线，由图看出，单元天线 VSWR≤2 的相对带宽为 37.8％，由于顺序旋转馈电，2×2 元天线阵 VSWR≤2 的相对带宽达到 78％，AR≤3 dB 的相对带宽，单元天线为 2％，2×2 元天线阵为 16％。

11.3.2　辐射单元为缝隙耦合圆贴片天线[3]

图 11.4 是用厚 1.6 mm 的 FR4 基板设计制造，用底层弯曲 90°微带线通过位于地板上的环形缝隙给圆贴片耦合馈电构成的 $f_0=3110$ MHz LHCP 单元天线、顺序旋转串联 2×2 元天线阵、并联 2×2 元天线阵和顺序旋转并联 2×2 元天线阵。表 11.1 对它们实测电参数作了比较。

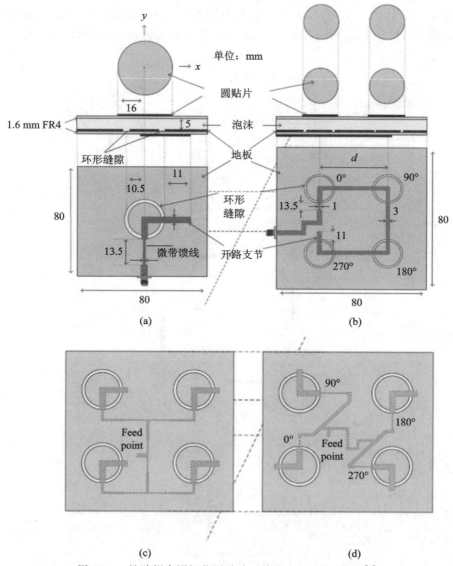

图 11.4　缝隙耦合圆极化圆贴片天线和 2×2 元天线阵[3]

(a) 单元天馈结构；(b) 顺序旋转串联 2×2 天线阵；(c) 并联 2×2 元天线阵；(d) 顺序旋转并联 2×2 元天线阵

由表 11.1 看出，顺序旋转串联 2×2 元天线阵，不需要移相器和功分器，用最简单的串联网络实现了大于 10％的阻抗和 AR 带宽，相对基本单元，增益增大 5.3 dB。另外，虽然顺序旋转并联 2×2 元天线阵最大增益与并联 2×2 元天线阵相当，但由于旋转，不仅改善了阻抗带宽，而且特别是改善了轴比带宽。

表 11.1　单元和 2×2 元天线阵实测电性能

天线类型	VSWR≤2 的相对带宽	AR≤3 dB 的相对带宽	f_0/MHz	最大 G/dBic
单元	13.3%	5.1%	2950	7.0
顺序旋转串联 2×2 元天线阵	20.7%	11.5%	3110	12.0
并联 2×2 元天线阵	16.4%	4.7%	2980	12.4
顺序旋转并联 2×2 元天线阵	18.5%	13.8%	2965	12.3

11.3.3　辐射单元为带缺口的圆贴片天线

为了展宽带缺口圆极化贴片天线的带宽，如图 11.5(a)所示，把两单元并联组阵，并把另外一个单元旋转 90°，让馈线长度差 $\lambda_g/4$，以便用 90°相差给它们馈电构成圆极化。为了进一

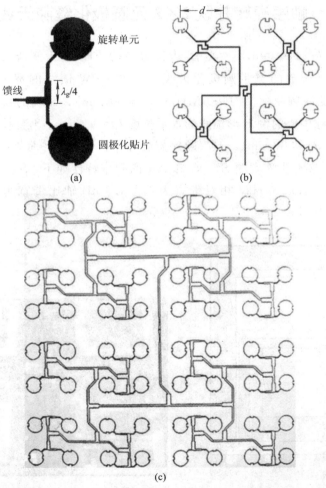

图 11.5　顺序旋转 90° 1×2 元、4×4 元和 8×8 元并联圆极化带缺口圆贴片天线阵

(a)1×2 元旋转并联天线阵；(b)4×4 元顺序旋转并联天线阵；(c)8×8 元顺序旋转并联天线阵

步展宽圆极化贴片天线阵的轴比和阻抗带宽，把 4 个单馈圆极化贴片天线顺序旋转 90°，并以 90°相差给每个单元馈电。在 X 波段，1 元、2 元和 4 元带缺口圆贴片天线仿真的 VSWR、AR 的相对带宽列在表 11.2 中。

表 11.2　1 元、2 元和 4 元带缺口圆贴片天线仿真 VSWR 和 AR 的相对带宽

单元的布局	VSWR≤2 的相对带宽	AR≤3 dB 的相对带宽
1 元	11.6%	2.8%
2 元	20.9%	12.0%
4 元	29.4%	25.3%

图 11.5(b)、(c)是用顺序旋转构成的 4×4 元和 8×8 元并联天线阵，该天线阵实测 $S_{11} < -10$ dB 的相对带宽为 20.9%，3 dB 轴比的相对带宽为 12%，实测增益为 23.5 dBic。

11.4　顺序旋转并联 2×2 元圆极化缝隙天线阵[4]

图 11.6 是用厚 $h = 1.6$ mm，$\varepsilon_r = 4.4$，边长为 G 方 FR4 基板制造的用共面波导（CPW）给边长为 L 方缝馈电构成的宽带圆极化天线。50 Ω CPW 馈线的宽度 $W_f = 3$ mm，间隙 $g = 0.5$ mm。中心设计频率 $f_0 = 1500$ MHz（$\lambda_0 = 200$ mm），天线的尺寸为：$G = 80$ mm，$L = 60$ mm，伸入缝隙中心的倒 L 形馈线的水平长度 $l_H = 41$ mm，垂直长度 $l_v = 28.5$ mm。

图 11.7 是间距 $d = 140$ mm（$0.7\lambda_0$）顺序旋转 2×2 元并联平面天线阵，天线的面积为 200 mm×200 mm。该天线阵实测 S_{11}、G 和 AR 的频率特性如下：$S_{11} \leqslant -15$ dB（VSWR≤1.5）的频段为 1.15～1.95 GHz，相对带宽为 52%，3 dB 轴比带宽为 49%，平均增益为 6 dBic，最大增益为 8 dBic。

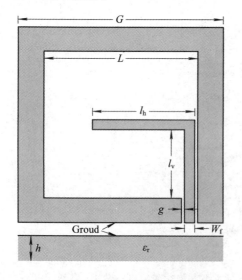

图 11.6　CPW 馈电圆极化缝隙天线[4]

图 11.7　顺序旋转 2×2 元并联圆极化缝隙天线阵[4]

11.5　顺序旋转并联 2×2 元圆极化矩形贴片天线阵

11.5.1　顺序旋转并联 2×2 元圆极化缝隙耦合层叠矩形贴片天线阵

众所周知，圆极化贴片天线的固有缺点是阻抗和轴比带宽太窄，通常只有 2%～3%，采用层叠贴片及通过位于地板上的正交缝隙耦合馈电技术，可以展宽阻抗带宽到 30%，3 dB 轴比带宽到 13%，图 11.8(a)是缝隙耦合层叠矩形圆极化贴片天线，正交缝隙不仅位于地板上，而且位于下贴片上，用于下贴片上的正交缝隙，不仅使天线的轴比、阻抗和增益的带宽最佳，而且有利于减小贴片的尺寸。为了用微带线耦合馈电，位于地板上正交缝隙的尺寸要比下贴片上的正交缝隙大一些。

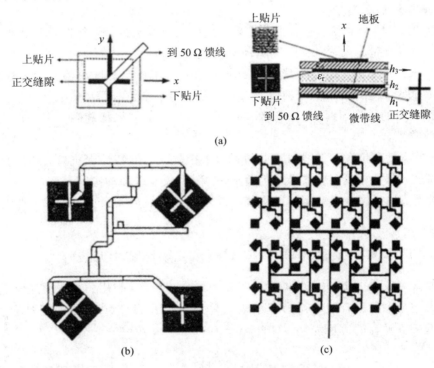

图 11.8　缝隙耦合层叠圆极化矩形贴片天线和顺序旋转并联 2×2 元和 8×8 元天线阵
(a) 单元天馈结构；(b) 顺序旋转并联 2×2 元天线阵；(c) 顺序旋转并联 8×8 元天线阵

中心设计频率 $f_0 = 11.5$ GHz($\lambda_0 = 26$ mm)，制作天线的基板及天线的尺寸如下：$\varepsilon_{r1} = 6.15$，$h_1 = 0.63$ mm，$\varepsilon_{r2} = 1.06$，$h_2 = 2$ mm($0.077\lambda_0$)，$\varepsilon_{r3} = 0.78$，$h_3 = 0.78$ mm，上贴片的尺寸为 7.9 mm×6.9 mm($0.3\lambda_0 \times 0.26\lambda_0$)，下贴片的尺寸为 8.3 mm×7.2 mm($0.33\lambda_0 \times 0.276\lambda_0$)。

按上述尺寸制作的单元天线主要电参数如下：VSWR≤2 的频段为(9.45～13.54 GHz)，相对带宽为 34.5%，3 dB 轴比的频段为 11.17～13.39 GHz，相对带宽为 18.7%，交叉极化电平为 −20 dB，F/B 为 15 dB。

图 11.8(b)是顺序旋转 2×2 元并联缝隙耦合层叠矩形贴片天线阵，该天线阵能实现的主要电参数为：$G = 12$ dBic 的频段为 10.35～13.6 GHz，相对带宽为 27.4%，3 dB 轴比的频段

为 9.93～14.03 GHz，相对带宽为 34.6%，VSWR≤2 的相对带宽为 35.9%。图 11.8(c)是顺序旋转 8×8 元并联天线阵。

设计缝隙耦合层叠贴片天线的尺寸、厚度、相对介电常数 ε_r 的原则如下：

(1)下贴片。下贴片采用厚且低 ε_r 的基板制作，有利于展宽天线的带宽。但使用厚基板却让耦合量减小，增大缝隙尺寸可以补偿耦合量的减小，缺点使后向辐射变大。如果用 90° 相差给两个正交线极化单元馈电来实现圆极化，所用贴片必须为方形或圆形，由于上下贴片有强的耦合，所以必须按照谐振频率同时确定它们的尺寸。

(2)上贴片。用构成上贴片基板的厚度、ε_r 来控制与上贴片及两贴片之间耦合有关联的谐振带宽。为实现圆极化，上贴片也必须为方形或圆形，由于上贴片仅靠与下贴片的耦合来激励，所以耦合电平很大程度上取决于两个谐振频率的间隔。此外，耦合电平还与上贴片比下贴片更大或更小有关。

(3)缝隙的长度、宽度和形态。由于主要靠缝隙的长度来控制馈线馈给下贴片的耦合量，所以缝隙越长、耦合量越大，但长的缝隙却会造成大的后向辐射。另外，为了阻抗匹配，也不希望缝隙过长。缝隙的宽度也会影响耦合电平，但作用要比长度小得多，缝隙的长/宽比通常为 10:1。此外，缝隙的形状对馈线与贴片之间的耦合量也有明显影响。大多数缝隙耦合贴片天线都采用窄的长方形缝隙，一般都给出了好的结果，如果把缝隙变成哑玲型或 H 型，还能进一步改善耦合。

(4)馈线的宽度和位置。馈线的宽度除了用来控制馈线的特性阻抗外，还能影响与缝隙的耦合，为了实现最大耦合，馈线必须与缝隙垂直，且位于缝隙的中间。

(5)调谐支节的长度。需要用调谐支节把缝隙耦合天线的剩余电抗调掉，调谐支节的长度稍小于 $\lambda_g/4$。

11.5.2　5.8 GHz 顺序旋转串联 2×2 元圆极化矩形贴片天线阵[5]

为了展宽 5.8 GHz 圆极化天线的带宽和实现更高的增益，把用微带线通过位于地板上的正交缝隙给几乎方贴片耦合馈电作为基本辐射单元。如图 11.9(a)所示，用厚 $h_3=0.8$ mm 基板制造的几乎方贴片的边长为：$a=15.3$ mm$(0.296\lambda_0)$，$b=17.1$ mm$(0.33\lambda_0)$，几乎方贴

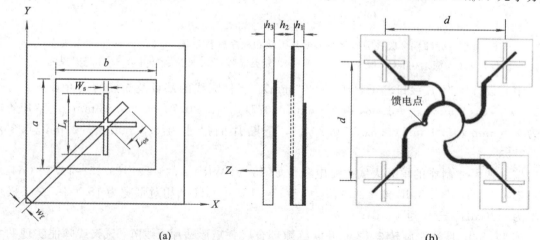

(a)　　　　　　　　　　　　　　　　(b)

图 11.9　正交缝隙耦合馈电几乎方贴片天线及顺序旋转串联 2×2 元圆极化几乎方贴片天线阵[5]

片到地面的高度 $h_2 = 2.6$ mm$(0.05\lambda_0)$，位于用厚 $h_1 = 0.79$ mm，$\varepsilon_r = 2.33$ 基板顶面制造的地板上正交缝隙的尺寸为：长度 $L_s = 12.5$ mm$(0.242\lambda_0)$，宽度 $W_s = 1$ mm，宽度 $W_f = 0.5$ mm 的微带馈线位于基板的背面，以 $45°$ 方向位于正交缝隙的下面，穿出正交缝隙的距离 $L_{os} = 4.8$ mm$(0.0928\lambda_0)$。图 11.9(b)是单元间距 $d = 0.74\lambda_0$，顺序旋转串联 2×2 元缝隙耦合圆极化几乎方贴片天线阵，该天线阵主要实测电参数如下：

VSWR$\leqslant 2$ 的相对带宽为 22.8%，AR$\leqslant 3$ dB 的相对带宽为 17.5%，$G = 14.5$ dBic，HPBW$ = 30°$。

11.5.3　L 形微带线耦合馈电圆极化顺序旋转 2×2 元矩形和切角方贴片天线阵[6]

图 11.10(a)、(b)是由 L 形微带线给顺序旋转矩形和切角方贴片耦合馈电构成的 $1.4 \sim 2.2$ GHz 2×2 元圆极化天线阵。尺寸为 $L_p \times W_p = 70$ mm$\times 58.3$ mm 的矩形贴片和尺寸为 $W_p = 58.3$ mm，$\Delta a = 5.3$ mm 的切角方贴片是用厚 $h_2 = 9$ mm 的泡沫悬浮在由厚 $h_f = 1.6$ mm，$\varepsilon_r = 4.4$ 基板制成的馈电网络和边长为 300 mm 的方地板之上。50 Ω 微带线的宽度 $W_f = W_{f1} = 2.86$ mm，微带线的末端端接长度 $L_s = 25$ mm，高 $h_1 = 14$ mm 的 L 形带线，单元间距 $S = 0.8\lambda_0$。用 T 形功分器和 $\lambda_0/4$ 长阻抗变换段构成馈电网络，50 Ω 阻抗变换段的长度 $L_{f2} = 24.5$ mm，100 Ω 阻抗变换段微带线的长度 $L_{f2} = 24.5$ mm，宽 $W_{f2} = 0.62$ mm。调

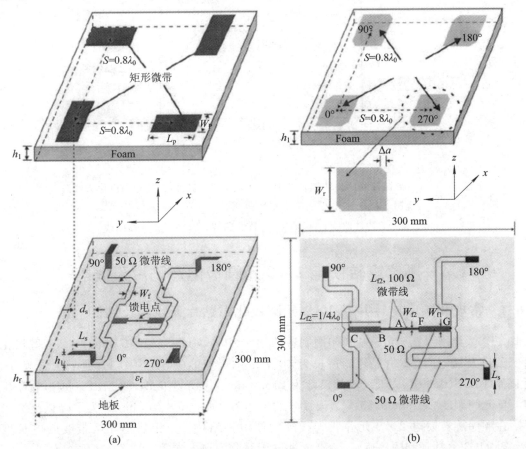

图 11.10　L 形探针顺序旋转耦合馈电圆极化 2×2 元矩形和切角方贴片天线阵[6]

(a)矩形贴片；(b)切角贴片

节 $d_s = 33$ mm 和 L_s，很容易实现阻抗匹配。图 11.11(a)、(b)、(c)分别是该天线阵实测 S_{11}、AR 和 G 的频率特性曲线，由图看出，$S_{11} < -10$ dB 和 AR<3 dB 的相对带宽分别为 46.8% 和 45%，最大增益为 10.5 dBic。

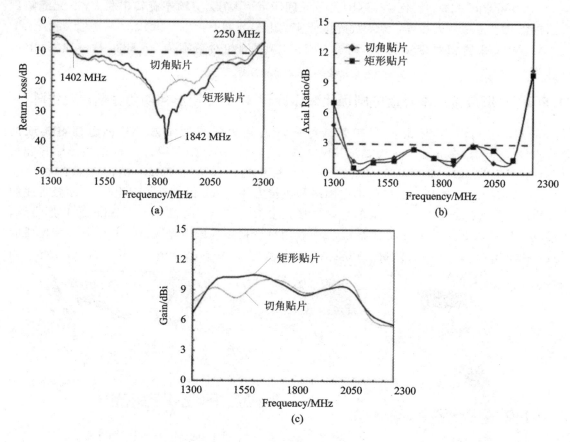

图 11.11　L 形探针顺序旋转耦合馈电 2×2 元矩形和切角方贴片圆极化天线阵
实测 S_{11}、AR 和 G 的频率特性曲线[6]
(a)S_{11}-f 特性曲线；(b)AR-f 特性曲线；(c)G-f 特性曲线

11.6　顺序旋转馈电 2×2 元圆极化方贴片天线阵[7]

11.6.1　常规和顺序旋转并联 2×2 元圆极化方贴片天线阵及性能

图 11.12 是用厚 3.2 mm 基板印刷制造的 $f_0 = 2050$ MHz($\lambda_0 = 146$ mm)2×2 元圆极化方贴片天线阵及馈电网络，方贴片的边长为 46.7 mm($0.319\lambda_0$)，其中图 11.2(a)为常规并联，单元间距 101.6($0.69\lambda_0$)，天线阵的尺寸为 215.9 mm×215.9 mm，图 11.12(b)为顺序旋转并联，单元间距 80.4 mm($0.55\lambda_0$)，天线阵的尺寸为 203 mm×203 mm。为了降低交叉极化电平，在顺序旋转馈电 2×2 元并联天线阵的馈电网络中，让相邻单元微带线的电长度差 180°。表 11.3 为常规和顺序旋转 2×2 元并联天线阵实测电参数。

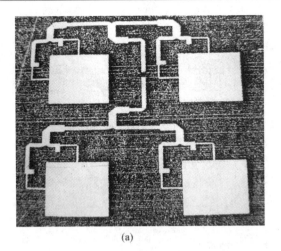
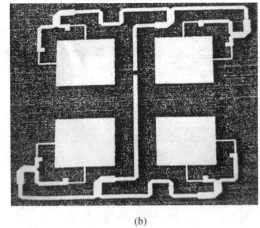

(a)   (b)

图 11.12   2×2 元并联圆极化方贴片天线阵及馈电网络

(a)常规馈电；(b)顺序旋转馈电

表 11.3   2×2 元并联天线阵主要实测电参数

天线阵类型	常规馈电	顺序旋转馈电
G/dBic	13.7	12.0
VSWR	1.1	1.5
绝对带宽/MHz	82	132
HPBW/(°)	38	46
SLL/dB	−13	−24
AR/dB	1.4	0.8

顺序旋转馈电，由于 4 组馈线对称，加之相邻单元反相馈电，因而减小了高次模，使带宽更宽，轴比和 SLL 电平更小。

11.6.2   顺序旋转串联 2×2 元缝隙耦合层叠圆极化方贴片天线阵[8]

图 11.13(a)、(b)、(c)、(d)是用 3 dB 电桥通过位于地板上偏置正交缝隙给边长分别为 a_1、a_2 层叠方贴片耦合馈电构成的圆极化天线、顺序旋转串联 2×2 元圆极化方贴片天线阵、馈电网络及等效电路。为了用等幅和 90°相差给每单元顺序旋转馈电，必须正确设计馈电网络。

在输入、输出阻抗均为 50 Ω 的情况下，为了确保等功率分配和合适的相位差，馈电网络中微带馈线的特性阻抗 $Z_1 \sim Z_7$ 的长度均为 $\lambda_g/4$，在结点 3♯，功率必须等分到单元 7 和单元 8，即

$$\frac{Z_5^2}{50} = \frac{Z_6^2}{Z_7^2/50} \tag{11.1}$$

在结点 2♯，2/4 的功率分配给结点 3♯，1/4 的功率分配给单元 6，即

$$\frac{Z_3^2}{50} = \frac{2Z_4^2}{\dfrac{Z_5^2}{2 \times 50}} = 2 \times \frac{100Z_4^2}{Z_5^2} \tag{11.2}$$

用类似办法得 $3 \times \dfrac{3Z_2^2 Z_5^2}{200Z_4^2} = \dfrac{Z_1^2}{50}$。

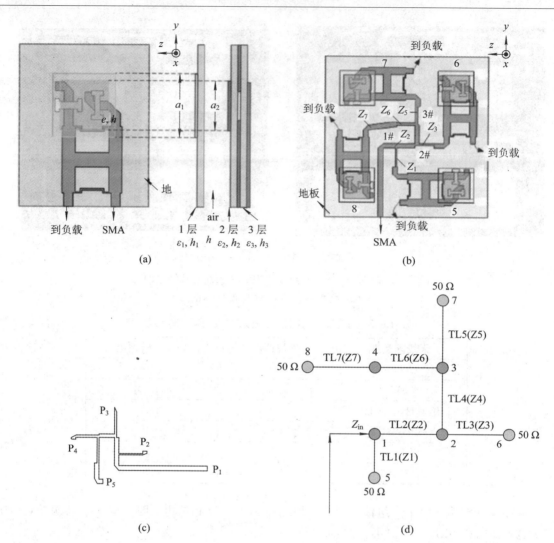

图 11.13　缝隙耦合层叠圆极化方贴片天线、顺序旋转并联 2×2 元天线阵、馈电网络及等效电路
(a) 单元天馈结构；(b) 顺序旋转并联 2×2 元天线阵；(c) 馈电网络；(d) 等效电路

$$\frac{9Z_2^2 Z_5^2}{800 Z_4^2} = 50 \ (\Omega)$$

7 段 λ/4 长阻抗变换段的特性阻抗如表 11.4 所示。

表 11.4　7 段 λ/4 长阻抗变换段的特性阻抗　　　　　单位：Ω

Z_{in}/Ω	Z_1	Z_2	Z_3	Z_4	Z_5	Z_6	Z_7
50	100	50	75	60	80	80	50

在 7 段 λ/4 长阻抗变换段特性阻抗已知的情况下，进行返算验证，由结点 3♯ 看进去的输入阻抗 Z_{in3} 为

$$Z_{in3} = \frac{Z_5^2/50 \times Z_6^2/50}{\dfrac{Z_5^2}{50} + \dfrac{Z_6^2}{50}} = \frac{\dfrac{Z_5^2 Z_6^2}{50}}{Z_5^2 + Z_6^2} = 64 \ (\Omega) \tag{11.3}$$

由结点 2♯ 看进去的阻抗 Z_{in2} 为

$$Z_{in2} = \frac{\dfrac{Z_4^2}{Z_{in3}} \times \dfrac{Z_3^2}{50}}{\dfrac{Z_3^2}{Z_{in3}} + \dfrac{Z_3^2}{50}} = \frac{Z_4^2 Z_3^2}{50 Z_4^2 + Z_{in3} Z_3^2} = \frac{60^2 \times 75^2}{50 \times 60^2 + 64 \times 75^2} = 37.5 \, (\Omega)$$

由结点 1♯ 看进去的阻抗 Z_{in1} 为

$$Z_{in1} = \frac{\dfrac{Z_2^2}{Z_{in2}} \times \dfrac{Z_1^2}{50}}{\dfrac{Z_2^2}{Z_{in2}} + \dfrac{Z_1^2}{50}} = \frac{Z_1^2 Z_2^2}{50 Z_2^2 + Z_1^2 Z_{in2}} = \frac{100^2 \times 50^2}{50 \times 50^2 + 100^2 \times 37.5} = 50 \, (\Omega)$$

在 $\varepsilon_{r1} = \varepsilon_{r2} = \varepsilon_{r3} = 2.7$，$h_1 = h_2 = h_3 = 0.508$ mm，单元间距 $d = 24$ mm（$0.8\lambda_0$）的情况下，该天线阵实测 VSWR$\leqslant$2 的相对带宽为 102%。实测 3 dB 轴比带宽为 43.7%。

11.7　顺序旋转馈电 2×2 元串联圆极化切角方贴片天线阵

用切角方贴片采用单馈就能实现圆极化，为实现高增益，可以采用层叠贴片天线。单元天线可以用微带线直接馈电，也可以电磁耦合馈电，天线阵可以串联、并联，也可以用简单馈电网络馈电。

11.7.1　顺序旋转串联 2×2 元圆极化层叠切角方贴片天线阵[9]

图 11.14(a) 是适合全球宽频带区域网 L 波段终端使用的由层叠单馈切角方贴片构成的宽带圆极化天线。天线的具体尺寸如下：$a = 72$ mm，$b = 85$ mm，$a_1 = 17$ mm，$b_1 = 20$ mm，$d = 2$ mm，$d_1 = 6$ mm，$d_2 = 7$ mm，$w_1 = 23$ mm，$w_2 = 3$ mm，$S = 7.5$ mm。

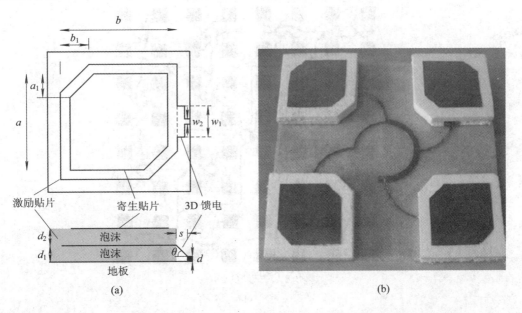

图 11.14　层叠单馈圆极化切角方贴片天线和顺序旋转串联 2×2 元天线阵[9]

(a) 单元天馈结构；(b) 顺序旋转串联 2×2 元天线阵

图 11.14(b)是顺序旋转串联 2×2 元圆极化层叠切角方贴片天线阵。馈电网络是用 $\varepsilon_r =$ 1.1 的低密度聚乙烯(LDPE)塑料基板制造。整个天线阵的尺寸为：250 mm×250 mm× 15 mm，重 100 g。该天线阵实测 S_{11}、AR 和 G 的频率特性如下：VSWR≤2 的相对带宽为 28%，在 1525~1660.5 MHz 频段、8.5% 的相对带宽内，VSWR<1.1，G=13~14 dBic，AR≤3 dB 的相对带宽为 18%(1.42~1.7 GHz)，在 8.5% 的相对带宽内，AR<1 dB，相对交叉极化鉴别率为 −25 dB。

11.7.2　Ka 波段顺序旋转串联 2×2 元和 8×8 元圆极化切角方贴片天线阵

在 Ka 波段(27~31 GHz)，图 11.15 用单馈切角方贴片作为基本辐射单元，采用双旋转技术，由 16 个顺序旋转 2×2 元串馈天线阵构成 8×8 元圆极化天线阵。

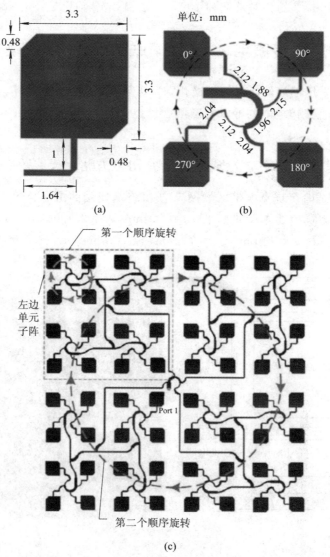

图 11.15　Ka 波段圆极化切角方贴片天线和顺序旋转串联 2×2 元和 8×8 元天线阵
(a) 单元天馈结构；(b) 顺序旋转串馈 2×2 元天线阵；(c) 8×8 元双旋转天线阵

把图 11.15(a) 所示的沿侧边中间位置单馈切角方贴片作为基本辐射单元，不仅简化了馈电网络，减小了馈线损耗，而且更方便组阵。为了在宽扫描角内得到低轴比和实现宽频带，采用厚 0.254 mm、低介电常数($\varepsilon_r = 2.2$)基板制造天馈单元。图 11.15(b) 是单元间距 $d = 0.77\lambda_0(f_0 = 29$ GHz)顺序旋转串馈 2×2 元圆极化切角方贴片天线阵。图 11.15(c) 是采用双旋转技术构成的 8×8 元圆极化天线阵。阻抗为 50 Ω 的输入端位于天线阵的中心，整个馈电网络均由 $\lambda_g/4$ 长阻抗变换段和两路功分器组成。图中点划线围成的左边 16 单元子阵的相位如下：

180°	270°	180°	270°
90°	0°	90°	0°
180°	270°	180°	270°
90°	0°	90°	0°

在 27～31 GHz 频段内，实测 64 元天线阵 VSWR≤1.5 的相对带宽为 13.8%，在 13.8% 的阻抗带宽内，AR<3 dB，辐射效率为 65%～78%，$G = 25$ dBic。

11.7.3 顺序旋转并联 2×2 元圆极化切角方贴片天线阵[10]

图 11.16(a)、(b) 是圆极化电磁耦合层叠切角方贴片和顺序旋转并联层叠切角方贴片天线阵，采用电磁耦合馈电技术和层叠贴片是为了展宽阻抗带宽和提高增益。

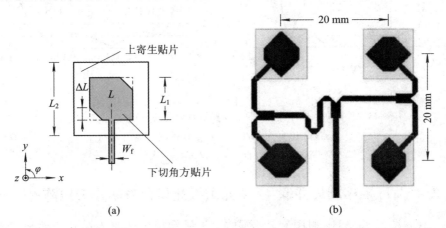

图 11.16 圆极化电磁耦合层叠切角方贴片和顺序旋转并联 2×2 元天线阵[10]

(a) 单元天馈结构；(b) 顺序旋转并联 2×2 元天线阵

上寄生方贴片是用厚 0.79 mm，$\varepsilon_r = 2.2$ 的基板制成，下单馈切角方贴片是用厚 0.64 mm，$\varepsilon_r = 6.15$ 的基板制造。中心设计频率 $f_0 = 10$ GHz($\lambda_0 = 30$ mm)，上下贴片相距 3.3 mm($0.11\lambda_0$)，基本辐射单元的尺寸如下：

$L_2 = 9.4$ mm($0.313\lambda_0$)，$L_1 = 6.2$ mm($0.207\lambda_0$)，$\Delta L = 1.6$ mm，50 Ω 微带线的宽度 $W_f = 1$ mm。顺序旋转并联 2×2 元天线阵的单元间距为 20 mm($0.67\lambda_0$)。

实测结果，单元天线 VSWR≤2 的相对带宽为 20%，3 dB AR 带宽为 7.4%，$G = 7$ dBic 的相对带宽为 19%，最大增益为 8 dBic。

　　贴片天线的表面波和空间波也会使贴片之间的互耦增加，层叠多层结构相对单层互耦更严重，这是因为附加了覆盖层和寄生贴片，增强了表面波和空间波。互耦不仅使方向图失真，而且限制了相控阵天线的扫描角。分析表明，两单元 E 面互耦，单元间距 $D=0.65\lambda_0$，互耦小于 -25 dB，两单元 H 面互耦，单元间距 $D=0.6\lambda_0$，互耦小于 -25 dB。对于 2×2 元阵列天线，为使互耦最小，单元间距 $D=2\lambda_0/3$，在顺序旋转之前，把所有单元反时针偏置 $45°$，这样不仅使馈电网络更容易布局，而且有助于进一步减小互耦。

　　图 11.17(a)、(b) 分别是偏置和顺序旋转 2×2 元电磁耦合单馈圆极化切角方贴片天线阵仿真的 VSWR、G 和 AR 的频响曲线。由图看出，VSWR$\leqslant1.5$ 的相对带宽为 24.6%，3 dB AR 的相对带宽为 21%，AR<1.5 dB 的相对带宽为 18%，在 9.75~10.86 GHz 频段内，$G\geqslant$ 12 dBic，相对带宽为 10.8%，$G\geqslant10$ dBic 的相对带宽为 22.4%。单元最大增益为 8 dBic，天线阵最大增益为 12.5 dBic，按阵列天线理论，天线阵最大增益应该为 14 dBic，可见在 X 波段，2×2 元天线阵插损为 1.5 dB。

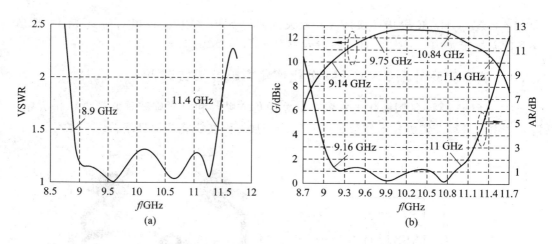

图 11.17　顺序旋转并联 2×2 元圆极化电磁耦合层叠切角方贴片

天线阵仿真 VSWR、G 和 AR 的频率特性曲线

(a) VSWR-f 特性曲线；(b) AR、G-f 特性曲线

11.7.4　2.4 GHz 顺序旋转并联 4×4 元圆极化切角方贴片天线阵[11]

　　图 11.18(a) 是 2.45 GHz 顺序旋转并联 4×4 元圆极化切角方贴片天线阵。由图看出，相对每一个相邻辐射单元，不仅把辐射单元旋转 $90°$，而且馈电相位也要顺序增加 $90°$。在馈电网络中，使用高阻抗传输线有利于进一步减小耦合和杂散辐射。图 11.18(b)、(c) 是顺序旋转并联 2×2 元天线阵的馈电网络及等效传输线电路，图中用 $\lambda/4$ 长阻抗变换段，使馈电网络的输入阻抗变为 50 Ω，利用并联微带线的长度来实现所需要的相移，各段微带线的宽度如表 11.6 所示。

　　为了比较，图 11.19 是顺序旋转串联 2×2 元和 4×4 元圆极化切角方贴片天线阵及 2×2 元天线阵的馈电网络。用 $\lambda/4$ 长阻抗变换段来实现 $90°$ 相移，为了减小微带馈线的杂散辐射和耦合影响，让微带线带线的宽度尽可能地窄。在顺序旋转串联 2×2 元天线阵中，通过把 1.4 辐射单元的输入功率馈给辐射单元 2，并确保馈电网络的输入阻抗 $Z_{\text{in}}=50$ Ω 来计算 Z_1。

对于其他阻抗，由于无唯一解，为了减小杂散辐射，把 Z_6 和 Z_7 的阻抗尽可能选高一些，各段微带线的宽度如表 11.5 所示。

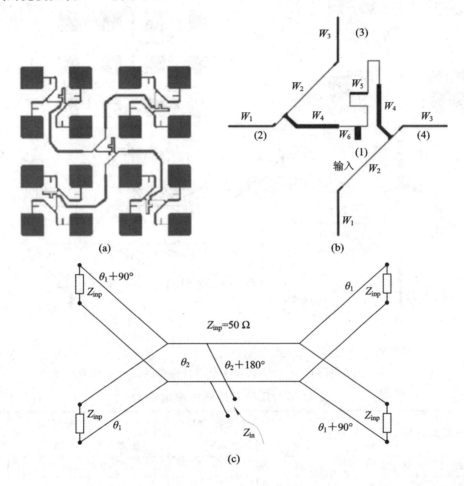

图 11.18　顺序旋转并联 4×4 元圆极化切角方贴片天线阵及 2×2 元馈电网络和等效电路[11]

(a) 4×4 元天线阵；(b) 馈电网络；(c) 等效电路

表 11.5　馈电网络微带线的宽度

单位：mm

天线阵的形式	W_1	W_2	W_3	W_4	W_5	W_6	W_7
顺序旋转 2×2 元串联	0.65	1.03	0.71	0.35	0.42	1.03	1.03
顺序旋转 2×2 元并联	1.29	0.648	1.29	1.29	0.648	2.28	
常规 2×2 元并联	0.88	0.22	0.88	0.88	0.684	2.28	

在 $2.45\ \mathrm{GHz}$，用 $\varepsilon_r = 2.33$，厚 $0.78\ \mathrm{mm}$ 的基板制作了带支节匹配的单馈切角圆极化贴片天线，并以单元间距 $d = 0.74\lambda_0$ 制作了顺序旋转 2×2 元和 4×4 元并联及串联天线阵，仿真和部分实测电参数及其他天线阵的电参数均列在表 11.6 中。

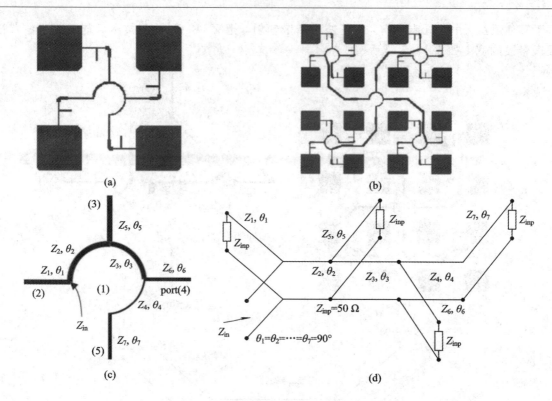

图 11.19　顺序旋转串联 2×2 元和 4×4 元圆极化切角方贴片天线阵及 2×2 元串联馈电网络和等效电路
(a) 2×2 元天线阵；(b) 4×4 元天线阵；(c) 馈电网络；(d) 等效电路

表 11.6　几种天线阵主要电参数

天线阵的类型	VSWR≤2 的绝对带宽/MHz		3 dB AR 带宽/MHz		SLL/dB
	仿真	实测	仿真	实测	
常规 2×2 元并联天线阵	56		20		−12.5
常规 4×4 元并馈天线阵	39		18		−12.5
顺序旋转 2×2 元并联天线阵	62.5		15		−10.3
顺序旋转 4×4 元并联天线阵	89		65		−10.7
顺序旋转 2×2 元串联天线阵	80	73	25	20	−10.9
顺序旋转 4×4 元串联天线阵	245		125		−14.6

11.8　用行波激励圆极化背腔天线构成的顺序旋转 2×2 元并联天线阵[12]

用微带线外馈等角带线激励的行波宽带圆极化背腔天线有以下特点：

(1) 用平面低成本印刷电路技术设计制造，便于批量生产；

(2) 用微带线外馈，容易与射频电路或天线阵馈电网络连接；

(3) 采用背腔，适合与高速运动物体、飞机的表面共形安装；

(4) 具有固有的带宽特性。

图 11.20 是用行波激励的背腔圆极化天线，在边长为 W_g 方形双面覆铜介质板的底面腐蚀出直径为 D_a 的圆贴片天线，在基板的顶面用由两个等角曲线 C_1、C_2 构成的宽度呈指数变化的渐变带线外馈，由于把输入信号作为用沿渐变线和口面边缘之间的缝隙传输的行波，通过电磁耦合给圆口径馈电来产生圆极化，因此圆极化的旋向只能由行波的方向决定，可见图中为 RHCP。

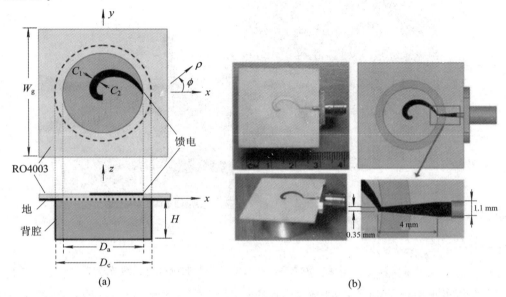

图 11.20　行波激励背腔圆极化天线[12]

（a）天馈结构；（b）样机天线（照片）

在极坐标系 (ρ, ϕ) 下，C_1、C_2 的方程如下：

$$C_1: \rho = \left(\frac{D_a}{2}\right)_e^{-a\phi} \tag{11.4}$$

$$C_2: \rho = \left(\frac{D_a}{2} - t\right)_e^{-(a+\delta_a)\phi} \tag{11.5}$$

式中，D_a 为圆贴片的直径；a，$a+\delta_a$ 分别是 C_1、C_2 曲线的收缩系数；t 为在馈电点（$\phi=0°$）带线的起始宽度。

指数渐变带线由馈电点沿圆弧扩展到用 ϕ_{end} 表示的圆口径的中心。为了实现单向增益，在天线的下面附加直径为 D_c、高度为 H 的背腔。

用以下尺寸：$D_a=15$ mm，$D_c=20$ mm，$H=10$ mm，$W_g=30$ mm，$a=0.4$，$\delta_a=0.3$，$\phi_{end}=1.75\pi$ 制作了如图 11.20(b) 所示的样机天线。为了使天线与 50 Ω 馈线匹配，使用了长度为 4 mm 渐变微带线把天线的 90 Ω 输入阻抗变换为 50 Ω。实测结果表明，VSWR≤2 的相对带宽为 20%，轴向增益为 8 dBic，F/B 为 25 dB，3 dB 轴比带宽为 24%。

在 X 波段（$f_0=9.4$ GHz），用厚 0.508 mm，$\varepsilon_r=3.55$ 的基板制作了该天线。天线的具体尺寸为：$W_g=40$ mm，$D_a=18$ mm，$D_c=20$ mm，$H=16$ mm，$a=0.4$，$\delta_a=0.3$，$t=0.35$，渐变带线的终止角度 $\phi_{end}=1.5\pi$，该天线 AR≤3 的相对带宽为 21%，在 AR 带宽内，$G=7$ dBic。

图 11.21(a) 是用 60 mm×60 mm 基板制造的顺序旋转 2×2 元并联天线阵，单元间距沿

x、y 方向分别为 20 mm 和 22 mm。单元的尺寸为：$D_a=19$ mm，$H=10$ mm，$a=0.25$，$\delta_a=0.25$，$\phi_{end}=1.25\pi$。

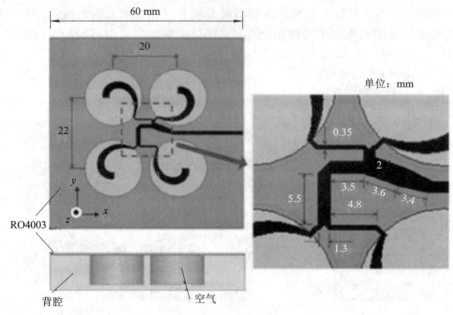

图 11.21　2×2 元并联顺序旋转行波激励背腔圆极化天线阵[13]

该天线阵实测电性能如下：VSWR≤2 的相对带宽为 70%，3 dB 轴比的相对带宽为 50%，$G=11$ dBic。交叉极化电平低于 −20 dB，$F/B=25$ dB。

11.9　用结构紧凑、顺序旋转馈电网络馈电构成的 2×2 元圆极化圆贴片天线阵[13]

图 11.22(a)是用结构紧凑、顺序旋转馈电网络馈电构成的圆极化 2×2 元缺口圆贴片天线阵，由于把辐射单元顺序旋转，为此必须用顺序旋转馈电网络来激励相应的辐射单元。在天线阵的设计中，单元间距 d 是关键设计参数，因为它不仅影响天线阵的轴向增益、副瓣电平，而且影响由互耦引起的交叉极化鉴别率(XPD)。理论分析和实验证明，$d=0.7\lambda_0$ 为最佳单元间距，由于用低介电常数基板($\varepsilon_r=3\sim5$)制作的传输线的长度等效于一个导波波长 λ_g，所以一般谐振型圆极化贴片天线的尺寸为 $0.5\lambda_g$，给顺序馈电网络与辐射单元之间的距离留 $0.1\lambda_g$ 长的余量，则方形顺序馈电网络的尺寸 L_f 为 $0.3\sim0.4\lambda_g$。

尺寸大的顺序馈电网络必然使天线阵单元间距增大，特别在是顺序旋转馈电网络和旋转单元共面的情况下，大的单元间距可能导致天线阵方向图的副瓣电平抬高，还可能出现栅瓣，为此希望顺序旋转馈电网络的尺寸更紧凑。图 11.22(b)是用均匀传输线构成尺寸只有 $0.25\lambda_g\times0.25\lambda_g$ 的顺序馈电网络，其中用两根总长度分别为 $\lambda_g/4$ 和 $3\lambda_g/4$ 长的曲折传输线作为 $\lambda/4$ 长阻抗变换段，这些线的宽度由天线的输入阻抗和输入端口的阻抗决定。图 11.22(c)是顺序馈电网络的等效电路，天线的阻抗用 Z_a 表示，输入端口的阻抗用 Z_{in} 表示，$\lambda_g/4$ 长和 $3\lambda_g/4$ 长阻抗变换段的特性阻抗用 Z_t 表示。$3\lambda_g/4$ 长传输线相对 $\lambda_g/4$ 长传输线同时提供 180°相移。结点 A 向左向右的阻抗 Z_A 均为 $Z_t^2/(Z_a/2)$，则输入阻抗 $Z_{in}=Z_A/2=Z_t^2/Z_a$。假定 $Z_a=$

$Z_{in}=50\ \Omega$，则 $Z_a=Z_{in}=Z_t=50\ \Omega$，在此条件下，所有线的宽度均相等。图 11.23 是边长为 $3\lambda_g/4$ 方形顺序并联馈电网络的结构及电尺寸。

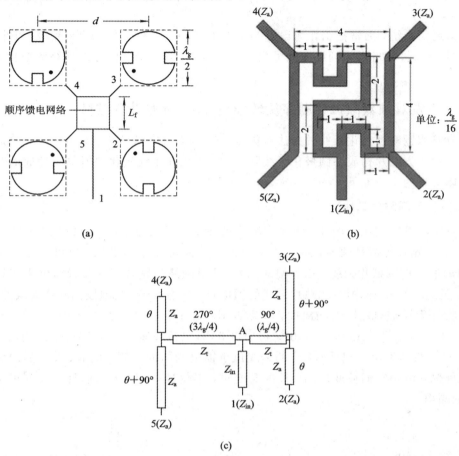

(a)

(b)

(c)

图 11.22　结构紧凑顺序旋转馈电 2×2 元圆极化带缺口圆贴片天线阵、馈电网络和等效电路[13]

(a) 2×2 元天线阵；(b) 馈电网络；(c) 等效电路

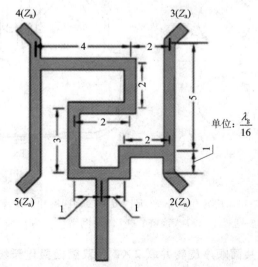

图 11.23　边长为 $3\lambda_g/4$ 方形顺序并联馈电网络的结构及电尺寸

11.10　顺序旋转馈电2×2元双频双圆极化贴片天线阵

在卫星通信系统，通常把工作频段分为上行和下行，上行一般为 Tx 频段，下行一般为 Rx 频段，上下行极化可以为同旋向圆极化天线，如 UHF 卫通，也可以是双圆极化天线，如 S 波段。

11.10.1　收发双频双圆极化顺序旋转馈电2×2元贴片天线阵

实现收发双频双圆极化天线的方法有很多，对2×2元天线阵而言，可以用顺序旋转串联或并联圆贴片或方贴片构成的圆极化天线阵，也可以用 4 个线极化辐射单元构成的圆极化天线阵。具体实现的方法如下。

1. 双馈层叠圆贴片天线

由于双频收发圆极化天线 Tx 频段的频率比 Rx 频段的频率高，所以把 Tx 贴片层叠在 Rx 贴片之上。贴片可以是圆的，也可以是方的。单元可以是圆极化，也可以是线极化。对图 11.24(a)所示的圆贴片天线，用等幅90°相差馈电网络沿贴片正交位置馈电来实现所需要的圆极化。图中 A 为 Tx 圆极化贴片天线的馈电点，B 为 Rx 接收圆极化贴片天线的馈电点。为了提高收发天线端口之间的隔离度，在靠近 Rx 贴片中心用许多圆形短路针把 Rx 贴片与底板短路，使隔离度近似达到 -28 dB。再通过 3 dB 电桥或图 11.24(b)所示的用路径长度差 $\lambda_g/4$ 的 T 形功分器馈电。把 Tx 天线的馈线位于馈电网络的内侧，把 Rx 天线的馈线位于馈电网络的外侧，由于它们彼此远离，长度又变短，不仅插耗相对小，而且也有利于提高 Tx、Rx 端口的隔离度。

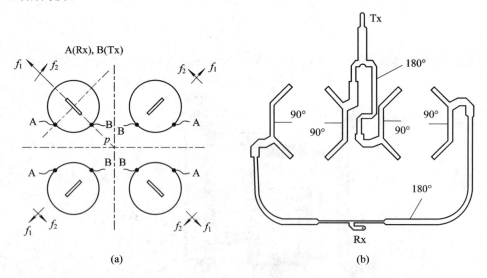

图 11.24　双频顺序旋转并联2×2元圆极化层叠圆贴片天线阵及馈电网络
(a)天线阵；(b)馈电网络

2. 馈电网络与方贴片共面顺序旋转并联2×2元双频圆极化天线阵

图 11.25 是把馈电网络与方贴片共面构成的顺序旋转并联2×2元双频圆极化天线阵。

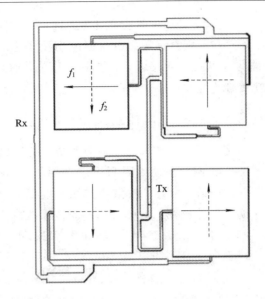

图 11.25　馈电网络与方贴片共面顺序旋转并联 2×2 元双频圆极化天线阵

图中 f_1 为 Tx 频率，f_2 为 Rx 频率，Tx 和 Rx 天线均采用并联微带线从每个方贴片边缘激励起两个正交线极化。Rx 并联微带线位于外侧，Tx 并联微带线位于内侧，分别让它们的长度差 $\lambda_g/2$ 和 $\lambda_g/4$，以便产生 180°和 90°延迟相差，再把每个馈电方贴片依次顺序旋转 90°来实现圆极化需要的 0°、90°、180°和 270°馈电相位。馈电网络与贴片共面的优点是可以用同一块基板印刷制造，但缺点由于从方贴片中间边缘直接馈电，输入阻抗通常为 200～300 Ω，为了与 50 Ω 微带线匹配，必须附加 $\lambda/4$ 长阻抗变换段，不仅使天线阵的面积增大，长的馈线还会使损耗增大，而且由于 Tx 和 Rx 天线的馈线不仅靠得比较近，而且平行，相互耦合影响，降低了 Tx、Rx 端口之间的隔离度。

3. 顺序旋转并联 2×2 元双频圆极化带缝隙的圆贴片天线阵

图 11.26(a)是由并联耦合馈电带缝隙的圆贴片天线构成的顺序旋转 2×2 元并联双频圆极化天线阵。图 11.26(b)为馈电网络。由于收发天线共用圆贴片，加之 Rx 天线的频率比

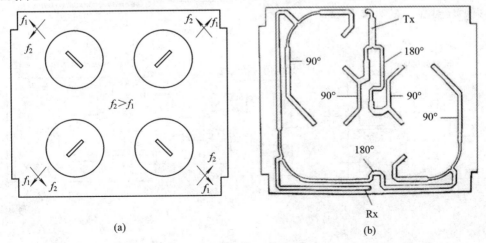

图 11.26　顺序旋转并联 2×2 元双频带缝隙的圆极化圆贴片天线阵及馈电网络
(a) 天线结构；(b) 馈电网络

Tx 天线低，为此在圆贴片上开缝隙，让 Tx 馈线沿缝隙方向耦合馈电，缝隙对它的谐振频率影响不大，让 Rx 馈线垂直缝隙方向耦合馈电，由于缝隙切断了电流路径，故使谐振频率降低。把辐射单元与馈电网络位于两层，不仅可以减小相互影响，而且可以独立设计辐射单元和馈电网络，使天线的性能更佳。

11.10.2　顺序旋转馈电 2×2 元复用口径双频双圆极化贴片天线阵[14]

复用口径双频天线，由于缩小了天线的尺寸、重量和成本，特别是对聚焦双频平面天线阵，由于双频天线的相位中心位于同一位置，因而被广泛用于无线通信、射电天文和遥感。另外，利用不同位置的卫星同时通信，车载电波束扫描用天线都要求使用复用口径双频线极化或双频圆极化天线。为了防止产生栅瓣，低频段和高频段天线应当有不同的间距。

为了实现 2∶3 低频(Rx)和高频(Tx)频率间隔(例如 4 GHz 和 6 GHz)的双圆极化，采用 2×2 元顺序旋转线极化来构成低频 4 GHz RHCP 和高频 6 GHz LHCP，如图 11.27(a)所示，辐射单元的长度 $L_p \approx \lambda_{Le}/2$($\lambda_{Le}$ 为低频基板的有效波长)，宽度 $W_p \approx \lambda_{he}/2$($\lambda_{he}$ 为高频基板的有效波长)的矩形贴片，每个贴片都用微带线通过位于地板上的缝隙耦合馈电。用此方案不仅使每个单元双频工作，而且能增加高、低频段之间的隔离度，避免使用双工器。用 $h_1 =$

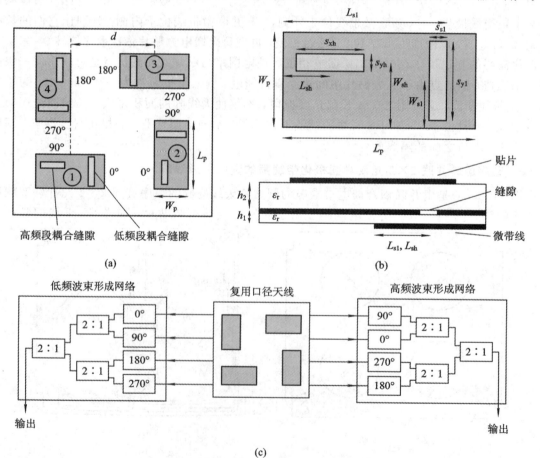

图 11.27　顺序旋转馈电 2×2 元双频双圆极化矩形贴片天线阵及馈电网络[14]

(a)天线结构；(b)馈电网络；(c)馈电网络

0.813 mm，$\varepsilon_r = 3.55$ 和 $h_2 = 3.048$ mm，$\varepsilon_r = 3.55$ 的基板印刷制造的天线尺寸如下：贴片的长度 $L_p = 17.5$ mm，宽度 $W_p = 10.2$ mm，低频段缝隙的长度 $S_{yL} = 10.5$ mm，宽度 $S_{xL} = 1.5$ mm；中心到边缘的距离 $L_{sl} = 11.55$ mm，$W_{sl} = 5.75$ mm，高频段缝隙的长度 $S_{xh} = 9.3$ mm，宽度 $S_{yh} = 1.5$ mm，中心到边缘的距离 $L_{sh} = 4.2$ mm，$W_{sh} = 6.7$ mm；微带馈线的宽度为 1.8 mm，高、低频段微带线开路支节的长度分别为 $L_{sh} = 4.6$ mm；$L_{sL} = 11.9$ mm，单元间距 $d = 35$ mm（$0.7\lambda_{0h}$），地板的尺寸为 150 mm×150 mm。

图 11.27(c)是由 3 个 Wilkinson 功分器和延迟线构成的低频段 RHCP 和高频段 LHCP 天线的馈电网络。该天线在低频段和高频段实测 $S_{11} < -10$ dB 的带宽分别为 4.5% 和 10%。在 4 和 6 GHz，实测 AR<1.2 dB，隔离度 $S_{21} > -26$ dB，实测增益分别为 5.1 dBic 和 5.4 dBic。

11.10.3　适合 L、S 波段使用的宽带圆极化缝隙天线阵

移动卫星业务、数字视频无线电卫星、气象雷达、地面蜂窝和雷达跟踪都需要使用能覆盖 L、S 波段的宽带圆极化天线，圆极化天线具有更好的机动性，并不要求收发天线取向一致，相对而言线极化天线穿透云雨的能力更强。

为了实现宽频带，把顺序旋转技术和宽带圆极化单元天线相结合。图 11.28 是适合宽带使用采用对称 CPW 馈电的宽方缝天线。由图看出，该天线由边长为 G 的方地板，位于地板中心边长为 L 的方环以及位于环 3 个角上与地相连的倒 L 形金属带组成。用宽 $W_f = 1.5$ mm，间隙 $g = 0.2$ mm 的 50 Ω 对称 CPW 传输线馈电，通过变形 L 形金属带直接激励宽方环天线实现圆极化。

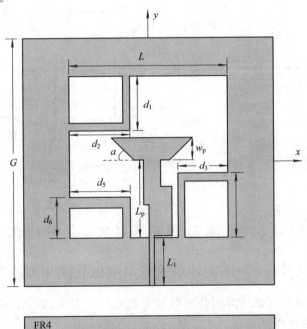

图 11.28　双频圆极化宽方缝天线

用厚 $h = 0.8$ mm，$\varepsilon_r = 4.4$ 基板制作的单元天线的参数尺寸如下：

$G = 60$ mm，$L = 40$ mm，$L_p = w_p = 20$ mm，$d_1 = 12.5$ mm，$d_2 = 15$ mm，$d_3 = 12$ mm，$d_4 = 15$ mm，$d_5 = 14$ mm，$d_6 = 10$ mm，$W_f = 1.5$ mm，$L_f = 10.3$ mm，$\alpha = 40°$。

在构成 2×2 元天线阵时，不用直的微带馈线，因为不连续会造成性能下降，而用圆弧形馈线。用厚 0.8 mm，ε_r＝4.4 基板制作的 2×2 元天线阵的尺寸为 180 mm×180 mm。顺序旋转馈电 2×2 元圆极化宽方缝天线主要的实测电参数如下：

(1) VSWR≤2 的频率范围为 1～4.34 GHz，相对带宽为 125%；

(2) AR≤3 dB 的频率范围为 1.11～4 GHz，相对带宽为 120%；

(3) f＝3 GHz，G＝8.9 dBic，在 L、S 工作频段内，G＝7.6～8.9 dBic；

(4) 在正 z 方向为 RHCP，在负 z 方向为 LHCP。

11.11　顺序旋转馈电 2×2 元圆极化折叠缝隙天线

图 11.29(a) 是 Ka 波段 f_0＝19 GHz(λ_0＝15.8 mm)用 CPW 馈电的折叠缝隙天线，该单元 S_{11}＜－22 dB，特别是轴向交叉极化电平特别低，达到－50 dB。为了构成圆极化，采用如图 11.29(b) 所示的用 0°、90°、180°和 270°顺序旋转馈电构成的 2×2 元天线阵。由于单元输入阻抗为 116 Ω，采用两个 T 形功分器，两两并联把阻抗变为 58 Ω，再两两并联变为 29 Ω，为了与 50 Ω 馈电匹配，还必须附加特性阻抗为 38 Ω 的 $\lambda/4$ 长阻抗变换段。该天线阵实测轴向交叉极化电平小于－30 dB，G＝6.37 dBic。

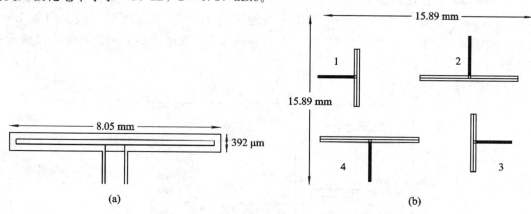

图 11.29　Ka 波段折叠缝隙天线和顺序旋转 2×2 元天线阵

(a) 天馈结构；(b) 顺序旋转 2×2 元天线阵

11.12　顺序旋转馈电 1×4 元天线阵

11.12.1　Ku 波段 1×4 元顺序旋转单馈宽带圆极化贴片天线阵

图 11.30(a) 是单馈圆极化层叠切角方贴片天线，其中馈电贴片用 ε_r＝2.5 基板制造，寄生贴片用 2 mm 泡沫固定在馈电贴片上，图 11.30(b) 是单元天线仿真 S_{11}、AR 和 G 的频率特性曲线，由图看出，S_{11}＜－10 dB 的频率范围为 11.2～12.5 GHz，相对带宽为 11%，在 11.4～12.1 GHz 频段内，AR＜3 dB，相对带宽为 6%，在 f_0＝11.85 GHz，G_{max}＝9.4 dBic。

该天线阵在 11.85 GHz，实测 G＝17.5 dBic，相对单元天线，增益提高 8.1 dB，单元加倍增益提高 2.7 dB，边射方向交叉极化电平低于－20 dB。

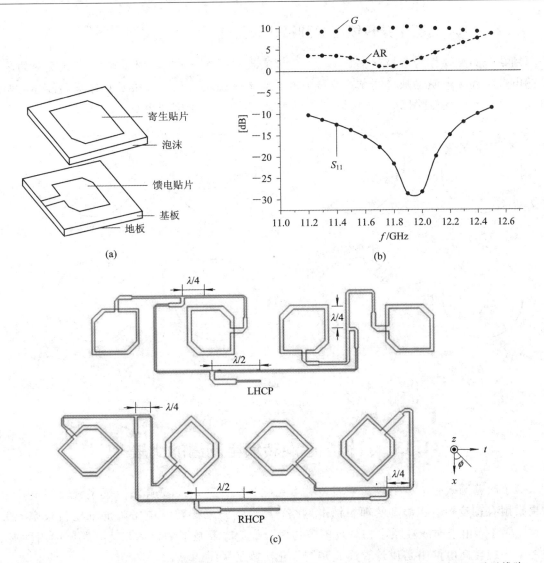

图 11.30　Ku 波段层叠切角方贴片天线及电性能和顺序旋转并联 LHCP/RHCP 1×4 元天线阵

(a) 单元天馈结构；(b) 单元天线 S_{11}、AR、G-f 特性曲线；(c) 顺序旋转 1×4 元双圆极化贴片天线阵

　　为了改善圆极化天线的轴比和阻抗带宽，按单元间距 $d=0.85\lambda_0$，用顺序旋转馈电构成如图 11.30(c)所示的 1×4 元 LHCP/RHCP 天线阵。为了进一步提高增益，采用 1×8 元顺序旋转天线阵，该天线阵主要实测和仿真电性能如表 11.7 所示。

表 11.7　1×8 元顺序旋转天线阵仿真实测 S_{11}、AR

天线阵	仿真		实测
	AR≤3 dB	S_{11}≤−10 dB	S_{11}≤−10 dB
1×8 LHCP	9.9～12.2 GHz 20.8%	9.75～13.2 GHz 30.1%	9.5～12.35 GHz 26.1%
1×8 RHCP	9.9～12.7 GHz 24.8%	9.5～13.4 GHz 34.1%	9.2～13.25 GHz 36.1%

11.12.2　1×4 元顺序旋转馈电双圆极化天线阵

用缺口圆贴片作为圆极化辐射单元，为了实现双圆极化，用相对缺口±45°正交对角线上的馈电点 1 和 2 来激励缺口圆贴片天线，为了改善圆极化性能，采用了顺序旋转技术，如图 11.31(a)、(b)所示。图 11.31(b)除了把贴片旋转 90°外，还把馈电点 1、2 反方向旋转 90°。

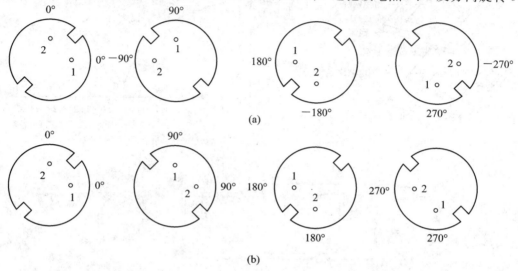

图 11.31　1×4 元顺序旋转双圆极化缺口圆贴片天线阵

11.13　几种顺序旋转馈电网络的比较[15]

为了改善圆极化天线的轴比带宽，对 4 元贴片天线子阵，普遍采用顺序旋转馈电技术。如果采用有正确相位和幅度的理想馈电网络，理论上顺序旋转馈电子阵的轴比与频率无关。但在实际中，由于非线性顺序相差及不等功率分配，却限制了轴比的带宽，可见选用性能良好的顺序旋转馈电网络是设计顺序旋转圆极化子阵的关键。

对间距为 $0.7\lambda_0$ 的 4 元子阵，可以用探针馈电，也可以用缝隙耦合馈电，分别如图 11.32

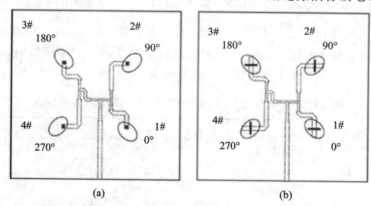

图 11.32　顺序旋转 2×2 元并联天线阵及单元天线的馈电方法

(a)探针直接馈电；(b)缝隙耦合馈电

(a)、(b)所示。常用的顺序旋转馈电网络有串联、并联和利用混合电路的并联。假定每个单元的输入阻抗均为 50 Ω，三种形式的馈电网络分别如图 11.33(a)、(b)、(c)所示。

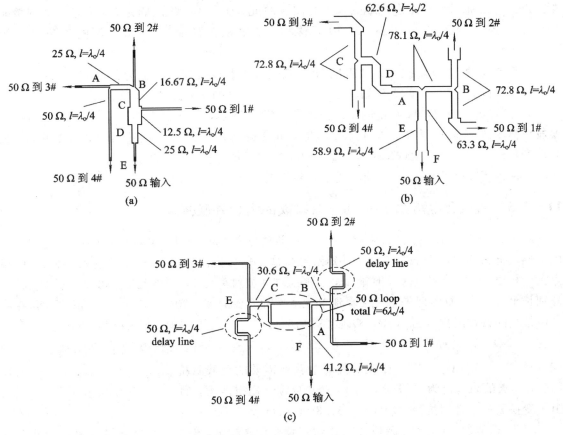

图 11.33　顺序旋转 2×2 元天线阵的馈电网络[15]

(a)串联；(b)并联；(c)组合并联

11.13.1　串联馈电网络

图 11.33(a)是由不同特性阻抗的多节 λ/4 长微带线组成的串联馈电网络。采用 λ/4 长不仅是为了实现阻抗匹配，而且是为了利用它移相 90°。到各单元 50 Ω 馈线的长度除了到 4♯单元加长 λ/4 外，其余都一样长。4♯、3♯单元在 A 点并联，阻抗变为 25 Ω，经 25 Ω 传输线到 B 点，仍为 25 Ω，再与 2♯单元的 50 Ω 阻抗并联变为 16.67 Ω（$\frac{25 \times 50}{25 + 50} = 16.67$ Ω）。经 16.67 Ω λ/4 长的线到 C 点仍为 16.67 Ω，再与 1♯单元的 50 Ω 阻抗并联变成 12.5 Ω（$\frac{16.67 + 50}{50 + 16.67} = 12.5$ Ω）。经 12.5 Ω λ/4 长的线到 D 仍然为 12.5 Ω，为了与 50 Ω 输入线匹配，串联了一节特性阻抗为 25 Ω 的 λ/4 阻抗变换段（$25^2/12.5 = 50$ Ω）。

11.13.2　由 T 形功分器构成的并联馈电网络

图 11.33(b)为并联馈电网络。由图看出，该馈电网络主要由 3 个 T 形功分器组成，相差

由微带线的长度差来实现。输入信号由 T 形功分器 A 等分成 2 路，右路再经过 T 形功分器 B 等分成 2 路，一路到单元 1♯，相差为 0°作为基准，另一路多走 $\lambda/4$，相移 90°到单元 2♯，左路也经过 T 形功分器 C 等分成 2 路，一路到单元 3♯，另一路比单元 3♯多走 $\lambda/4$ 到单元 4♯。由于路径 AC 比 AB 长 $\lambda/2$，因而移相 180°，从而使单元 3♯、4♯ 的相位分别为 180°和 270°。

每个单元的 50 Ω 阻抗经特性阻抗 72.8 Ω 的 $\lambda/4$ 长阻抗变换段变为：$72.8^2/50 = 106$ Ω，在 B、C 点再把它们并联变成 53 Ω。由 B 到 A 经 78.1 Ω 的 $\lambda/4$ 长阻抗变换段变为：$78.1^2/53 = 115$ Ω。C 点的 53 Ω 经 62.6 Ω 的 $\lambda/2$ 长微带线仍为 53 Ω，由 D 到 A 经 78.1 Ω $\lambda/4$ 长阻抗变换段仍然变成 115 Ω。左右 2 个 115 Ω 阻抗并联变成 57.5 Ω。从 A 到 E，经 63.3 Ω 的 $\lambda/4$ 长阻抗变换段变成 69.68 Ω（$63.3^2/57.5 = 69.68$ Ω），再经过 58.9 Ω $\lambda/4$ 长阻抗变换段变成 50 Ω（$58.9^2/69.68 = 50$ Ω），完全实现了阻抗匹配。

11.13.3　由混合电路和 T 形功分器构成的组合并联网络

图 11.33(c) 是由一个混合电路和两个 T 形功分器构成的组合并联馈电网络。混合电路由特性阻抗为 50 Ω，总长为 $6\lambda_0/4$ 的矩形环构成。信号由混合电路的 A 端输入，由 B、C 端等幅反相输出，C 端相位落后 B 端 180°。单元 2♯ 相对单元 1♯、单元 4♯ 相对单元 3♯ 路径分别长出 $\lambda/4$，从而实现了单元 1♯ 到单元 4♯ 所需要的 0°、90°、180°和 270°相差。到各单元微带线的特性阻抗均为 50 Ω，实现了等功率分配。3♯、4♯ 单元 50 Ω 阻抗在 E 点并联之后变为 25 Ω。该阻抗经过特性阻抗为 29.7 Ω 的 $\lambda/4$ 长阻抗变换段到 C 点变成 35.35 Ω（$29.7^2/25 = 35.3$ Ω）。35.3 Ω 正是混合电路所需要的负载阻抗（$Z_0/\sqrt{2} = 50/\sqrt{2} = 35.35$ Ω）。同理，A 点的阻抗也为 35.3 Ω，为了与 50 Ω 馈线阻抗匹配，串联了一段 $\lambda/4$ 长阻抗变换段，阻抗变换段的特性阻抗为 42 Ω（$42^2/35.3 = 50$ Ω）。

对具有相对尺寸的 4 单元贴片天线均用顺序旋转馈电，但馈电网络分别为串联、用 T 形功分器的并联和用混合电路的并联，在缝隙耦合馈电情况下，它们 VSWR≤2 的阻抗带宽及 AR≤3 dB 的轴比带宽比较在表 11.9 中。

表 11.9　顺序旋转 2×2 元缝隙耦合馈电圆极化贴片天线阵 VSWR 和 AR 性能的比较

顺序旋转馈电网络的类型	阻抗带宽 VSWR≤2	轴比带宽 AR≤3 dB
并联（T 形功分器）	35%	23%
串联	34.6%	24.4%
并联（混合电路）	43.9%	26%

由表 11.9 看出，由混合电路及 T 形功分器构成的并联馈电网络、阻抗及轴比带宽最宽。

参 考 文 献

[1] HUANG J. A technique for an array to polarization with linearly polarized elements. IEEE Trans Antennas Propag, 1986, 34(9): 1113 - 1124.

[2] LO W K, CHAN C H, LUK K M. Circularly polarized patch antenna array using proximity-coupled L-strip line feed. Electron. Lett, 2000, 36(14): 1174 - 1175.

［3］　HAN Tuanyung. Series-Fed Microstrip Array Antenna With circular polarization. International Journal Antenna Popag, 2012.

［4］　FU Shiqiang，FANG Shaojun, et al. Broadband Circularly Polarized Slot Antenna Array Fed by Asymmetric CPW for L-Band Applications. IEEE Antennas Wireless Propag. Lett，2009，8：1014 −1016.

［5］　EVANS H，A Sambell. Wideband 2×2 Sequentially Rotated Patch Antenna Array with a Series Feed. Microwave OPT Technol. Lett，2004，40(4)：292−294.

［6］　WU J W，LU J H. 2×2 circularly polarized patch antenna arrays with broadband operation. Microw. Opt. Technol. Lett，2003，39(5)：360−363.

［7］　MATHLAN M，E，et al. Design of a circularly polarized 2×2 patch array operating in the 2.45 GHz ISM band. Microwave Journal，2002：280−286.

［8］　LU Y，FANG D G，WANG H. A Wideband Circularly Polarized 2×2 Sequentially Rotated Ratch Antenna Array. Microwave OPT Technol. Lett，2007，49(6)：1404−1407.

［9］　FU Shiqiang，FANG Shaojun, et al. A Wideband Circular Polarization Antenna for Portable Inmarsat Bgan Terminal Applications. Microwave OPT. Technol Lett，2009，51(10)：2354−2357.

［10］　CHUNG K L，MOHAN A S. A Circularly Polarized Stacked Electromagnetically Coupled Patch Antenna. IEEE Trans Antennas Propag，2004，52(5)：1365−1369.

［11］　JAZI M N，AZARMANESH M N. Design and implementation of circularly polarized microstrip antenna array using a new serial feed sequentially rotated technique. IEEE Proc. Microwave Antennas Propag，2006，153(2)：133−140.

［12］　FONG K，LIN Yicheng. Novel Broadband Circularly Polarized Cavity-Backed Aperture Antenna With Traveling Wave Excitation. IEEE Trans Antennas Propag，2010，58(1)：35−42.

［13］　LIN S，LIN Y. A compact sequential-phase feed using uniform transmission lines for circularly polarized sequential-rotation arrays. IEEE Trans. Antennas Propag，2011，59(7)：2721−2724.

［14］　SMOLDERS A B，et al. A Shared Aperture Dual-Frequency Circularly Polarized Microstrip Array Antenna. IEEE Antennas Wireless Propag Lett，2013，12：120−123.

［15］　YANG S L S，CHAIR R，KISHK A A，et al. Study on sequential feeding networks for sub-arrays of circularly polarized elliptical dielectric resonator antenna. IEEE Trans. Antennas Propag，2007，55 (2)：331−333.

第 12 章　波导圆极化器及应用

12.1　概　　述

　　波导圆极化器是微波波段构成的圆极化喇叭天线，特别是圆极化反射面天线馈源的关键组成部分，其作用是将线极化变换成圆极化。波导圆极化器的结构形式直接决定馈源喇叭的体积、重量、性能和成本。实现波导圆极化器的方法很多，如在方波导或圆波导内插入贴片、脊、螺钉、介质片、线栅和曲折线都能构成圆极化器，其基本工作原理都是通过这些圆极化器，让幅度相等的正交电场的相位差为 90° 把线极化变为圆极化，以上结构都是双端口器件。对双圆极化天线还需要附加正交模变换器（OMT），再在方波导或圆波导内插入隔板圆极化器，用这种 3 端口圆极化器就能同时实现双圆极化功能。

12.2　波纹波导圆极化器[1]

　　在方波导和圆波导内分别存在着两个正交极化模式（方波导：TE_{01}、TE_{10}，圆波导：TE_{11}），为改变两种模式的传播常数，在圆波导或方波导内周期性或非周期性地加载一定数量的金属膜片。方波导波纹圆极化器的膜片一般加在两个相对壁上，圆波导波纹圆极化器的膜片一般加在对称壁上，分别如图 12.1(a)、(b) 所示。在图所示的坐标系下，膜片对 x 和 y 方向的极化分量分别呈现并联电感和并联电容，从而使 E_x 分量相位超前，E_y 分量相位滞后。适当选择膜片数量、深度、厚度、间距，就可使 E_x 和 E_y 分量的相位差 90°，从而实现线极化到圆极化的转换。

　　为了实现极低反射损耗，金属膜片的高度沿波导轴向的分布必须采用渐变结构，图 12.1(c) 为圆极化器膜片高度沿波导轴向的分布，通常采用升余弦或高斯分布，从而使反射损耗最小。

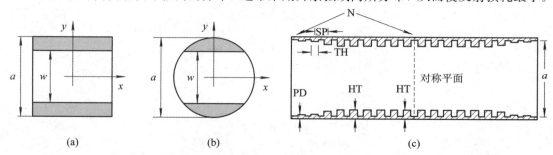

图 12.1　带常规膜片形状的波纹波导圆极化器[1]

(a) 方波导；(b) 圆波导；(c) 圆极化器纵截面

　　由于圆极化器后接的馈源喇叭一般为圆波导喇叭，为了简化加工过程、降低加工成本、减少过渡波段段的数量，应对圆波导波纹圆极化器的膜片形状进行优化设计，变成如图 12.2(a)、(b) 所示的那样。通过优化图示的两个变量（w_{ext}、w_{int}），可以在给定波导半径和工作频率的前提下设计出满足要求的圆极化器。

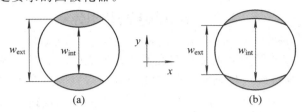

图 12.2　优化膜片形状的波纹波导圆极化器[1]

　　波纹圆极化器的加工方法一般是先铣出对称的两半，然后通过螺钉固定。图 12.3 是方波导圆极化器和采用图 12.2(b)所示膜片形状的圆波导圆极化器的实物图。

图 12.3　波纹波导圆极化器的照片[1][3]
(a) 方波导圆极化器；(b) 圆波导圆极化器

　　波纹圆极化器的主要参数有：圆波导半径或方波导边长、金属膜片的厚度、金属膜片的对数、金属膜片的间距、金属膜片的高度以及金属膜片的高度分布形式。

　　波纹圆极化器经常用于双频天馈系统中，在轴比小于 1.2 dB 时，最大工作频带可达到 40%。

　　波纹波导圆极化器是由截面尺寸不变的圆波导或方波导和一定数量的膜片组成的。由于膜片数较多，致使圆极化器的纵向尺寸较长。为缩短方波导波纹圆极化器的纵向长度，文献[3]设计了一种同时优化方波导截面参数和膜片参数的圆极化器。该圆极化器在确保性能不变的情况下，较常规单一优化膜片参数设计的圆极化器纵向长度缩短了 25%。

　　将金属膜片加载在方波导或圆波导内的波纹波导圆极化器也称为金属膜片式圆极化器。将一定长度的矩形波导和圆波导级联也可以构成波纹结构的圆极化器[4]，如图 12.4 所示。

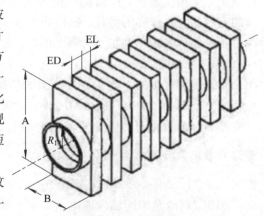

图 12.4　圆矩波导级联圆极化器[1][4]

12.3　脊波导圆极化器

脊波导圆极化器是在波导轴向上加载双脊或 4 脊构成的。双脊结构主要用于圆波导极化器，脊的形状可以是阶梯型脊或按余弦连续渐变形脊。双脊圆极化器的带宽比较有限，文献[5]中双脊圆极化器轴比<1.2 dB 的带宽约为 20%。为满足更宽频带的使用要求，文献[12]设计了轴比小于 0.4 dB、带宽约为 60%的 4 脊方波导圆极化器，如图 12.5 所示。

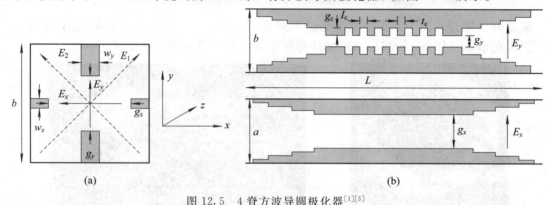

图 12.5　4 脊方波导圆极化器[1][5]

(a) 横截面；(b) 纵截面

12.4　螺钉圆极化器

图 12.6(a)所示的螺钉圆极化器因其成本低、容易制作、调整方便、插入损耗小、带宽适中，因而得到广泛应用。在输入端输入 TE$_{11}$基模，由于螺钉与输入电场 E_0 成 45°，此电场被分解成两个相互正交的、幅度相等、相位相同的两个分量 E_1 和 E_2，其幅度关系为

$$E_1 = E_2 = \frac{\sqrt{2}}{2}E_0$$

由于螺钉与它平行的电场 E_1 呈并联容性电纳，使相位滞后，与它垂直的电场 E_2 则呈并联感性电纳，使相位超前，因而两个电场之间有一定相差，通过控制螺钉的数量，适当选择圆波导的直径、金属螺钉的直径、螺钉间距和螺钉穿入波导内的深度，可以使与螺钉轴向成 45°的两个正交幅度相等电场的相差为 90°，从而把线极化波变换为圆极化波。

由于单个螺钉的相移量太小，为了实现宽频带和良好匹配，常采用几对或几十对螺钉，而且螺钉的深度要有一定的规律，例如呈高斯分布、二项式系数等。

图 12.6(b)是 11.7～12.2 GHz Ku 波段 AR=0.5 dB，VSWR<1.1 螺钉圆极化器的尺寸。C 波段螺钉圆极化器的尺寸及实测电参数如下：$2r=61.9$ mm，$d=3.18$ mm，$L=6.4$ mm，螺钉的数量为 51 对，深度为 $73.1\cos\theta(\theta=\frac{\pi}{2}\left(1-\frac{n}{30}\right)$，$n=5,6,\cdots,30)$。实测电性能：带宽比为 1.74∶1，AR<0.5 dB，VSWR<1.06。

图 12.7(a)是用同轴线馈电由 3 螺钉构成的 8.0～8.6 GHz 圆极化器[6]。圆极化器的具体尺寸为：$2r=26$ mm，$2r_1=3$ mm，$l_1=18$ mm，$l_2=7$ mm，$l_3=12$ mm，$l_4=15$ mm，$l_5=8.4$ mm。图 12.7(b)是通过同轴波导转换器，把矩形波导变换成圆波导来激励 3 螺钉圆

极化器，该圆极化器在频段内 $S_{11} \leqslant -20$ dB，AR<2.5 dB。

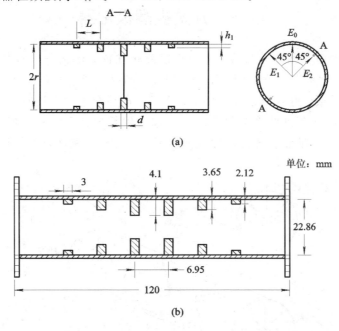

(a)

(b)

图 12.6　螺钉圆极化器和 Ku 波段螺钉圆极化器及尺寸

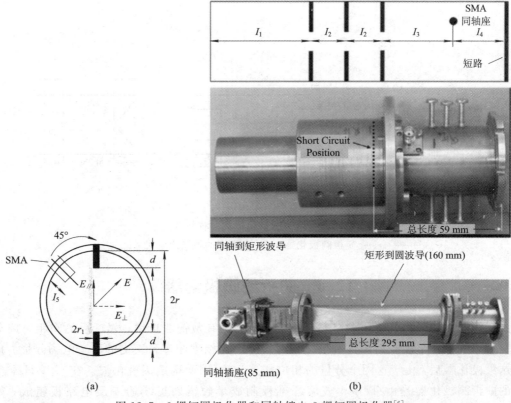

(a)　　　　　　　　　　　　(b)

图 12.7　3 螺钉圆极化器和同轴馈电 3 螺钉圆极化器[6]

(a)3 螺钉圆极化；(b)同轴馈电 3 螺钉圆极化器

12.5　介质板圆极化器

　　介质板圆极化器由在圆波导内插入一个特定形状和长度的薄介质板构成，如图 12.8(a)所示，此介质板与入射的 TE_{11} 波的电场方向成 45°，当电波通过介质板时被分解为两个分量，一个分量平行于介质板，另一个分量与介质板垂直，选择合适的介质板尺寸即可控制两个分量的相位差为 90°，为了保证两个分量等幅度，宜采用低损耗介质板，介质板的形状应如图 12.8(b)所示那样，以保证能实现良好的阻抗匹配。介质板圆极化器加工简单，易于调试，应用也比较广泛。

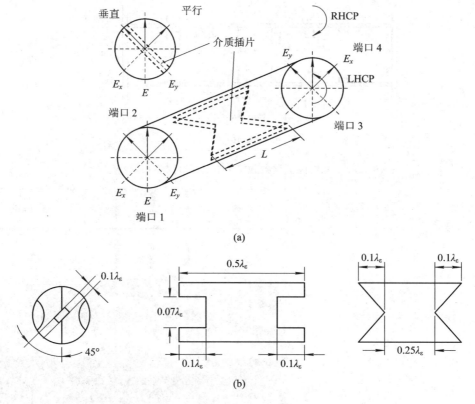

(a)

(b)

图 12.8　介质板圆极化器及形状与电尺寸
(a)介质板圆极化器；(b)介质板的形状及电尺寸

12.6　曲折线圆极化器

　　曲折线圆极化器由几块印刷电路板组成，板上刻有敷铜曲折线，邻近板的间距为四分之一波长。当线极化电波入射到这种极化器时被分解为幅度相等且正交的两个电场分量。电波通过这种极化器后，由于这两个分量的相位相差 90°，因而构成圆极化波。在 12 GHz，实际制作的曲折圆极化器是由 Teflon 玻璃纤维板制成带敷铜曲折线的 4 层电路板组成，如图 12.9 所示，每两层板间用泡沫塑料填充，组件由喷胶固定，在 4 片曲折线电路板中，第 1 片与第 4 片参数相同，第 2 片与第 3 片参数相同，具体尺寸参看表 12.1。

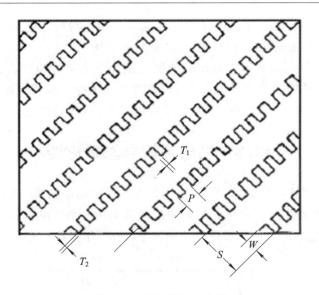

图 12.9　曲折线圆极化器

表 12.1　12 GHz 曲折线圆极化器单元的尺寸/mm

单元数	曲线的尺寸					玻璃纤维板厚
	间距 S	节齿距 P	宽度 W	线的厚度 T_1	T_2	
1 和 4	14.15	3	3.91	0.76	0.41	0.3
2 和 3	14.15	4.34	6.05	1.08	1.77	0.36

　　曲折线圆极化器在 8～12 GHz 频段内，实测 AR<1.5 dB。曲折线圆极化器不仅频带宽、易加工、成本低，而且插损小于 1/20 dB，VSWR<1.1。

12.7　开槽圆波导圆极化器

　　开槽圆波导圆极化器是在圆波导壁上沿波导轴向开一组耦合凹槽或正对的两组耦合凹槽，如图 12.10 所示，每个耦合凹槽相当于一段终端短路的矩形波导。圆波导内与耦合凹槽

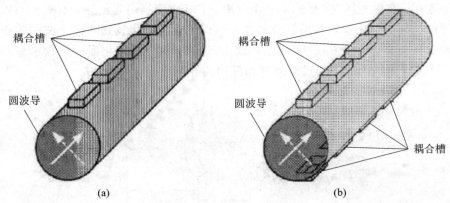

图 12.10　开槽圆波导圆极化器[1]

（a）单组开槽；（b）双组开槽

口面法线呈 45°角的线极化波,通过开有凹槽的圆波导段后转换为极化正交、相位差为 90°的两个线极化波,从而实现线极化波到圆极化波的转换。图 12.10(a)所示的单组开槽结构适用于小波导口径。图 12.10(b)所示的双组开槽结构适用于大波导口径、轴向长度短的圆极化器。由于耦合槽位于圆波导的波导壁上,与插在波导内的介质板式圆极化器相比,开槽圆波导圆极化器的优点是对加工误差不太敏感,适合用于 Ka 波段或更高的工作频段。

12.8　切角方波导圆极化器

由矢量分解原理可知,把图 12.11 所示切角方波导中的电场 E_1 或 E_2 可以分解为 $E_{/\!/}$ 和 $E_\perp$ 两个正交分量的叠加。适当优化参数 b 和过渡截面的参数,可以实现两个正交分量的相位差为 90°和端口理想匹配。该圆极化器结构简单,但工作频带有限。

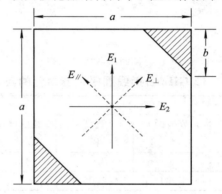

图 12.11　切角方波导圆极化器

文献[7]通过一个波导端头缝隙激励的圆极化器,设计了一种小尺寸圆极化开口波导天线,其轴比小于 3 dB、$S_{11} < -10$ dB 的带宽约为 15%。

12.9　椭圆波导圆极化器[8]

在高功率微波(HPM)应用中,波导型圆极化器具有明显的优势。由于微波传输路径边界条件的不连续,在吉瓦(GW)级的 HPM 应用条件下,容易引起击穿,不利于 GW 级 HPM 的传输。椭圆波导圆极化器是利用自身的渐变结构完成线极化波到圆极化波的转换,且波导内不需要增加任何金属片或介质插片。图 12.12 是椭圆波导圆极化器的结构示意图,它主要由圆波导、圆波导到椭圆波导的过渡波导和椭圆波导组成。

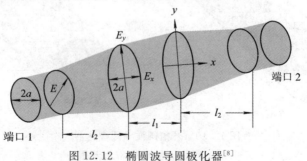

图 12.12　椭圆波导圆极化器[8]

椭圆波导圆极化器的工作原理是：当极化方向与椭圆波导的长轴呈 45°角的线极化信号从圆波导的一端馈入后，在圆波导内激励起与椭圆波导长轴呈 45°角的 TE_{11} 模，该 TE_{11} 模电磁波经过圆波导到椭圆波导的过渡段后分解为两个幅度相等、极化正交的 TE_{11} 模分量；由于这两个正交分量在椭圆波导内传输常数不同，经椭圆波导和椭圆波导到圆波导过渡段后，两个正交分量产生 90°相位差；最后两个正交线极化的 TE_{11} 模分量在圆波导内合成，形成所需要的圆极化波。

由于椭圆波导的短轴直径和圆波导的直径相同，因而这种圆极化器的功率容量取决于圆波导的口径参数。文献[8]研制的椭圆圆极化器在 9～10 GHz，轴比小于 1 dB，驻波比小于 1.1。

12.10　线栅式圆极化器

线栅式圆极化器是由一系列间距为 a、长度为 l 的平行金属片构成，如图 12.13(a)所示。由于这些线栅与入射波的电场矢量成 45°倾角，栅网所在平面与入射波传输方向垂直，所以把金属片间入射的电场分解为等幅垂直于和平行于金属片的两个分量。垂直分量电场的相速和自由空间的相同，平行分量电场的相速则和宽边为 a TE_{10} 波的矩形波导的相同。由此可以设计出线栅圆极化器的具体尺寸如下：

$$l = \frac{3}{4}\lambda = \frac{\lambda_g}{2}$$

$$\lambda_g = \frac{\lambda}{\sqrt{1-(\lambda/2a)^2}}$$

从而求得 $a = 0.671\lambda$。

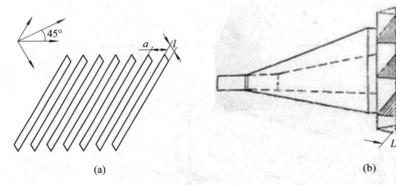

(a)　　　　　　　　　　　　　　　　(b)

图 12.13　线栅式圆极化器
(a) 原理；(b) 位于喇叭口面上

两个相互垂直电场由于通过线栅后相位差变为 90°（垂直电场相位落后水平电场），因而输出电波为圆极化，线栅圆极化器可以直接安装在喇叭天线的口面上，如图 12.13(b)所示。平行金属片也可以用平行介质片代替，二者相比，金属片容易制造，但频带偏窄。

12.11　反射式圆极化器

反射式圆极化器实际上是线栅式圆极化器。它是将一系列长 $l = \lambda/8$，间距 $a =$

$\left(\dfrac{1}{8} \sim \dfrac{1}{10}\right)\lambda$ 的平行金属片安装在反射面天线（例如抛物面）的前
面，与平行金属片成 45°角的线极化入射电场入射到平行金属片
后，分解成与金属片平行及与金属片垂直的等幅正交电场，垂
直电场以光速进入金属片，被反射面反射。由于金属片之间的
间距 $a < \lambda/2$，被金属片反射后不进入金属片。由于金属片的深
度为 $\lambda/8$，故垂直电场从反射面反射回到线栅平行金属片表面
时，相位落后平行电场 90°，故能用两个正交电场的反射场构成
圆极化。图 12.14 为反射式圆极化器结构示意图。

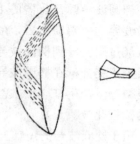

图 12.14　反射式圆极化器

12.12　隔板圆极化器[9]

隔板圆极化器是在方波导口内或圆波导口内插入阶梯形隔板构成的三端口器件。如图
12.15(a)所示，当入射的线极化波 E_0 进入 45°隔板后分解成正交电场 E_1 和 E_2，与隔板垂直
的电场 E_1 仍以原波导波长传播，但与隔板平行的电场 E_2 受到隔板的影响，波导波长变长，
相移量减小，适当选择隔板间距和宽度，可以使两个分量的相位差 90°、幅度相等，从而获得
圆极化波。图 12.15(b)是由方波导、阶梯隔板和分支波导构成的隔板式圆极化器，方波导口
对应圆极化波的输入端或输出端，另一端两个相同的矩形波导口分别对应 RHCP 和 LHCP
波的输入端或输出端。

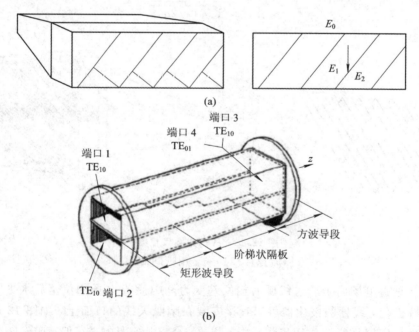

图 12.15　阶梯形隔板和隔板圆极化器[9]
(a)阶梯形隔板；(b)隔板圆极化器

阶梯隔板圆极化器的相对带宽为 20%左右，由于结构紧凑、易加工、体积小、重量轻，
又不要外加正交模变换器就能同时实现 RHCP 和 LHCP，因而被广泛用于同时接收或收发

共用双圆极化天线的馈源中。

隔板圆极化器除了阶梯形外，还有 S 形。许多用户，特别是军用用户，希望使用大功率微波（HPM）系统，由于阶梯形隔板在大功率情况下易空气击穿，故不宜用于 HPM 系统，而宜使用 S 形轮廓的隔板。

如图 12.16(a) 所示，由于位于圆波导中间的隔板把圆波导分成两个半圆波导，所以能把端口 1 和端口 2 的激励分解成如图 12.16(b) 所示由偶模和奇模组成的准 TE$_{11}$ 模激励。对偶模激励，两个激励方向相同，但奇模激励的方向却相反。

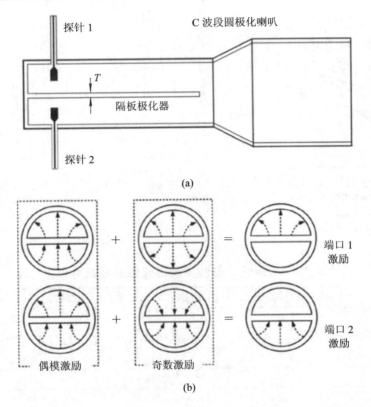

图 12.16　带隔板圆极化器的圆极化喇叭天线及分解成的奇偶模激励[9]

(a) 带隔板极化器的圆极化喇叭天线；(b) 准 TE$_{11}$ 横激励

偶模激励产生垂直电场，奇模激励产生水平电场，通过隔板极化器，由于垂直和水平分量有不同传播常数，垂直极化不变，但水平极化相位相对垂直极化延迟 90°。由于垂直和水平电场幅度相等，相位差 90°，因而实现圆极化。

经过优化设计，图 12.17 是 $f_0 = 5.8$ GHz（$\lambda_0 = 51.7$ mm）相对带宽为 25% 和 5% 的 S 形隔板及相对带宽为 25% 最佳阶梯形隔板圆极化喇叭的结构参数，具体电尺寸如表 12.2、表 12.3 所示。

表 12.2　喇叭的电尺寸

V_1	2.4581λ
V_2	0.5223λ
V_3	1.3167λ
W_1	0.7949λ
W_2	1.3167λ
W_p	0.2665λ
T^*	0.0614λ

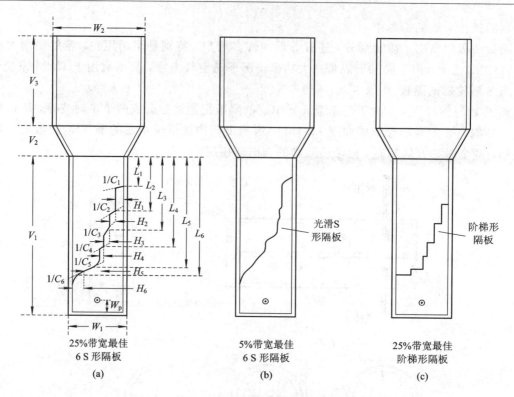

图 12.17　带不同带宽不同形状隔板的喇叭天线[9]

表 12.3　最佳 S 形和阶梯形隔板的电尺寸(λ_0)

	S形隔板（5％带宽）	S形隔板（25％带宽）	阶梯形隔板（25％带宽）
L_1	0.3159	0.2029	0.3467
L_2	0.7349	0.6073	0.7079
L_3	0.9004	0.9270	0.9997
L_4	1.1734	1.1668	1.1961
L_5	1.4482	1.4313	1.3770
L_6	1.6574	1.5339	1.4681
H_1	0.1556	0.1225	0.1071
H_2	0.0401	0.1044	0.1126
H_3	0.0295	0.0919	0.1182
H_4	0.1851	0.0646	0.0626
H_5	0.1552	0.0259	0.1981
H_6	0.2484	0.4046	0.1963
C_1	0.4211	0.1057	0
C_2	0.7496	0.5161	0
C_3	0.9405	1.1171	0
C_4	0.4234	0.4384	0
C_5	0.9339	1.0658	0
C_6	0.8294	0.4767	0

最佳 S 形隔板圆极化器 25% 带宽的频率范围为 5.075～6.525 GHz，5% 带宽的频率范围为 5.655～5.945 GHz；最佳阶梯形隔板圆极化器 25% 带宽的频率范围为 5.075～6.525 GHz。经仿真 S_{11}＜－15 dB，25% 和 5% 最佳 S 形隔板圆极化器的相对带宽分别为 22% 和 14%，25% 阶梯形隔板圆极化器的相对带宽为 29%。AR≤1 dB，25% 和 5% 最佳 S 形隔板圆极化器的相对带宽分别为 15% 和 9%，25% 最佳阶梯隔板圆极化器则为 25%。

研究表明，隔板的拐角会感应高电场而导致喇叭天线里空气击穿。另外，由于在隔板边缘的电场密度最大，所以大功率应用必须使用边缘光滑的 S 形隔板圆极化器。S 形隔板圆极化器的最大承受功率 P_{max} 与 1 W 输入功率 P_{in} 之比及 $3×10^6$ V/m、击穿电场 E_{br} 和总电场 E_m 有如下关系：

$$P_{max}/P_{in} = (E_{br}/E_m)^2$$

在 5.8 GHz，用 1 W 入射功率，不同带宽 S 形和阶梯形隔板圆极化器的总电场 E_m，隔板平面的切线电场 E_x、E_y 与隔板面垂直的电场 E_z、最大承受功率 P_{max} 如表 12.4 所示。

由表看出，与阶梯形隔板相比，由于 25% 和 5% 带宽的 S 形隔板总电场分别减小 40% 和 57%，所以最大承受功率分别提高 2.82 和 5.5 倍。

表 12.4　5.8 GHz，1 W 入射功率隔板圆极化器的电场和最大承受功率

	E_m(V/m)	E_x(V/m)	E_y(V/m)	E_z(V/m)	P_{max}/kW
阶梯形隔板(25% 带宽)	15331	8850	741	12496	38.29
S 形隔板(25% 带宽)	8590	4533	1256	7187	108.1
S 形隔板(5% 带宽)	6527	3516	2315	4987	211.3

12.13　圆极化器在圆极化喇叭天线中的应用

圆极化喇叭天线可以单独作为圆极化天线使用，也广泛作为圆极化抛物面天线的馈源使用。要把线极化喇叭天线变成圆极化，必须采用以下技术：

(1) 用一个器件能在空间产生正交幅度相等的两个电场分量；

(2) 用一个器件使两个正交电场产生 90° 相差。

图 12.18 是将线极化喇叭变为圆极化最简单的一种方法，由图看出，把传输线极化的普通矩形波导旋转 45°，激励起幅度相等的两个正交电场 TE_{10} 和 TE_{01}，通过过渡段把矩形波导变为方波导，在方波导中用移相器使两个正交电场相位差 90°。过渡段的长度近似为 $1.5\lambda_0$，方波导的长度等于位于方波导中移相器的长度。移相器通常用聚四氟乙烯介质板制成，用聚四氟乙烯介质板不仅能承受大功率，而且有低插损和稳定的温度，为减小由介质板引起的反射，要把介质移相器的两端适当渐变。图 12.19 是几种介质板移相器，为获得低 VSWR，移相器渐变段的角度应尽量小，一般让 $L_1=0$，$L_2=1.1\lambda_0$。宜以实现最小反射来确定介质板移相器的厚度 d。

圆极化喇叭可以是用矩形波导馈电的圆锥喇叭，也可以是用矩形波导馈电的方形或矩形喇叭，图 12.20(a) 是用方波导馈电的方喇叭，在方波导内传输幅度相等、相位差为 90° 的正交 TE_{10} 和 TE_{01} 波，就能在喇叭的轴线获得圆极化波。为了使两个波在同一平面(例如方位面)HPBW 相等，可以采用如图 12.20(b)、(c) 所示的两种方法。

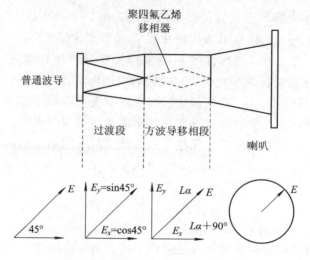

图 12.18　用喇叭构成圆极化的方法

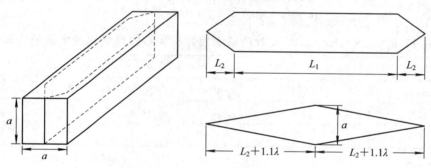

图 12.19　介质板移相器

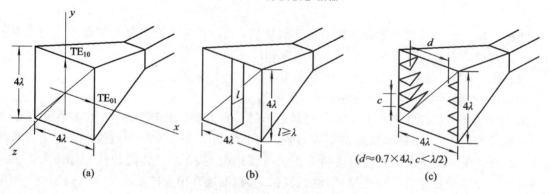

图 12.20　方波导馈电的圆极化喇叭天线

(a)方波导馈电的方喇叭；(b)方法 A；(c)方法 B

　　方法 A 是在喇叭口上安装金属片，它对 TE_{01} 波的场分布没有影响，对 TE_{10} 波的场分布则有较大的影响，适当选择金属片的长度 l 可以使两个波的波瓣宽度近似相等。

　　方法 B 是在喇叭口上安装平行金属片，它对 TE_{10} 波的场分布没有影响，但对 TE_{01} 波的场分布则有较大的影响，适当选择尺寸 c 及 d 可以使两个波的波瓣宽度近似相等。

　　为了在方波导内产生圆极化，如图 12.21 所示，用等幅同相电压激励相互垂直由两个探针分别产生的 TE_{10} 和 TE_{01} 波，并在方波导内设置既与 TE_{10} 波垂直又与 TE_{01} 波平行的介质片，适当选取介质片的材料、厚度、长度和形状，使两个波通过介质片后产生 90°相差也能实现圆极化。

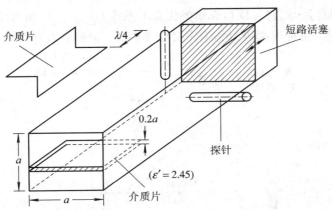

图 12.21　在方波导中用介质片和探针产生圆极化的方法

图 12.22 是把曲折线圆极化器安装在喇叭天线口径上构成的圆极化天线，由图看出，曲折线圆极化器是由如图 12.22(a) 所示用泡沫聚乙烯介质隔开间距为 d、相互平行的五块印刷电路板组成。为了能有效工作，曲折线圆极化器要离开喇叭口面一点，特别是不能把曲折线圆极化器压进喇叭口面里边，否则轴比会变坏 10 dB 左右。

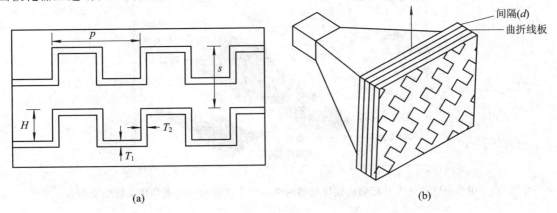

(a)　　　　　　　　　　　　　　　　　　　(b)

图 12.22　曲折线圆极化器及圆极化喇叭天线
(a) 曲折线圆极化器；(b) 带曲折线圆极化器的圆极化喇叭天线

曲折线圆极化器的电尺寸（λ_0）如下：

曲折线板的间距 $d = 0.164\lambda_0$，$S = 0.483\lambda_0$，$p = 0.1\lambda_0$，$H = 0.1307\lambda_0$，$T_1 = 0.026\lambda_0$，$T_2 = 0.0147\lambda_0$。

该圆极化器有倍频带宽，按 $f_0 = 10$ GHz 设计，AR≤3 dB 的频率范围为 7～14 GHz。

12.14　用带 S 形隔板圆极化器构成的圆极化反射面天线[9]

圆极化天线在卫星导航定位系统、直接广播卫星、空间通信等得到广泛应用。在微波波段，通常用圆极化喇叭作为反射面天线的馈源，由于隔板圆极化器结构简单、尺寸小、圆极化纯度高，因而得到了广泛应用。图 12.23 就是用带隔板喇叭天线作为抛物面天线的照射器，把线极化变成圆极化。用隔板作为圆极化器的另外一个好处是通过合适的激励端口可以同时产生 RHCP/LHCP，用它可以构成圆极化双工系统，一个极化如 RHCP 作为发射信号，另一个作为接收信号，也可以把隔板作为正交模变换器，把接收波分解成 RHCP/LHCP。

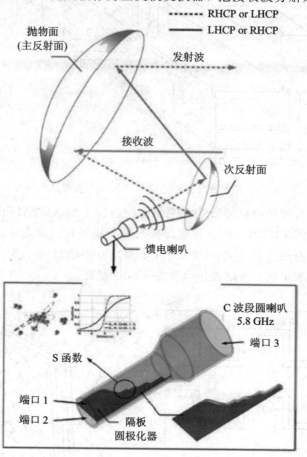

图 12.23　用位于圆波导中 S 形隔板圆极化器的喇叭作为馈源构成的大功率圆极化反射面天线[9]

12.15　用圆极化器构成的 S 波段双圆极化短背射天线[10]

S 波段跟踪和数据中继卫星系统（TDRSS），对多址单元天线有如下要求：

(1) 窄频带 $f=2.2\sim2.3$ GHz，BW$=4.4\%$，$\lambda_0=133,3$ mm；

(2) 宽频带 $f=2.03\sim2.3$ GHz，BW$=12.5\%$，$\lambda_0=138.7$ mm；

(3) $G_{max}=15$ dBic；

(4) $G(20°$锥角$)\geqslant11$ dBic；

(5) AR<5 dB；

(6) 极化：同时 LHCP、RHCP；

(7) $S_{11}\leqslant-20$ dB；

(8) $S_{21}\leqslant-10$ dB。

　　满足上述要求的单元天线，窄频带有单一旋向的轴模螺旋天线及带波导极化器和正交模变换器（OMT）的窄频带和宽频带双圆极化短背射天线。

　　图 12.24 是轴长为 584 mm（$4.38\lambda_0$）、口杯直径为 152 mm 的轴模螺旋天线。采用螺旋天线是因为该天线具有重量轻、对称的圆极化方向图、低交叉极化电平和低轴比等优点。

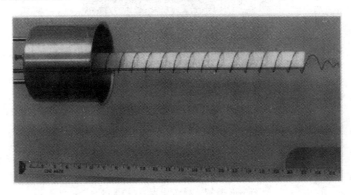

图 12.24　轴模螺旋天线[10]

　　将螺旋天线末端渐变进一步改善了轴比，经实测在 1.8～2.3 GHz 频率范围内，VSWR < 1.5，AR < 3 dB 的波束宽度为 50°，交叉极化电平低于 −25 dB。

　　图 12.25 是长度为 386 mm，直径为 279 mm 带 3 螺钉圆极化器和正交模变换器的双圆极化窄带短背射天线。在 2.1～2.4 GHz 频率范围内，实测 S_{11}、$S_{22} \leqslant -10$ dB，AR < 3 dB 的波束宽度为 50°。

　　图 12.26 是长度为 411 mm，直径为 310 mm 带 3 螺钉圆极化器和正交模变换器的双圆极化宽带短背射天线。在 2～2.3 GHz 频率范围内，实测 S_{11}、$S_{22} < -17$ dB，S_{12}、$S_{21} < -15$ dB，端口 1 实测增益 14.6～15.7 dBic，端口 2 实测增益 14.6～16.4 dBic。AR < 3 dB 的波束宽度为 60°。

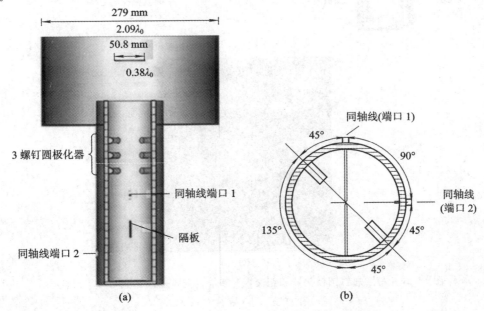

(c)

图 12.25　带 3 螺钉圆极化器和正交模变换器的双圆极化短背射天线[10]

(a)正透视；(b)端视；(c)照片

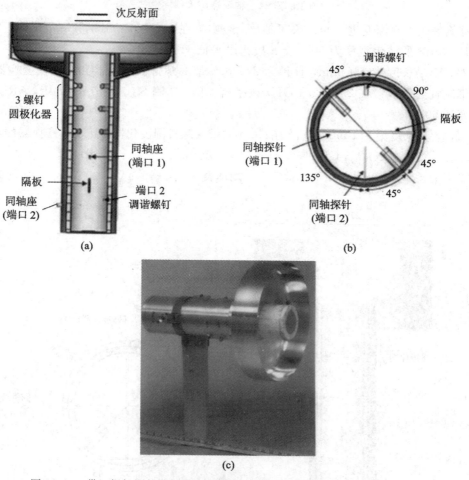

图 12.26　带 3 螺钉圆极化器和正交模变换器的宽带双圆极化短背射天线[10]

(a)正透视；(b)端视；(c)照片

12.16　用阶梯形圆极化器构成的 K 波段双圆极化波导阵列天线[11]

图 12.27 是由方口喇叭、圆形缝隙、腔体和方波导组成的 K 波段单元天线。用方波导对腔体馈电，经过腔体上面圆形缝隙在腔体上表面激励的电流通过方口喇叭向外辐射。这种馈电结构只用一个方波导就能同时给四个方口喇叭天线馈电，与传统阵列天线用功分网络馈电相比，具有插损低、结构简单的优点。

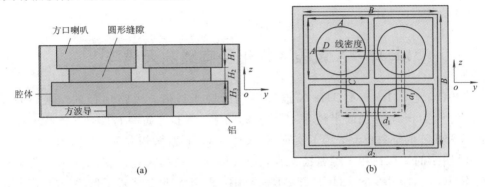

(a)　　　　　　　　　　　　　　(b)

图 12.27　K 波段双圆极化单元天线[11]

(a) 侧视；(b) 俯正透视

天线的的工作频段为 23～26 GHz，标准方波导的尺寸 $C=8.64$ mm，腔体的高度 H_3 决定天线驻波的谐振频率，通常取 $D=\lambda/4$（λ 为中心频率对应的波长），腔体宽度 B 决定天线驻波的谐振深度，圆形缝隙的直径 D、缝隙间距决定天线驻波的谐振位置和腔体表面电流幅度，喇叭的口径尺寸 $A=0.75\lambda$，喇叭口最佳间距 $d_2=0.866\lambda$。

通过优化设计，单元天线的具体尺寸为：$H_3=2.4$ mm，宽度 $B=20$ mm，喇叭口径尺寸 $A=9$ mm，高度 $H_1=3$ mm，喇叭间距 $d_2=9.8$ mm，圆形缝隙直径 $D=7.2$ mm，缝隙间距 $d_1=9.1$ mm，方波导的尺寸为 8.64 mm。

为了实现圆极化，把如图 12.28(a)所示的阶梯形隔板插进一端为双正交极化波的入口，

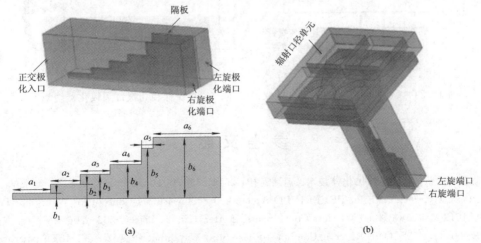

(a)　　　　　　　　　　　　　　(b)

图 12.28　阶梯形隔板圆极化器和圆极化天线[11]

(a) 阶梯形隔板圆极化器；(b) 带隔板圆极化器的圆极化天线

另一端位于被分成双圆极化端口的方波导中。阶梯形隔板圆极化器的电尺寸如下：$a_1 = 0.341\lambda$，$b_1 = 0.059\lambda$，$a_2 = 0.269\lambda$，$b_2 = 0.144\lambda$，$a_3 = 0.274\lambda$，$b_3 = 0.244\lambda$，$a_4 = 0.281\lambda$，$b_4 = 0.344\lambda$，$a_5 = 0.103\lambda$，$b_5 = 0.517\lambda$，b_6 为方波导尺寸。

经过优化，K 波段阶梯形隔板圆极化天线的尺寸如下：厚 0.5 mm，$a_1 = 4.09$ mm，$b_1 = 0.70$ mm，$a_2 = 1.722$ mm，$b_2 = 2.927$ mm，$a_3 = 3.282$ mm，$b_3 = 2.927$ mm，$a_4 = 3.368$ mm，$b_4 = 4.123$ mm，$a_5 = 1.245$ mm，$b_5 = 6.2$ mm，$a_6 = 3$ mm，$b_6 = 8.64$ mm。

单元天线在 23～26 GHz 频段内，AR≤3 dB，$S_{21}<-30$ dB，在 AR 带宽内，仿真 VSWR≤1.5，$G = 14.5$ dBic。

12.17　X 波段 4 极化径向缝隙天线阵[12]

图 12.29(a) 是 9.1～9.4 GHz X 波段径向缝隙天线阵，短路环径向空腔的内半径为 71 mm，高为 6.5 mm，在顶面半径为 42 mm 的圆上，把长×宽＝17 mm×2 mm 共 12 个正交缝隙作为天线阵的辐射单元，为了实现 RHCP、LHCP 双圆极化和正交双线极化，采用如图 12.29(b) 所示的 4 探针和 3 螺钉极化器，把线极化变成圆极化。在 9.0～9.4 GHz，实测探针 1 的 RHCP 和探针 2 的 LHCP 其 AR<2 dB，正交线极化隔离度低于 -20 dB。在中心频率 9.2 GHz 实测增益，圆极化为 12.8 dBic，线极化为 12.8 dB。

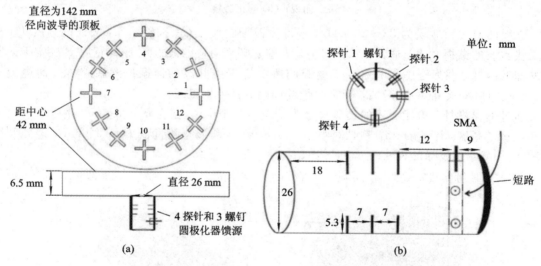

图 12.29　(a) X 波段 4 极化径向缝隙天线阵；(b) 4 探针和 3 螺钉圆极化器馈源[12]

参 考 文 献

[1]　丁晓磊，孟明霞. 波导圆极化器技术. 遥测遥控，2014，35(4)：10－15.

[2]　VIRONE G, TASCONE R, PEVERINI O A, et al. Optimum-iris-set Concept for Waveguide Polarizers [J]. IEEE Microwave and Wireless Components. Letters，2007，17(3)：202－204.

[3]　VIRONE G, TASCONE R, et al. Combined-Phase-Shift Waveguide Polarizer[J]. IEEE Microwave and Wireless Components Letters，2008，18(8)：509－511.

[4]　REBOLLAR J M, ESTEBAN J. Cad of Corrugated Circular-rectangular Waveguide Polarizers[C]. The

8th International Conference on Antennas and Propagation，1993：845－848.

［5］　BORNEMANN J，AMARI S，UHER J，et al. Analysis and Design of Circular Ridged Waveguide Components. IEEE Trans. on Microwave Theory and Techiques，1999，47(3)：330－335.

［6］　SUBBARAO B，FUSCO V F. Compact Coaxial-Fed CP Polarizer［J］. IEEE Antennas and Wireless Propagation Letters，2004(3)：145－147.

［7］　张凯，李建瀛，张兆林. 圆极化波导天线研究［C］. 全国天线年会论文集，2013：1244－1246.

［8］　张志强，方进勇，等. X 波段段高功率微波 TE$_{11}$ 模圆极化器［J］. 强激光与粒子束，2011，23(7)：1909－1912.

［9］　HKYU K，KOVITZ J M，et al. Enhancing the power capabilities of the stepred septum using an optimized smooth sigmoid profile. IEEE Antennas Propag Magazine，2014，56(5)：16－40.

［10］　KORY C，KEVIN M. LAMBERT，et al. Prototype Antenna Elements for the Next-Generation TDRS Enhanced Multiple-Access Array. IEEE Antennas Propag. Magazine，2008，50(4)：72－83.

［11］　系统工程与电子技术，2015，37(1).

［12］　SUBBARAO B，FUSCO V F. Beam-steerable radiai-line slot antenna array. IEEE Proc-Micow Antennas Propag，2005，152(6)：515－519.

第 13 章　圆极化圆锥波束天线

13.1　概　述

移动卫星通信，不管是地球同步卫星（GEO），还是低轨道卫星（LEO），都需要使用有圆锥方向图的圆极化用户机天线。其好处是不需要使用跟踪系统；短距离无线通信，如蓝牙、WiFi 也广泛采用圆极化圆锥波束天线；把圆极化圆锥波束天线安装在天花板上，也可以用于室内 WLAN 系统。

要设计圆极化圆锥波束天线，首先要设法把线极化天线变为圆极化天线，具体实现方法很多，可参看本书其他章节，其次使圆极化天线有圆锥形方向图也有许多方法。如采用单馈、双馈和 4 馈高次模圆贴片天线、双模同心环天线，周长为 $2\lambda_0$ 的单线、双线和 4 线背射螺旋天线，矩反射板 $0.45 \sim 0.47\lambda_0$ 的单馈双馈正交偶极子天线，4 元并联矩形贴片天线阵等。

13.2　圆极化圆锥波束单馈圆贴片天线[1]

用高次模激励圆贴片天线就能产生圆锥形方向图，为了实现圆极化，一种最常用最简单的方法就是利用微扰单元产生的兼并模。图 13.1(a)就是利用在圆贴片边缘面积相等的两个缺口 ΔS。半径为 a 的圆贴片是用厚度 h、相对介电常数 ε_r 的基板制作，用同轴线直接馈电，馈电点到贴片中心 O 的距离为 r，缺口与 Or 的夹角 $\alpha = -45°$ 和 $135°$。对于 TM_{21} 模，在无微扰单元情况下，谐振频率 f 用下式表示：

$$f = \frac{3.054C}{2\pi a_e \sqrt{\varepsilon_r}} \tag{13.1}$$

式中：C 为光速；a_e 为贴片的有效半径。

如果谐振频率已知，则可以用下式表示 a_e：

$$a_e = \frac{3.054}{2\pi \sqrt{\varepsilon_r}} \frac{C}{f} = \frac{3.054 \times \lambda_0}{2\pi \sqrt{\varepsilon_r}} \tag{13.2}$$

已知 $h = 5$ mm，$\varepsilon_r = 1$，$f_0 = 1500$ MHz，则

$$\lambda_0 = \frac{3 \times 10^5}{1500} = 200 \text{ (mm)}$$

$$a_e = \frac{3.054 \times 200}{2\pi} = 97.26$$

$$a = a_e \left[1 + \frac{2h}{\pi a_e \varepsilon_r} \left\{ \ln\left(\frac{\pi a_e}{2h}\right) + 1.7726 \right\} \right]^{-1/2}$$

$$= 97.26 \left[1 + \frac{10}{3.14 \times 97.26} \left\{ \ln\left(\frac{3.14 \times 97.26}{20}\right) + 1.726 \right\} \right]^{-1/2}$$

$$= 89.4 \text{ (mm)} \tag{13.3}$$

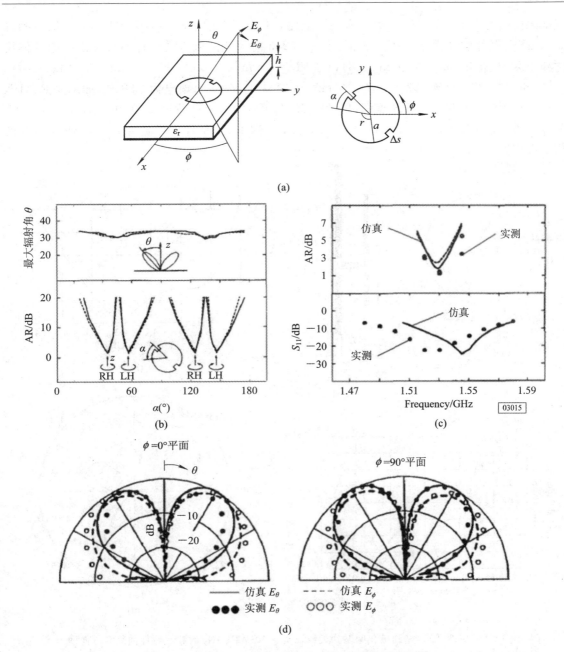

图 13.1 圆极化圆锥波束单馈圆贴片天线及电特性[1]

(a) 天馈结构；(b) AR 最大辐射角 θ 与 α 的关系曲线；(c) S_{11}、AR-f 特性曲线；(d) $\phi=0°$、$90°$垂直面方向图

在 $\Delta S=165\ mm^2$ 时谐振频率变为 1.53 GHz。图 13.1(b) 是该天线在 $f=1.53$ GHz，$h=5$ mm，$a=89.4$ mm，$\varepsilon_r=1$，$\Delta S=165\ mm^2$ 的情况下，仿真的最大辐射角度 θ 及 AR 与 α 角的关系曲线，由图看出，不管 α 角多大，最大辐射角 $\theta \simeq 30°$，由图还看出，$\alpha=34°$、$124°$，该天线为 RHCP；$\alpha=56°$、$146°$ 为 LHCP。图 13.1(c)、(d) 分别是该天线在 $h=5$ mm，$a=89.4$ mm，$\varepsilon_r=1$，$\Delta S=165\ mm^2$，$\alpha=35.5°$ 的情况下，仿真实测 AR 和 S_{11} 的频率特性曲线及 $\phi=0°$ 和 $\phi=90°$ 的垂直面方向图。仿真的最大方向系数为 6.7 dBic。

图 13.2(a) 是 $f_0=3.94$ GHz（$\lambda_0=76$ mm）用同轴线直接给 TM_{21} 模圆贴片单馈构成的有

圆锥方向图的圆极化天线[2]。为了实现圆极化，采用了有两个缺口的圆贴片天线，缺口的总面积 ΔS 与贴片的面积 S 之比，即 ΔS/S=0.0253 时天线的圆极化性能最佳。天线的具体尺寸和电尺寸如下：$D=64$ mm($0.84\lambda_0$)，$H=4$ mm($0.05\lambda_0$)，$a=10$ mm($0.131\lambda_0$)，$b=4.2$ mm($0.0538\lambda_0$)，$\phi=22.5°$，$R=24$ mm($0.315\lambda_0$)，在 A 点馈电为 LHCP，如果要 RCHP，仅把馈点顺时针旋转 45° 到 B 点即可。图 13.2(b)、(c)、(d) 分别是该天线实测 VSWR、AR 和方向图，由图看出，在 3.9～4.34 GHz 频段，VSWR≤2 的相对带宽为 10%，AR≤3 dB 的相对带宽为 3%，$G=8$ dBic。

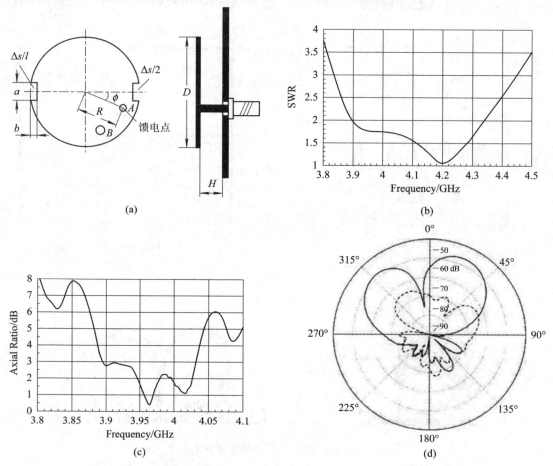

图 13.2　单馈 TM_{21} 模圆极化圆贴片天线及实测 VSWR、AR 的频率特性曲线和方向图[2]
(a) 天馈结构；(b) VSWR - f 特性曲线；(c) AR - f 特性曲线；(d) 方向图

13.3　圆极化圆锥波束双馈和 4 馈圆贴片天线[3]

以 TM_{11} 基模工作的圆贴片天线可以为线极化，也可以为圆极化，但只能产生边射方向图。要产生在边射方向为零的圆锥形方向图，只能用二次模或高次模圆贴片天线。

任意模式圆贴片天线的谐振频率 f_{nm} 为

$$f_{nm} = \frac{X_{nm} C}{2\pi a_e \sqrt{\varepsilon_r}} \tag{13.4}$$

式中，C 为光速；a_e 为贴片的有效半径；ε_r 为相对介电常数；X_{nm} 为 n 阶贝塞尔函数导数的第 m 个零。下标 n 表示角模，下标 m 表示径向模。表 13.1 给出了最有用的 X_{nm} 值。

表 13.1　不同 TM 模的 X_{nm}

	TM$_{21}$	TM$_{31}$	TM$_{41}$	TM$_{51}$	TM$_{61}$
X_{n1}	3.054	4.201	5.317	6.415	7.501

图 13.3(a)表示了单馈圆贴片中磁场的几个模式，图中黑点表示激励探针。为了用圆贴片产生圆极化，必须用如图 13.3(b)所示有合适角度间隔的两个探针。利用这个角间隔，由双馈产生的场在贴片内或贴片外彼此都是正交的，另外按照这个角间距，一个探针总是位于另一个探针激励场的零区，因此探针之间的互耦很小。

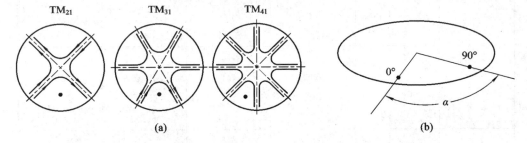

图 13.3　(a) 单馈圆贴片天线中的模式；(b) 正交双馈圆极化圆贴片天线[3]

对 TM$_{11}$ 基模，只要两个探针之间的相位差为 90° 就能产生圆极化。对高次模中的每一个模，两个探针之间的角间隔却不同。图 13.4 表示用 4 个探针构成圆极化不同 TM 模探针之间的角间隔和相位。

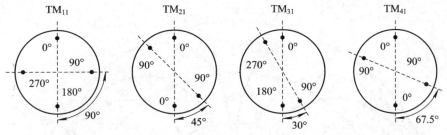

图 13.4　4 探针馈电圆极化圆贴片天线不同 TM 模探针之间的角间隔和相位[3]

为了使波束对称并具有低交叉极化电平，特别是对用相对厚基板制作的贴片天线，必须扼制不需要的模。一般两个相邻谐振模有靠近的最大幅度，扼制这些相邻模最有效的方法是在原来两个探针的反方向再附加两个探针使其变成 4 个探针。偶模 4 个探针的相位为 0°、90°、0° 和 90°，奇模 4 个探针的相位为 0°、90°、180° 和 270°，如图 13.4 所示，这样就抵消了由两个反方向探针激励的不需要的模。

表 13.2 给出了不同谐振模实现圆极化馈电探针的角间隔。采用不同的高次模或采用不同 ε_r 的基板制作圆贴片天线，可以调整圆锥形方向图最大增益 G_m 和最大值偏离轴线的角度 θ。表 13.3 列出了用不同 ε_r 基板、不同谐振模圆锥形方向图的指向角 θ、最大增益 G_m、1/2 半功率波束宽度（HPBW/2）及贴片的电直径 D/λ。图 13.5 是不同 TM 模圆贴片天线在不同 ε_r 基板情况下仿真的垂直面方向图。

表 13.2　不同 TM 模探针的角间隔

	TM$_{11}$	TM$_{21}$	TM$_{31}$	TM$_{41}$	TM$_{51}$	TM$_{61}$
α	90°	45° or 135°	30° or 90°	22.5° or 67.5°	18°, 54° or 90°	15°, 45° or 75°

表 13.3　不同 ε_r 和不同 TM 模天线的最大波束角 θ, G_{max}, HPBW/2, D/λ_0

ε_r	TM 谐振模	θ	G_{max}/dBic	HPBW/2	D/λ_0
1.25	2, 1	35°	6.9	40.5°	0.9
	3, 1	44°	6.5	37.0°	1.22
	4, 1	50°	6.18	36.0°	1.52
	5, 1	54°	6.17	34.2°	1.84
2.2	2, 1	45°	4.7	55.0°	0.62
	3, 1	54°	4.6	49.0°	0.93
	4, 1	60°	4.6	45.5°	1.21
	5, 1	62°	4.77	43.3°	1.43
4.2	2, 1	50°	3.9	61.0°	0.50
	3, 1	62°	3.8	53.5°	0.69
	4, 1	69°	4.0	48.5°	0.88
	5, 1	74°	4.2	45.0°	1.02

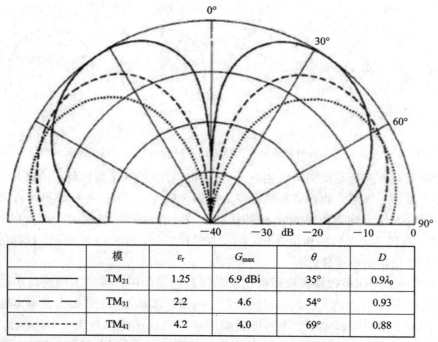

模	ε_r	G_{max}	θ	D
——— TM$_{21}$	1.25	6.9 dBi	35°	0.9λ_0
— — — TM$_{31}$	2.2	4.6	54°	0.93
- - - - - TM$_{41}$	4.2	4.0	69°	0.88

图 13.5　不同模圆贴片天线在不同 ε_r 基板情况下仿真的垂直面方向图、
波束角 θ、G_{max} 及圆贴片的电直径 D/λ_0[3]

由表 13.3 看出：

(1) 谐振模阶数越高，θ 角越大，贴片的直径也越大；

(2) 对同一谐振模，ε_r 变大，θ 角变大；贴片的直径变小，最大增益 G_m 也变小，HPBW 变宽。

在 $f_0 = 2.295$ GHz($\lambda_0 = 130.7$ mm)，地板尺寸为 381×381 mm²($2.92\lambda_0 \times 2.92\lambda_0$)的情况下，图 13.6(a)是用 $\varepsilon_r = 1.2$、厚 25 mm 基板制作的直径 $D = 111.8$ mm TM$_{21}$ 模圆极化天线仿真和实测的垂直面方向图。图 13.6(b)是用 $\varepsilon_r = 2.17$、厚 3.17 mm 基板制作的直径 $D = 148$ mm($1.13\lambda_0$)TM$_{21}$ 模和 TM$_{41}$ 模圆极化天线仿真和实测的垂直面方向图。由图看出，TM$_{21}$ 模圆锥方向图的最大值位于 $\theta = 36°$，TM$_{41}$ 模则位于 $\theta = 55°$。

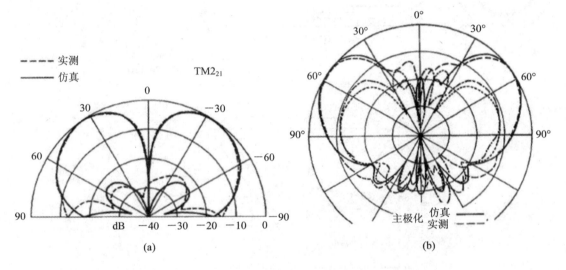

图 13.6　TM$_{21}$ 和 TM$_{41}$ 模圆极化圆贴片天线仿真实测的垂直面方向图

(a) TM$_{21}$；(b) TM$_{41}$

13.4　圆极化圆锥波束电磁耦合馈电圆环天线[4]

图 13.7(a)是用圆弧形探针给圆环天线耦合馈电构成的有圆锥形方向图的圆极化天线。为了实现圆极化，在距地板为 h、圆环的周长上附加产生兼并模长度为 ΔL 的支节，该支节与位于 x 轴上馈电点的夹角为 ϕ_b。为产生圆锥形方向图，将圆环的周长 C 由轴向辐射模的 λ_0 近似增大到 $2\lambda_0$，为了避免直接用同轴线馈电带来的高阻抗，采用了与 50 Ω 同轴线匹配的圆弧形 L 形探针耦合馈电。

中心设计频率 $f_0 = 1.5$ GHz($\lambda_0 = 200$ mm)，天馈的电尺寸如下：制造环天线导线的直径 $\phi = 1.2$ mm($0.006\lambda_0$)，$h = 12.8$ mm($0.064\lambda_0$)，周长 $C = 1.986\lambda_0$。L 形探针的垂直和水平长度分别为：$L_V = 0.023\lambda_0$，$L_R = 0.226\lambda_0$，$\Delta L = 0.05\lambda_0$，$\varepsilon_r = 1$。图 13.7(b)是该天线在 f_0 仿真实例 $\phi = 0°$ 垂直面方向图，由图看出，最大波束位于 $\theta = 34°$。图 13.7(c)是该天线 AR、G 的归一化频率特性曲线，由图看出，在 f_0，AR < 2 dB，G = 7 dBic。

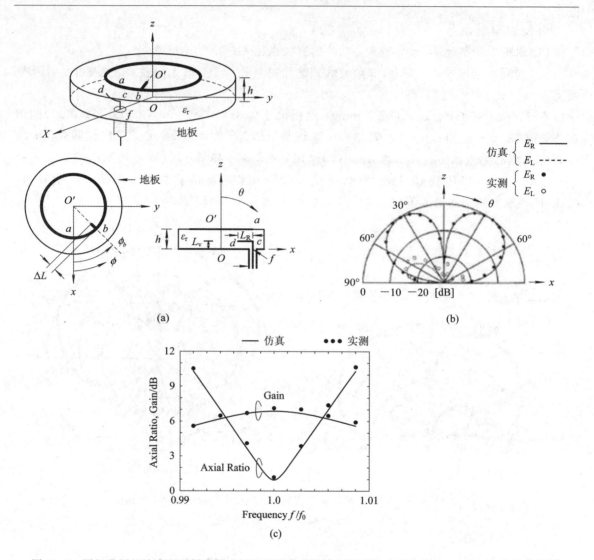

图 13.7　圆极化圆锥波束电磁耦合馈电圆环天线及仿真实测圆锥方向图和 AR、G 的频率特性曲线[4]

（a）天馈结构；（b）方向图；（c）AR、G-f/f_0 特性曲线

13.5　用自相位正交偶极子构成有圆锥方向图的圆极化天线[5]

为了用自相位正交偶极子构成圆极化，可采用阻抗为 50 Ω－j50 Ω 的容性偶极子与之正交阻抗为 50 Ω＋j50 Ω 的感性偶极子，把它们并联阻抗变为 50 Ω。用 50 Ω 同轴线单馈，不仅能实现圆极化，而且实现宽带阻抗匹配。为了使垂直面方向图呈圆锥形，需要距正交偶极子 $H=0.45\lambda_0 \sim 0.47\lambda_0$ 附加金属反射板，如图 13.8 所示。图中自相位正交偶极子和微带巴伦均用基板印刷制造。

图 13.9(a)、(b)分别是 4.5 GHz 自相位正交偶极子的结构及 S_{11} 的频率特性曲线，由图看出，$S_{11}＜-10$ dB 的相对带宽为 20％；实测 $G=6$ dBic，AR≤3 dB 的相对带宽为 3％。

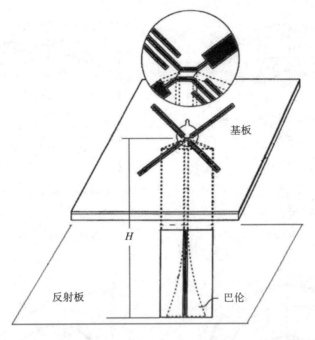

图 13.8　有圆锥方向图的圆极化自相位正交偶极子天线[5]

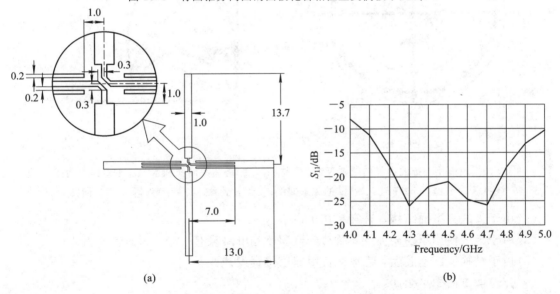

(a)　　　　　　　　　　　　　　　　　　(b)

图 13.9　4.5 GHz 有圆锥方向图圆极化自相位正交偶极子的结构尺寸和 S_{11} 的频率特性曲线[5]
(a) 天馈结构；(b) $S_{11} - f$ 特性曲线

13.6　圆极化圆锥波束径向线缝隙天线[6]

图 13.10(a)是用径向线缝隙天线构成的有圆锥形方向图的圆极化天线。用同轴探针在中心给短路径向波导即圆腔馈电，用两个垂直缝隙构成的缝隙对来实现圆极化，用沿圆周方向以旋转相位激励沿圆周设置的 5 个缝隙对来产生圆极化圆锥形方向图。该天线有以下优点：

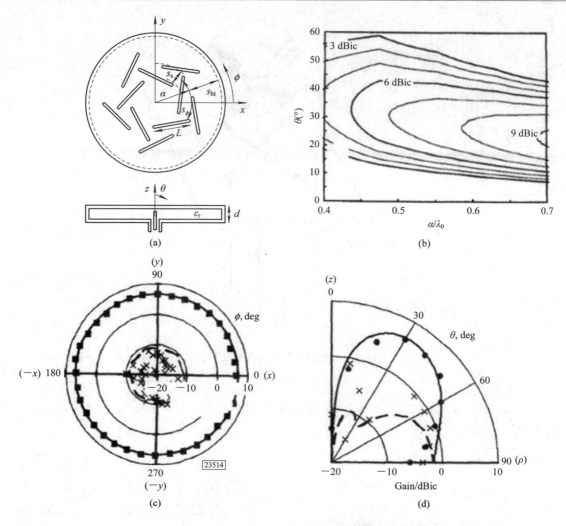

图 13.10　圆极化圆锥波束径向缝隙天线、G 与 θ、a/λ_0 之关系曲线和水平面垂直面方向图[6]
(a)天馈结构；(b)G 与 θ、a/λ_0 的关系曲线；(c)水平面方向图；(d)垂直面方向图

(1)由于天线为平面结构，易安装在车顶；

(2)由于天线使用了径向波导，故功分器和馈电电路只有一个，因而容易制造；

(3)由于结构属圆空腔型，特别适合用理论仿真设计；

(4)方位面方向图呈全向。

单个缝隙的长度 $L=0.514\lambda_0$，缝隙径向间距 $S_s=0.214\lambda_0$，缝隙对的周长间距 $S_\phi=0.496\lambda_0$，缝隙对的半径 $a=0.474\lambda_0$，缝隙对到短路的距离 $S_{ht}=0.491\lambda_0$，波导的高度 $d=0.119\lambda_0$。该天线方向图的主要设计参数为短路空腔的半径 a。图 13.10(b)是短路空腔半径 a/λ_0、增益及最大增益偏离轴线的角度 θ 之间的关系。由图看出，短路空腔直径越大，增益越高，而 θ 角越小。$a=0.4\lambda_0\sim0.7\lambda_0$，在 $\theta=45°\sim55°$ 角域内，$G=3$ dBic，$a=0.5\lambda_0\sim0.7\lambda_0$，在 $\theta=25°\sim30°$ 的角域内，$G=6$ dBic。图 13.10(c)、(d)分别是该天线的水平面和垂直面方向图，由图看出，水平面方向图呈全向，垂直面方向图呈圆锥形，最大波束指向 $\theta=30°$，$G=6.6$ dBic。在水平面由于缝隙阵辐射垂直极化波，所以交叉极化电平与主极化电平相同。

13.7 由周长为 **2λ** 的背射螺旋构成的圆极化圆锥波束天线[7]

背射螺旋天线可以是单线、双线螺旋，也可以是 4 线螺旋，为了产生圆锥形方向图，除了把螺旋线的周长 C 由轴向辐射模时的 λ_0 变成 $2\lambda_0$，单线和双线背射螺旋天线还必须位于直径 D_G 近似为 $0.2\lambda_0$ 的小地板上，4 线背射螺旋不需要小地板。

图 13.11(a)是单线背射螺旋天线。选取如下尺寸：周长 $C=189.6$ mm，上升角 $\alpha=12.5°$，圈数 $n=4$，绕制螺旋天线导线的直径 $2a=0.5$ mm，地板的直径 $D_G=20$ mm，馈线的长度 $L_f=6.4$ mm。图 13.11(b)是该天线在 1.3 GHz($\lambda_{01}=230.8$ mm)和 3 GHz($\lambda_{02}=100$ mm)的方向图。由图看出，在 1.3 GHz，单线螺旋天线垂直面方向图最大波束指向轴线，电周长 $C/\lambda_0=189.6/230.8=0.82$；在 3 GHz，电周长 $C=1.9\lambda_0$，垂直面方向图虽呈圆锥形，但方向图不对称。

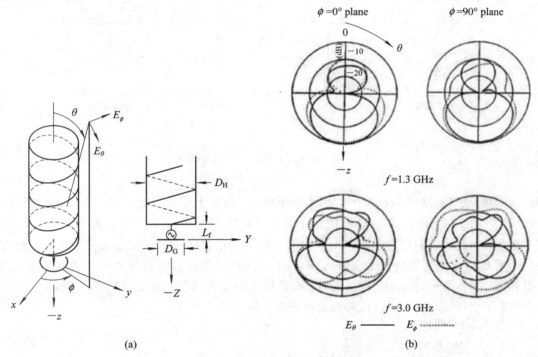

图 13.11 单线背射螺旋及垂直面方向图[7]

(a)天馈结构；(b)方向图

图 13.12(a)、(b)、(c)分别是 $f_0=3$ GHz，用直径为 $2a=0.5$ mm 的导线绕制的周长$C=1.896\lambda_0$，上升角 $\alpha=12.5°$，$N=4$，轴长为 $1.68\lambda_0$ 的 4 线背射螺旋天线及 AR、G、最大波束角 θ_{max} 的频率特性曲线和不同频率的圆锥形垂直面方向图，由图看出，在 2.5～3.75 GHz 频段内，AR<1 dB，相对带宽为 41%，G=4～5 dBic，波束最大指向为 $\theta_{max}=145°\sim130°$。背射 4 线螺旋虽然不需要地板，但需要复杂的等幅，相位为 0°、90°、180°和 270°的馈电网络。

图 13.13(a)是由周长 $C=1.896\lambda_0$，上升角 $\alpha=12.5°$，$N=4$ 在 P 点同相激励的双线螺旋和由直径为 D_G 小地板构成的双线背射螺旋天线，图 13.13(b)是该天线在 $D_G=0.24\lambda_0$，$\phi=0°$和 90°AR 与 θ 的关系曲线，由图看出，在 $\theta=111°\sim249°$的角度范围内，AR<3 dB，即

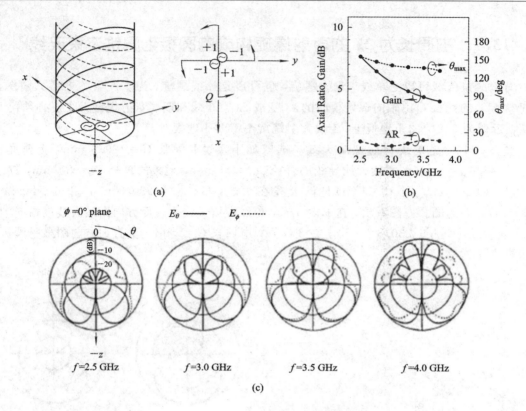

图 13.12　4 线背射螺旋天线及电性能[7]

（a）天馈结构；（b）AR、G、θ_{max}～f 特性曲线；（c）方向图

AR＜3 dB 的波束宽度为 $138°$，$\theta = 180°$ 天线无辐射，在波束最大方向，AR＝0.7 dB。图 13.3 (c)是该天线位于不同电直径地板情况下 $\phi = 0°$ 的垂直面方向图，由图看出，地板的直径 $D_G \leqslant 0.24\lambda_0$，有小后瓣的背射圆锥形方向图，随着电尺寸 D_G 的增大，后瓣不仅变大，而且在 $D_G = 0.95\lambda_0$ 时已变为端射圆锥形方向图。图 13.13(d)为该天线在不同频率的背射方向图，由图看出，在 2.5～3.5 GHz 的频段内，垂直面方向图为背射圆锥形方向图。$f > 3$ GHz 时，由于产生了表面波电流，所以后向辐射逐渐变大。

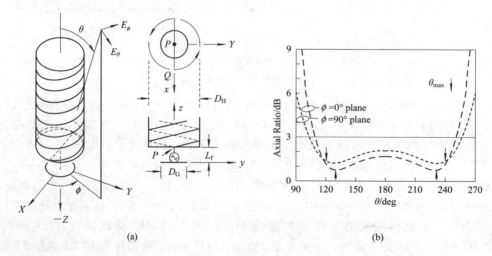

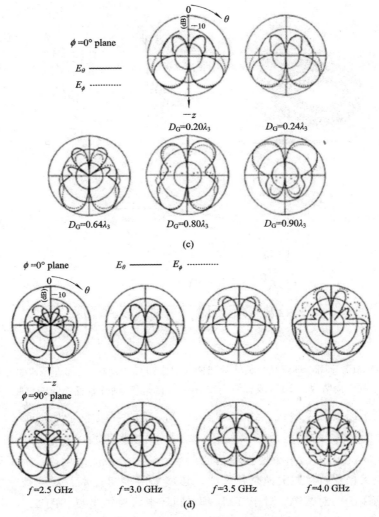

图 13.13　双线背射螺旋天线及电性能[7]

(a) 天馈结构；(b) AR 随 θ 的变化曲线；(c) 位于不同电直径地板上的垂直面方向图；

(d) 不同频率的垂直面方向图

13.8　圆极化圆锥波束双模同心环形天线[8]

在卫星信通中，希望用户机天线的方向图在水平面呈全向，在 $20°\sim70°$ 的仰角有较高的增益，为满足上述要求，可采用如图 13.14(a) 所示同心环产生的 TM_{21} 和 TM_{41} 模，因为高次模环形贴片天线具有圆锥形方向图。假定用 θ 表示偏离天顶角的角度，Δ 表示仰角，如果能切换 TM_{21} 和 TM_{41} 模，则最大辐射角 $\theta=25°\sim70°$。

因 $\varepsilon_r=1.05$，$h=3$ mm 基板制造的 $f_0=6$ GHz 双模同心环形天线，其中 TM_{21}、TM_{41} 模的内外半径分别为 9.3 mm、21.3 mm 和 24.0 mm、38.0 mm。图 13.14(b) 是 TM_{21} 和 TM_{41} 模的垂直面方向图。由图看出，TM_{21} 模的最大辐射角度 $\theta=35°（\Delta=55°）$，TM_{41} 模的最大辐射角 $\theta=55°（\Delta=35°）$。图 13.14(c) 是位于大地板上同心环形贴片天线实测增益与地板/贴片

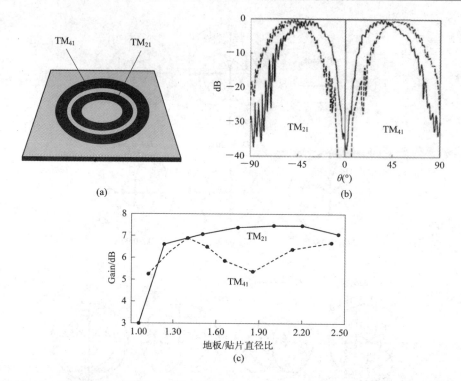

图 13.14　圆极化同心环形贴片天线的圆锥方向图和 G 与地板/贴片直径比的关系曲线[8]

（a）天馈结构；（b）垂直面方向图；（c）G 随地板/贴片直径比的变化曲线

直径之比为不同值时的关系曲线。由图看出，TM_{21} 模的平均增益为 7 dBic，TM_{41} 模的平均增益为 6 dBic。当地板/贴片直径之比大于 1.2 时，再增大地板的直径对 TM_{21} 模的增益影响不大，但对于 TM_{41} 模，由于用小地板增益已最佳，继续增大接地增益反而下降。

为了扼制交叉极化，对高次模贴片天线，必须采用多馈技术。对圆极化贴片天线，必须使用位于直径两端的两对馈电，对于 TM_{21} 模，圆环上每对馈电点相距 45°；对于 TM_{41} 模，圆环上每对馈电相距 90°，用由功分器和混合电路组成的带线馈电网络能给出所需的激励。馈电的方法主要有以下几种：

（1）用探针直径馈电。用同轴线直接给贴片馈电是最常用的馈电方法之一。在 $f_0 =$ 6 GHz 的情况下，用直径为 0.7 mm 的探针对 TM_{21} 模和 TM_{41} 模环形贴片天线馈电，实测的阻抗带宽分别为 4% 和 2%。为了展宽带宽，可以在 0.7 mm 探针周围固定一个长 3 mm、直径为 4 mm 的金属圆柱体，即补偿探针，如图 13.15（a）所示，可以把 TM_{21} 模环形贴片天线的阻抗带宽由 4% 扩展到 11%。对谐振在 6.3 GHz 的 TM_{41} 模环形贴片天线，附加长 2 mm、直径为 3 mm 的补偿探针，可以把 270 Ω 的输入阻抗减小到 50 Ω，使电抗曲线几乎变成直线，阻抗带宽由 2% 扩展到 5%。

（2）电磁耦合馈电。图 13.15（b）为电磁耦合馈电，由于微带线直接位于环形贴片的下面，为环形贴片提供了一种非接触连接，该方法的好处是不需要打孔，因为陶瓷基板是无法自己打孔的，缺点是由于微带线没有遮蔽，会直接产生辐射。通过控制伸进环形贴片内部的长度 L，不仅使环形贴片匹配，而且能使环形贴片谐振。用电磁耦合对 TM_{21} 和 TM_{41} 模环形贴片天线馈电均可以实现 7% 的相对阻抗带宽。

（3）缝隙耦合馈电。带线通过在地面上的缝隙给贴片耦合馈电，如图 13.15（c）所示。能实现的相对阻抗带宽分别是：TM_{21} 模环形贴片天线为 8%，TM_{41} 模环形贴片天线为 4%。

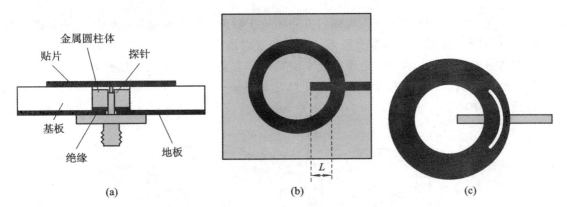

图 13.15　环形贴片天线的馈电方法[8]

（a）探针馈电；（b）电磁耦合馈电；（c）缝隙耦合馈电

在某些应用中，不仅要使用水平面为全向、垂直面呈圆锥形方向图的圆极化天线，而且希望天线具有高增益，为此宜采用如图 13.16（a）所示的层叠双模同心环形贴片天线阵。图 13.16（b）是该天线阵仿真实测的垂直面方向图，实测最大增益，TM_{21} 模为 10 dBic，TM_{41} 模为 9 dBic，仰角 $\Delta = 18° \sim 58°$，$G \geqslant 6$ dBic。

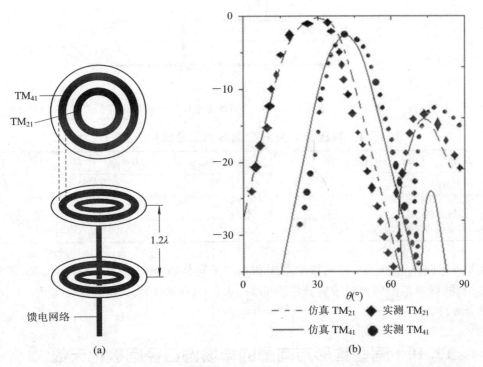

图 13.16　圆极化圆锥波束层叠双模同心环形贴片天线阵及仿真实测垂直面方向图

（a）天线阵；（b）垂直面方向图

13.9　具有圆锥形方向图的单馈宽带圆极化贴片天线[9]

众所周知，基模圆极化贴片天线辐射方向图位于轴向，高次模圆极化贴片天线则产生圆锥形辐射方向图。图 13.17(a)是直径近一个波长、以高次模 TM_{21} 工作、有圆锥形辐射方向图的单馈宽带圆极化贴片天线，之所以能实现宽带，主要是由于采用了层叠寄生单元、空气介质和容性探针耦合馈电等技术。由于上下贴片利用缺口产生了正交兼并模，因而用单馈实现了圆极化。中心设计频率 $f_0=6\ \text{GHz}(\lambda_0=50\ \text{mm})$，天线的具体尺寸如表 13.4 所示。

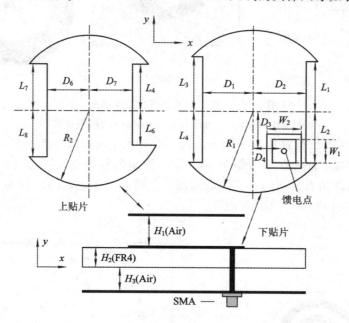

图 13.17　有圆锥方向图的圆极化单馈层叠贴片天线[9]

表 13.4　有圆锥形方向图圆极化层叠贴片天线的尺寸

参数	H_1	H_2	H_3	W_1	W_2	R_1	R_2	$D_1=D_2$	D_3	D_4	D_6
尺寸/mm	5.0	1.6	3.4	2.8	3.2	17.5	15.5	11.5	6.7	8.6	6.5
参数	D_7	L_1	L_2	L_3	L_4	L_5	L_6	L_7	L_8		
尺寸/mm	6.5	8.7	7.3	9.0	7.5	7.0	4.5	6.6	5.3		

该天线实测 $S_{11}<-10\ \text{dB}$ 的频率范围和相对带宽分别为 $3.3\sim6.4\ \text{GHz}$ 和 63.9%，实测 $AR\leqslant3\ \text{dB}$ 的频率范围和相对带宽分别为 $5.7\sim6.3\ \text{GHz}$ 和 10%，在轴比带宽内，在 $\theta=45°$，实测平均增益为 $5.7\ \text{dBic}$。

13.10　有圆锥形方向图的单馈圆口径圆极化天线[10]

由于电离层存在法拉弟旋转，所以卫星通信使用圆极化，用圆极化天线的检测系统，具有更好的抗干扰和减小多路径的优点。由于有圆锥形方向图的圆极化天线的方位面方向图呈全向，因而避免使用代价昂贵的自动跟踪系统。

图 13.18 是用单馈圆口径构成有圆锥形方向图的圆极化天线，该天线由以下 5 部分组成：① 末端开口的圆波导；② 带 4 个印刷钩形臂的电路板；③ 里边为空气的大同轴波导；④ 里边填充聚四氟乙烯(ε_r＝2.1)的小同轴波导；⑤ 带基片集成波导（SIW）由厚 0.813 mm、ε_r＝3.55 基板制作的印刷电路板。

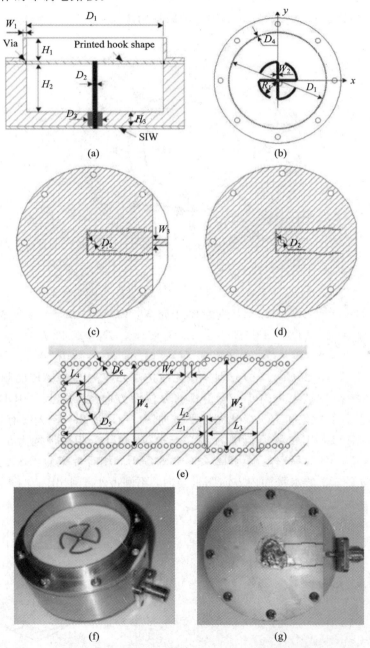

图 13.18　有圆锥形方向图的单馈圆口径圆极化天线[10]

(a) 截面；(b) 有 4 个印刷钩形臂的印刷电路板；(c)、(d) 底视和顶视带 SIW 的印刷电路板；

(e) 有 SIW 的印刷电路板；(f) 天线的立体照片；(g) 底视天线的照片

利用如图 13.19 所示在圆口径中轴对称的 TM_{01} 和 TE_{01} 模作为能产生有圆锥形方向图圆极化的正交模。把大同轴波导的内导体直接与 4 个顺序旋转钩形臂相连，来激励在圆波导中的 TE_{01} 模，通过在钩形臂周围的 180 个过孔作为理想电导体的边界，用低轮廓基片集成波导（SIW）作为同轴线和微带线之间的转换，用小同轴波导激励在同一个圆波导中的 TM_{01} 模。为了实现 SIW 和小同轴波导之间的变换，把小同轴波导的内导体通过腐蚀在 SIW 顶面的小孔与 SIW 的底面相连。圆极化的方向由钩形臂的旋向决定。

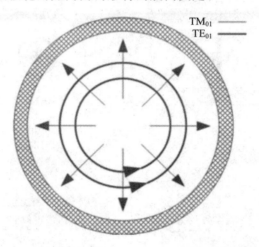

图 13.19　圆口径中的 TE_{01} 和 TM_{01} 模

中心设计频率 $f_0 = 12.5$ GHz，天线的尺寸如下：$W_1 = 1$，$W_2 = 0.8$，$W_3 = 1.8$，$W_4 = 7.8$，$W_5 = 8.6$，$W_6 = 0.6$，$D_1 = 38$，$D_2 = 1.2$，$D_3 = 3.9$，$D_4 = 0.4$，$D_5 = 3$，$D_6 = 0.4$，$L_1 = 13.2$，$L_2 = 0.3$，$L_3 = 4.8$，$L_4 = 2$，$H_1 = 6.5$，$H_2 = 13.6$，$H_3 = 4$，$R_1 = 7.4$，$\phi = 67.1°$（以上参数单位均为 mm）。图 13.20(a)、(b) 分别是该天线仿真和实测 S_{11}、AR 的频率特性曲线，图 13.20(c) 是在 12.5 GHz 波束指向 $\theta = 28°$ 仿真的方位面方向图，图 13.20(d) 是在 12.5 GHz 仿真和实测的垂直面主极化和交叉极化圆锥形方向图，由图看出，该天线有如下电特性：

（1）实测 $S_{11} < -10$ dB 的频率范围为 12.15～12.8 GHz，相对带宽为 5%。

（2）实测 AR ≤ 3 dB 的频率范围为 12.2～12.8 GHz，相对带宽为 4.8%。

（3）波束指向 $\theta = 28°$ 的水平面内方向图呈全向，不圆度小于 1 dB。

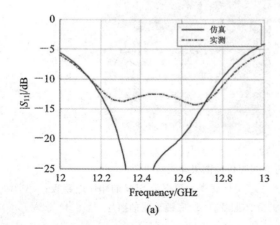

(a)

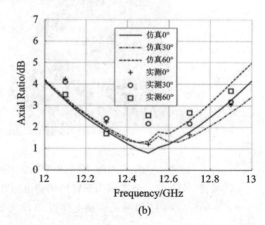

(b)

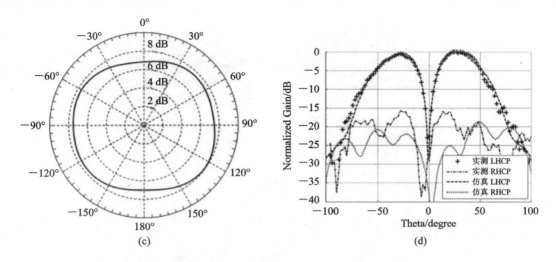

(c)　　　　　　　　　　　　　(d)

图 13.20　单馈圆口径圆极化天线仿真和实测 S_{11}、AR 及方向图[10]
(a) S_{11}-f 特性曲线；(b) AR-f 特性曲线；(c) 水平面方向图；(d) 垂直面方向图

13.11　宽带低轮廓圆极化圆锥波束天线[11]

图 13.21(a) 是由中心用同轴线馈电的垂直极化短路单极子贴片和由位于单极子贴片圆

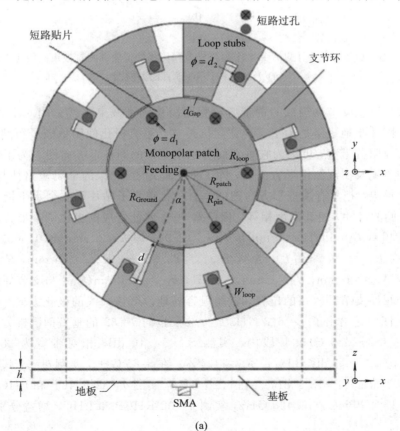

(a)

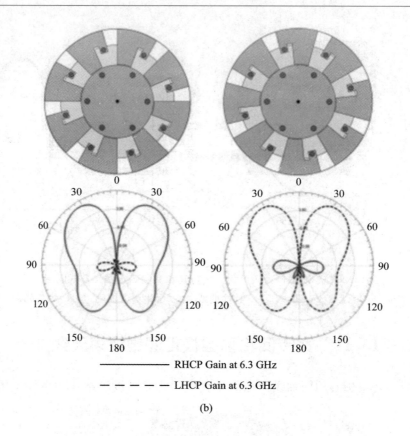

(b)

图 13.21　由短路单极子贴片和 8 个短路支节环构成的低轮廓圆锥波束圆极化天线[11]

(a) 天馈结构；(b) 垂直面方向图

周 8 个水平极化寄生支节环构成的宽带低轮廓圆极化圆锥波束天线。用 6 个直径为 ϕ_2 的金属柱将单极子贴片与地短路是为了实现宽阻抗带宽。垂直极化使用单极子短路贴片天线，不仅是由于它有宽阻抗带宽，更因为它垂直面有稳定宽带的圆锥形方向图。为了展宽 8 个水平极化支节环的带宽及实现圆锥形方向图，除了把它们用直径 d_1 的金属短路柱与地板短路外，还采用了耦合馈电，把具有圆锥形方向图的垂直极化单极子贴片和 8 个水平极化支节环组合起来，调整它们的尺寸，使其幅度相等、相位差 90°，就能合成圆极化圆锥形方向图。

中心设计频率 $f_0 = 6$ GHz(50 mm)，用 $\varepsilon_r = 2.94$，厚 $h = 3.17$ mm($0.063\lambda_0$)基板制造的天线尺寸如下：$R_{loop} = 29.9$ mm($0.6\lambda_0$)，$R_{ground} = 23.3$ mm，$R_{patch} = 15$ mm，$R_{pin} = 12.5$ mm，$d_1 = 1.1$ mm，$W_{loop} = 6$ mm，$d_2 = 1$ mm，$\alpha = 21°$，$d_{Gap} = 0.3$ mm(贴片与支节环的间隙)。

改变 8 个短路支节环短路的位置，就能很容易地改变该天线的极化方向，具体极化参看图 13.21(b)，图中还给出了 $f = 6.3$ GHz 最大波束指向 $\theta = 32°$ 的垂直面圆锥方向图。

该天线在 4.9～6.5 GHz 频段内，实测 $S_{11} < -10$ dB，相对带宽为 28%，在 5.8～6.7 GHz频段内，AR≤3 dB，相对带宽为 14.4%。在 5.85 GHz，实测 $\theta = 32°$RHCP 和 LHCP 增益分别为 3.1 dBic 和 -13.2 dBic。在 6.25 GHz，实测 $\theta = 32°$RHCP 和 LHCP 增益分别为 4.9 dBic 和 -15.1 dBic。在 6.425 GHz，实测 $\theta = 32°$RHCP 和 LHCP 增益分别为 4.90 dBic 和 -12.3 dBic。

13.12　用 4 元并联矩形贴片天线阵构成的圆极化圆锥波束天线[12]

图 13.22(a)是用 4 元并联矩形贴片天线阵构成的圆极化圆锥波束天线，为了用同轴线单馈矩形贴片天线实现圆极化，除了在矩形贴片对角线上切角，还在矩形贴片的中心切割边长不相等的矩形缝隙。中心设计频率 $f_0 = 2.4$ GHz，天线阵的具体尺寸如下：$W_1 = 34$，$W_2 = 33$，$W_3 = 21.75$，$W_4 = 9.75$，$s_1 = 17.4$，$s_2 = 16$，$s_3 = 11$，$s_4 = 10$，$l_f = 31.25$，$W_f = 2.5$，$C_1 = 12$，$h = 10$，方地板边长为 300(以上参数单位均为 mm)。该天线在 2.395～2.585 GHz 频段，实测 VSWR≤2；在 2.35～2.47 GHz 频段，AR≤3 dB；图 13.22(b)、(c)是在2.45 GHz实测

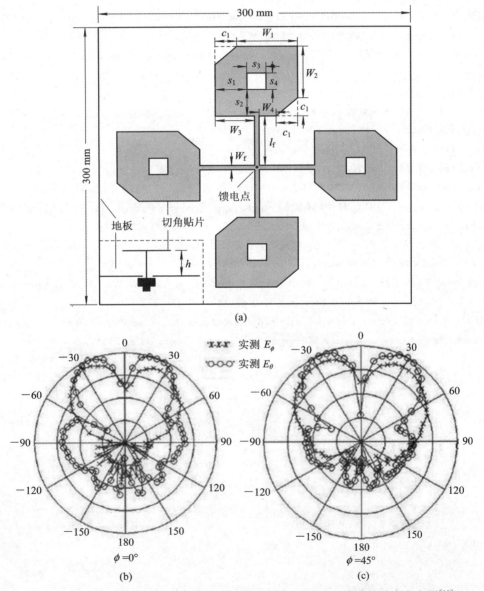

(a)

(b) $\phi = 0°$

(c) $\phi = 45°$

图 13.22　圆极化有圆锥方向图的 4 元共面并馈矩形贴片天线阵及垂直方向图[12]

(a)天馈结构；(b)$\phi = 0°$垂直面方向图；(c)$\phi = 45°$垂直面方向图

$\phi=0°$和$\phi=45°$的垂直面圆锥方向图,实测最大$G=7$ dBic。该天线阵适合短距离无线通信,特别适合蓝牙、WiFi 无线探测网络,也可以安装在天花板上,作为室内 WLAN 天线,该天线阵的圆锥形方向图不仅能节约能量,而且有利于减小共通道干扰。

参 考 文 献

[1] HAKANO H, et al. Singly-fed Patch Antenna Radiating a Circularly Polarised Conical Beam. Electronics Lett, 1990, 26(10): 638 - 639.

[2] DU Biao, YUNG E K. A Single-feed TM_{21}-Mode Circular Patch Antenna with Circular Polarization. Mircowave OPT Technol Lett, 2002, 33(3): 154 - 156.

[3] HUANG J. Circularly polarized conical patterns from circular microstrip antenna. IEEE Trans. Antennas Propag, 1984, 32(9): 991 - 994.

[4] NAKANO H, YAMAUCHI K F. A Low-Profile Conical Beam Loop Antenna with an Electromagnetically Coupled Feed System. IEEE Trans Antennas Propag, 2000, 48(12): 1864 - 1866.

[5] 美国专利. 6.339, 406 B_1

[6] TAKADA J, TANISHO A, ITO K, et al. Circularly Polarized Conical Beam Radial Line Slot Antenna. Electronics Lett, 1994, 30(21): 1729 - 1730.

[7] IEICE Trans, 1991, 74(10): 3246 - 3251.

[8] BATCHELOR J C, LANOLEY R D. Microstrip ring antennas operating at higher order modes for mobile communications. IEEE Proc Microw. Antennas Propag, 1995, 142(2): 151 - 155.

[9] GUO Yongxing, TAN D C H. Wideband Single-Feed Circularly Polarized Patch Antenna With Conical Radiation Pattern. IEEE Antennas wireless Propag Lett, 2009, 8: 924 - 926.

[10] QI S S, WU Wen, FANG D G. Singly-Fed Circularly Polarized Circular Aperture Antenna With Conical Beam. IEEE Trans Antennas Propag, 2013, 61(6): 3345 - 3349.

[11] LIN Wei, WONG Hang. Circularly Polarized Conical-Beam Antenna With Wide Bandwidth and Low Profile. IEEE Trans Antennas Propag, 2014, 62(12): 5974 - 5982.

[12] ZHOU D, et al. New Circularly-Polarised Conical-Beam Microstrip Patch Antenna Array for Short-Range Communication Systems. Microwave OPT Technol Lett, 2009, 51(1): 78 - 81.

第 14 章　移动卫通天线

14.1　车载卫通天线

陆地移动卫星通信与航空、航海卫星通信不同，由于地面树木、地形和建筑物遮挡易产生阴影，因此在这种环境下，如何使波束始终指向卫星是一项极为重要的关键技术。

车载卫通天线的工作频段，主要有 UHF、L、S、C、Ku 和 Ka 波段，天线的增益在 UHF、L、S 波段，既有全向低增益天线，又有中增益天线。使用增益低于 5 dBic 的宽波束车载卫通天线具有成本低、不用跟踪、可靠性高等优点，因而许多 BD、GPS 的卫星导航定位用户广泛采用。10～15 dBic 的中增益卫通天线，由于波束宽度比较窄，在车行驰中为了跟踪卫星，需要用机械控制和电波束控制两大类车载卫通天线，或方位面用机械控制方案。

14.1.1　车载 GPS 天线

全球定位系统 GPS 使用了位于 6 个轨道平面上的 24 颗卫星（每个轨道平面有 4 个卫星），这些轨道平面等间距相对地球的赤道面有 55° 的倾角，这些卫星的高度致使它们每 24 小时在地球表面能重复同一个轨迹，这样就能够为 GPS 用户在地面任何位置提供 5～8 个可用的卫星。每个卫星在载频 1575.42 MHz 都发射一个 RHCP 信号，再用 1 MHz 带宽独特的伪随机噪声码（PRN）调制。使用伪随机噪声码是为了识别由卫星产生的特殊 GPS 信号，再通过这些信号，利用所测量的延迟时间，至少测量出离 4 颗卫星的距离，再用三角测量技术计算出接收机的位置（经度、纬度、仰角）。在求解 x、y、z 和 t 的过程中，需要用第 4 个距离来确定精密时间的变化。标准定位业务规范的定位精度为：在水平面小于 13 m（95%），在垂直面小于 22 m（95%），在时间上小于 40 ns（95%），用差分 GPS 定位技术可以把定位精度提高到几米。

车载 GPS 天线应当紧凑、重量轻、可靠、低成本、易与汽车生产过程集成，垂直面方向图呈半球形，水平面方向图呈全向。图 14.1 是早期 GPS 天线典型的垂直面方向图。这种类型的方向图最适合安装在车顶，由于它是车的最高点，不仅提供了无阻碍的上半球空域和几乎水平的安装平

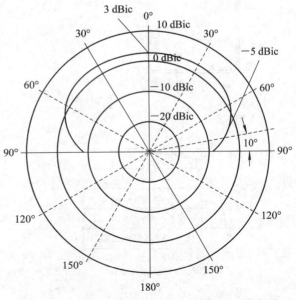

图 14.1　早期 GPS 天线典型的垂直面增益方向图

面，而且提供了相对安全的安装位置，并为维护提供了取下、装上的方便。GPS 天线不要靠近车顶边缘安装，其好处不仅可以减小边缘绕射，而且可以防止路旁的树枝挂伤天线。如果车顶有太阳顶，天线既要离开车顶，也要离开太阳顶几百毫米。

　　GPS 天线的设计过程开始是无车阶段，把天线安装在直径 1 米的地板上试验，这个阶段之后就进入了车载试验阶段，来验证天线是否满足车载性能的要求，假若天线并不满足这些要求，应重新设计研究。一般要求无源天线在天顶角方向（$\theta=0°$）的最小增益为 3 dBic，在 10°仰角（$\theta=80°$）的增益为 -5 dBic。需要在天线底部安装噪声系数约 1 dB、增益为 15～35 dB 的低噪声放大器（LNA）来补电缆损耗，以改善在接收机输入端的噪声系数。

　　图 14.2(b)是将市场上买到的 GPS L1 天线（见图 14.2(a)）安装在 70 mm 方地板上实测垂直面增益方向图。设计贴片天线还必须考虑天线罩介质加载的影响，如果把贴片天线贴附在车窗玻璃的里面，还要考虑车窗玻璃对天线的影响，通常要预留 5 MHz 的频偏。

　　在设计贴片天线（基板及贴片的形状、尺寸、馈电等）的过程中必须考虑安装贴片车顶平

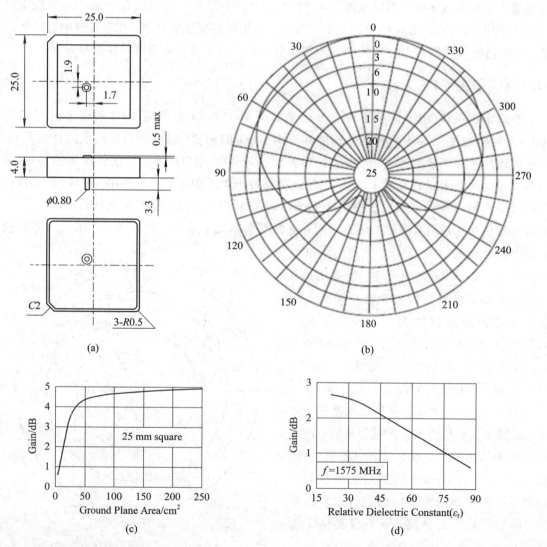

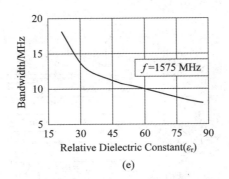

(e)

图 14.2　GPS L1 贴片天线垂直面增益方向图及不同地板尺寸、不同相对介电常数对 G、带宽的影响

(a)天馈结构；(b)垂直面增益方向图；(c)地板面积对 G 的影响；(d)G 与 ε_r 的关系曲线；

(e)带宽与 ε_r 的关系曲线

面对天线电性能的影响，因为车顶的金属板就相当是贴片的地，图 14.2(c)为不同安装地板对 25 mm GPS L1 方贴片增益的影响，由图看出，贴片天线的地变大，天线增益增大，谐振频率变高，图 14.2(d)、(e)是相对介电常数 ε_r 对贴片天线增益和带宽的影响，由图看出，ε_r 越大，不仅天线的带宽变窄，而且天线的增益减小。另外，车顶薄金属板边缘的绕射效应对低信号电平区的合成方向图有明显的影响(以波动方向图的形式叠加在天线的方向图上)，如果把贴片天线安装在倾斜的平面上还会使天线的方向图在倾斜平面的方向上倾斜。在最终设计和试用阶段都必须考虑这些和车体其他部分对车载天线的影响。贴片天线的接收信号在进入 LNA 电路之前，把贴片天线窄的阻抗带宽作为有效的滤波器来阻塞射频噪声和电磁干扰。

该天线的电气机械性能如下：

- 接收频率范围：$f=1575.42\pm1.023$ MHz；
- 中心频率：$f_0=1580.5$ MHz(70 mm² 地板)；
- 阻抗带宽：VSWR$\leqslant$2，最小 9 MHz；
- 尺寸：长×宽×高=25×25×4.5 mm³；
- G：天顶角 $G_{max}=5$ dBic，10°仰角，$G=-3$ dBic；
- 频率、温度系数：0$\pm$20 ppm/℃ max；
- 工作温度：-40 ℃～$+105$ ℃；
- 存储温度：-40 ℃～$+105$ ℃。

14.1.2　机械控制车载卫通天线阵

图 14.3(a)是由 8 个螺旋天线构成的机械控制车载卫通天线，天线的直径为 600 mm，高 350 mm，重 1.5 kg，系统增益 15 dBic。整个天线由 2×4 个螺旋天线组成，在中心频率 1545 MHz构成方位面和俯仰面 HPBW 分别为 21°和 39°的扇形波束。由于指向卫星的仰角并不随方位角变化，所以通过开关 PIN 二极管移相器使天线波束在两个方位方向改变，利用在两个方位接收信号之差来驱动天线指向卫星。机械控制车载卫通天线采用由图 14.3(b)所示方框图组成的闭环跟踪系统。为了得到天线电轴和卫星之间的角度差，采用改变波束方向的单通道跟踪系统。

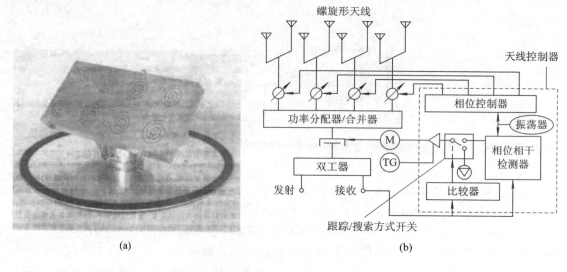

图 14.3　机械控制车载卫通天线阵和控制方框图

(a) 天线阵；(b) 控制方框图

14.1.3　相控车载卫通天线阵

机械控制车载卫通天线阵虽然具有宽波束和相对低成本的优点，但对小车应用仍然具有尺寸大、跟踪速度慢的缺点。对于小车和大多数车载卫通的用户，宜用相控车载卫通天线阵。

1. L 波段 12 元相控车载卫通天线阵[1][2]

图 14.4 是多层 12 元车载相阵天线，由图看出，辐射单元由缝隙耦合层叠圆贴片组成。为了实现圆极化，采用带有缺口、耳朵能产生兼并模的单馈圆贴片天线。为了低成本，上、下圆贴片天线均用低成本厚度很薄 $\varepsilon_r = 4.7$ 的分层环氧树脂板。表 14.1 为单元天馈的尺寸。

把基板的顶面作为地并切割耦合缝隙，底面为功分器、移相器和直流偏压线及波束形成网络。上、下贴片的尺寸稍微不同是为了实现更好的轴比。

表 14.1　单元天馈的尺寸

上贴片	下贴片	馈电基板及地板上的缝隙
直径：78 mm 高：4 mm(泡沫) 缺口和耳朵： $\Delta S^+ = 12.35\ mm \times 12.35\ mm$ $\Delta S^- = 12.35\ mm \times 12.35\ mm$	直径：79 mm 高：10 mm(泡沫) 缺口和耳朵： $\Delta S^+ = 10\ mm \times 7mm$ $\Delta S^- = 10.2\ mm \times 10.2\ mm$	$\varepsilon_r = 3.62$ 厚：0.76 mm 馈线开路，短路支节的长度：13 mm 缝长×宽：50 mm×4.5 mm

12 个辐射单元分布在中心为 4 个、外面为 8 个的两个环上，贴片配置不仅要相当紧凑，而且要留出足够的空间，以避免造成大的互耦，内环圆的半径为 66.5 mm，为 1.6 GHz 的 0.355λ，外环圆的半径为 152mm，为 1.6 GHz 的 0.811λ，包含容纳直流偏压线及边缘在内，天线的外直径为 460 mm(2.45λ)。

波束形成网络由两级 2 路功分器和与它相连的 3 路功分器组成。等效有 12 路并联功分

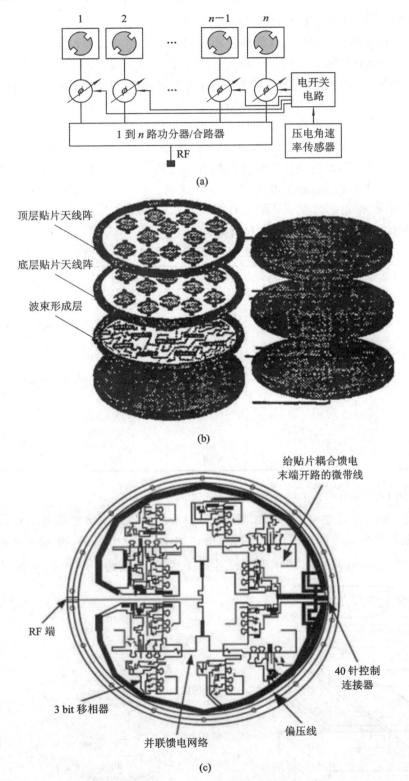

图 14.4 12 元车载相阵天线[1][2]

(a)组成方框图;(b)天馈结构;(c)波束形成网络

器/合成器网络，以便通过地板上的缝隙耦合给 12 个贴片馈电。12 个 3 bit 移相器(包含一个 180°开关线型移相器和 45°、90°负载线型移相器)位于 12 路功分器的输出端。天线阵的直径为 460 mm，高 40 mm，重 2.5 kg。

移相器模块采用 LC 补偿 PIN 二极管开关(选用 philips 型号为 BA682，且在 500 MHz 表面安装的开关二极管)。这种二极管在导通状态下，只有小于 1 Ω 的串联电阻，呈现相当好的短路；在关闭状态下，二极管呈现大的杂散容抗，呈现好的开路。在 1.6 GHz，杂散容抗把二极管两端的隔离度降低约 4 dB，特别适合 L 波段使用。在整个工作频段内，补偿二极管隔离度至少有 20 dB，因此使用 LC 补偿二极管移相器带来相当好的性能。二极管正反向工作状态分别用直流 +5 V、10 mA 电流和 -15 V 供电。一个 3 bit 移相器只需要 7 个二极管。

在波束指向 50°仰角的情况下，在 1.42~1.75 GHz 频段，实测 $S_{11} \leqslant -10$ dB 的相对带宽为 20.8%，其他主要实测电参数如表 14.2 所示。

表 14.2　12 元相阵天线主要实测电参数

f/MHz	仰角	G_{max}/dBic	HPBW/(°)	SLL/dB	AR/dB	波束误差
	90°	18			2	2°
	70°	14.9	62°	−11	3.1	3°
1.55	50°	12.5	36°	−7.5	4.1	4°
	30°	8.7	30°	−6	5.8	10°
	90°	18			2	2°
	70°	14.5	62°	−14	3.5	3°
1.65	50°	12.2	36°	−9	4.5	3°
	30°	8.9	30°	−5	5.9	10°

扫描角：方位 1°~360°，俯仰 30°~70°。

相阵天线的辐射单元也可以采用如图 14.5(a)所示的缝隙耦合圆贴片天线。天线阵仍然由半径为 d 的 N 个单元等间距的两层圆阵组成。如图 14.5(b)所示，里层 4 单元圆阵的半径为 $d_1 = \sqrt{2}a = 66.5$ mm(其中 a 是单元圆贴片的半径)，角度为：$\phi_{11} = 45°$，$\phi_{12} = 135°$，$\phi_{13} =$

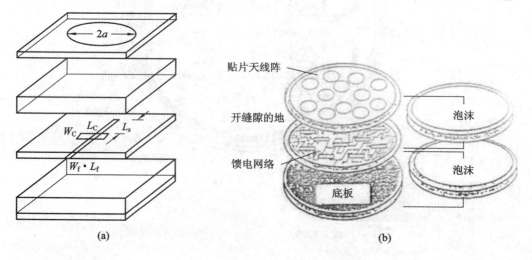

(a)　　　　　　　　　　　　　　　(b)

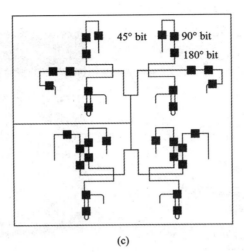

(c)

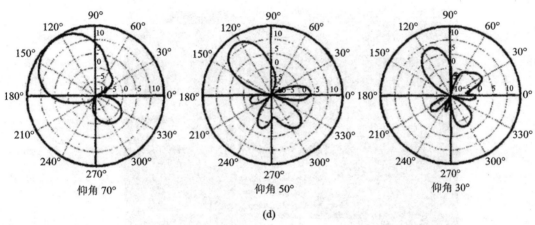

(d)

图 14.5　12 元相阵天线、波束形成网络和不同仰角实测垂直面增益方向图[1][2]

(a)单元天馈结构；(b)天线阵结构；(c)波束形成网络；(d)不同仰角的垂直面增益方向图

$225°$，$\phi_{14}=315°$。外层 8 单元的半径为 $d_2=152$ mm，角度为：$\phi_{21}=22.5°$，$\phi_{22}=67.5°$，$\phi_{23}=112.5°$，$\phi_{24}=157.5°$，$\phi_{25}=202.5°$，$\phi_{26}=247.5°$，$\phi_{27}=292.5°$，$\phi_{28}=337.5°$。图 14.5(c)是天线阵包含 3 bit 45°、90°和 180°移相器的波束形成网络，其中用黑方框表示移相器。

在 1.55~1.66 GHz 频段，该天线阵实测 $S_{11}<-18$ dB，图 14.5(d)是该天线阵在 1.55 GHz 分别实测 70°、50°和 30°仰角的垂直面增益方向图，由图看出，仰角 70°、50°和 30°的最大增益分别为 14.9 dBic、12.5 dBic 和 8.7 dBic。

2. L 波段 19 元车载层叠圆贴片天线阵[3][4]

图 14.6(a)、(b)是由缝隙耦合层叠圆贴片天线构成的 L 波段相阵天线，除呈三角布阵的辐射单元外，还有 18 个数字移相器、19 路功分器/合成器和驱动移相器的电路。功分器采用微带 Wilkinson 功分器，移相器采用 3 bit 数字移相器，其中 180°和 90°采用反射型移相器，45°采用负载线型移相器。图 14.6(c)是用印刷电路制造的馈电网络和移相器，图 14.7 是相阵天线的组成方框图。该相阵天线的主要电性能如表 14.3 所示。

用图 14.8(a)、(b)所示层叠双馈圆贴片和 4 馈正交缝隙天线，也可以构成如图 14.8(c)

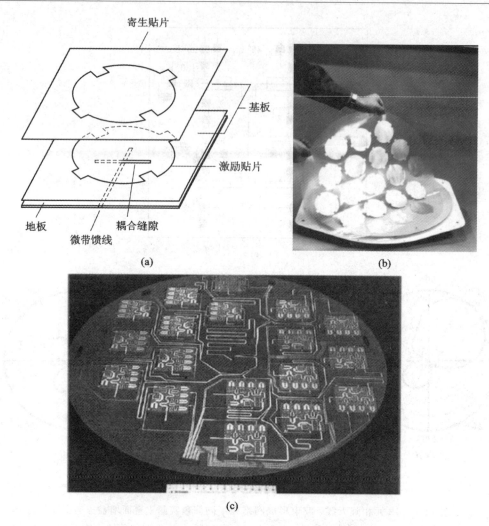

图 14.6　19 元圆贴片相阵天线及馈电网络和移相器[3][4]

（a）单元天馈结构；（b）天线阵照片；（c）馈电网络和移相器

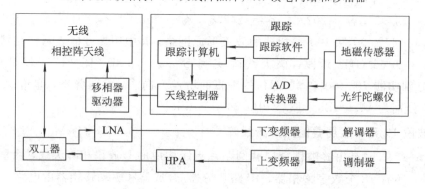

图 14.7　车载相控阵天线组成方框图[3][4]

所示 19 元直径为 559 mm($2.98\lambda_0$)，高 25.4 mm($0.136\lambda_0$)的 L 波段相阵车载天线。该天线阵用 19 路不等功分器与 19 个辐射单元相连，用不等功分器是为了实现低副瓣。除中心单元不用移相器外，共用了 18 个 3 bit PIN 二级管移相器。图 14.8(c)、(d)是 19 元双层圆贴片车

表 14.3 L 波段 19 元层叠圆贴片相阵天线主要电性能

工作频率范围	Rx：1530～1559 MHz Tx：1626.5～1660.5 MHz
极化	LHCP
扫描角度	俯仰：30°～90°，方位：0～360°
增益	$G=18$ dBic(仰角 90°) $G=10$ dBic(仰角 30°)
轴比	4 dB(仰角 30°)
体积	$\phi=600$ mm×40 mm(高)

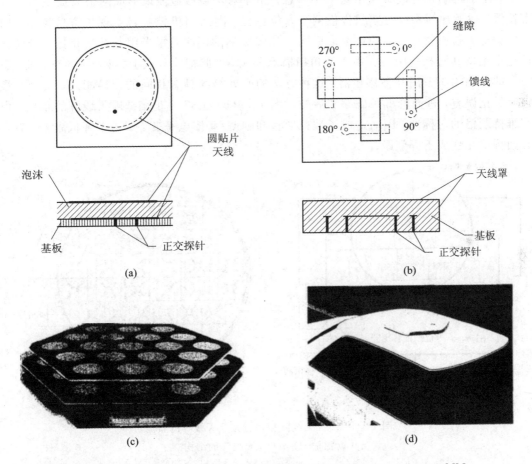

图 14.8 由层叠双馈圆贴片和正交缝隙单元天线构成的 19 元相阵天线[3][4]

(a) 层叠双馈圆贴片天线；(b) 正交缝隙天线；(c) 19 元层叠圆贴片天线阵；(d) 车载相阵天线

载相阵天线及安装在车顶上的照片。单元层叠圆贴片和正交缝隙天线的 HPBW 分别为 90°和 140°，可见正交缝隙天线比层叠圆贴片天线好，不仅轮廓低、波束宽，而且允许阵波束在俯仰面扫描。相阵天线的主要电参数如下：

方向图：方位面 360°；俯仰面：20°～60°；

增益：$G_{min}=10$ dBic；

轴比：$AR_{max} = 4$ dB；

半功率波束宽度：$HPBW_A = 25°$，$HPBW_E = 35°$；

SLL：-16 dB。

3. L 波段车载混合扫描共形平面卫通天线阵

对 L 波段车载卫通天线的要求：① 工作频段：接收 1.535 GHz，发射 1.660 GHz；② 在 $20°\sim70°$仰角和 $360°$水平面，天线的最小增益不低于 12 dBic；③ 极化：RHCP；由于天线要安装在车顶上，所以用 1016 mm×1270 mm 的金属板来模拟车顶的环境。

为实现上述指标，采用由 32 元正交缝隙组成的直径为 680 mm（$3.66\lambda_0$）、高 38 mm（$0.2\lambda_0$）的圆形天线阵，为了降低成本，移相器要少，如图 14.9（a）所示，不是给每单元都接移相器，而是将单元分成组只用几个移相器。由于对增益覆盖波束形成网络只提供两个仰角波束位置，对顺序瓣跟踪方案只提供两个方位位置，因而用机械旋转实现了方位覆盖，因此对顺序瓣把方位扫描（$\pm4°$）的波束形成网络分成对称的两半，每半用互补移相器，以便在扫描过程中维持共同相位中心。由于仰角扫描范围大，因此把阵分成上、下、中 3 行，上、下行以中间的移相为参考用互补移相器，这种方法的好处是既具有相同的扫描能力，又具有最小的口面量化误差，进而降低了副瓣和后瓣。图 14.9（b）是 32 元正交缝隙天线阵的布局，由于没有维持严格的对称性，因而造成了波束形状和副瓣/后瓣电平变差，为了降低副瓣，有意把中心两行单元变成不等间距。

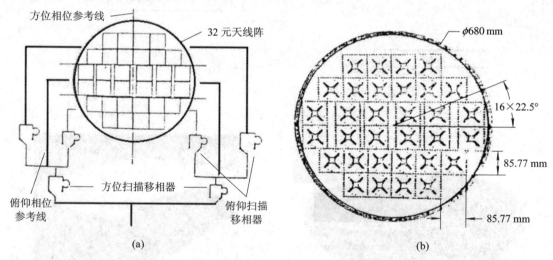

图 14.9　32 元天线阵扫描方案及天线阵的布局
（a）扫描方案；（b）天线阵的结构

4. L 波段 32 元共形卫通车载相阵天线

中心工作频率 $f_0 = 1595$ MHz、相对带宽为 8% 的 L 波段车载卫通天线的关键技术是实现相对高增益和宽的扫描范围。为实现宽的扫描范围，在 $\phi = 90°$平面，采用非平面（共形）辐射单元来展宽天线的波束宽度，使其达到 $40°$。为了实现至少 20 dBic 大的天线增益，采用如图 14.10（a）所示的 32 元层叠口面耦合贴片天线，用 $90°$双分支线定向耦合器双馈实现圆极化。为了在 $\phi = 90°$平面电扫，采用了如图 14.10（b）所示波束形成网络。为了使副瓣电平低于 -30 dB，幅度分布采用变形泰勒分布，为实现这种分布，在 8 行辐射子阵的输入端采用级联不等 Wilkinson 功分器。波束形成网络除不等功分器外，还包含 8 个 1 分 4 等功分器和 8 个 4 bit(22.5°，45°，90°，180°)移相器和控制单元，允许相位以 22.5°为步长，由 0°变化到 337.5°。波束形成网络的插损如下：1∶8 功分器 0.5 dB，1∶4 功分器 0.3 dB，移相器 2.3 dB，电缆损耗 0.2 dB，总损耗 3.3 dB。

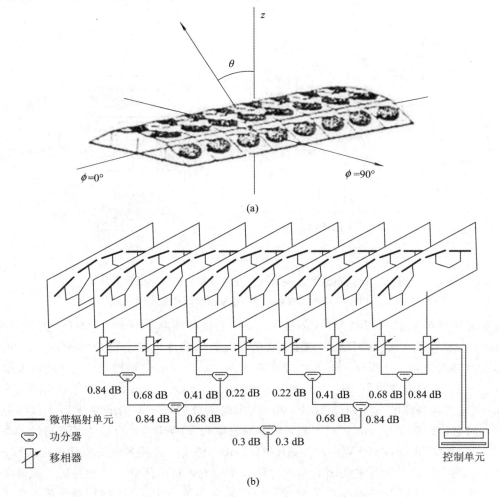

图 14.10　32 元共形天线阵及波束形成网络
(a) 共形天线阵；(b) 波束形成网络

14.1.4　L 波段波束切换卫通车载天线阵

1. 8 元波束切换卫通天线阵

直接接收卫星广播电视车载天线的增益应不低于 20 dBic，大的天线增益必然导致地面天线窄的波束宽度，由于需要动中通，因而存在很难对准卫星的缺点。为了使波束精确指向卫星，需要采用好的跟踪系统。机动的卫星跟踪系统是固定的电跟踪系统，用波束切换或相阵天线也能实现这种系统。

在比较低的微波频段，例如 L 或 S 波段，选用低成本基板、低成本开关二极管，用印刷电路技术制造平面天线阵，能明显地降低切换波束或相阵天线的成本。

　　图 14.11(a)是 8 元波束切换天线阵的组成方框图,由图看出,该系统由天线、90°定向耦合器、1 bit 移相器和开关组成。馈电网络的功能就是为面向卫星的两个相邻辐射单元提供合适的激励幅度和相位。由于用 2 单元相控阵子阵,相对子阵的轴线就能产生左、中、右 3 个独立的波束,这样整个天线阵就能提供 24 个独立的天线波束。

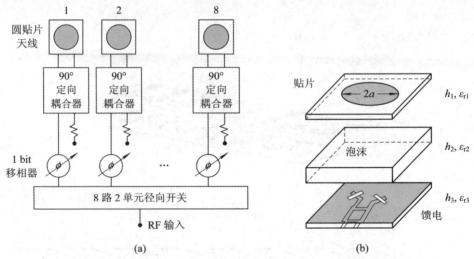

(a)　　　　　　　　　　　　　　(b)

图 14.11　8 元波束切换天线阵及缝隙耦合圆极化贴片天线
(a) 8 元波束切换天线阵;(b) 缝隙耦合圆极化贴片天线

　　由于天线阵在 1545~1661 MHz 频段工作,中心设计频率 $f_0 = 1600$ MHz,为了实现 7% 的相对带宽,采用图 14.11(b)所示双馈缝隙耦合圆极化贴片天线。直径 $2a = 84$ mm 的圆贴片和馈电网络用相同的基板($\varepsilon_{r1} = \varepsilon_{r3} = 2.21$, $h_1 = h_3 = 0.785$ mm)制造,它们之间插入厚 $h_2 = 9$ mm, $\varepsilon_{r2} = 1.07$ 的泡沫。位于地板上两个尺寸为 39 mm×4 mm 的矩形缝隙相距 25 mm。分支线 90°定向耦合器的带宽超过 10%,用 90°定向耦合器输出端的开路支节通过缝隙给圆贴片耦合馈电,支节长 10 mm。经实测,基本辐射单元 VSWR≤2 的相对带宽超过 10%,在 1.6 GHz, $G = 9.5$ dBic, HPBW=64°, AR=1.2 dB。图 14.12 是 8 元波束切换天线阵、移相器及开关。用 2 单元径向开关关闭 8 单元中的 6 个单元,只让其中 2 单元导通。该开关由同轴线内导体、带有并联开关的 8 根微带线及位于输出端的 8 个 1 bit 移相器组成。为了阻抗

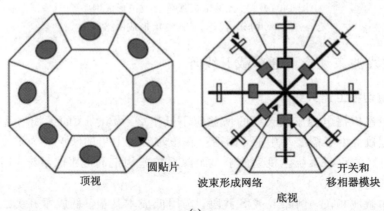

(a)

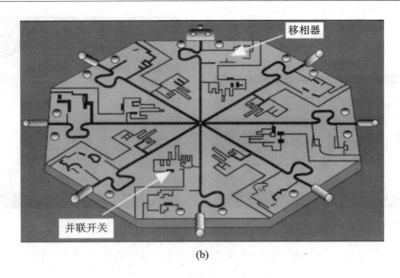

(b)

图 14.12 8 元波束切换相阵天线

(a) 天馈系统;(b) 8 个 1 bit 移相器及开关

匹配,微带线由特性阻抗为 70.7 Ω 的 λ/4 长阻抗变换段和特性阻抗为 50 Ω 的微带线组成。

并联开关采用了低成本 UHF 频段带 LC 补偿网络的 philips BA862 PIN 二极管,图 14.13(a) 为开关的实际电路,图 14.13(b) 为 1 bit 负载线移相器。用 LC 补偿网络消除了在反向偏压状态下的杂散容抗,改进了隔离度。计算结果表明,1 bit 移相器的相位为 54°,选用有两个插损小于 0.2 dB 的 BA862 二极管负载线移相器。正向偏压用直流 +5 V,10 mA 电流,反向用 −15 V 电压。

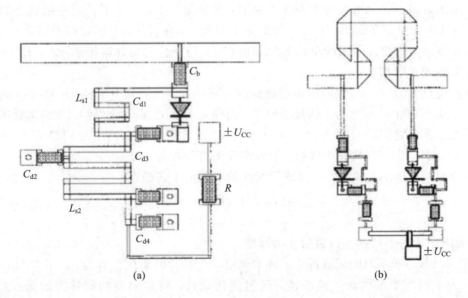

图 14.13 并联开关及移相器

(a) 并联开关;(b) 移相器

图 14.14 是 8 元切换波束天线阵及波束形成网络的照片,RF 信号通过电缆、3 dB 分支线定向耦合器的输入端与 1 bit 移相器相连,移相器的输出端与径向开关的输出端相连,开关

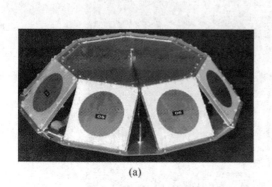 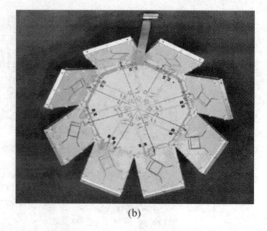

(a)　　　　　　　　　　　　　　　　(b)

图 14.14　8 元切换波束天线阵的照片

（a）天线阵；（b）波束形成网络

通过 17 芯电缆及合适的顺序电压用电驱动。

实测结果表明，在 360°方位面和 30°～70°的仰角范围内，天线的最小增益为 7 dBic。

2. 12 元低成本波束切换车载卫通天线阵[5]

对于 L 波段（1.54 GHz～1.66 GHz）车载卫通天线，要求其不仅成本低，天线与小车车顶共形，而且在 360°方位面，30°～70°仰角天线的最小增益要大于 7 dBic。

为了实现低成本，不用相控阵方案，而用波束切换方案。为了实现所要求的增益，采用如图 14.15（a）、（b）所示的由 12 个圆贴片构成的双圆天线阵和如图 14.15（c）所示的波束形成网络。由图看出，12 元天线分布在 4 个象限，每象限 3 个，为了不让每象限边缘的天线增益下降，将 3 单元呈三角配置，且每象限的 3 个天线中，单元 2# 加固定移相器 ψ_2，单元 3#加固定移相器 ψ_3，再把 3 个天线单元 1#、2# 和 3# 与一分三功分器相连，最后用 1～4 开关把位于 4 象限的天线相连。

基本辐射单元为图 14.15（a）所示的缝隙耦合圆贴片天线，其中半径 $a=43$ mm 的圆贴片是用厚 $h_1=0.076$ mm、$\varepsilon_{r1}=4.7$ 的基板制造，用厚 $h_3=0.76$ mm，$\varepsilon_{r3}=3.02$ 的基板制造馈电网络，其中地板上缝隙的尺寸为 40 mm×8 mm，圆贴片和馈电网络之间填充 $h_2=5$ mm，$\varepsilon_{r2}=1.07$ 的泡沫，由于用低介电常数，所以贴片的直径接近 $\lambda/2$。

为了使圆天线阵的互耦最小，双圆天线阵的半径由下式确定

$$a_1 \geqslant \sqrt{2}(a+1.2h_1) = 0.75\lambda \tag{14.1}$$

$$a_2 = a_1 + 0.5\lambda = 1.3\lambda \tag{14.2}$$

式中，a 为圆贴片的半径；h_1 为圆贴片的厚度。

在图 14.15（a）所示双圆天线阵中，每个象限 3 个贴片的角度位置为：$\psi_1=45°$，$\psi_2=26°$，$\psi_3=72°$，为了得到更好的天线阵性能，经过优化设计，将移相器的相移固定为：$\psi_2=34°$，$\psi_3=204°$。图 14.15（d）是单元天线 G 的频率特性曲线，由图看出，在频段内，最小增益为 9 dBic。图 14.15（e）是在 0°、22.5°、45°、57.5°和 90°方位面天线阵增益随仰角的变化曲线，由图看出，在 30°～70°仰角，$G=10$ dBic，扣除 1 dB 插损，增益变为 9 dBic，因此在最坏情况下，完全能实现 7 dBic 最小增益。

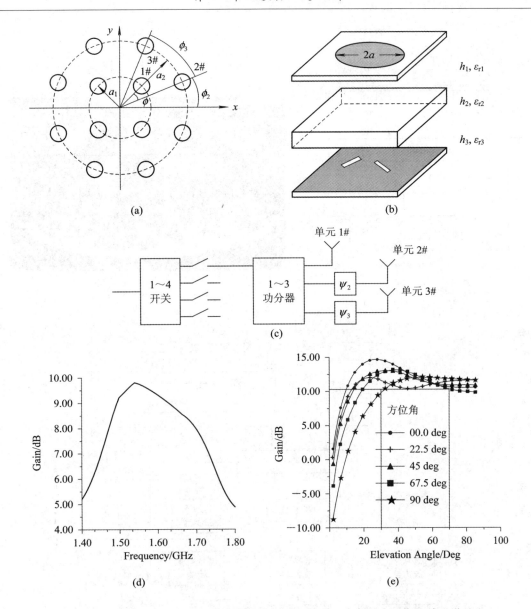

图 14.15　由缝隙耦合双圆贴片构成的双环圆天线阵、波束形成网络及单元增益和
阵增益分别随频率和仰角的变化曲线

(a) 双圆天线阵；(b) 缝隙耦合双馈圆贴片天线；(c) 波束形成网络；

(d) 单元天线 G-f 特性曲线；(e) 不同方位角天线阵增益随仰角的变化曲线

3. 电波束可控 6 元球阵车载卫通天线

图 14.16(a)、(b) 是 L 波段电波束可控 6 元球阵车载卫星天线阵的组成及照片。图 14.16(b) 是电波束可控方框图。由图看出，整个系统由等间距配置在球面上的 6 元层叠双馈圆贴片天线阵、开关电路和控制器组成。开关电路由两个单刀 3 掷（SP-3T）开关和一个双刀双掷（DP-DT）开关组成。俯仰面不控制波束，方位面需要用开关切换波束指向卫星。该系统把球面上的 6 个天线分成两组，球面上的 1、3、5 三个天线为一组，2、4、6 三个天线为另一组。3 个天线均与 SP-3T 开关相连，通过 DP-DT 开关，可以获得卫星通信天线上的

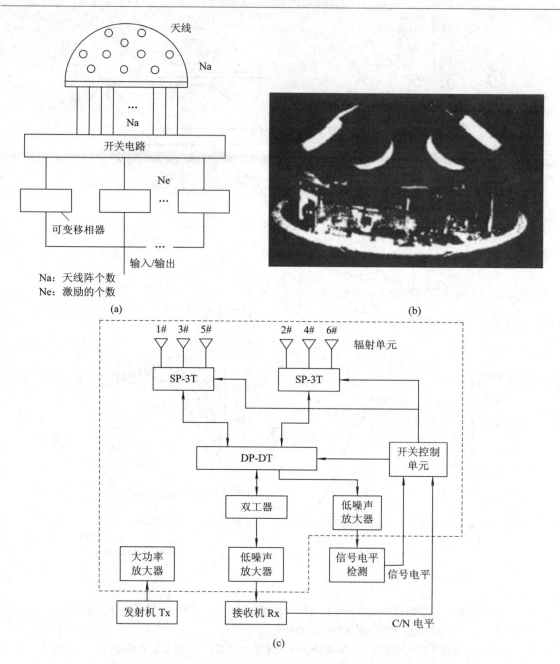

图 14.16 波束切换 6 元球阵和波束可控方框图[5]
(a)组成;(b)照片;(c)波束可控方框图

信号,也可以获得相邻单元上的接收信号。为了挑选接收最大信号电平的天线单元,系统始终把相邻两个天线单元接收的信号电平与正在使用的一个天线单元的接收信号电平加以比较,当正在使用的天线单元接收到的信/噪比(C/N)电平低于门限值,系统就切换到高信号电平的天线单元上。图中点划线中的位于车顶,其余位于车内。天线阵的尺寸为:直径 400 mm,高 200 mm,相对带宽为 8%,实测 AR≤3 dB,VSWR≤1.4,$G=8.5\pm0.3$ dBic,开关电路的总插损小于 1.6 dB。实测表明 6 元球阵在 20°～60°仰角覆盖角域内,能实现 7 dBic 最小覆盖增益。

在不增加辐射单元数目的情况下，为了增加最小覆盖增益，把激励单元由一单元变成两单元，而且给激励单元附加了 2 bit 45°，90°数字移相器。使天线阵既是切换单元阵，又是相控阵。利用第一个功能实现了宽角扫描，利用第二个功能增加了相邻波束之间的重叠，用 2 单元就能实现 7 个波束，用 6 单元就能实现 42 个波束。用带移相器的 2 单元激励源，相对单元激励源来说，最小覆盖增益提高 2.1~2.4 dBic，扣除 2 bit 移相器的插损 0.5 dB，天线增益实际改善 1.7 dBic。

14.1.5　S 波段车载波束切换卫通天线阵[6][7]

在 S 波段，卫星为移动通信提供了更大的市场，不仅可以传送视频、数据，而且可以传送图像；不仅可以民用，而且可以军用；不仅可以手持，也可以车载、船载和机载；不仅可以用于通信、广播，而且可以用于导航定位。南北美洲、欧洲、韩国、日本和中国都已使用了 S 波段卫星。

基于机械控制的车载卫通天线，不仅笨重，而且由于其使用电机，所以跟踪速度慢，消耗的功率大。另一类是用电控平面相控阵天线，虽然跟踪速度快，但需要大量的移相器，不仅成本高，而且技术复杂。另外一种可靠性高、重量轻、低轮廓车载卫通天线是用 GPS 接收机或陀螺仪传感器作为卫星跟踪程序，通过控制单元控制开关电路，不用移相器切换波束就能跟踪卫星，图 14.17(a)为系统方框图，表 14.4 为 S 波段波束切换天线阵的电指标，表14.5 为链路预算。

表 14.4　S 波段波束切换天线阵的电指标

工作频率范围	Tx：2655.5~2658.0 MHz Rx：2500.5~2503.0 MHz
极化	LHCP
仰角(EL)	48°±10°
方位(Az)	0~360°
最小增益	5 dBic
最大轴比	3 dB
最大隔离度	20 dB

表 14.5　链路预算

参数	上行		参数	下行	
f/GHz	2.675		f/GHz	2.5025	
Tx 功率/W	1.00	地面站	Tx 功率/W	40.00	卫星
Tx EIRP/dBW	20.90		Tx EIRP/dBW	55.02	
接收电平/dBW	−172.48		接收电平/dBW	−137.91	
卫星天线增益/dBic	25.00		车载天线增益/dBic	5.00	
卫星 G/T(dB/K)	−8.4	卫星	馈线损耗/dB	1.7	车台
C/N_0(dBHz)	47.72		跟踪损耗/dB	3.00	
			车载 G/T(dB/K)	−22.92	
			C/N_0(dBHz)	64.77	

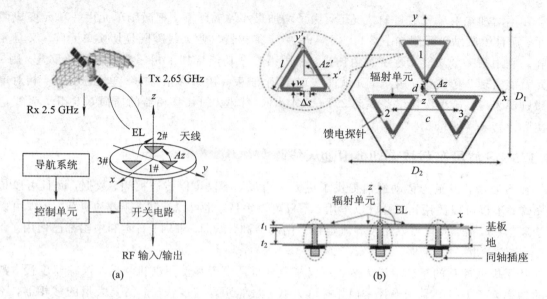

图 14.17　波束切换三角微带线天线阵[6][7]

(a) 波束切换系统；(b) 天线阵

图 14.17(b)是用同轴线馈电，位于地板上由园头三角微带线构成的圆极化天线。把三角形的顶点变成圆头，不仅能确保线上电流均匀分布，而且避免了顶点的阻抗失配。之所以用长度为 l、宽度为 w 的等边三角形，不仅因为三角形结构简单、容易制造，而且通过改变一个边上间隙的宽度及三角形的周长能极容易控制线上的电流分布。为了确保有较高的增益和实现圆极化，整个天线由一边有间隙 ΔS 的 3 单元三角形贴片组阵。每个单元相对阵中心顺序旋转 120°，以便使 3 单元有间隙的边都朝外。

用厚 $t_1 = 1.27$ mm，$\varepsilon_r = 9.8$ 的基板制造边长 $l = 40.5$ mm，宽 $w = 3$ mm，间隙 $\Delta S = 3$ mm 的三角微带线天线，该天线的周长为 $3l - \Delta s$。三角顶点与阵中心的间距 $d = 12$ mm，两个三角微带线天线形心的间距 $C = \sqrt{3}\left(\dfrac{d+1}{\sqrt{3}}\right)$，基板为六边形，长、短对角线的长度分别为 $D_2 = 140$ mm，$D_1 = 120$ mm，地板的尺寸为 200 mm×200 mm。天线与地板之间的空气层 $t_2 = 14$ mm。

把 3 功分器和双刀三掷(DP3T)开关电路安装在天线阵的背面，在 2.5 GHz，实测插损 0.8 dB，隔离度超过 −35 dB。

实测单元天线 90° 仰角的增益为 7 dBic，AR = 1.6 dB。用 PIN 二极管开关电路依次断开 1～3 个辐射单元来实现波束切换。假定把 2# 单元断开(接 50 Ω 负载)，由 1# 和 3# 单元构成的波束方向位于方位面 120°，假定把 3# 单元断开，波束方向位于方位面 240°，天线增益均为 6.6 dBic，最大 AR 为 2.9 dB。

图 14.18(a)是用 0.8 mm 厚，$\varepsilon_r = 2.17$ 基板印刷制造的另一种波束切换三角贴片天线阵的结构和尺寸，与图 14.17(b)不同，除了附加寄生单元外，馈电单元和寄生单元之间的空气层只有 4 mm 厚，而且基本单元由三角环变成了三角贴片。图 14.18(b)是把 1# 单元断开，波束指向 0° 方位面，把 2#、3# 单元断开，波束分别指向方位面 120° 和 240°。G 和 AR 随仰角(EL)的变化曲线，在 38°～58° 的仰角范围内，$G > 5.2$ dBic，在 EL = 48°，$G = 6.6$ dBic，

AR＝1.2 dB。

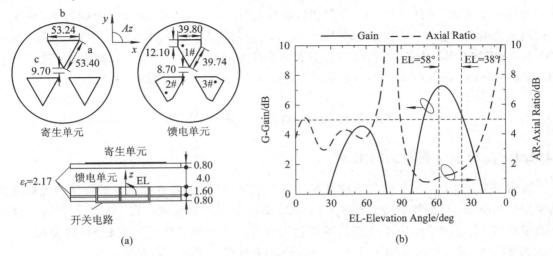

(a)

(b)

图 14.18 波束切换三角贴片天线阵及 G、AR 随俯仰的变化曲线

(a) 天线阵；(b) G、AR 随仰角 EL 的变化曲线

为了实现表 14.4 中 S 波段波束切换卫通天线的电气指标要求，还可以用 $h_1 = h_2 =$ 0.8 mm，$\varepsilon_r = 2.17$ 基板制造的用宽度为 W_s 微带线给等边三角形贴片馈电构成的如图 14.19 (a) 所示的 Tx 和 Rx 基本辐射单元和如图 14.19(b) 所示的由基本辐射单元构成的天线阵[8]。由图看出，用分支微带线的长度差 $\lambda_g/4$ 实现了 LHCP，线的具体尺寸为：$l_s = 5$ mm，$l_d =$ 11 mm，$l_{d1} = 4$ mm，$l_c = 5$ mm，$l_m = 2$ mm，$l_{st} = 11$ mm，为了实现最佳阻抗匹配，分支微带线的长度，对 Rx：$l_e = 14$ mm，对 Tx：$l_e = 10$ mm；输入微带线的宽度，对 Rx：$W_s = 4.7$mm，

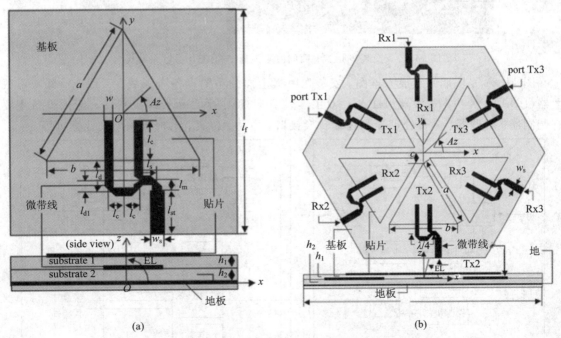

(a)

(b)

图 14.19 S 波段微带线耦合馈电三角贴片天线及天线阵[8]

(a) 单元天线；(b) 天线阵

对 Tx：$W_s=4$ mm，贴片的边长，对 Rx：$a=b=52.5$ mm，对 Tx：$a=b=49.4$ mm。

单元天线在 $\phi=0°$ 和 90°平面，实测和仿真垂直面 5 dBic 增益波束宽度分别为 60°和 52°，3 dB 轴比波束宽度在 $\phi=0°$ 和 $\phi=90°$ 的相对带宽分别为 25% 和 11.8%。图 14.19(b)所示 Tx、Rx 天线阵布局占据的空间最小。贴片顶点到圆点的距离 C 不同，3 dB 轴比波束宽度就不同，当 $C=2$ mm、10 mm 和 20 mm 的情况下，3 dB AR 波束宽度分别为 110°、140°和 130°。

14.2　舰船海事卫通天线[9]

14.2.1　海事卫星舰船站的组成

海事卫星舰船站 A、B 和 F 系统基本相同，特别是天线的特性相同。最典型的舰船地面站采用结构简单、口面效率高、增益为 20～23 dBic 的反射面天线。图 14.20 是安装在舰船上面反射面天线的照片，由于舰船的不断摇摆及天线半功率波束宽度比较窄（典型为 10°），因此必须附加 4 轴（x，y，方位（Az），俯仰（EL））稳定平台及卫星跟踪系统。

图 14.20　安装在舰船上面的海事卫通 A 系统及反射面天线

图 14.21 是舰船站组成方框图，安装在甲板上面的主要设备有天线、天线座、低噪声放大器（LNA）、大功率放大器（HPA）、双工器（DIP）、稳定平台和天线控制仪。船内设备主要有调制器、解调器、基带处理器和终端转换接口、电话、传真、电报机和个人计算机等。

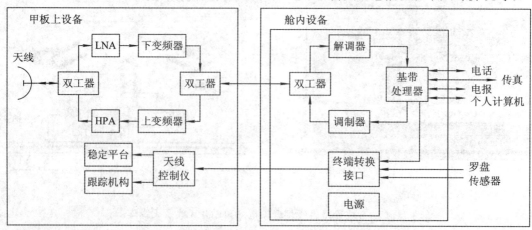

(a)

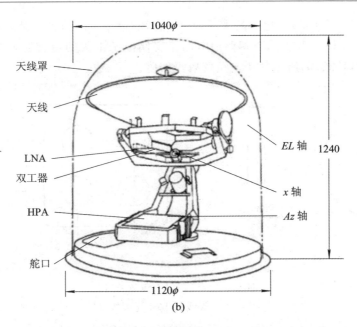

图 14.21　海事卫星舰船站组成方框图及 3 轴天线系统

(a)舰船站卫通设备组成方框图；(b) 3 轴天线系统

安装在 x、y 轴上稳定天线的平台靠控制 x、y 轴的运动来获得稳定的水平面，再控制方位和俯仰轴，使位于稳定平台上的天线直接指向卫星。

这种 xy 轴稳定平台需要使用带有伺服马达的天线座控制电路来控制 xy 轴运动，还需要用传感器，例如加速度仪、速率传感器和水平传感器来提供有关舰船航行的信息。图 14.21(b)是有 3 轴海事卫星舰船站的天线系统。

14.2.2　舰船站 L 波段海事卫通天线[10]

L 波段海事卫星的工作频率范围：上行(舰对卫星)为 1636.5～1644 MHz，下行(卫星对舰)为 1535～1542.5 MHz，上下行均为 RHCP。

舰船站卫通天线，按照天线增益的大小分成 4 类：

(1)低增益天线：0～10 dBic；

(2)中增益天线：10～16 dBic，(A)；

(3)中增益天线：10～20 dBic，(B)；

(4)高增益天线：≥20 dBic。

0～16 dBic 的低和中增益天线属比较经济的天线，主要用于电报、遇险救生、导航等低速通信业务。(3)、(4)类中、高增益天线主要用于电话、数据、电报。

中增益舰船天线使用 10～20 dBic 大的天线增益和低于 −18 dB 的低副瓣天线。用什么样的天线，还要考虑电波传播和舰船横摇的影响。为了减小深的电波衰落，应使用窄波束和低副瓣天线，为了减小舰船横摇的影响，天线的波束宽度应适当宽一些。

卫星信号通过电离层极化平面会旋转，为了减小这种法拉弟旋转，卫通天线应采用圆极化。把反射面作为舰船卫通天线，虽具有高增益的优点，但需要复杂的稳定平台和大尺寸。

中增益天线应采用结构简单、紧凑、相对窄波束和低副瓣的短背射天线。图 14.22(a)是

由直径 $D=2\lambda_0$，带 $H=0.5\lambda_0$ 边环的大反射器、直径 $S=0.5\lambda_0$ 的次反射器和位于大反射器与次反射器之间 $\lambda_0/2$ 长用等幅、$90°$ 相差馈电的正交偶极子组成的短背射天线。需要更大的增益，可以采用图 14.22(b) 所示的 4 元短背射天线阵。

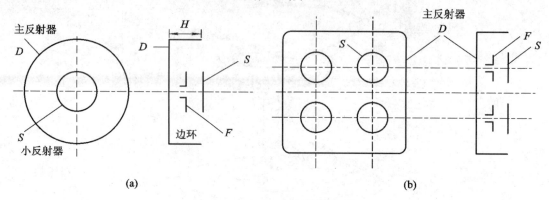

图 14.22 短背射天线及天线阵

(a) 单元天线；(b) 4 元天线阵

单元短背射天线和 4 元天线阵主要实测电参数如下：

一单元：$G=12$ dBic，HPBW$=30°$，SLL$=-20$ dB，后瓣$=-30$ dB；

4 元天线阵：$G=15$ dBic，HPBW$=22°$，SLL$=-25$ dB，VSWR$\leqslant 2(1.15\sim1.4$ GHz$)$，AR$\leqslant 2.3$ dB$(1.15\sim1.4$ GHz$)$，相对带宽为 19.6%。

低 G/T 海事卫星舰船站采用直径为 400 mm，$G=13$ dBic，HPBW$=35°$ 的短背射天线。如果要求天线增益为 $13\sim15$ dBic，可采用如图 14.23(a) 所示变型短背射天线。所谓变形短背射天线是在原短背射天线上增加了一个小反射器和在主反射器上增加了高度为 h_s 的台阶。

中心设计频率 $f_0=1.54$ GHz$(\lambda_0=194.8$ mm$)$，天线的电尺寸如下：

$D_1=1.7\lambda_0$，$D_2=0.7\lambda_0$，$d_1=0.488\lambda_0$，$d_2=0.436\lambda_0$，$h_a=0.667\lambda_0$，$h_r=0.257\lambda_0$，$h_s=12.5$ mm$(0.064\lambda_0)$。图 14.23(b) 是台阶高度 h_s 为不同值时，天线增益及轴比的变化曲线，由图看出，$h_s=12.5$ mm 与 $h_s=0$ 相比，增益增加 1 dB，AR 改善 0.3 dB，增益和轴比分别达到 13.5 dBic 和 0.85 dB。

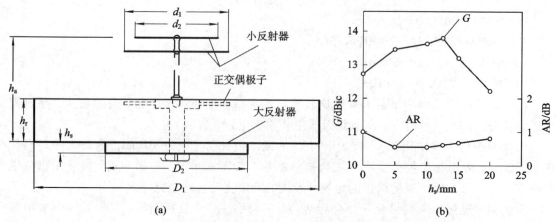

图 14.23 变型短背射天线及增益、轴比随台阶高度 h_s 的变化曲线

(a) 变型短背射天线；(b) G、AR 随 h_s 的变化曲线

　　海事舰船中增益卫通天线也可以采用如图 14.24(a)所示位于直径 $D=1.7\lambda_0$，边环高 $h_r=0.25\lambda_0$。背腔中单元间距 $d=0.7\lambda_0$ 的 4 螺旋天线阵。2 圈螺旋天线的周长 $C=\lambda_0$，上升角 $\alpha=12.5°$，为了减小单元之间的互耦，把每个 2 圈螺旋天线都位于直径 $D_0=0.7\lambda_0$、边环高 $h_r=0.25\lambda_0$ 的小背腔中。图 14.24(b)是该天线 AR 随边环高度 h_r 的变化曲线，由图看出，$h_r=0.25\lambda_0$，AR 最好，相对 $h_r=0$，AR 改善 3.5 dB。该天线阵实测 $G=13.4$ dBic，AR=1 dB。

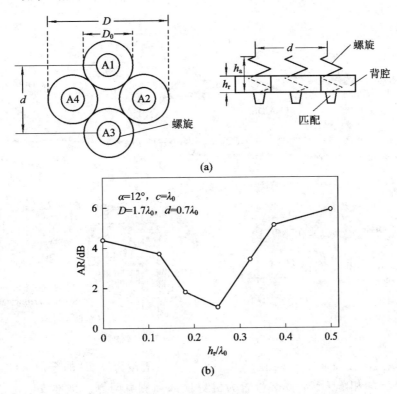

图 14.24　4 螺旋天线阵及 AR 随边环高度 h_r 的变化曲线

(a) 天线阵；(b) AR 随 h_r 的变化曲线

　　舰船站卫通天线也可以采用如图 14.25 所示的机械控制 2×6 元贴片天线阵。

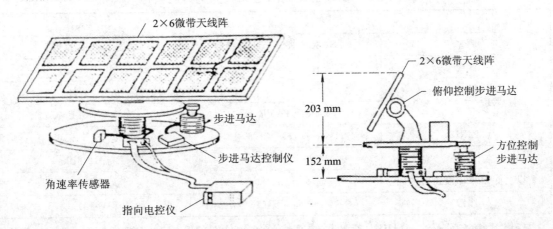

图 14.25　舰船站机械控制 2×6 元贴片天线阵

14.3　航空海事卫通天线

14.3.1　波音 747 飞机上的卫通

图 14.26 是安装在波音 747 飞机上的卫星通信设备，所用的天线有低增益和高增益。

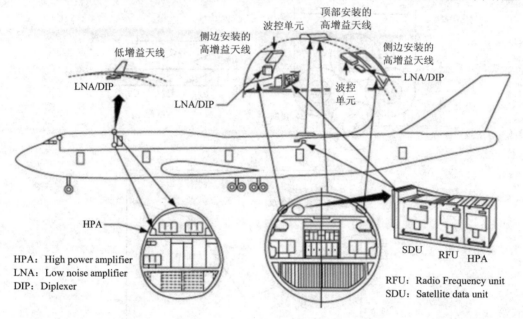

图 14.26　波音 747 飞机上的卫星通信设备

低增益天线是能覆盖仰角 5°以上 85%上半球空域增益为 0 dB 的全向天线，高增益天线是增益为 12 dBic 的相阵天线，安装位置为机身顶部和机身两侧。顶部安装的天线消除了波束不能扫描栓孔区的优点，但缺点是增加了航空阻力。其共形结构具有低空气阻力的优点，但存在栓孔的缺点。低增益和高增益天线的主要指标如表 14.6 所示。

表 14.6　低增益和高增益天线的主要电指标

	低增益天线	高增益天线
频率	1530～1559 MHz(接收)，1626.5～1660.5 MHz(发射)	
极化	RHCP	
轴比	<6 dB	
G/T	大于−26 dB/K	大于−13 dB/K
EIRP	大于 13.5 dBW	大于 25.5 dBW
增益	大于 0 dBic	大于 12 dBic
5°以上仰角半球覆盖的区域	大于 85%	大于 75%
跟踪	全向无跟踪	程序跟踪

高增益相控阵天线，利用内部的导航系统给出的位置、航向和飞机高度等参数计算出波控机需要的信息，根据这些信息，波控机控制数字移相器，控制波束，再用程序跟踪方法完

成卫星跟踪。

14.3.2 由 2×8 元圆贴片构成的 L 波段相阵天线[11]

在航空卫星通信中，天线是关键技术，因为既要满足电气指标要求，还要满足严格的机械要求；不仅要低轮廓、重量轻、强度高，而且要航空阻力小。考虑到飞机的运动，天线还应具有宽的扫描角度。

考虑到航空通信电气和机械性能的要求，宜用低轮廓相阵天线，因为它不仅低轮廓、重量轻，而且能满足机载天线机械强度的要求。

图 14.27 是适合海事卫通使用的安装在飞机背部的 L 波段机载相阵天线。

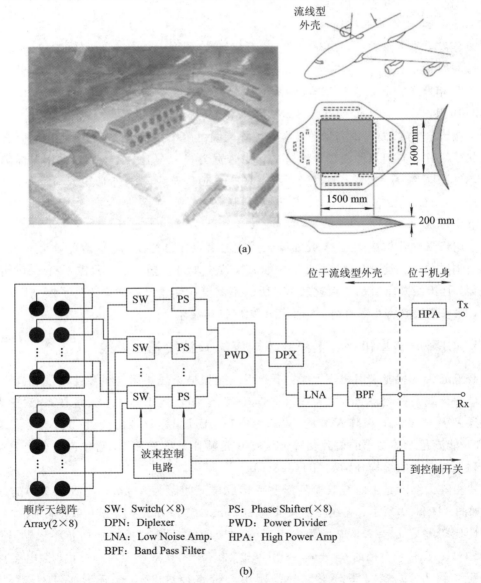

(a)

(b)

图 14.27 机载 2×8 元圆贴片相阵天线及组成方框图[11]

(a) 天线阵；(b) 组成方框图

流线型外壳的尺寸如图所示，天线阵的特性如下：

(1) 频率范围：Rx 为 1545～1548 MHz，Tx 为 1647～1650 MHz；

(2) 极化：LHCP；

(3) 增益：Tx 为 14.7 dBic(非扫描)，Rx 为 13.5 dBic(非扫描)；

(4) G/T：－10.8 dBK(非扫描)；

(5) 辐射单元：单馈圆贴片；

(6) 天线阵：2×8 元顺序相阵；

(7) 基板：聚四氟乙烯($\varepsilon_r = 2.6$)；

(8) 轴比：<2 dB(非扫描)；

(9) VSWR：<1.4(非扫描)；

(10) 跟踪：步进跟踪；

(11) 步进波束：4°；

(12) 移相器：4 bit 数字移相器(共 8 个)；

(13) 体积：长×宽×高＝700×320×180 mm³。

为了在±60°方位面提供高增益覆盖，相阵天线由两个板状天线阵组成，但对通信，仅让一个板状天线阵面向卫星。由于天线阵的相对带宽为 6.76% 比较窄，所以采用单馈圆贴片天线。中心设计频率 $f_0 = 1552.5$ MHz($\lambda_0 = 193$ mm)，天线阵的外形电尺寸为：$3.933\lambda_0 \times 1.656\lambda_0 \times 0.93\lambda_0$。由电体积可以求出天线阵在水平和垂直方向单元电间距分别为 $0.49\lambda_0$ 和 $0.55\lambda_0$。

由于用环形贴片构成的 2×8 元相阵天线的波束仅在方位面扫描，因此 8 个 4 bit 数字移相器均与辐射单元相连，控制移相器，天线波束按 4°步进扫描。由于只需要在±20°比较窄的仰角覆盖，且天线阵垂直面波束比较宽，所以不需要在仰角电控波束。为了展宽圆贴片天线的带宽，除采用层叠寄生贴片外，还采用了顺序旋转技术。

14.3.3　由环形贴片和背腔正交缝隙构成的 L 波段相阵天线

机载卫通天线只能采用相阵天线，不能用机械扫描天线。适合机载使用的相阵天线，大都使用贴片天线和背腔正交缝隙天线。在 1.5～1.6 GHz 的 L 波段，天线在±45°扫描角内，增益必须大于 12 dBic，相阵天线的 G/T 为－13 dB/k，等效各向同性辐射功率(EIRP)为 29 dBW。能满足上述要求的机载相阵天线有 9 元贴片天线阵和 16 元背腔正交缝隙天线阵。两种阵列天线单元的结构分别如图 14.28(a)、(b)所示。

贴片相阵天线阵是由层叠双馈环形贴片构成单元间距为 94 mm(近似 $0.5\lambda_0$)的 3×3 元方阵，如图 14.28(c)所示，天线阵的尺寸为 300 mm×300 mm×10 mm。基本辐射单元是用温度特性比较稳定 $\varepsilon_r = 2.3$ 厚度为 3.2 mm 的聚四氟乙烯基板制成，上环形贴片为发射(1.6465 GHz)贴片，直径约 66 mm，采用等幅、相位差 90°双馈实现圆极化，馈电点 C、D 距中心的距离约为 10 mm，下环形贴片是用中心带直径约 27 mm 环形探针双馈的直径约 84 mm圆接收贴片天线，双馈点 A、B 到圆心的距离约为 20 mm。

背腔正交缝隙天线阵是单元间距为 97 mm 的 4×4 元变形方阵，如图 14.28(d)所示，天

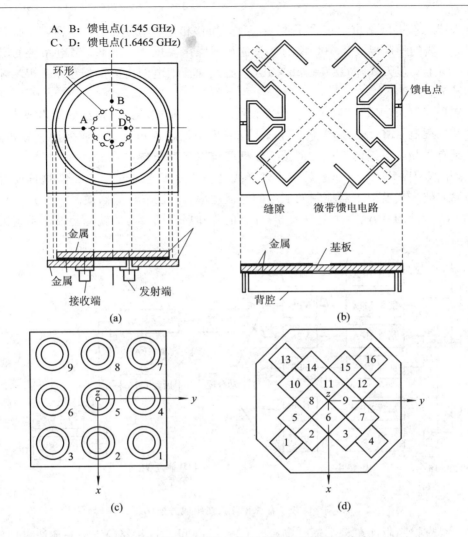

图 14.28 机载环形贴片和正交缝隙天线及天线阵

（a）双频环形贴片天线；（b）背腔正交缝隙天线；（c）双频环形贴片天线阵；（d）背腔正交缝隙天线阵

线阵的尺寸为 560 mm×560 mm×20 mm。每个背腔正交缝隙的尺寸为 80 mm×80mm× 20 mm，缝隙的长度和宽度分别为 112 mm 和 5 mm。

两种天线阵主要电参数如表 14.7 所示。

表 14.7 环形贴片天线阵和背腔正交缝隙天线阵主要电参数

	环形贴片天线阵	背腔正交缝隙天线阵
$\theta_0 = 0°$ 增益	Tx：15.0 dBic	Tx：16.7 dBic
	Rx：15.2 dBic	Rx：15.6 dBic
$G \geqslant 12$ dBic 的扫描范围	±50°～±55°	±50°～±55°
扫描角$\geqslant 45°$的轴比	0.8 dB	3.1 dB

相阵天线的馈电网络由于包含了许多部件，如移相器、功分器、合成器，因而必然带来插损，假定天线的噪声温度为 100 K，LNA 的等效噪声温度为 100 K，馈电系统的噪声温度为 298 K。为了实现天线阵 $G/T = -13$ dBK，必须保证馈电网络的插损小于 1 dB，才能保证天线的增益为 12 dBic。

为了实现所要求的 G/T 值，不是增大天线增益，就是减小馈电系统的噪声温度 T，由于受机械空间的限制，增大天线增益不可取，只能采用低耗馈电网络，或采用有源相阵天线。图 14.29 是有源相阵天线的组成方框图。该框图有以下两个特点：

（1）采用双层贴片天线单元，易使收发天线之间的隔离度超过 -30 dB，这样就可以用小尺寸带通滤波器来代替双工器扼制发射端的漏泄功率，而且带来低插损。

（2）把 LNA 和 HPA（大功率放大器）分成前置和后置两部分，就能使馈电系统模块的尺寸小。

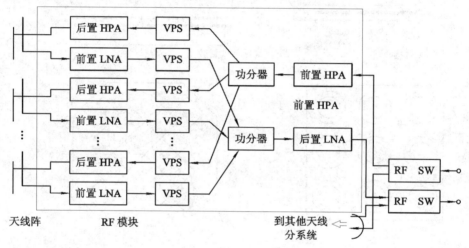

图 14.29　有源相阵天线组成方框图

整个天线靠控制附加在每个辐射单元后面的 4 bit 可变移相器（VPS）完成波束扫描。

图 14.30(a) 是安装在飞机前部两个侧面的 19 元共形相阵天线，为了补偿飞机的翻滚运

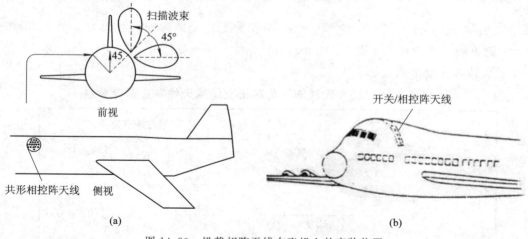

图 14.30　机载相阵天线在飞机上的安装位置

（a）侧前部；（b）前顶部

动，用开关切换两个侧面的相阵天线，由于这两个天线阵并不能提供合适的前后覆盖，特别是在飞机俯冲上升的情况下，为此还需要在飞机的头部和尾部安装固定波束天线，如采用图 14.30(b)所示安装在机身前顶部的共形天线阵。该天线阵由 50 个正交缝隙组成，但用开关切换，仅让带有 16 个移相器的相阵天线工作，由于单元正交缝隙有特别宽的波束宽度（HPBW＝160°），因而能为飞机头部和尾部提供覆盖。

14.3.4　S 波段机载相阵天线

表 14.8 为 S 波段机载相阵天线的战技要求。收发天线分开设计和安装，为了宽波束，收发天线阵的基本辐射单元均采用 $\lambda/2$ 长半圈 4 线螺旋天线，接收天线为 32 元有源相阵。图 14.31 为 S 波段机载相阵天线的照片。

表 14.8　S 波段机载相阵天线的战技要求

工作频率范围	Tx：2670～2690 MHz Rx：2515～2535 MHz
扫描角度	俯仰：30°～70° 方位：0～360°
增益	$G_t \geqslant 7.1$ dBic $G_r \geqslant 23.2$ dBic(含 LNA)
G/T	$\geqslant -15.9$ dB/K
体积	长×宽×高＝1300 mm×450 mm×120 mm
温度	$-55° \sim +70°$

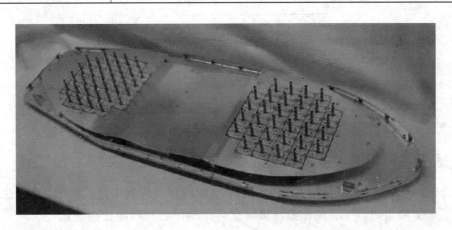

图 14.31　S 波段机载相阵天线的照片

14.3.5　L 波段机载波束切换卫通天线阵

L 波段扇形波束机载卫通天线的工作频段：下行（卫星到飞机）为 1543.5～1558.5 MHz（接收），上行（飞机到卫星）为 1645～1660 MHz（发射），由于要求天线在方位面和 10°以上仰角的所有方向与同步卫星通信，所以天线必须提供的最小增益为 4 dBic。

为满足上述要求，采用了安装在飞机机身顶部，天线口面与机身成 30°倾角的 4 元扇形波束天线阵，由于波束需要宽角可控，因而单元间距取 $\lambda/2$。由于发射天线和接收天线采用完全相同的两副天线阵，故采用 $\lambda/2 \times \lambda/2$ 背腔阿基米德平面螺旋作为基本辐射单元，为了使波束在方位面宽角可控以及为了低成本，采用了把不同长度延迟线作为移相器的波束切换技术，通过切换，使扇形波束连续指向 5 个不同角度方向。图 14.32(a) 是用 4 元阿基米德平面螺旋组成的 4 元扇形天线阵，图 14.32(b) 是波控网络。

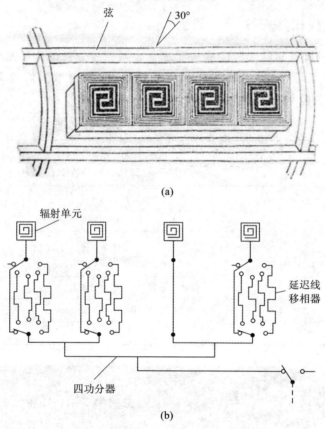

图 14.32　4 元扇形波束天线阵及波控网络
(a) 阿基米德平面螺旋天线阵；(b) 波控网络

14.3.6　直升机使用的 L 波段卫通天线

直升机 (Helicopter) 卫星通信有许多应用，例如应急和营救飞行、离开海岸训练、战斗飞行等。为了安全和监测，希望直升机与机场交通控制中心之间能连续通信，全球这种通信都在 VHF 频段。对低轨道 (LEO) 卫星，要求直升机使用海事航空移动终端。在 360°水平面和从天顶角到低于水平面 46°的垂直角域内，天线的增益为 0 dBic，在 1.62～1.67 GHz 的发射频段和 1.53～1.56 GHz 的接收频段，VSWR=1.5。天线尺寸要小，重量要轻，还要低成本。

确定天线在直升机上的安装必须考虑以下两个问题：

(1) 由直升机旋翼叶片引起的周期信号衰落；

(2) 由直升机复杂机体散射引起的多径干扰。

表 14.9 给出了 L 波段常用卫通天线的尺寸及主要电参数。

表 14.9　L 波段常用卫通天线的尺寸及主要电参数

天线类型		尺寸/mm		G /dBic	BW /%	HPBW /(°)	AR /dB	方向图形状
		高度	直径					
机械控制 天线阵	八木阵	38	530	≥10	6.25	40	4	方位面波束可控
	倾斜阵	150	510	≥10	6.25	40	3	
电控天线阵		33	610	≥8	6.25	40	4	方位和俯仰 面波束可控
		18	540	≥8	6.25	40	4	
正交偶极子		120	80	≥4		100	7	心脏形
4 线螺旋		90	50	4.5	1.3	160	4	心脏形
双臂圆锥螺旋		140	69	3.8	6.25	160	4	心脏形
背腔缝隙		8	83	2	6.25	120	4	心脏形

图 14.33(a)、(b)分别是 4 线螺旋天线在 1575 MHz 无地面和有地面实测垂直面方向图，图 14.34 是双线螺旋天线在 1575 MHz 实测垂直面增益方向图。

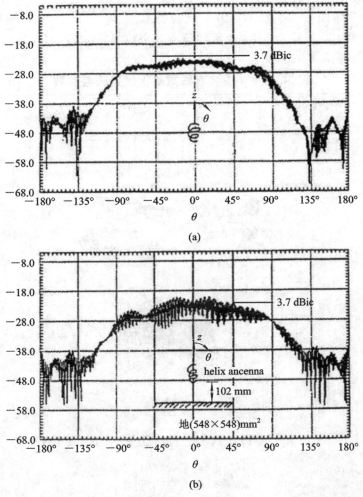

图 14.33　4 线螺旋天线在 1575 MHz 有和无地面实测的垂直面增益方向图

(a)无地面；(b)有地面

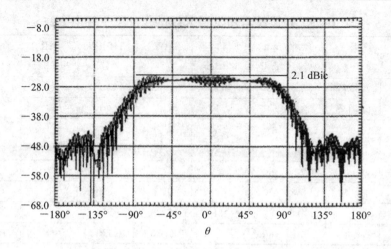

图 14.34　双线螺旋天线在 1575 MHz 实测垂直面增益方向图

　　由于螺旋天线辐射方向图与周围物体散射关系极大，所以应远离旋翼叶片，通过仿真和实测最佳安装位置如图 14.35 所示，为了覆盖垂直面 260° 角域，应用两副天线。用 $G =$ 0 dBic 1♯天线覆盖 150°上锥角，用 2♯天线覆盖其余角域。4 线和双线螺旋天线实测电参数如表 14.10 所示。

表 14.10　4 线和双线螺旋天线实测电参数

天线类型	f_0/GHz	AR/dB	Δf/GHz	G_{max}/dBic	HPBW/(°)
4 线螺旋	1.57	4	0.06	3.7	140
双线螺旋	1.62	5	0.24	2.1	140

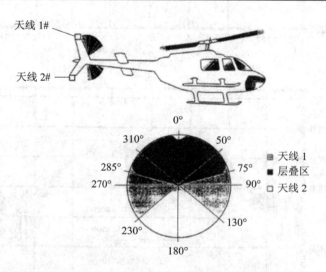

图 14.35　圆极化天线在直升机上的安装位置及覆盖区

参 考 文 献

[1]　KARMAKAR N C, BIALKOWSKI M E. Development and Performance of an L-band Phased Array

Antenna for Mobile Satelite Communications. Proc IEEE AP-S int Sympostum, 1999: 158 - 161.

[2] BIALKOWSKI M E, KARMAKAR N C. A Two-Ring Circular Phased Array for Mobile Satellite Communications. IEEE Antennas and Propagation Magazine, 1999, 41(3): 14 - 23.

[3] SATO K, NISHIKAWA K, HIRAKO T. Development and Field Experiments of Phased Array Antenna for Land Vehicle Satellite Communications. Proc IEEE AP-S Int Sympostum, 1992: 1073 - 1075.

[4] NISHIKAWA K, et al. Phased array antenna for land vehicle satellite communications. IEEE Denshi Okyo, 1990, 29: 87 - 90.

[5] KARMAKAR N C, BIALKOWSKI M E. A Low Cost Switched Beam Array Antenna for L-Band Land Mobile Satellite Communications in Australiz. Proc IEEE AP-S Int. Sympostum, 1997, 166(10).

[6] DELAUNE D, JOSAPHAT, et al. Circlarly Polarized Rounded-Off Triangular Microstrip Line Array Antenna. IEICE Trans, COMMUN, 2006, 89(4): 1372 - 1379.

[7] BASARI, FAUZAN M, PURNOMO E, et al. Simple Switched-Beam Array Antenna System for Mobile Satellite Communications. IEICE Trans. COMMUN. Vol. E92-B, 2009, 92(12): 3861 - 3867.

[8] SUMANTYO J T S, ITO K, TAKAHASHI M. Bual-Band Circularly Polarized Equilateral Triangular-patch Array Antenna for Mobile Satellite Communications. IEEE Trans Antennas Propag, 2005, 53 (11): 3477 - 3484.

[9] HOSHIKAWA T, et al. INMARSAT Ship Earth Station Type RSS401A. Anritsu Tech. J, 1988(56): 41 - 49.

[10] SHIOKAWA T, et al. Compact Antenna Systems for INMARST STANDARD-B Ship Earth Stations. IEEE ICAP, 1982: 95 - 99.

[11] TAIRA S, et al. High Gain Airborne Antenna for Satellite Communications. IEEE Trans Aerospact Eleetronic Systems, 1991, 27(2): 354 - 359.

第15章　微波圆极化天线和天线阵

15.1　微波圆极化天线

15.1.1　Ka波段圆极化背腔自相位分开的正交偶极天线[1]

用自相位正交偶极子可以构成圆极化天线，但在毫米波段，由于波长很短，很难把长短偶极子一个臂相连，为此采用如图15.1所示用传输线连接的外形和内形分开的正交偶极子。由于外形分开正交偶极子的垂直面方向图副瓣太大，故只能采用通过传输线连接的内形正交偶极子天线。

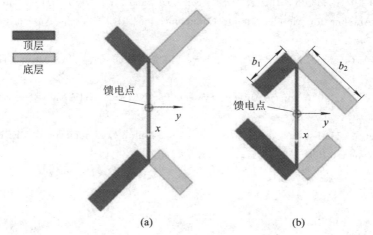

图 15.1　内外形分开的正交偶极子天线[1]

(a) 外形；(b) 内形

图 15.2 是用厚 0.127 mm、$\varepsilon_r = 2.2$ 基板制造的 Ka 波段 $f_0 = 30$ GHz($\lambda_0 = 10$ mm)圆极化背腔自相位内形分开的正交偶极子天线，图中不仅把实现阻抗匹配的过渡段与正交偶极子位于同一基板的正反面，而且使用了能改善辐射性能及增强馈电结构强度的脊形圆柱形背腔。

通过优化设计，天馈的尺寸及主要电尺寸如下：

$\beta = 36°$，$\alpha = 16°$，$a_1 = a_2 = 1$，$b_1 = 1.6$，$b_2 = 3$，$d_c = 0.9$，$W_1 = 0.25$，$W_2 = 0.5$，$W_3 = 0.1$，$l_1 = 1.9$，$l_2 = 1.3$，$l_3 = 1.1$，$d_x = 2$，$d_y = 1.8$，$W = 18(0.18\lambda_0)$，$h = 2.9$，$d = 15.6(1.56\lambda_0)$，$h_c = 2.4(0.24\lambda_0)$(以上参数单位 mm)。图 15.3(a)、(b)分别是该天线仿真和实测 S_{11}、AR 和 G 的频率特性曲线，由图看出：

(1) 在 27～38.6 GHz 频段内，实测 $S_{11} < -10$ dB，相对带宽为 35.3%；

(2) 在 27～36.8 GHz 频段内，实测 AR < 3 dB，相对带宽为 30.7%；

(3) 在 AR 带宽内，实测 $G = 11.4 \sim 14.1$ dBic，平均 12.4 dBic。

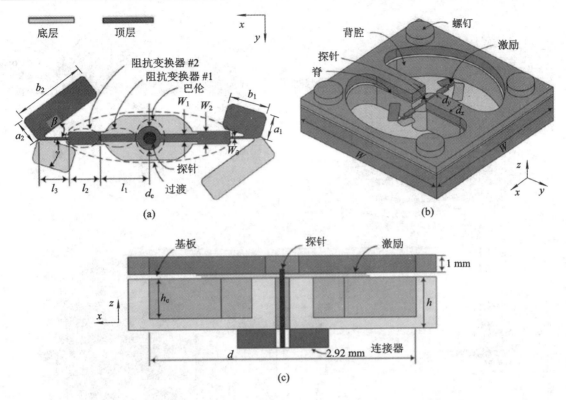

图 15.2　圆极化自相位背腔内形分开的正交偶极子天线[1]

(a) 天馈结构(顶透视)；(b) 立体天馈结构；(c) 侧视

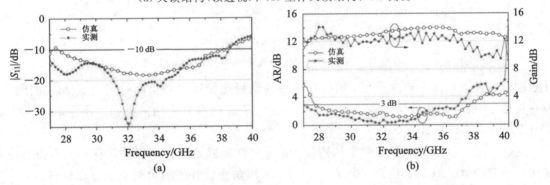

图 15.3　内形分开的圆极化正交偶极子天线仿真实测 S_{11}、AR 和 G 的频率特性曲线

(a) S_{11}-f 特性曲线；(b) AR、G-f 特性曲线

15.1.2　大电尺寸空腔圆极化天线[2]

对 Ku、Ka 波段频率较高卫星应用的圆极化天线，希望天线有比较大的电尺寸，以便能更容易低成本制造，且既能实现高增益，又能承受大功率。图 15.4 所示由空腔、馈电探针、极化螺钉、在空腔外壁上加厚的圆环和地板组成的空腔圆极化天线就能满足上述要求。其中图 15.4(a) 为主体结构，图 15.4(b) 为顶视图，图 15.4(c) 为 A-A′ 剖视图，图 15.4(d) 为照片。用同轴探针激励空腔的基本工作模，调整探针插入空腔的长度 L_f、距离地面的高度 H_f 可以使天线阻抗匹配。空腔顶端开口、底部与地短路连接。在空腔的中部，用极化螺钉把探

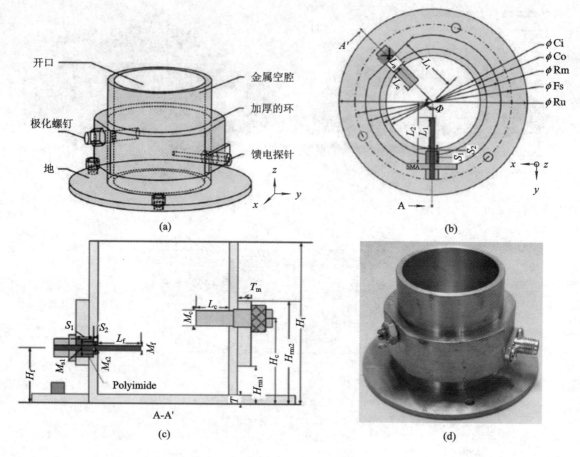

图 15.4　空腔圆极化天线[2]
（a）立体；（b）顶视；（c）A-A′断面剖视图；（d）照片

针激励的场分解成两个正交分量，圆极化频率和圆极化特性主要由螺钉的直径 M_c 和插入空腔的长度 L_c 决定。圆极化天线的旋向由馈电探针和极化螺钉之间的夹角 ϕ 决定，$\phi = 135°$ 为 RHCP，$\phi = 225°$ 为 LHCP。

空腔壁之所以采用加厚的环形结构，是为了更好地固定同轴探针和极化螺钉，为了使同轴探针与空腔壁绝缘，使用了一小块 $\varepsilon_r = 3.8$，可以防止紫外线的聚酰亚胺介质材料。

在中心频率 $f_0 = 6.74\ \text{GHz}(\lambda_0 = 44.5\ \text{mm})$，天线外形尺寸和电尺寸为：长×宽×高＝ $30\ \text{mm}(0.67\lambda_0) \times 30\ \text{mm} \times 37\ \text{mm}(0.83\lambda_0)$，地板的尺寸为 $60\ \text{mm} \times 60\ \text{mm}(1.34\lambda_0)$，其他尺寸如表 15.1 所示。

表 15.1　C 波段空腔圆极化天线的参数及尺寸

参　数	ϕC_i	ϕC_o	ϕR_m	ϕF_s	ϕR_u	L_1	L_2	L_c	L_f	H_f	H_t
尺寸/mm	30.0	34.0	43.0	50.0	60.0	20.0	20.0	7.60	10.0	12.0	37.0
参　数	M_f	S_1	S_2	M_{s1}	M_{s2}	M_c	T_m	T	H_{rm1}	H_c	H_{rm2}
尺寸/mm	1.27	4.0	1.0	4.1	3.0	3.0	2.0	8.0	19.5	23.5	

图 15.5(a)、(b)、(c)分别是该天线仿真实测 S_{11}、AR、G 的频率特性曲线和在 6.74 GHz 实测两个垂直面的轴比方向图，由图看出，VSWR≤2 的相对带宽为 15.1%；3 dB AR 带宽为

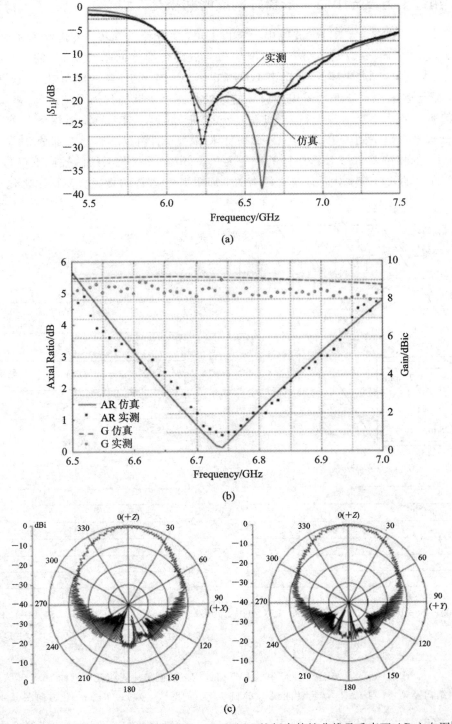

(a)

(b)

(c)

图 15.5 空腔圆极化天线仿真实测 S_{11}、AR 和 G 的频率特性曲线及垂直面 AR 方向图[2]

(a) S_{11}-f 特性曲线；(b) AR、G-f 特性曲线；(c) 垂直面轴比方向图

4.7%，在 AR 带宽内，实测 $G=8.2\sim8.9$ dBic。仰角 $\geqslant30°$，$G\geqslant0$ dBic，3 dB AR 波束宽度分别为 150°和 148°。

15.1.3　用位于方波导中的 L 形探针构成的圆极化天线[3]

卫星通信需要圆极化，在 Ka 波段由于波长很短，宜用结构简单、传输效率高的波导构成的圆极化天线。图 15.6(a)就是用位于方波导中与波的传播方向垂直呈 90°的 L 形探针构成的圆极化天线，中心设计频率为 7.8 GHz($\lambda_0=38.46$ mm)，方波导内边长为 25 mm($0.65\lambda_0$)，截止频率为 6 GHz。采用方波导的好处是能产生圆极化需要的 TE_{10} 和 TE_{01} 分量。L 形探针的垂直部分(与 y 轴平行)长 12.5 mm，激励 TE_{10} 分量；L 形探针的水平部分长 9 mm(与 x 轴平行)，激励 TE_{01} 分量；L 形探针水平部分的相位落后垂直部分 90°，结果使口面场 E_x 和 E_y 的相位差 90°；L 形探针的直径为 0.8 mm。圆极化天线的轴比不仅与 L 形探针垂直、水平部分的长度有关，而且与直径有关，加粗 L 形探针的直径会使轴比恶化。

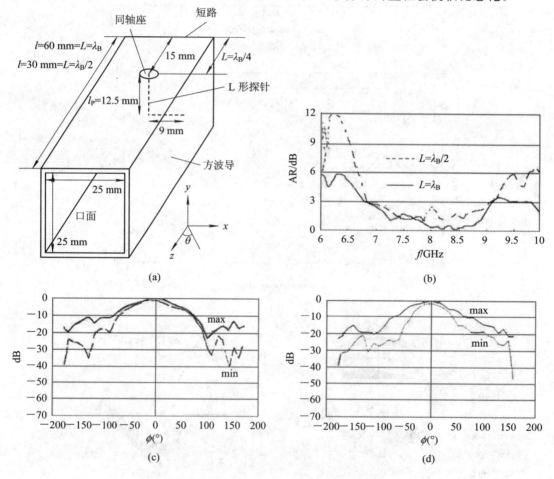

图 15.6　用位于矩形波导中的 L 形探针构成的圆极化天线及电性能[3]

(a)天馈结构及尺寸；(b) AR-f 特性曲线；(c)归一化方向图($L=\lambda_B$)；(d)归一化方向图($L=\lambda_B/2$)

图 15.6(b)是方波导轴长 L 分别为 $L=\lambda_B=60$ mm 和 $L=\lambda_B/2=30$ mm 实测 AR-f 特性曲线，由图看出，$L=\lambda_B$，3 dB 轴比带宽约为 27%。图 15.6(c)、(d)分别是该天线实测的 L

$=\lambda_B$ 和 $L=\lambda_B/2$ 方位面两个正交分量的归一化方向图。由图看出，$L=\lambda_B$ 方向图呈宽波束，3 dB 波束宽度达到 $160°$。在波导口用角锥喇叭，增益可以高达 20 dBic。

15.1.4　环形探针激励的宽波束圆极化金属腔天线[4]

卫星通信由 L、S 波段向 Ku、Ka 波段发展，以获得更宽的带宽和更高的数据率，而且使用相对小的口面尺寸就能实现更高的增益。由于 Ku、Ka 波段的波长更短，制造公差极容易影响天线的性能，但用图 15.7 所示的环形探针实现圆极化就能避免使用兼并模实现圆极化带来的缺点。由图看出，该天线由圆金属腔、环形探针及金属腔外面很厚便于安装 SMA 同轴座壁的环形金属块组成。用末端有间隙的环形探针是为了让环形探针上有行波电流分布，以便用它激励空腔的基本工作模来实现圆极化。由于环形探针的周长接近一个波长，在正交轴上电流相位差为 $90°$，因而实现了圆极化。圆极化的极化方向由环形探针的旋向决定，基本工作模式由空腔的尺寸决定，谐振频率由馈电探针的高度 H_1 和环形探针的直径决定。

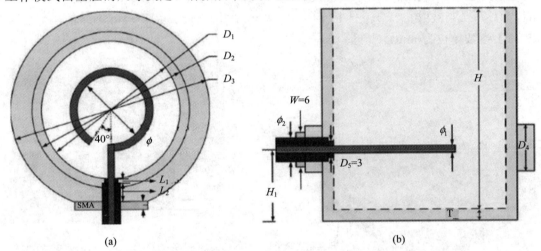

$$(a)\qquad\qquad\qquad\qquad\qquad (b)$$

图 15.7　环形探针激励的圆极化金属腔天线[4]

(a)顶视；(b)截面

中心设计频率 $f_0=7.5$ GHz$(\lambda_0=85.7$ mm$)$，天线水平面辐射口面的尺寸为 30 mm $(0.75\lambda_0)\times 30$ mm$(0.75\lambda_0)$，高 35 mm$(0.88\lambda_0)$，其他尺寸如下：空腔的内、外直径分别为 $D_1=30$ mm，$D_2=34$ mm，空腔外边环形金属套的直径 $D_3=43$ mm，环形馈电探针的高度 $H_1=10$ mm，直径 $\phi=7.3$ mm，空腔的高度 $H=35$ mm，环形金属套的厚度 $D_4=8$ mm，探针的直径 $\phi_1=1.27$ mm，空腔的厚度 $T=2$ mm，同轴线的长度 $L_1=4$ mm，$L_2=1$ mm。直径 $\phi_2=4.1$ mm。

该天线有如下实测电参数：

(1) $S_{11}<-10$ dB 的相对带宽为 14.4%；

(2) AR$\leqslant 3$ dB 的相对带宽为 10.6%；

(3) 实测 $G=7.9\sim 8.5$ dBic；

(4) 在 f_0，$G\geqslant 0$ dBic 的波束宽度在两个面分别为 $126°$ 和 $122°$，3 dB 波束宽度分别为 $180°$ 和 $142°$。

15.1.5 毫米波圆极化背腔贴片缝隙偶极子天线[5]

由于大容量和高速，所以通信宜采用毫米波段例如 60 GHz 频段，特别是使用毫米波圆极化天线，由于它能抑制多径干扰、减小极化失配，因而引起业界特别重视，虽然用许多办法都能实现圆极化，但在毫米波段，由于波长很短，很难实现宽带圆极化需要的馈电网络。

图 15.8(a)、(b)是用厚 0.508 mm，$\varepsilon_r = 2.2$ 基板印刷制造的贴片和偶极子，在偶极子的中心，用 5 个金属过孔把贴片与地短路，馈电探针与 T 形金属带相连，为了激励缝隙偶极子，用宽度为 t 的金属带把贴片与缝隙的边相连，利用贴片和缝隙偶极子的正交电场实现圆极化。为了改善圆极化性能，图中还切割了两个半圆形缝隙。为了增加增益，减小后瓣，用了 45 个直径为 d_v 的金属过孔构成直径为 d、高度为 h 的背腔。中心设计频率为 $f_0 = 60$ GHz ($\lambda_0 = 5$ mm)，$\lambda_g = \lambda_0 / \sqrt{2.2} = 3.37$ mm。天馈的具体尺寸及相对 λ_g 的电尺寸如下：$a = 16(4.75\lambda_g)$，$d = 8(2.4\lambda_g)$，$h = 3.23$，$w_s = 2.8(0.83\lambda_g)$，$l_s = 6.5(1.93\lambda_g)$，$w_p = 1.5(0.44\lambda_g)$，$l_p = 3.9(1.2\lambda_g)$，$c = 1$，$t = 0.1$，$s = 0.15$，$g_1 = 0.05$，$g_2 = 0.25$，$d_v = 0.3$，$s_v = 0.56$(以上参数单位为 mm)。

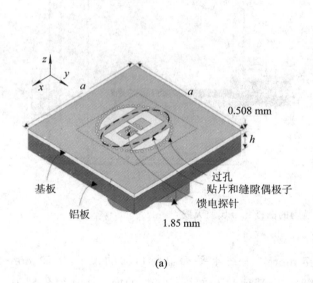

(a)

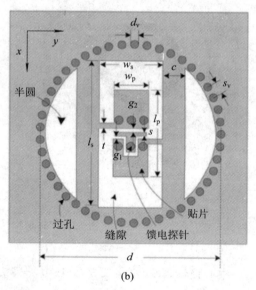

(b)

图 15.8　圆极化背腔贴片和缝隙偶极子天线[5]

(a) 立体结构；(b) 顶视

该天线在 56.2～65 GHz 频段，实测 AR<3 dB，相对带宽为 14.5%，$G = 8～11.2$ dBic，$S_{11} \leqslant -10$ dB。

15.1.6 低轮廓圆极化 SIW 背腔正交缝隙天线[6]

图 15.9(a)是用厚 0.5 mm，$\varepsilon_r = 2.2$ 基板制造的低轮廓背腔正交缝隙天线，为了实现低轮廓和低成本，采用单层低成本印刷电路板，用基板集成波导(SIW)技术构成背腔，用位于 SIW 背腔对角线上的接地共面波导作为馈电单元激励在 SIW 空腔中的 TE_{120} 和 TE_{210} 模。为了用单馈实现圆极化，采用不等长正交缝隙产生的正交兼并模，为了让 SIW 空腔等效普通金属空腔，必须满足以下条件：

$$\frac{d}{d_\rho} \geqslant 0.5, \frac{d}{\lambda_0} < 0.1 \tag{15.1}$$

正交缝隙可以位于顶金属板上，也可以位于地板上，50 Ω 微带线与接地共面波导的中心导体相连，中心设计频率 $f_0 = 10$ GHz。天线的尺寸如下：$L_{ms} = 4$，$L_{cpw} = 6.2$，$L_c = 16.6$，$L_{s1} = 11.1$，$W_s = 1$，$d = 1$，$d_\rho = 1.5$，$d_c = 6.5$，$L_{sz} = 11.72$，$W_c = 16.6$，$g_{cpw} = 0.7$，$W_{ms} = 1.45$，$\alpha = 45°$（以上参数单位为 mm）。图 15.9(b) 是该天线实测 S_{11}、AR 和 G 的频率特性曲线，天线 1 和天线 2 的尺寸完全相同，唯一不同点是天线 1 的正交缝隙位于顶金属板上，天线 2 的正交缝隙板位于地板上，由图看出，$S_{11} < -10$ dB 的频段，天线 1 和天线 2 分别为 9.86～10.15 GHz 和 9.9～10.18 GHz，在 $f = 10.1$ GHz，天线 1 和天线 2 的轴比分别为 1.1 dB 和 0.8 dB，AR ≤ 3 dB 的相对带宽约 0.8%。

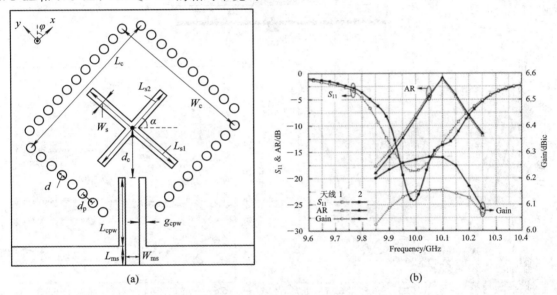

图 15.9　圆极化 SIW 背腔正交缝隙天线及电性能
(a) 天馈结构；(b) S_{11}、AR 和 G 的频率特性曲线

15.1.7　有喇叭的单馈层叠圆极化贴片天线[7]

由微扰单元方贴片构成单馈圆极化贴片天线的馈电位置有以下 3 种：

A 型：馈电位置在方形贴片两个边的中间，如图 15.10 中的 x 轴或 y 轴上；

B 型：馈电位置在方形贴片的对角线上；

C 型：馈电位置既不在 x、y 轴上，也不在对角线上，而是位于边与对角线之间。

为了宽带和高增益，如图 15.10(a) 所示，除用 C 形探针给贴片馈电外，还采用了层叠电容耦合寄生贴片和附加短喇叭。为了实现圆极化，用 $\varepsilon_{r_1} = 2.2$、厚度 $h_1 = 1.525$ mm 基板制作的馈电贴片为几乎方贴片，长/宽比 $L_1/W_1 = 1.143$，由 L_1、W_1 的尺寸来确定谐振频率，寄生贴片也为长 L_2 宽 W_2 的矩形贴片。馈电位置在 P_1 点 $(X_0, 0)$，正好实现了阻抗匹配，但为线极化，让馈电位置在以 X_0 为半径的 P_1 到 P_2 之间的圆弧上移动来实现圆极化。

在上、下贴片尺寸相同的情况下，在 6 GHz，即 $L_1 = L_2 = 16.0$ mm、$W_1 = W_2 = 14.0$ mm、$\varepsilon_{r1} = 2.2$、$h_1 = 1.575$ mm、$\varepsilon_{r2} = 1.07$、$h_2 = 5.8$ mm、$X_0 = 4$ mm、$\theta = 35°$ 的情况下，

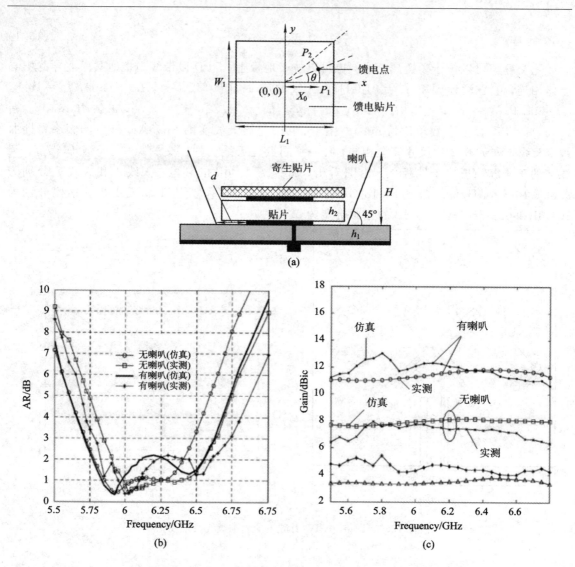

图 15.10　有短喇叭层叠单馈圆极化贴片天线及有无喇叭 AR、G 的频率特性曲线[7]

(a) 天线结构；(b) 有无喇叭 AR-f 特性曲线；(c) 有无喇叭 G-f 特性曲线

实现了 10.7％的轴比带宽和 8.5 dBic 的增益。

实践发现，$28° \leqslant \theta \leqslant 41.6°$，可以实现最小轴比，而且轴比带宽完全落在阻抗带宽之内，在 $\theta = 38°$，$h_2/h_1 = 4.127$，可以得到最好轴比，且实现 8％的 3 dB 轴比带宽，但 $h_2/h_1 < 3.75$ 时，轴比恶化，所以 $3.57 \leqslant h_2/h_1 \leqslant 4.127$ 时，才能维持最小的轴比及 3 dB 轴比带宽。

在中心频率 $f_0 = 6$ GHz，天线的最佳尺寸如下：

寄生贴片：$L_2 = 16.2$ mm、$W_2 = 13.5$ mm、$h_3 = 0.508$ mm、$\varepsilon_{r3} = 2.17$；

馈电贴片：$L_1 = 17.0$ mm、$W_1 = 14.5$ mm、$h_1 = 1.575$ mm、$\varepsilon_{r1} = 2.2$、$\theta = 38°$、$\varepsilon_{r2} = 1.07$、$h_2 = 5.2$ mm；

接地板的尺寸：100 mm×100 mm；

喇叭的尺寸：最下端与基板连接处的尺寸：44 mm×44 mm、$H = 20$ mm、$d = 15.0$ mm（$\sim 0.25\lambda_0$）、总高度（$H + h_1$）= 23.25 mm（$0.41\lambda_0$）。

该天线实测 VSWR≤2 的相对带宽为 25.3％(5.24 GHz～6.76 GHz),有无喇叭天线的轴比及增益频率特性曲线分别如图 15.10(b)、(c)所示,由图看出,有喇叭 3 dB 轴比带宽为 15.3％(5.78 GHz～6.74 GHz),无喇叭 3 dB 轴比带宽为 13.2％(5.83 GHz～6.65 GHz);在整个阻抗带宽内有喇叭将无喇叭时的增益从 7 dBic 提高至 11 dBic,而且有喇叭使轴向交叉极化电平变为−35 dB。

15.1.8　介质填充的圆极化圆波导天线

图 15.11(a)是用 ε_r＝2.54 介质填充的 f_0＝3 150 MHz(λ_0＝95.2 mm)圆极化波导天线。为了实现圆极化,辐射单元由与同轴线内导体并联相连的、长短不等正交偶极子的一个臂组成。长短振子宽 $0.022\lambda_0$,短振子长 $0.128\lambda_0$,呈容性,相位超前 45°;长振子长 $0.216\lambda_0$,呈感性,相位落后 45°;由于长短振子相差 90°,因而实现了圆极化。为了与 50 Ω 同轴线匹配,在同轴线的内导体上附加 $\lambda/4$ 长阻抗变换段。该天线实测 VSWR≤2 和 AR≤3 dB 的相对带宽为 10％。

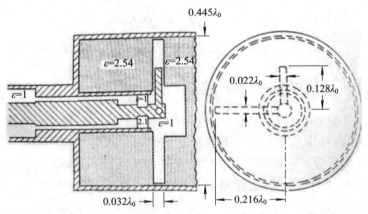

图 15.11　介质填充的圆极化圆波导天线

15.1.9　双圆极化圆锥喇叭天线[8]

图 15.12 是 4～8 GHz 频段用螺旋作为圆锥喇叭的馈源构成的双圆极化天线,同轴馈线 2 的外导体与圆锥喇叭的地板相接,内导体与螺旋天线相接作为底馈构成 LHCP 天线。同轴线 1 穿过圆锥喇叭的地板沿螺旋天线的轴在末端把它的内导体与螺旋天线相接顶馈构成 LHCP 天线,再向下传输经过圆锥喇叭的地反射后变为 RHCP。为了补偿同轴线 1 在顶端没有地的缺点,除在末端把同轴线的外导体加粗变为 5.8 mm 外,还增加了粗度分别为 8.4 mm 和 5.6 mm 的金属套筒。

圆锥喇的尺寸:底板的直径为 50.8 mm,开口的直径为 101.6 mm,高 101.6 mm。螺旋的周长 $C＝\pi D$,D 为螺旋的直径,螺旋的上升角 α 与螺距 P、周长有如下关系:

$$\alpha = \arctan \frac{P}{\pi D}$$

注意,在图 15.12 中螺旋的直径渐变,底直径为 19 mm,顶直径为 10.2 mm,上升角 α 由第一圈的 12°最后变为 14°,用 ϕ＝1.5 mm 的铜线绕成的螺旋天线共 6.5 圈。

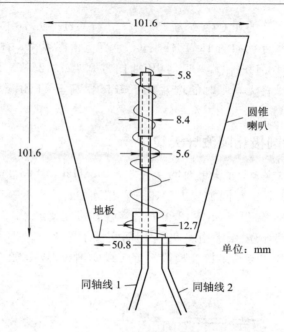

图 15.12　4～8 GHz 双圆极化圆锥喇叭天线[8]

15.1.10　Ku 波段双频双圆极化背腔缝隙天线[9]

图 15.13 是倒置的 Ku 波段双频(12 GHz 和 14 GHz)双圆极化背腔缝隙天线,12 GHz 和 14 GHz 双圆极化天线均由尺寸不同位于基板底面的两个垂直缝隙组成(图中虚线部分),为了实现单向辐射附加了背腔,双频天线的馈电网络位于基板的顶面,通过调整馈线的长度来实现双圆极化。对 12 GHz,端口 1 让通过两个正交缝隙的微带馈线 P_2 相对 P_1 的长度长

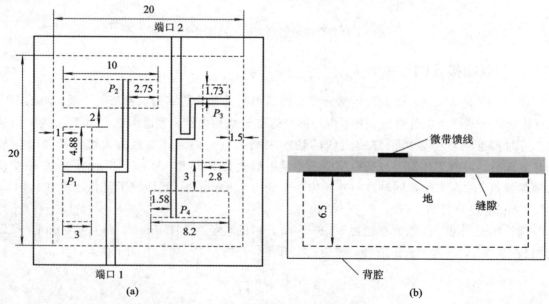

图 15.13　双圆极化背腔缝隙天线[9]

(a) 顶视;(b) 侧视

$\lambda_{g1}/4$ 来实现 LHCP。同理，对 14 GHz，让端口 2 通过两个正交缝隙的微带馈线 P_4 相对 P_3 的长度长 $\lambda_{g2}/4$ 来实现 RHCP。由于两个子阵相对基板中心并不对称，微带馈线到缝隙边缘的距离并不相同，所以要得到好的阻抗匹配，必须仔细调整距离。

该双频双圆极化背腔缝隙天线实测主要电参数如下：

（1）$S_{11}<-10$ dB 的频率范围和相对带宽在 12 GHz 和 14 GHz 分别为：11～12.7 GHz，14.2%；12.9～15.5 GHz，18.6%。

（2）$S_{21}<-13.7$ dB(12 GHz)，$S_{21}<-17.6$ dB(14 GHz)。

（3）AR $\leqslant 3$ dB 的带宽及相对带宽：12 GHz、0.45 GHz、3.8%；14 GHz、0.55 GHz、3.9%。

（4）在中心频率实测增益分别为 7 dBic(12 GHz)和 4.8 dBic(14 GHz)。

15.2　圆极化贴片天线阵

15.2.1　串联圆极化贴片天线阵

图 15.14(a)是用厚 1.52 mm，$\varepsilon_r=3.48$ 基板制造的 S 波段（$f_0=2\ 210\pm5$ MHz）作为 LEO 卫星地面站使用的圆极化缝隙耦合方贴片天线。为了实现圆极化，用厚 0.76 mm、$\varepsilon_r=3.48$ 基板制造的宽度为 1.72 mm 50 Ω 微带线通过地板上尺寸为 14 mm×1.5 mm 正交缝隙给边长为 35.2 mm 的方贴片耦合馈电。为了实现高增益，采用如图 15.14(b)所示单元间距为 λ_g 的串联天线阵。由图看出，x 方向缝隙，由于相邻间距为 λ_g，所以同相辐射；y 向缝隙，由于相邻缝隙电场反相，为了保证同相辐射，必须让相邻 y 向缝隙馈线长度为 $3\lambda_g/2(180°)$。图 15.13(c)是 8 元天线阵的归一化方向图，在 2.14～2.32 GHz 频段内，$S_{11}<-10$ dB。交叉极化电平为 -25 dB。

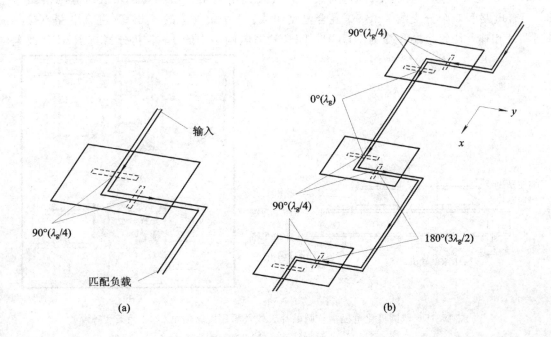

(a)　　　　　　　　　　　　　　　　(b)

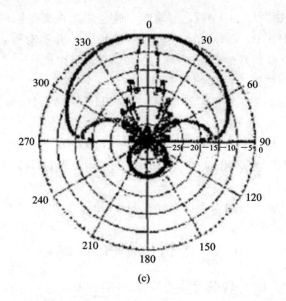

(c)

图 15.14　缝隙耦合圆极化贴片天线及串联天线阵和方向图
(a) 单元天线；(b) 串联天线阵；(c) 天线阵归一化方向图

15.2.2　C 波段双圆极化层叠电磁耦合贴片天线阵

为实现 C 波段(3.625～4.073 GHz)相对带宽为 11.6%、增益为 13 dBic 的双圆极化天线，采用了单元间距为 $0.7\lambda_0$ 的 4 元层叠电磁耦合贴片天线阵。基本天馈单元由贴片层和功分电路层组成。采用电磁耦合贴片是为了实现足够宽的带宽，为了减轻重量，寄生贴片和馈电贴片之间，RHCP 和 LHCP 馈电电路之间均采用如图 15.15(a)所示的蜂窝芯夹层结构。图 15.15(b)是 4 元顺序旋转 RHCP 圆贴片天线及馈电网络。由图看出，该馈电网络由一个 180°混合电路和 6 个分支线 3 dB 90°混合电路组成。4 个最外边的 3 dB 90°混合电路直接与馈电圆贴片相连，使每个贴片变为 RHCP。LHCP 馈电网络中的 1～3 功分器与 RHCP 馈电网

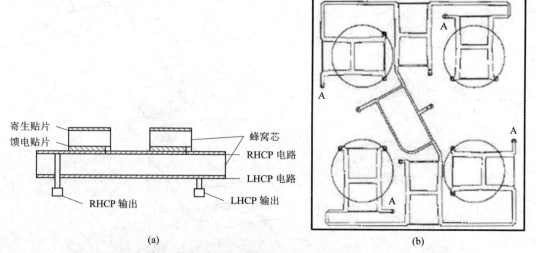

(a)　　　　　　　　　　　　　　　　　　　　　(b)

图 15.15　双圆极化电磁耦合圆贴片天线及顺序旋转馈电 2×2 元天线阵
(a) 侧视 2×2 元天线阵；(b) 2×2 元天馈系统

络的结构类似，但没有外面的 4 个 3 dB 90°混合电路，只需要把 LHCP 与外部 RHCP 3 dB 90°混合电路的隔离 A 端相连。馈电网络除提供双圆极化外，还为两个功分器提供了隔离。4 元天线阵实测 $G=13.4$ dBic。

15.2.3　S 波段 7 元 6 边形圆极化贴片天线阵

S 波段 7 元 6 边形圆极化贴片天线阵由双基板组成，上基板为 7 元方贴片，下基板的正面为带正交缝隙的地，下基板的背面为微带馈电网络，如图 15.16 所示。为了实现圆极化，用等幅、相位为 90°的微带馈电网络，通过地板上的正交缝隙激励每个方贴片天线。等功率用 T 形功分器获得，90°相差用微带线的长度差 $\lambda_g/4$ 来实现。该天馈网络有以下特点：

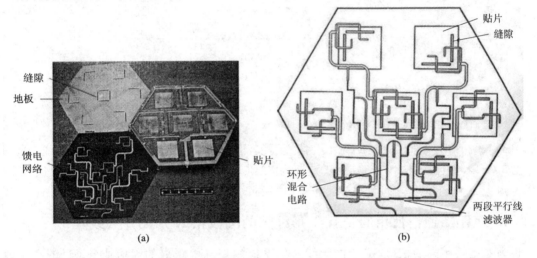

图 15.16　7 元圆极化贴片天线阵及馈电网络

（1）中心单元用两对正交缝隙激励；

（2）缝隙位置完全相同的两单元 1A 和 1B，2A 和 2B，3A 和 3B，4A 和 4B 共 4 组，并对 4 组采用顺序旋转 90°馈电技术，消除了 4 组缝隙位置不对称造成极化纯度差的缺点；

（3）在微带馈线中附加了两段微带平行耦合线滤波器，改善了天线的带外扼制。

图 15.17(a)是该天线阵在 $\phi=0°$、45°和 90°实测垂直面归一化方向图，由图看出，SLL 为

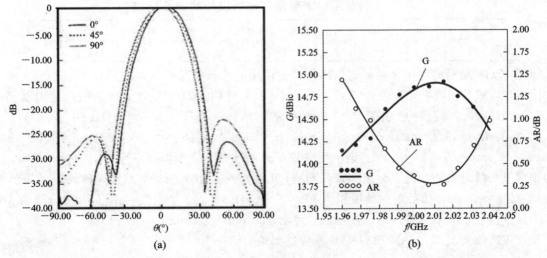

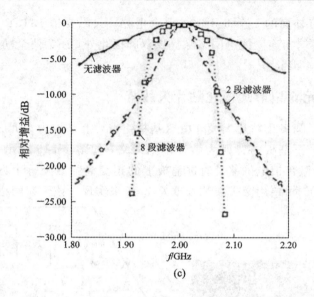

图 15.17　7 元 6 边形圆极化贴片天线阵实测电参数

(a) 垂直面归一化方向图；(b) AR、$G-f$ 特性曲线；(c) 有和无滤波器天线的相对 $G-f$ 特性曲线

-25 dB～-20 dB。图 15.17(b) 为不含滤波器实测天线增益及轴比的频率特性曲线，由图看出，在 2 GHz，$G=14.8$ dBic，相当于效率为 72%，在 1.96 GHz～2.04 GHz 频段内，AR$<$ 1 dB。图 15.17(c) 是用与不用滤波器增益斜率的频率特性曲线。

15.2.4　短距离通信使用的带有 T 形缝隙的圆极化 H 形贴片天线阵[10]

称为专用短距离通信(DSRC)的无线通信系统属短到中距离的通信业务，目的在于改进公共道路安全，为路边设备和安装在车上的设备之间提供交换的高速双向数据。在美国，智能运输系统的专用短距离通信业务使用 5.850～5.925 GHz 频段，该频段也是路边设备和路中小于 100 m 视线距离通信使用的频率。短距离通信不存在典型专用短路距离通信中路边设备发生的严重衰落问题，因此在这个系统中用滤波器抑制别的无线电传播是必须的。表 15.2 为专用短距离路边通信设备的设计要求。

表 15.2　专用短距离路边通信设备的设计要求

参　数	f/GHz	辐射单元	极化	AR	G	HPBW/(°)	F/B
要求	5.850～5.925	贴片	RHCP	$<$3 dB	16 dBic	20°	25 dB

图 15.18 是构成专用短距离通信路边设备使用的圆极化基本辐射单元和 4×4 元天线阵。由图看出，基本辐射单元是带有缝宽为 0.3 mm T 形缝隙的 H 形贴片。H 形贴片是用厚 $T=$ 0.79 mm、$\varepsilon_r=2.17$ 的聚四氟乙烯基板制造，具体尺寸如下：$W_1=11.80$ mm、$W_2=$ 4.11 mm、$L_1=13.40$ mm、$L_2=5.55$ mm、$L_3=3.8$ mm、$S_w=3.57$ mm、$S_L=1.55$ mm、$F_w=4.90$ mm、$F_L=5.70$ mm。馈电网络位于地板下面，是用厚度 $T=3.14$ mm、$\varepsilon_r=2.17$ 的聚四氟乙烯基板制造的。为了实现低副瓣(SLL<-25 dB)，4×4 元天线阵的单元间距为 $0.55\lambda_0$(28.6 mm)。辐射单元的面积为 95.8×97.4 mm²。馈电网络采用 T 形功分器及 $\lambda/4$ 长阻抗变换段使天线阻抗匹配。地板的尺寸为 120 mm×120 mm。

该天线阵实测 S_{11}、AR 和 G 的频率特性如下：VSWR$\leqslant$2 的频段为 5.85～5.925 GHz，

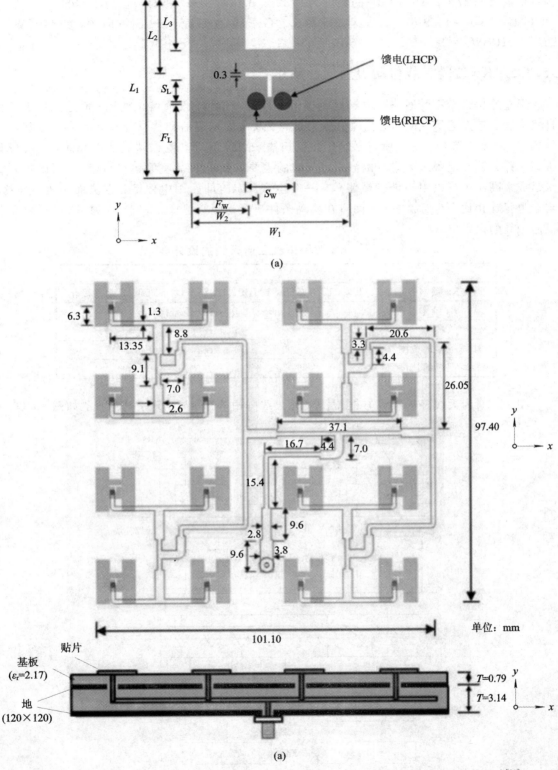

图 15.18 5.9 GHz 带 T 形缝隙的 H 形贴片天线和 4×4 元天线阵及馈电网络的结构尺寸[10]

(a) 单元天线；(b) 4×4 元天线阵

相对带宽为 1.27%；AR≤3 dB 的频段为 5.821~6.008 GHz，相对带宽为 3.16%，在 AR 带宽内，G=15.6~15.9 dBic。该天线阵在 5.9 GHz 实测 E 面和 H 面方向图，其 $HPBW_E$=22.5°，$HPBW_H$=24°，SLL<−25 dB。

15.2.5　Ku 波段车载移动卫通层叠贴片天线阵[21]

卫星通信由于不受通信距离和地面布局的影响，因而不仅通信距离远，而且能抵御各种自然灾害。按照通信线路，卫星通信分为单向、双向固定通信和移动通信。双向车载移动通信天线，由于车高速行驶，所以必须用波束扫描来跟踪卫星。就移动通信天线而言，又分为机械跟踪天线和电跟踪天线。机械跟踪天线的主要缺点是跟踪速度慢，电跟踪天线的主要缺点是成本高。也可以用一维机械跟踪、一维电跟踪、俯仰面用电跟踪，方位面用机械跟踪，与全电跟踪相比，不仅成本低，而且在移动条件下容易跟踪卫星。表 15.3 为 Ku 波段对车载卫通天线的设计要求。

表 15.3　Ku 波段车载卫通天线的设计要求

参　数	要　求
Rx 频率	11.7~12.0 GHz, LHCP；12.25~12.75 GHz，水平极化
Tx 频率	14.0~14.5 GHz，垂直极化
G/T	−7.0 dB/K
跟踪卫星的范围	俯仰：±10°；方位：0~360°
跟踪卫星的速度	俯仰：>±45°/sec；方位：>±45°/sec

图 15.19 为天线阵的组成方框图，24 元天线阵由 3 个 1×8 元子阵组成，如图 15.20 所

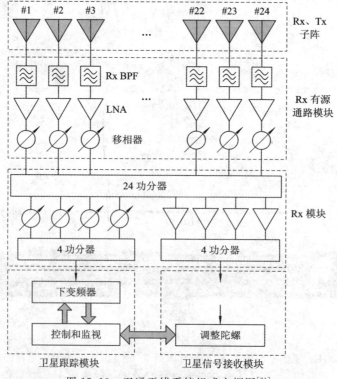

图 15.19　卫通天线系统组成方框图[21]

示。有源贴片用 $\varepsilon_r=2.7$ 基板印刷制造，尺寸为：长×宽=6.56 mm×7.86 mm；两层寄生贴片，长×宽分别为 5.88 mm×8.02 mm 和 6.24 mm×7.46 mm。子阵在 11.7~12.75 GHz 的 Rx 频段，$G=17.1$ dBic，在 14~14.5 GHz 的 Tx 频段，$G=17.5$ dBi，Tx 和 Rx 在 11.7~14.5 GHz 频段，$G=17.5$ dBic，Tx 和 Rx 在 11.7~14.5 GHz 频段，隔离度为 −27 dB。

卫星跟踪采用双波束形成技术，卫星跟踪的算法由初始搜索模式、自动跟踪模式和重复搜索模式组成。卫星跟踪算法在初始搜索模式，在方位面用机械旋转，在俯仰面用电扫搜索卫星跟踪模式。在自动跟踪模式，采用波束倾斜方案跟踪。由于阻挡和阴影丢失信号，还要启动重复搜索模式。

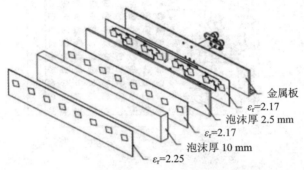

金属板
$\varepsilon_r=2.17$
泡沫厚 2.5 mm
$\varepsilon_r=2.17$
泡沫厚 10 mm
$\varepsilon_r=2.25$

图 15.20　1×8 元子阵[21]

15.2.6　用环形贴片构成的 Ku 波段平面圆极化天线阵[22]

图 15.21(a) 是用 $\varepsilon_r=1.08$，厚 $h_1=1.5$ mm 泡沫基板制作的环形贴片天线，环形贴片外半径 a 与内半径 b 之比 $a/b=27$，为了用单馈实现圆极化采用了带两个缺口 ΔS 的环形贴片。ΔS 与环形贴片的总面积 S 之比，即 $\Delta S/S=13.3\%$，为了扼制馈线造成的辐射，采用 $h_2=1.5$ mm、$\varepsilon_r=1.08$ 泡沫基板制作的 3 线馈电网络，中心设计频率 $f_0=11.85$ GHz（$\lambda_0=25.3$ mm），图 15.21(b) 是 $d=0.78\lambda_0$ 的 4 元子阵，图 15.22 是尺寸为 $W_x=W_y=316$ mm （$12.48\lambda_0$）的 16×16 元平面天线阵。图 15.23(a)、(b) 分别是 16×16 元平面天线阵实测 S_{11}、

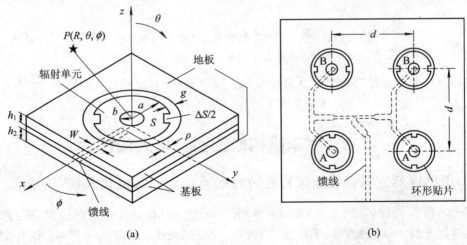

(a)　　　　　　　　　　　　　(b)

图 15.21　圆极化单馈环形贴片及 4 元子阵

(a) 基本单元；(b) 4 元子阵

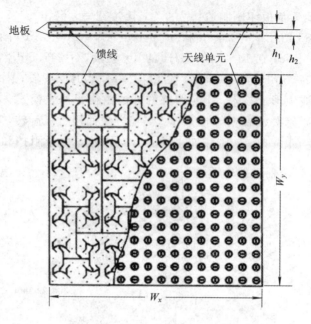

图 15.22　16×16 元平面天线阵

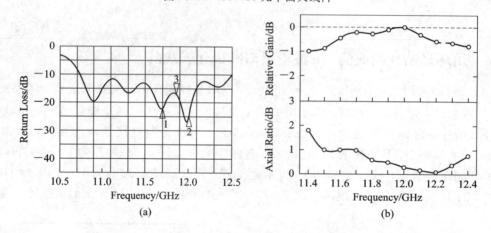

图 15.23　16×16 元 Ku 波段平面天线阵的电性能[22]

（a）S_{11}-f 特性曲线；（b）AR、相对增益-f 特性曲线

相对增益和 AR 的频率特性曲线，由图看出，在 11.7~12 GHz 频段内，VSWR≤1.5，AR<1 dB。在 f_0 实测 $G=32$ dBic，效率大于 80%。

15.3　用喇叭构成的圆极化天线阵

15.3.1　用单臂渐变螺旋线边馈背腔阶梯喇叭构成的圆极化天线[11]

图 15.24 是 X 波段，$f_0=8.4$ GHz（$\lambda_0=35.7$ mm）由单臂渐变螺旋线边馈背腔阶梯喇叭构成的圆极化天线。该天线有以下特点①用单馈实现圆极化，不仅结构简单，而且轴比带宽宽；②阶梯喇叭辐射效率高；③背腔结构易实现嵌入式天线设计；④用 PCB 加工制造精度高、一致性好、成本低；⑤用同轴线馈电，电磁屏蔽好。

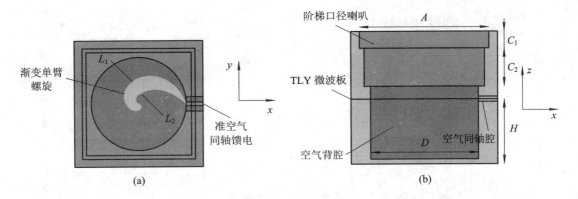

图 15.24　圆极化渐变单臂螺旋边馈背腔阶梯喇叭天线[11]

(a) 顶视；(b) 侧视

单臂渐变螺旋线的极坐标 $(\rho、\phi)$ 方程如下：

$$L_1: \rho = \frac{D}{2}e^{-a\phi} \tag{15.2}$$

$$L_2: \rho = \frac{D}{2-t}e^{-(a+\delta_a\phi)} \tag{15.3}$$

式中，D 为背腔直径；$a(a+\delta_a\phi)$ 为曲率系数；t 为准空气同轴线的线宽；ϕ 为曲线自变量，决定曲线的起始点。

渐变螺旋线用 $\varepsilon_r=2.2$ 厚 0.127 mm 的 TLY-5A 基板制造，通常取 $D=0.7\lambda$，馈电点阻抗为 90 Ω，根据同轴线外导体的尺寸确定带线宽 $t=0.6$ mm，ϕ 的起止点分别为 0 和 1.75π，经过优化设计，天线的具体尺寸如下：

$H=14$ mm，$a=0.3$，$\delta=0.5$，$C_1=9$ mm，$C_2=4$ mm，$A=29$ mm，仿真主要电参数如下：

(1) 在 7.5～9.5 GHz 频率范围内，VSWR<1.5；

(2) AR<0.45 dB($f=8.4$ GHz)；

(3) $G_{max}=9$ dBic。

用单元间距 30 mm 组成 2×2 元子阵，图 15.25(a) 为 2×2 元子阵的馈电网络，采用旋转反相馈电技术，既可以降低交叉极化电平，又能改善轴比。图 15.25(b)、(c) 是 2×2 元子阵仿真 AR 的频率特性曲线和垂直面增益方向图。

以 2×2 元子阵为基础用 BJ-84 波导构成口面尺寸为 240 mm×240 mm 8×8 元阵列。经实测，该天线阵在 7.5～9.5 GHz 频段 VSWR≤2，相对带宽为 23.5%，AR≤3 dB 的相对带宽为 23%，在 AR 带宽内，$G=25.8$ dBic，口面效率大于 81%，交叉极化电平小于 -15 dB，其他实测电参数如表 15.4 所示。

表 15.4　8×8 元背腔阶梯喇叭天线阵实测电参数

频率/GHz	7.5	8.4	9.5
增益/dBic	25.83	27.23	27.75
口面效率	84.63%	93.12%	81.13%
极化隔离/dB	-15.83	-24.12	-21.75

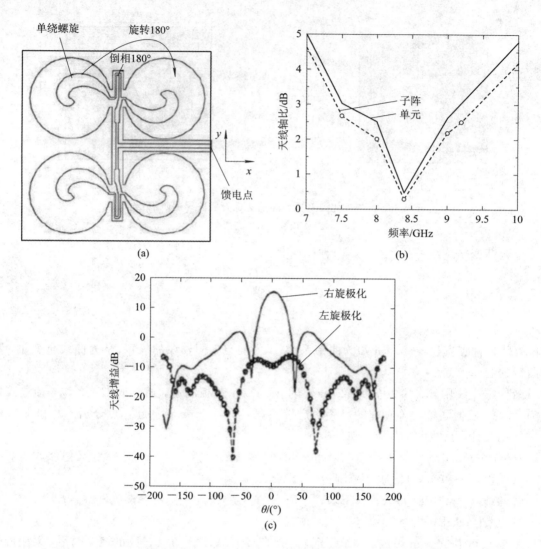

图 15.25　2×2 元子阵馈电网络和仿真的 AR 频率特性曲线及垂直面增益方向图[11]

(a) 2×2 元子阵馈电网络；(b) AR-f 特性曲线；(c) 增益方向图

15.3.2　Ka 波段用贴片馈电的圆极化喇叭天线[20]

喇叭天线由于有高辐射效率，所以在 mm 波段被广泛采用。图 15.26 是用圆极化贴片给矩形喇叭馈电构成的圆极化喇叭天线。为了展宽带宽和提高增益，采用层叠寄生贴片，为了扼制表面波，提高单元之间的隔离度，在寄生和馈电贴片之间插入金属隔板。

在 $f=30.5$ GHz($\lambda_0=9.8$ mm)，用 $\varepsilon_r=2.2$ 基板制造了用探针馈电圆极化切角贴片天线，选取平金属隔板缝隙的宽度 $D=8$ mm($0.816\lambda_0$)，贴片到隔板内边缘的距为 $0.2\lambda_0$，喇叭的口径 $W_1=8.4$ mm×8.4 mm($0.857\lambda_0×0.857\lambda_0$)，喇叭由方波导和斜喇叭组成，方波导长 $h_1=2.5$ mm($\sim0.25\lambda_0$)、宽 $W_2=7.5$ mm($0.76\lambda_0$)，表 15.5 是喇叭为不同尺寸时仿真的增益和轴比。

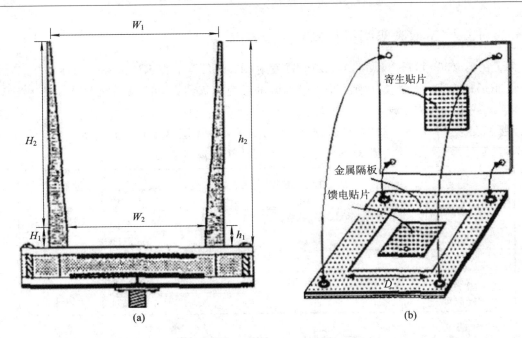

图 15.26　层叠贴片激励的喇叭天线[20]

(a) 天馈结构；(b) 带金属隔板的层叠贴片天线

表 15.5　喇叭天线仿真结果（口面尺寸 8.4 mm×8.4 mm）

| | 波导的宽度 W_2 | | 波导的长度 h_1 | | 喇叭的斜长 h_2 | | |
| | ($h_1=2.5$ mm) | | ($W_2=7.5$ mm) | | ($h_1=2.5$ mm, $W_2=7.5$ mm) | | |
宽度/mm	G/dBic	AR/dB	长度/mm	G/dBic	AR/dB	长度/mm	G/dBic	AR/dB
6.5	7.2	2.6	1.5	7.0	1.1	5	8.8	1.8
7.0	7.5	1.6	2.0	7.5	1.0	10	9.1	1
7.5	7.8	1.0	2.5	7.8	1.0	15	9.3	1.6
8.0	7.8	0.9	3.0	7.3	1.3	20	9.3	1.1
8.4	7.8	0.9	3.5	6.9	1.5	25	9.3	1.546

按单元间距 $0.9\lambda_0$，用并联微带线馈电网络构成 1×8 元线阵，表 15.6 将单元天线和 1×8 元天线阵仿真及实测主要电性能作了比较。

表 15.6　单元天线和 1×8 元天线阵主要电参数

| 参数 | 单元天线 | | 1×8 元天线阵 | |
	仿真	实测	仿真	实测
阻抗相对带宽	13%	14%	15%	18%
轴比相对带宽	3.3%	4.9%	5.1%	8.2%
G/dBic(f_0)	9.3	8.4	17	14
HPBW/(°)($\phi°=0°$)	46	46	2.6	2.6
SLL/dB			−13.4	−1.2

由表看出，单元天线实测增益比仿真增益低 0.9 dB，从实测天线阵增益看出，由于损耗，天线单元加倍，在中心频率增益只增加 2 dB。

15.3.3　Ka 和 K 双频双圆极化喇叭天线阵[12]

为了在 Ka(30.085～30.885 GHz)波段发射(Tx)LHCP,在 K(20.355～21.155 GHz)波段接收(Rx)RHCP,通常使用有一个双模馈源的反射面天线。为了实现圆极化,采用带极化器的喇叭,或采用圆或方波导的正交模变换器,但缺点是这些馈源有较大的横向尺寸(2～3λ),可见,要满足表 15.7 所示双频双圆极化天线的要求,关键是单元天线的选型及设计。

表 15.7　双频双圆极化天线阵的要求

参　数	要　求	
	Tx	Rx
频率范围/GHz	30.085～30.885(Ka 波段)	20.355～21.155(K 波段)
极化	LHCP	RHCP
VSWR	<2	<2
轴比	<1 dB	<1 dB
隔离度	>15 dB(对 Rx 波段)	>10 dB(对 Tx 波段)

为实现 Ka 波段 Tx LHCP,Ka 波段 Rx RHCP 的双频双圆极化天线,可采用图 15.27(a)、(b)所示用 Rx 端口底馈圆锥轴模螺旋构成的 K 波段 Rx RHCP 圆锥喇叭天线,用 Tx 端口顶馈背射圆锥螺旋激励的 Ka 波段 Tx LHCP 圆锥喇叭天线。把位于喇叭底面中心的同轴线与圆锥喇叭的顶点 P_1 相连,激励电流以背射模沿右旋螺旋线从顶端到底部,经喇叭底面反射,极化方向由右旋变成左旋。把位于喇叭底面边缘 Rx 端口同轴线的内导体与右旋圆锥螺旋天线的底端相连,构成右旋轴向模螺旋作为 K 波段的圆极化天线。圆锥喇叭可以为空气介质,也可以用低介电常数材料。圆锥螺旋的设计参数有顶直径 D_1、底直径 D_2、轴向长度 H、螺距 S、上升角 α,绕制螺旋导线的直径 t,显然匝数 $N=H/S$,上升角 α 与螺距 S、周长 $2\pi R$ 有如下关系:

$$\alpha = \frac{180}{2\pi}\cot\frac{S}{2\pi R} \tag{15.4}$$

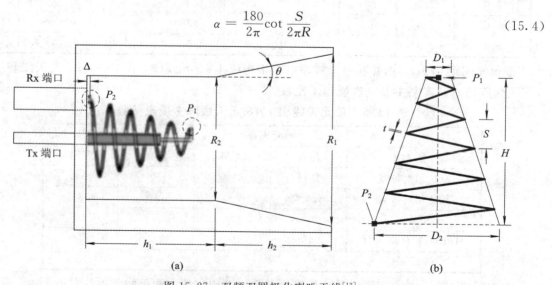

(a)　　　　　　　　　　(b)

图 15.27　双频双圆极化喇叭天线[12]

(a)用圆锥螺旋激励的喇叭天线;(b)圆锥螺旋天线

对于背射 Tx 模，$f_{OT}=30$ GHz$(\lambda_{OT}=10$ mm$)$，$\alpha=12°$，$2\pi R/f_{OT}\approx0.75$，$D_1=1.2$ mm，螺距 $S=2\pi R\mathrm{tg}12°=1.6$ mm。

由于采用等螺距圆锥螺旋天线，对 Rx 轴向模，$f_{OR}=21$ GHz$(\lambda_{OR}=14.3$ mm$)$，必须按照 $\pi D_2/\lambda_{OR}\approx1$ 来选取圆锥螺旋的底直径，为 $D_2\approx4.8$ mm。

对等间距轴模螺旋天线，可以用下式经验公式计算输入阻抗

$$Z_{in}\approx140\frac{2\pi R}{\lambda}(\Omega) \tag{15.5}$$

经过优化设计，圆锥螺旋和喇叭天线的尺寸如下：

$D_1=2$ mm，$D_2=6.3$ mm，$S=1.6$ mm，$H=8$ mm，$N=5$，$t=0.4$ mm，$R_1=14$ mm，$R_2=10$ mm，$h_1=10$ mm，$\theta=11°$

用碳钢制造圆锥螺旋，好处可以不用介质支撑。该双频双圆极化天线的电参数如下：

发射频段：$G=11.2$ dBic，$S_{11}=-15.2$ dB，$S_{21}=-22.8$ dB；

接收频段：$G=8.6$ dBic，$S_{11}=-13.4$ dB，$S_{21}=-26.2$ dB；

相位中心到口面的距离：Tx 为 105 mm，Rx 为 98 mm。

为了实现高增益，必须组阵，由于单个喇叭的口径为 14 mm，每个喇叭输入端的直径为 10 mm，所以最合适的单元间距为 15 mm，相当 Tx 和 Rx 频段的 $0.76\lambda_0$ 和 $0.54\lambda_0$，共用 20 个单元以六角形组阵，如图 15.28(a)所示，为了补偿阵方向图偏移，把 20 个单元分成 5 组，每组 4 个单元，并把 4 个单元顺序旋转 90°，如图 15.28(b)所示。

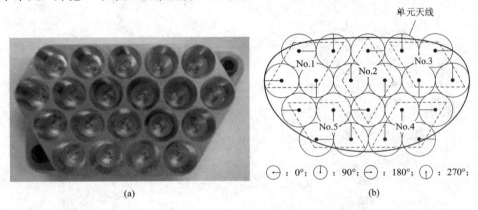

图 15.28　六角形喇叭天线阵

(a) 天线阵照片；(b) 分组及顺序旋转

20 元天线阵的增益，Tx 频段为 22.7 dBic，Rx 频段为 20.6 dBic，单元加倍，增益增加 2.5 dBic，副瓣电平：Tx 和 Rx 频段分别为 -13.5 dB 和 -19.4 dB。在 $\pm5°$扫描角，在 Tx 和 Rx 频段天线阵的最小增益分别 10.5 和 11.8 dBic。

15.4　圆极化径向线缝隙天线阵

15.4.1　双圆极化径向线十字形缝隙天线阵

径向线缝隙天线(Radial Line Slot Antenna)，由于具有低轮廓、低成本、高效率和易批量生产等特点而成为最感兴趣的一种平面辐射结构。在微波和毫米波波段多用径向线缝隙天

线，而不用高增益贴片天线阵，因为贴片天线阵的馈电网络有较大的导体损耗，极大地降低了天线的辐射效率。

　　标准的径向线缝隙天线阵是用伸进空腔的同轴探针馈电，辐射单元由偏置的正交缝隙构成，同轴探针发射的电磁波径向扩展到空腔，也可以用缝隙代替同轴探针给径向空腔馈电，由于用第一类贝赛尔函数表示的内场既有径向磁场分量，又有圆周磁场分量，所以在这种情况下，用具有合适半径的正交十字形缝隙，在空腔内就能产生圆极化场，因为在这种情况下径向和圆周磁场分量的相位差为90°。

　　十字形缝隙位于与短路壁端接空心径向波导的顶板上，馈电环形缝隙位于空心径向波导的底板上。用等幅和旋转90°相位的4个微带线，通过环形缝隙给位于空心径向波导顶板上的十字型缝隙馈电。微带馈线的地与空心径向波导的地共用。

　　图15.29(a)是在直径为220 mm空心径向波导顶板上，由5圈十字形缝隙构成的$f_0 =$10 GHz圆极化天线阵。图15.29(b)是位于空心径向波导底板上的环形缝隙和4个微带馈线。调整环形缝隙和微带线的尺寸，可以使天线阵阻抗匹配和带宽最佳。连续的环形缝隙使端口1-3和端口2-4微带馈线之间产生极强的耦合，造成天线阻抗失配和极化纯度恶化。图15.29(c)是变型馈电装置，目的在于克服上述缺点。用小间隙把环形缝隙分成4等分，使端

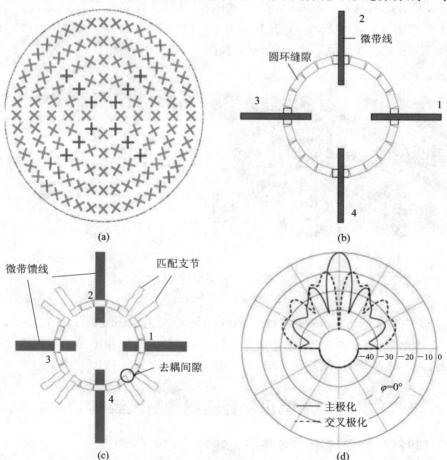

图15.29　双圆极化径向线十字形缝隙天线、馈电网络和结构及垂直面方向图

(a)十字形缝隙天线阵；(b)馈电结构；(c)变型馈电结构；(d)垂直面归一化方向图

口 1、3 和端口 2、4 之间去耦。另外，在缝隙上还附加了匹配支节，进一步改善了阻抗匹配。用 2 个 180°和 2 个 90°混合电路构成的馈电网络来实现 LHCP 和 RHCP。图 15.29(d)是该天线 $\phi=0°$ 主极化和交叉极化垂直面归一化方向图，由图看出，主极化副瓣电平为 -16 dB，在轴线方向有低的交叉极化电平是因为在距馈电板 $\lambda/4$ 处附加了反射板消除了后瓣。天线阵仿真 $G=25$ dBic，效率为 60%，在 f_0，$S_{11}=-28$ dB，VSWR≤2 的相对带宽为 10%，馈线之间的耦合低于 -10 dB。

15.4.2　双圆极化径向线垂直缝隙对天线阵[13]

径向线缝隙天线用径向行波激励缝隙，为了补偿伴随而来的幅度渐变，使口径分布更均匀，应采用双层径向线把内向径行波组合，就能用有相同长度且均匀分布的缝隙实现几乎均匀的口径分布。

对 12.2～12.7 GHz，直径为 500 mm，高 4 mm 的双圆极化径向线缝隙天线阵，用如图 15.30(b)所示与辐射方向成 45°，中心相距 $\lambda_g/4$ 的垂直缝隙对作为基本辐射单元，构成的双极化径向线螺旋形缝隙天线阵，如图 15.30(a)所示。该天线阵由 3 块等间距平板构成的 2 个折叠径向线波导组成，顶板是由成螺旋线形缝隙对构成的天线阵辐射体，让缝隙对的径向间距为 $\lambda_g/4$ 来获得 $\pm90°$ 相对相位。为了扼制天线阵的栅瓣，在波导中填充 $\varepsilon_r=1.18$ 的介质。为了实现双圆极化，采用如图 15.30(c)所示的双同轴馈电系统。输入功率分别由内部的下波导和外部的上波导中心馈入，180°E 面弯头把下波导中的功率变换成上波导中的内向行波，可见在上波导中，既存在旋转对称能激励 LHCP 的内向行波，又存在能激励 LHCP 的内向行波，从而实现双圆极化。在 12.2～12.7 GHz 频段，经实测该天线阵双端口 $S_{11}<-20$ dB，在

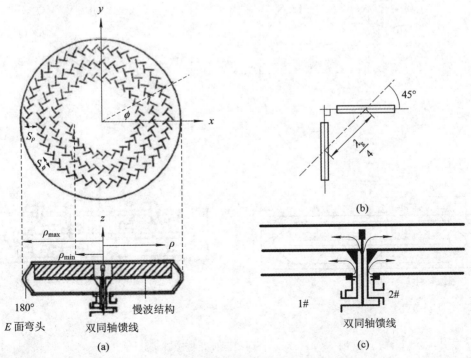

图 15.30　双圆极化径向线垂直缝隙对天线阵[13]

(a) 天线阵；(b) 缝隙对；(c) 双同轴馈线

12.5 GHz，LHCP 和 RHCP 天线的增益分别为 33.4 dBic 和 32.7 dBic，效率为 51%。

15.4.3　毫米波双层径向线圆极化缝隙阵天线[14]

　　直接接收 12 GHz 卫星电视用户机天线的增益应当高达 36～37 dBic。为满足这个要求，采用直径为 700 mm 的反射面天线，但由于冰和雪易堆积在抛物面天线的表面，使天线性能恶化。由贴片构成的平面天线阵虽能克服雨雪造成的影响，但缺点是不仅其尺寸大，而且馈电网络插损也过大。最理想的一种天线是用高效率径向线缝隙阵天线，它实际上是缝隙波导天线阵。

　　图 15.31(a)是双层径向线缝隙天线阵。由图看出，该天线阵由等间距 3 块平板组成的双折叠径向线波导，顶板是由缝隙对构成的辐射口面，在下波导的中心用同轴线馈电，产生的径向外行波在波导的外边缘($\rho=\rho_{max}$)变换成在上波导传输的径向内行波，如图 15.31(c)所示，其中一部分能量由缝隙辐射出去，其余能量被中间的吸波材料吸收掉。馈电点有 45°渐变结构，以扼制它们的反射。顶板是由许多圆极化缝隙对构成的辐射口面，缝隙对沿设计的螺旋线按顺序排列组阵，其中 S_ρ、S_ϕ 表示沿 ρ 和 ϕ 方向相邻缝隙对之间的间距。为了扼制天线阵中的栅瓣，S_ρ 必须等于上波导中的波导波长，S_ϕ 任意确定。为了满足这些条件，在上波导中必须附加慢波材料，使 $S_\rho=\lambda_g$。

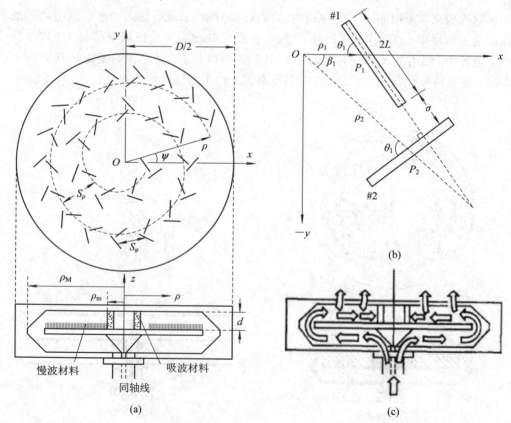

图 15.31　双层径向线圆极化缝隙阵天线[14]

(a) 天馈结构；(b) 缝隙对的几何参数；(c) 波导中的功率流

为了实现圆极化，基本辐射单元由图 15.31(b)所示的等幅激励尺寸相同间距为 σ、彼此垂直的一对缝隙组成。它们与径向线的夹角均为 θ_1，为了得到 90°相对激励相位差，还必须满足下式：

$$\rho_2 \sin\theta_1 - \rho_1 \cos\theta_1 = L + \sigma \tag{15.6}$$

$$\beta_1 = 2\theta_1 - \frac{\pi}{2} \tag{15.7}$$

在 $f_0 = 12\ \text{GHz}(\lambda_0 = 25\ \text{mm})$ 设计了 $D = 600\ \text{mm}$ 两种径向线缝隙阵天线，其中 A 型无慢波材料，B 型使用厚 3 mm、$\varepsilon_r = 2.5$ 基板作为慢波材料。

由于上波导的高度 $d = 7.5\ \text{mm}$，所以不能直接用 $\lambda_g = \lambda_0 / \sqrt{\varepsilon_r}$ 来计算 λ_g，通过等效 ε_r 求得 $\lambda_g = 20\ \text{mm}$。表 15.8 是 A 型和 B 型天线的尺寸及电尺寸。

表 15.8　12 GHz 直径 600 mm 天线的尺寸及电尺寸

		口面直径	ρ_M	ρ_m	d	$2L$	S_ϕ	S_ρ	σ	N
天线 A	尺寸/mm	600	300	60	7.5	12.5	17.5	25	1	1238
	电尺寸/λ_0	24	12	2.4	0.3	0.5	0.7	1	0.04	
天线 B	尺寸/mm	600	300	60	7.5	12.5	12.5	20	1	2184
	电尺寸/λ_0	30	15	3	0.375	0.625	0.625	1	0.05	

在 12 GHz，天线 B 实测的主要电性能如下：

(1) HPBW $= 2.7°$，方向图旋转对称，SLL $= -18\ \text{dB}$。

(2) 有吸波材料，在 11.8～12.4 GHz 频段内，AR $< 2.5\ \text{dB}$。

(3) $G_{\max} = 34.5\ \text{dBic}$，口面效率为 57%。

15.4.4　用径向波导馈电的低轮廓螺旋天线阵[15]

图 15.32(a) 是位于无限大地板上(相当径向波导的顶平面)的低轮廓 2 圈螺旋天线，螺旋线底端到地面的高度为 h，弯曲角度为 90°。中心设计频率 $f_0 = 12\ \text{GHz}(\lambda_0 = 25\ \text{mm})$，螺旋天线的参数及电尺寸如下：

上升角 $\alpha = 4°$，周长 $C = 25\ \text{mm}(\lambda_0)$，绕制螺旋天线导线的直径为 1 mm$(0.04\lambda_0)$，$h = 1.25\ \text{mm}(0.05\lambda_0)$，匝数 $N = 2$。螺旋天线的直径为 $0.318\lambda_0$，螺距 $S = C \times \text{tg}\alpha = \lambda_0 \times \text{tg}4° = 0.07\lambda_0$，轴长 $H = 0.19\lambda_0$，在 11.7～12 GHz 频段内，对该天线进行仿真，垂直面 HPBW 几乎均为 $70 \pm 1°$。

图 15.32(b) 是用径向波导馈电，由低轮廓螺旋构成的平板天线阵，每个螺旋天线都通过径向波导顶板上的小孔插入间距 $S_w = 7.5\ \text{mm}(0.3\lambda)$ 的径向波导中，用位于波导中心同轴探针激励的行波，以横电磁波(TEM)向波导边缘传播。螺旋天线距径向波导顶平面仅 4.7 mm，整个天线阵的高度也只有 17 mm。

如果把平板天线阵，例如贴片天线阵安装在家中的墙上来直接接收卫星广播，则必须让波束倾斜朝向卫星。根据天线理论调整每个单元的激励相位，就可以使波束倾斜。在螺旋天线阵中，不用移相器以螺旋天线的轴机械旋转天线的旋向就能实现所需的激励相位。由于波束倾斜天线阵的副瓣变大，天线阵的方向系数也会减小，因此必须选择合适的单元间距来扼制副瓣。图 15.33(a) 是平板天线阵的几何参数，图 15.33(b) 是 $f_0 = 11.85\ \text{GHz}$，在均匀幅度分布螺旋天线阵的最大直径 $2\rho_{\max} = 385\ \text{mm}(15.2\lambda_0)$ 时每个单元具有的方向图和不同单元

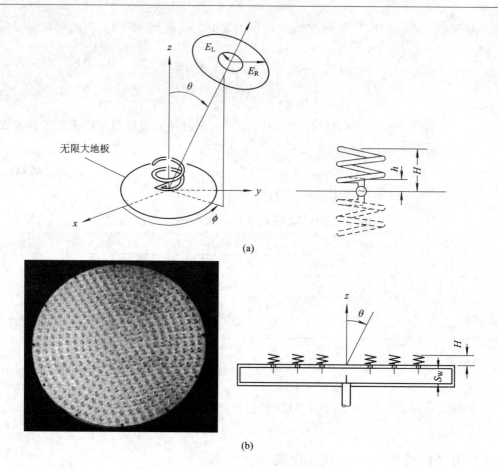

图 15.32　2 圈螺旋天线及天线阵[15]

(a) 2 圈螺旋天线；(b) 螺旋天线阵

间距 S_ϕ、S_r 及不同倾角 $\theta°$ 情况下计算的天线方向系数 D。基于计算结果，整个天线阵由 396 个单元组成。径向间距 $S_{rad}=17.5$ mm$(0.69\lambda_0)$，圆周间距 $S_\phi=18.3$ mm$(0.72\lambda_0)$。

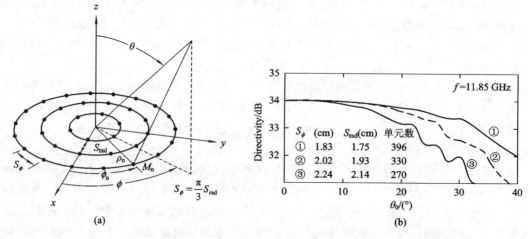

图 15.33　平板天线阵的几何参数及不同 S_ϕ、S_{rad}、D 与倾角 θ_0 的关系曲线

(a) 平板天线阵的几何参数；(b) 不同 S_ϕ、S_{rad}、D 与倾角 θ_0 的关系曲线

　　为了使反向行波最小，让最外圈螺旋天线的馈线距波导边缘 $\lambda_0/4$，由于 TEM 波由波导中心向边缘传播过程中有衰减，为了保证在整个天线口面有均匀的幅度分布，随径向距离的增加，逐渐加长螺旋天线馈线伸入波导中的深度，根据实验，从中心到边缘插入深度分别为 2、2.5、3、3、3.5、3.5、3.75、4.5、4.5、5.5 和 7 mm。

　　图 15.34(a)是该天线阵实测 S_n 的频率特性曲线，适当调整同轴线内导体插入波导的深度，就能实现低 VSWR。由图看出，在 11.7～12 GHz 频段内，$S_n < -18$ dB。

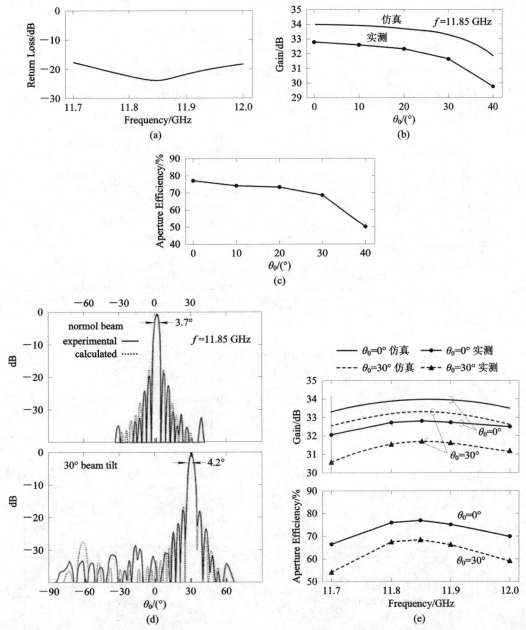

图 15.34　平面螺旋天线阵仿直实测主要电参数的频率特性曲线

(a) $S_{11} - f$ 特性曲线；(b) G 与倾角 θ_0 的关系曲线；(c) η 与 θ_0 的关系曲线；

(d) $\theta_0 = 0°$，$30°$垂直面归一化方向图；(e) $\theta_0 = 0°$，$30°$，G、$\eta - f$ 特性曲线

图 15.34(b)、(c)是 $f=11.85$ GHz 该天线阵仿真和实测的增益 G、口面效率 η 与倾斜角 θ_0 的关系曲线。由图看出，$\theta_0=30°$增益比 $\theta_0=0°$(无倾斜)小 1.1 dB，$\theta_0=0\sim30°$，口面效率 $\eta=69\%\sim77\%$。

图 15.34(d)分别是该天线在 $f=11.85$ GHz 实测和仿真 $\theta_0=0°$ 和 $\theta_0=30°$ 的垂直面归一化方向图，由图求得 HPBW 分别为 3.7°和 4.2°。第一副瓣分别为 -18 dB 和 -17 dB。轴比小于1 dB。图 15.34(e)分别是该天线阵实测增益、口面效率特性曲线。由图看出，$\theta_0=30°$，在 11.7～12 GHz 的频段内，η 由 54%提高到 69%，$\theta_0=0°$，η 由 66%提高到 77%。

图 15.35(a)、(b)是用直径 1 mm 铜导线制成的直径 7.6 mm、$h=0.8$ mm、螺距 $S=1.75$ mm 的 2 圈螺旋天线仿真的 AR 和 G 的频响曲线，由图看出，在 11.45～13 GHz 频段内，AR$\leqslant$3 dB，$G=10$ dBic。7 圈共 168 元圆阵实测 AR 和 S_{11} 的频响曲线如图 15.36(a)、(b)所示，由图看出，在 11.2～12.3 GHz 频段内，AR$\leqslant$3 dB，相对带宽为 9.4%，在 11～13 GHz频段内，VSWR$\leqslant$1.5，相对带宽为 16.67%。

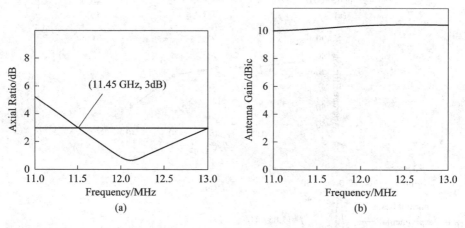

图 15.35　单个螺旋天线仿真 AR、G 的频率特性曲线

（a）AR-f 特性曲线；（b）G-f 特性曲线

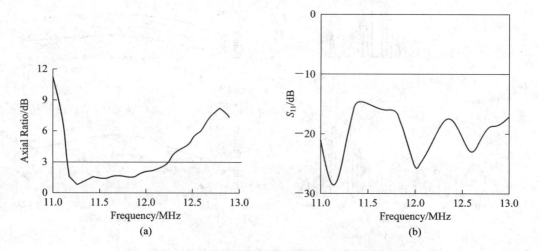

图 15.36　168 元天线阵实测 AR 和 S_{11} 的频率特性曲线

（a）AR-f 特性曲线；（b）S_{11}-f 特性曲线

15.4.5　大功率径向线螺旋天线阵[16]

大功率微波天线必须具有承受特别大功率容量的能力，为此要求天线结构中无介质、抽真空或进行气体防护，还必须有紧凑的结构尺寸，实用中广泛用模变换技术把不需要的模变换成在轴线产生辐射方向图的模，例如用圆 TE_{11} 模。但这些方法不仅增加了系统损耗，而且增加了天馈的尺寸和重量。一种最好的方法是采用大功率径向线螺旋天线阵，因为该天线阵不仅有定向方向图，而且有高辐射效率、紧凑的结构尺寸，特别是能承受大功率。

对中心工作频率 $f_0=4\ \mathrm{GHz}(\lambda_0=75\ \mathrm{mm})$ 的大功率径向线螺旋天线阵，把图 15.37(a)、(b)所示的 2 圈低上升角螺旋天线作为基本辐射单元，螺旋天线的参数为：上升角 $\alpha=6°$，周长 $C=1.09\lambda_0$。绕制螺旋天线导线的直径 $2a=3\ \mathrm{mm}$，螺旋的圈数 $N=1.5$，螺旋底部离开地板的高度 $h=6\ \mathrm{mm}$，螺旋天线的半径 $R=13\ \mathrm{mm}$。为了使短螺旋匹配，必须选择内直径为 5 mm、外直径为 19 mm 的同轴波导。图 15.37(c)是该基本辐射单元仿真的 $\phi=0°$ 和 90° 垂直面增益方向图随 θ 的变化曲线，由图看出，在任意方位面，方向图几乎是相同的，在 $\phi=0°$ 和 90° 平面，宽角 AR 性能特别好。

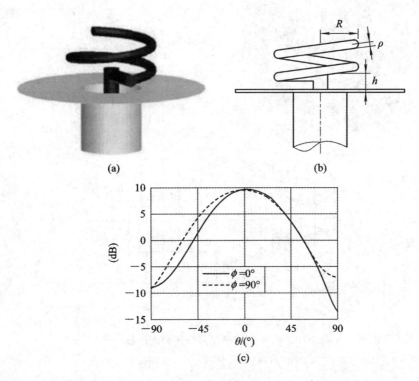

图 15.37　2 圈低上升角轴模螺旋天线及仿真的 $\phi=0°$ 及 90° 垂直面增益方向图[16]

(a)(b)天馈结构；(c)垂直面增益方向图

低上升角 2 圈轴模螺旋天线是确保螺旋天线阵能承受大功率的关键部件。假定在同轴波导中只存在 TEM 波，那么同轴波导中承受的功率 P 与同轴波导的内外半径 a、b 和击穿门限电场 E_a 有如下关系：

$$P=\frac{1}{120}a^2E_a^2\ln\frac{b}{a} \tag{15.8}$$

在真空条件下，$E_a = 50$ MV/m，用式(15.8)求得功率容量为 173.8 MW。由于绕制螺旋天线导线的直径比同轴波导的内导体细，所以使螺旋天线承受的功率容量变为 34.5 MW。

图 15.38(a)是由 2 圈低上升角轴模螺旋天线构成的大功率径向线螺旋天线阵，该天线阵由直径为 460 mm 平板上的 3 个同心圆阵组成。在半径分别为 59 mm、118 mm 和 177 mm 的圆周上，螺旋天线的单元数分别为 8、16 和 24。该天线阵用如图 15.38(b)所示双层径向波导作为馈电波导，因为它不仅结构简单，而且厚度特别薄。图中箭头代表能量的传输方向，通过大的同轴波导把输入的 TEM 同轴模变换成进入上径向波导中的径向模，由于每个螺旋天线与位于上径向波导中的同轴探针相连，所以可以用进入上径向波导中的输入波来激励这些新型同轴探针给螺旋天线馈电。为了在径向波导中传输 TEM 波，两个平板之间的间隙与波长相比要足够小，基于此原因，选取上、下径向波导的间距为 20 mm($0.27\lambda_0$)。

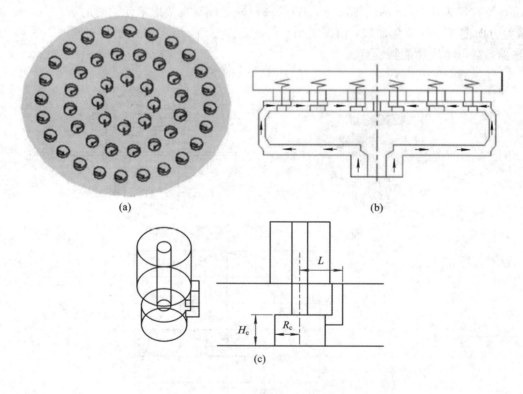

$$(a) \qquad\qquad\qquad (b)$$

$$(c)$$

图 15.38　大功率径向线螺旋天线阵[16]
(a) 顶视；(b) 侧视；(c) 新型探针

为了承受大功率，采用如图 15.38(c)所示由高 $H_c = 10$ mm、半径 $R_c = 8$ mm 圆柱金属座和 L 形导体组成的新型探针结构。L 形导体为 5 mm×3 mm 的矩形，到探针中心的距离 $L = 12.5$ mm。由于该探针不用介质支撑，所以能承受大功率，假定耦合角为 θ，螺旋天线应当向 θ 方向旋转。对于螺旋天线，耦合角是非常有用的。在同一个圆上的探针，耦合幅度 a 和耦合角度 θ 几乎是相同的。在 $f = 4.0$ GHz，3 个圆周上耦合幅度 a 和耦合角度 θ 如表 15.9 所示。

表 15.9　3 个圆周上耦合幅度 a 和耦合角度 θ°

位置	第 3 个圆			第 2 个圆		第 1 个圆
a	0.435	0.425	0.422	0.417	0.415	0.375
θ°	−153.3	−154.3	−154.3	−31.5	−31.7	85.5

该天线阵在 3.7～4.1 GHz 频段，实测 VSWR≤1.2，其他实测电参数参看表 15.10。

表 15.10　天线阵主要实测电参数

f/GHz	3.7	3.8	3.9	4.0	4.1
G/dBic	23.26	23.76	24.09	24.46	24.09
口面效率 η/%	0.668	0.710	0.728	0.752	0.658
AR/dB	1.60	1.64	1.50	1.40	1.48

15.5　电磁耦合卷曲天线阵[17]

图 15.39(a)是用同轴线直接馈电的圆极化卷曲(curl)天线，也可以用图 15.39(b)所示与

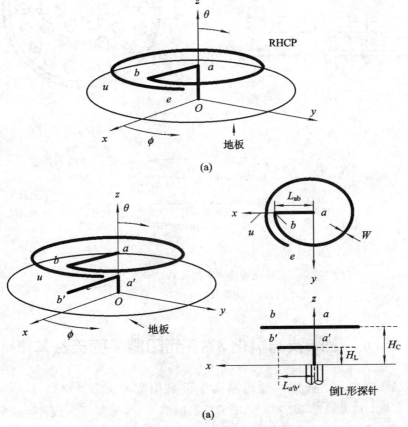

(a)

(a)

图 15.39　圆极化卷曲天线[17]

(a)直接馈电；(b)电磁耦合馈电

卷曲天线 ab 平行的倒 L 形探针电磁耦合馈电，卷曲线从中心点 a 曲线离开地面的高度为 H_c，倒 L 形探针的高度为 H_L。卷曲线从中心点 a 到卷曲线的径向距离 r_c 按照阿基米德螺旋方程定义，即

$$r_c = a\phi_w \tag{15.9}$$

式中，a 为螺旋常数，ϕ_w 为绕角，起始角为 ϕ_s，终止角为 ϕ_{end}。

中心设计频率 $f_0 = 11.85$ GHz，卷曲天线的尺寸及电尺寸如下：制造卷曲天线导线的直径 0.2 mm，$H_c = 3.8$ mm$(0.15\lambda_0)$，$H_L = 3.2$ mm$(0.126\lambda_0)$，$L_{ab} = 3.58$ mm$(0.141\lambda_0)$，$a = 0.19$ mm/弧度 $= 0.0075\lambda_0/$弧度，$\phi_{end} = 26.04$ 弧度。单元卷曲天线 AR$\leqslant$3 dB 的带宽为 6%，$G = 8$ dBic，电磁耦合卷曲天线的输入阻抗 $Z_m = 75$ Ω。

图 15.40(a)、(b)分别是位于圆空腔中的 36 单元卷曲阵天线，空腔的深度 $D_c = 7.5$ mm $(0.3\lambda_0)$，相邻卷曲单元的径向间距 $S_r = 20$ mm$(0.79\lambda_0)$，圆周间距 $S_\phi = \pi S_r/3$。图 15.40(c) 是该天线阵实测 G-f 特性曲线，在 $f_0 = 11.85$ GHz，$G = 23$ dBic，效率高达 73%。

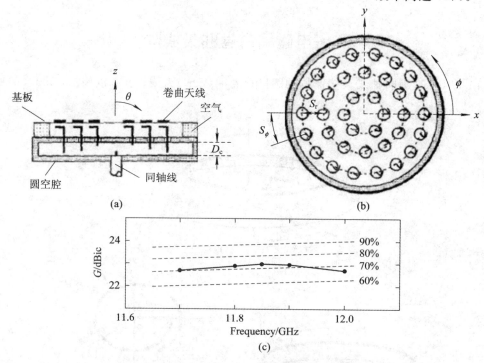

图 15.40　圆极化卷曲阵天线及 G 的频率特性曲线[17]
(a) 侧视；(b) 顶视；(c) G-f 特性曲线

15.6　毫米波圆极化 8×8 元印刷平面天线阵[18]

短距离、高数据速率、低成本通信系统广泛采用毫米波段，例如 $f_0 = 60$ GHz$(\lambda_0 = 5$ mm)，为了实现 20 dBic 的高增益，采用带反射板的 8×8 元双环天线阵，基本辐射单元是用平行微带线馈电带反射板直径为 1.78 mm$(0.356\lambda_0)$ 的一对开路环天线。如图 15.41(a)所示，一对环和一个平行微带线位于 $\varepsilon_r = 2.17$、厚 $h = 0.127$ mm 聚四氟乙烯基板的正面，另一

个环和另外一根平行微带线位于基板的背面，天线和反射板相距 $\lambda_0/4$。图 15.41(b)为 2×2 元天线阵，单元间距分别为 $0.75\lambda_0$ 和 $0.9\lambda_0$。图 15.41(c)是 8×8 元天线阵及馈线的照片。该天线阵主要实测电参数如下：

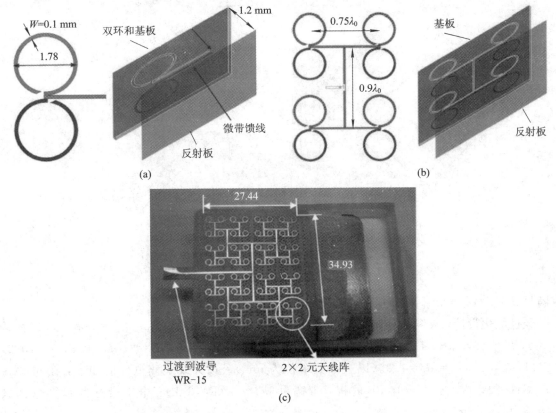

图 15.41　由平行微带线给一对开路环天线馈电构成的 2×2 元和 8×8 元圆极化天线阵[18]
(a) 单元天线；(b) 2×2 元天线阵；(c) 8×8 元天线阵

在 $50\sim70$ GHz 的频段内，实测 $AR\leqslant3$ dB 的相对带宽为 25%，$G=20$ dBic，效率接近 20%，交叉极化电平小于 -20 dB。

15.7　平面高增益圆极化缝隙天线阵[19]

图 15.42 是用两层厚 1.57 mm，$\varepsilon_r=22$，$tg\delta=0.0009$ 基板制造的 $f_0=6.6$ GHz($\lambda_0=45.3$ mm)天线阵的基本单元，顶层用宽 W_{slot}，两对不等长($L_{s1}\neq L_{s2}$)矩形缝隙产生的正交兼并模实现圆极化，为了增强天线的辐射性能和提高增益，把两对不等长正交缝隙位于平面双模基板集成波导(SIW)的空腔中，用位于 SIW 空腔角上底层基板上宽 W_1、间隙 g、长度为 l_{ms} 的接地共面波导(GCPW)作为馈线激励起双模，为了得到低 VSWR，采用了长 l_a，宽 W_a 的 GCPW 线到 SIW 空腔的过渡装置，为了进一步改善天线的辐射特性，在 SIW 空腔的两个角上有两个直径为 d_a 的金属过孔，在 SIW 空腔的中心有直径为 d_1、长轴为 a、短轴为 b 的 4 个半椭圆金属过孔，使用半椭圆外形金属过孔是因为能为辐射缝隙提供更均匀的电磁场分布，而且用它能方便地调整谐振频率。为了减小漏滞功率，构成 SIW 空腔金属过孔的直径 d

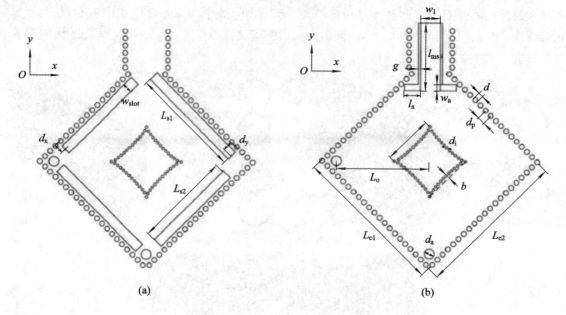

图 15.42　位于 SIW 背腔中的平面圆极化缝隙天线[19]

(a) 顶层；(b) 底层

应满足 $d/d_{p}>0.5$，$d\leqslant0.1\lambda_{0}$（λ_{0} 为自由空间波长）。

经过优化设计，天馈的具体尺寸如下：$L_{s1}=23$，$L_{s2}=20.1$，$L_{c1}=L_{c2}=30.9$，$w_{slot}=2$，$w_{1}=4$，$L_{ms}=14$，$w_{a}=1.4$，$l_{a}=3.25$，$g=0.45$，$d=1$，$d_{p}=1.5$，$d_{a}=2$，$d_{i}=0.5$，$a=10.2$，$b=1.1$，$l_{0}=19$，$d_{x}=d_{y}=1.95$（以上参数单位为 mm）。该天线实测电性能如下：在 $6.49\sim6.70\ \text{GHz}$ 频率内，$S_{11}<-10\ \text{dB}$ 的相对带宽为 3.2%，$AR\leqslant3\ \text{dB}$ 的相对带宽为 1‰，实测最大增益为 9.6 dBic。

为了提高增益，采用单元间距为 0.88λ 均匀激励的 4×4 元天线阵，图 15.43 是 4×4 元天线阵的馈电网络。由图看出，该馈电网络由 4 路串联功分器和由普通 2 功分器构成的 4 路并联功分器组成。2 功分器的输入输出采用 50 Ω GCPW 线，为了实现阻抗匹配，在输入、输出端均采用特性阻抗为 70.7 Ω 的 λ/4 长阻抗变换段。1×4 串联功分器有 2、3、4 和 5 共 4 个端口，每个端口都使用了 2 个 50 Ω GCPW 线作为输入、输出。为了节省功分器的空间，λ/4 长高阻 GCPW 变换段与主 GCPW 输入线倾斜设置，相邻端口用 λ/4 长 GCPW 线相连构成 1×4 串联功分器。调整每个端口 λ/4 长高阻 GCPW 线的阻抗实现均匀输出，所有 GCPW 线的间隙宽度均为 0.2 mm。1×4 串联功分器的具体参数及尺寸如表 15.11 所示。

表 15.11　1×4 个串联功分器的参数及尺寸

参数	W_1	W_2	W_3	W_4	W_5	W_6	W_7	l_1	l_2
尺寸/mm	2.61	1.71	0.26	0.43	1.47	0.81	0.83	11.2	11.06
参数	l_3	l_4	l_5	l_6	l_7	l_8	l_9	l_{10}	
尺寸/mm	22.3	10.95	10.95	22.45	10.9	10.7	24.86	11.09	

将 4 个 1×4 串联功分器直接与 1×4 并联功分器集成就能构成 4×4 元波束形成网络。

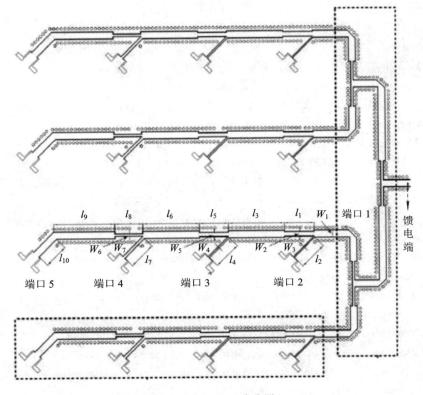

图 15.43　4×4 功分器

参考文献

[1]　BAI Xue，QU Shiwei，XIA Runling. Ka-Band cavity backed detached crossed dipoles for circular polarization. IEEE Trans Antennas propag，2014，62(12)：5944－5950.

[2]　ZHAO Yang，ZHANG Zhijun，FENG Zhenghe. An electrically large Metallic Cavity Antema With Circular Polarization for Satellite appications. IEEE AntennasWireless propag Lett，2011，10：1461－1464.

[3]　FUKUSAKO T，et al. Generation of circular polarization using rectangular waveguide with L-Type probe. IEICE Trans. Commun，2003，86(7)：2246－2249.

[4]　WEI Kunpeng，ZHANG Zhijun，et al. Design of a ring probe-fed metallic cavity antenna for satellite application. IEEE Trans Antennas propag，2013，61(9)：4836－4839.

[5]　BAI Xue，QU Shiwei，BO NG Kung. Millimeter-Wave cavity-backed patch-slot dipole for circularly polarized radiation. IEEE Antennas Wireless Propag Lett，2013，12：1355－1358.

[6]　GUO Qing，et al. Development of low profile cavity backed crossed slot antennas for planar Integration. IEEE Trans Antennas propag，2009，57(10)：2972－2979.

[7]　IEEE Troans Antennas prpag，2008，56(2)：578－581.

[8]　美国专利. 4，494，117.

[9]　Electronics Lett，2011，47(17).

[10]　HOCHOI S，CHOONLEE H，KWAK K S. Circularly polarized H-Shaped microstrip-array antenna with a T-Slot for DSRC system roadside equipment. Microwave opt Technoly Lett，2009，51(6)：1545

- 1548.

[11] 宋长宏，吴群，张文静，等. 一种高效率圆极化背腔天线阵的设计[J]. 电波科学学报，2014，29(1)：129 - 134.

[12] JUNG Youngbae，YOUNG S. Dual-Band horn array design using a helical exciter for mobile satellite communication terminals. IEEE Trans Antennas Propag，2012，60(3)：1336 - 1341.

[13] TAKAHASHI M，ANDO M，GOTO N，et al. Dual circularly polarized radial line slot antennas. IEEE Trans Antennas Propag，1995，43(8)：874 - 876.

[14] ANDO M，SAKURAI K，GOTO N. Characteristics of a radial line slot antennas for 12 GHz band satellite TV reception. IEEE Trans Antennas Propag，1985，34(2)：1269 - 1272.

[15] NAKANO H，TALEDA H，KITAMURA Y. Low-profile helical array antenna fed from a radial waveguide. IEEE Trans Antennas propag，1992，40(3)：279 - 284.

[16] LI X Q ，LIU Q X，WU X J. A GW level high-power radial line helical array antenna. IEEE Trans Antennas Propag，2006，56(9)：2943 - 2948.

[17] NAKANO H，YAMAZAKI M，YAMAUCHI J. Electromagnetically coupled curl antenna. Electronics Lett，1997，33(12)：1003 - 1004.

[18] ALEKSANDAR D. NESIC N D A. Printed Planar 8×8 Array Antenna With circular Polarization for Millimeter-Wave Application. IEEE Antennas Wireless Prpag Lett，2012，118：744 - 747.

[19] HAO Zhangcheng，LIU Xiaoming，HUO Xinping，et al. Planar High-Gain Circulary Polarized Element Antenna for Array Applications. IEEE Trans Antennas Propag，2015，63(5)：1937 - 1947.

[20] ETAL Y B. Novel ka-band Microstrip Antenna Fed circular polarized Horn Array Antenna. IEEE APS，2004：2476 - 2479.

[21] PARK U H，et al. A Novel Mobile Antenna for ku-Band Satellite Communications. EIRI Journal，2005，27(3)：243 - 249.

[22] KITAO S，RAHARDJO E T，MATSUI A，et al. Ku-Band Planar Array Using Ring Shaped Patch Amtenna. IEEE APS，1993：792 - 795.

第 16 章　圆极化/线极化组合天线

许多用户既要用圆极化天线导航定位，又要用线极化天线完成移动通信业务，即需要使用组合双极化天线。有许多方法可实现不同频段的组合双极化天线，具体实现方法如下。

16.1　数字音频广播使用的 S 波段双极化天线[1]

数字音频广播(DAB)业务使用了双发射广播模式，发射信号既可以直接通过卫星通道，也可以通过地面发射系统，以适应射频移动环境。用卫星广播覆盖大部分开阔的区域，用地面发射系统覆盖卫星不能到达的视线区域。两种发射系统使用同频、但不同的极化方式工作，其好处是可以利用极化分集来减小多路径效应。

图 16.1 是适合 DAB 业务使用的 S 频段双极化天线。在中心工作频率($f_0 = 2320$ MHz)工作的双极化天线，由圆极化和垂直线极化天线组成。圆极化天线是用厚 $h_2 = 3$ mm FR4 基板制成内直径 $R_1 = 8$ mm、外直径 $R_3 = 29.6$ mm 的环状贴片，用沿 x、y 轴长度差 $\lambda_g/4$ 长微带线馈电实现圆极化。把圆贴片(直径 $R_2 = 11.8$ mm)顶加载单极子(直径 $d_1 = 0.66$ mm，高 $h_1 = 8.5$ mm)作为垂直线极化天线。为了更好的阻抗匹配，采用间距 $d_2 = 4.6$ mm、直径为 0.66 mm 的两个短路柱。圆极化天线馈电探针的高度 $h_3 = 0.5$ mm。

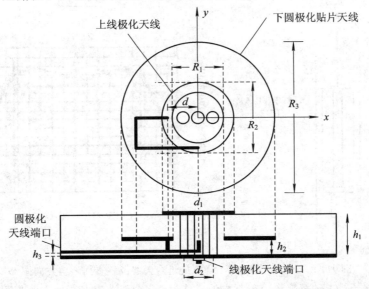

图 16.1　S 波段圆极化环形贴片天线和线极化顶加载单极子天线[1]

S 波段双极化天线实测电性能如下：VSWR≤1.5 的绝对带宽为 100 MHz，远大于 25 MHz的工作带宽，3 dB AR 带宽也大于工作带宽。在 2.32 GHz 和 2.345 GHz 实测圆极化天线的最大增益为 4.6 dBic，线极化天线的增益为 −1.5 dB。

16.2　S 波段接收地面/卫星信号的组合偶极子/4 线螺旋天线

为了同时接收 S 波段（2326±10）MHz 的地面基站和卫星信号，由于 4 线螺旋天线是不需要地的宽波束圆极化天线，所以在它的内部放置圆柱金属对它的性能影响不大，故可以把水平面具有全向方向图、在多径传播环境中具有最佳传输性能的垂直偶极子位于 4 线螺旋天线的中心，构成偶极子/4 线螺旋组合天线，如图 16.2 所示。

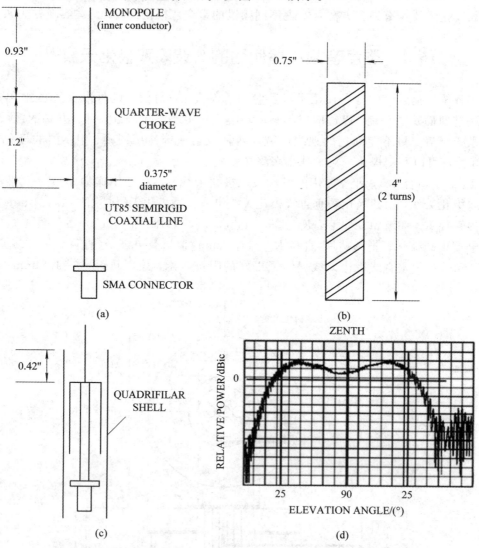

图 16.2　S 波段偶极子/4 线螺旋组合天线及垂直面增益方向图

（a）垂直偶极子；（b）4 线螺旋；（c）偶极子/4 线螺旋组合天线；（d）圆极化垂直面轴比方向图

用 LHCP4 线螺旋天线覆盖 26°仰角到天顶角，让垂直极化偶极子天线覆盖 0°～20°仰角。

如图 16.2（b）所示，4 线螺旋天线采用直径 $\phi=19$ mm（$0.147\lambda_0$）、螺距 $S=50.8$ mm（$0.394\lambda_0$）、轴长 $L=NS=2\times50.8=101.6$ mm（$0.788\lambda_0$）的两圈螺旋，每个臂的输入阻抗为 28 Ω，为了与 50 Ω 分支线定向耦合器匹配，附加了 1 根特性阻抗为 37 Ω 的 λ/4 长阻抗变换

段。分支线定向耦合器和阻抗匹配网络均用聚四氟乙烯基板制造。垂直偶极子的尺寸如图 16.2(a)所示。偶极子与 4 线螺旋天线的相对位置很关键，最佳组合尺寸如图 16.2(c)所示。图 16.2(d)是无垂直偶极子 4 线螺旋天线实测垂直面轴比增益方向图，由图看出，仰角 25°～90°，最小增益为 2 dBic。仰角 45°，最大增益为 3.4 dBic。

16.3　GPSLI 和 DCS 双频双极化组合天线[2]

图 16.3 是位于 h_1＝3 mm 泡沫之上的 GPSLI(1575 MHz)和 DCS 数字通信系统(1710～1880 MHz)的双频双极化组合天线。GPS 天线为内、外边长分别为 L_2＝20 mm、L_1＝72 mm，切角 ΔL＝7 mm 的方环，用沿 x 轴距圆心 d＝12 mm 的探针馈电，实现 RHCP。把位于 GPS 天线中心直径为 d_1＝6 mm、高 h_2＝10.8 mm 的单极子作为 DCS 天线，为展宽单极子的带宽，用边长 l＝29 mm 的短路菱形方贴片作为顶加载，并采用位于单极子两侧相距 d_s＝16 mm、直径为 d_2＝4 mm 的两个短路柱。

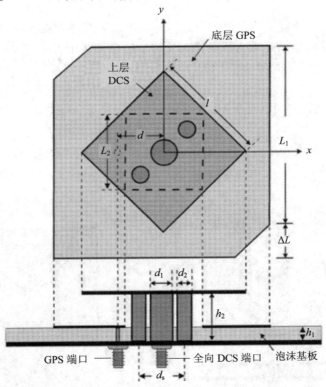

图 16.3　GPSLI 切角方环贴片和 DCS 全向单极子组合天线[2]

组合双频双极化天线实测主要电参数如下：

GPS 天线：VSWR≤2 的频率范围为 1548～1590 MHz，AR≤3 dB 的频率范围为 1572～1582 MHz，在 3 dB 轴比带宽内，实测增益 8 dBic。

DCS 天线：VSWR≤2 的频率范围为 1702～1880 MHz，垂直面方向图呈半个倒 8 字形，波束最大方向上翘，G＝3 dBic，实测双极化天线两个端口之间的隔离度小于－20 dB。

16.4 小体积 GPS 和 DCS 双频双极化组合天线[3]

为了小尺寸，GPS 单馈切角方贴片天线用 $h_1 = 4.3$ mm、$\varepsilon_r = 15.5$ 的陶瓷基板制作，以便能位于环形 DCS 天线的中心。为了改进环形 DCS 天线的性能，在地板上切割了宽 2 mm、长度为 L_s、沿对角线的 4 个缝隙。由于增大了具有全向方向图 T_{21} 模环状天线的电流路径，因而明显地降低了谐振频率，这样作不仅减小了尺寸，而且展宽了阻抗带宽。

以 TM_{21} 模工作的内、外半径分别为 R_2、R_1，环形天线的谐振频率可以用以下方程计算：

$$\frac{W}{R} = 0.4; \qquad 2\pi R = 2\lambda_0 \tag{16.1}$$

$$W = \frac{R_1 - R_2}{2}; \qquad R = \frac{R_1 + R_2}{2} \tag{16.2}$$

TM_{21} 模的谐振频率 f_0 随缝隙的长度 L_s 的增加而线性降低，可以用下式近似估算：

$$f_0 = f - 19.4 L_s \tag{16.3}$$

式中，f 是地板无缝隙环形贴片天线的谐振频率，由于天线的增益和 F/B 随缝隙长度的增加而减小，为了减小缝隙泄漏造成天线性能的下降，应在天线下方附加反射板。

图 16.4 是 GPS(1575 MHz)和 DCS(1710～1880 MHz)双频双极化天线的结构，具体尺寸如下：

GPS 天线：$L = 21.4$ mm，$\Delta L = 2.2$ mm，$\varepsilon_r = 15.5$，$h_1 = 4.3$ mm，馈电探针离中心的距离 $d_2 = 3.38$ mm。

DCS 天线：$R_1 = 52.5$ mm，$R_2 = 22$ mm，$S = 12$ mm，$L_s = 60$ mm，馈电探针到中心的距离 $d_1 = 38$ mm，$h = 6$ mm，地板的尺寸为 180 mm×180 mm。

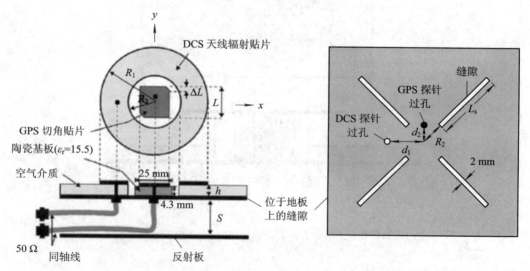

图 16.4 双频双极化 GPS 切角方贴片和 DCS 环形贴片天线[3]

实测 VSWR≤2 的带宽，GPS 天线为 24 MHz(1568～1592 MHz)，DCS 天线为 175 MHz(1705～1880 MHz)，相对带宽为 9.8%。实测 GPS 天线和 DCS 天线的隔离度，GPS 频段 $S_{21} = -20$ dB，DCS 频段 $S_{21} < -40$ dB。

16.5　由共面集成方环和方贴片构成的双极化天线[4]

智能运输系统(Intelligent Transport System，ITS)用通过高速公路上行驶汽车传输的信息来改进交通安全，减小对环境的影响。在中国和美国，把 5.8 GHz 作为专用短距离通信业务的智能运输系统，除了给用户提供 5.8 GHz 垂直极化全向天线外，还要提供 GPS L2(1227 MHz)天线。

图 16.5 是用边长 $W_1 = 55$ mm 方环和长度、宽度分别为 $L_2 = 23$ mm、$W_4 = 1$ mm，末端短路长度、宽度为 $L_1 = 63$ mm、$W_3 = 3$ mm 的平行微带线以间隙 $g_2 = 1.1$ mm 耦合馈电构成 1227 MHz GPS 天线，由于电流由微带馈线的左边流到右边，在方环贴片上感应的电流则由右边流到左边，所以为 RHCP，调整微带线的长度 L_1、宽度 W_3 及与方环贴片的间隙 g_2，可以使轴比最佳。位于方环贴片中心边长 $W_2 = 34$ mm 的方贴片为 5.8 GHz 垂直极化全向天线，用位于方贴片中心直径 $W_5 = 1.3$ mm 的探针直接馈电，虽然以 TM_{02} 模工作的低轮廓贴片天线具有全向方向图，但具有高 Q、难匹配的缺点，由于用外面的方环天线加载，实现了宽带匹配。1227 MHz RHCP GPS 天线和 5.8 GHz 全向天线是用厚 $H = 3$ mm、$\varepsilon_r = 2.65$、边长 100 mm 基板共面集成在一起，方贴片和方环贴片间隙 $g_1 = 1$ mm。

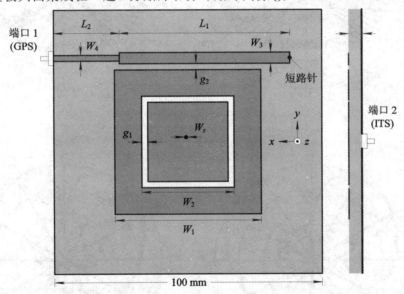

图 16.5　共面集成 GPS 和 ITC 天线[4]

GPS 天线实测电性能如下：VSWR$\leqslant$2 的频段为(1210~1238 MHz)，相对带宽为 2.3%，AR$\leqslant$3 dB 的相对带宽为 0.7%。5.8 GHz ITC 天线实测的电性能如下：VSWR$\leqslant$2 的频段为 5.55~6.57 GHz，相对带宽为 17.5%。如果不用外面的方环加载，阻抗带宽会非常差。

图 16.6(a)、(b)分别是双极化天线仿真实测隔离 S_{12} 及仿真实测 G 的频率特性曲线。由图看出，两个端口的隔离在工作频段内大于-20 dB，GPS 天线实测增益为 5.4 dBic，ITC 天线的实测增益为 5.1~6.1 dBi。图 16.6(c)是 GPS 天线仿真和实测垂直面轴比方向图，由图看出，不仅宽角轴比好，HPBW 宽，而且交叉极化电平低(<-20 dB)。图 16.6(d)是 ITC 天线仿真和实测垂直面方向图，由图看出，垂直面方向图与单极子类似，但最大波束偏离水平面。

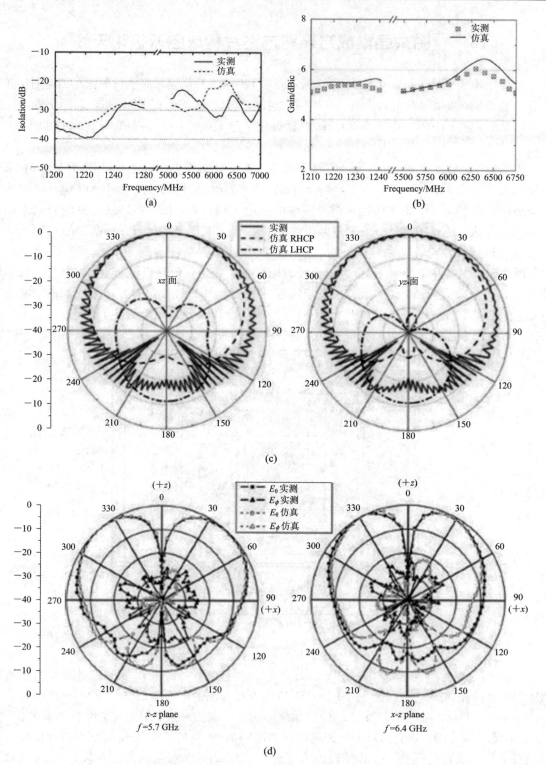

图 16.6　双极化天线仿真和实测 S_{12}、G 和方向图[4]

(a) S_{12}-f 特性曲线；(b) G-f 特性曲线；(c) GPS 天线仿真实测垂直面轴比方向图；

(d) ITC 天线仿真实测垂直面方向图

16.6　GPS/GSM 双频双极化组合天线[5]

图 16.7(a)、(b) 是 GPS(1575 MHz) 和 GSM(887～973 MHz) 双频双极化组合天线。GPS 天线是用厚 1.524 mm、$\varepsilon_r=2.9$ 基板制造的切角为 4.7 mm、边长为 61.3 mm 的圆极化切角方贴片天线，GPS 天线地板的尺寸为 72 mm×72 mm。GPS 天线用穿过 GSM 天线及双频天线地板内导体直径为 1.2 mm 同轴馈线直接馈电，探针到贴片边缘的距离为 18 mm。GPS 天线的地板通过直径为 0.4 mm 的多根地线 M2 与 GSM 天线相连，GPS 天线的 3 级放大器、滤流波器位于 GPS 天线地板的下方，为了减小与天线的相互影响，把它们置于尺寸为 100.4 mm GSM 天线的上方和辐射板中心深 4 mm，边长为 22.8 和 15 mm 的多边形空腔中。

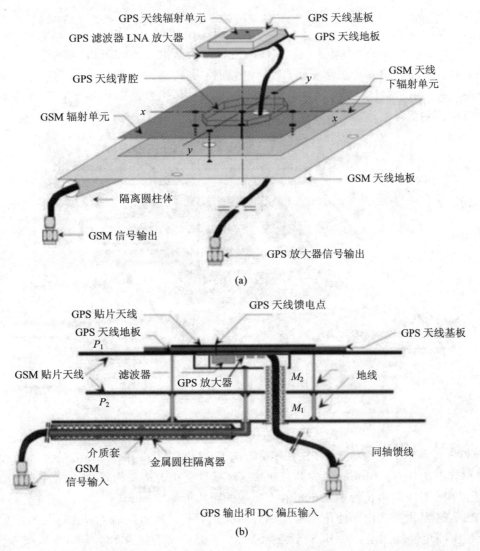

(a)

(b)

图 16.7　GPS/GSM 双频双极化组合天线
(a) 立体结构；(b) XX 截面

线极化 GSM 天线由尺寸为 100.4 mm 的上方贴片和尺寸为 96.5 mm 的下方贴片组成，上、下方贴片用地线 M_2 短路连接，下辐射板用直径 1 mm 的地线 M_1 与 GSM 天线（尺寸为 120 mm）的方地板相连，如图所示，GSM 天线也用同轴线馈电，为了减小天线与馈线的相互影响，将位于 GSM 天线地板下面的同轴线用长度为 78 mm、直径为 10 mm 的金属套包起来。

GPS/GSM 双频双极化组合天线实测 VSWR≤2 的相对带宽，GPS 天线为 2%，GSM 天线为 10%（880~980 MHz），GPS 天线 AR≤3 dB 的相对带宽为 0.3%，$G=4$ dBic。

16.7　GPSLI 和 UMTS 全向组合双频双极化天线[6]

图 16.8 是 GPSLI(1575 MHz) 和 UMTS 3G 移动通信(1920~2170 MHz)组合双频双极化天线。GPSLI 天线是用厚 0.6 mm、$\varepsilon_r=4.4$ FR4 基板的顶层用印刷电路制成切角 $\Delta L=13$ mm、边长 $a=70$ mm 的方环天线，方环的内尺寸为长度 $L=43$ mm、宽 $W=32$ mm 的矩形，沿 y 轴距方环切角贴片边缘 $g=15$ mm 用直径为 1.33 mm 的探针馈电。为了使双频天线两个端口有 20 dB 的隔离度，在 GPS 天线输出端口和探针之间串接了位于厚 0.6 mm 的 FR4 地板背面的低通滤波器。

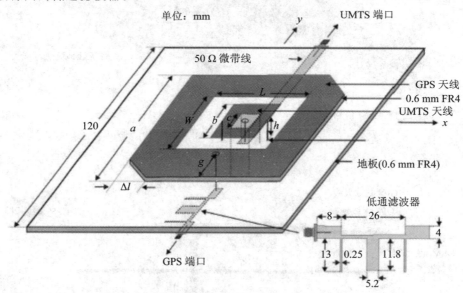

图 16.8　GPSLI 和 UMTS 组合双频双极化天线[6]

UMTS 宽带单极子由位于 GPS 方环中心与 GPS 共面边长 $b=20$ mm 的方环贴片和位于 FR4 基板背面边长 $C=10$ mm 的方贴片组成，将探针直接与边长为 C 的方贴片的中心相连完成馈电。GPS 天线到边长为 120 mm 的方地板的距离 $h=12$ mm。

GPS 方环贴片天线由于使用了矩形缝隙引入的容抗，从而抵消了长探针带来的感抗。该组合天线实测电性能如下：UMTS 天线 VSWR≤2 的相对带宽为 13%，GPS 天线 VSWR≤2 的相对带宽为 4.46%，由于采用了低通滤波器，把两个端口的隔离度提高 −10 dB，达到了 −25 dB。在 1575 MHz，实测 GPS 天线 AR=1.1 dB 的相对带宽为 1.9%，$G=6$ dBic，UMTS 3G 移动通信天线垂直面为 8 字形方向图，水平面呈全向，$G=4.5$ dBi。

16.8　结构紧凑的 GPSLI 圆极化天线和 1800 MHz 全向组合天线

图 16.9 是用厚 $h_1 = 1.6$ mm、$\varepsilon_r = 4.4$ FR4 基板制造的 GPSLI 和 1800 MHz 全向双极化组合天线。

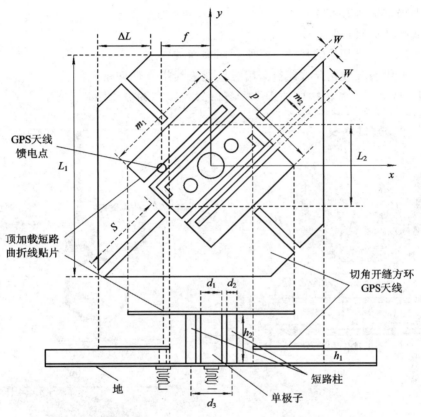

图 16.9　结构紧凑的 GPSLI 切角方环贴片天线和顶加载短路贴片天线

　　GPSLI 圆极化天线采用切角 $\Delta L = 5.7$ mm、内外边长 $L_2 = 12$ mm、$L_1 = 40$ mm 的方环天线，该天线用探针直接馈电，馈电点到中心的距离 $f = 6.6$ mm。为了缩小近 70% 的尺寸，沿方环贴片的对角线切割了宽度 $W = 1$ mm，长度 $S = 13.5$ mm 的 4 个缝隙。1800 MHz 全向天线采用顶加载短路贴片天线。为了展宽阻抗带宽，采用比较粗直径 $d_1 = 6.2$ mm 的单极子。为了进一步缩短全向天线的尺寸，除采用间距 $d_3 = 9.3$ mm 的两个直径分别为 $d_2 = 2.2$ mm、高 $h_2 = 10.7$ mm 的短路柱和将边长 $p = 21$ mm 的顶加载方贴片短路外，特别在贴片上切割了长度 $m_1 = 20$ mm，宽 $W = 1$ mm，$m_2 = 3.5$ mm 的缝隙，使尺寸缩小近 50%。

　　该双极化天线主要的实测电参数如下：

　　VSWR≤2 的频率范围和相对带宽，GPS 圆极化天线为 1546～1606 MHz 和 3.8%，1800 MHz 全向天线为 1744～1864 MHz 和 6.6%，端口隔离度 −17 dB。实测增益，GPS 天线为 (2.4 ± 0.3) dBic，1800 MHz 全向天线，峰值增益为 7.3 dBic。GPS 天线 3 dB 轴比的相对带宽为 0.8%。

16.9　由单极子和圆极化贴片构成的双极化宽波束用户机天线

GPS 和北斗广泛采用圆极化贴片天线，但多数低仰角性能差，为了提高低仰角辐射性能，必须设法展宽天线的波束宽度，具体实现方法如下：

（1）减小辐射单元的尺寸；

（2）激励起高次模补偿基模；

（3）扩大贴片天线基板的尺寸，以便利用表面波；

（4）把线极化和圆极化天线组合，用线极化天线提高低仰角性能。

图 16.10 是由 3 层基板构成的 1575 MHz 线极化和圆极化贴片天线。

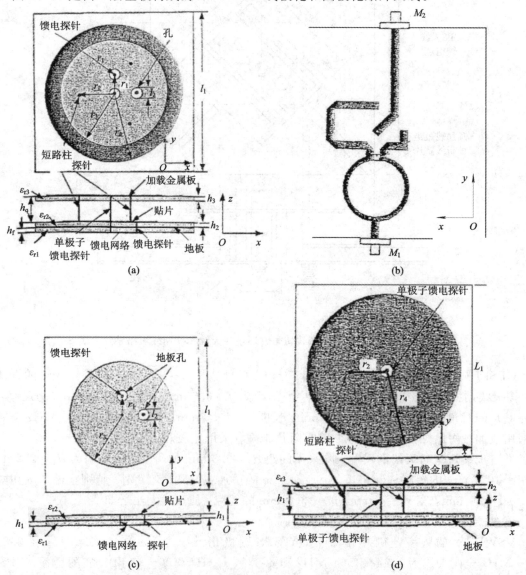

图 16.10　1575 MHz 圆极化贴片天线和顶加载单极子天线

（a）天馈立体结构；（b）馈电网络；（c）圆极化贴片天线；（d）顶加载单极子天线

　　线极化采用由顶层圆金属板加载的单极子，用顶加载金属盘是为了把单极子的高度由 48 mm 降低到 6 mm。为了实现阻抗匹配，在单极子的周围用等间距、半径为 r_2 的 3 个短路柱将加载金属盘与贴片短路。中层为贴片天线，底层为由 Wilkinson 功分器构成的馈电网络。

　　由于用双馈给贴片馈电，加上把顶层的金属盘又作为贴片天线的一部分，所以展宽了圆极化贴片天线的阻抗及轴比带宽。天馈的具体尺寸如下：$l_1=80$，$l_2=3$，$r_1=10$，$r_2=20$，$r_3=30.5$，$r_4=34.5$，$h_1=h_2=h_3=1$，$h_4=5$（以上参数单位为 mm），$\varepsilon_{r1}=2.5$，$\varepsilon_{r2}=3$，$\varepsilon_{r3}=2.2$。

　　该双极化天线主要实测电性能如下：

　　(1) 线极化天线。$S_{11}<-10$ dB 的频率范围为 1.54～1.61 GHz，相对带宽为 4.4%，G 平均为 2 dBic。

　　(2) 圆极化天线。$S_{11}<-10$ dB 的频率范围为 1.21～1.85 GHz，相对带宽 41.8%，AR≤3 dB 的频率范围为 1.45～1.8 GHz，相对带宽为 21.5%，$G_{max}=6$ dBic，边频增益为 -1 dBic。

16.10　3 频双极化车载天线[7][8]

　　图 16.11 是 GPSLI(1575 MHz) 和 447.5 MHz，1750～1870 MHz 移动通信 3 频双极化车载天线。GPS 天线是用厚 1.6 mm、$\varepsilon_r=4.4$ 基板印刷的切角 $S_g=5.3$ mm、边长 $L_p=46$ mm 的方贴片，为了微调，沿馈电点在 y 轴伸出长 $L_s=1.5$ mm、宽 $W_s=4$ mm 的两个支节。该天线用同轴线单馈，馈电点到贴片边缘的距离 $F_g=14$ mm，GPS 天线地板的尺寸为 50 mm×80 mm。线极化天线是用直径 $2a=1$ mm 导线绕制的轴长 $L_h=40$ mm，直径 $D_h=7$ mm，上升角 $\alpha=12°$，螺距 $S=4$ mm，位于 50 mm×80 mm 地板上的螺旋单极子，该螺旋单极子固定在中心直径 $D_m=2$ mm、高 $L_m=167$ mm 的绝缘柱上，底部到地板的距离 $d=2$ mm。3 频双极化车载天线实测电参数如表 16.1 所示。

表 16.1　3 频双极化车载天线实测主要电参数

天线	圆极化天线	线极化天线	
频率	1575±1 MHz	447.3 MHz	1750～1870 MHz
VSWR≤2 的绝对带宽	70 MHz	28 MHz	428 MHz
AR≤3 dB 的绝对带宽	17 MHz		
G	4.1 dBic	0.9 dBi	2.7 dBi

　　图 16.12 是由单馈切角方贴片构成的 GPSLI RHCP 天线和用共面波导给变形倒 L 形单极子馈电构成的 447.7 MHz 和 1750～1870 MHz 全向线极化天线，圆极化贴片带有两个支节是为了更好地调整天线的阻抗匹配，把单极子变成变形倒 L 形是为了降低高度，3 频天线均用厚 1.6 mm、$\varepsilon_r=4.4$ 基板制造，且共用尺寸为 50 mm×120 mm 同一块地板。天线的具体尺寸如下：圆极化贴片天线：$L=46$，$S_g=5.3$，$F_g=14$，$L_s=1.5$，$W_s=4$；线极化天线：$L_1=145$，$L_2=30$，$W_1=W_2=5$，$W_c=10$，$L_3=4$，$d=3$，$h=38$，50 Ω 共面波导宽 $S=6$，间隙 $G=0.5$（以上参数单位为 mm），3 频天线主要实测电性能如表 16.2 所示。

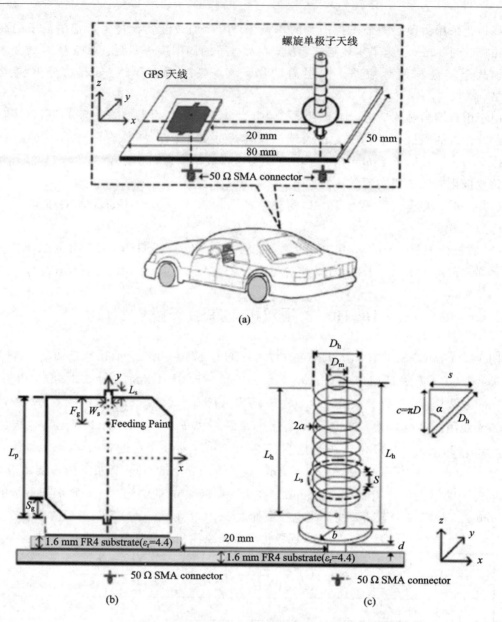

图 16.11　由切角方贴片和双频螺旋单极子构成的双极化 3 频车载天线[7][8]

（a）3 频双极化车载天线（立体）；（b）单馈切角 GPS 贴片天线；（c）双频螺旋单极子天线

表 16.2　3 频天线主要实测电性能

参　数	圆极化天线	线极化天线	
频率	1575.42±1.023 MHz	447.7 MHz	1750~1870 MHz
$S_{11}<-10$ dB 的相对带宽	4.4%	6.25%	23.8%
G	4.1 dBic	3.87 dBic	2.85 dBic
方向图	垂直面半球形	水平面全向，不圆度差	水平面全向，垂直面 8 字形
AR≤3 dB 的相对带宽	1.08%		

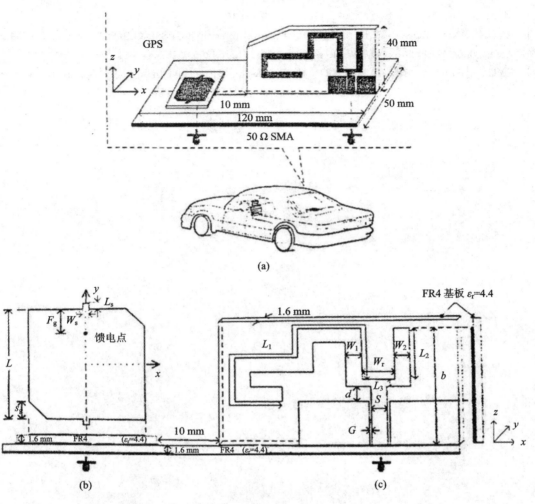

图 16.12 由单馈切角方贴片和变形倒 L 形单极子构成的双极化 3 频车载天线[7][8]

(a) 双极化 3 频车载天线(立体结构);(b) 单馈切角 GPS 贴片天线;(c) 变形倒 L 形单极子天线

参 考 文 献

[1] HONG Y P, et al. S Band Dual Polarized Antenna for DAB Application. IEEE AP-S Int Symposium, 2004: 4372-4375.

[2] WU Jianyi, ROW J S, WONG K L. A Compact Dual-Band Microstrip Patch Antenna Suitable for DCS/GPS operations. Microwave OPT Technol Lett, 2001, 29(6): 410-412.

[3] LIN Shunyun, HUANG V Ch. A Compact Microstrip Antenna for GPS and DCS APPlication. IEEE Trans Antennas Propag, March, 2005, 53(3): 1227-1229.

[4] WEI Kunpeng, ZHANG Zhijun, et al. Design of a Coplanar Integrated Microstrip Antenna for GPS/ITS Applications. IEEE Antenna Wireless Propag Lett, ×××, 10: 458-461.

[5] ZAID L, STARAJ R. Cavity Embedded GPS Antenna in GSM Wire-Patch Radiating Eelement. Microwave OPT Technol Lett, 2009, 51(8): 1896-1899.

［6］　Mirowave Opt Texhnol Lett，2007，49(8)：1935－1939.

［7］　KYUNGJIN O，BONGJUN K，JAEHOON C. Novel Integrated GPS/RKES/PCS Antenna for Vehicular Application. IEEE Mirowave WireLess Components Lett，2005，15(4)：244－246.

［8］　KYUNGJIN O，TAEIN J，JAEHOON C. The Design of Compact Integrated Triple-Band Antenna for Vehicle Application. IEICE Trans Commun，2004，87(11)：3398－3401.

第 17 章　其他圆极化天线

17.1　专用圆极化天线

17.1.1　视频灭火弹使用有观察孔的小尺寸圆极化天线[1]

　　圆极化天线在无线通信领域的用途很广，因为它不要求收发天线有特定的取向。产生圆极化的方法很多，利用不对称结构产生的正交兼并模单馈就能实现圆极化，在圆贴片上钻孔就是其中的一种。圆极化贴片上的圆孔特别适合作为视频灭火弹的观察孔，在一些隐蔽军火库，装上用降落伞升空的影像探测器发射来自地面站的图像，其中圆极化贴片天线就位于它的下方。在 S 波段约 2300 MHz，在 10 MHz 调制带宽范围内传输数据。天线可利用的空间相当小，大约只有 $\lambda/4$，而且在天线上必须开孔，让位于天线下面的影像探测器探测位于地面下面灭火器场景的照片，如图 17.1 所示。

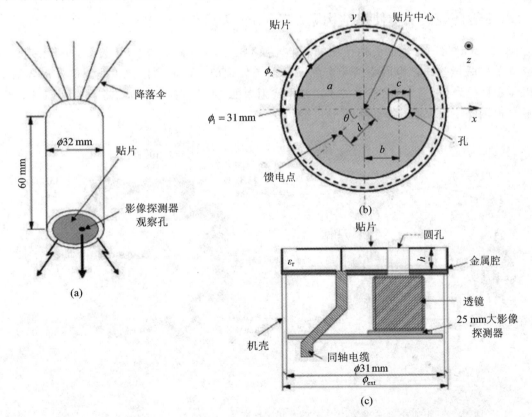

图 17.1　视频灭火弹使用的 S 波段圆极化贴片天线[1]

　　为了实现小尺寸，用 $\varepsilon_r = 10.2$ 的基板制作天线。由于高介电常数，所以天线的带宽比较窄。为此在贴片地板直径 $\phi_2 = 100$ mm、贴片半径 $a = 10.75$ mm、圆孔中心到贴片中心间距

$b=7$ mm 的情况下，仿真研究了基板厚度 h、圆孔直径 C 对圆极化天线带宽的影响，结果如表 17.1 所示。

表 17.1　圆孔直径 C、基板厚度 h 对圆极化天线带宽的影响

h/mm	C(最佳)/mm	圆极化带宽	轴比最小所对应的频率/MHz
0.635	1.6	5 MHz/0.2%	2 513
1.300	2.2	7 MHz/0.3%	2 483
1.395	2.7	10 MHz/0.4%	2 448
2.600	3.3	13 MHz/0.5%	2 405

由表看出，基板越厚，圆极化天线的带宽就越宽。选 $h=2.6$ mm，即可得证天线有 10 MHz 的带宽。

在 $f_0=2\,328$ MHz，天线的具体尺寸如下：$a=10.75$ mm，$\phi=32$ mm，$b=7$ mm，$d=3$ mm，$\theta=50°$，$C=2.7$ mm，$h=2.6$ mm，$\varepsilon_r=10.2$。

经实测，该天线在 2324~2334 MHz，AR≤3 dB，相对带宽为 0.43%，VSWR≤2，在 f_0 实测两个垂直面方向图，HPBW 分别为 142°和 148°。

17.1.2　适合炮兵引信使用结构紧凑的 GPS 天线[2]

图 17.2(a) 是适合炮兵引信使用的、能抗强冲击、结构紧凑的 GPS 天线，该天线是用带短路支节串联微带线馈电网络给 4 个倒 F 辐射单元馈电构成的圆极化天线。倒 F 形辐射单元是由位于直径为 28.6 mm 基板上的 4 个水平辐射单元、4 个支撑上基板的引线（高 13.4 mm）和构成馈电网络的下基板（直径为 36 mm）组成。

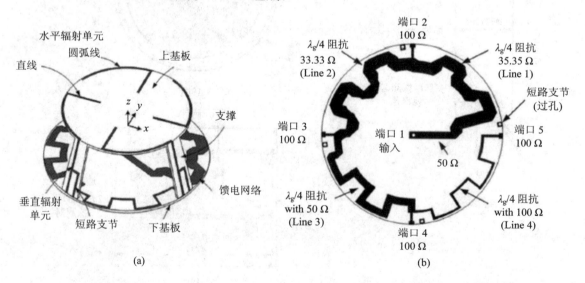

图 17.2　由 4 个倒 F 形辐射单元和串联 4 馈网络构成的 L 波段 GPS 圆极化天线[2]

(a) 立体结构；(b) 馈电网络

为了把天线安装在引信导火线的锥形结构中，以便充分利用安装空间，故天线的结构采用截锥形，用 $\varepsilon_r=2.5$、厚 0.508 mm 的微波基板制造的等幅相位依次滞后 90° 的馈电网络给 4 个倒 F 形辐射单元馈电实现圆极化。

串联馈电网络由 50 Ω 微带线输入，通过分支线功分器等分成 4 路，用 $\lambda_g/4$ 长微带线既完成了阻抗匹配，又实现了 90° 相位延迟，用弯曲微带线是为了实现小尺寸。由于倒 F 形辐射单元的输入阻抗为 100 Ω，所以很容易计算出 1～4 根微带线的特性阻抗分别如图 17.2(b) 所示。计算过程如下：

从末端开始把端口 5 和端口 4 并联，阻抗变为 50 Ω，与端口 3 100 Ω 并联变为 $\frac{100\times50}{100+50}=$ 33.3 Ω，再与端口 2 100 Ω 阻抗并联，变为 $\frac{33.3\times100}{100+33.3}=25$ Ω，由于要与 50 Ω 匹配，所以必须附加特性阻抗为 $(25\times50)^{0.5}=35.35$ Ω 的 $\lambda_g/4$ 长阻抗变换段。

调整每根线的长度在中心频率严格为 $\lambda_g/4$，且把微带线直角弯曲倒角以减小反射。辐射单元垂直斜长 13.9 mm，顶端圆弧线长 10.6 mm，匹配支节的垂直和水平长度分别为 6.2 mm 和 1.9 mm，天线和支节的线宽为 0.5 mm。

该天线实测电性能如下：VSWR≤2 的相对带宽为 8.4%，在阻抗带宽内，实测增益 2.9～3.77 dBic，在 1.57～1.62 GHz 频段内，AR=1.9～2.9 dB，3 dB AR 的波束宽度为 106°。

天线罩用 $\varepsilon_r=3.1$、厚 2.6 mm 的改性聚笨醚(Noryl)介质材料制造，天线模板用 $\varepsilon_r=1.3$ 高密度聚氨基甲酸酯泡沫制造。但它们会降低谐振频率。

该天线在 1.595 GHz 实测轴向主极化 RHCP 比交叉极化 LHCP 高 15 dB，在上半球空间，增益为 -1.82～3.77 dBic。

该天线主要特点如下：

工作波段：1.57～1.62 GHz，相对带宽为 3.1%，$f_0=1.595$ GHz($\lambda_0=188.08$ mm)，$G=2.9～3.8$ dBic，AR<3 dB，相对最低工作频率 1.57 GHz($\lambda_L=191$ mm)天线的电尺寸为直径 $0.377\lambda_L$，高 $0.07\lambda_L$。

17.1.3　适合小卫星使用结构紧凑的高增益圆极化天线[3]

短路环贴片天线很容易用重量轻的悬浮技术来实现，因为可以直接用内短路边缘作为整个天线的支撑结构，而且中间短路直接为静电放电提供了直流通路而不需要附加专用电路，所以特别适合作为小卫星的天线使用。

对小卫星使用天线的具体要求如下：

(1) 工作波段和带宽：2425±40 MHz；

(2) $G=12$ dBic；

(3) HPBW≈49°；

(4) 最大尺寸：110 mm×130 mm×100 mm；

(5) 工作温度：-120 ℃～160 ℃。

图 17.3(a) 为短路环贴片天线，由于等效磁流在短路环贴片的外边缘流动与普通贴片是一样的，所以短路环天线的短路内边缘并不辐射，但可以用它调谐谐振频率，又可作为天线的支撑结构和扼制表面波。基于这个，由于外半径对谐振频率没有限制，故可以选择合适的外半径使天线具有窄波束和高增益。

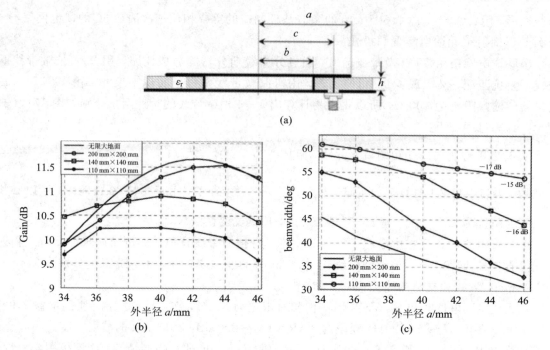

图 17.3　短路环贴片天线及位于不同地板上，G 和 HPBW 与外半径 a 的关系曲线[3]
(a) 天馈结构；(b) G 与 a 的关系曲线；(c) HPBW 与 a 的关系曲线

　　图 17.3(b) 是用厚 $h=1.5$ mm、$\varepsilon_r=2.33$ 基板制造的内半径 $b=14$ mm 短路环贴片 (SAP) 天线，在不同地板的情况下增益随外半径 a 的变化曲线，由图看出，在 $a=42$ mm 时，地面越大增益越高。在无穷大地面情况下，$G=11.6$ dB。有限大地板，增益就会下降。地板尺寸为110 mm×110 mm，$G_{max}=10.25$ dB。图 17.3(c) 是短路环贴片天线在 4 种地面尺寸的情况下，HPBW 与外半径 a 的关系曲线。由于受小卫星尺寸的限制，地板的尺寸不可能很大，为了进一步提高短路环贴片天线的增益，在短路环天线的上方附加一个内半径仍然为 b、外半径为 a_1 的短路环，如图 17.4(a) 所示，上、下短路环相距 $h_3=0.5\lambda_0=61.85$ mm，下短路环贴片离地的高度为 h_2，通过缝隙耦合馈电，馈电基板的厚度 $h_1=0.762$ mm、$\varepsilon_r=2.33$。为了使短路环贴片天线具有圆对称性，如图 17.4(b) 所示用两个正交圆弧形缝隙代替普通的矩形缝隙，为实现圆极化采用有 90°相差阻抗为 100 Ω 的两个正交 T 形微带通过缝隙耦合馈电。

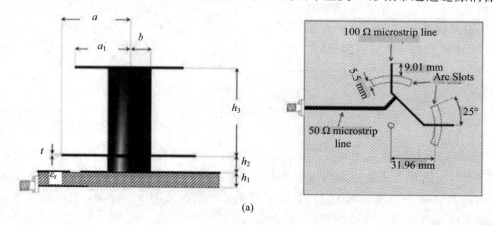

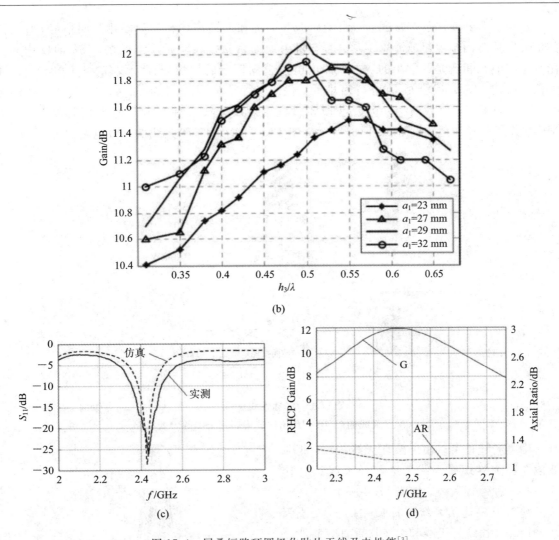

图 17.4　层叠短路环圆极化贴片天线及电性能[3]

(a)天馈结构；(b)G 与 h_3/λ 的关系曲线；(c)S_{11}-f 特性曲线；(d)G、AR-f 特性曲线

图 17.4(b)是在不同 a_1 情况下，层叠短路环贴片天线的增益随 h_3 的变化曲线。由图看出，$a_1=29$ mm，$h_3=0.5\lambda_0$，增益最大约 12 dBic，HPBW$=47°$。图 17.4(c)、(d)分别是该天线仿真和实测 S_{11}、G 和 AR 的频率特性曲线，由图看出，$S_{11}<10$ dB 的相对带宽为 7%，在 2.3～2.7 GHz 频段内，AR<2 dB，相对带宽为 16%，$G_{max}=12$ dBic。

该天线安装在小卫星的顶部，馈电网络安装在地板背面与卫星体相距 15 mm(空气间隙)处，整个天线高出卫星体 77 mm，重 146 g。

17.1.4　遇险浮标天线[4]

遇险浮标主要由两部分组成，一部分是普通显示应急方位的无线信标，该无线信标间断地发射中频(MF)遇险频率为 2182 kHz 的音频信号，信标工作的半径为 55.6 km，该处最小场强为 2.5 μV/m。另一部分是与 L 波段(1.6 GHz)浮标集成在一起作为警报使用的低数据速率发射机。

浮标一碰到海水就会接通，并自动用 MF 信标和 L 波段信标发射船用呼叫信号，L 波段的信号经地球同步卫星或海事卫星转播，再由地面台站接收。遇险浮标在 2182 kHz 中频使用尺寸与波长相比是非常小的，在底部用电感自动调谐的顶加载杆天线（$h_λ ≈ 0.005$）。将 L 波段天线与 MF 天线合成是相当困难的，由于给 MF 杆天线电容加载，导致效率降低至 0.01%，为了减小视线遮挡，将 L 波段 4 臂圆锥螺旋天线安装在 MF 杆天线的顶部，作为 MF 杆天线的顶加载，如图 17.5(a) 所示。图 17.5(b) 为中频鞭天线的等效电路。

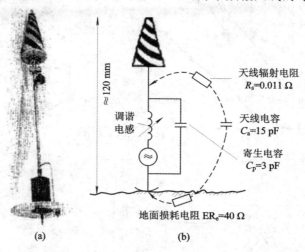

图 17.5　浮标天线（一）[4]

(a) 浮标天线的照片；(b) 顶加载中频鞭天线的等效电路

中频天线也可以由屏蔽环天线构成，把 L 波段 4 臂圆锥螺旋天线与屏蔽环天线组合作为另外一种浮标天线，如图 17.6 所示。

海事卫星通信系统浮标使用的 L 波段天线是由 $λ/2$ 长绕杆天线和 $λ/2$ 长垂直套筒偶极子组成的。中频天线为加载线圈的外金属管，再把它们层叠在一起，如图 17.7 所示。由于 MF 天线馈电点的电压高达 1500 V，所以把 L 波段天线与 MF 天线必须很好绝缘开来。

MF 发射机发射的信号通过加载线圈 V 到同轴支撑金属管的外臂 1 上和顶端的 L 波段天线上，在 2、3 处用调谐感性耦合器把 L 波段馈线与 MF 分开。$λ/4$ 长套筒 $S_1 \sim S_4$ 作为 L 波段表面波陷波器。L 波段垂直套筒偶

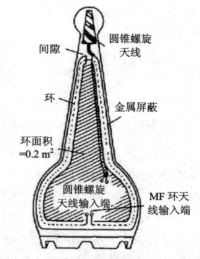

图 17.6　由 L 波段圆锥螺旋天线与中频屏蔽环天线构成的组合浮标天线（二）[4]

极子天线在位置 4 用同轴线馈电，L 波段绕杆天线通过位置 3 的耦合器在位置 5 馈电，外同轴系统在位置 7 短路，在外连接金属管的侧面开 $λ/2$ 长的缝构成分支导体型巴伦，在位置 8 把连接器的外导体与连接器内导体短路。绕杆天线由带有感性(lnd)和容性(cap)电抗的一对正交偶极子组成，以获得 90° 相差实现圆极化，把位置 8 和位置 9 之间的内导体加粗以便构成 $λ/4$ 长阻抗匹配段，S_5 和 S_6 为 $λ/4$ 长扼流套，附加圆形反射板是为了赋形波束。

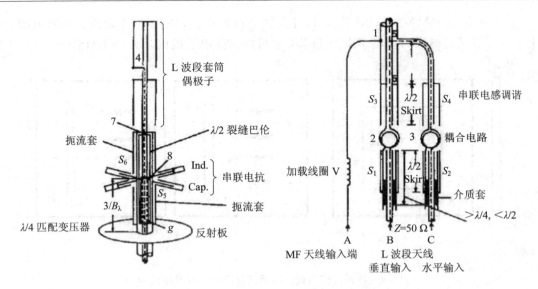

图 17.7　MF 和 L 波段组合天线和馈电结构

L 波段圆极化天线也可以采用如图 17.8(a)所示最佳参数的圆锥螺旋天线,图 17.8(b)是把圆锥螺旋与 MF 杆天线组合构成的第三种遇险浮标天线。

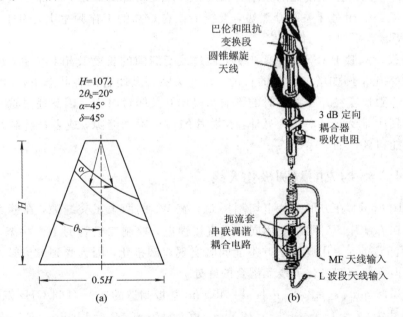

图 17.8　由圆锥螺旋天线和 MF 杆天线构成的遇险浮标天线[4]
(a)圆锥螺旋天线；(b)组合浮标天线及馈电电路

17.2　用开关控制缝隙的圆极化贴片天线

17.2.1　带开关控制缝隙的圆极化贴片天线的机理

带开关控制缝隙的贴片天线(Patch Antenna with Switchable Slot, PASS)有许多功能,既可双频工作,又可作为双频圆极化天线和仅用一个单馈贴片构成的圆极化分集天线。

图 17.9(a)是 PASS 的基本结构，其特点就是在贴片中切割了一个缝隙，在缝隙的中心安装了一个开关。开关可以是 PIN 二极管，也可以是微电子机械开关(MEMS)。

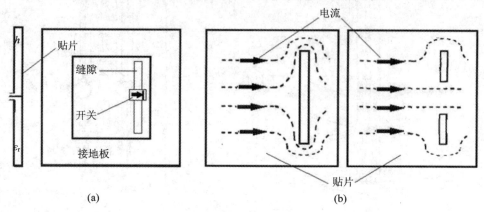

图 17.9　带开关控制缝隙的圆极化贴片天线及电流分布
(a)天馈结构；(b)电流分布

当开关断开时，贴片上的电流必然绕过缝隙，如图 17.9(b)所示，结果导致相对较长的电流路径，因此天线谐振在较低的频率。相反，当开关闭合时，其中一部分电流就直接通过开关，平均电流路径相对开关断开缩短，天线谐振在较高的工作频率上，因此，开关位于不同的状态，PASS 有不同的工作频率。

频率比是设计双频 PASS 的重要参数，通过改变缝隙的长度及相对位置，就能极容易控制 PASS 的频率比。例如增加缝隙的长度，在开关断开及闭合两种状态下，PASS 的谐振频率均降低，但缝隙长度在开关断开时的影响明显比开关闭合时大。因此通过选择合适的缝隙长度，就能得到所需要的频率比。另外，在贴片的边缘附加缝隙，或者把缝隙切割在贴片天线的边缘，也能得到大的频率比。

17.2.2　由 PASS 构成的双圆极化天线

如图 17.10 所示，在方形贴片上切割长 L_s、宽 W_s 的两个正交缝隙，在缝隙的中心安装 PIN 二极管，在方贴片的对角线上用同轴线直接馈电，控制二极管的工作状态，就能实现双圆极化。值得注意的是，用此方法并不能同时实现双圆极化，因为受到二极管开与关速度时间差的限制，但确使双圆极化天线无耦合的好处。

用厚 $h=3.18$ mm、$\varepsilon_r=2.2$、边长 $A=40$ mm 基板制造的 $f_0=4.64$ GHz 双圆极化 PASS 天线的具体尺寸为：$L=18$ mm，$L_s=12$ mm，$W_s=1$ mm，$P_s=13$ mm，$F_x=F_y=5.5$ mm。水平缝隙只影响 TM_{10} 模，并不影响 TM_{01} 模。假定二极管 VD_1 闭合，水平缝隙被分成两个短的缝隙，TM_{10} 模的电流流过二极管 VD_1。同理，垂直缝隙只影响 TM_{01} 模，假定二极管 VD_2 断开，TM_{01} 模电流不通过二极管 VD_2 流动，垂直缝隙对 TM_{01} 模的影响是很明显的，使 TM_{01} 模的谐振频率明显降低。调整缝隙的尺寸和相对位置，就能控制 TM_{10} 和 TM_{01} 的频率差。假定频率差合适，TM_{01} 模和 TM_{10} 模不仅幅度相等，而且相位差 $90°$。这样二极管 VD_1 闭合、二极管 VD_2 断开产生 RHCP；二极管 VD_1 断开，二极管 VD_2 闭合产生 LHCP。

需要用一个偏压电路来控制二极管的工作状态，为了隔直流，并维持连续射频，将两个

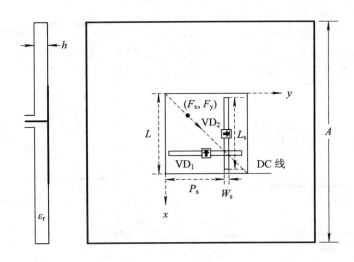

图 17.10　由 PASS 构成的双圆极化天线

电容焊接在缝隙的边缘，同时用 λ/4 长短路线从贴片的右下角到地作为直流接地。用同轴线提供控制偏压，假定给二极管 VD$_1$ 加 +2 V 偏压，二极管 VD$_1$ 断开，二极管 VD$_2$ 闭合；相反，若加 −2 V 偏压，则二极管 VD$_1$ 闭合，二极管 VD$_2$ 断开。

　　该天线在 4.5～5.1 GHz 波段内，实测 VSWR≤2 的相对带宽为 12.5%，AR≤3 dB 的相对带宽为 3%。

17.2.3　由 PASS 构成的双频圆极化天线

　　要求在 120 mm×120 mm×7.5 mm 的体积内设计 Tx＝401 MHz、Rx＝437 MHz 低轮廓双频 RHCP 天线。

　　虽然实现双频圆极化天线的方法有很多，但为了小体积，除选用 ε$_r$＝10.2 的高介电常数基板外，还采用了如图 17.11(a)所示频率比 437/401＝1.09 的 PASS 方案。双频 PASS 圆极化天线的具体尺寸如下：L＝102，F_x＝F_y＝33，L_s＝82，P_s＝90，W_s＝1.5，L_r＝18，W_r＝1.5，h＝6，D＝120（以上参数单位为 mm）。用同轴线直接在贴片对角线的(F_x、F_y)点馈电，贴片的边缘有一对 L_r×W_r 的矩形支节。由于在方贴片的对角线上馈电，因而用同一幅度激励了 TM$_{01}$ 模和 TM$_{10}$ 模。选择合适的支节尺寸 L_r×W_r，就能使 TM$_{01}$ 模和 TM$_{10}$ 模相位差 90°而产生圆极化。为了实现双频工作，在贴片靠近边缘处切割长×宽为 L_s×W_s 的 4 个缝隙，在每个缝隙的中心安装了 PIN 二极管，为了隔直流，同时使 RF 连续，在缝隙的边缘需要焊接 4 个电容，并用 λ/4 长短路线连接到贴片的边缘作为直流接地，但并不影响 RF 性能，用同轴馈线供给控制电压（如 +2 V），4 个开关将闭合接通，天线工作在 437 MHz。无直流电压供给，4 个开关将断开，天线工作在 401 MHz。

　　图 17.11(b)是该天线实测 S_{11} 的频率特性曲线，图 17.11(c)是 4 个开关闭合，该天线在 437 MHz 实测垂直面 RHCP/LHCP 归一化方向图，由图看出，在最大辐射方向，交叉极化(LHCP)比主极化(RHCP)低 −18 dB，等效 AR 为 2.1 dB。图 17.11(d)是 4 个开关断开，该天线在 402 MHz 实测垂直面 RHCP/LHCP 归一化方向图，由图看出，在最大辐射方向，交叉极化(LHCP)比主极化(RHCP)低 −19 dB，等效 AR＝1.9 dB。

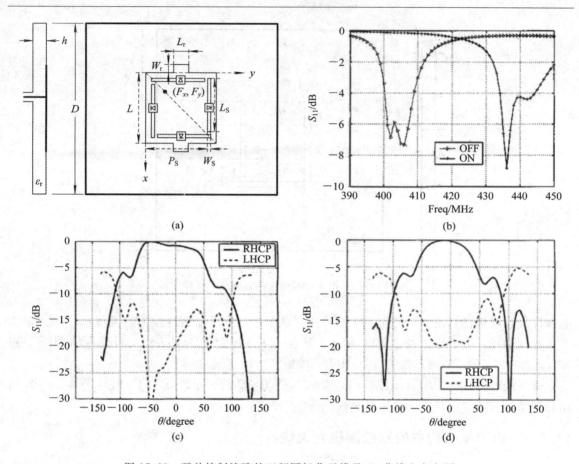

图 17.11　开关控制缝隙的双频圆极化天线及 S_{11} 曲线和方向图

(a) 天馈结构；(b) S_{11}-f 特性曲线；(c) $f=437$ MHz RHCP/LHCP 归一化方向图；

(d) $f=402$ MHz RHCP/LHCP 归一化方向图

17.3　极化重构圆极化贴片天线

17.3.1　2.4 GHz 极化重构探针耦合馈电圆极化圆贴片天线[5]

图 17.12 是用厚 $t=0.8$ mm，$\varepsilon_r=4.5$ 基板制造的 2.4 GHz 位于边长为 70 mm 方地板之上的圆贴片天线，其 $S_2=10$ mm，半径 $R=25$ mm。为了宽带阻抗匹配，用带高 $S_1=8.3$ mm、半径 $r=3.9$ mm 金属板的容性探针耦合馈电，探针到贴片中心的距离 $d=19.2$ mm，为了构成圆极化，相对馈电点，在 $\phi=\pm22.5°$ 圆贴片边缘的 SC_1 和 SC_2 点，用金属柱将圆贴片与地板短路。在 $\phi=22.5°$，用短路柱 1 将圆贴片与地板短路，由于改变了贴片上的电流分布而产生了兼并模，激励起 RHCP。相反，在 $\phi=-22.5°$，用短路柱 2 将贴片与地板短路连接，则激励 LHCP。为了能重构双圆极化，需要在短路柱 1 和 2 的底端附加 PIN 二极管 1 和 2，给 PIN 二极管 1 加正偏压，PIN 二极管 1 导通，给 PIN 二极管 2 加反向偏压，短路柱 2 开路，圆贴片辐射 RHCP。为了重构 LHCP，只需要给 PIN 二极管 1 加反向偏压，给 PIN 二极管 2 加正向偏压。该天线实测电性能如下：AR$\leqslant$3 dB 的相对带宽为 6.1%，在 2290～2690 MHz，增益几乎为常数(8$\pm$1 dBic)，在 2450 MHz 增益最大为 8.7 dBic，VSWR

≤2 的相对带宽为 8.6%，垂直面方向图呈单向，HPBW＝55°。

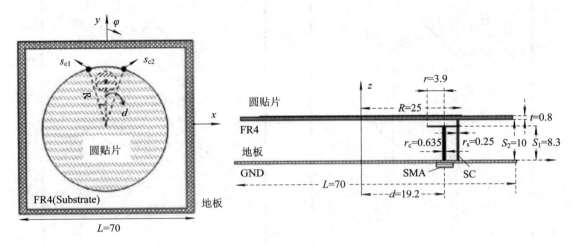

图 17.12 2.4 GHz 极化重构圆极化圆贴片天线[5]

17.3.2 极化重构圆极化缝隙耦合贴片天线

由于微波标签系统发射的数据是调制的圆极化信号，所以要求所用圆极化天线应当是重构的双圆极化天线。轴比和交叉极化隔离度是系统最重要的参数。由于微型转发器或标签主要受天线尺寸的限制，所以天线成为微波射频识别（RFID）标签系统的关键部件。由于印刷天线加工成本低，因而被 RFID 系统广泛采用，与普通贴片天线相比，缝隙耦合贴片天线因其辐射贴片和馈电网络分别位于两层基板中，因而能独立设计使性能和尺寸都最佳。图 17.13 是用 3 dB 电桥通过地板上的正交缝隙给方贴片耦合馈电构成的双圆极化天线。

能切换旋向的缝隙耦合馈电圆极化贴片

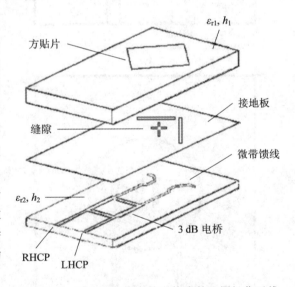

图 17.13 给方贴片耦合馈电构成的双圆极化天线

天线一般有 4 种，如图 17.14(a)～(d) 所示。第 1 种和第 2 种贴片均为边长为 a 的方贴片，耦合缝隙均为靠近地板边缘的正交缝隙。为了实现圆极化，第 1 种利用了 3 dB 电桥具有的 90°相差，第 2 种是通过地板上正交缝隙弯曲微带线的路径长度差 $\lambda_g/4$ 来实现 90°相差；第 3 种是用分支线定向耦合器的开路微带线，垂直通过地板上的圆形缝隙给圆贴片耦合馈电；第 4 种是用分支线定向耦合器的开路微带线，通过位于地板上方形缝隙的相邻两个角给方形贴片耦合馈电。注意，在这 4 种缝隙耦合馈电圆极化贴片中，为了改善阻抗匹配和展宽带宽，微带馈线开路支节的长度都超过缝隙，图中超过缝隙的长度均用 L_s 表示，这是因为虽然贴片天线在谐振时电抗为零，但缝隙引入的串联电感却呈现在贴片天线输入阻抗的电抗中，因而必须用长度为 L_s 的开路支节引入的容抗来补偿。由于图 17.14(b) 中有两对缝隙，第 2 个缝

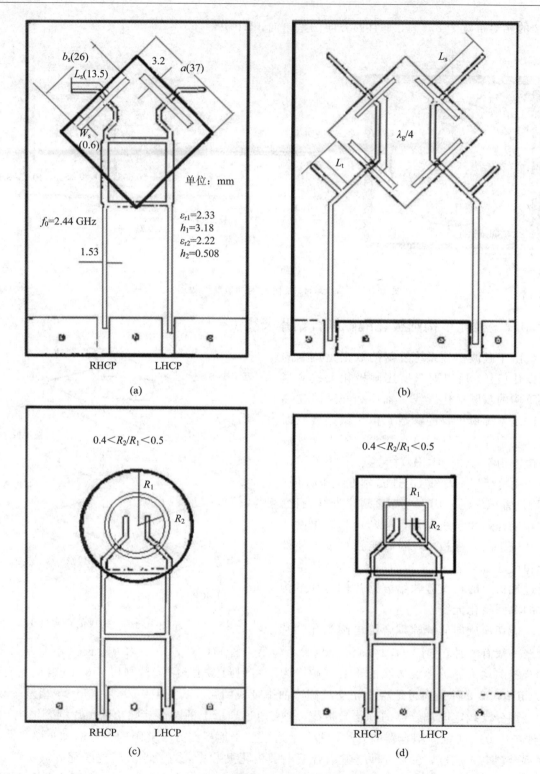

图 17.14　4 种缝隙耦合馈电双圆极化贴片天线
（a）第 1 种；（b）第 2 种；（c）第 3 种；（d）第 4 种

隙引入的感抗还需要用微带馈线上的调谐支节 L_t 引入的容抗来补偿。

缝隙的尺寸（长 l_s、宽 W_s）不仅对天线的阻抗有影响，而且影响耦合量。缝隙与馈电层之间的耦合主要由在微带线上传输的 TEM 波的磁场分量来实现。对图 17.14(a)所示尺寸的圆极化缝隙耦合馈电方贴片天线，在 $f=2.44$ GHz 进行了实测，天线的主要电参数如下：

VSWR≤2，相对带宽 BW%＝8%；

增益：$G＝7.1$ dBic；

轴比：AR<1 dB；

交叉极化隔离度：大于－20 dB；

前后比：$F/B＝16$ dB。

图 17.15 是极化重构缝隙耦合馈电圆极化矩形贴片天线。中心设计频率 $f_0＝5.05$ GHz，天馈的具体尺寸如下：矩形贴片的尺寸 $L_p×W_p＝18$ mm×13.5 mm，位于地板对角线上的正交缝隙长 $L_s＝13.4$ mm，宽 $W_s＝0.3$ mm，50 Ω 微带线的宽度 $W_m＝0.6$ mm。为了重构圆极化，在缝隙上安装了 PIN 二极管，通过偏压控制二极管的工作状态来实现，当偏压 $U_1＝U_0＝$ 10 V，$U_2＝0$，位于缝隙 1 中的二极管闭合，位于缝隙 2 中的二极管断开构成 RHCP。相反 $U_2＝U_0＝10$ V，$U_1＝0$，则构成 LHCP。该天线主要实测电性能如下：在 f_0，$G＝5.5$ dBic，AR≤3 dB 的相对带宽为 5%，VSWR≤2 的相对带宽为 5%。

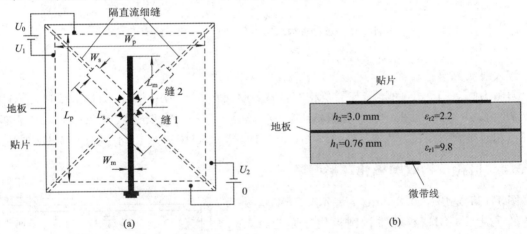

图 17.15　极化重构缝隙耦合馈电圆极化矩形贴片天线
(a) 顶视；(b) 侧视

17.3.3　极化重构双圆极化切角方贴片天线[6]

图 17.16(a)是由单刀双掷（SPDT）开关构成的双圆极化切角方贴片天线，切角 $a＝$ 28 mm 方贴片的尺寸为长×宽×高＝$L_p×W_p×H_p＝68$ mm×68 mm×15 mm。为了展宽单馈贴片天线的带宽，使用水平长度 $L_{Lp}＝24$ mm、垂直长度 $H_{Lp}＝11$ mm 的 L 形探针耦合馈电，L 形探针过孔通过边长 $L_g＝W_g＝150$ mm 的方地板。为了实现双圆极化，使用尺寸完全相同的两个 L 形探针，通过控制位于地板下面由 PIN 二极管制成的 SPDT 开关，用激励 L 形探针 1 实现 LHCP，用激励 L 形探针 2 实现 RHCP。图 17.16(b)为 SPDT 开关电路，图中输入、输出隔直流电容的电容 $C_0＝20$ pF，电感 L 为 68 nH，电容 $C_1＝1$ pF，$C_2＝82$ pF，为了

增强开关的隔离度，使用了两只串联二极管 BAR64，控制加到 SPDT 开关 U_1 和 U_2 上的偏压，当 U_1 为 3 V，U_2 为 0 V，产生 RHCP；相反，U_2 为 3 V，U_1 为 0 V，产生 LHCP。

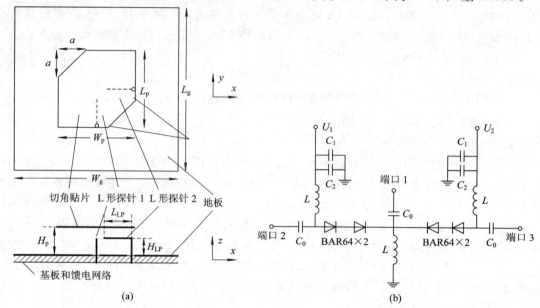

图 17.16　极化重构双圆极化切角方贴片天线[6]

(a) 天馈结构；(b) SPDT 开关电路

　　该天线实测电性能如下：

　　实测 $S_{11} < -10$ dB 的频率范围及相对带宽，LHCP 为 1.67～2.17 GHz 和 26%；RHCP 为 1.75～2.26 GHz 和 25.4%；在阻抗带宽内，实测 $G = 6～7$ dBic；实测 AR≤3 dB 的频率范围及相对带宽，LHCP 为 1.58～1.9 GHz 和 18.4%；RHCP 为 1.54～1.95 GHz 和 25%。

17.3.4　极化重构双圆极化环形缝隙天线

　　图 17.17 是用厚 0.8 mm、$\varepsilon_r = 4.3$ FR4 基板制造的 $f_0 = 2.4$ GHz 极化重构圆极化环形缝隙天线，为了实现圆极化，相对馈电点，在 45° 和 −135° 环形缝隙的外边缘引入能产生兼并模的 1～4 个尺寸为 3.2 mm×4.4 mm 的矩形缝隙，环形缝隙内外半径分别为 $a = 13.4$ mm，$b = 15.4$ mm。为了重构圆极化，在 4 个矩形缝隙和环形缝隙的连接部位附加了 4 个 PIN 二极管，用 10 mA 大的偏流控制二极管开和关，二极管 1、3 闭合，2、4 断开构成 LHCP；相反，二极管 2、4 闭合，1、3 断开，则构成 RHCP。为了给二极管提供偏压，用与矩形缝隙相连的 0.4 mm 宽的窄缝把地板分成 4 部分。在

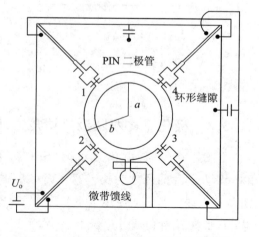

图 17.17　极化重构双圆极化环形缝隙天线

2.4 GHz，该天线实测 VSWR≤2 的相对带宽为 20%，AR≤3 dB 的相对带宽为 4%，方向图呈双向，最大增益为 4 dBic。

17.3.5　极化重构组合双极化 UHF RFID 天线[7]

UHF(902～928 MHz)RFID 在许多场合，例如在安保、接入控制、贵重器材管理、运输、电路管理、高速行李运转等中得到应用。RFID 一般由标签和阅读器组成。标签是位于需要识别目标上携带数据的一个器件，要按照工作环境或工作平台来设计标签天线。阅读机是天线给目标发送电磁场的阅读或读写器件，在很大程度上影响阅读标签能力的 RFID 系统的主要部分是天线。通常由于标签天线的尺寸受标签尺寸的限制，RFID 阅读机读或写信息给标签的区域和距离只能由阅读天线来控制，阅读天线多数采用圆极化或双线极化贴片天线。典型的阅读天线是增益为 6 dBic 的定向圆极化天线。这种阅读天线由于有窄的半功率波束宽度，因而不能覆盖宽的面积，为此最好使用全向天线或者使用如图 17.18 所示的 HPBW≥120°的组合天线。由图看出，组合天线由层叠切角圆极化贴片天线和位于贴片天线下面的环天线组成，它们共用 250 mm×250 mm 大的方地板。馈电网络位于地板的背面，圆极化贴片天线由馈电柱 A 馈电，环天线由馈电柱 B 馈电。由于贴片天线的 HPBW 只有 70°，为覆盖更

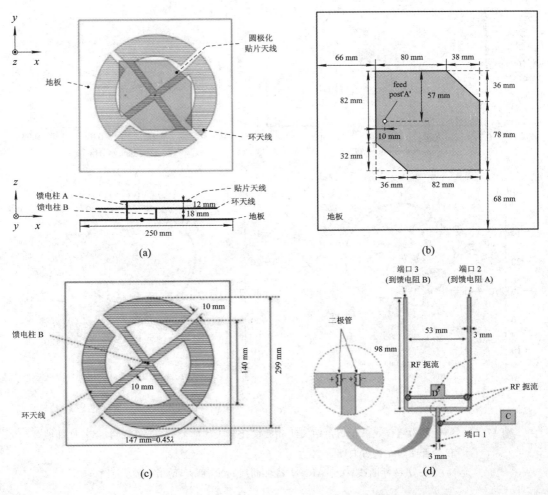

图 17.18　极化重构组合双极化圆极化切角贴片天线和线极化环天线[7]

(a)天馈立体结构；(b)圆极化贴片天线；(c)环天线；(d)馈电结构

大的面积，附加了有全向方向图的环天线。

周长小于 0.1λ 的小环天线在环面方向图呈全向，由于小环天线的输入电阻很小，为此采用位于同一层由 4 个臂组成的环天线。用厚 1.6 mm、$\varepsilon_r = 4.4$ FR4 基板制造了如图 17.18(d)所示的馈电网络，其中端口 1 为输入端，端口 2 接圆极化贴片天线，端口 3 接环天线。在 T 形功分器功分点的微带线上安装了两只二极管，在端口 C 和 D 加 1.5 V 直流偏压，通过 120 nH 电感作为 RF 扼流连接到每一部分馈线上。如果 C 端加正偏压，D 端加负偏压，从端口 1 输入的功率到端口 2，圆极化贴片天线工作；相反，C 端加负偏压，D 端加正偏压，端口 3 环天线工作。图 17.19(a)、(b)分别是该重构组合双极化天线实测 S_{11} 和 AR 的频率特性曲线，由图看出，在 902～928 MHz 波段内，AR<3 dB。图 17.19(c)是在 915 MHz 该双极化组合天线实测的垂直面归一化方向图。由图求得，圆极化贴片天线 HPBW=65°，环天线 HPBW=64°。实测增益：圆极化贴片天线为 5 dBic，环天线为 3 dBi。

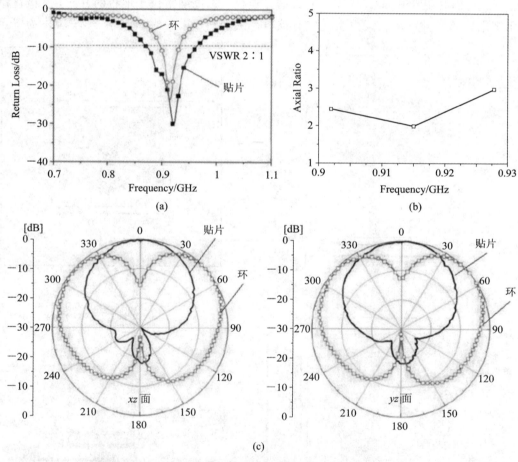

图 17.19　极化重构组合双极化切角贴天线和线极化环天线实测 S_{11}、AR 的频率特性曲线和垂直面归一化方向图[7]

(a) S_{11}-f 特性曲线；(b) AR-f 特性曲线；(c) 垂直面归一化方向图

17.3.6　极化重构圆极化 U 形微带线耦合馈电方环天线[8]

图 17.20(a)是用 U 形微带线给方环天线耦合馈电构成的 $f_0 = 2.7$ GHz($\lambda_0 = 111$ mm)圆

极化天线。其中，顶层是用 $\varepsilon_r=1$、厚 $h_1=2$ mm 泡沫基板制成的平均周长为 λ_0 的方环，底层是用厚 $h_2=1.6$ mm，$\varepsilon_r=4.4$ FR4 基板制成的 U 形微带馈线，3 mm 宽均匀 U 形微带馈线圆弧段的长度（$\pi \times r_f$）等于 $\lambda_g/2$。天馈的具体尺寸如下：$s_1=8$，$s_2=17$，$h_1=2$，$L_s=18$，$W_f=3$，$L_o=11$，$r_f=7.5$，$L_2=80$，$w_2=60$（以上参数单位为 mm）。

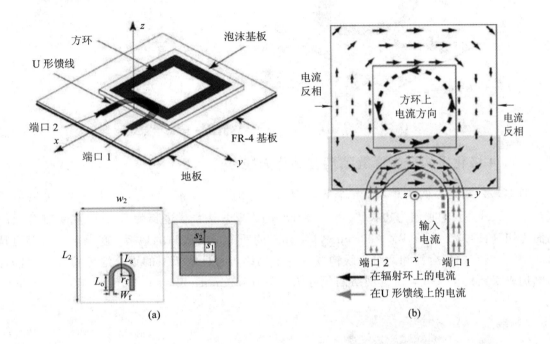

图 17.20　圆极化 U 形微带线耦合馈电方环天线，电流分布[8]

(a) 天线结构；(b) 电流分布

　　相对以 TM_{11} 模工作的圆或方贴片，用环形贴片不仅具有更小的尺寸，而且具有更大的带宽。用 U 形微带线给方环贴片天线耦合馈电构成圆极化，不需要阻抗变换段，也不需要在方环贴片上切割缝隙、缺口或附加耳朵，因而容易设计制造。

　　该天线在端口 1 激励实现 RHCP，可以用图 17.20(b) 所示的电流分布来说明，由于方环以 TM_{11} 模工作，所以方环上的电流在方环的中间位置反相；由于端口 1 激励，馈线上的电流由端口 1 到端口 2，由于电流由超前向迟后方向旋转符合右手法则，所以为 RHCP。如果需要 LHCP，只需要由端口 2 激励。该天线实测电性能如下：$S_{11}<-10$ dB 的相对带宽为 5%，AR$\leqslant$3 dB 的相对带宽为 1.2%，$G=7.5$ dBic（$f=2.73$ GHz）。

　　为了重构双圆极化天线，在 U 形微带馈线的输入端并联 RF 开关，通过控制直流偏压在端口 1 实现 RHCP；在端口 2 实现 LHCP，如图 17.21 所示。中心设计频率 $f_0=2.26$ GHz 天馈的具体尺寸为：$R_1=12.3$，$R_2=24.3$，$h_2=1.6$，$L_s=24$，$L_y=4$，$L_h=3$，$W_r=3$，$L_f=10$，$r_f=8.1$，$L_2=70$，$W_2=100$，$h_1=2$（以上参数单位为 mm）。该天线实测电性能如下：在 2.195～2.28 GHz 频段，$S_{11}<-10$ dB，相对带宽为 3.8%，在 2.245～2.27 GHz 波段，AR$\leqslant$3 dB，相对带宽为 1.3%，在 2.55 GHz，RHCP 天线，两个主平面 HPBW$=74°$，$G=8$ dBic，交叉极化电平在轴线处为 -30 dB，在 HPBW 内为 -15 dB；LHCP 天线两个主平面 HPBW$=76°$，$G=7.6$ dBic。

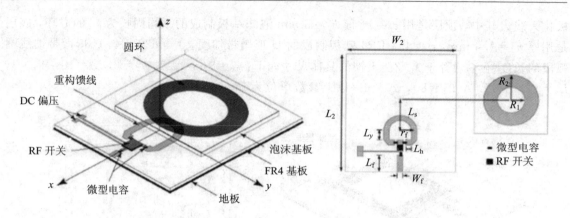

图 17.21　重构双圆极化 U 形微带线耦合馈电圆环天线

17.3.7　4 极化重构低轮廓缝隙耦合贴片天线[9]

图 17.22(a)是由两块 0.8 mm 厚 FR4 基板制造的 $f_0 = 2.45$ GHz 4 极化重构低轮廓缝隙耦合贴片天线，其中顶层为边长 $L_p = 47.5$ mm 的方贴片天线，边长为 75 mm 底层方基板的正面为切割长×宽＝$L_s \times W_s = 30$ mm×1.5 mm 的两个正交缝隙的地板，底层基板的背面是由 90°分支线定向耦合器和微带馈线构成的馈电网络，通过地板上的正交缝隙给方贴片耦合馈电构成双圆极化天线，馈电网络的尺寸为 $L_h = 16.1$ mm，$W_h = 14.5$ mm，$W_f = 1.5$ mm，

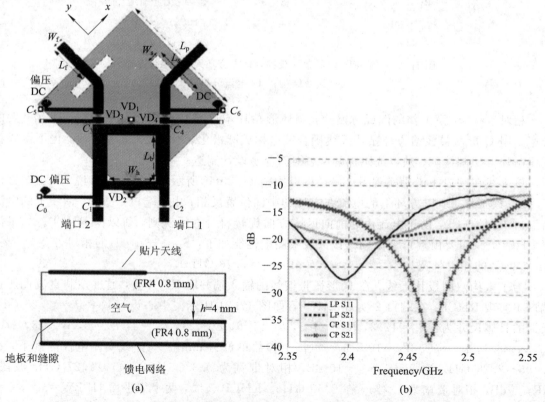

图 17.22　4 极化重构缝隙耦合贴片天线及实测 S 参数的频率特性曲线[9]

(a)天馈结构；(b)S-f 特性曲线

$L_f = 5.5$ mm。为了重构 4 极化，在馈电网络中附加了 $VD_1 \sim VD_4$ 共 4 只 PIN 二极管，7 只 $C_0 \sim C_6 = 100$ pF 隔直流电容，3 个 RF 扼流线圈。为了简单起见，把基板上的 $\lambda/4$ 长微带线作为 RF 扼流电感，把 $\lambda/4$ 长微带线过孔接地实现直流接地。通过给二极管加正偏压和负偏压，使二极管开或关重构极化，表 17.2 为二极管的状态和天线的极化。

表 17.2　二极管的状态及天线的极化

	二极管状态	天线极化
端口 1 激励天线	VD_1、VD_2、VD_4 开，VD_3 关闭	LP(线极化)(x 轴)
	VD_3、VD_4 开，VD_1、VD_2 关闭	LHCP
端口 2 激励天线	VD_1、VD_2、VD_3 开，VD_4 关闭	LP(线极化)(y 轴)
	VD_3、VD_4 开，VD_1、VD_2 关闭	RHCP

图 17.22(b)是该天线实测 S 参数的频率特性曲线，该天线在 f_0 实测线极化天线 $G = 5$ dBic，圆极化天线 $G = 3$ dBic。

17.4　波束切换圆极化天线阵

17.4.1　波束切换 1×4 元顺序旋转馈电圆极化贴片天线阵[10]

图 17.23(a)是用 $\varepsilon_r = 2.2$ 基板制造的用 4×4 平面 Butler 矩阵馈电构成的 1×4 元低轮廓切换波束圆极化贴片天线阵。由图看出，Butler 矩阵由 4 个 90°分支线定向耦合器、4 个移相器和通过两个 50 Ω $\lambda/4$ 长传输线把两个 90°分支线定向耦合相连构成的两个交叉组成。

图 17.23(b)是 1×4 元顺序旋转馈电 $f_0 = 6$ GHz RHCP 圆极化贴片天线阵，用顺序旋转馈电技术改善在 $-44° \sim 44°$ 扫描角轴比的带宽。贴片天线的尺寸为 16.2 mm×16.5 mm，单元间距 $d = \lambda_0/2$，为了展宽轴比带宽，单元 2 和 4 逆时针方向旋转 90°使每个贴片的相位变为 90°、0°、90°和 0°，调整 Butler 矩阵输出到天线馈电点微电线的长度，使到达 1～4 个贴片的

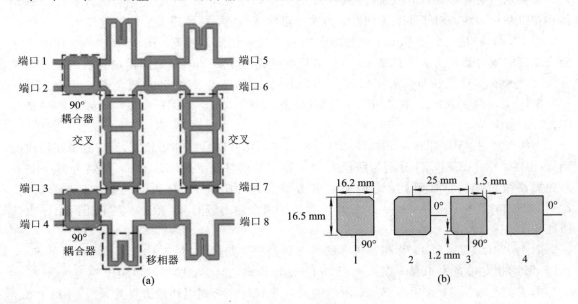

(a)　　　　　　　　　　　　　　(b)

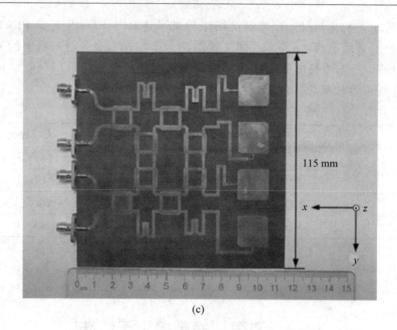

(c)

图 17.23　切换波束 1×4 元顺序旋转圆极化贴片天线阵[10]

(a) 4×4Butler 矩阵；(b) 1×4 元顺序旋转圆极化贴片天线阵；(c) 1×4 元天馈照片

相差为 90°。图 17.23(c)是切换波束天线阵的照片，该天线阵主要实测电参数如下：在 f_0 实测，端口 1 馈电，RHCP 主波束位于 $\phi=90°$，$\theta=10°$方向；端口 2 馈电，RHCP 主波束位于 $\phi=90°$，$\theta=-44°$方向；在端口 1 和 2 馈电，实测 $S_{11}<-10$ dB 的相对带宽为 10%，AR≤3 dB 的相对带宽为 7.5%，在 f_0 端口 1 和 2 实测天线阵的增益分别为 9.8 dBic 和 8.7 dBic。

17.4.2　宽带波束可控圆极化贴片天线阵

圆极化波束可控天线阵的带宽主要受轴比带宽的限制，因为扫描角偏离轴线后轴比将恶化。要实现具有宽带轴比的波束可控贴片天线阵，必须使用 90°分支线定向耦合器、45°移相器和宽带贴片天线。对于 4 元天线阵，为进一步展宽带宽，还使用了旋转馈电技术。

图 17.24(a)是由变形 Butler 矩阵馈电构成的波束切换天线阵，图 17.24(a)是用由 4 个分支线定向耦合器和两个没有交叉的 45°移相器组成的变形 Butler 矩阵馈电构成的波束切换天线阵。为了实现宽频带，采用如图 17.24(b)所示两节分支线定向耦合器。其中，$Z_A=Z_C=35.4$ Ω，$Z_B=121$ Ω，图中还给出了 S 参数，在 4.3～5.7 GHz 波段内，幅度不平衡为 (3 ± 0.5) dB。

为实现宽带 45°移相器，如图 17.24(c)所示采用由并联开路和短路 $\lambda_g/8$ 长微带线构成的 45°移相器。图中 Z_D 和 Z_E 分别为路径 1、2 主微带线的特性阻抗，Z_F 和 Z_G 分别为 $\lambda_g/8$ 长开路和短路微带线的特性阻抗，它们相对参考线的特性阻抗 Z_0 有如下关系：$Z_D=1.67Z_0$，$Z_E=1.24Z_0$，$Z_F=1.43Z_0$，$Z_G=2.41Z_0$。为保证两个输出端有 45°相差，必须让两个输出端路径长度差为 $2\times(d_5-d_6)=\lambda_g/8$。

图 17.24(d)是宽带 45°移相器仿真的 S 参数及两个路径的相差，由图看出，仿真的 $S_{11}<-10$ dB 的相对带宽为 48%，在 4.4～5.6 GHz 波段内(24%)，输出端口相位差为 45°±4°。

为了实现宽频带，宜用图 17.25 所示的双 L 形探针耦合馈电切角方贴片天线，用 $\varepsilon_r=2.2$

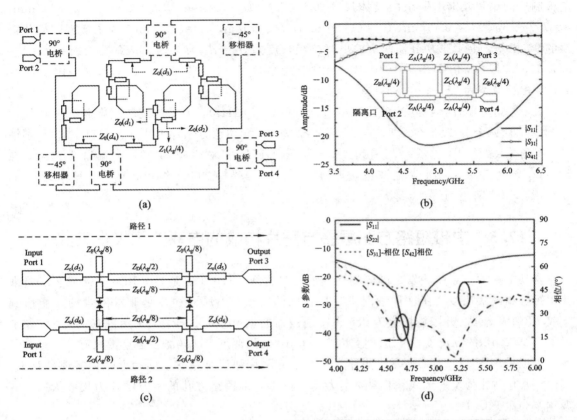

图 17.24　4 元波束切换圆极化切角方贴片天线阵及两节耦合器和宽带 45°移相器的频率特性曲线

(a) 4 元波束切换圆极化切角方贴片天线阵；(b) 两節耦合器及 S–f 特性曲线；
(c) 宽带 45°移相器；(d) 宽带 45°移相器仿真 S–f 特性曲线及两路径之相位差

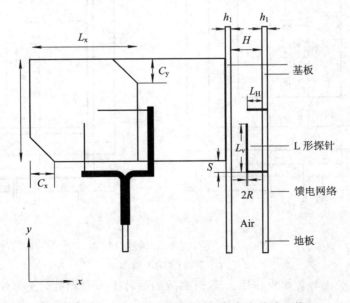

图 17.25　双 L 形探针耦合馈电切角方贴片天线

基板制造的贴片及馈电网络的具体尺寸如下：$L_x = L_y = 22$ mm，$L_H = 4$ mm，$L_v = 11$ mm，$S = 2.25$ mm，$2R = 0.5$ mm，$C_x = C_y = 6$ mm，$H = 6$ mm，$h_1 = 0.5$ mm。为了实现圆极化需要的 90° 相差，让 T 形功分器两个输出臂路径长度差 $d_2 - d_1$ 为 $\lambda_g/4$。该贴片天线在 4.01～6.1 GHz 波段内，仿真 $S_{11} < -10$ dB，相对带宽为 41.6%；在 4.45～5.5 GHz 波段内，AR≤3 dB，相对带宽为 21%；在 5 GHz，仿真增益为 7.1 dBic。

4 元切角方贴片天线阵的单元间距为 $\lambda_0/2$（$f_0 = 5$ GHz），为了为旋转馈电相邻贴片提供 90° 相差，让两个分支路径长度差（$d_4 - d_3$）$= \lambda_g/4$，4 元切角方贴片天线阵在端口 1、2 分别馈电，实测 AR < 3 dB 的频率范围为 4.3～5.75 GHz，相对带宽为 29%。端口 1 馈电，在 5 GHz，增益为 9.3 dBic，主波束位于 $\phi = 0°$，$\theta = 43°$；端口 2 馈电，在 5 GHz，增益为 9.8 dBic，主波束位于 $\phi = 0°$，$\theta = -14°$。

17.5　由带短路方孔层叠方贴片构成的自双工圆极化天线

移动卫星通信系统收发之间的隔离度最好要达到 -170 dB，通常采用双工器或多工器来获得足够高的隔离度，在这种情况下，要实现低插损、小尺寸往往是非常困难的。能达到 -90 dB 的隔离度，并限制插损 0.5 dB，滤波器的重量为 1.3 kg，但采用自双工天线，如果能实现 -50 dB 的隔离度，再用滤器实现 -40 dB 的隔离度，这样滤波器重量只有 600 g。

可以采用图 17.26(a) 所示带短路方孔的下方贴片和层叠在它上面的方贴片实现自双工。其中，上方贴片为发射天线，谐振频率为 1.6 GHz，带短路方孔的下方贴片为接收天线，谐振频率为 1.5 GHz。

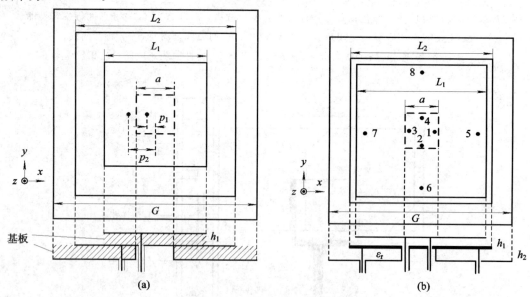

图 17.26　层叠自双工天线及结构
(a) 单馈；(b) 4 馈

由于介质使波长缩短，如果在用 ε_r 基板制成的贴片上开短路孔，使等效相对介电常数 ε_{er} 变小。当短路方孔的尺寸为贴片尺寸的 46.4% 时，$\varepsilon_{er} = 1$，此时垂直面方向图在 $\theta = \pm 90°$ 时迅速收缩减小，而且研究发现，双层自双工天线中上层贴片基板的相对 $\varepsilon_r = 1$ 时，隔离度最大，为此上层贴片采用空气介质。通过优化设计，双层自双工圆极化天线的结构如图 17.26 (b)所示，参数如表 17.3 所示。

表 17.3　双层自双工天线的参数及尺寸

	上层 $f_{Tx}=1.6$ GHz	下层 $f_{Rx}=1.5$ GHz
贴片尺寸	$L_1=0.5\lambda_0$（92 mm）	$L_2=0.724\lambda_g$（97.4 mm）
基板的参数	$h_1=2.45$ mm，$\varepsilon_r=1$	$h_2=1.55$ mm，$\varepsilon_r=2.17$
馈电位置距中心的距离	$p_1=5$ mm	$p_2=6$ mm
孔的尺寸		$a=38$ mm（46.14%）

为了实现圆极化，上、下方贴片均用一个 90°和两个 180°混合电路和 4 个馈电点 1、2、3、4 及 6、7、8、9 馈电。该天线实测隔离度 $S_{21}=-54$ dB，AR<1 dB。

图 17.27(a)是另外一种层叠自双工收发圆极化贴片天线，Tx 是通过位于地板上的变型

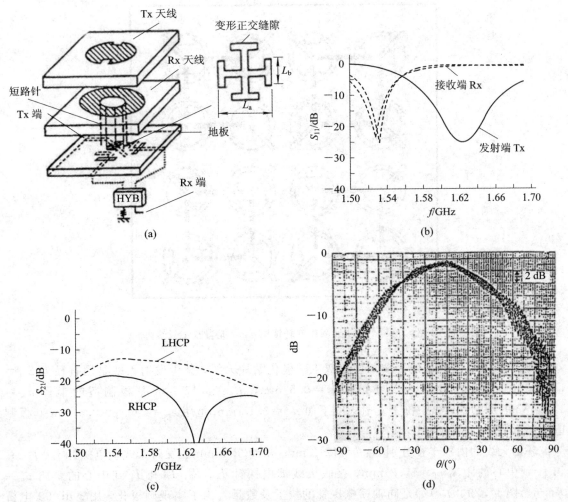

图 17.27　层叠自双工圆极化天线及电性能

(a)天馈结构；(b) S_{11}-f 特性曲线；(c) S_{21}-f 特性曲线；(d)1644 MHz 轴比方向图

正交缝隙耦合馈电的带缺口圆贴片天线，Rx 是通过位于地板上用两个矩阵缝隙耦合馈电的短路环形贴片，环形贴片的内边缘共用 16 个等间距短路针与地短路。

Rx 频率为 1.54 GHz，Tx 频率为 1.64 GHz，用 ε_r＝2.6、厚 3.16 mm 基板制造贴片，用 ε_r＝2.6、厚 0.75 mm 基板制造馈线，Tx 圆贴片的半径为 28.25 mm，缺口的面积占圆贴片面积的 1.93%，环形贴片的内外半径分别为 14 mm 和 38.5 mm，变型正交缝隙的长度 L_a＝25 mm，L_b＝10 mm，宽度 2 mm；矩形缝隙长 25 mm，宽 1.5 mm，矩形缝隙相距 20 mm，Tx 和 Rx 天线微带馈线的开路支节分别长 9 mm 和 35 mm。

图 17.27(b)、(c)分别是该天线实测 S_{11} 和 S_{21} 的频率特性曲线。由图看出，VSWR≤1.5 带宽，发射波段比接收波段宽的多；激励 RHCP，f＝1.644 GHz 时，S_{21}＝－41.8 dB。图 17.27(d)是该天线在 1644 MHz 时的轴比方向图，由图看出，该天线宽角 AR 很好。

图 17.28 是单元间距为 97 mm、2×2 元顺序旋转馈电 4×4 元自双工天线阵，该天线阵在 ±60°扫描角度范围内，单元隔离度大于－20 dB。

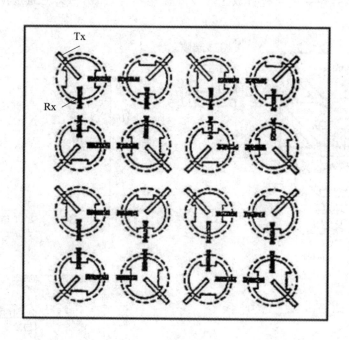

图 17.28　2×2 元顺序旋转馈电 4×4 元自双工天线阵

图 17.29(a)是 L 波段多馈双层自双工圆极化贴片天线，其中发射天线是用直径为 $2r_f$＝1 mm 的探针馈电，用 ε_r＝2.6 mm，t＝0.5 mm，d_m＝3.15 mm 基板制造的半径 a_m＝30.2 mm 的圆贴片天线，位于发射天线下面 d_m＝3.15 mm 是用 ε_r＝2.6、t＝0.5 mm 基板制造的环形贴片为接收天线。

环形天线的内外半径分别为：b＝12.2 mm，a_r＝38.5 mm。发射天线馈电探针 I_1、I_2、I_3 和 I_4 到中心的距离 ρ_f＝17.2 mm，接收天线馈电探针 I_5、I_6、I_7 和 I_8 到中心的距离 ρ_m＝9 mm。图 17.29(b)、(c)是同轴馈电探针的位置及数量。为了实现圆极化，用 3 dB 90°电桥双馈，也可以用带 $\lambda_g/4$ 长延迟线的 T 形功分器。

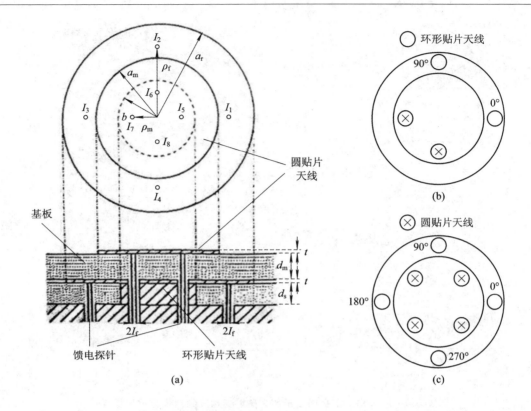

图 17.29 多馈双层自双工圆极化贴片天线

(a) 天馈结构；(b) 双馈；(c) 4 馈

由于内部隔离度要大且仅在发射端，为了简单起见，发射天线用 T 形功分器双馈，接收天线用 3 dB 90°电桥双馈，在 1.5～1.7 GHz 波段均能实现—20 dB 的隔离度，如果要实现—40 dB的隔离度，宜用 4 馈。

17.6 高增益圆极化反射面天线

图 17.30 是 S 波段(2200～2300 MHz)用位于最大直径为 134.7 mm 口杯形地上的一对长短偶极子作为直径为 609.6 mm、焦距/直径(f/D)＝0.4 的反射面天线的照射器构成的圆极化天线，用裂缝式巴伦给长短不等长正交偶极子馈电。为了获得低 VSWR，在同轴馈线的内导体上附加 $\lambda/4$ 长阻抗变换段，虽然用单馈不等长正交偶极子构成圆极化照射器的轴比比较低，但位于反射面，由于反射面的影响，轴比变坏，在不改变圆极化照射器尺寸的情况下，在圆极化照射器的支撑杆上附加一对圆盘，就能改善轴比，如图 17.30 所示，大小圆盘的厚度为 1 mm，直径分别为 114.3 mm 和 69.85 mm，大、小圆盘相距 63.5 mm($0.25\lambda_0$)，该天线实测电参数如下：

(1) 在 2170～2300 MHz，VSWR＜1.5，相对带宽为 5.8%；

(2) 在 1900～2550 MHz，AR＜3 dB，相对带宽为 29%；

(3) $G＝20.3$ dBic($f＝2200$ MHz)。

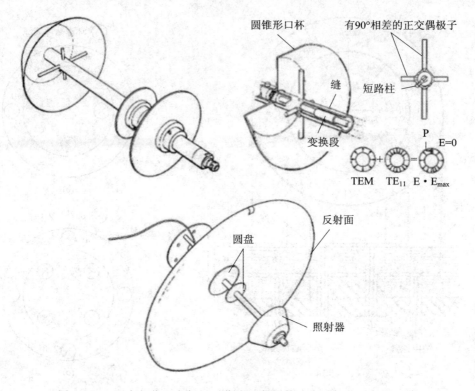

图 17.30　用自相位正交偶极子作为照射器构成的圆极化反射面天线

17.7　宽带短波圆极化天线

给一对正交偶极子用等幅、90°相差馈电就能构成圆极化。为了构成 $2\sim7$ MHz 的短波宽带圆极化天线，不仅正交偶极子要宽频带，而且要设计合适的相移网络以便在宽带范围内提供 90°相差，一种可行的方法是给水平极化宽带偶极子天线 A_1 附加相移为 B 的网络 1，给另一对正交水平极化宽带偶极子天线 A_2 附加相移为 $B+90°$ 的网络 2，再把馈电网络 1 和 2 并联。

在短波波段，常用由电感 L、电容 C 组成的单节全通点阵网络（如图 17.31(a)）和双节点阵网络（如图 17.31(b)）。当它们端接特性阻抗 $Z_0=L/C$ 时，利用这个网络在给定频率 f 来提供所需要的相移 B。对图 17.31(a)所示单节点阵网络，相移 B 为：

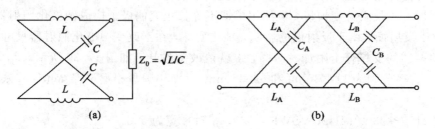

图 17.31　由电感 L、电容 C 构成的单节和双节点阵网络
(a) 单节；(b) 双节

$$B = 2\arctan\left(\frac{f}{f_0}\right) \tag{17.1}$$

式中：$f_0 = 1/(2\pi\sqrt{L/C})$。

　　图 17.32(a)是 $Z_0 = 106\ \Omega$、频率为 $f_{01} = 1.5\ \text{MHz}$ 网络 1 和频率 $f_{02} = 9\ \text{MHz}$ 的网络 2 与正交宽带天线 A_1、A_2 相连构成的宽带圆极化接收天线连接框图，图中网络 1 和 2 分别与 1:1 传输线变压器的次级相连。1:1 传输线变压器的初级通过双屏蔽馈线与宽带天线 A_1、A_2 相连。图 17.32(b)为用离地高 4 m、由 3 根扇形金属线作为长约 13 m 水平偶极子一个臂构成的宽带正交偶极子天线 A_1 和 A_2。

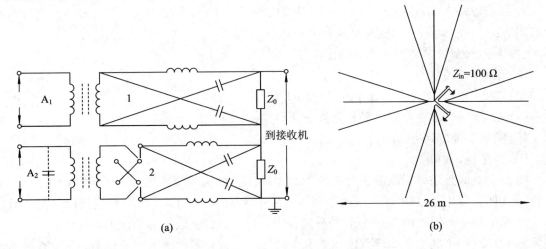

(a)　　　　　　　　　　　　　(b)

图 17.32　短波圆极化天线组成框图和宽带正交偶极子天线

(a) 组成框图；(b) 宽带正交偶极子天线

　　对图 17.31(b)所示端接 $Z_0 = \sqrt{L_A/C_A} = \sqrt{L_B/C_B}$ 的双节点阵网络，由它产生的相移 B 为

$$B = 2\arctan\left(\frac{sx}{1-x^2}\right) \tag{17.2}$$

式中，

$$x = \frac{f}{(f_A f_B)^{1/2}}, \text{ 或 } x = \frac{f}{f_0} \tag{17.3}$$

$$S = \frac{f_A + f_B}{(f_A f_B)^{1/2}} \tag{17.4}$$

$$2\pi f_{A,B} = \frac{1}{(L_{A,B} \cdot C_{A,B})^{1/2}} \tag{17.5}$$

　　用 f_L 表示起始频率，f_r 表示终止频率，可用式(17.6)和式(17.7)设计网络 1，则

$$f_A = 0.161\left(\frac{f_r}{f_L}\right)^{1/2} \tag{17.6}$$

$$f_B = 1.63\left(\frac{f_r}{f_L}\right)^{1/2} \tag{17.7}$$

　　对网络 2 可以用式(17.8)和式(17.9)设计，则

$$f_A = 0.611\left(\frac{f_r}{f_L}\right)^{1/2} \tag{17.8}$$

$$f_B = 6.21\left(\frac{f_r}{f_L}\right)^{1/2} \tag{17.9}$$

采用 $Z_0 = 200\ \Omega$，按以上方程在 $1\sim10$ MHz 波段内，设计网络的相移误差小于 $2°$。

$2\sim7$ MHz 圆极化天线使用的水平宽带天线也可以是由 6 根 2 mm 粗金属管制造的直径为 1.5 m、长度为 37 m 的笼形水平偶极子天线。

17.8　空间通信反射面天线使用的双波段线/圆极化馈源

对 432/2320 MHz（$\lambda = 700/130$ mm）双波段直径 6.4 m、$F/D = 0.4$ 的反射面天线馈源的要求如下：

(1) 为实现高增益必须有小的馈源阻挡；

(2) 低后向辐射；

(3) 在 2320 MHz 有低轴比 LHCP 和 RHCP；

(4) 在 432 MHz 极化为水平和垂直极化；

(5) 能承受 3 kW 功率；

(6) 重量轻，7 kg。

图 17.33(a) 是用蝶形偶极子构成的 432 MHz 垂直/水平极化馈源，振子距地板 $\lambda/4$，由于偶极子的输入阻抗为 105 Ω，因此采用特性阻抗为 72.5 Ω 的 $\lambda/4$ 长阻抗变换段。每一对偶极子都用有 180° 相位的 Wilkin Son 功分器馈电，目的是为了改进方向图的对称性。

图 17.33(b) 中间为 2320 MHz 用带有 5 段隔板圆极化器的圆形喇叭作为馈源，通过圆锥探针实现同轴线向波导过渡，用直径 D_2 和高度为 H_R 的圆地板作为扼流装置。图 17.33(c) 为馈源横截面，图 17.33(d) 是带有极化器的馈源，图 17.33(e) 是带有双频馈源反射面天线的照片。

双波段馈源的具体尺寸如下：$L = 216(0.311\lambda_{0L})$，$W = 160(0.23\lambda_{0L})$，$H_D = 174(0.25\lambda_{0L})$，$H_r = 122(0.94\lambda_{0h})$，$D_1 = 170(1.31\lambda_{0h})$，$D_2 = 660(0.95\lambda_{0L})$，$D_3 = 100(0.77\lambda_{0h})$，$L_1 = 175(1.35\lambda_{0h})$，$L_2 = 85(0.67\lambda_{0h})$，$L_3 = 407(3.15\lambda_{0h})$（以上参数尺寸单位为 mm），$\lambda_{0L}$、$\lambda_{0h}$ 分别是 432 和 2320 MHz 的波长。

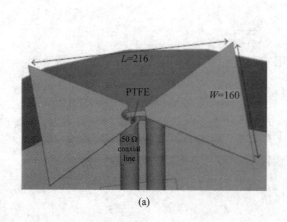

(a)

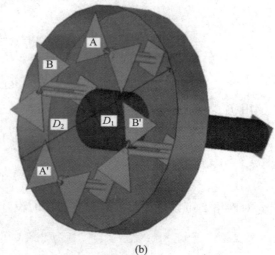

(b)

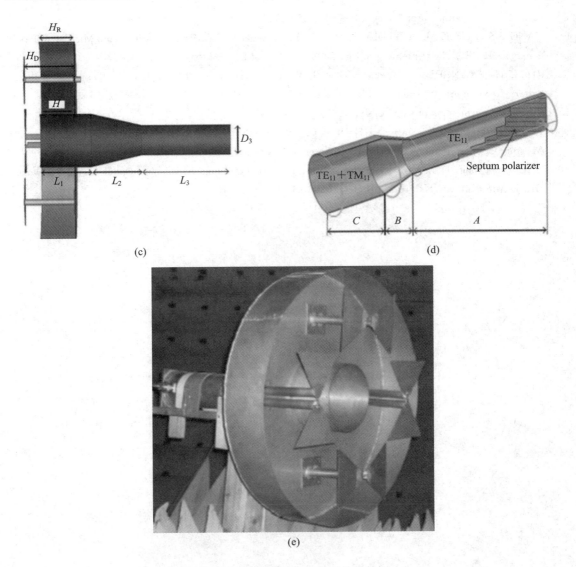

图 17.33　反射面天线及双波段馈源

（a）蝶形偶极子；（b）双波段馈源；（c）馈源纵向截面；（d）装有极化器的馈源；（e）反射面天线照片

参 考 文 献

[1]　LOIC B. Small-Size Circularly Polarized Patch Antenna With an Opening for a Video Greenade. IEEE Antennas Wireless Propag. Lett, 2008, 7: 681 - 684.

[2]　BANG J H, et al. A Compact GPS Antenna for Artillerg Projectile App lications. IEEE Antennas Wire Less Propag Lett, 2011, 10: 266 - 269.

[3]　ARNIERI E, et al. A Compact High Gain Antenna for Small Satellite Ap llications. IEEE Trans Antennas Propag, 2007, 55(2): 277 - 281.

[4]　ESRO A. Ship balloon communication experiment. IEEE Trans Antennas propag, January, 1976: 103 - 105.

[5]　IEEE Trans Antennas propag, 2009, 57(2): 555 - 559.

[6]　YANG S S, LUK K M. A Wideband L-Probes Fed Circularly-Polarized Reconfigurable Microstrip Patch Antenna. IEEE Trans Antenna propag, 2008, 56(2): 581 - 583.

[7]　RHYU H, FRANCES J. Harackiewicz, et al. Wide Coverage Area of UHF-Band RFID system Using A Pattern Reconfigurable Antenna. Miro Wave OPT Technol Lett, 2007, 49(9): 2154 - 5157.

[8]　IEEE Trans Antennas propag, 2008, 56(7): 1860 - 1866.

[9]　WANG Shiyung, LAI Donyen, CHEN F C. A Low-Profle Switchable Quadripolarization Diversity Aperture-Coupled Patch Antenna. IEEE Antenna Wireless Propag. Lett, 2009, 8: 522 - 524.

[10]　LIU Changrong, et al. Cirularly Polarized Beam-Steering Antenna Arrag Witn Butler Matrix Network. IEEE Antenna, wirelss Propag. Lett, 2011, 10: 1278 - 1281.

后　记

　　手捧着俱新德教授编写的《实用工程圆极化天线》一书文稿，思绪一下子回到了 20 多年前。彼时，我还在西安电子科技大学电磁工程系学习，俱老师教我们天线测量课程，当时的实验条件十分简陋，都是在学校西大楼的楼顶上边操作边手工记录数据。正是在俱新德等老师们的指导下，我们渐渐走进了天线工程领域。

　　毕业后我来到地处广东佛山三水区的西南通讯设备厂工作，主要工作是研发短波通信天线。基于在学校打下的理论基础，我和同事们攻克了一个又一个技术难关，被评为三水"十佳青年"，也为以后的发展打下了坚实的技术基础。1992 年我凭借着自己的专业优势调到当时的中山市邮电局移动分局工作，负责基站的规划和维护工作，这时才真正与移动通信基站天线结缘。20 世纪 90 年代初，移动通信刚刚起步，国内还没有自己的通信企业，所有通信设备都依赖进口，价格高的惊人。以基站天线为例，一副成本不足千元的普通定向基站天线要卖到 2600 美元（约合 23000 元人民币）。爱国心与事业心驱使我刻苦钻研，利用业余时间，终于在 1994 年研制出国内第一面移动通信基站天线，并顺利通过国家权威机构的鉴定，填补了中国这一领域的一项空白。

　　1996 年底，我拿出仅有的 30 万元积蓄，辞掉了当时年薪高达 20 万的"金饭碗"工作，在中山市正式成立广东通宇通讯设备有限公司。我们在进行天线产品的研发过程中，最大的瓶颈是缺少高水平的专业人才：一方面高校设置电磁场与微波技术专业较少，只能招聘相近专业的毕业生；另一方面现有教材的学术性太强，理论推导过多，内容也不太实用，非专业人员看起来很吃力，抓不到要领，难以短时间内解决实际问题。西安电子科技大学俱新德教授编著的《实用天线工程技术》《天线的馈电技术》两书，克服了传统天线著作的不足，既收集了截止目前国内外最新资料，又给出了大量设计图表和曲线，图文并茂，通俗易懂，具有很强的可读性和可借鉴性，是目前国内少见的实用天线设计的好书。

　　俱教授及其团队在编著上述两本书的基础上，经过进一步提炼和完善，再次编写了《实用工程圆极化天线》一书。相信本书的出版会对从事天线研发、生产、维护的工程技术人员有极大的帮助，同时也预祝俱教授有更好的专著问世。

通宇通讯　董事长

2018 年 8 月于中山

后　记

　　手捧着俱新德教授编写的《实用工程圆极化天线》一书文稿，思绪一下子回到了 20 多年前。彼时，我还在西安电子科技大学电磁工程系学习，俱老师教我们天线测量课程，当时的实验条件十分简陋，都是在学校西大楼的楼顶上边操作边手工记录数据，正是在俱新德等老师们的指导下，我们渐渐走进了天线工程领域。

　　毕业后我来到地处广东佛山三水区的西南通讯设备厂工作，主要工作是研发短波通信天线，基于在学校打下的理论基础，我和同事们攻克了一个又一个技术难关，被评为三水"十佳青年"，也为以后的发展打下了坚实的技术基础。1992 年我凭借着自己的专业优势调到当时的中山市邮电局移动分局工作，负责基站的规划和维护工作，这时才真正与移动通信基站天线结缘。20 世纪 90 年代初，移动通信刚刚起步，国内还没有自己的通信企业，所有通信设备都依赖进口，价格高的惊人。以基站天线为例，一副成本不足千元的普通定向基站天线要卖到 2600 美元（约合 23000 元人民币）。爱国心与事业心驱使我刻苦钻研，利用业余时间，终于在 1994 年研制出国内第一面移动通信基站天线，并顺利通过国家权威机构（暂未定，稍后找公司核实）的鉴定，填补了中国这一领域的一项空白。

　　1996 年底，我拿出仅有的 30 万元积蓄，辞掉了当时年薪高达 20 万的"金饭碗"工作，在中山市正式成立广东通宇通讯设备有限公司。我们在进行天线产品的研发过程中，最大的瓶颈是缺少高水平的专业人才：一方面高校设置电磁场与微波技术专业较少，只能招聘相近专业的毕业生；另一方面现有教材的学术性太强，理论推导过多，内容也不太实用，非专业人员看起来很吃力，抓不到要领，难以短时间内解决实际问题。西安电子科技大学俱新德教授编著的《实用天线工程技术》、《天线的馈电技术》两书，克服了传统天线著作的不足，既收集了截止目前国内外最新资料，又给出了大量设计图表和曲线，图文并茂，通俗易懂，具有很强的可读性和可借鉴性，是目前国内少见的实用天线设计的好书。

　　俱教授及其团队在编著上述两本书的基础上，经过进一步提炼和完善，再次编写了《实用工程圆极化天线》一书。相信本书的出版会对从事天线研发、生产、维护的工程技术人员有极大的帮助，同时也预祝俱教授有更好的专著问世。

通宇通讯　董事长

2018 年 8 月于中山